江苏省普通高校计算机等级考试配套教材

“十二五”江苏省高等学校重点教材

Office 高级应用教程

（第2版）

Office Gaoji Yingyong Jiaocheng

王必友　主　编

杨　俊　韦　伟　刘凌波　曹　愚　编

高等教育出版社·北京

内容提要

本书根据江苏省高等学校计算机等级考试大纲中的“二级 Microsoft Office 高级应用考试大纲”编写而成。

全书分为 5 章，第 1 章为 MS Office 宏及 VBA 编程，第 2 章为 MS Office Word 应用，第 3 章为 MS Office Excel 应用，第 4 章为 MS Office PowerPoint 应用，第 5 章为 Access 数据库。每一章针对 MS Office 高级应用的重要知识点进行详细讲解，并配有相应的实验。全书共 14 个实验，涵盖了江苏省高等学校计算机等级考试二级 Office 高级应用考试大纲操作部分内容。

本书精心设计课程内容及实验项目，以完成任务为目标，同时兼顾知识拓展，帮助学生在实践过程中做到举一反三、融会贯通。课程及实验项目中的重点、难点都配有导学视频、相关的课程素材及实验素材，思考与实践精选了往年考题，并配有真题解析，学生可自行下载学习。

本书可作为高等学校“Office 高级应用”课程的教材，适合具有一定计算机应用基础的学生使用，也可作为江苏省高等学校计算机等级考试二级 Office 高级应用考试用书，还可作为从事计算机应用人员的参考书。

图书在版编目（CIP）数据

Office 高级应用教程 / 王必友主编；杨俊等编. --2 版. -- 北京：高等教育出版社，2021.9（2022.1重印）
ISBN 978-7-04-056701-4

Ⅰ. ①O… Ⅱ. ①王… ②杨… Ⅲ. ①办公自动化-应用软件-高等学校-教材 Ⅳ. ①TP317.1

中国版本图书馆 CIP 数据核字（2021）第 160169 号

策划编辑 唐德凯 责任编辑 唐德凯 特约编辑 薛秋丕 封面设计 李小璐
版式设计 于 婕 插图绘制 于 博 责任校对 张 薇 责任印制 朱 琦

出版发行 高等教育出版社
社 址 北京市西城区德外大街 4 号
邮政编码 100120
印 刷 河北新华第一印刷有限责任公司
开 本 850mm × 1168mm 1/16
印 张 23
字 数 520 千字
购书热线 010-58581118
咨询电话 400-810-0598
网 址 http://www.hep.edu.cn
http://www.hep.com.cn
网上订购 http://www.hepmall.com.cn
http://www.hepmall.com
http://www.hepmall.cn
版 次 2018 年 3 月第 1 版
2021年 9 月第 2 版
印 次 2022年 1 月第 2 次印刷
定 价 43.80 元

物 料 号 56701-00

Office 高级应用教程

（第2版）

王必友　主编

1. 计算机访问http://abook.hep.com.cn/1876745，或手机扫描二维码、下载并安装Abook应用。
2. 注册并登录，进入"我的课程"。
3. 输入封底数字课程账号（20位密码，刮开涂层可见），或通过Abook应用扫描封底数字课程账号二维码，完成课程绑定。
4. 单击"进入课程"按钮，开始本数字课程的学习。

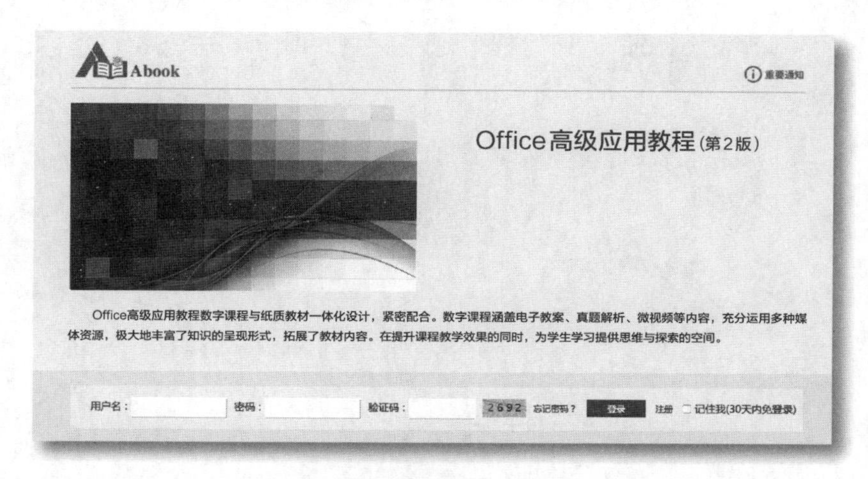

课程绑定后一年为数字课程使用有效期。受硬件限制，部分内容无法在手机端显示，请按提示通过计算机访问学习。

如有使用问题，请发邮件至abook@hep.com.cn。

扫描二维码
下载Abook应用

http://abook.hep.com.cn/1876745

○ 前　　言

当今社会以计算机为核心的信息技术飞速发展，计算机技术在国民经济和各行各业的应用越来越广泛，人们的工作、生活都需要计算机和网络的支持。熟练掌握 Microsoft Office（MS Office）的应用能够极大提高工作效率，是胜任本职工作、适应社会发展的必备条件之一。“Office 高级应用”已成为高等教育各个专业普遍开设的公共基础课。

本书分为 5 章，第 1 章为 MS Office 宏及 VBA 编程，介绍宏、VBA 语法、Excel 对象模型、窗体与控件等内容；第 2 章为 MS Office Word 应用，介绍长文档编辑、邮件合并、域等内容；第 3 章为 MS Office Excel 应用，介绍 Excel 常规的工作簿、工作表、单元格、图表操作，扩展了高级函数的使用及 Execl 的 VBA 编程；第 4 章为 MS Office PowerPoint 应用，介绍演示文稿的外观模式设置、对象编辑、动画效果设计等内容；第 5 章为 Access 数据库，介绍数据库的建立与维护、数据库关系设置及数据查询等内容。本书针对 MS Office 高级应用的知识点进行梳理和讲解，并配有相应的实验以及思考与实践，涵盖了江苏省普通高校计算机等级考试二级 MS Office 高级应用考试大纲操作部分内容。在本书编写上，把宏及 VBA 编程作为第 1 章，主要考虑宏及 VBA 适用于后续章节所有软件，便于以后本书内容在 VBA 应用方面的扩展，但目前只涉及 Execl 的 VBA 编程，因此在教学安排上也可根据实际情况将第 1 章内容推后到第 3 章之前讲解。

本书采用纸质教材与数字化资源一体化设计的形式，与本书配套的数字课程中提供了电子教案、课程及实验素材、微视频、真题解析等数字资源，供学习者使用。

本书第 1 章由杨俊编写，第 2 章由韦伟编写，第 3 章由刘凌波编写，第 4 章由曹愚编写，第 5 章由王必友编写。全书由王必友担任主编并统稿。

限于编者水平，书中难免有不妥之处，敬请读者批评指正，编者 E-mail：wangbiyou@njnu.edu.cn。

编　者

2021 年 6 月

目　录

第 1 章　MS Office 宏及 VBA 编程

1.1 认识 VBA …… 002
1.1.1 认识宏 …… 002
1.1.2 认识 VBE …… 008
1.1.3 如何编写 VBA 程序 …… 011
1.2 VBA 语法基础 …… 015
1.2.1 数据定义：变量使程序更灵活 …… 016
1.2.2 数据计算：VBA 中的计算 …… 017
1.2.3 VBA 的控制结构 …… 019
1.2.4 过程与函数 …… 025
1.3 VBA 对象 …… 030
1.3.1 对象的基本概念 …… 031
1.3.2 Excel 对象模型 …… 034
1.3.3 Excel 常用对象 …… 036
1.4 窗体与控件 …… 044
1.4.1 窗体与工具箱控件 …… 044
1.4.2 表单控件与 ActiveX 控件 …… 047
实验 1.1 人事档案信息处理 …… 051
实验 1.2 学生学籍信息录入窗体设计 …… 059

第 2 章　MS Office Word 应用

2.1 常用的编辑操作 …… 066
2.1.1 使用大纲视图组织文档 …… 066
2.1.2 查找和替换 …… 072
2.1.3 设置分隔符 …… 076
2.1.4 创建多级列表 …… 079
2.1.5 创建页眉和页脚 …… 081
2.1.6 插入题注 …… 084
2.1.7 插入超链接 …… 085
2.1.8 插入脚注或尾注 …… 088
2.1.9 设置域 …… 090
2.2 应用样式 …… 093
2.2.1 修改样式 …… 094
2.2.2 创建样式 …… 095
2.2.3 管理样式 …… 099
2.3 创建目录和索引 …… 101
2.3.1 创建目录 …… 101
2.3.2 创建图表目录 …… 104
2.3.3 创建索引 …… 108
2.4 邮件合并 …… 112
2.4.1 创建主文档 …… 112
2.4.2 设置数据源 …… 113
2.4.3 插入合并域 …… 116
2.4.4 添加规则 …… 117
2.5 管理和审阅文档 …… 120
2.5.1 比较文档 …… 121
2.5.2 合并文档 …… 122
2.5.3 修订文档 …… 123
2.5.4 保护文档 …… 124
实验 2.1 长文档编辑 …… 130
实验 2.2 批量制作客户传真 …… 139

第 3 章　MS Office Excel 应用

3.1 工作簿、工作表和单元格的操作 …… 149
3.1.1 工作簿和工作表的保护 …… 149
3.1.2 工作簿的共享与修订 …… 150
3.1.3 文件转换 …… 150
3.1.4 嵌入或链接其他应用程序对象 …… 150
3.1.5 数据验证 …… 159
3.1.6 条件格式 …… 159
3.2 Excel 函数 …… 163
3.2.1 函数的使用方法 …… 163
3.2.2 单元格引用方式 …… 163
3.2.3 引用运算符 …… 164
3.2.4 常用函数介绍 …… 164
3.3 排序与筛选 …… 173
3.3.1 排序 …… 173
3.3.2 筛选 …… 174
3.4 分类汇总与合并计算 …… 177
3.4.1 分类汇总 …… 177
3.4.2 合并计算 …… 183
3.5 数据透视表和数据透视图 …… 187
3.5.1 数据透视表 …… 187
3.5.2 数据透视图 …… 187
3.6 图表 …… 193
3.6.1 图表的构成与分类 …… 193
3.6.2 图表的创建与编辑 …… 194
3.7 工作表的打印 …… 197
3.7.1 打印设置 …… 197
3.7.2 超大表格打印 …… 197
3.7.3 设置页眉页脚 …… 197
3.8 Excel 中 VBA 编程 …… 203
实验 3.1 人事档案的排序与计算 …… 206
实验 3.2 职称的筛选与分类汇总 …… 213
实验 3.3 工资计算与分析 …… 220
实验 3.4 根据报名数据编排考场 …… 228

第 4 章　MS Office PowerPoint 应用

4.1 外观模式 …… 239
4.1.1 幻灯片主题应用 …… 239
4.1.2 幻灯片母版设计 …… 242
4.1.3 幻灯片版式编辑 …… 250
4.1.4 幻灯片节的编辑 …… 252
4.2 对象编辑 …… 255
4.2.1 文本的输入与设置 …… 255
4.2.2 图片的插入与编辑 …… 257
4.2.3 形状的插入与编辑 …… 259
4.2.4 SmartArt 图形的创建与编辑 …… 263
4.2.5 图表的创建与编辑 …… 268
4.2.6 媒体文件的插入与设置 …… 273
4.3 动画效果设计 …… 274
4.3.1 自定义动画效果 …… 275
4.3.2 触发器动画 …… 277
4.3.3 画面切换动画 …… 279
4.4 演示文稿的放映和输出 …… 280
4.4.1 演示文稿放映控制 …… 280
4.4.2 演示文稿输出 …… 282
实验 4.1 PowerPoint 2016 简介动画制作 …… 284
实验 4.2 制作大学生就业状况演示文稿 …… 288
实验 4.3 制作毕业论文答辩母版 …… 293

第 5 章　Access 数据库

5.1　Access 数据库简介 ······ 303
5.2　数据库的建立与维护 ······ 305
5.3　数据表关系及子数据表 ······ 316
5.4　数据查询 ······ 321
5.5　SQL 语句 ······ 332
实验 5.1　建立学生成绩数据库 ······ 335
实验 5.2　查询学生成绩 ······ 342
实验 5.3　考试成绩分析 ······ 348

参考文献 ······ 357

第 1 章

MS Office 宏及 VBA 编程

Visual Basic for Applications（VBA）是 Visual Basic 的一种宏语言，是微软公司开发出来在其桌面应用程序中执行通用的自动化（OLE）任务的编程语言，主要用于扩展 Windows 的应用程序功能，特别是 Microsoft Office 软件。VBA 也可说是一种应用程序可视化的 Basic 脚本。简单地说，VBA 就像隐藏在这些应用程序后面的遥控器一样，只需要一些简单的操作指令，就可以“遥控”指挥前面这些和用户打交道的文档、表格、数据库表和演示文稿。微软公司在 1994 年发行的 Excel 5.0 版本中即具备了 VBA 的宏功能。

电子教案

课程素材

由于 Microsoft Office 软件的普及，人们在常用的 Word、Excel、Access、PowerPoint 等软件中，都可以利用 VBA 功能来提高这些软件的应用效率，例如，通过一段 VBA 代码，可以实现画面的切换；可以实现复杂逻辑的数据统计。

VBA 具有以下一些作用。

（1）规范用户的操作，控制用户的操作行为。

（2）操作界面人性化，方便用户的操作。

（3）多个步骤的手工操作通过执行 VBA 代码可以迅速实现。

（4）利用 VBA 可以在 Office 软件内轻松开发出功能强大的自动化程序。

VBA 是基于 Visual Basic（简称 VB）发展而来的，它们具有相似的语言结构。Visual Basic 是 Microsoft 的图形界面开发工具，作为一套独立的 Windows 系统开发工具，可用于开发 Windows 环境下的各类应用程序，是一种可视化的、面向对象的、采用事件驱动方式的结构化高级程序设计语言。

Visual Basic 程序很大一部分以可视（Visual）形式实现，这意味着在设计阶段就可以看到程序运行的界面，用户可以在设计时方便地改动界面中各部分的图像、大小、颜色等，直到满意为止。VB 的可视化编程方法使得原来烦琐枯燥、令人生畏的 Windows 应用程序设计变得轻松自如、妙趣横生。以往的 Windows 应用程序开发工具在设计图形用户界面时，都是采用编程的方法，并伴随大量的计算任务，一个大型应用程序约有 90% 的程序代码用来处理用户界面，而且在程序设计过程中不能看到界面显示的效果，只有在程序执行时才能观察到，如果界面效果不佳，还需要回到程序中去修改。Visual Basic 提供了新颖的可视化设计工具，巧妙地将 Windows 界面设计的复杂性封装起来，程序开发人员不必再为界面设计而编写大量程序代码，仅需采用现有工具按设计者要求的布局在屏幕上画出所需界面，并为各图形对象设置属性即可，VB

自动产生界面设计代码，这样便将事先编制好的控件可视地连接到一起，构成一个随时可调整的界面。

VBA 不但具有与 VB 相似的语言结构，还继承了 VB 的开发机制，它们的集成开发环境（intergrated development environment，IDE）也基本相同，并且经过优化使得 VBA 更加适用于 Office 的各应用程序。

VBA 与 VB 也存在一些不同。例如 VB 可运行直接来自 Windows 操作系统中的应用程序，而 VBA 的项目仅由使用 VBA 的 Excel、Word、PowerPoint 等称为宿主（host）的 Office 应用程序（application）来调用。

本章 VBA 内容以 Excel 软件为载体，介绍 Office 软件中的宏机制、VBE 开发环境和 VBA 语法基础，包括变量定义、数据计算、程序控制结构、过程与函数编写等。并介绍 Excel 中的对象模型和 VBA 中的窗体以及控件。还设计了两个相关实验，以帮助学习者了解 VBA 的基本语法和简单程序开发过程，宏录制的方法，通用过程与函数的编写以及窗体和常用控件的使用。

1.1　认识 VBA

1.1.1　认识宏

VBA 是 Visual Basic 的一种宏语言，那什么是宏呢？简而言之，宏是一连串可执行的 VBA 程序的集合。人们在办公处理中，经常需要进行某些重复操作，使用宏是最便捷的方式。下面简单介绍宏的基本概念。

1. 如何显示“开发工具”选项卡

在 Office 2016 中，提供了“开发工具”选项卡便于开发者方便地调用各种命令进行 VBA 程序开发。

默认情况下，“开发工具”选项卡是隐藏的，以 Excel 为例，可以通过以下三步显示该选项卡。

微视频 1–1
VBA 宏操作

（1）选择“文件”|“选项”，打开“Excel 选项”对话框，如图 1–1 所示。

（2）选择“自定义功能区”选项卡。

（3）在“主选项卡”列表中选中“开发工具”复选框，单击“确定”按钮，结果如图 1–2 所示。

2. 如何录制宏

利用 Excel 的录制宏功能，可以将各项操作录制为宏代码，录制完成后可以随时调用。

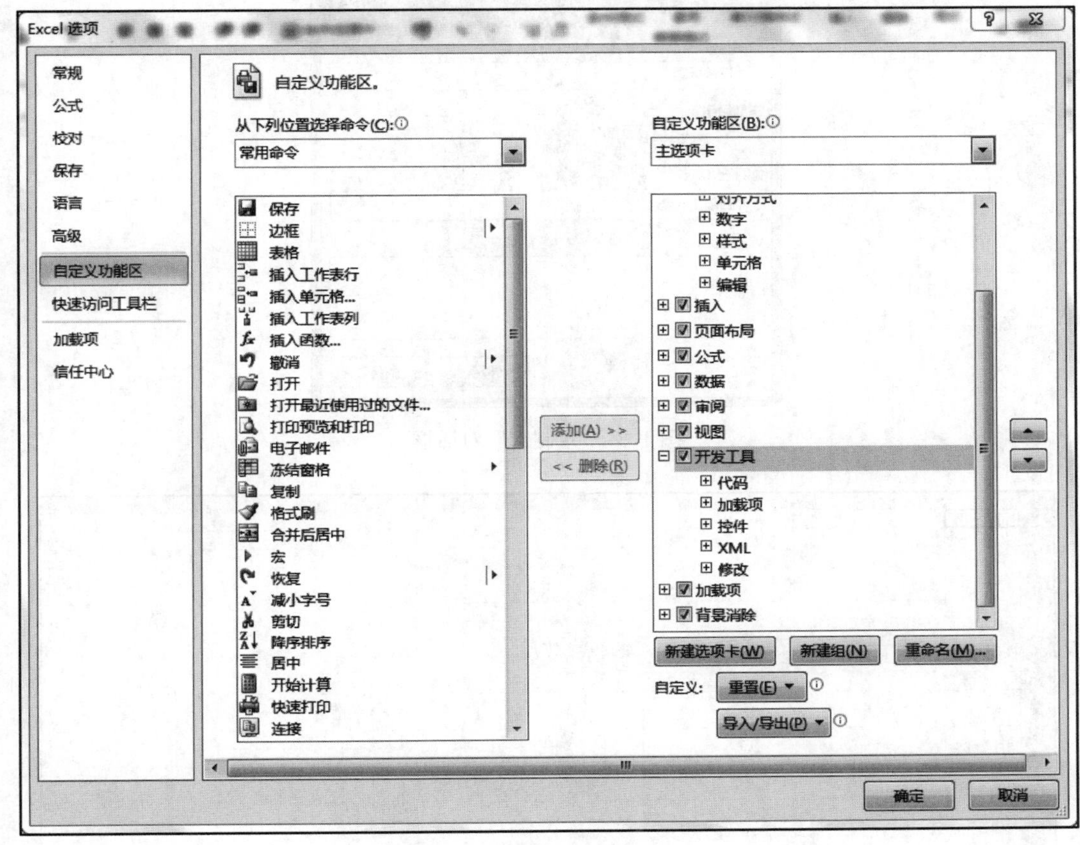

图 1–1 “Excel 选项”对话框

图 1–2 “开发工具”选项卡

【例 1–1】录制“设置标题”宏。

① 新建空白工作簿，单击“开发工具”选项卡｜“代码”组｜“录制宏”按钮，打开“录制宏”对话框，如图 1–3 所示。

② 在“录制宏”对话框中进行图 1–3 中所示的设置后单击“确定”按钮。

③ 选中 A1 至 F1 单元格，单击“开始”选项卡，在“字体”组中选择“粗体”“36 号”“红色”，在“对齐方式”组中选择“合并后居中”。

④ 单击“代码”组中的“停止录制”按钮。

3. 如何运行宏

（1）在 Sheet2 工作表的 A1 单元格中输入“标题示例”文本，如图 1–4 所示。

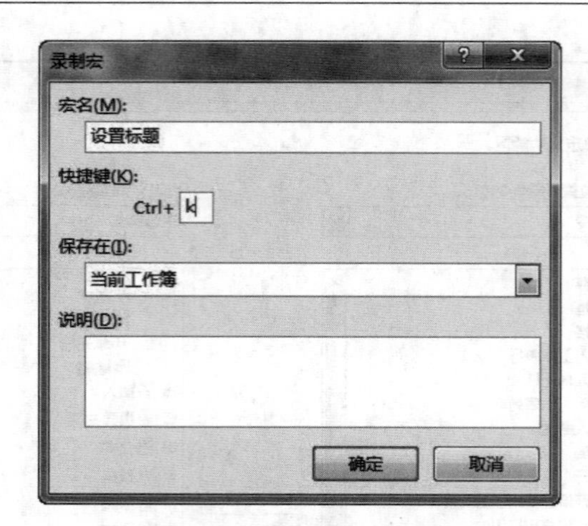

图 1–3　“录制宏”对话框

	A	B	C	D	E	F	G	H	I	J	K	L	M
1	标题示例												
2													
3													
4													
5													
6													
7													
8													
9													
10													
11													
12													
13													
14													
15													
16													
17													
18													
19													
20													
21													
22													
23													
24													
25													
26													
27													

图 1–4　输入标题

（2）单击“代码”组中的“宏”按钮。

（3）在弹出的“宏”对话框中选中“设置标题”宏，并单击“执行”按钮，如图 1–5 所示，本步骤也可以通过录制宏时设置的 Ctrl+K 键完成。

> 说明：本例利用 Excel 的录制宏功能，实现了快速创建固定格式标题的自动化实现。当录制宏开始后，用户所执行的大部分操作被 Excel 程序记录下来，并转换成 VBA 程序代码。录制结束后，用户可以通过“宏”对话框或者设置的快捷键运行该宏。录制宏之前，用户应事先计划所执行的操作，避免录制多余的动作。

4. 如何保存带有宏的工作簿

带有宏的工作簿必须另存为 Excel 启用宏的工作簿类型（xlsm），才能完整地保存宏。

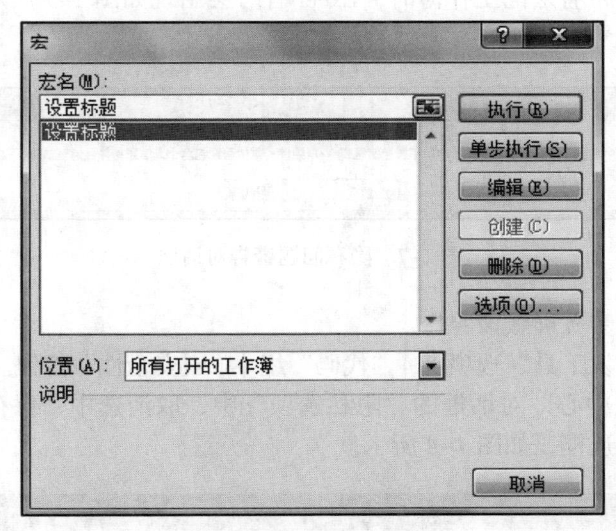

图 1–5 执行“设置标题”宏

保存例 1–1 中录制的宏的方法如下。

（1）单击“文件”菜单中的“另存为”命令。

（2）在“另存为”对话框中，将保存类型设置为“Excel 启用宏的工作簿”，单击“保存”按钮即可，如图 1–6 所示。

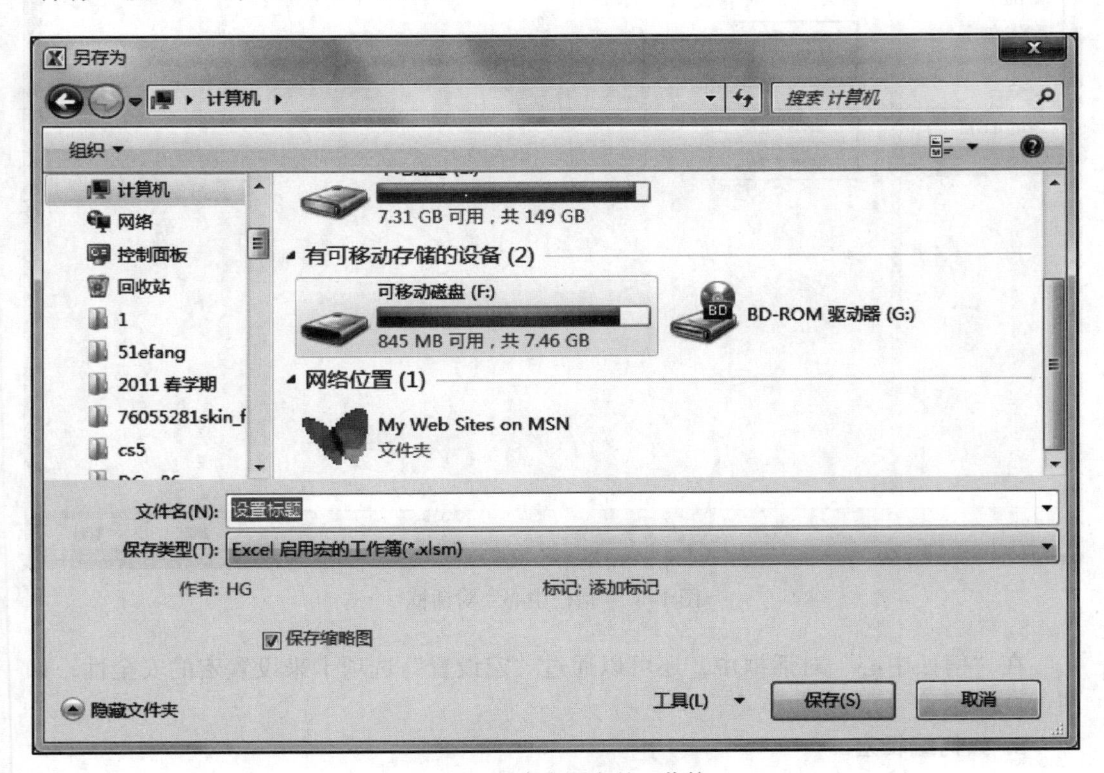

图 1–6 保存启用宏的工作簿

注意，当保存带有宏的工作簿时，Excel 有时会出现如图 1–7 所示的隐私问题警告对话框。

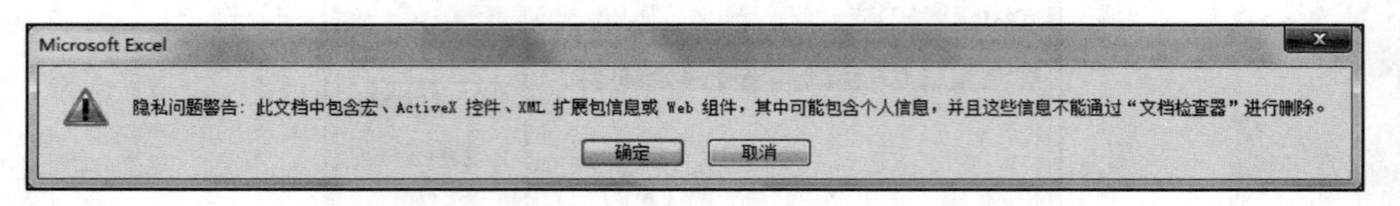

图 1–7 隐私问题警告对话框

可以通过以下步骤屏蔽该警告。

（1）单击“开发工具”选项卡｜“代码”组｜“宏安全性”按钮。

（2）在“信任中心”对话框的“隐私选项”中，取消选中“保存时从文件属性中删除个人信息”复选框，如图 1–8 所示。

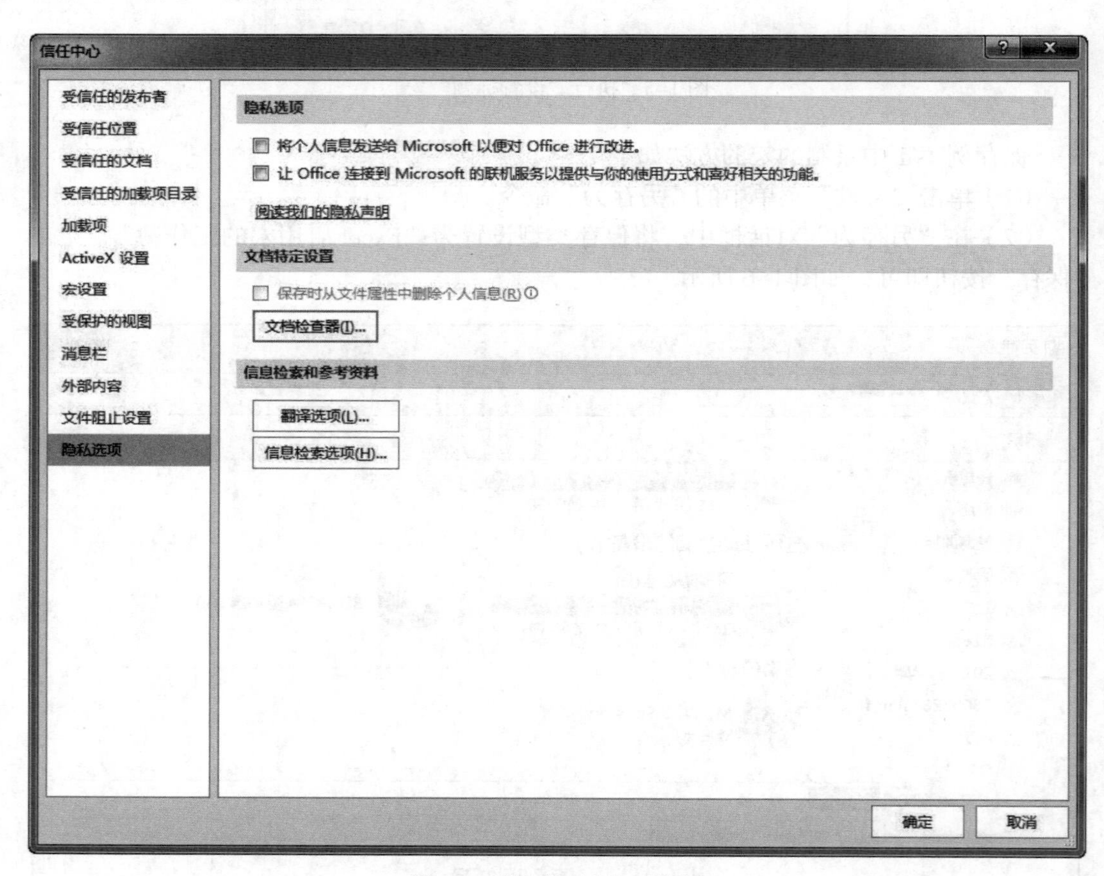

图 1–8 “信任中心”对话框

在“信任中心”对话框中，还可以通过“宏设置”选项卡来设置宏的安全性，如图 1–9 所示。

5. 如何编辑宏

通过“宏”对话框可以实现对已有的宏的编辑。

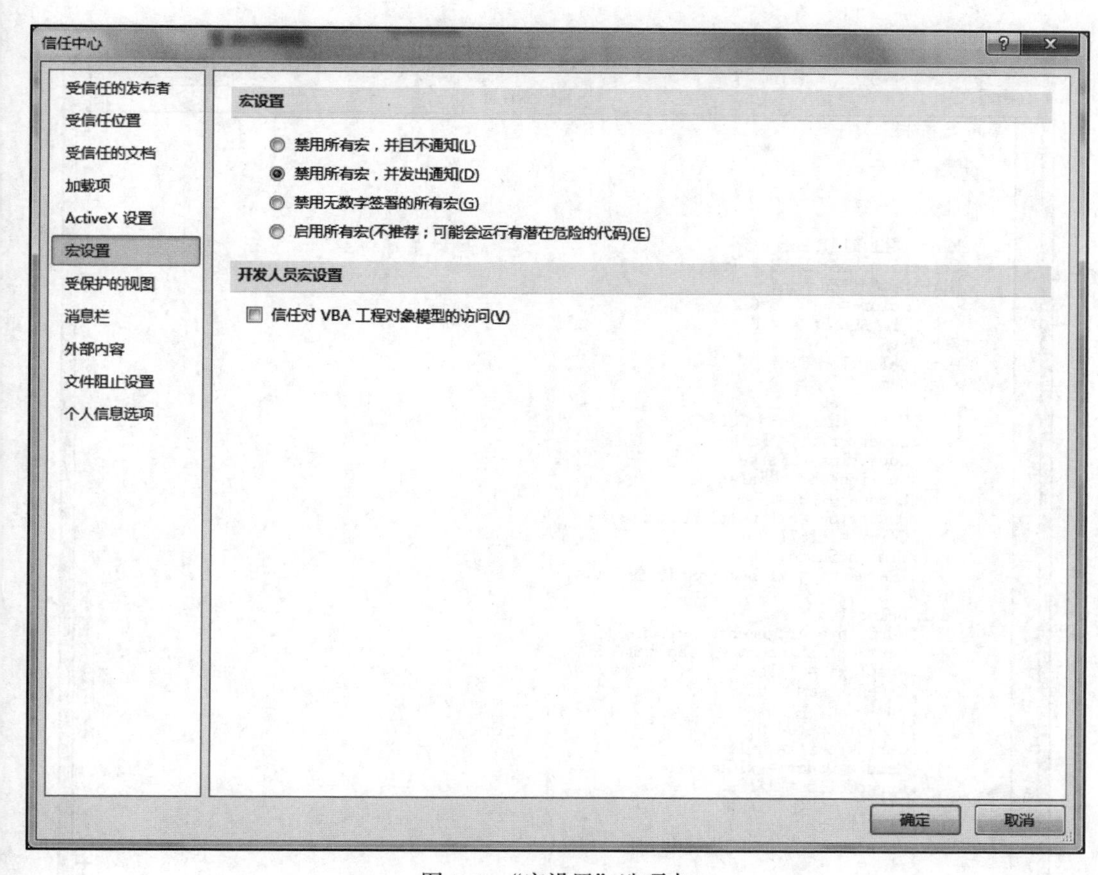

图 1–9 “宏设置”选项卡

【例 1–2】编辑“设置标题”宏，修改标题效果。

① 打开上例中保存的带有宏的工作簿，单击“开发工具”选项卡｜“代码”组｜“宏”按钮。

② 在弹出的“宏”对话框中选中“设置标题”宏，并单击“编辑”按钮。

③ 在弹出的 VBA 编辑窗口中即可查看该宏的代码，如图 1–10 所示。

说明：注意，录制宏时，如果操作顺序不同，产生的代码顺序也会不同。

④ 将代码“Range（"A1：F1"）.Select”中的 F1 修改为 F3，将代码“Size=36”中的 36 修改为 48，如图 1–11 所示。

⑤ 关闭 VBA 编辑窗口，重新执行该宏，观察执行效果。

每一个宏的代码都是可执行的程序，在 VBA 中称为一个过程。过程以 Sub 开头，End Sub 结尾。Sub 之后以空格隔开的文本是该过程的名称，也是宏的名称，如该例中的“设置标题”。Sub 与 End Sub 之间是录制该宏的一系列动作所产生的代码。上例中代码修改的作用是将标题设置范围从 A1：F1 区域修改为 A1：F3，并将标题的字号（size）改为 48。

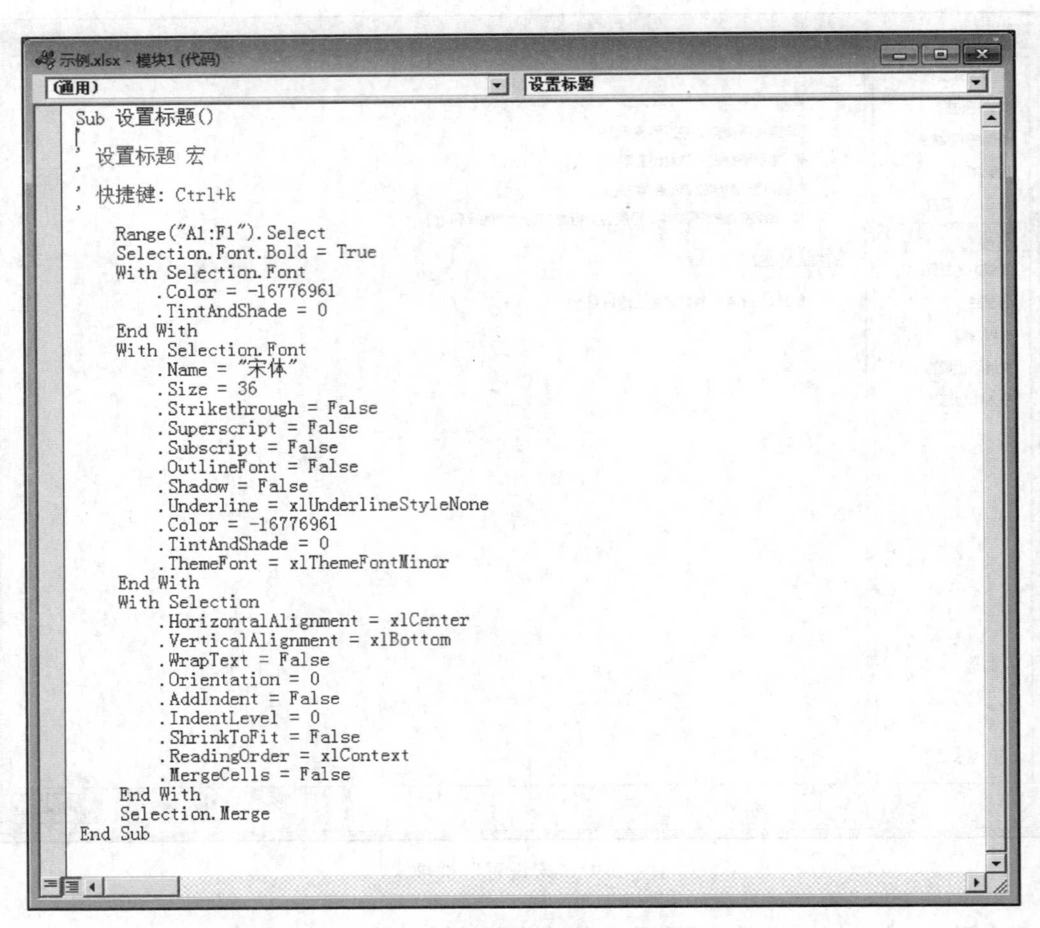

图 1-10 “设置标题”宏代码

Excel 中的 VBA 代码主要针对 Excel 的各对象进行操作，所以运用 VBA 编程之前，应先学习 VBA 的基本语法和 Excel 中的对象关系。

1.1.2　认识 VBE

微视频 1-2
VBE 操作

VBE（Visual Basic Editor）是 VBA 程序的编辑工具，它集成了对象属性设置以及代码编写、运行、调试等功能。

1. 如何打开 VBE

方法 1：利用“宏”对话框打开 VBA 编辑器。

方法 2：单击“开发工具”选项卡｜“代码”组｜“Visual Basic”按钮，打开 VBE。

方法 3：按 Alt+F11 键打开 VBA 编辑器，如图 1-12 所示。

2. VBE 的组成

VBE 窗口主要包括以下几部分。

工程资源管理器窗口：显示当前 VBA 工程中包含的所有部件（工作簿、工作表、窗体、模块等），如图 1-13 所示。

示例.xlsm - 模块1 (代码)

(通用) | 设置标题

```
Sub 设置标题()
'
' 设置标题 宏
' 自动实现标题设置
'
' 快捷键: Ctrl+k
'
    Range("A1:F3").Select
    Selection.Font.Bold = True
    With Selection.Font
        .Name = "宋体"
        .Size = 48
        .Strikethrough = False
        .Superscript = False
        .Subscript = False
        .OutlineFont = False
        .Shadow = False
        .Underline = xlUnderlineStyleNone
        .ThemeColor = xlThemeColorLight1
        .TintAndShade = 0
        .ThemeFont = xlThemeFontMinor
    End With
    With Selection.Font
        .Color = -16776961
        .TintAndShade = 0
    End With
    With Selection
        .HorizontalAlignment = xlCenter
        .VerticalAlignment = xlBottom
        .WrapText = False
        .Orientation = 0
        .AddIndent = False
        .IndentLevel = 0
        .ShrinkToFit = False
        .ReadingOrder = xlContext
        .MergeCells = False
    End With
    Selection.Merge
End Sub
```

图 1-11　代码修改

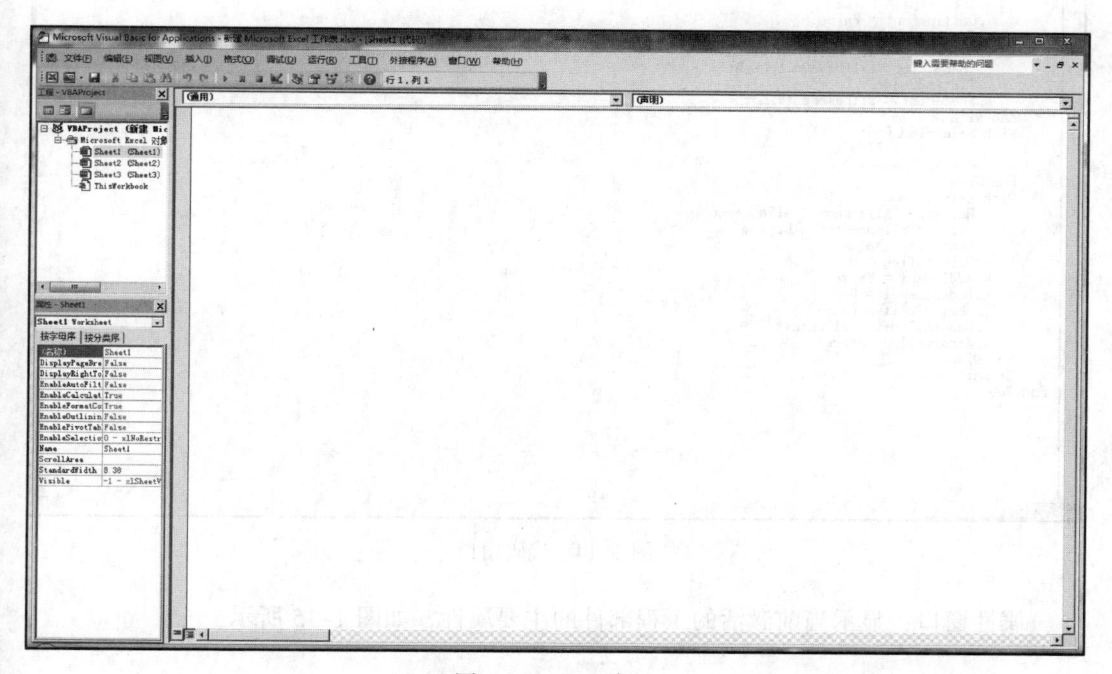

图 1-12　VBE 窗口

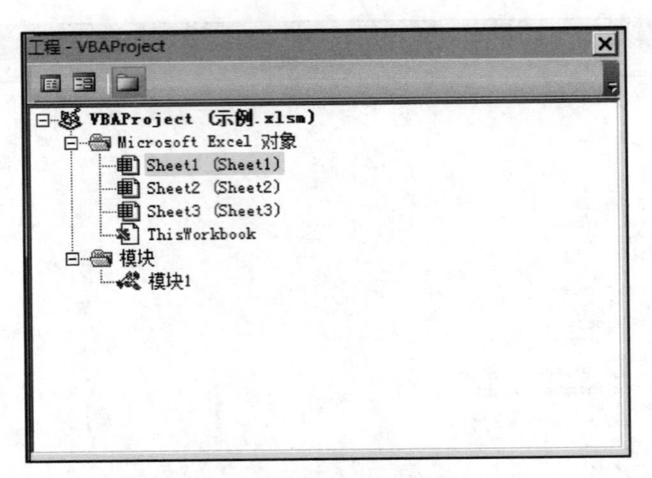

图 1-13　工程资源管理器窗口

代码窗口：显示和编辑 VBA 程序代码，如图 1-14 所示。

```
(通用)                                   设置标题
Sub 设置标题()
'
' 设置标题 宏
' 自动实现标题设置
'
' 快捷键: Ctrl+k
'
    Range("A1:F1").Select
    Selection.Font.Bold = True
    With Selection.Font
        .Name = "宋体"
        .Size = 36
        .Strikethrough = False
        .Superscript = False
        .Subscript = False
        .OutlineFont = False
        .Shadow = False
        .Underline = xlUnderlineStyleNone
        .ThemeColor = xlThemeColorLight1
        .TintAndShade = 0
        .ThemeFont = xlThemeFontMinor
    End With
    With Selection.Font
        .Color = -16776961
        .TintAndShade = 0
    End With
    With Selection
        .HorizontalAlignment = xlCenter
        .VerticalAlignment = xlBottom
        .WrapText = False
        .Orientation = 0
        .AddIndent = False
        .IndentLevel = 0
        .ShrinkToFit = False
        .ReadingOrder = xlContext
        .MergeCells = False
    End With
    Selection.Merge
End Sub
```

图 1-14　代码窗口

属性窗口：显示当前激活的工程部件的主要属性，如图 1-15 所示。

属性 - Sheet1

Sheet1 Worksheet

按字母序 | 按分类序

(名称)	Sheet1
DisplayPageBreaks	False
DisplayRightToLeft	False
EnableAutoFilter	False
EnableCalculation	True
EnableFormatConditionsCalculatio	True
EnableOutlining	False
EnablePivotTable	False
EnableSelection	0 - xlNoRestrictions
Name	Sheet1
ScrollArea	
StandardWidth	8.38
Visible	-1 - xlSheetVisible

图 1–15 属性窗口

> 说明：VBE 中还包括监视窗口、立即窗口、本地窗口等其他窗口。
> 监视窗口：显示被监视的指定表达式的值。
> 立即窗口：执行单行语句或显示调试打印的表达式的值。
> 本地窗口：显示当前运行的过程中所包含的变量的值。

1.1.3 如何编写 VBA 程序

1. 利用 VBE 完成程序编写

VBA 程序可以书写在工程资源管理器的任何对象中，通常可以将程序创建在 VBA 过程（Sub）中，利用 VBE 完成程序的编写工作。

【例 1–3】编写 VBA 程序。

① 创建一个 Excel 新工作簿，按 Alt+F11 键打开 VBE。

② 选择“插入”|“模块”命令，如图 1–16 所示。

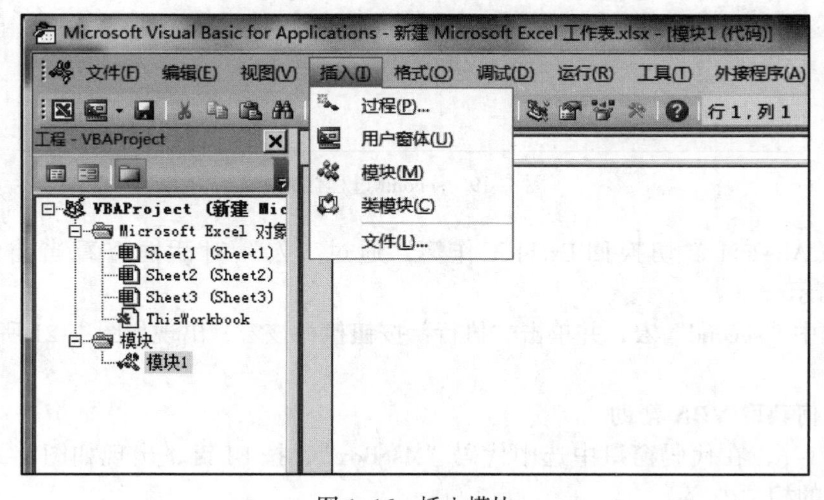

图 1–16 插入模块

③ 在工程资源管理器中双击新插入的“模块 1”，在右边的代码窗口中输入如下代码：

```
Sub first( )
    MsgBox "这是我的第一个 VBA 程序!"
End Sub
```

④ 如图 1–17 所示，在标准工具栏中单击“运行子程序”按钮，观察运行结果。

图 1–17　标准工具栏

first 过程运行后将出现一个消息对话框，如图 1–18 所示。

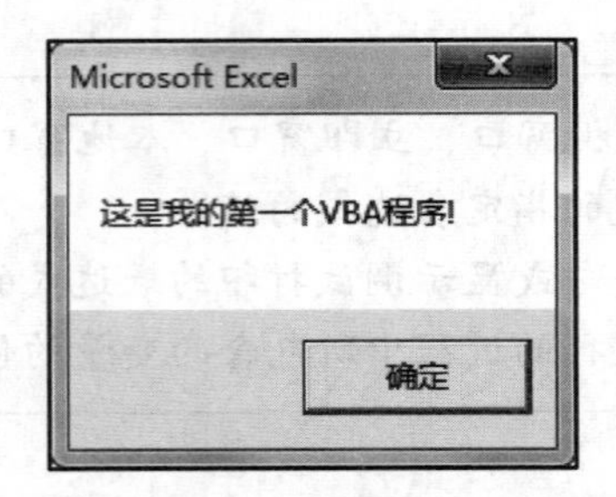

图 1–18　first 过程消息对话框

⑤ 在 VBE 中接着上面的实例，在代码窗口中再增加一段代码，增加后的代码窗口如图 1–19 所示。

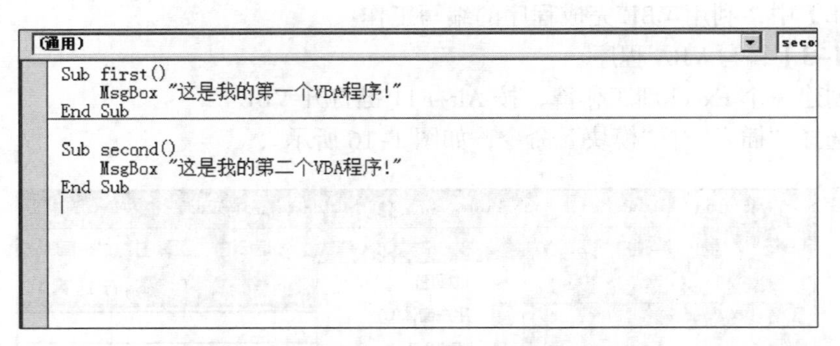

图 1–19　second 过程代码

⑥ 按 Alt+F11 键切换回 Excel 工作簿，通过“宏”对话框查看当前的宏，如图 1–20 所示。

⑦ 选中“second”宏，并单击“执行”按钮执行该宏，出现如图 1–21 所示的消息对话框。

2. 如何获取 VBA 帮助

接例 1–3，在代码窗口中选中代码“MsgBox”，按 F1 键，出现如图 1–22 所示的 VBA 帮助的相关内容。

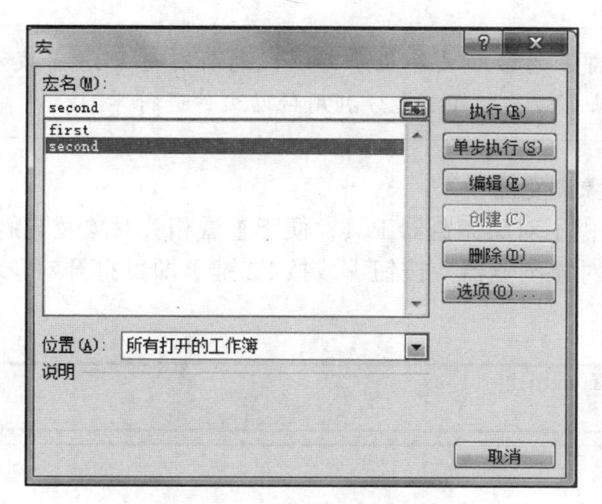

图 1-20 “宏”对话框

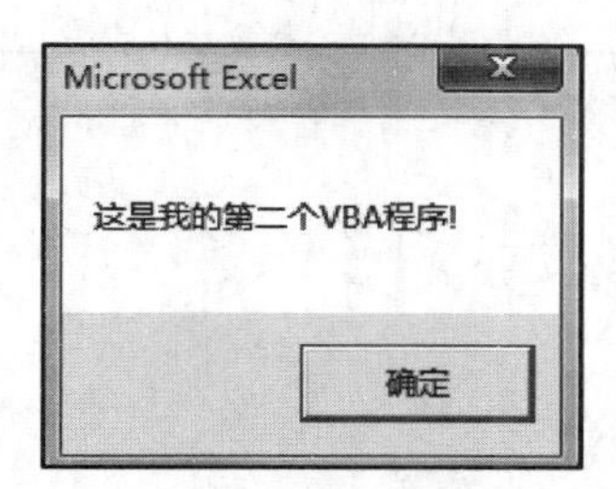

图 1-21 second 过程消息对话框

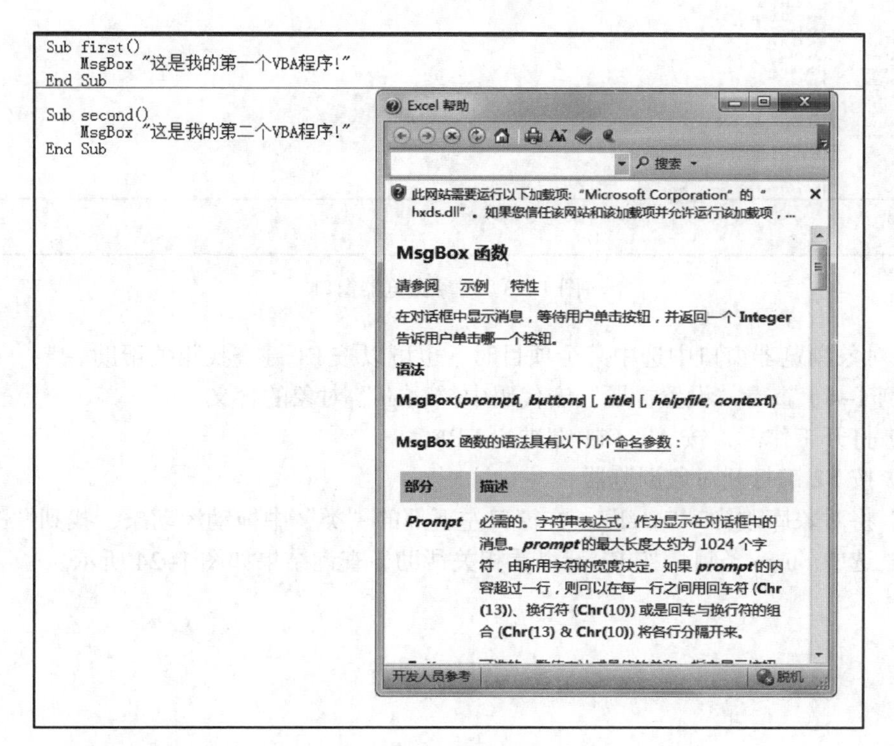

图 1-22 VBA 帮助

> 说明：Excel 自带的帮助文件几乎可以找到所有与 VBA 开发相关的帮助信息，还提供了示例代码，初学者可以充分利用帮助文件进行学习。

3. 如何使用对象浏览器

在 VBE 中，提供了对象浏览器工具，便于查看相关对象及它们的属性。只需在标准工具栏中单击“对象浏览器”按钮（或按 F2 键）即可打开对象浏览器，如图 1–23 所示。

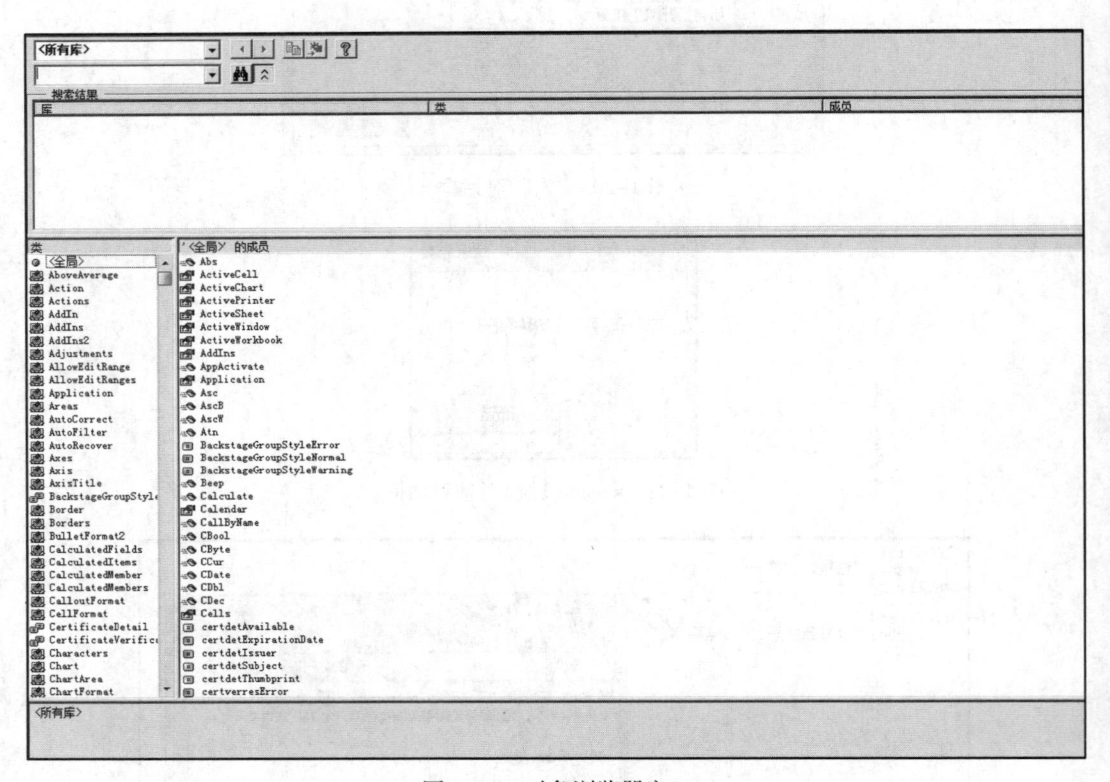

图 1–23 对象浏览器窗口

在对象浏览器窗口中选中某个项目时，也可以按 F1 键查找相关帮助。

【**例 1–4**】查看“设置标题”宏代码中“range”对象的含义。

① 打开工作簿，按 Alt+F11 键进入 VBE。

② 按 F2 键打开对象浏览器。

③ 将对象库改为“Excel”，在窗口左下部的“类”中拖动滚动条，找到“range”。

④ 选中 range 条目，按 F1 键查看相关帮助，查询结果如图 1–24 所示。

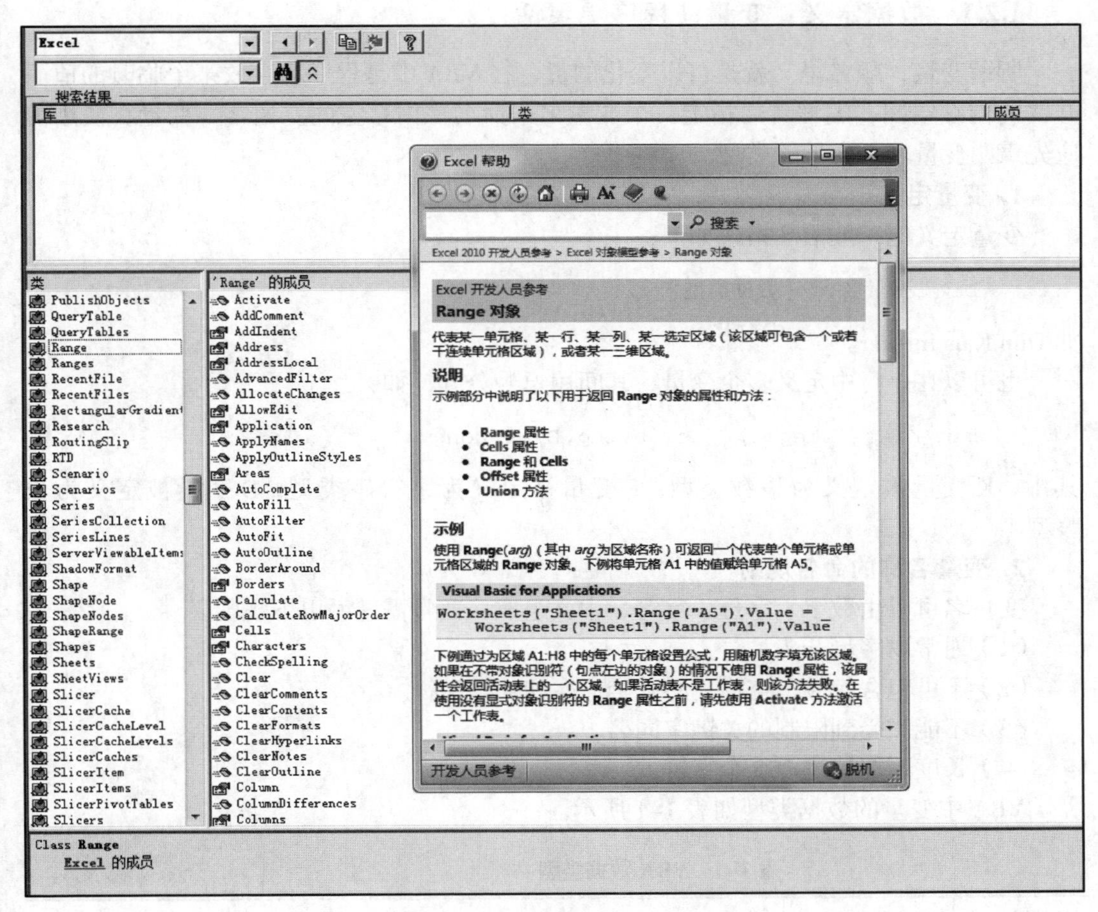

图 1-24 “Excel 帮助”窗口

1.2 VBA 语法基础

运用 VBA 编程，应先学习 VBA 的基本语法，本节主要介绍变量定义及计算、分支结构、循环结构、过程与函数等 VBA 基本语法。

VBA 编程的书写原则如下。

（1）一般每条语句占一行。

（2）在同一行上可以书写多条语句，但语句之间必须用冒号“：”分隔。

（3）若某条语句无法书写在一行上，为了不影响程序的编写和阅读，可以在本行后加入空格和下划线“_”组成的续行符，将剩余语句转写在下一行。

（4）代码中单引号后面的内容为程序的注释内容，不参与程序的执行。

1.2.1　数据定义：变量使程序更灵活

所谓变量，顾名思义就是可以变化的量。在 VBA 中是程序为存放某个临时的值而开辟的内存空间，编程者需指定一个变量名来命名该内存空间。通常，变量在使用前应先声明变量名和变量的类型。

1. 变量定义

变量定义的一般语法格式如下：

```
Dim  变量名 as [数据类型]
```

如 Dim K as Integer。

也可以在一行中定义多个变量，其间用逗号分开，如：

```
Dim K As Integer,F As String,D As Long
```

其中，K 变量被定义为整数类型，F 变量被定义为字符串类型，D 变量被定义为长整型。

2. 变量名称的命名规则

变量名可以由数字、字母、字符、中文组成，通常需遵循以下规则。

（1）通常以字母开头。

（2）不可包含句号、空格、感叹号、& 和 # 等字符。

（3）不能和受到限制的关键字同名。

（4）长度不能超过 255 个字符。

VBA 中变量的数据类型如表 1–1 所示。

表 1–1　VBA 数据类型

数据类型	关键字	类型说明符	存储空间 /B	表示范围
字节型	Byte	无	1	0 ~ 255
整型	Integer	%	2	–32 768 ~ 32 767
长整型	Long	&	4	$-2^{31} \sim 2^{31}-1$
单精度型	Single	!	4	$-3.4\times10^{38} \sim 3.4\times10^{38}$
双精度型	Double	#	8	$-1.7\times10^{308} \sim 1.7\times10^{308}$
货币型	Currency	@	8	–922 337 203 685 477.580 8 ~ 922 337 203 685 477.580 7
字符串型	String	$	不定	0 ~ 2^{31} 个字符
字符串型	String		字符串长度	1 ~ 65 535 个字符
日期型	Data	无	8	100.1.1 ~ 9999.12.31
对象型	Object	无	4	任何对象引用
变体型	Variant	无	≥ 16	可表示任意数据
逻辑型	Boolean	无	2	True 或 False

3. 变量赋值

定义后的变量可以进行使用，通常可以将相同类型的数据值赋予变量，变量的赋值语句语法格式如下：

```
变量或对象属性 = 表达式
例如：
Dim a As Integer,s As String,flag As Boolean,b as integer
a=300               '将 300 赋给变量 a
s="VBA 编程 "        '将 "VBA 编程 " 字符串赋给变量 s
flag=True           '将逻辑值 True 赋给变量 flag
a=a+300             '变量 a 赋值为自己的原值加 300
a=b                 '将变量 b 的值赋给变量 a
```

“'”表示其后为程序注释。

1.2.2 数据计算：VBA 中的计算

在程序中，经常需要对数据进行计算，常见的计算包括算术运算、字符运算、关系运算和逻辑运算四类。

VBA 中的算术运算符有如下几种。

^（乘方）　　+（加）

-（减 / 负号）　　*（乘）

/（除）　　\（整除）

Mod（取余数）

例如，a^2 表示计算变量 a 的平方，8\5 的结果是 1，8 Mod 5 的结果是 3。

算术运算符的运算次序如下：

^→ - →*和 /→\ →Mod→+和 -

说明：

① 除了 -（负号）为单目运算符外，其余的运算符均为双目运算符。

② 使用 Mod（取余数）运算和 \（整除）运算时，操作数应为整型，否则会转换成整型或长整型后再运算。

③ 算术运算符两边的操作数应为数值型数据，若不是，则按自动转换的原则转换成数值类型后参与运算，如转换不成功，则出错。

字符串运算符有 & 和 +，其功能是将两个字符串连接成一个字符串。

例如，"500" +"123" 结果为 "500123"，"hello" & " world" 结果为 "hello world"。

关系运算符又称比较运算符。关系运算符比较两个操作数之间的关系，其结果为逻辑值 True 或 False。若关系成立，结果为 True；若关系不成立，结果为 False。VBA 中的关系运算符包括“=”“<>”“<”“<=”“>”“>=”等，如表 1-2 所示。

表 1–2　关系运算符

运算符	含义	示例	结果
=	等于	1=2	False
<>	不等于	1<>2	True
>	大于	1>2	False
>=	大于或等于	1>=2	False
<	小于	1<2	True
<=	小于或等于	1<=2	True
Like	字符串匹配	“abcd” like “ab”	True
Is	对象引用比较		

关系运算的规则如下。

（1）当两个操作数均为数值型时，按数值大小比较。

（2）当两个字符串进行比较时，则按字符的 ASCII 码值从左到右一一比较，直到出现不同的字符为止。若前面完全相同，但字符串长度不同，则长大短小。例如，"ABCDE" > "ABRA"，结果为 False。

（3）数值型与可转换为数值型的数据比较，按数值大小比较，例如，29 > "189"，结果为 False。

逻辑运算符又称布尔运算符，用于对操作数进行各种逻辑运算，结果是逻辑值 True 或 False。在进行逻辑运算时，非零数据视为 True，零为 False。表 1–3 列出了 VBA 中常见的逻辑运算符。

表 1–3　逻辑运算符

运算符	含义	优先级	说明
Not	非	1	单目运算符
And	与	2	双目运算符
Or	或	3	双目运算符
Xor	异或	3	双目运算符

表 1–4 所示为逻辑运算的运算规则。

表 1–4　逻辑运算规则

X	Y	Not X	X And Y	X Or Y
True	True	False	True	True
True	False	False	False	True
False	True	True	False	True
False	False	True	False	False

1.2.3　VBA 的控制结构

VBA 开发中设计的算法通常为顺序结构、分支结构、循环结构三种基本结构的组合。在顺序结构中，程序根据语句书写的顺序从上往下依次执行语句，不需要专门的语法实现，所以这里将重点学习分支结构和循环结构在 VBA 编程中的实现。

1. 分支结构

分支结构分为单分支结构、双分支结构和多分支结构三种形式。

单分支结构如图 1-25 所示。双分支结构如图 1-26 所示。多分支结构如图 1-27 所示。

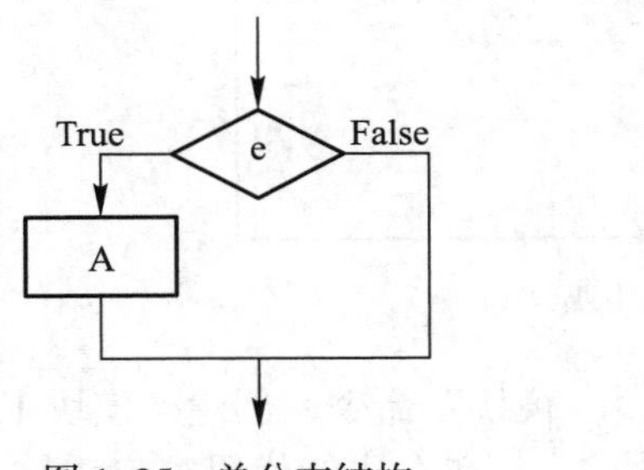

图 1-25　单分支结构

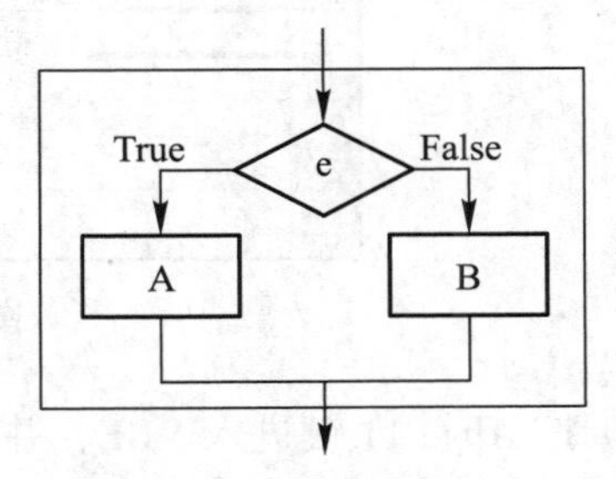

图 1-26　双分支结构

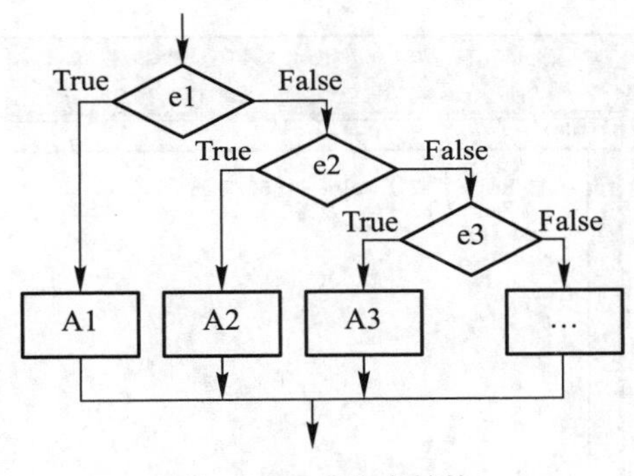

图 1-27　多分支结构

菱形中的 e 一般是关系表达式或逻辑表达式，表达式值为 True（真）或 False（假）；也可以是算术表达式，表达式值非零时为 True（真），零时为 False（假）。矩形中的 A、B 为条件满足时相对应的执行语句体。

微视频 1-3
分支结构—If 结构

在 VBA 中提供了多种分支结构实现的语法。其中，以 If 语句和 Select Case 语句使用最为广泛。

1）If 语句分支结构

（1）If…Then 语句（单分支结构）包括以下两种形式。

形式 1：

```
If e Then
   A 组语句
```

```
End If
```

形式 2：

```
If e Then <语句>
```

【例 1–5】考试成绩等级判定（单分支结构应用）。

① 新建如图 1–28 所示的工作簿。

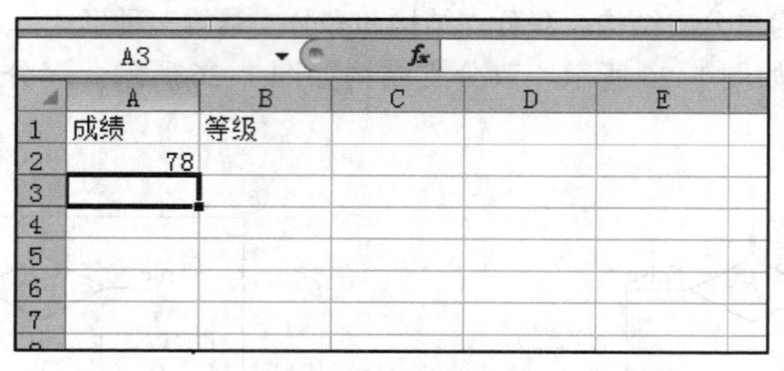

图 1–28　新建工作簿

② 按 Alt+F11 键进入 VBE，并选择“插入”｜“模块”命令，创建“模块 1”。

③ 在工程资源管理器中双击新插入的“模块 1”，在右边的代码窗口中输入相应代码，如图 1–29 所示。

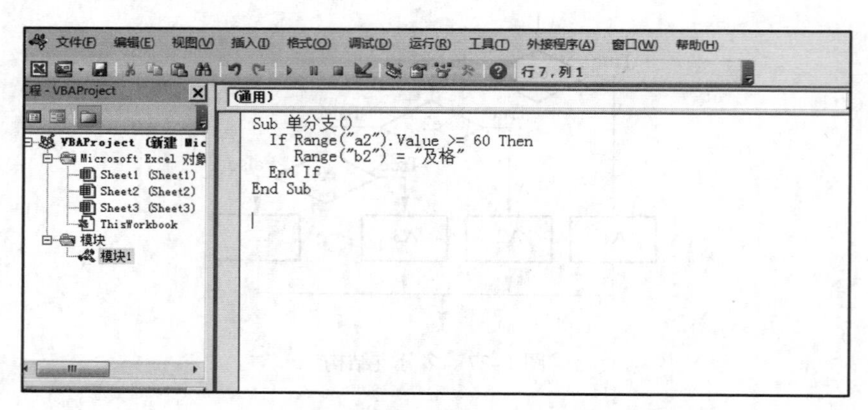

图 1–29　单分支结构代码

④ 运行程序后，切换回 Excel 界面，观察运行结果。

> 说明：代码中的 Range 表示 Excel 中的单元格对象。

（2）If…Then…Else 语句（双分支结构）包括以下两种形式。

形式 1：

```
If e Then
   A 组语句
Else
```

```
    B 组语句
End If
```

形式 2：

```
If  e  Then < 语句 > Else < 语句 >
```

【例 1–6】考试成绩等级判定（双分支结构应用）。

① 接例 1–5，打开 VBE，修改代码如图 1–30 所示。

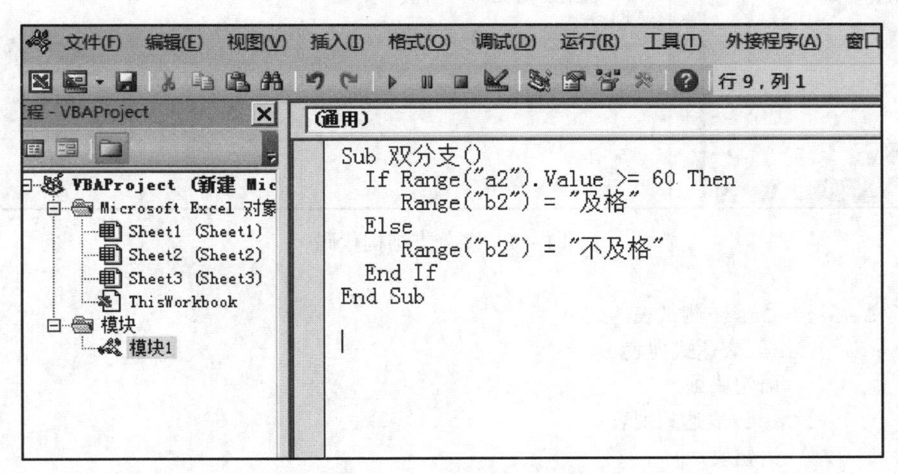

图 1–30　双分支结构代码

② 运行程序后，切换回 Excel 界面，观察运行结果。

③ 将 A1 单元格的值改为 45，重新运行程序，观察运行结果。

（3）If…Then…ElseIf 语句（多分支结构）的形式如下：

```
If e1 Then
        A1 组语句
ElseIf e2 Then
       A2 组语句
...
Else
An+1 组语句
End if
```

注意：语句中的 ElseIf 不能分开书写为 Else　If。

【例 1–7】考试成绩等级判定（多分支结构应用）。

① 接例 1–6，打开 VBE，修改代码如图 1–31 所示。

② 运行程序后，切换回 Excel 界面，观察运行结果。

③ 依次将 A1 单元格的值改为 45、67、87、99，观察每次的运行结果。

2）Select Case 语句（情况语句）

其语法格式如下：

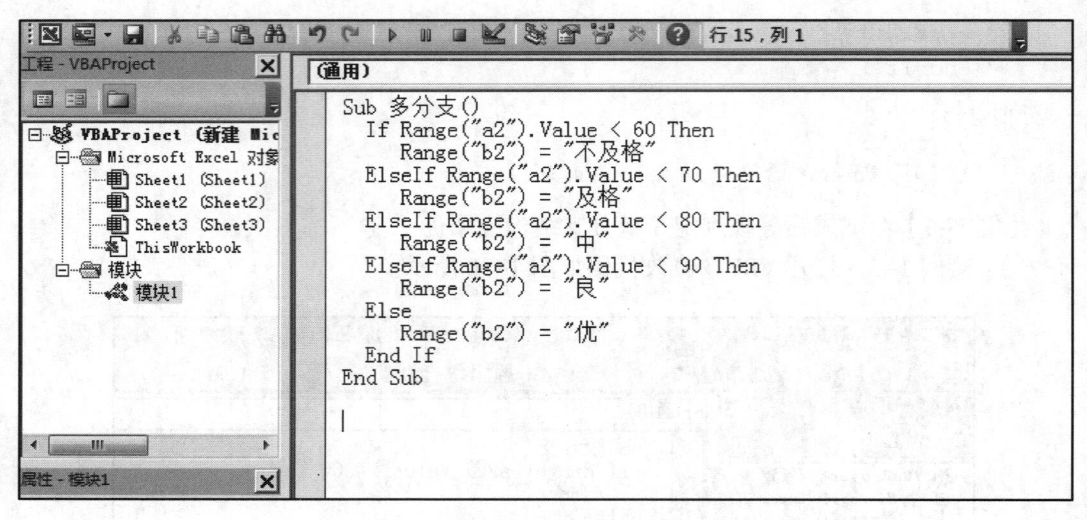

图 1-31　多分支结构代码

微视频 1-4
分支结构—Select 结构

```
Select Case 测试表达式
    Case 表达式列表 1
      语句块 1
    [Case 表达式列表 2
      语句块 2]
      [… ]
    [Case Else
      语句块 n+1]
End Select
```

此语法含义为根据测试表达式的值，从多个语句块中选择一个符合条件的去执行。具体的执行方式为：先求测试表达式的值，然后逐个检查每个 Case 语句的测试项，如果测试表达式的值满足 Case 后面的某个测试项，则系统执行该 Case 语句后面的语句块；若没有满足条件的测试项，则执行 Case Else 下的语句块。

注意：

① 测试表达式应与表达式列表 1、表达式列表 2 等测试项同类型，可为数值或字符串表达式。

② 表达式列表一般有以下几种类型。

- 表达式，如 Case　A+5。
- 一组枚举表达式（用逗号分隔），如 Case　2，4，6，8。
- 表达式 1 To 表达式 2，如 Case　60 To 100。
- Is 关系运算符表达式，如 Case　Is<60。
- 前面 4 种情况的组合，如 Case　Is>0，2，4，6，8。

【例 1-8】考试成绩多等级判定（Select Case 语句实现）。

① 接例 1-7，打开 VBE，修改代码如图 1-32 所示。

② 运行程序后，切换回 Excel 界面，观察运行结果。

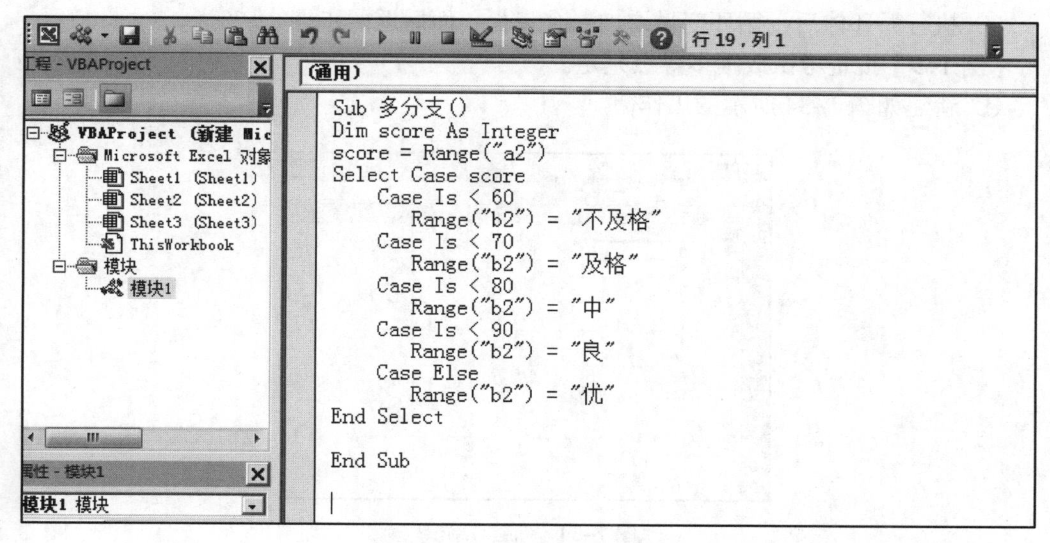

图 1-32　Select Case 代码

③ 依次将 A1 单元格的值改为 45、67、87、99，观察每次的运行结果。

2. 循环结构

在 VBA 中提供了多种循环结构实现的语法。其中，以 For… Next 循环语句和 Do… Loop 循环语句使用最为广泛。

微视频 1-5
循环结构—For 结构

1）For…Next 循环语句

For… Next 循环语句的循环结构如图 1-33 所示。其形式如下：

```
For 循环变量 = 初值 To 终值 [ Step 步长 ]
语句块
    [ Exit For ]
语句块
    Next 循环变量
```

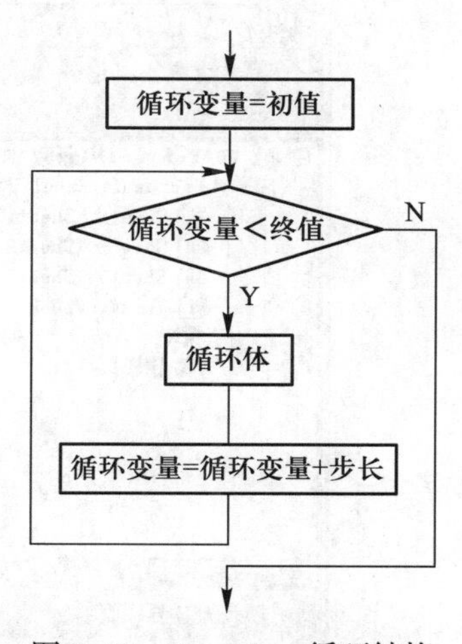

图 1-33　For…Next 循环结构

其中：

① 循环变量应为数值型变量。

② 步长是每次循环变量的增量，步长 >0 时，终值应大于或等于初值，否则循环不执行；步长为 1 时，可省略；步长 <0 时，终值应小于或等于初值，否则循环不执行；当步长 =0 时，若循环体内没有改变循环变量的语句，则发生“死循环”（循环无法结束）。

③ 初值、终值及步长必须为数值表达式。

For…Next 循环结构的执行过程如下。

① 首先计算初值、终值和步长。

② 将初值赋给循环变量。

③ 判断循环变量的值是否超过终值，如果未超过，执行循环体内的语句；否则，退出整个循环体，执行 Next 语句下面的语句。

④ 执行循环体后，循环变量增加一个步长，而后返回步骤③。

【**例 1–9**】批量考试成绩多等级判定。

① 新建如图 1–34 所示的工作簿。

	A	B	C	D	E	F
1	成绩	等级				
2	69					
3	78					
4	55					
5	89					
6	91					
7	46					
8	79					
9	66					
10	80					
11						
12						
13						
14						
15						

图 1–34　新建工作簿

② 按 Alt+F11 键，进入 VBE，并选择“插入”｜“模块”命令，创建“模块 1”。

③ 在工程资源管理器中双击新插入的“模块 1”，在右边的代码窗口中输入相应代码，如图 1–35 所示。

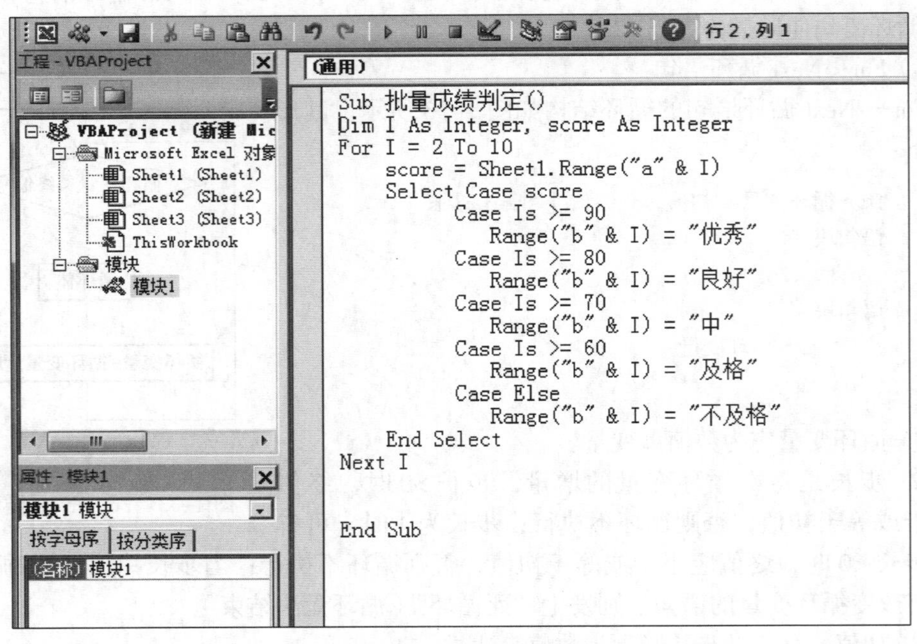

图 1–35　For 循环代码

④ 运行程序后，切换回 Excel 界面，观察运行结果，运行结果如图 1–36 所示。

2）Do…Loop 循环语句

Do…Loop 循环语句的循环结构有 4 种，分为当型循环（While）和直到型循环（Until）两大类，如图 1–37 所示。

B2 | f_x 及格

	A	B	C	D	E
1	成绩	等级			
2	69	及格			
3	78	中			
4	55	不及格			
5	89	良好			
6	91	优秀			
7	46	不及格			
8	79	中			
9	66	及格			
10	80	良好			
11					
12					
13					
14					
15					
16					

图 1-36 循环运行结果

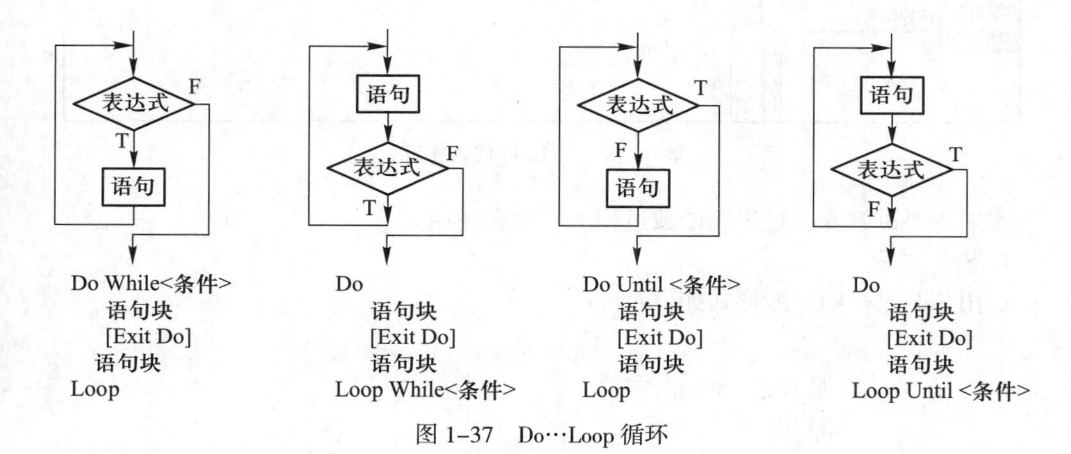

图 1-37 Do…Loop 循环

【例 1-10】批量考试成绩多等级判定（Do…Loop）。

① 接例 1-9，打开 VBE，修改代码如图 1-38 所示。

② 运行程序后，切换回 Excel 界面，观察运行结果。

微视频 1-6
循环结构—Do…Loop 结构

1.2.4 过程与函数

在 VBA 中，过程是一组指令，在程序运行时完成一些具体的任务。VBA 有以下三种过程。

（1）Sub 过程：即子程序，执行一些有用的任务但是不返回任何值，其以关键字 Sub 开头，以关键字 End Sub 结束。子程序可以用宏录制器录制或者在 VBE 里直接编写。

（2）函数过程（Function）：执行具体任务并返回值，其以关键字 Function 开头，以关键字 End Function 结束。函数过程可以从子程序里执行，也可以从工作表里访问，就像 Excel 的内置函数一样。

（3）属性过程：用于自定义对象。使用属性过程可以设置和获取对象属性的值，或者设置对另外一个对象的引用。

微视频 1-7
过程与函数

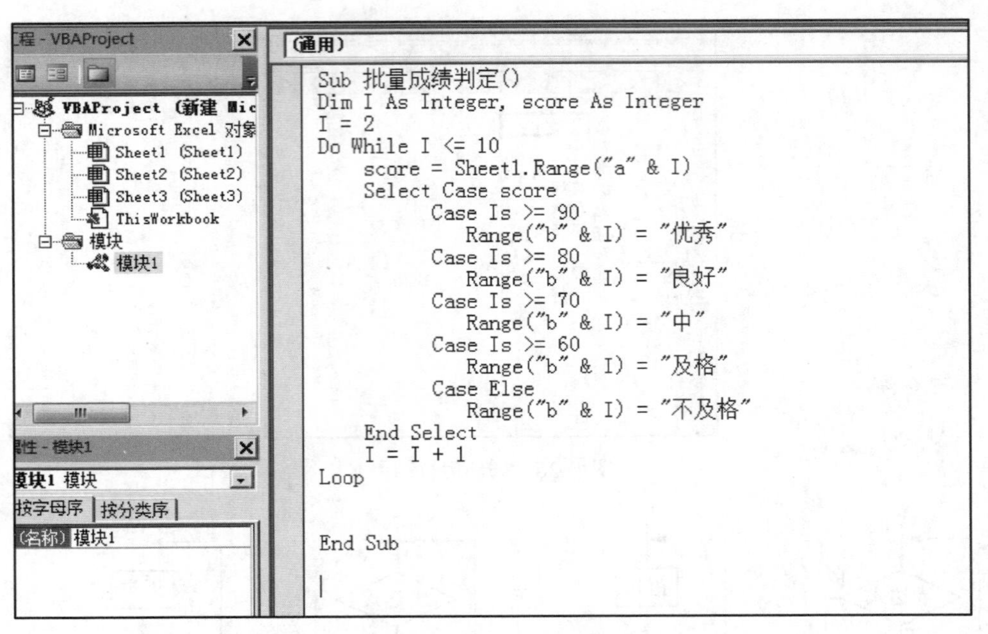

图 1–38　Do Loop 代码实现

本书主要讲解 Sub 过程和函数过程的开发和使用。

1. Sub 过程

通用 Sub 过程的一般形式如下：

```
[Private|Public][Static] Sub 过程名([参数列表])
        [局部变量和常量声明]
        语句块
        [Exit Sub]
        语句块
End Sub
```

Sub 过程不能嵌套定义，即在 Sub 过程中不可以再定义 Sub 过程或 Function 过程；但可以嵌套调用。

以 Private 为前缀的 Sub 过程是模块级的（私有的）过程，只能被本模块内的事件过程或其他过程调用。以 Public 为前缀的 Sub 过程是应用程序级的（公有的或全局的）过程，在应用程序的任何模块中都可以调用它。若省略 Private|Public 选项，则系统默认值为 Public。Static 选项指定过程中的局部变量为“静态”变量 。

参数列表中的参数称为形式参数，可以是变量名或数组名。若有多个参数，各参数之间用逗号分隔。VBA 的过程可以没有参数，但一对圆括号不可以省略。不含参数的过程称为无参过程。Exit Sub 语句可以结束过程的执行，返回调用点。

Sub 过程的编写与执行，在前面的例题中已经做过简单介绍，下面通过一个例题进一步讲解。

【例 1–11】编写自定义 Sub 过程，统计表格中选定区域的信息。

① 新建 Excel 文件，并按照图 1–39 输入相应数据。

	A	B	C	D
1	姓名	语文	数学	英语
2	祁　红	78	95	68
3	杨　明	91		97
4	江　华	46	55	
5	成　燕		48	99
6	达晶华	59	99	47
7	刘　珍	82	78	47
8	风　玲	85	89	
9	艾　提	90	59	90
10	康众喜		69	93

图 1–39　学生成绩表

② 在 VBE 中插入模块，并按照图 1–40 完成“区域统计”Sub 过程代码。

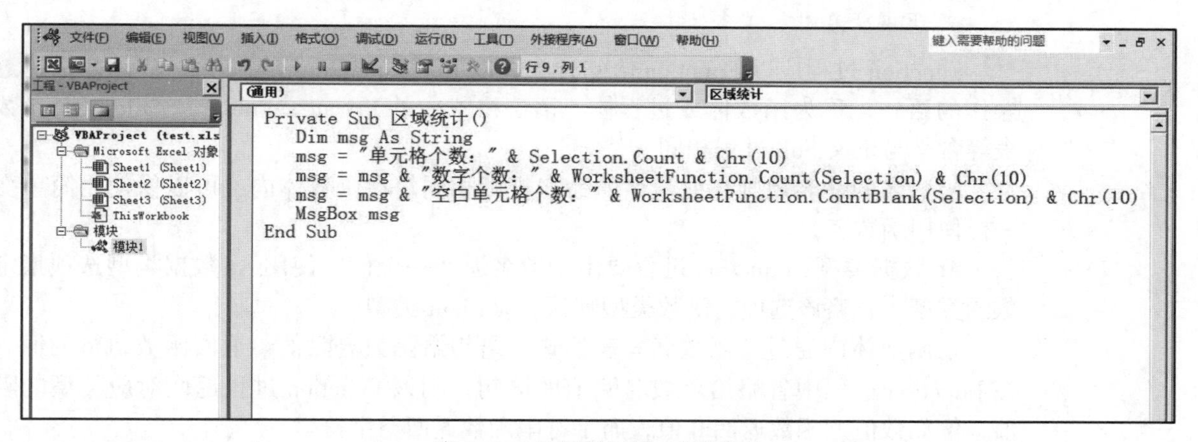

```
Private Sub 区域统计()
    Dim msg As String
    msg = "单元格个数：" & Selection.Count & Chr(10)
    msg = msg & "数字个数：" & WorksheetFunction.Count(Selection) & Chr(10)
    msg = msg & "空白单元格个数：" & WorksheetFunction.CountBlank(Selection) & Chr(10)
    MsgBox msg
End Sub
```

图 1–40　“区域统计”过程代码

回到工作表中，选择 A2 : D10 区域，按 Alt+F8 键，执行“区域统计”过程，执行结果如图 1–41 所示。

	A	B	C	D
1	姓名	语文	数学	英语
2	祁　红	78	95	68
3	杨　明	91		97
4	江　华	46	55	
5	成　燕		48	99
6	达晶华	59	99	47
7	刘　珍	82	78	47
8	风　玲	85	89	
9	艾　提	90	59	90
10	康众喜		69	93

Microsoft Excel

单元格个数 : 36
数字个数 : 22
空白单元格个数 : 5

确定

图 1–41　“区域统计”过程执行结果

> 说明：可以按 F1 键查看帮助，辅助理解“区域统计”过程中代码的含义。

2. 函数过程（Function）

使用 Excel 自带的几百种内置函数，可以进行非常广泛的自动计算。当内置函数无法满足应用需求时，可以使用 VBA 编程，通过创建函数过程快速完成应用需求。

定义 Function 过程的形式如下：

```
[Private|Public][Static] Function 函数名([参数列表])[AS 数据类型]
        [局部变量和常数声明]
        [语句块]
        [函数名 = 表达式]
        [Exit Function]
        [语句块]
        [函数名 = 表达式]
End Function
```

Function 过程应以 Function 语句开头，以 End Function 语句结束。中间是描述过程操作的语句，称为函数体或过程体。语法格式中的 Private、Public、Static 以及参数列表等含义与定义 Sub 过程相同。

函数名的命名规则与变量名的命名规则相同。在函数体内，可以像使用简单变量一样使用函数名。

As 数据类型：Function 过程要由函数名返回一个值，使用 As 数据类型选项指定函数的类型。省略该选项，函数类型默认为 Variant 类型。

在函数体内通过“函数名 = 表达式”语句给函数名赋值，返回函数执行的值。若在 Function 过程中省略给函数名赋值的语句，则该 Function 过程返回对应类型的默认值，例如数值型函数返回 0 值，而字符串函数返回空字符串。

在函数体内可以含有多条 Exit Function 语句，程序执行 Exit Function 语句将退出 Function 过程返回调用点。

【例 1–12】编写自定义函数，计算两个数的和。

① 新建 Excel 文件，输入如图 1–42 所示的数据，构造学生成绩表。

	A	B	C	D	E	F	G	H	I
1	姓名	语文	数学	总分					
2	祁 红	78	95						
3	杨 明	91	81						
4	江 华	46	55						
5	成 燕	62	48						
6	达晶华	59	99						
7	刘 珍	82	78						
8	风 玲	85	89						
9	艾 提	90	59						
10									
11									
12									
13									
14									

Sheet1 | Sheet2 | Sheet3

图 1–42 学生成绩表

② 在 VBE 中插入模块，并按照图 1–43 完成 MySum 函数代码。

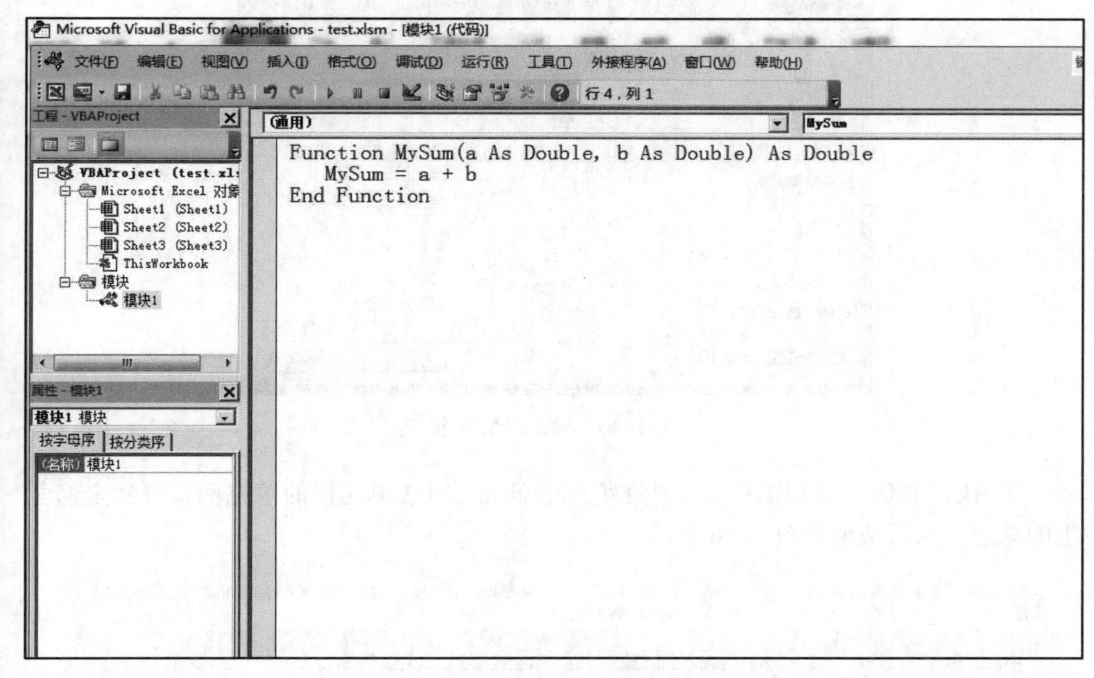

图 1–43 MySum 函数代码

③ 回到工作表中，单击 D2 单元格，使用“插入函数”功能，找到相应函数，如图 1–44 所示，并依次输入参数，如图 1–45 所示。

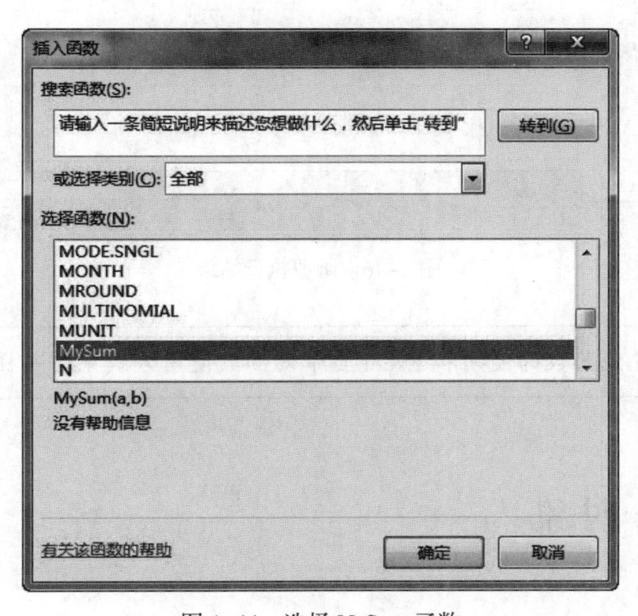

图 1–44 选择 MySum 函数

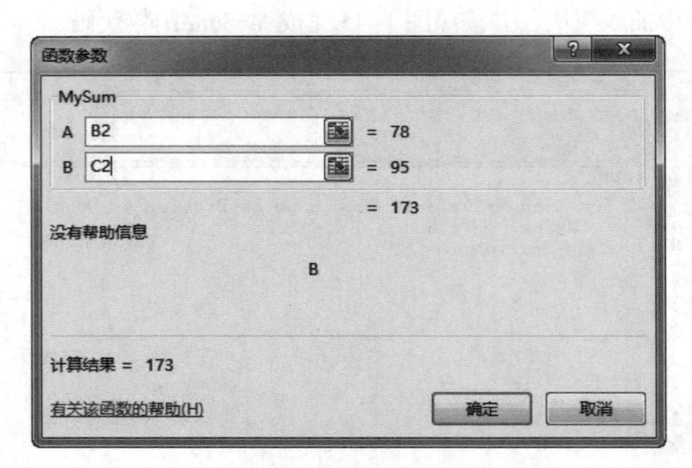

图 1–45　输入函数参数

④ 执行函数，得到第一个学生的总分，再双击 D2 单元格的填充柄，得到全部学生的总分，执行结果如图 1–46 所示。

D2　=MySum(B2,C2)

	A	B	C	D
1	姓名	语文	数学	总分
2	祁 红	78	95	173
3	杨 明	91	81	172
4	江 华	46	55	101
5	成 燕	62	48	110
6	达晶华	59	99	158
7	刘 珍	82	78	160
8	风 玲	85	89	174
9	艾 提	90	59	149

图 1–46　函数执行结果

> 说明：自定义函数的使用和 Excel 自带的函数使用方式完全一样。

1.3　VBA 对象

VBA 是面向对象的一种程序语言。在 VBA 中有很多对象，每个对象拥有很多属性和方法，还拥有各自专属的事件。大部分的 VBA 程序都在操作对象，利用对象的方法来读取或者写入对象属性，所以在编写代码前必须对 VBA 对象有全面的认识。本节将以 Excel 为例，介绍 VBA 对象的基础知识。

1.3.1 对象的基本概念

1. 什么是对象

面向对象的程序设计（OOP）是当前主要的程序设计思想。计算机程序本身是对现实世界的模型化，而现实世界则是由一个一个动作主体构成的，一个复杂的动作主体又由若干简单的动作体组成。面向对象的程序设计思想是对现实世界的更精确的反映。

动作体的逻辑模型就称为“对象”。在 VBA 中，对象就是人们可控制的某种东西，VBA 在不同软件中的操作对象也是不同的。例如 Word 中的 Application 对象是 Word，Excel 中的 Application 对象则是 Excel。

VBA 对象的操作语句通常遵循这样的格式：对象. 属性、对象. 方法或者父对象. 子对象. 属性等。

例如：Sheets（"工作表"）. Name，其中 Sheets（"工作表"）是对象，Name 是对象的属性；Workbooks（3）. Close，其中 Workbooks（3）是对象，Close 是对象的方法；Range（"a1：b2"）. Comment. Delete，其中 Range（"a1：b2"）是父对象，Comment 是子对象，Delete 是方法。

2. 什么是属性

属性是一个对象的外部或内部的特征，用来描述对象的特性。属性通常包括大小、颜色、重量等静态特征，也可以是某一方面的动态行为。例如，对象是否可以激活、是否可见、是否可以刷新、是否可用等。可以通过修改对象的属性值来改变对象的特性。假设车子是一个对象，则车子是红色的、带天窗、可以拆解等就是属性。

3. 什么是方法

方法指的是某个对象所能执行的动作。方法是一个动词，而对象是一个名词。例如“创建工作表”，创建是动词，表示方法，“工作表”是名词，表示对象。

在 VBA 中需要对象在前，方法在后，示例如下：

```
worksheets.add
```

其中 worksheets 是工作表对象，add 是方法，表示创建。

4. 什么是事件

事件：是使某个对象进入活动状态的一种操作或动作。事件和方法虽然都是动作，但是对于对象而言，本质上它们是不同的。事件可以理解为是外部给对象的一个动作，激发对象进入活动状态；方法则是对象自身的动作。例如：“踢皮球，皮球滚动”，其中，皮球是一个对象，而“踢”这个动作对皮球而言，是一个外部的事件，这个外部事件的触发，激发了皮球的自身动作“滚动”。

事件过程：VBA 中通过编写程序代码段为对象规定在某个事件激活时应发生的各

种动作以及所要进行的信息处理的具体内容。

事件驱动：为不同对象响应不同事件编写的事件过程是构成一个完整应用程序不可缺少的组成部分，这就是事件驱动方式的应用程序的设计原理。

事件在工作中非常有用，常用于实现过程的自动化。例如，工作簿打开时自动执行某程序，工作表切换也自动执行一个程序等，通过这些事件的运用，可以在某个条件下全自动执行数据计算或者环境设置、变量赋值等，从而减少手工操作，提高工作效率。下面通过一个实例，体验 VBA 中的事件驱动开发。

【例 1–13】利用工作簿打开事件，自动创建工作表。

① 新建 Excel 工作簿，命名为“创建工作表”。

② 打开工作簿，进入 VBE 编辑环境，单击左上部的工程浏览器窗口中的 ThisWorkbook 对象，进入工作簿事件编辑窗口，如图 1–47 所示。

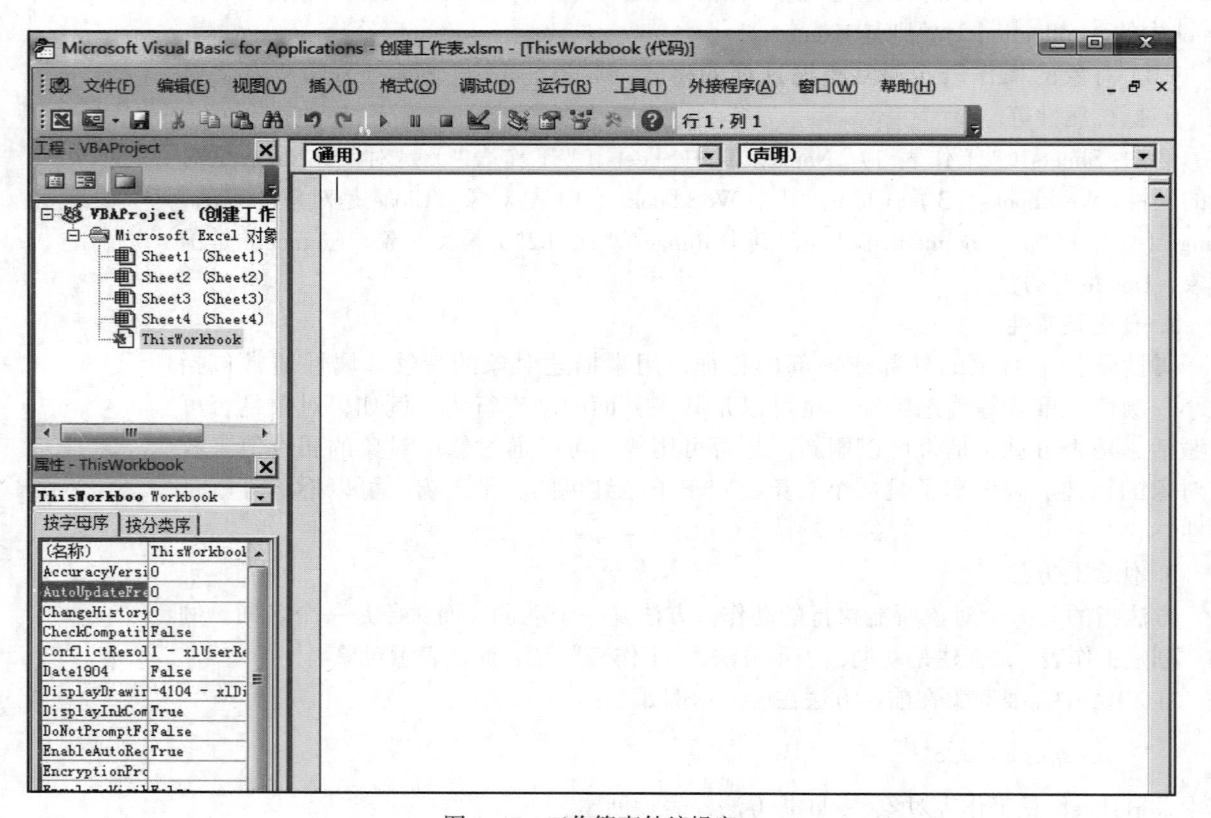

图 1–47　工作簿事件编辑窗口

③ 在编辑窗口的上部左边“通用”处选择 Workbook 工作簿对象，在右边的工作簿事件列表中选择 Open 事件，如图 1–48 所示。

④ 在 Workbook_Open 事件过程中输入代码，如图 1–49 所示。

⑤ 将工作簿保存为启用宏的 xlsm 格式，并关闭工作簿，重新打开工作簿，发现每次打开都将新建一张工作表。

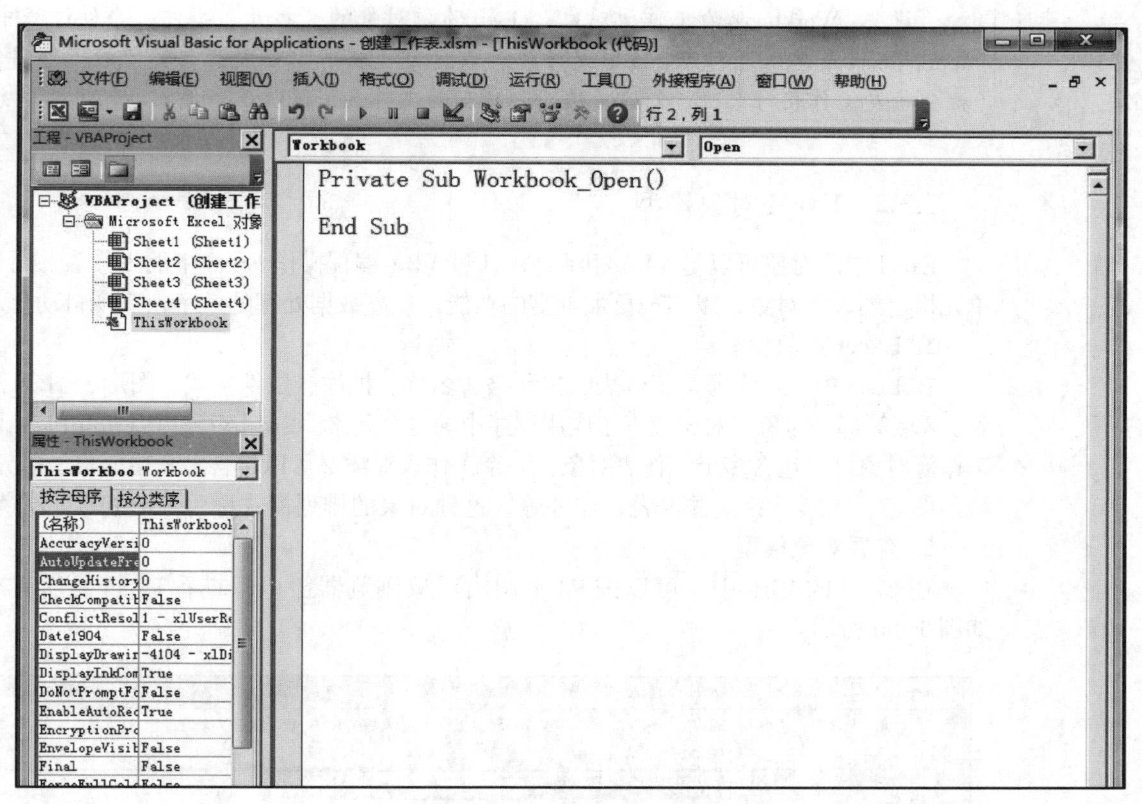

图 1-48　工作簿打开事件

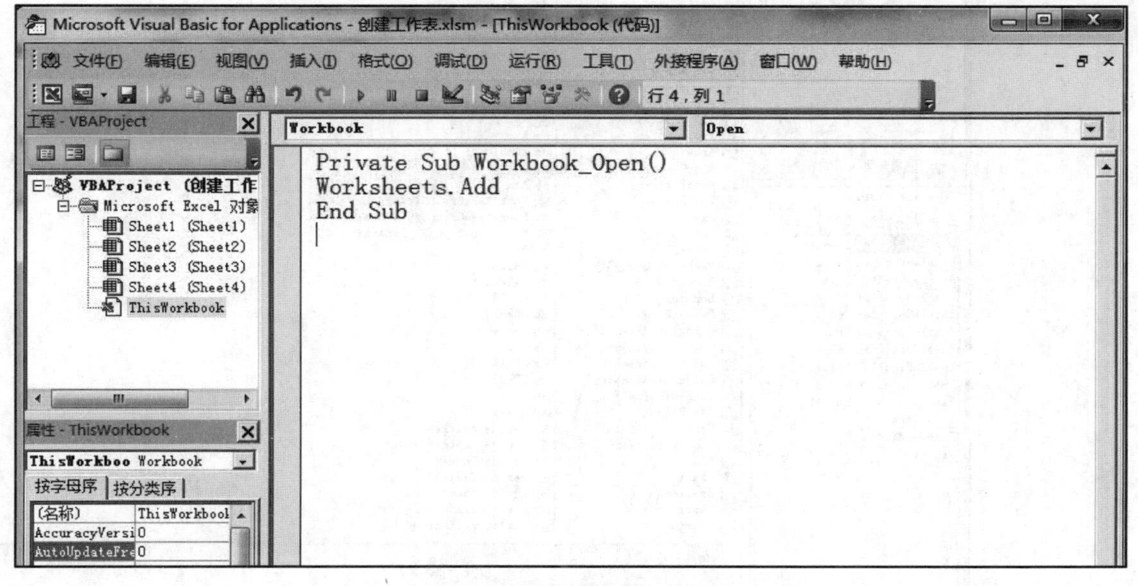

图 1-49　自动创建工作表代码

> 说明：Workbook 为工作簿对象，Open 为该对象的“打开”事件，事件过程中的 Worksheets 是工作表对象，Add 是方法，表示创建。所以当发生工作簿打开事件时，就会触发工作表对象执行创建方法，创建新的工作表，这就是事件驱动的开发思想。

1.3.2 Excel 对象模型

Excel 中的对象可以与 VBA 相结合，通过 VBA 编程操作 Excel 中的工作表、行、列、单元格、图表等对象，以实现更加丰富的功能，提高数据处理的效率，实现自动化。

1. Excel 对象模型

在 Excel 中，工作簿、工作表、单元格、名称、批注、条件格式、图形、图表、透视表、区域等都是对象。对象代表了应用程序中的每个元素。Excel 对象可以相互包含，一个工作簿对象可以包含多个工作表对象，一个工作表对象又可以包含多个单元格、单元格区域、图表、图形、数据透视表、控件等，这种对象的排列模式称为 Excel 的对象模型。

2. 查看对象模型

在 Excel 的 VBE 中，可以按 F2 键调出对象浏览器窗口，查看 Excel 的所有对象，如图 1–50 所示。

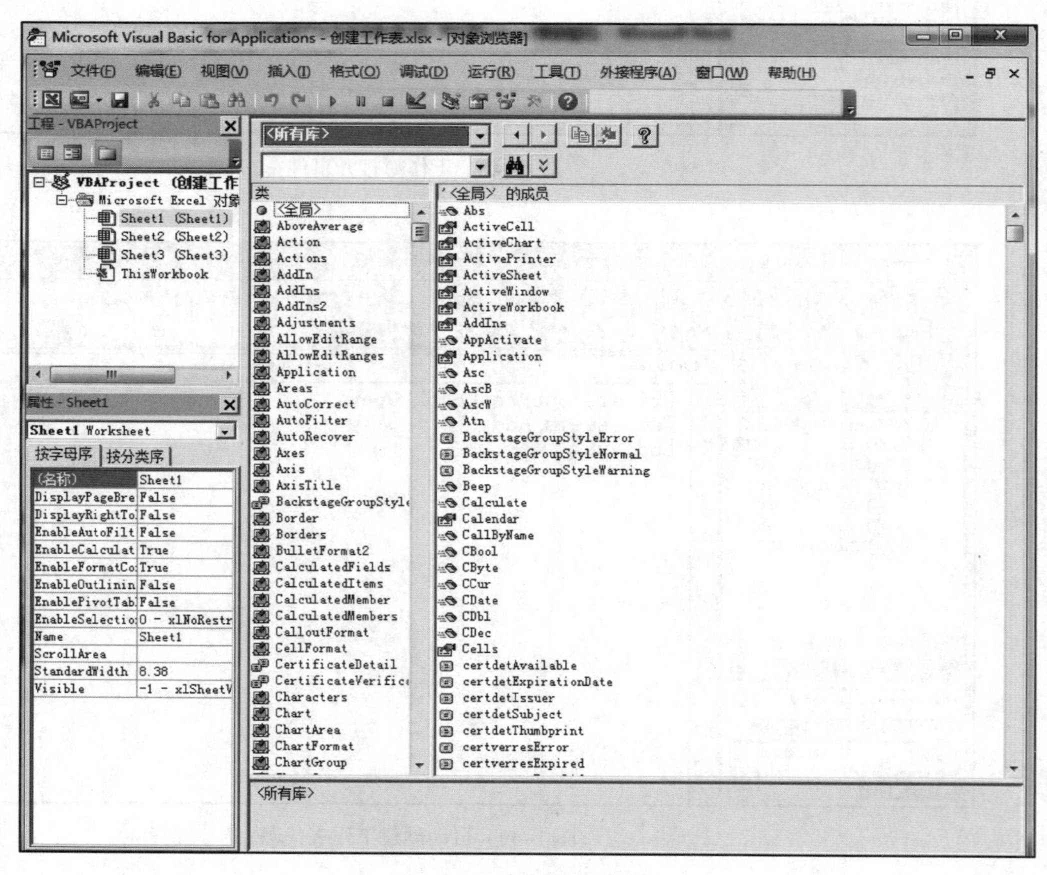

图 1–50 对象浏览器窗口

在“工程 / 库”下拉列表中选择 Excel，在左边的“类”列表中则列出了 Excel 所支持的所有对象，而右边则是所选择对象的成员，包括其方法（ ）与属性（ ），如图 1–51 所示。

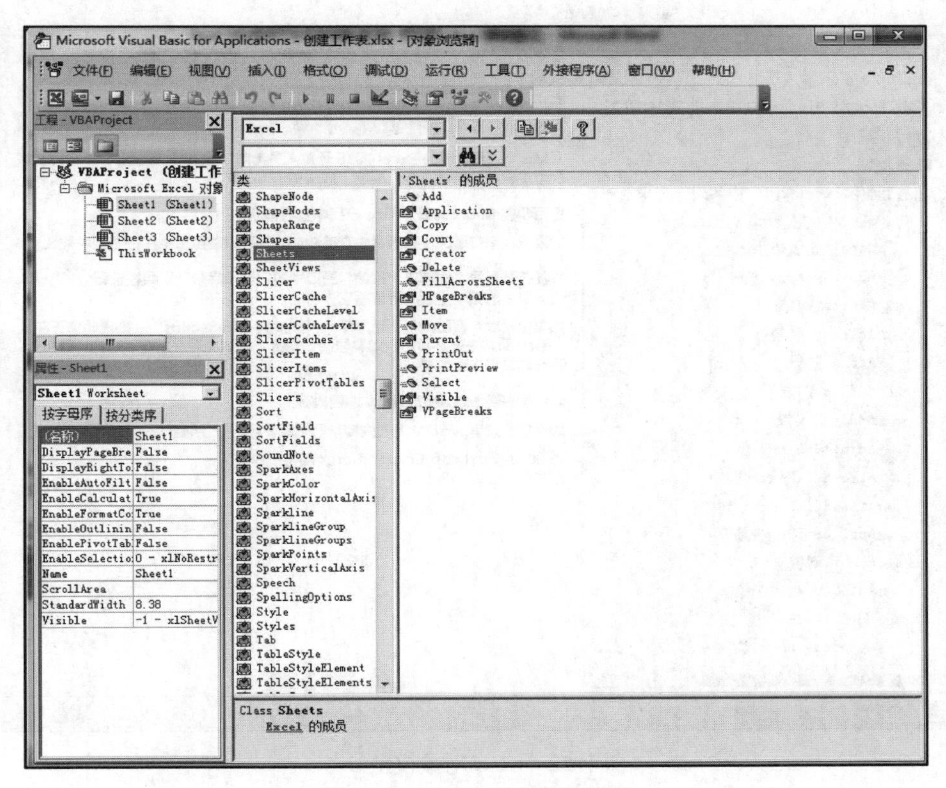

图 1–51 Sheets 对象及其成员

Excel 中包含 248 种对象，内容繁多，可以从帮助中查看。方法是：在 Excel 的 VBE 中，按 F1 键打开 VBA 帮助，单击“Excel 2016 开发人员参考”，再单击“Excel 对象模型参考”即可，如图 1–52 所示。

3. 对象与对象集合

对象是一个应用程序中可操作的元素，对象集合则为一组具有相同性质的对象的集合。

例如，工作表 Sheet1 是一个对象，而把所有工作表加起来就是工作表集合。其中工作表通常用 Worksheet 表示，而工作表集合用 Worksheets 表示，表示为对象的复数形式。再如工作簿与工作簿集合：Workbook 和 Workbooks，单元格与单元格集合：Range 和 Ranges。

4. 对象的层次：父对象与子对象

对象是有层次的，上一层称为父对象，下一层称为子对象。

除了最上层的应用程序对象 Excel 外，任何对象都有一个或者多个父对象。例如 Range（"a1 : b2"）. Comment. Delete，其中 Range 是父对象，Comment（批注）是子对象。

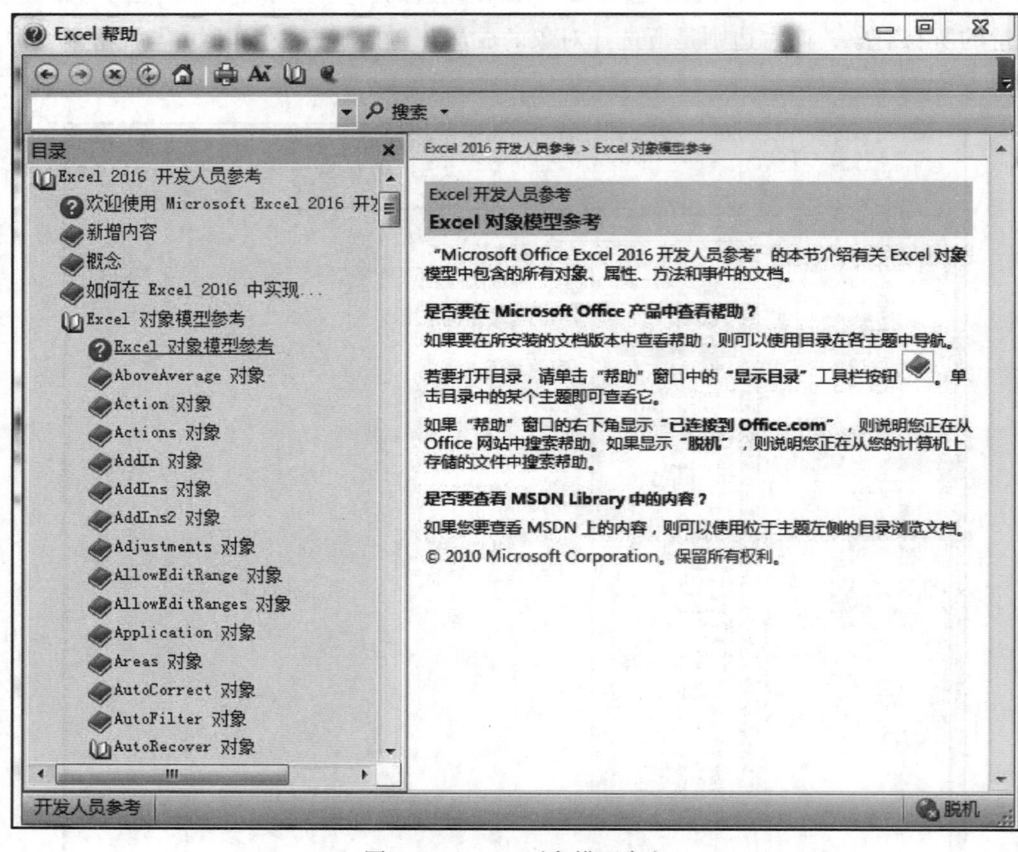

图 1-52 Excel 对象模型参考

微视频 1-8
常用对象操作

1.3.3 Excel 常用对象

在 Excel 众多的对象中，有些对象在很多应用中都有所涉及，下面介绍一些常用的对象和它们的常见用法。Excel 常用对象如表 1-5 所示。

表 1-5 Excel 常用对象

对象	对象说明
Application	代表整个 Microsoft Excel 应用程序
Workbook	代表一个 Microsoft Excel 工作簿
Worksheet	代表一个工作表
Range	代表某一单元格、某一行、某一列、某一选定区域（该区域可包含一个或若干连续单元格区域），或者某一三维区域

1. Application 对象

Application 对象代表整个 Microsoft Excel 应用程序，可以设置整个应用程序的环境或配置应用程序。Application 对象所拥有的属性、方法、事件可以通过 VBA 的帮助进一步了解。下面通过实例理解 Application 对象的应用。

【例 1–14】编写过程，获取系统信息。

① 创建 Excel 文件，命名为“系统信息”。

② 在 VBE 环境中添加模块，在模块中编写获取系统信息的过程，如图 1–53 所示。

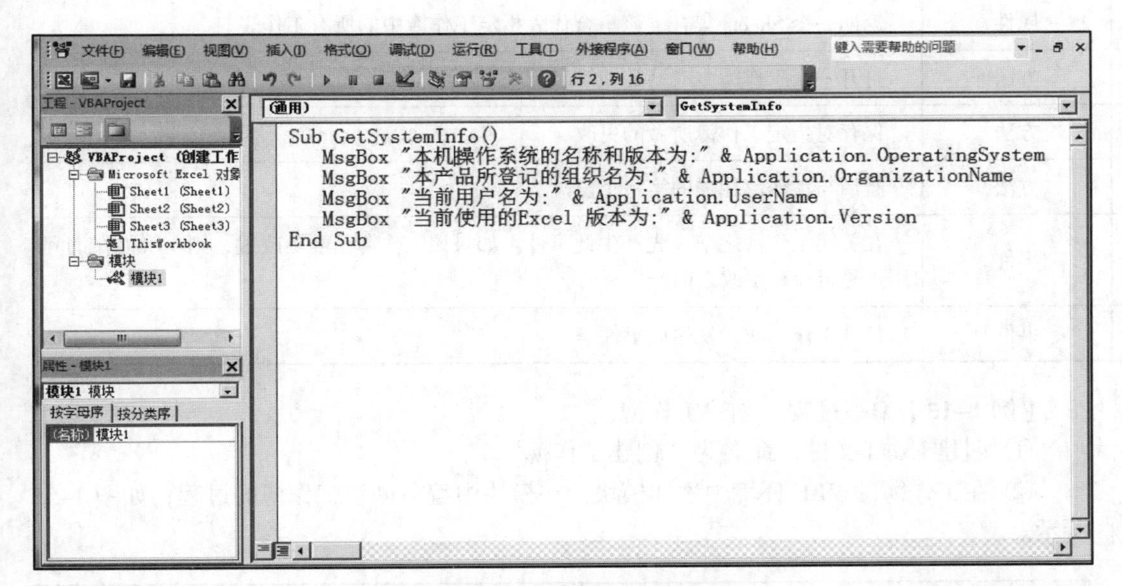

图 1–53　编写获取信息过程

③ 运行过程，得到系统信息，如图 1–54 所示。

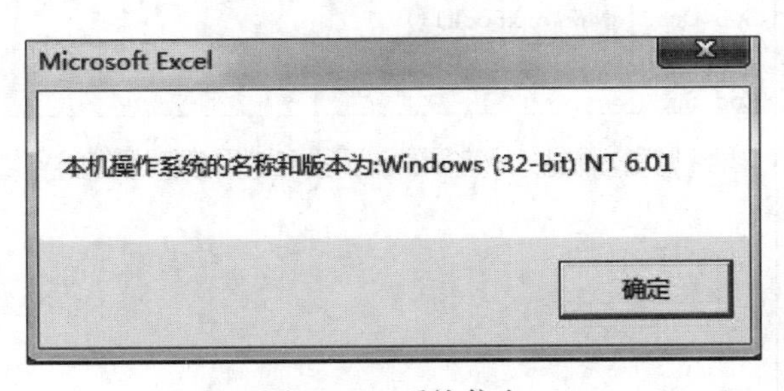

图 1–54　系统信息

> 说明：代码中相关的属性可以通过 VBA 帮助进一步了解。

2. Workbook 对象和 Workbooks 对象

Workbook 对象代表一个 Microsoft Excel 工作簿，它是 Workbooks 集合的成员。

Workbooks 集合包含 Microsoft Excel 中当前打开的所有 Workbook 对象。

Workbook 和 Workbooks 对象常用的类型及说明如表 1–6 所示。

表 1–6　Workbook 和 Workbooks 对象常用的类型及说明

名称	类型	说明
Name	属性	返回一个代表对象名称的 String 值
Path	属性	返回一个 String 值，代表应用程序的完整路径，不包括末尾的分隔符和应用程序名称
Sheets	属性	返回一个 Sheets 集合，该集合代表指定工作簿中的所有工作表
Open	方法	打开一个工作簿
Save	方法	保存对指定工作簿所做的更改
Activate	方法	激活与工作簿相关的第一个窗口
BeforeClose	事件	在关闭工作簿之前，先产生此事件。如果该工作簿已经更改过，则本事件在询问用户是否保存更改之前产生
Open	事件	打开工作簿时，发生此事件

【例 1–15】编写过程，创建工作簿。

① 创建 Excel 文件，命名为“创建工作簿”。

② 在工作簿的 VBE 环境中添加模块，在模块中编写创建工作簿的过程，如图 1–55 所示。

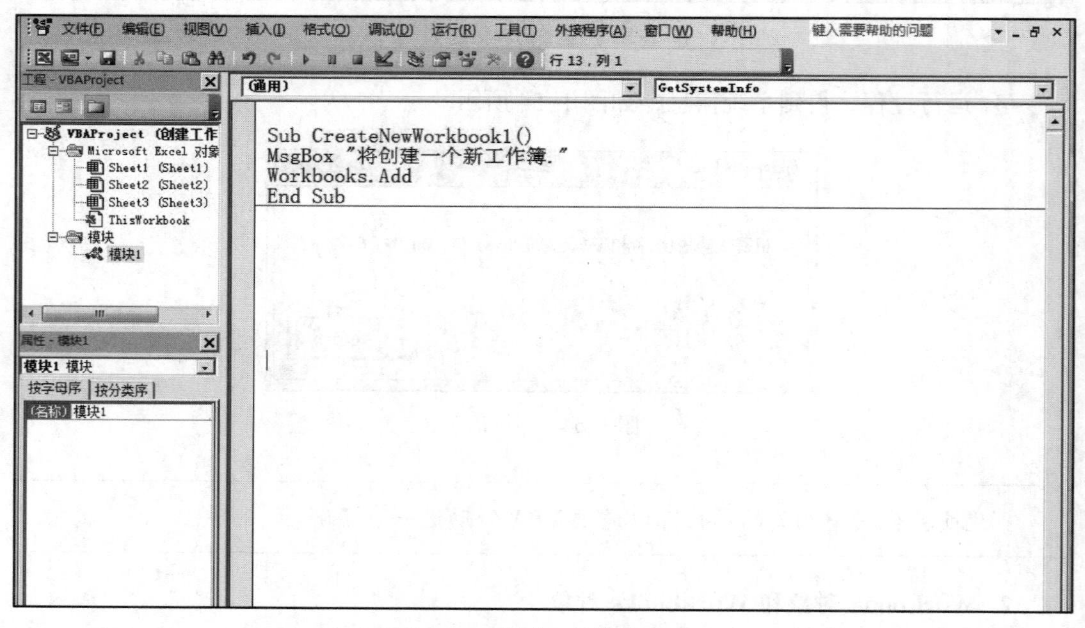

图 1–55　创建工作簿的过程

③ 执行该过程，创建出一个新工作簿。

④ 回到 VBE，将代码进行修改，如图 1–56 所示。

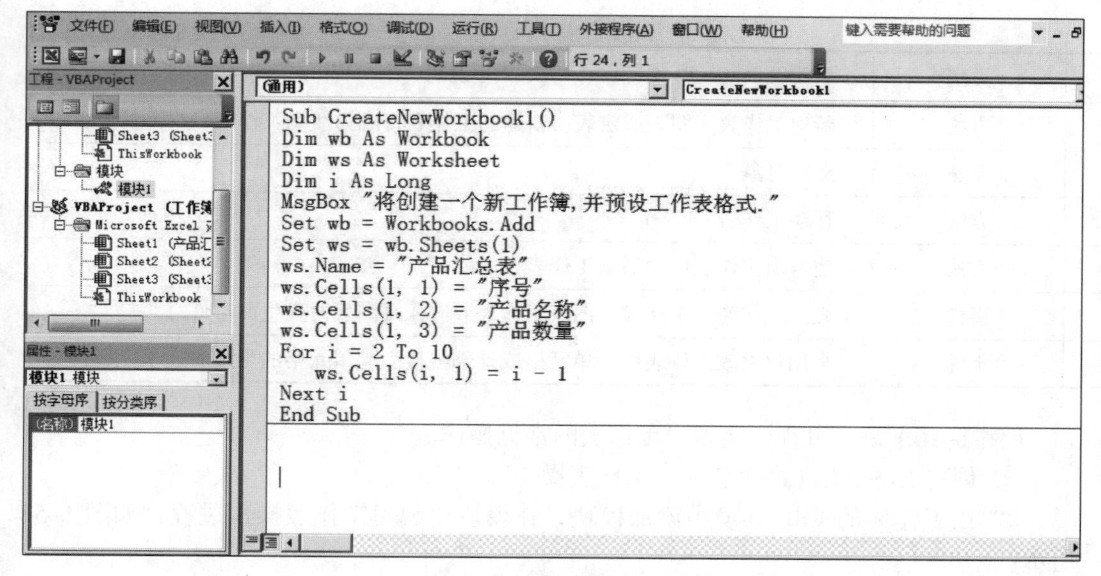

图 1-56　修改后的代码

⑤ 再次执行，得到如图 1-57 所示的运行结果。

	A	B	C	D	E	F	G	H	I
1	序号	产品名称	产品数量						
2	1								
3	2								
4	3								
5	4								
6	5								
7	6								
8	7								
9	8								
10	9								
11									
12									
13									

产品汇总表

图 1-57　创建预设格式的工作簿

3. Worksheet 对象和 Worksheets 对象

Worksheet 对象代表一个工作表。Worksheet 对象是 Worksheets 集合的成员，Worksheets 集合包含某个工作簿中所有的 Worksheet 对象。

Worksheet 和 Worksheets 对象常用的类型及说明如表 1-7 所示。

表 1-7　Worksheet 和 Worksheets 对象常用的类型及说明

名称	类型	说明
Name	属性	返回一个代表对象名称的 String 值
Visible	属性	返回或设置一个 XlSheetVisibility 值，它确定对象是否可见
Count	属性	返回一个 Long 值，它代表集合中对象的数量

续表

名称	类型	说明
Add	方法	新建工作表、图表或宏表。新建的工作表将成为活动工作表
Select	方法	选择对象
Move	方法	移动工作表
Activate	方法	使当前工作表成为活动工作表
Activate	事件	激活工作簿、工作表、图表工作表或嵌入式图表时发生此事件
SelectionChange	事件	当用户更改工作表中的单元格或外部链接引起单元格的更改时发生此事件

【例 1–16】编写过程，实现对工作表的常见操作。

① 创建 Excel 文件，命名为“工作表操作”。

② 在工作簿的 VBE 环境中添加模块，在模块中编写工作表操作过程，如图 1–58 所示。

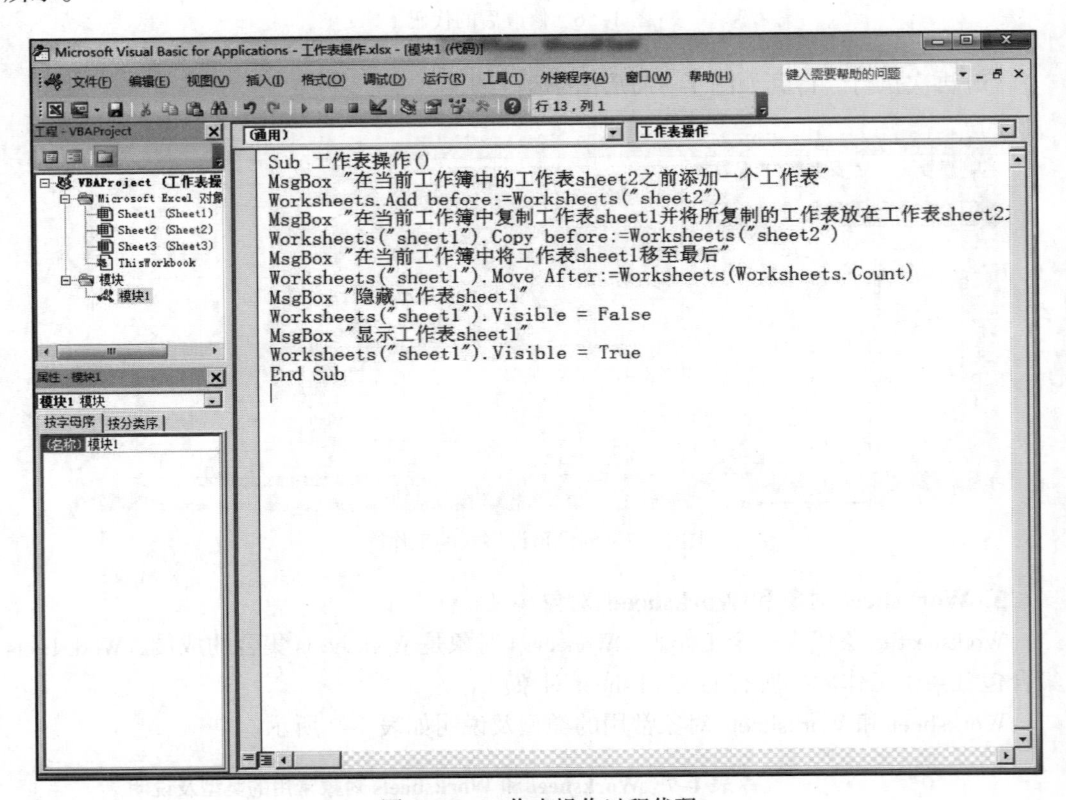

图 1–58 工作表操作过程代码

③ 运行该过程，体验工作表的常见操作。

4. Range 对象和 Ranges 对象

Excel 中有很多对象，最常用的对象当属单元格对象，它是数据最基本的载体。而 VBA 中对单元格的表示方法也较其他对象更多、更复杂。

单元格最基本的表示方式有三种：Range（"A1"）、cells（1，1）和 [a1]，另外还有交集、合集、偏移量、已用区域、当前区域等单元格引用的相关概念。在本书中，以 Range 对象的方式来使用单元格。

Range 对象代表某一单元格、某一行、某一列、某一选定区域（该区域可包含一个或若干连续单元格区域），或者某一三维区域。Range 对象是 Ranges 集合的成员。

用 Range 可以将文本型的单元格地址转换为单元格对象引用，它可以引用单元格、区域、整行、整列及整个工作表。

1）引用单元格

Range 引用单元格对象的方式为：单元格的列标加行号作为参数，并且左右加上引号。例如，Range（"A1"）表示 A1 单元格。

2）引用区域

Range 引用区域时是利用区域左上角单元格地址加冒号再加上右下角单元格地址为其参数。不过参数也可以写成右下单元格地址加冒号再加上左上角单元格地址，VBA 会自动将其转换成左上角单元格地址加冒号再加上右下角单元格地址的形式。

例如，Range（"A2 : D1"）和 Range（"D1 : A2"）两种方式引用区域可以得到相同的结果。

3）引用多区域

如果操作参数是使用多个区域的地址，且用半角逗号分隔，那么 Range 也可以引用多个区域。例如下面的引用。

Range（"D3，F7"）：表示 D3 和 F7 两个区域，包括了两个单元格。

Range（"D3 : F4，G10"）：表示 D3 : F4 和 G10 两个区域，包括 7 个单元格。

4）引用整行、整列

利用“行号：行号”作为参数时可产生对整行的引用，同理利用“列标：列标”作为参数可以产生对整列的引用，如果两个行号或者列标不一致，则可以引用多行或者多列。

例如：

Range（"2 : 2"）表示引用第二行。

Range（"2 : 5"）表示引用第二到第五行。

Range（"D : d"）表示引用第 D 列，列标不区分大小写。

Range（"D : w"）表示引用从 D 列开始到 w 列结束的区域。

Range（"D : A"）表示引用 A 列到 D 列，顺序不一致时，VBA 会自动转换成升序格式。

Range 和 Ranges 对象常用的类型及说明如表 1-8 所示。

表 1-8　Range 和 Ranges 对象常用的类型及说明

名称	类型	说明
Offset	属性	返回一个 Range 对象，该对象代表与指定区域存在一定偏移的区域
Text	属性	返回或设置指定对象中的文本。String 型，只读
Value	属性	返回或设置一个 Variant 类型，它代表指定单元格的值

续表

名称	类型	说明
FormulaR1C1	属性	返回或设置对象的公式，使用宏语言 R1C1 格式符号表示。可读 / 写 Variant 类型
Address	方法	返回一个 String 值，它代表宏语言的区域引用
AddComment	方法	为区域添加批注
Clear	方法	清除整个对象
Copy	方法	将单元格区域复制到指定的区域或剪贴板中
Merge	方法	由指定的 Range 对象创建合并单元格

微视频 1-9
单元格操作

【例 1-17】编写过程，实现对成绩单的自动计算。

① 创建 Excel 文件，命名为“成绩单计算”，并按图 1-59 输入数据，完成成绩单制作。

	A	B	C	D	E	F	G	H	I
1	姓名	语文	数学	英语	总分				
2	祁　红	78	95	68					
3	杨　明	91	81	97					
4	江　华	46	55	69					
5	成　燕	62	48	99					
6	达晶华	59	99	47					
7	刘　珍	82	78	47					
8	风　玲	85	89	79					
9	艾　提	90	59	90					
10	康众喜	77	69	93					
11	平均分								
12									
13									
14									

Sheet1　Sheet2　Sheet3

图 1-59　成绩单制作

② 在成绩单工作簿的 VBE 环境中添加模块，在模块中添加成绩单计算过程，如图 1-60 所示。

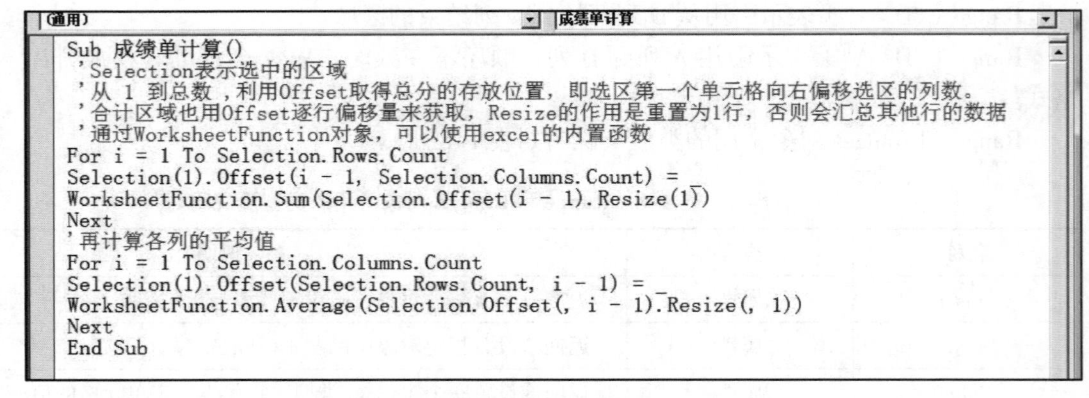

(通用)　成绩单计算

```
Sub 成绩单计算()
'Selection表示选中的区域
'从 1 到总数，利用Offset取得总分的存放位置，即选区第一个单元格向右偏移选区的列数。
'合计区域也用Offset逐行偏移量来获取，Resize的作用是重置为1行，否则会汇总其他行的数据
'通过WorksheetFunction对象，可以使用excel的内置函数
For i = 1 To Selection.Rows.Count
Selection(1).Offset(i - 1, Selection.Columns.Count) = _
WorksheetFunction.Sum(Selection.Offset(i - 1).Resize(1))
Next
'再计算各列的平均值
For i = 1 To Selection.Columns.Count
Selection(1).Offset(Selection.Rows.Count, i - 1) = _
WorksheetFunction.Average(Selection.Offset(, i - 1).Resize(, 1))
Next
End Sub
```

图 1-60　成绩单计算过程代码

> 说明：代码中的汉字部分为程序注释，用来辅助理解代码，可以不写，不影响程序运行。由于代码较长，使用了“空格+_”的续行符，编写时需要注意。

③ 切换回工作表中，选择 B2∶D10 区域，按 Alt+F8 键执行“成绩单计算”Sub 过程，执行结果如图 1–61 所示。

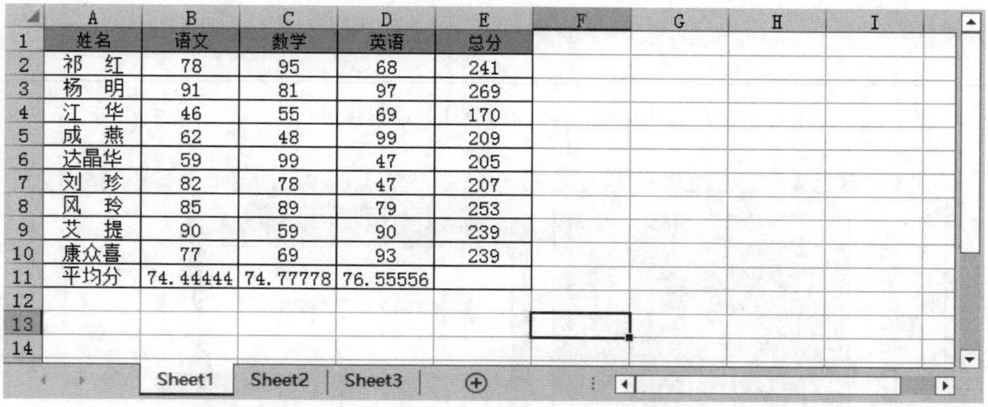

	A	B	C	D	E
1	姓名	语文	数学	英语	总分
2	祁 红	78	95	68	241
3	杨 明	91	81	97	269
4	江 华	46	55	69	170
5	成 燕	62	48	99	209
6	达晶华	59	99	47	205
7	刘 珍	82	78	47	207
8	风 玲	85	89	79	253
9	艾 提	90	59	90	239
10	康众喜	77	69	93	239
11	平均分	74.44444	74.77778	76.55556	

Sheet1 Sheet2 Sheet3

图 1–61 成绩单计算结果

【例 1–18】编写过程，实现对成绩单上标注颜色的不及格成绩进行自动统计。

① 创建 Excel 文件，命名为“不及格统计”，输入和例 1–17 一样的成绩数据，并为不及格的成绩填充相同的背景色，如图 1–62 所示。

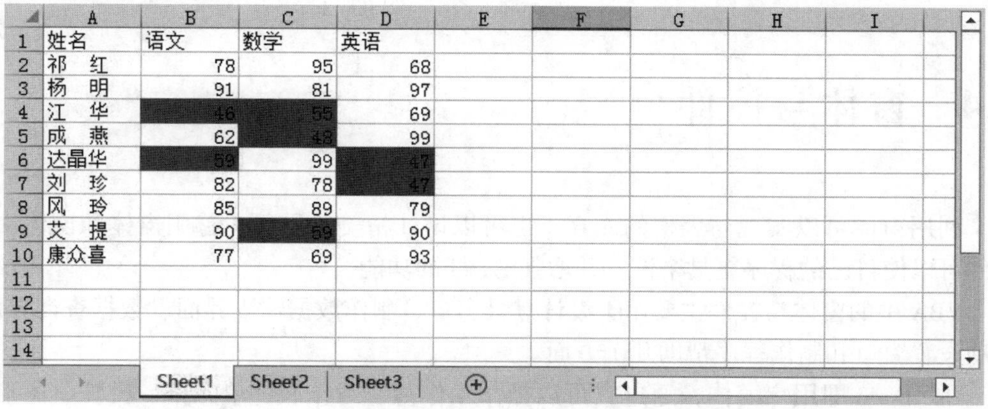

	A	B	C	D
1	姓名	语文	数学	英语
2	祁 红	78	95	68
3	杨 明	91	81	97
4	江 华	46	55	69
5	成 燕	62	48	99
6	达晶华	59	99	47
7	刘 珍	82	78	47
8	风 玲	85	89	79
9	艾 提	90	59	90
10	康众喜	77	69	93

Sheet1 Sheet2 Sheet3

图 1–62 输入成绩单并对不及格的成绩填充背景色

② 在工作簿的 VBE 环境中添加模块，在模块中添加“不及格统计”过程代码，如图 1–63 所示。

③ 切换回工作表中，选择 B2∶D10 区域，执行“不及格统计”过程，执行结果如图 1–64 所示。

```
(通用)                                    不及格统计
Private Sub 不及格统计()
  'Intersect是指交叉区域，ActiveSheet.UsedRange是指活动工作表用过的单元格区域
  Dim rng As Range, c As Long, s As Long
  c = Range("B4").Interior.Color
  For Each rng In Application.Intersect(ActiveSheet.UsedRange, Selection)
     If rng.Interior.Color = c Then s = s + 1
  Next rng
  MsgBox "共有:" & CStr(s) & "个不及格成绩！", 64, "不及格统计"

End Sub
```

图 1–63　“不及格统计”过程代码

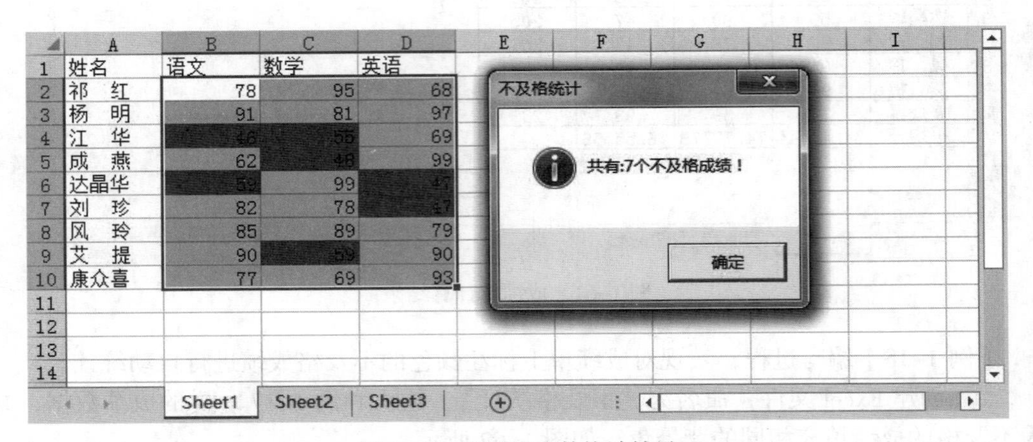

	A	B	C	D
1	姓名	语文	数学	英语
2	祁　红	78	95	68
3	杨　明	91	81	97
4	江　华	46	55	69
5	成　燕	62	48	99
6	达晶华	53	99	47
7	刘　珍	82	78	47
8	风　玲	85	89	79
9	艾　提	90	59	90
10	康众喜	77	69	93

图 1–64　不及格人数统计结果

1.4　窗体与控件

利用窗体可以实现与表格的交互，也可以设计精美的界面。善用窗体和窗体中的控件可以使自己的程序更具个性，并增强 Excel 的功能。

VBA 中的窗体与控件主要用于设计登录窗口、制作数据输入界面、数据查询界面、选项设置窗口和制作程序帮助几个方面。

UserForm 即用户窗体，通过它可以操作工作簿、工作表、单元格、批注、图形对象等，也可以仅利用窗体设计单独的程序，完全脱离单元格、工作表等数据载体。对于控件，在 VBA 中提供了在窗体上使用的工具箱控件，在表格中直接使用的表单控件及 ActiveX 控件，在下面的内容中将对窗体和控件进行简单的介绍。

1.4.1　窗体与工具箱控件

1. 什么是窗体和工具箱控件

窗体（UserForm）是为了设计 VBA 应用程序界面而提供的窗口，是包容用户界面

或对话框所需的各种控件的“容器”。窗体有自己的属性、方法与事件。

窗体的属性定义了它的外观；窗体的方法定义了它的行为；窗体所能响应的事件定义了它与用户的交互。

窗体常用的方法有以下几个。

- Hide：隐藏窗体。
- Move：把窗体移到某个位置。
- Show：显示窗体。

窗体可以响应许多事件，常用的事件有以下几个。

- Click：单击。
- Dbclick：双击。
- Resize：调整尺寸。
- Activate：激活。
- Deactivate：失去激活。
- MouseDown 和 MouseUp：用户单击鼠标按键时发生。用户按下鼠标按键时发生 MouseDown 事件，用户释放鼠标按键时发生 MouseUp 事件。

工具箱控件是包含在窗体中的对象。它同窗体一样，也是辅助用户快速完成界面设计的有效工具。控件和窗体组成与用户交互的可视化部件。VBA 通过控件箱（工具箱）提供了组成 Windows 应用程序窗口的控件，如文本框、列表框、命令按钮等。

2. 插入窗体与工具箱控件

插入窗体的方法是：在 Excel 的 VBE 界面中选择“插入”|“用户窗体”命令，在当前工程中将出现一个 UserForm1，如图 1-65 所示。

而插入控件则是在已插入窗体的基础上进行的，只有在已存在窗体的情况下才可以插入控件。假设当前已存在窗体 UserForm1，双击工程资源管理器中的窗体名 UserForml，进入窗体编辑状态，然后单击“视图”|“窗体”命令，即可显示工具箱，如图 1-66 所示。

在工具箱中有默认的 15 种控件（左上角的箭头表示选择），用户可以通过单击相应控件并在窗体中拖动的方式来插入控件。

下面按照工具箱中从上往下、从左往右的顺序依次介绍这 15 个控件。

（1）标签。标签的英文名称是 Label，用于在窗体中添加说明性的文本。

（2）文字框。文字框的英文名称是 TextBox，也称文本框，其用途是运行窗体时让用户输入文字或者数值。

（3）复合框。复合框（也称组合框）的英文名称是 ComboBox，是列表框与文本框的组合。用户可以从列表中选出一个项目或是在一个文本框中输入值。

（4）列表框。列表框的英文名称是 ListBox，用来显示用户可以选择的项目列表。如果不能一次显示全部项目，可以拖动其滚动条来显示其他项目。

（5）复选框。复选框的英文名称是 CheckBox，用于创建一个方框，让用户容易选择，以指示出某些事物是真或假。通常用于多项选择。

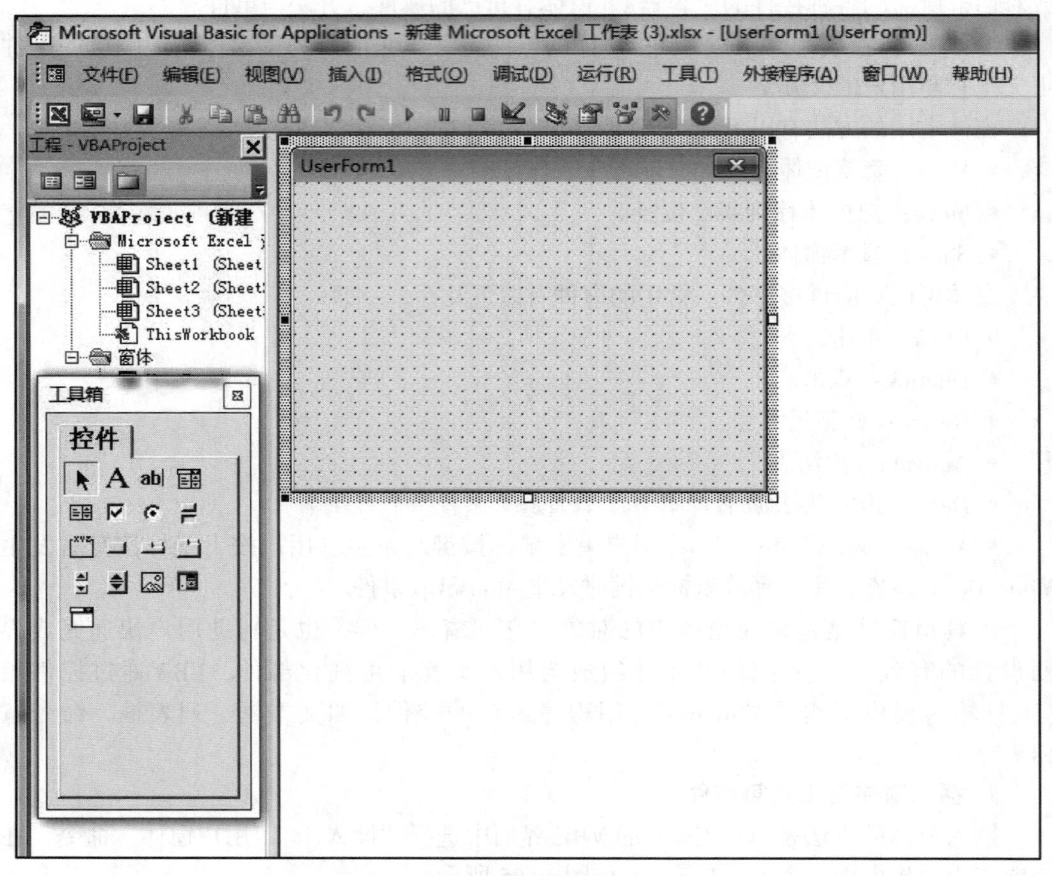

图 1-65　窗体界面

（6）选项按钮。选项按钮的英文名称是 OptionButton，也称单选按钮，用于显示多重选择，但用户只能从中选择一个项目。

（7）切换按钮。切换按钮的英文名称是 ToggleButton，用于创建一个切换开关的按钮，可以在按下和突起时分别执行不同过程。

（8）框架。框架的英文名称是 Frame，用于创建一个图形或控件的功能组，将窗体中的其他控件分组，特别是有选项按钮时，框架有助于创建多个单选项。

（9）命令按钮。命令按钮的英文名称是 CommandButton，用途是在用户单击时可以执行一个或者多个任务。

（10）TabStrip 控件。使用 TabStrip 控件，可以在应用程序中的同一区域定义多个数据页面。

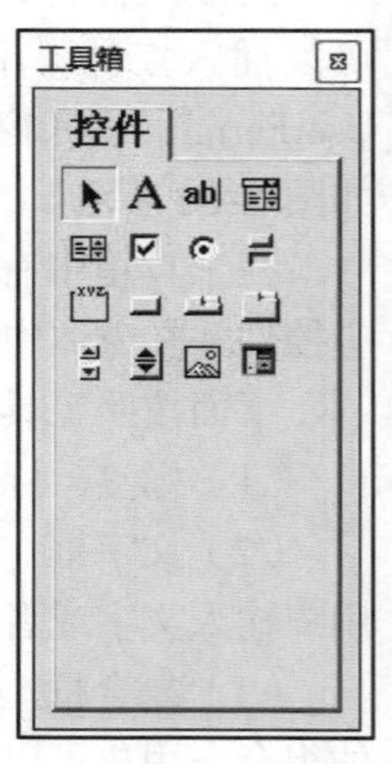

图 1-66　工具箱

（11）多页控件。多页控件的英文名称是 MultiPage，它类似于框架，可以将内在有某种联系的控件单独作为一组显示。它的功能与 TabStrip 控件相近。

（12）滚动条。滚动条的英文名称是 ScrollBar，滚动条提供在长列表项目或大量信息中快速浏览的图形工具，以比例方式指示出当前位置，或是作为一个输入设备，成为速度或者数量的指示器。常用它替代数字输入。

（13）旋转按钮。旋转按钮的英文名称是 SpinButton，它的功能和滚动条类似。

（14）图像控件。图像控件的英文名称是 Image，用于在窗体上显示位图、图标，但不能显示动画。通常用它作为装饰，可以设置背景。

（15）RefEdit。RefEdit 也称单元格选择器，并返回该单元格对象。

3. 附加控件

除默认控件外，用户还可以调用附加控件以强化窗体的功能。添加附加控件的步骤是：在显示窗体的前提下，单击“视图”|“工具箱”命令。在工具箱空白处右击，在弹出的快捷菜单中选择“附加控件”命令，在“附加控件”对话框中选中需要的控件，然后单击“确定”按钮，工具箱中将出现新加的控件，如图 1-67 所示。

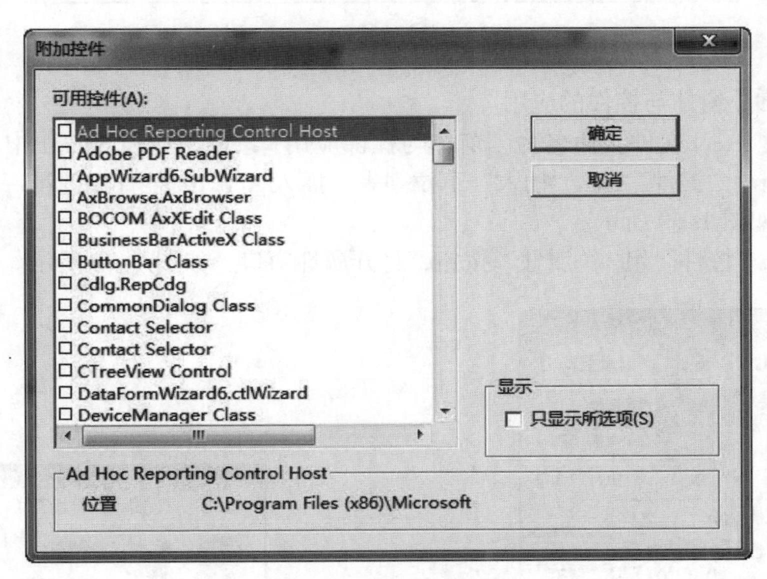

图 1-67 添加附加控件

1.4.2 表单控件与 ActiveX 控件

1. 什么是表单控件与 ActiveX 控件

表单控件与 ActiveX 控件均是用于工作表中的控件，两者外观基本一致，不过表单控件不需要代码即可完成所有功能，而 ActiveX 控件必须配合代码完成，但 ActiveX 控件相对表单控件在功能上更有优势。

2. 插入表单控件和 ActiveX 控件

表单控件和 ActiveX 控件同处于 Excel 2016“开发工具”选项卡|“控件”组|“插入”下拉列表中，如图 1-68 所示，它们功能相近，但使用方式却大不相同。

表单控件与 ActiveX 控件和工具箱控件大部分相同，这里就不再详细介绍，下面通过一个简单的例子体验窗体与控件的应用。

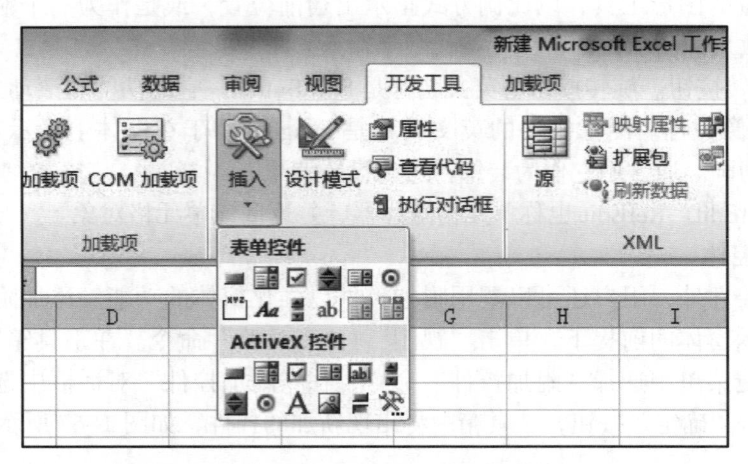

图 1-68　表单控件与 ActiveX 控件

微视频 1-10
窗体与控件

【例 1-19】窗体与控件的应用。

① 创建 Excel 文件，命名为“窗体与控件应用”，在工作表 Sheet1 中选择“开发工具”选项卡 |“控件”组 |“插入”下拉列表，插入 ActiveX 控件中的第一个控件——命令按钮，如图 1-69 所示。

② 单击“控件”组 |“属性”按钮，打开属性窗口，如图 1-70 所示。

图 1-69　插入命令按钮

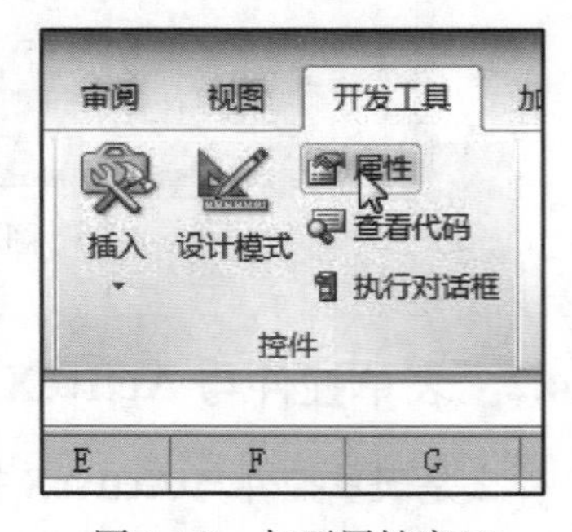

图 1-70　打开属性窗口

③ 调整属性窗口中命令按钮的 Caption 属性（标题）值为“显示窗体”，并修改 Font 属性为“粗体”，18 号字，如图 1-71 所示。

④ 进入 VBE，插入用户窗体，如图 1-72 所示。

⑤ 在控件工具箱中将 CommandButton 控件拖入窗体中，并调整大小和位置，如图 1-73 所示。

⑥ 双击窗体，进入代码界面，选择按钮的单击事件，并编写如图 1-74 所示的代码。

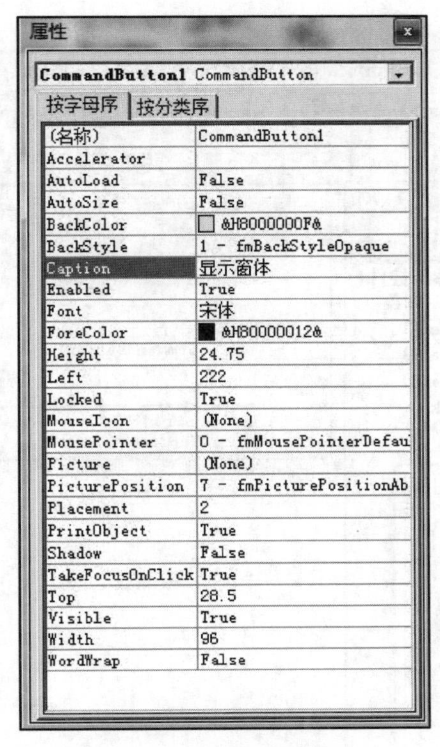

图 1–71 命令按钮的属性窗口

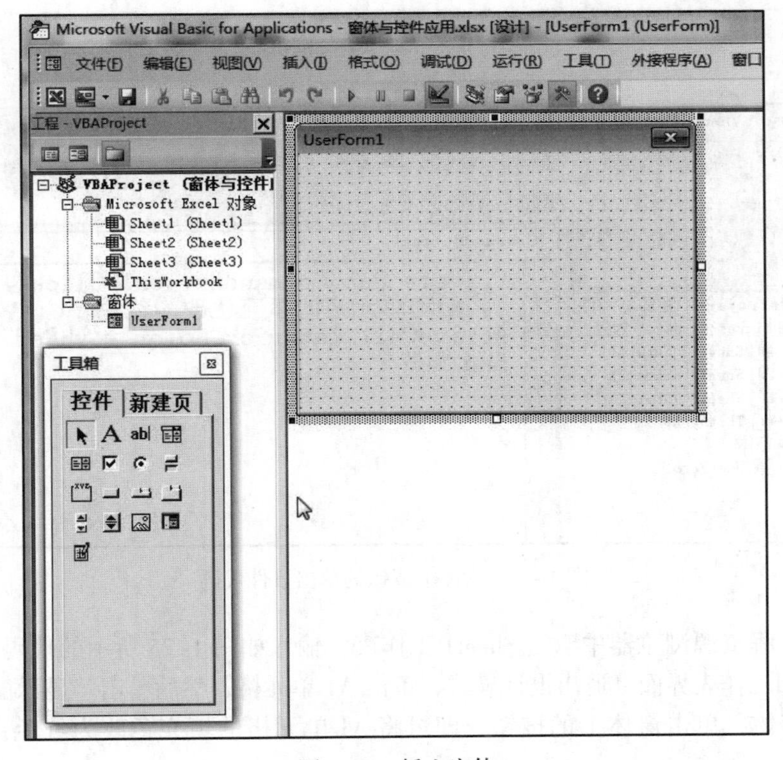

图 1–72 插入窗体

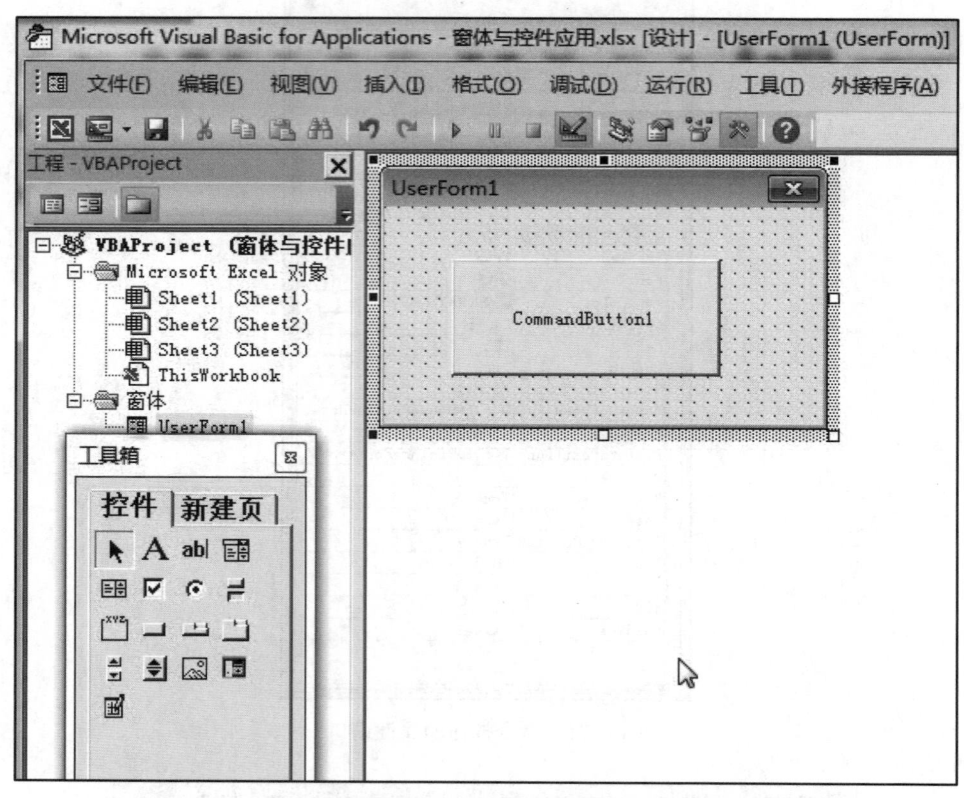

图 1–73　插入命令按钮

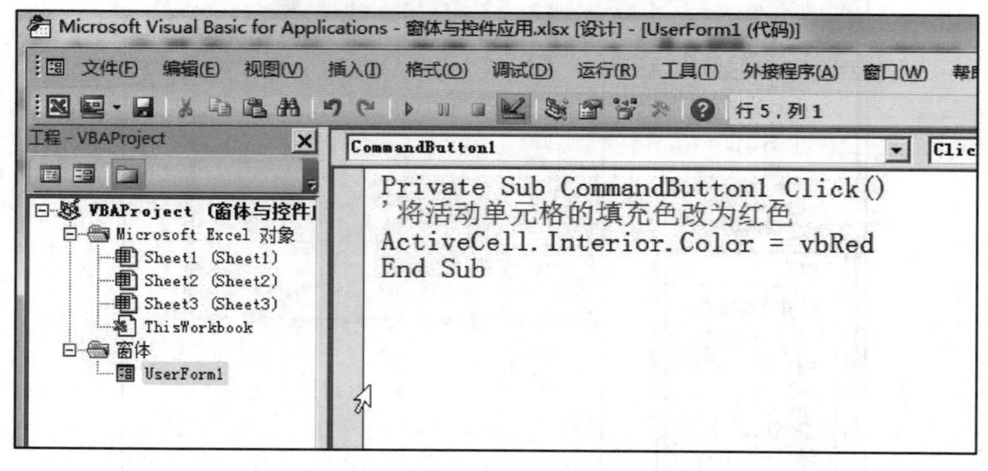

图 1–74　窗体上按钮的单击事件代码

⑦ 在工程资源浏览器中双击 Sheet1 工作表，输入如图 1–75 所示的代码。

⑧ 返回工作表界面，退出设计模式，单击 A1 单元格，然后单击“显示窗体”按钮，即可弹出窗体，单击窗体上的按钮，即可将 A1 单元格的填充色改为红色，如图 1–76 所示。

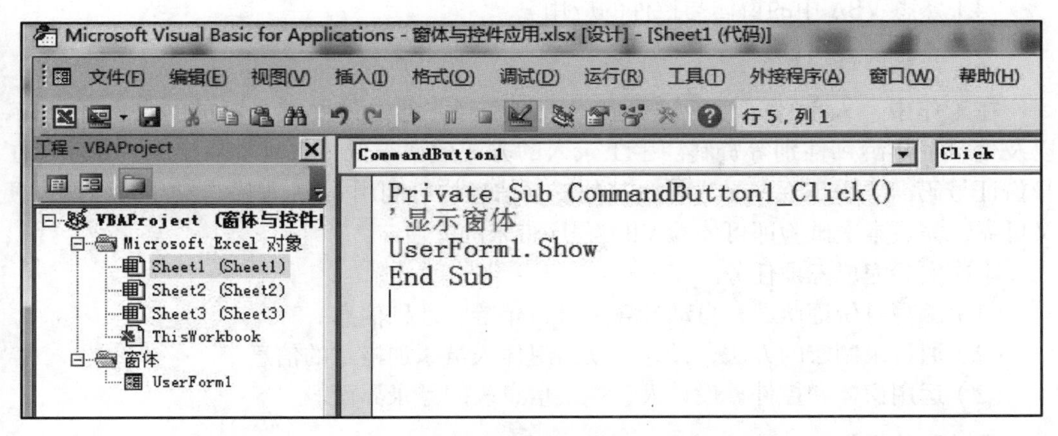

图 1–75　工作表上的按钮单击事件代码

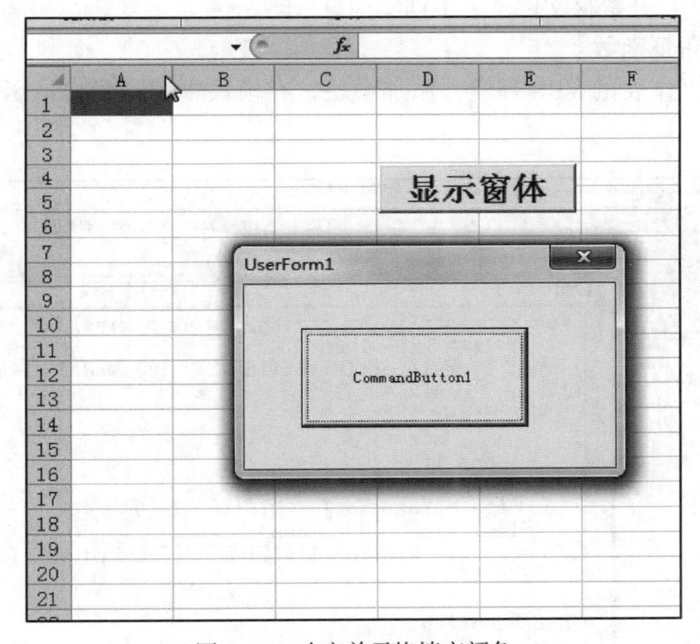

图 1–76　改变单元格填充颜色

实验 1.1　人事档案信息处理

实验素材

一、实验目的

（1）掌握 VBA 中宏录制的方法。

（2）熟悉 VBA 程序基本语法及应用。

（3）掌握 VBA 中的通用过程与函数的编写与使用。

（4）熟悉 VBA 中的窗体与控件的应用。

二、实验内容

在工作中，人事部门经常需要制作人事资料，通常需要录入职员的身份证号码，以及生日、年龄、性别等资料。手工录入的方式效率很低，并且容易出错。其实除了身份证号码需要手工逐一录入外，其他三项信息均可利用 VBA 程序自动生成，既方便又可靠，完成本次试验即可体验 VBA 程序带来的方便。

本次实验完成三项任务。

（1）编写身份证函数，自动计算生日、年龄、性别信息。

（2）通过录制宏的方法，设计自动给退休人员添加格式的信息。

（3）运用窗体和控件，设计人事档案信息表的登录界面。

三、实验步骤

实验准备：打开素材文件“人事档案信息 .xlsx”。

1. 编写身份证函数

（1）进入工作表的 VBE 环境，添加模块，在模块中编写身份证函数，如图 1–77 所示

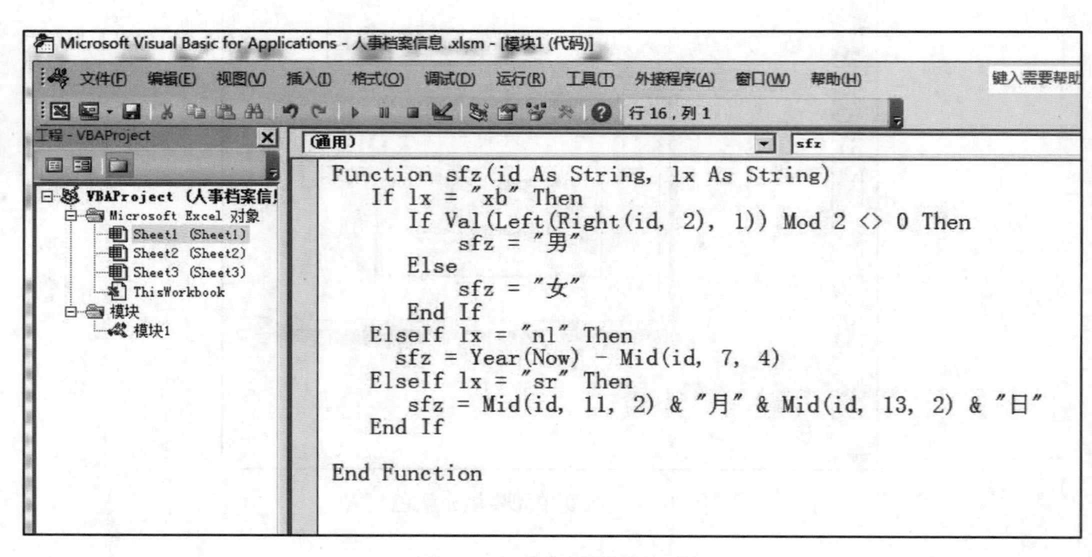

图 1–77 身份证函数代码

（2）在 VBE 界面，按 F2 键打开对象浏览器，在上面的对象库中选择 VBAProject，单击底下类中的“模块 1”，可以看到编写的 sfz 函数，如图 1–78 所示。

（3）右击 sfz 函数，在弹出的快捷菜单中选择“属性”命令，在打开的“成员选项”对话框中添加函数的描述信息，描述信息为“这是一个利用身份证号进行年龄、性别、生日计算的函数，参数 ID 为身份证号，参数 lx 包含三种输入："xb" 代表计算性别；"nl" 代表计算年龄；"sr" 代表计算生日。”，添加完毕后单击“确定”按钮，如图 1–79 所示。

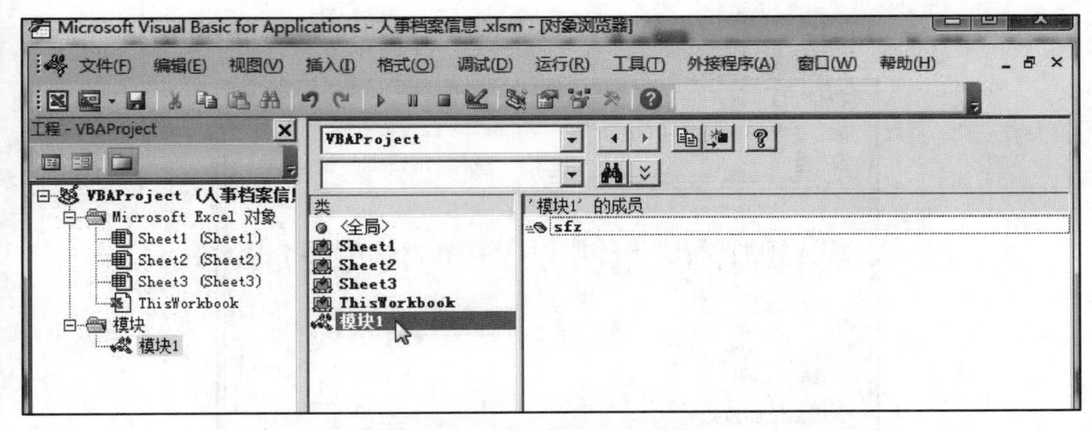

图 1–78　对象浏览器中的模块

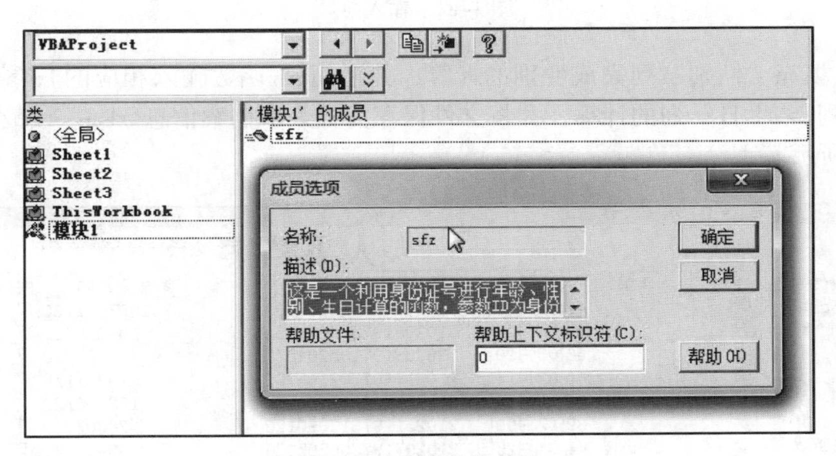

图 1–79　函数描述信息

（4）切换回工作表界面，单击 B4 单元格，选择 sfz 函数，如图 1–80 所示。

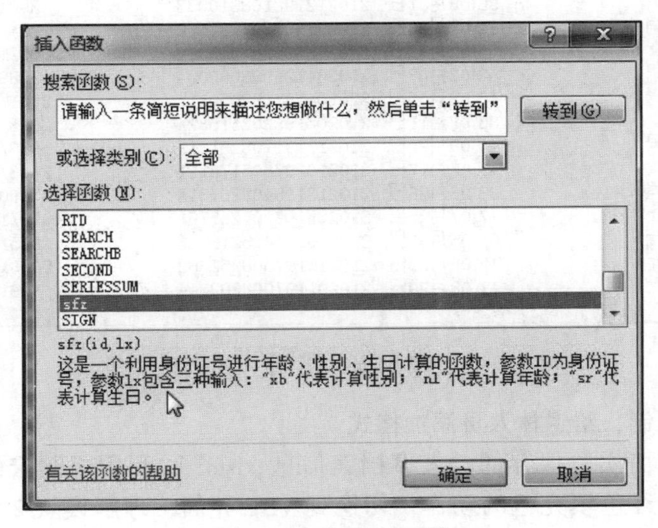

图 1–80　选择 sfz 函数

（5）在 sfz 函数中输入相应的参数，单击“确定”按钮，如图 1–81 所示。

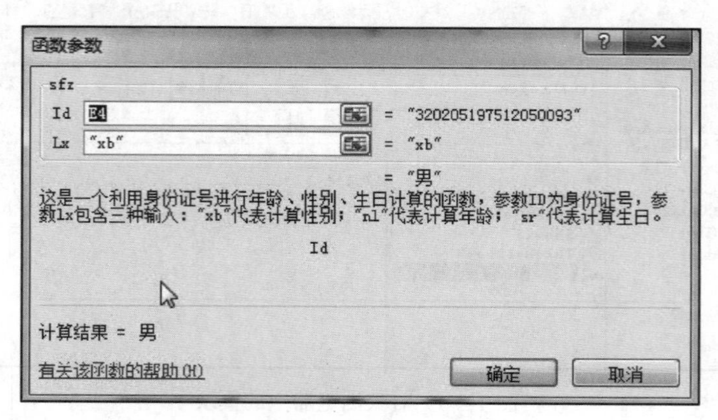

图 1–81　输入参数

（6）填充“性别”列完成性别的计算，并运用 sfz 函数输入相应的 lx 参数，完成“年龄”列、“生日”列的计算，并将文件保存为“人事档案信息 .xlsm”，最后结果如图 1–82 所示。

	A	B	C	D	E	F	G
1	人事档案						
2							
3	职员姓名	性别	年龄	生日	身份证号码	参加工作时间	民族
4	达晶华	男	42	12月05日	320205197512050093	1997/11/20	汉
5	刘　珍	男	42	06月22日	210208197506224454	1996/5/11	汉
6	善　森	男	46	05月20日	320308197105204572	1997/7/18	汉
7	惠　芳	男	40	02月14日	210217197702145735	1999/1/8	汉
8	祁　红	男	59	12月06日	210213195812060131	1980/5/22	汉
9	江　华	女	39	12月09日	210201197812090122	2000/7/9	汉
10	张军强	女	44	06月25日	210207197306255023	1994/1/1	汉
11	玉　甫	男	37	04月10日	210218198004101732	2003/1/30	汉
12	赵　君	男	65	08月25日	210211195208252258	1978/3/2	汉
13	跃　武	女	33	06月27日	210215198406273348	2003/8/26	汉
14	孙　炜	女	42	02月20日	210200197502205362	1997/11/10	汉
15	风　玲	男	36	08月31日	210212198108310033	2004/3/1	汉
16	林　海	男	34	07月23日	210201198307231472	2004/7/15	汉
17	蔡　轩	女	36	02月12日	210202198102122344	2001/10/15	汉
18	杨　明	男	52	02月08日	210204196502080034	1989/4/8	汉
19	成　燕	男	46	08月05日	32010419710805011X	2001/8/29	汉
20	康众喜	女	35	02月11日	21020319820211532X	2003/1/20	汉
21	建　军	男	40	08月25日	21021319770825131X	1998/1/19	汉
22	王和秀	女	41	05月17日	210210197605173121	2003/1/20	汉
23	康　晓	男	33	08月26日	210213198408266315	2000/8/3	汉
24	曾　刚	女	47	07月25日	210205197007255761	1990/11/23	汉
25	米小伟	女	61	05月21日	210209195605216523	1975/1/24	汉
26	高风兰	女	42	08月25日	210219197508252662	2000/8/28	汉
27	汉　泉	女	47	08月20日	210201197008202344	1991/4/2	汉

Sheet1 / Sheet2 / Sheet3

图 1–82　计算结果

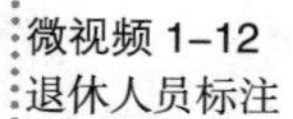
微视频 1–12
退休人员标注

2. 利用宏录制，给退休人员添加格式

（1）打开前面实验保存的“人事档案信息 .xlsm”，利用录制宏的功能，录制给 A12 单元格添加红色填充色的动作，切换到 VBE 界面，理解模块 2 中的宏代码，如图 1–83 所示。

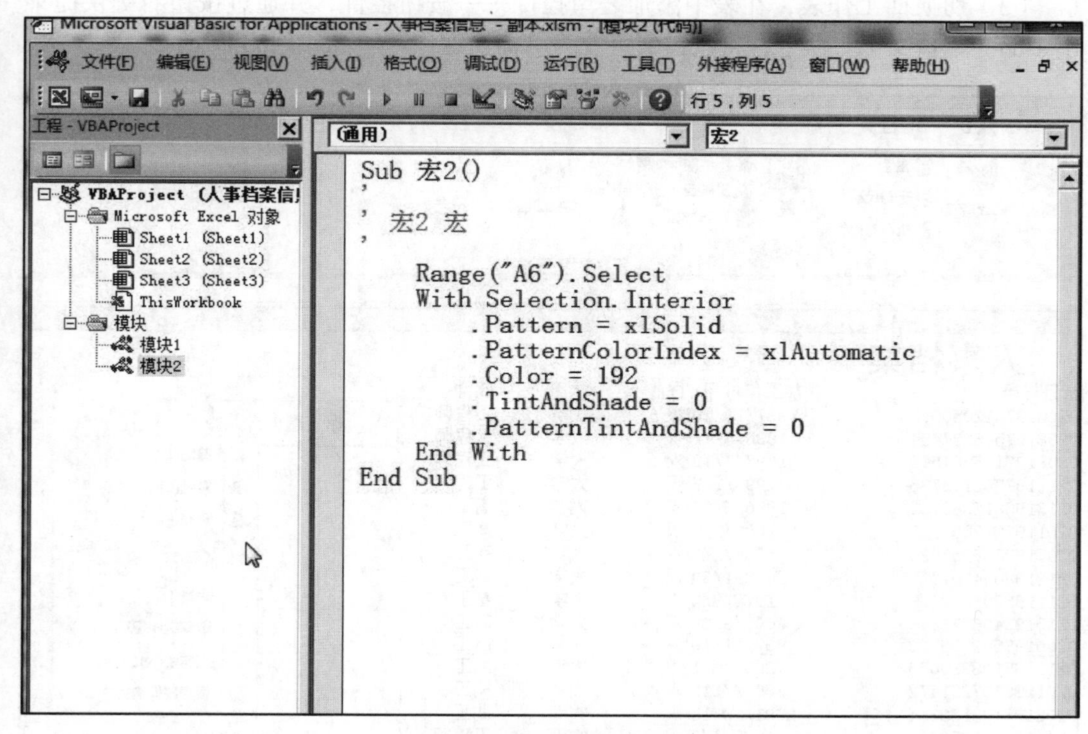

图 1–83　模块 2 中的宏代码

（2）到模块 1 中编写“标注退休”过程，代码中阴影部分的作用为设置单元格格式，可以从录制宏的代码中获取，如图 1–84 所示。

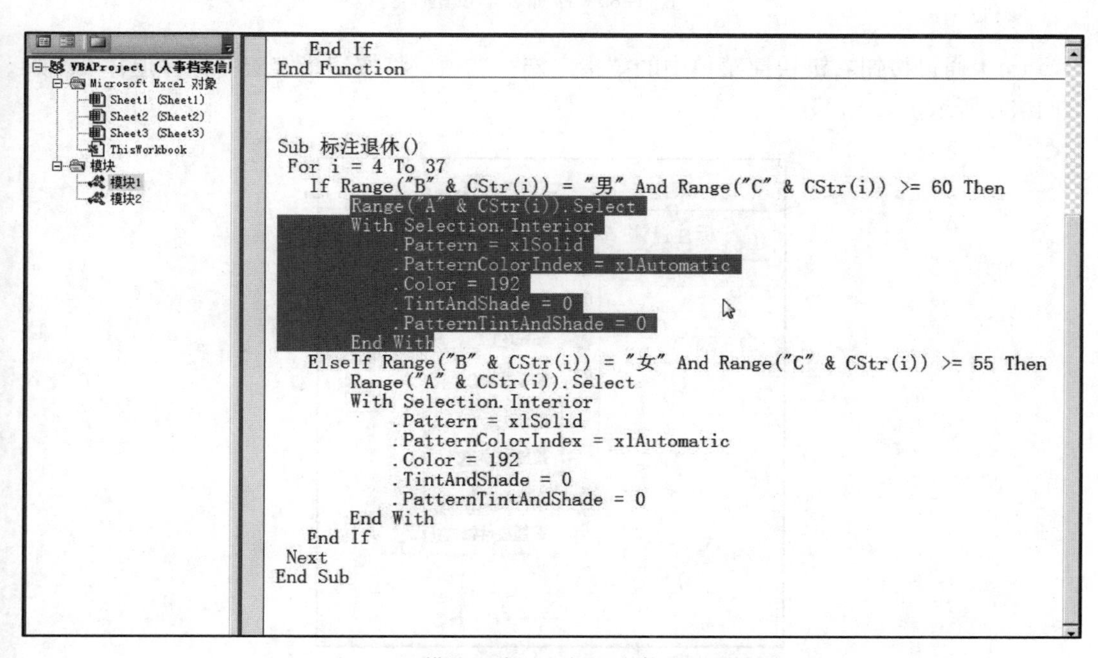

图 1–84　模块 1 中的“标注退休”过程代码

（3）切换回工作表，在表中添加表单控件——按钮控件，并通过按钮右键快捷菜单中的“编辑文字”命令，将按钮文字改为“标注退休”，如图 1–85 所示。

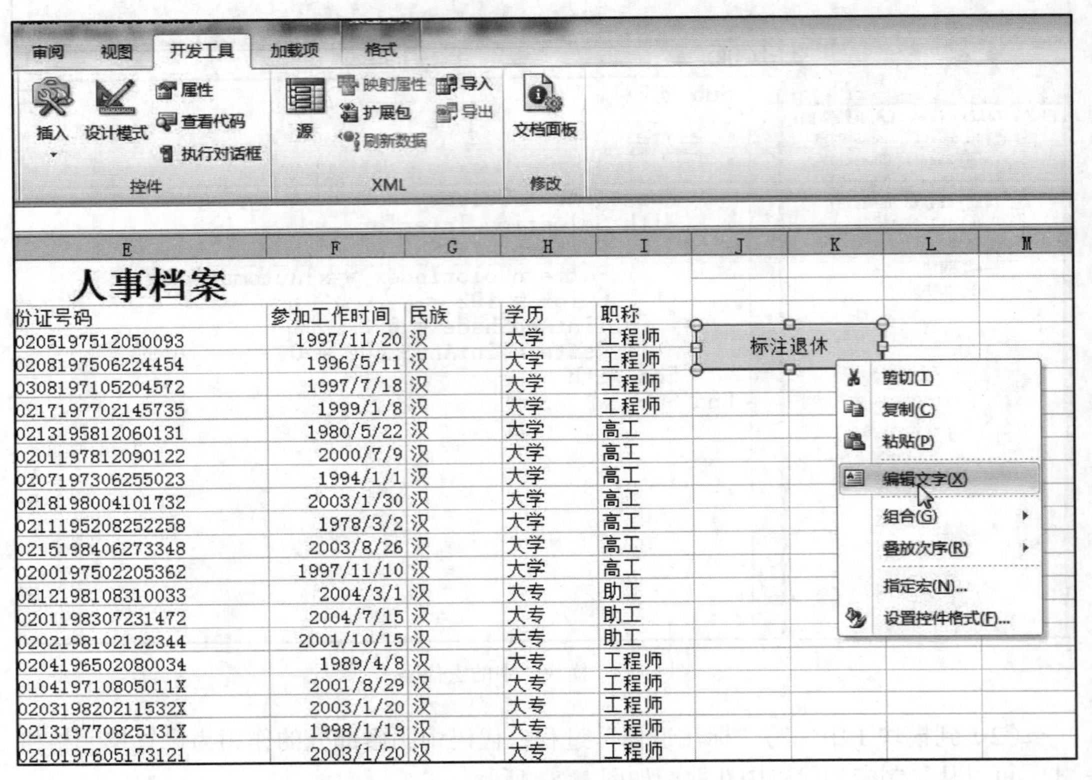

图 1–85 添加表单按钮

（4）通过按钮右键快捷菜单中的“指定宏”选项，将按钮指定宏“标注退休”，如图 1–86 所示。

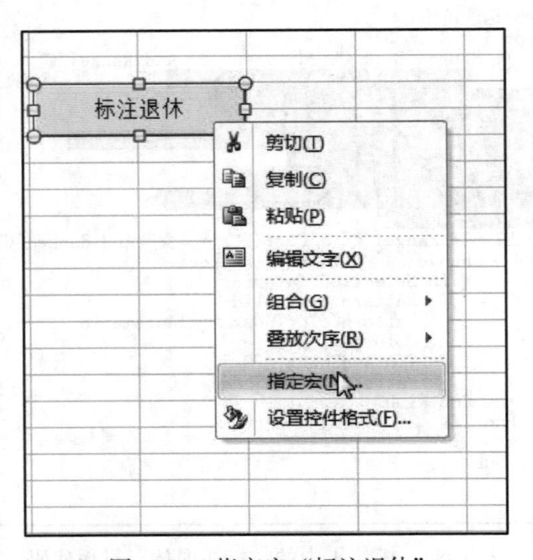

图 1–86 指定宏“标注退休”

（5）单击“标注退休”按钮，实现标注退休效果（男性 60 岁及以上和女性 55 岁及以上人员为标注对象），如图 1-87 所示。

人事档案

职员姓名	性别	年龄	生日	身份证号码	参加工作时间	民族	学历	职称
达晶华	男	42	12月05日	320205197512050093	1997/11/20	汉	大学	工程师
刘　珍	男	42	06月22日	210208197506224454	1996/5/11	汉	大学	工程师
善　森	男	46	05月20日	320308197105204572	1997/7/18	汉	大学	工程师
惠　芳	男	40	02月14日	210217197702145735	1999/1/8	汉	大学	工程师
祁　红	男	59	12月06日	210213195812060131	1980/5/22	汉	大学	高工
江　华	女	39	12月09日	210201197812090122	2000/7/9	汉	大学	高工
张军强	女	44	06月25日	210207197306255023	1994/1/1	汉	大学	高工
玉　甫	男	37	04月10日	210218198004101732	2003/1/30	汉	大学	高工
[illegible]	男	65	08月25日	210211195208252258	1978/3/2	汉	大学	高工
跃　武	女	33	06月27日	210215198406273348	2003/8/26	汉	大学	高工
孙　炜	女	42	02月20日	210200197502205362	1997/11/10	汉	大学	高工
风　玲	男	36	08月31日	210212198108310033	2004/3/1	汉	大专	助工
林　海	男	34	07月23日	210201198307231472	2004/7/15	汉	大专	助工
蔡　轩	女	36	02月12日	210202198102122344	2001/10/15	汉	大专	助工
杨　明	男	52	02月08日	210204196502080034	1989/4/8	汉	大专	工程师
成　燕	男	46	08月05日	32010419710805011X	2001/8/29	汉	大专	工程师
康众喜	女	35	02月11日	21020319820211532X	2003/1/20	汉	大专	工程师
建　军	男	40	08月25日	21021319770825131X	1998/1/19	汉	大专	工程师
王和秀	女	41	05月17日	210210197605173121	2003/1/20	汉	大专	工程师
康　晓	男	33	08月26日	210213198408266315	2000/8/3	汉	大专	工程师
曾　刚	女	47	07月25日	210205197007255761	1990/11/23	汉	大专	工程师
[illegible]	女	61	05月21日	210209195605216523	1975/1/24	汉	大专	工程师
高风兰	女	42	08月25日	210219197508252662	2000/8/28	汉	大专	工程师
汉　泉	女	47	08月20日	210201197008202344	1991/4/2	汉	大专	工程师

标注退休

图 1-87　标注退休结果

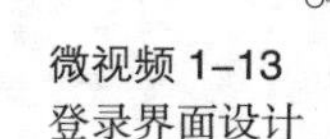

3. 设计表单登录界面

（1）打开前面实验保存的“人事档案信息 .xlsm”，进入 VBE 界面，添加窗体和相应的控件，调整窗体和控件的相关属性，属性调整参考表 1-9，界面设计达到图 1-88 所示的效果。

表 1-9　登录界面上窗体控件的属性设置

窗体和控件	属性名	属性值
UserForm1	Caption	“人事信息表登录”
TextBox1	Font	微软雅黑、粗体、小四
TextBox2	Font	微软雅黑、粗体、小四
TextBox2	PasswordChar	输入“*”
Label1	Caption	“用户名”
Label2	Caption	“密码”
CommandButton1	Caption	“确定”
CommandButton1	Font	微软雅黑、粗体、小四

（2）双击窗体，进入代码界面，编写“确定”按钮的单击事件代码，如图 1-89 所示。

（3）单击工程资源浏览器窗口中的“ThisWorkbook”，进入工作簿编码区，编写工作簿的 Open 事件代码，如图 1-90 所示。

（4）保存文件最新内容，并关闭文件重新打开，观察执行效果，在登录界面中输入用户名为“杨小明”，密码为“123456”，如图 1-91 所示，单击“确定”按钮。

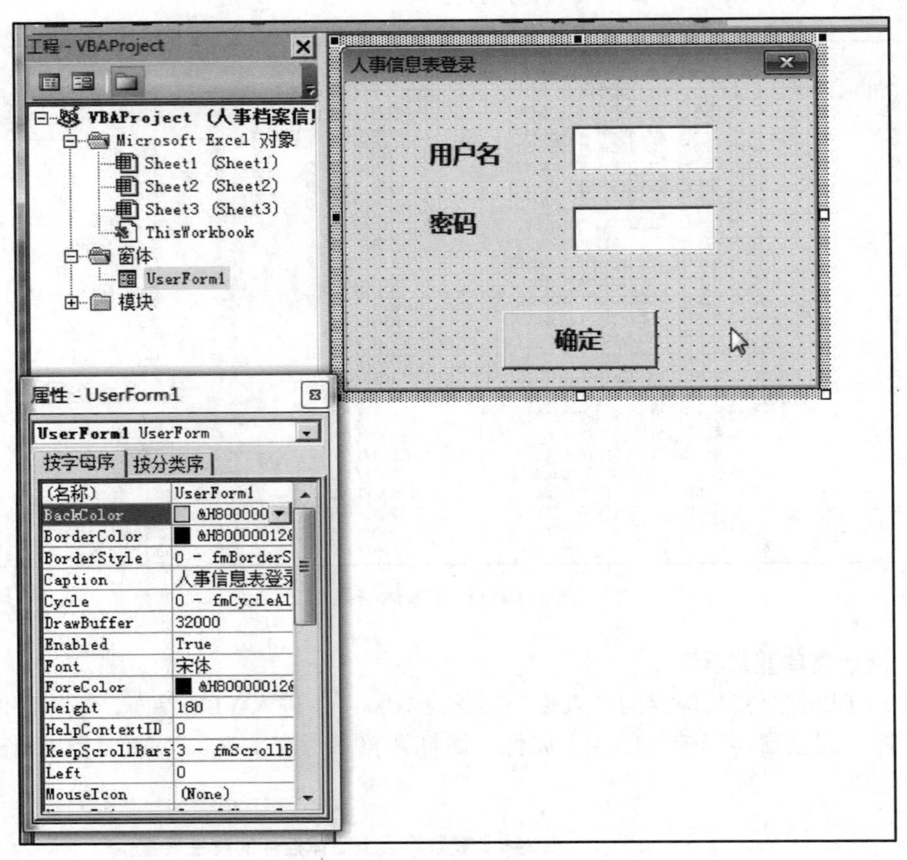

图 1-88　登录界面设计

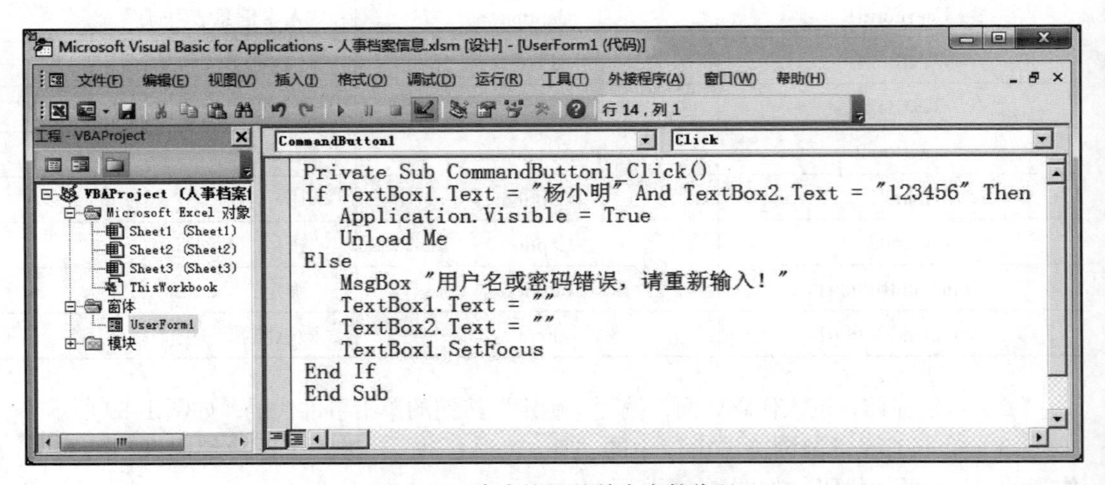

图 1-89　命令按钮的单击事件代码

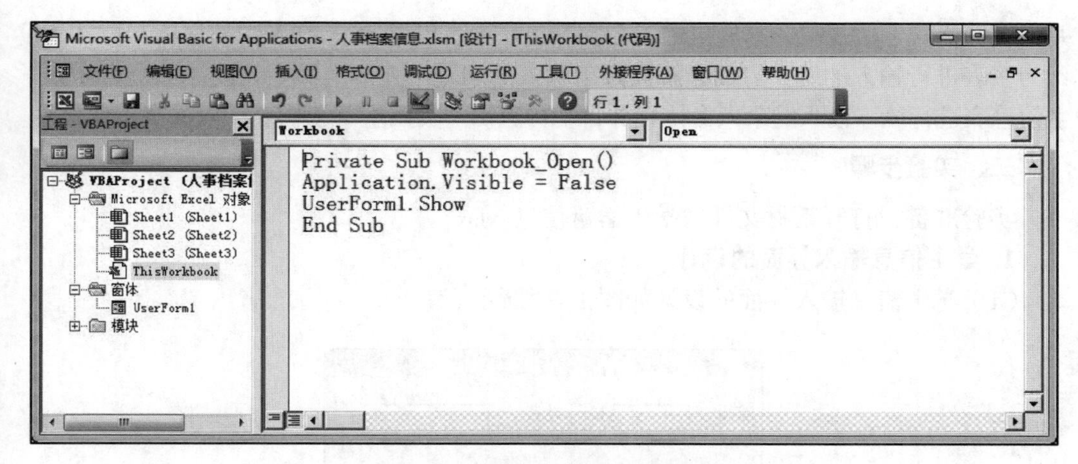

图 1-90　工作簿的 Open 事件代码

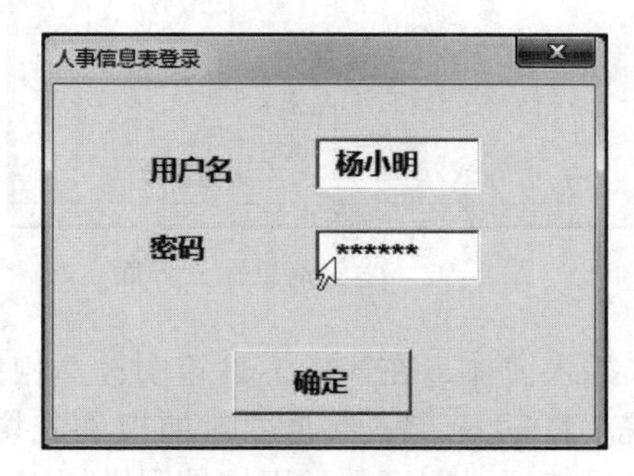

图 1-91　工作表的登录界面

四、思考与实践

1. 修改 sfz 函数代码，实现将生日“06 月 25 日”显示为“6 月 25 日”。

2. 在人事档案信息表中增加“工龄”一列，完善 sfz 函数代码，达到增加计算“工龄”的功能（利用“参加工作时间”进行计算）。

实验 1.2　学生学籍信息录入窗体设计

一、实验目的

（1）掌握 VBA 中窗体与控件和数据表的交互使用。

（2）掌握常用控件和附加控件的使用。

（3）掌握窗体和控件的常用事件使用。

二、实验内容

数据的输入是工作表中很常见的一种操作，但人们在输入数据时，经常会针对多表进行输入和统计，如果手工在多表中切换输入和统计，不仅会带来很大的输入工作量，并且数据格式无法规范，容易出错。在实际工作中，可以通过 VBA 中的窗体和控件，设计为多表进行输入的统一界面，解决人工输入的问题。在本实验中，设计一个为多张学生信息表进行统一输入的录入窗体，并自动构造出“贫困生”工作表，以提高工作效率。

三、实验步骤

实验准备：打开素材文件“学生学籍信息 .xlsx”。

微视频 1-14
信息录入界面
设计

1. 学生信息输入界面的设计

（1）学生信息输入界面的设计如图 1-92 所示。

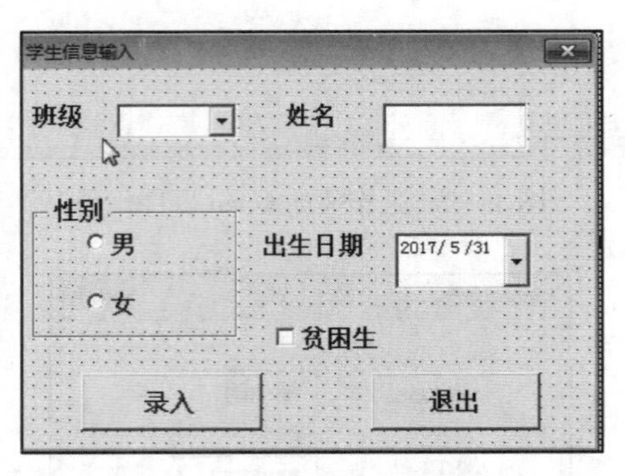

图 1-92　学生信息输入界面

（2）进入 VBE 界面，插入窗体，在控件工具箱中选择相关控件，其中窗体上“出生日期”标签后的控件是 DTPicker，需要通过附加控件先增加到控件工具箱中，如图 1-93 所示，放进控件工具箱后，即可和常用控件同样使用，如图 1-94 所示。

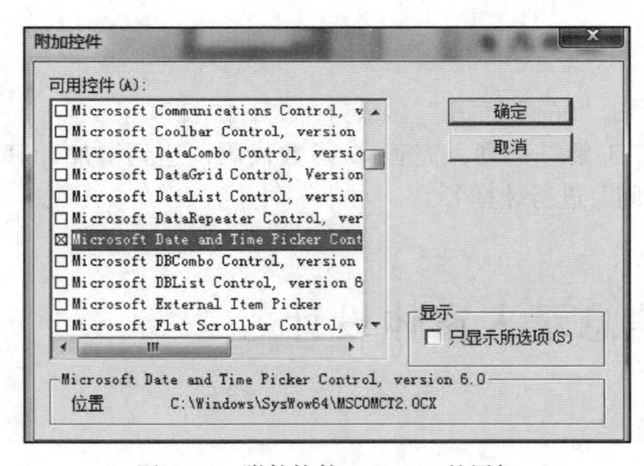

图 1-93　附件控件 DTPicker 的添加

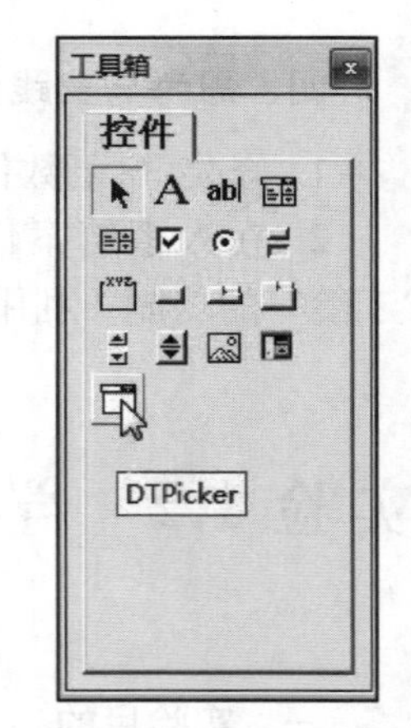

图 1-94　DTPicker 控件

（3）设置窗体上的控件属性，属性设计参照表 1-10。

> 说明：Combobox1 和 DTPicker1 只需添加，没有属性值修改；
> Frame1 需要先添加，再修改 Frame1 中 Optionbutton1 和 Optionbutton2
> 界面上控件的文字信息格式都为“宋体、粗体、小四”。

表 1-10　输入界面上的窗体和控件属性设置

窗体和控件	属性名	属性值
UserForm1	Caption	"学生信息输入"
TextBox1	Font	宋体、粗体、小四
Combobox1		只需添加，属性无须修改
DTPicker1		只需添加，属性无须修改
Frame1	Caption	"性别"
checkbox1	Caption	"贫困生"
Optionbutton1	Caption	"男"
Optionbutton2	Caption	"女"
Label1	Caption	"班级"
Label2	Caption	"姓名"
Label3	Caption	"出生日期"
CommandButton1	Caption	"录入"
CommandButton2	Caption	"退出"

2. 学生信息输入界面的代码编写

（1）双击 UserForm1，进入代码编写环境，先编写窗体的激活事件，实现组合框的初始赋值和性别的初值设置，接着编写"退出"按钮的单击事件，代码如图 1-95 所示。

微视频 1-15
信息录入代码设计

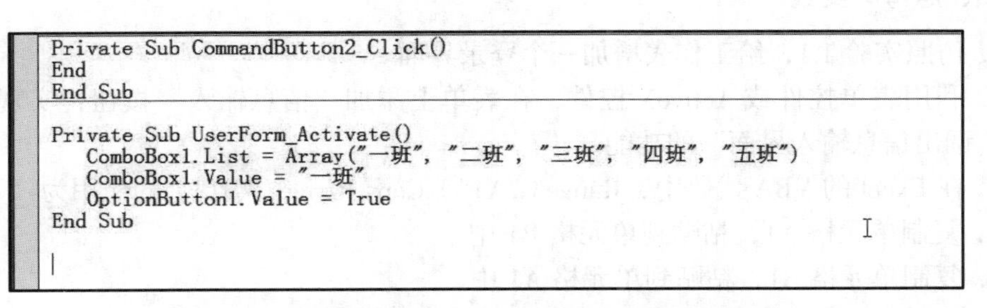

```
Private Sub CommandButton2_Click()
End
End Sub

Private Sub UserForm_Activate()
    ComboBox1.List = Array("一班", "二班", "三班", "四班", "五班")
    ComboBox1.Value = "一班"
    OptionButton1.Value = True
End Sub
```

图 1-95　窗体激活事件和"退出"按钮的单击事件代码

（2）接着编写"录入"按钮的单击事件，根据录入的不同班级，利用单元格的 Offset（偏移量）属性实现录入数据的按表格自动填充，并依据"贫困生"复选框的取值，将贫困生数据放入"贫困生"表格中，实现代码如图 1-96 所示。

（3）在工程资源浏览器窗口中单击"ThisWorkbook"切换到工作簿编辑窗口，编写工作簿打开事件，在工作簿打开时，自动调出学生信息录入界面，如图 1-97 所示。

（4）保存文件为"学生输入信息 .xlsm"，关闭后重新打开文件，体验多表录入过程。

```
Private Sub CommandButton1_Click()
   Sheets(ComboBox1.Value).Cells(Rows.Count, 1).End(xlUp).Offset(1, 0) = TextBox1.Text
   If OptionButton1.Value Then
      Sheets(ComboBox1.Value).Cells(Rows.Count, 1).End(xlUp).Offset(0, 1) = "男"
   Else
      Sheets(ComboBox1.Value).Cells(Rows.Count, 1).End(xlUp).Offset(0, 1) = "女"
   End If
   Sheets(ComboBox1.Value).Cells(Rows.Count, 1).End(xlUp).Offset(0, 2) = DTPicker1.Value
   If CheckBox1.Value Then
      Sheets("贫困生").Cells(Rows.Count, 1).End(xlUp).Offset(1, 0) = ComboBox1.Value
      Sheets("贫困生").Cells(Rows.Count, 1).End(xlUp).Offset(0, 1) = TextBox1.Text
   End If
   CheckBox1.Value = False
  TextBox1.Text = ""
  ComboBox1.SetFocus
End Sub
```

图 1-96　“录入”按钮的单击事件代码

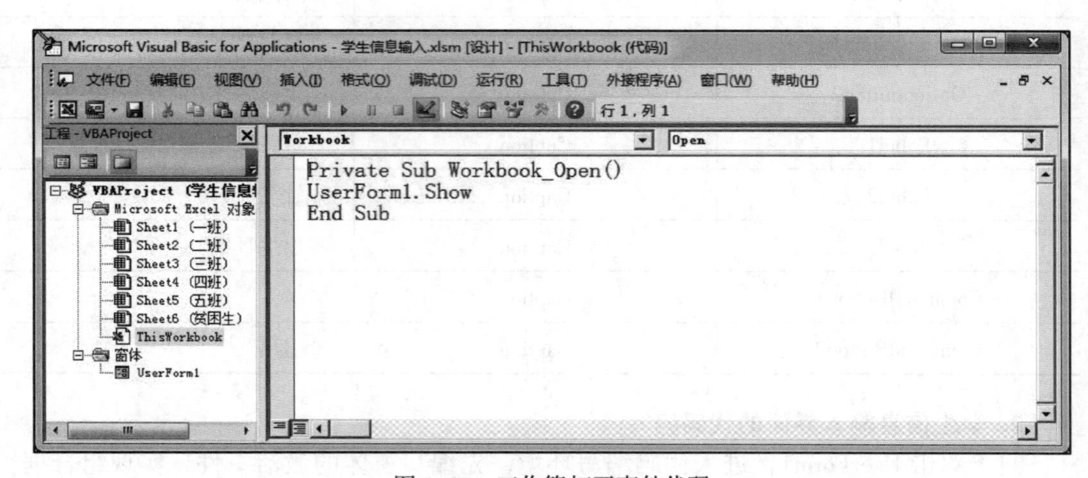

图 1-97　工作簿打开事件代码

四、思考与实践

真题解析
VBA 语法及 Excel 对象

1. 仿照实验 1.1，给工作表增加一个登录界面。

2. 利用表单控件或 ActiveX 控件，在表单上添加“信息输入”按钮，实现“单击按钮，调出信息输入界面”的功能。

3. 在 Excel 的 VBA 代码中，Range ("A1") .Copy Range ("B1") 的作用为________。

A. 复制单元格 A1，粘贴到单元格 B1 中

B. 复制单元格 B1，粘贴到单元格 A1 中

C. 合并 A1 和 B1 单元格内容，放在单元格 A1 中

D. 合并 A1 和 B1 单元格内容，放在单元格 B1 中

4. 在 Excel 的 VBA 代码中，ActiveCell. Offset (1，0) . Select 的作用为________。

A. 活动单元格下移一行　　B. 活动单元格上移一行

C. 活动单元格左移一列　　D. 活动单元格右移一列

5. 在 Excel 的 VBA 代码中，Range ("A1 : C3") . Name="vba" 的作用为________。

A. 在单元格 A1 中写入“vba”

B. 在单元格 C3 中写入“vba”

C. 在单元格区域 A1 : C3 中写入“vba”

D. 命名 A1 : C3 区域为“vba”

6. 在 Excel 的 VBA 代码中，Worksheets. Add after: =Worksheets (Sheets. Count) 的作用为________。

A. 在第一个工作表前面添加一个工作表

B. 在最后一个工作表前面添加一个工作表

C. 在最后一个工作表后面添加一个工作表

D. 在第一个工作表后面添加一个工作表

7. 在 Excel 的 VBA 代码中，Sheets (Sheet1) . Name="VBA"，其中的 Sheets (Sheet1) 、Name 和 "VBA" 分别代表________。

A. 对象、属性、值　　　　B. 对象、方法、属性

C. 对象、值、属性　　　　D. 属性、对象、值

8. 工程资源管理器窗口又称为“工程浏览器”窗口，在窗口中会列出当前 VBA 工程的所有________。

A. 变量和常数　　　　B. 变量和数组

C. 窗体和模块　　　　D. 过程和事件

9. 下面程序的循环次数为________。

```
For i=35 To 8 Step -7
    Debug.Print i
Next i
```

A. 35　　B. 8　　C. 0　　D. 4

10. 下面程序执行后，a 的值为________。

```
a=15
Select Case a
     Case Is<10
        a=a+5
     Case 10 To 20
        a=a+10
     Case Else
        a=a-10
End Select
```

A. 15　　B. 5　　C. 20　　D. 25

11. 在 Excel 工作簿中，执行下列代码后，Sheet1 工作表 D10 单元格的值是________。

```
Sub 偏移( )
i=2
Do
  i=i+1
  Sheet1.Range("A" & CStr(i)) =i
  Sheet1.Range("A" & CStr(i)).Offset(i,3)=Sheet1.Range("A" & CStr
                                           (i)) +3
```

```
Loop Until i>=10
End Sub
```

12. 在 Excel 工作簿中，执行下列代码后，Sheet1 工作表 B8 单元格的值是________。

```
Sub 分段()
For i=1 To 10
  Sheet1.Cells(i,1)=8*i
  If Sheet1.Cells(i,1)<30 Then
     Sheet1.Cells(i,2)=Sheet1.Cells(i,1)+10
  ElseIf Sheet1.Cells(i,1)<70 Then
     Sheet1.Cells(i,2)=Sheet1.Cells(i,1)+20
  Else
     Sheet1.Cells(i,2)=Sheet1.Cells(i,1)-10
  End If
Next i
End Sub
```

第 2 章

MS Office Word 应用

Word 是微软公司推出的一款优秀的文字处理软件，能够满足用户的各种文档处理要求，例如编辑排版普通文稿、电子板报、表格等。除此之外，它还能为长文档的编辑以及相同格式文档的批量处理提供强大的样式、域、邮件合并等工具，从而帮助用户更高效地完成各类文档的编辑处理工作。本章将主要以 Word 2016 为对象介绍常用操作、长文档编辑及邮件合并等应用。

双击已有文档启动 Word 2016，如图 2–1 所示。文档内容显示在 Word 窗口中间的编辑区，通过窗口上方的菜单、功能区及组进行排版编辑；如果设置了大纲级别，则可通过左侧“导航”窗格，分层显示相应内容；也可应用“样式”组或右侧“样式”窗格中各样式的设置，使文档的外观保持一致。

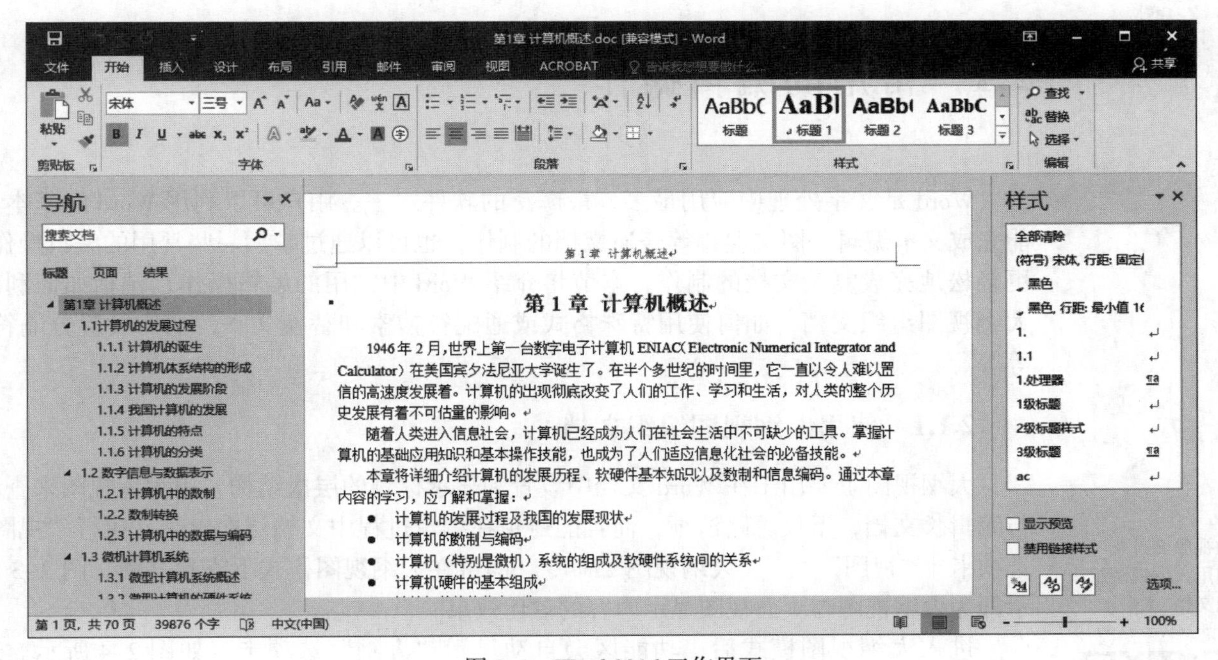

图 2–1　Word 2016 工作界面

Word 2016 中还提供了强大的帮助功能，用户可以用三种方法打开如图 2–2 所示的帮助查看器窗口，选择对应选项对 Word 中各项功能进行了解和学习：① 在功能区选项卡右侧的“告诉我您想要做什么”框中输入查询，从搜索结果中快速地找到要使用的功能或要执行的操作；② 选择“文件”菜单，在标题栏的右侧中单击熟悉的“？”按钮；③ 随时使用 F1 功能键。

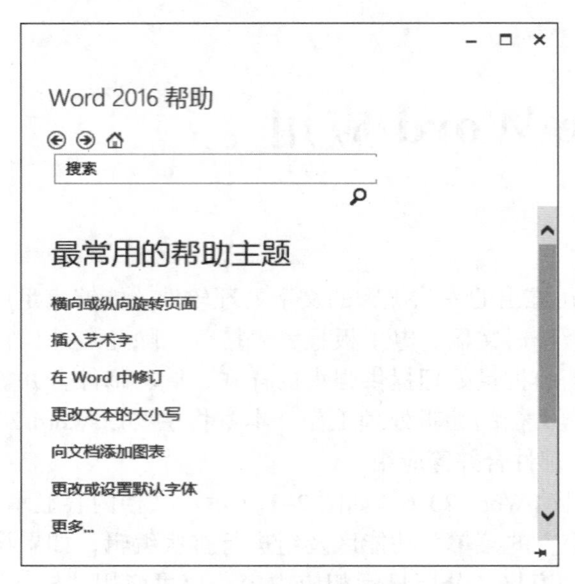

图 2–2　Word 帮助查看器窗口

2.1　常用的编辑操作

Word 是文字处理中应用最多、最广泛的软件之一。用户可以利用 Word 的基本功能完成文本编辑、图文混排等普通文档的制作，也可以通过掌握一些常用的编辑操作，更轻松地完成复杂文档的制作，本节将介绍 Word 中常用的编辑操作，包括如何利用大纲视图组织文档，如何使用特殊格式或通配符搜索和替换文本，如何设置分隔符，等等。

2.1.1　使用大纲视图组织文档

大纲视图主要用于在 Word 文档中设置和显示标题的层次结构，用大纲视图来查看与编辑长文档，不仅思路清晰，而且能避免在编辑过程中文档层次出错。执行“视图”选项卡｜“视图”组｜“大纲视图”命令，即可在大纲视图模式下查看文档。图 2–3 所示即为大纲视图与页面视图显示内容的对比效果。

微视频 2–1
使用大纲视图组织文档

进入大纲视图模式后，功能区会自动显示“大纲”选项卡，如图 2–4 所示。通过单击相应按钮或者更改下拉列表选项，可轻松完成对长文档的查看和编辑操作。使用方法如下：将文本插入点定位到对应段落中，单击相应按钮或者更改列表选项即可。

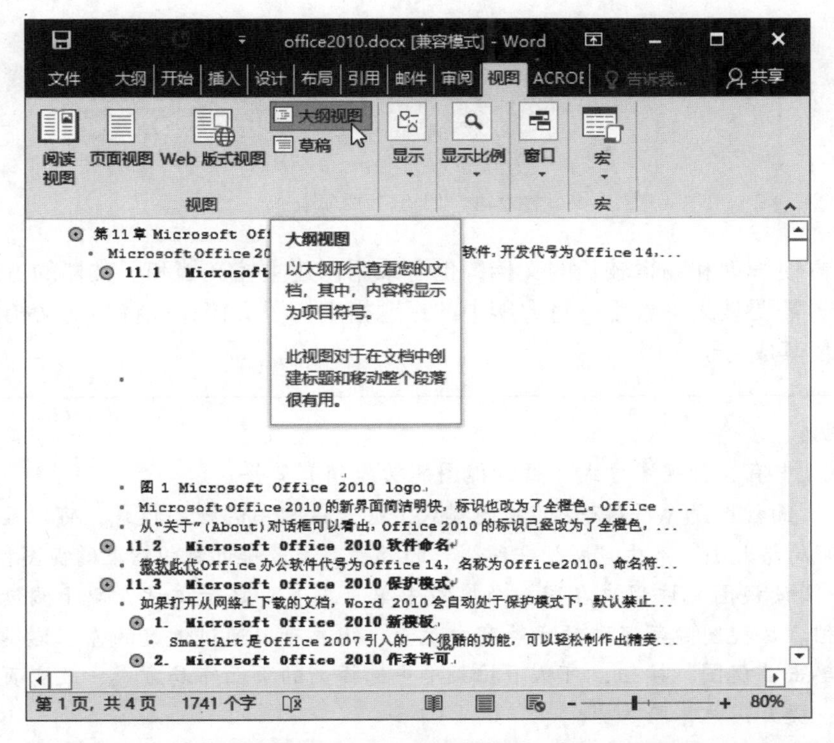

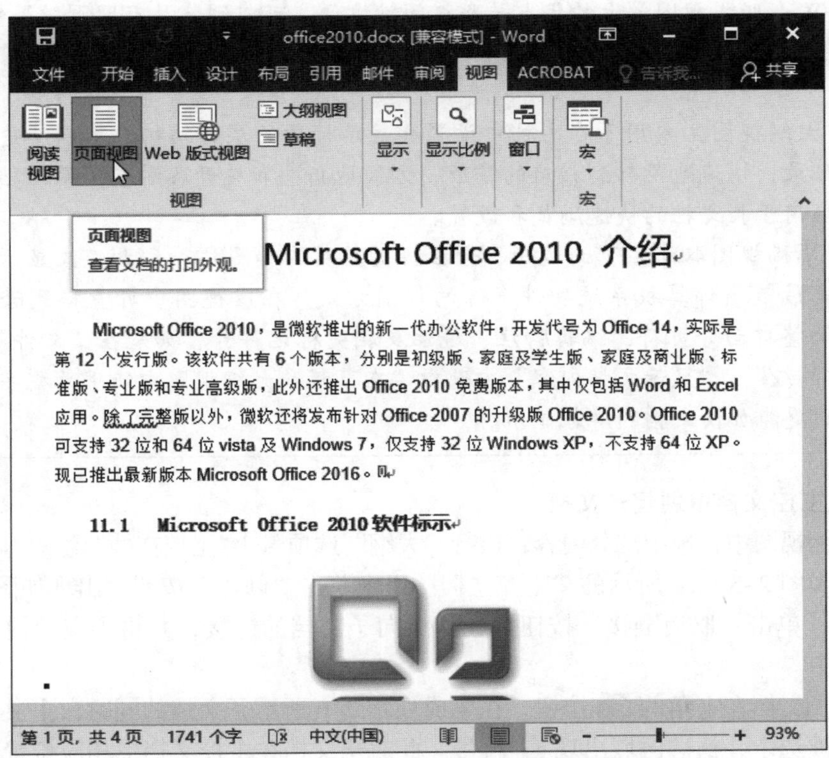

图 2-3 大纲视图与页面视图的对比效果

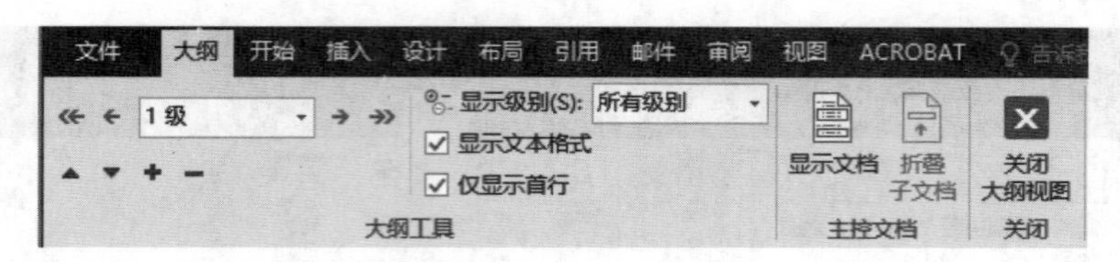

图 2–4 “大纲”选项卡

为了方便管理和编辑较长的文档，也可采用创建主控文档和子文档的方式。创建主控文档，需要从大纲着手，将大纲中的标题指定为子文档；或将当前文档添加到主控文档，使其成为子文档。

说明：

Word 中有 5 种视图方式，每种视图的功能稍有差异。

① 页面视图是 Word 默认的视图模式，也是最常用的视图模式，可以显示文档的页面布局与大小，产生“所见即所得”的效果，是最接近打印结果的视图模式。

② 阅读视图允许用户在同一个窗口中单页或多页显示文档，便于阅读内容较多的文档。该视图隐藏了选项卡等窗口元素，用户可以通过键盘的左、右键来切换页面。单击“视图”按钮，可从下拉菜单中选择新的页面布局方式、改变页面颜色和列宽，提升用户体验。

③ Web 版式视图最大的优点是联机阅读方便，可以浏览具有网页效果的文本。在该视图中可以添加文档背景颜色和图案，它强制段落自动换行以适应当前窗口的大小。

④ 大纲视图主要用于在文档中设置和显示标题的层级结构，可以清楚地显示文档的目录，快速地跳转到相应的章节，方便地折叠和展开各种层级的文档，因此被广泛应用于长文档的快速浏览和设置。

⑤ 草稿视图取消了页面边距、分栏、页眉页脚和图片等元素，仅显示标题和正文，是最节省计算机系统硬件资源的视图方式。在该视图中可直接删除手动分页符、调整自动分页符，编辑脚注、尾注及相关标记符号。如果在“文件”|“选项”|“高级”|“显示文档内容”中选中“在草稿和大纲视图中使用草稿字体”复选框，则更能加快文档的屏幕显示。

1. 从主控文档中创建子文档

在大纲视图中，选中部分内容，执行“大纲”选项卡|“主控文档”组|“显示文档”命令，在如图 2–5（a）所示的“主控文档”组中单击“创建”按钮，出现如图 2–5（b）所示界面。单击“取消链接”按钮可删除指向子文档的链接，并将子文档内容复制到主控文档中。

双击子文档左上角的 ▤ 按钮，在生成如图 2–6 所示子文档的同时，主文档中“锁定文档”被选中，框选区域出现 🔒 符号。此时子文档在主控文档中相应位置的内容已经被锁定，无法进行更改；而在子文档中的更改，将会在子文档保存退出后同步到主控文档中。

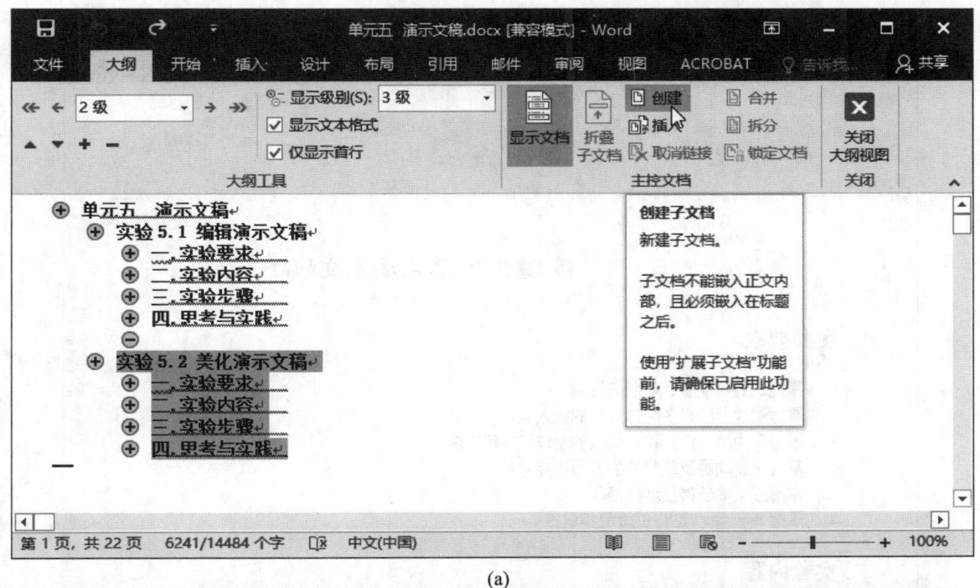

(a)

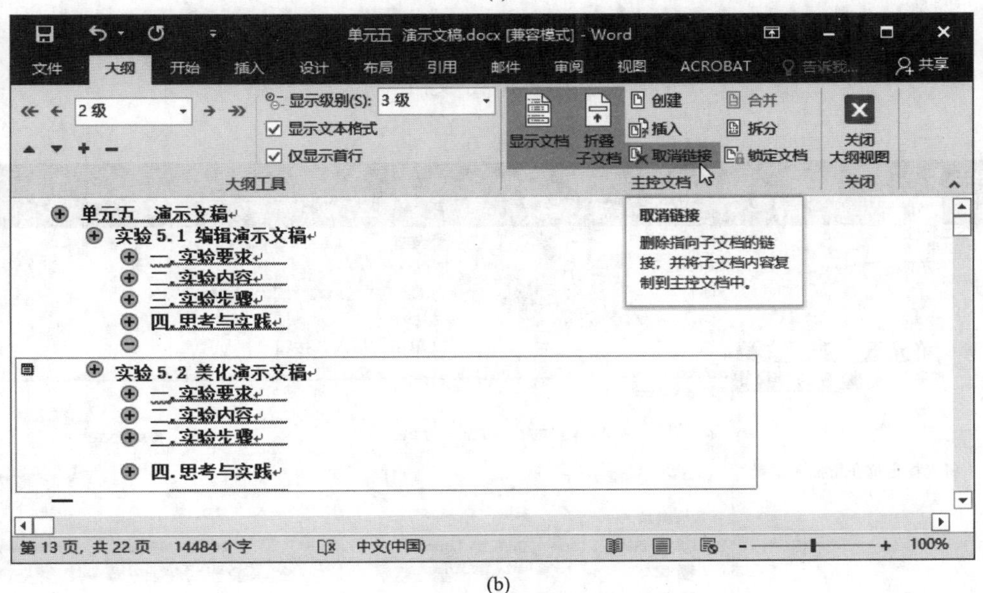

(b)

图 2–5 创建“子文档”

> 说明：主控文档是一组单独文件（或子文档）的容器，可以使用主控文档将长文档分成较小的、更易于管理的子文档，从而便于组织和维护。例如，主控文档可以是包含章节的具体内容或包含与一系列相关子文档关联的链接，若更改了源文件中的信息，则目标文档也会随之更改。

2. 在主控文档中插入子文档

可以将已有文档添加到主控文档中，在大纲视图下通过 4 个步骤可将“实验 5.2.docx”插入“单元五 演示文稿 .docx”指定位置成为子文档，如图 2–7 所示。

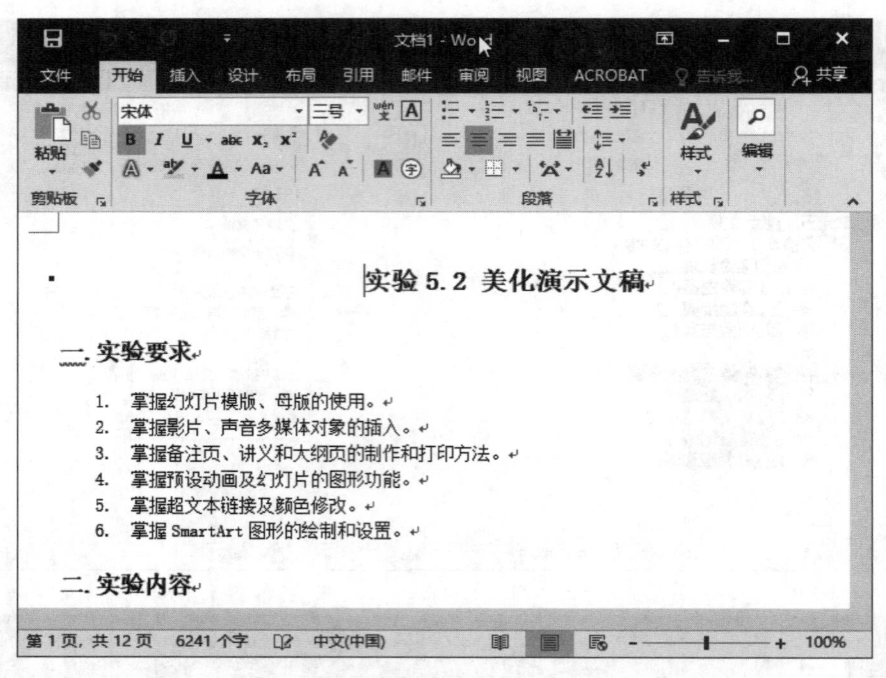

图 2-6　子文档

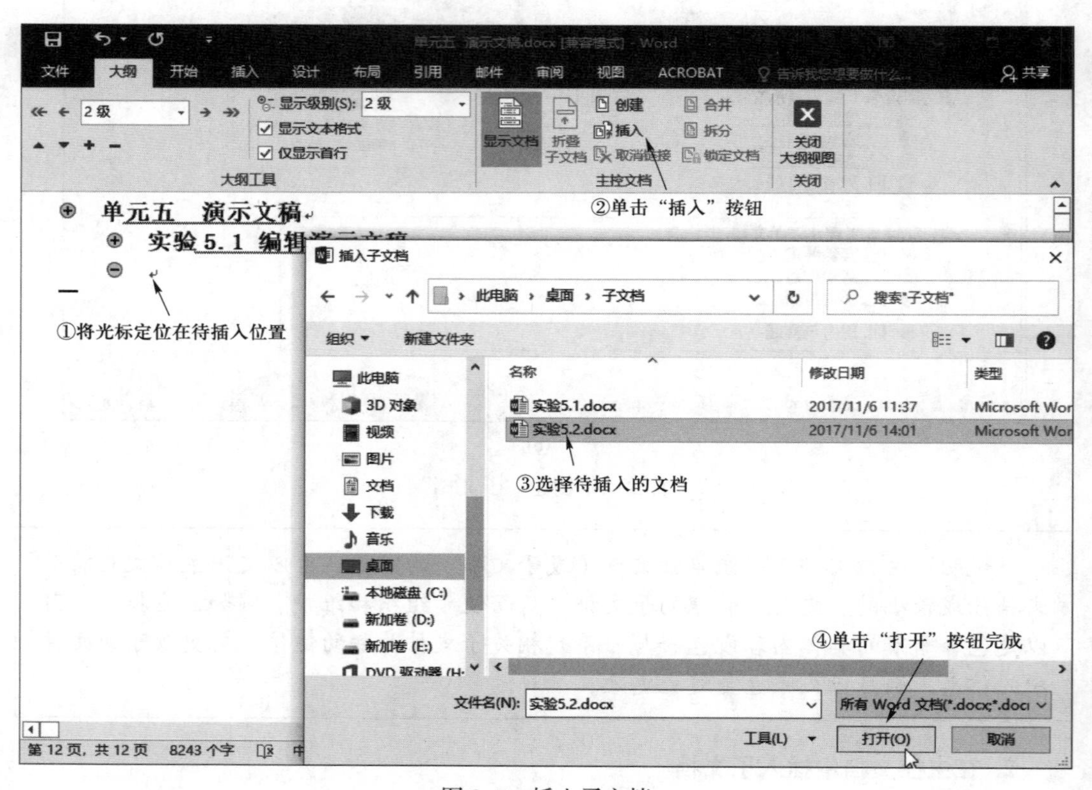

图 2-7　插入子文档

单击“主控文档”组中的“折叠子文档”按钮，如图 2–8 所示，显示添加的子文档链接。在主控文档的页面视图下，可以进一步统一风格，也可进行目录（如图 2–9 所示）、索引、交叉引用以及页眉页脚等的设置。

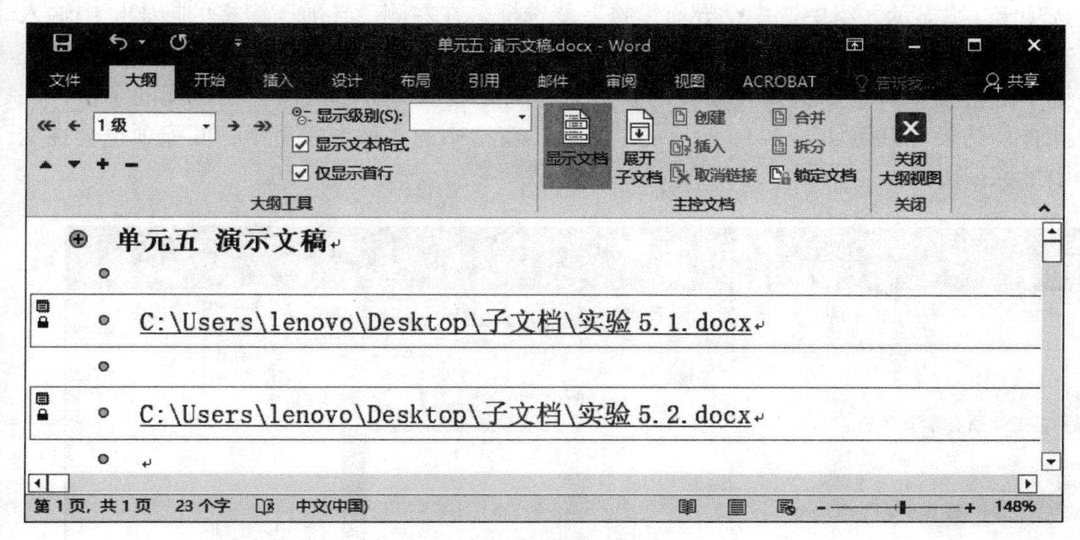

图 2–8 包含链接的主控文档

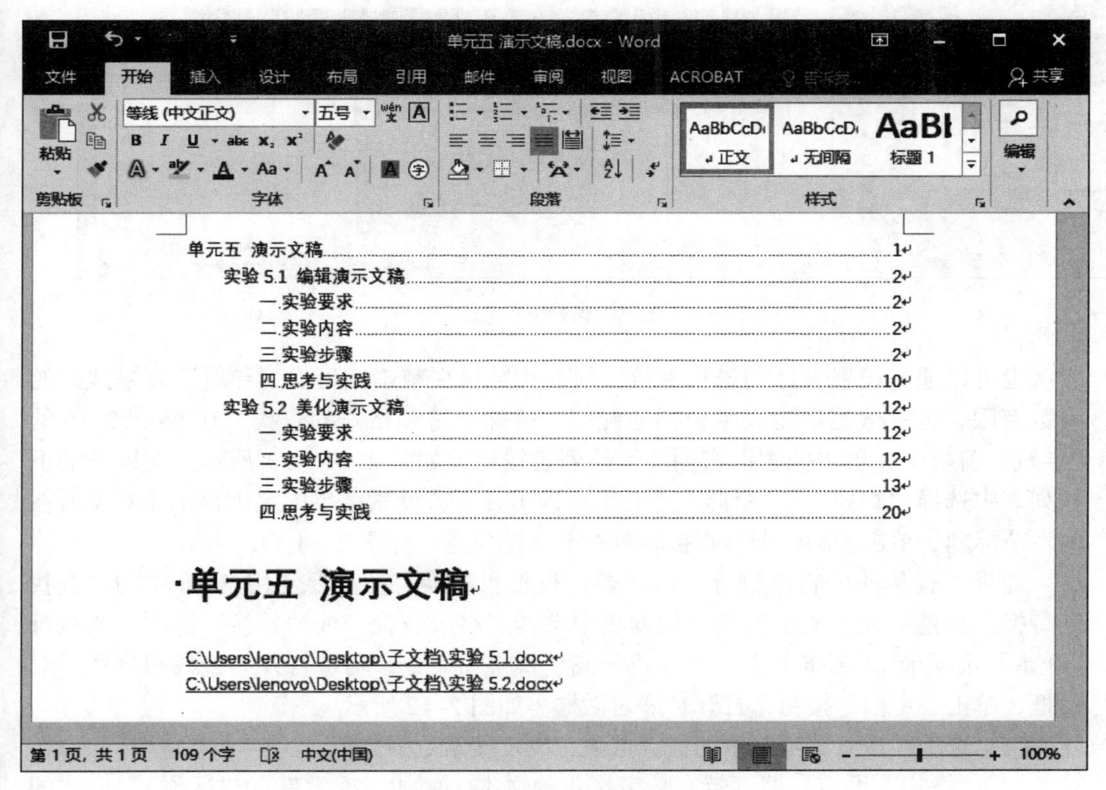

图 2–9 创建主控文档目录

2.1.2　查找和替换

在 Word 2016 中，可以使用“导航”窗格和搜索功能轻松地查找目标。在“视图”选项卡｜“显示”组中选中“导航窗格”复选框，在左侧“导航”窗格的搜索框中输入查找的内容，按 Enter 键即可进行查找。由于 Word 2016 采用渐进式搜索，即在输入关键字的过程中自动筛选符合条件的条目，并高亮显示与所输入内容相匹配的字符，因此查找结果可以用如图 2–10 所示的“导航”窗格中的 3 种方式显示，匹配项也会在文中被标记出来。

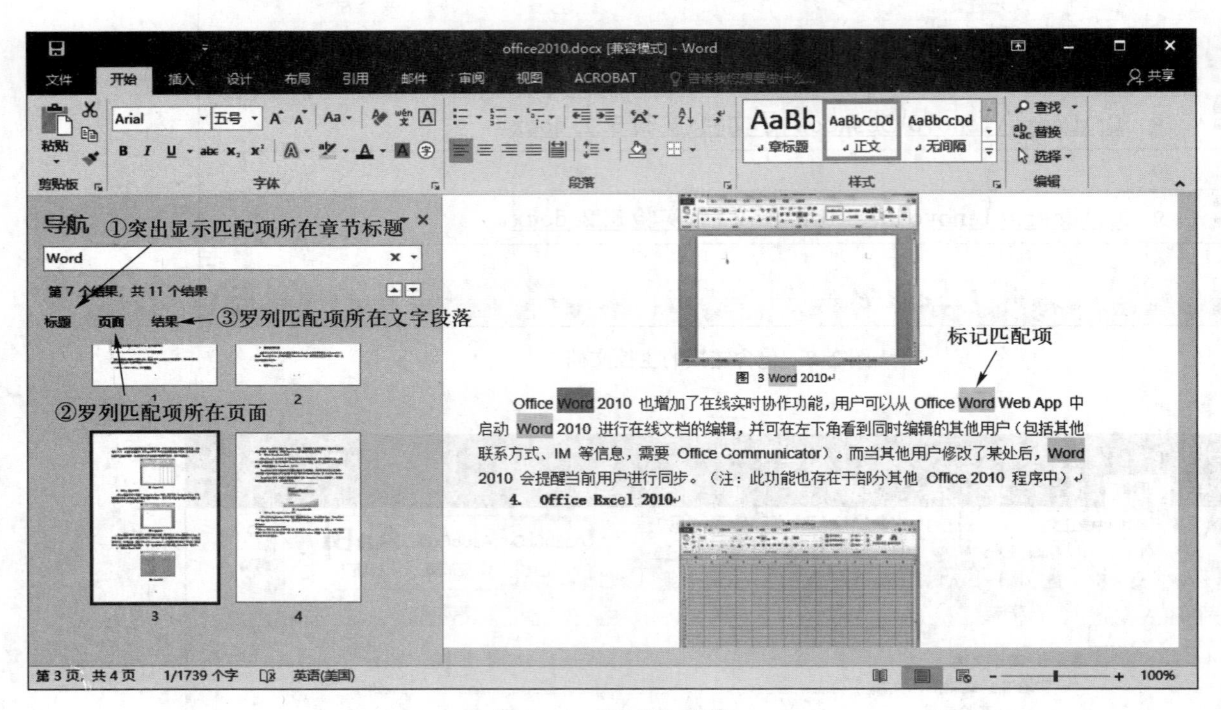

图 2–10　“导航”窗格

也可以通过设置具体的查找参数，使查找结果更精确。可供“导航”窗格搜索的参数有限，但一般足以定义不包括通配符、特殊字符和格式的查找。在 Word 2016 的“导航”窗格中，单击搜索框右侧的下拉列表按钮，如图 2–11（a）所示，在展开的下拉列表中选择“查找”｜“图形”等对象，即可在下方搜索结果中突出显示该对象所在的章节标题，单击标题，即可直接转到章节标题位置，如图 2–11（b）所示。

如果要查找的内容比较特殊或者要进行批量替换，就需要使用 Word 中的“查找和替换”功能。在搜索框右侧下拉列表中选择“高级查找”或“替换”选项，或执行“开始”选项卡｜“编辑”组｜“查找”或“替换”命令，均可打开“查找和替换”对话框，单击“更多”按钮，打开扩展对话框（如图 2–12 所示）。

（1）选中“搜索选项”中的任意选项，设定搜索范围。

（2）“格式”设定：搜索带有特定格式的文本（例如，搜索带有“标题 1”样式的文本）。

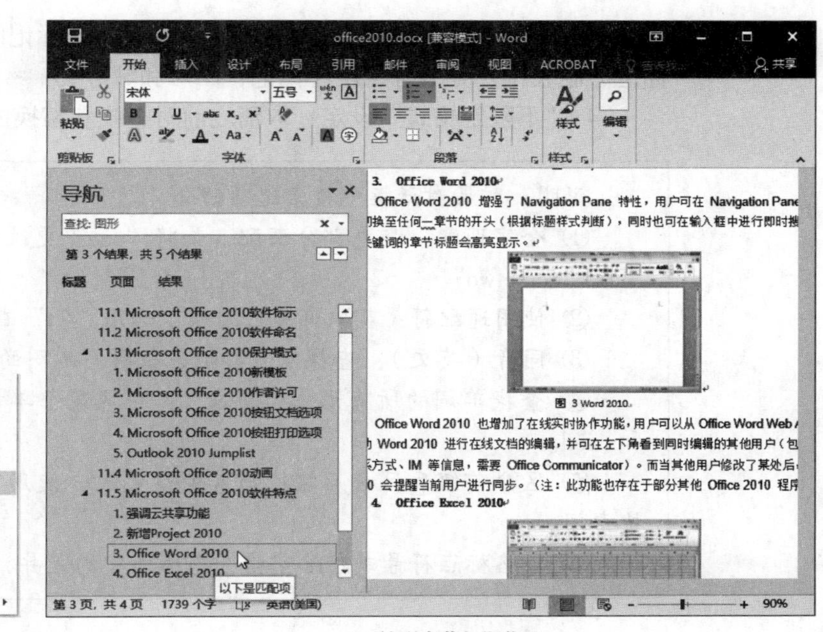

(a) 下拉列表　　　　(b) 转到章节标题位置

图 2-11　通过搜索框的下拉列表查找图形

图 2-12　“查找和替换”对话框

（3）“特殊格式”设定：搜索特定字符或格式标记的内容（包括手动换行符、段落标记、制表符、分节符、尾注标记、图形和域等）。

（4）“不限定格式”设定：取消之前对查找和替换内容的格式设置。

> 说明：扩展对话框中搜索选项的含义。
>
> ① 全字匹配：避免部分匹配，如将“one”更改为“two”不会导致“Someone”变成“Sometwo”。
>
> ② 使用通配符：获取部分匹配项，如用“？t”查找it和at。
>
> ③ 同音（英文）：查找发音类似，但拼写不同的词语，如there和their。
>
> ④ 查找单词的所有形式（英文）：查找某个单词各种变化词形，如try、tries和tried。
>
> ⑤ 区分前缀和区分后缀：与其他设置配合使用，查找开头相同或结尾相同的搜索词。
>
> ⑥ 忽略标点符号或忽略空格：忽略连字的差异，忽略字符间距。

在“查找和替换”对话框还可以使用通配符搜索，常用通配符及说明如表2-1所示。

表2-1 常用通配符及说明

通配符	句法	示例
?	任何单个字符	he？将会搜索到her和hen，和含有这一字符序列的they、there等
*	一个字符串	he* 将会搜索到her、they、sheet等
［ ］	指定字符中的一个	h［eor］s将会搜索到these、ghost、searches等，但搜索不到horse
［\通配符字符］	特定的通配符字符	［*］查找所有的星号
<（单词）	以单词开头的字符	<（plen）将查找到plenty、plentitude等，但搜索不到splendid
（单词）>	以单词结尾的字符	（ful）>将查找到useful、careful等，但搜索不到wonderfully
［m–n］	指定范围内的任何单个字符，必须以升序排列指定范围（例a～d）	［c–h］ave将会查找到gave、have和leave
［！ m–n］	指定范围内以外的任何单个字符	st［!n–z］ck将会查找到stack和stick，但不会查找到stuck或stock
｛n｝	前一个字符指定的个数	cre｛2｝d将会查找到creed但不会查找到credential
｛n，｝	至少包含前一个字符个数	cre｛1，｝d既查找到creed也查找到credential
｛n，m｝	前一个字符在范围内的个数	50｛1，3｝查找50、500、5000
@	一个或多个前一个字符	bal@* 查找balloon和balcony

说明：使用通配符搜索都区分大小写，也可以把多个通配符结合起来创建搜索表达式，例如 s [a-n] { 2 } d、< (det) * (ing) > 等。当在“查找和替换”对话框中选择“使用通配符”选项，如图 2-13 所示，可用的通配符字符将出现在“特殊格式”下拉列表中，可根据需要选择使用。

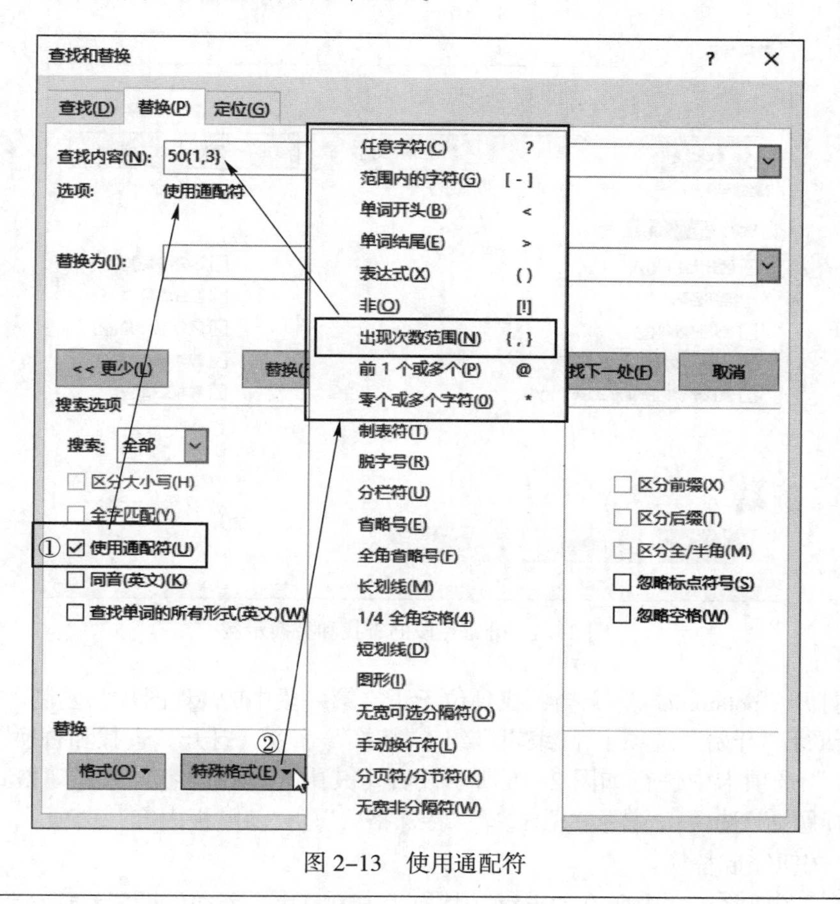

图 2-13　使用通配符

【例 2-1】将文档中的正文文字分自然段。

将“印章管理办法 .docx”文档中，除标题“印章管理办法”以外的正文文字分自然段（每个制表符替换为一个段落标记）。

微视频 2-2
分自然段

① 打开“印章管理办法 .docx”文档，选择除标题以外的正文文字部分。

② 执行“开始”选项卡 | “编辑”组 | “替换”命令，打开“查找和替换”对话框，在“替换”选项卡中进行如图 2-14 所示设置（其中“查找内容”选择“特殊格式” | “制表符”选项，“替换为”选择“特殊格式” | “段落标记”选项），单击“全部替换”按钮完成替换。

【例 2-2】将文档中的部分文字批量替换为图片。

将“potato.docx”文档中样式为“标题 2”的“土豆”替换为 图片（图片位于正文第一段中）。

图 2-14　分自然段的查找和替换示例

微视频 2-3
图文批量替换

① 打开“potato.docx”文档，找到位于正文第一段中的图片并复制。

② 执行“开始”选项卡|“编辑”组|“替换”命令，打开“查找和替换”对话框，在“替换”选项卡中进行如图 2-15 所示设置（其中“查找内容”选择“格式”|“样式”|“标题 2”选项；“替换为”选择“特殊格式”|“剪贴板内容”选项），单击“全部替换”按钮完成替换。

思考：若要将正文中所有“土豆”替换为图片，该如何设置？能否将图片批量替换为“土豆”？

微视频 2-4
分隔符设置

2.1.3　设置分隔符

在日常工作中，编辑文档时常常会用到分隔符来定位和标记文章。有了分隔符，用户可以将文字内容按照关系紧密或布局需要进行分隔，然后对各部分进行不同的编排和设置。

1. 换行和分页

默认情况下，Word 规定出现在每个页面顶部或底部的段落应至少有两行，用户可以控制 Word 分隔段落的方式，以保证相关段落的信息在一起。

单击“开始”选项卡|“段落”组中的启动器按钮（即组中右下角的按钮，本书后面均称为启动器按钮，不再特别说明），打开“段落”对话框，切换到“换行和分页”选项卡，如图 2-16 所示。分页设置说明如下。

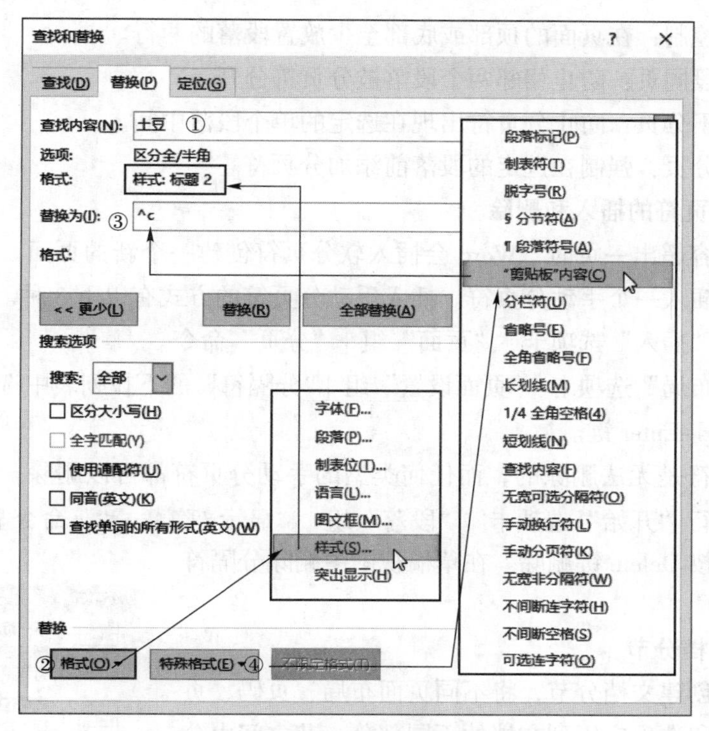

图 2–15 图文的查找和替换示例

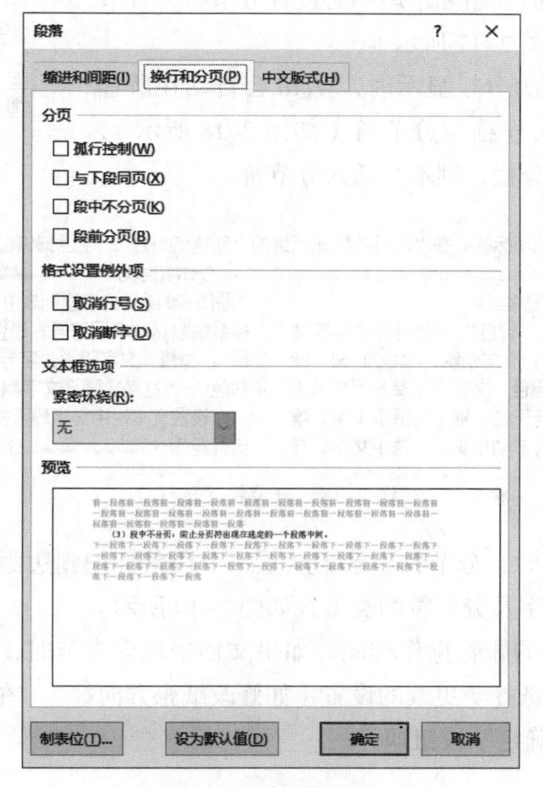

图 2–16 段落换行和分页

（1）孤行控制：在页面的顶部或底部至少放置段落的两行。

（2）与下段同页：防止相邻两个段落被分页符分开。

（3）段中不分页：防止分页符出现在选定的单个段落中间。

（4）段前分页：强制在选定的段落前添加分页符。

2. 手动分页符的插入和删除

当文档内容超出一页时，Word 会插入软分页符创建一个新的页面。如果想自行设置分页，可以插入一个手动分页符。插入手动分页符的方式有以下 3 种。

（1）执行“插入”选项卡｜“页面”组｜“分页”命令。

（2）在“布局”选项卡｜“页面设置”组｜“分隔符”的下拉列表中选择“分页符”。

（3）按 Ctrl+Enter 键。

自动分页符是无法删除的，而任何类型的手动分页符都可以删除。删除手动分页符时，首先执行“开始”选项卡｜“段落”组｜“显示 / 隐藏 ”命令显示格式符号，选中分页符，按 Delete 键删除。在草稿视图中删除分隔符更为便捷。

3. 创建文档分节

可以通过创建文档分节，将不同页面布局、页码、页眉页脚以及打印选项应用到文档的不同部分。节之间由分节符分隔，一个文档的开始和结尾不必设置分节符，分节符的类型有 4 种（如图 2–17 所示）。

当设置所选内容为分栏显示时，Word 会自动在所选内容之前和之后插入连续型分节符（如图 2–18 所示），如果为整个文档设置分栏，则不会插入分节符。

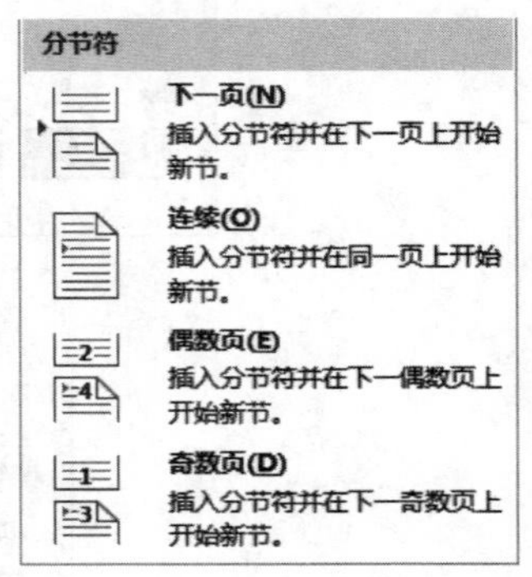

图 2–17 分节符

切换到“开始”选项标签，在“幻灯片”选项组的“新建幻灯片”下拉列表中选择“标题和内容”版式，如图 5-23 所示。↵ ……分节符(连续)……

②·输入文字并设置格式↵

单击标题栏，输入“牡丹”，设置标题文字字体为“华文行楷”，加粗，文字阴影，字号为 60，颜色为“主题颜色”-“黑色，文字 2”；单击“文本”栏，输入“庭前芍药妖天格，池上芙蕖争少情。唯有牡丹真国色，花开时节动京城。”，选中文字，在如图 5-20 所示的下拉列表中设置项目符号为无，去掉系统默认的项目符号；设置文字字体为“华文行楷”，加粗，文字阴影，字号为 36，颜色为“主题颜色”-“红色，强调文字颜色 2，深色-50%”。↵

设置文本栏中文字段落格式为“左对齐”、“1.5 倍行距”。↵ ……分节符(连续)……

图 2–18 分节符（连续）

当显示编辑标记时，分节符显示为从上一个段落标记到边距的双虚线，并在虚线中间显示分节符三个字及分节符的类型，如图 2–19 所示。

分节符与分页符的删除操作相同。如果文档中包含多节时，可以将光标定位在要设置格式的节内，并选择要更改的设置（如修改纸张方向等），在“应用于”列表中选择“本节”，单击“确定”按钮即可。

●→ 设置所有幻灯片的纹理为新闻纸，并在幻灯片的右下角插入页码；↵
●→ 所有幻灯片中标题文字为华文行楷，正文文字为楷体，字体大小、颜色参照样张酌情设置；↵
●→ 在幻灯片浏览视图中对照样张查看并修改幻灯片；↵
●→ 保存幻灯片。↵
（2）选择一个主题，制作用于演示的幻灯片。参考主题如下：↵
足球风云 → → 植物大观 → → 自我介绍 → → 可爱的祖国↵
科学报告 → → 旅游天地 → → 民族风情 → → 名车博览↵ ::::::::分节符(下一页)::::::::

图 2-19 分节符（下一页）

2.1.4 创建多级列表

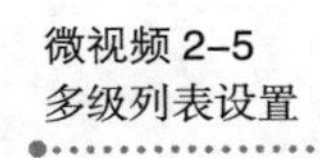

列表是以字符开始、悬挂缩进的段落，字符位于每个列表项的左端。用户可以创建项目符号列表、编号列表或多级列表。可以从预设的项目符号库、编号模式库或多级组合库中选择起始字符，也可以自己创建列表符号。

在 Word 中进行长文档编辑时，其内容通常分章节，可以通过“开始”选项卡 |“段落”组 |“多级列表”下拉列表来选择和设置列表样式，如图 2-20 所示，从而实现章节的自动编号。如果需要对已有的列表样式进行修改，可以在“列表库”选择对应样式，在鼠标右键快捷菜单中选择修改即可。

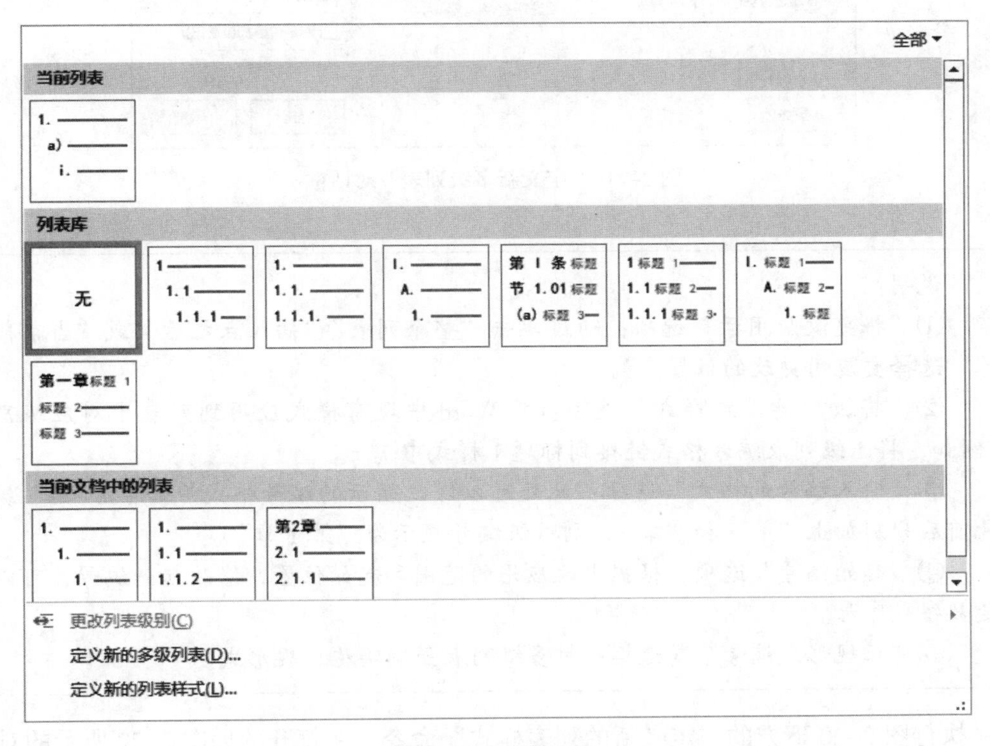

图 2-20 多级列表

执行图 2-20 下方的“定义新的多级列表”命令，在打开的如图 2-21 所示的对话框中选择“单击要修改的级别”列表中的列表级别，进行其他相应选项设置。

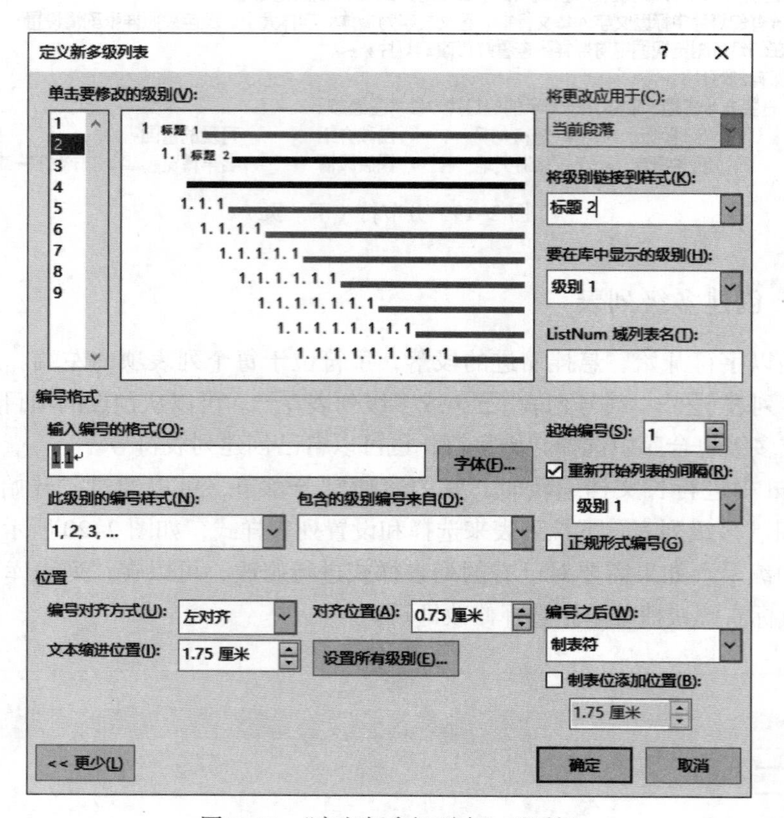

图 2–21　“定义新多级列表”对话框

说明：

①“将更改应用于”选项：通过单击“整个列表”“插入点之后”或“当前段落”选择要应用更改的位置。

②“将级别链接到样式”选项：将 Word 中现有样式应用到列表中对应级别（例如，将 1 级列表编号格式链接到标题 1 样式中）。

③“输入编号的格式”选项：此处可以修改显示的编号格式（如在原“1”编号前后分别加上“第”和“章”，则该级编号显示为“第 1 章”）。

④“起始编号”选项：根据更改应用的范围和起始位置，修改起始编号，可以是数字或字母。

⑤“正规形式编号”复选框：对多级列表强制实施正规形式。

执行图 2–20 下方的“定义新的列表样式”命令，在打开的如图 2–22 所示的对话框中，可以定义新的列表样式。

“多级列表”中对编号样式的设置，不仅可以用于章节的编号，还可以用于设置页码和题注格式，以使页码和题注与章节自动同步。

定义新列表样式

属性

名称(N): 样式1

样式类型(T): 列表

格式

起始编号(S): 1

将格式应用于(P): 第一级别

B I U 中文

1, 2, 3, …

1

1.1

1.1.1

1.1.1.1

缩进:
左侧: 0 厘米
悬挂缩进: -2 字符, 多级符号 + 级别: 1 + 编号样式: 1, 2, 3, … + 起始编号: 1 + 对齐方式: 左侧 + 对齐位置: 0 厘米 + 缩进位置: 0.75 厘米, 优先级: 100

仅限此文档(D) 基于该模板的新文档

格式(O) 确定 取消

图 2-22 “定义新列表样式”对话框

【例 2-3】多级列表的应用。

设置“管理人员相关措施.docx”文档中的多级列表样式为“1 标题 1……”“1.1 标题 2……”……，将文档中红色文字应用“标题 1”样式，蓝色文字应用“标题 2”样式，效果如图 2-23 所示。

① 打开“管理人员相关措施.docx”文档，执行“开始”选项卡｜“段落”组｜“多级列表”下拉列表中的“定义新的多级列表”命令，在如图 2-21 所示的对话框中，分别将级别 1 链接到样式“标题 1”、级别 2 链接到样式“标题 2”，单击“确定”按钮完成设置。

② 选中红色文字，执行“开始”选项卡｜“样式”组｜“标题 1”命令。

③ 选中蓝色文字，执行“开始”选项卡｜“样式”组｜“标题 2”命令。

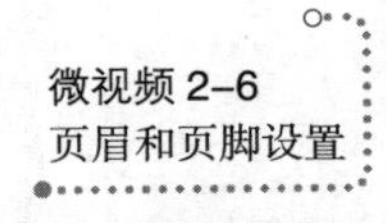

2.1.5 创建页眉和页脚

页眉与页脚是长文档中非常重要的对象，不仅能起到统一文档的作用，还能对文档信息进行有效的补充说明。

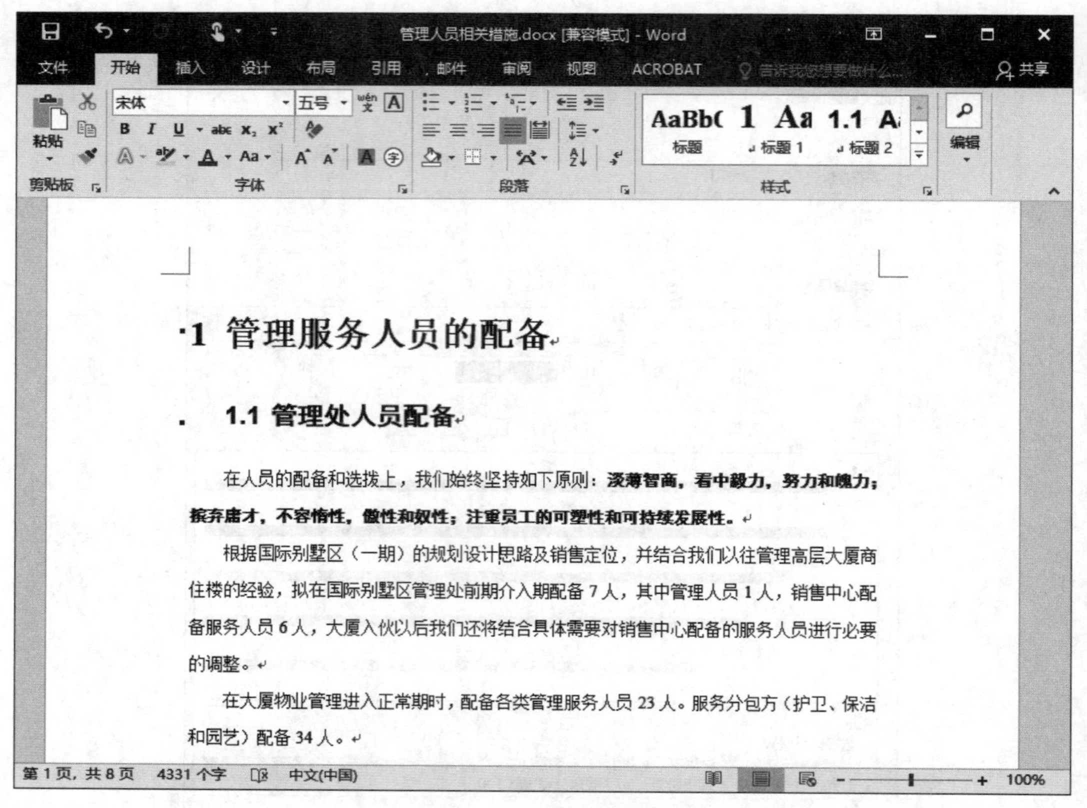

图 2–23　多级列表应用

1. 创建和编辑页眉

页眉一般位于文档中每个页面的顶部，常用于补充说明文档标题、文件名和作者姓名等。在“插入”选项卡｜“页眉和页脚”组｜“页眉”下拉列表中选择某种预设的页眉样式选项（如图 2–24 所示），然后按所选样式在对应位置输入所需内容即可。若需自行设置页眉的内容和格式，可在下拉列表中选择“编辑页眉”选项或双击页眉位置，此时将进入页眉编辑状态，利用功能区中的“页眉和页脚工具”｜“设计”选项卡便可以对页眉内容进行编辑，如图 2–25 所示。执行“关闭页眉和页脚”命令可以退出页眉页脚编辑状态。

2. 创建和编辑页脚

页脚一般位于文档中每个页面的底部，也用于显示文档的附加信息，如日期、文件名、作者名等，但最常见的是在页脚中显示页码。在“插入”选项卡｜“页眉和页脚”组｜“页脚”下拉列表中选择某种预设的页脚样式选项，然后按所选样式在对应位置输入所需内容即可，操作与创建页眉相似。

3. 插入页码

在编辑文档时经常需要插入页码，以便查找和整理。可以在页眉、页脚、左边距、右边距或在每个页面的当前光标所在位置插入预先设定好样式的页码。单击需要插入页码的位置，在“插入”选项卡｜“页眉和页脚”组｜“页码”下拉列表中选择所需的页码样式即可，如图 2–26 所示。

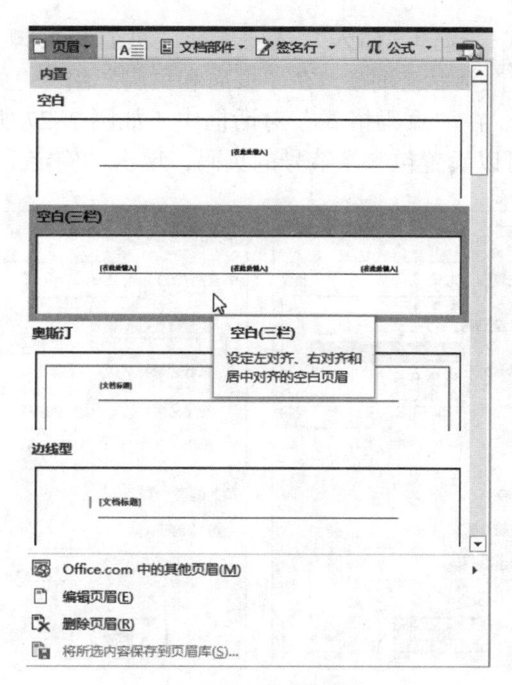

图 2-24　页眉样式

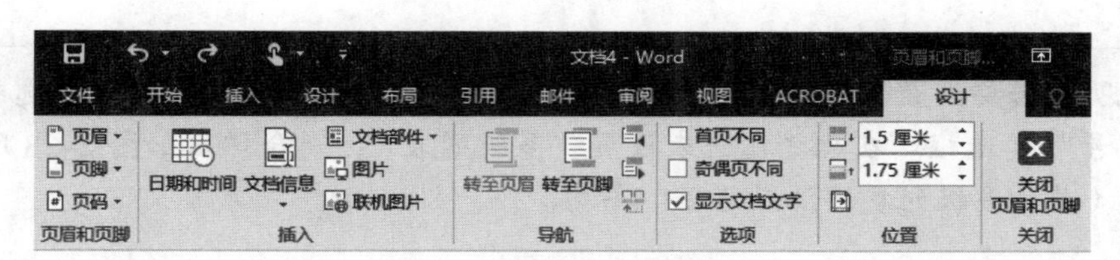

图 2-25　页眉和页脚工具

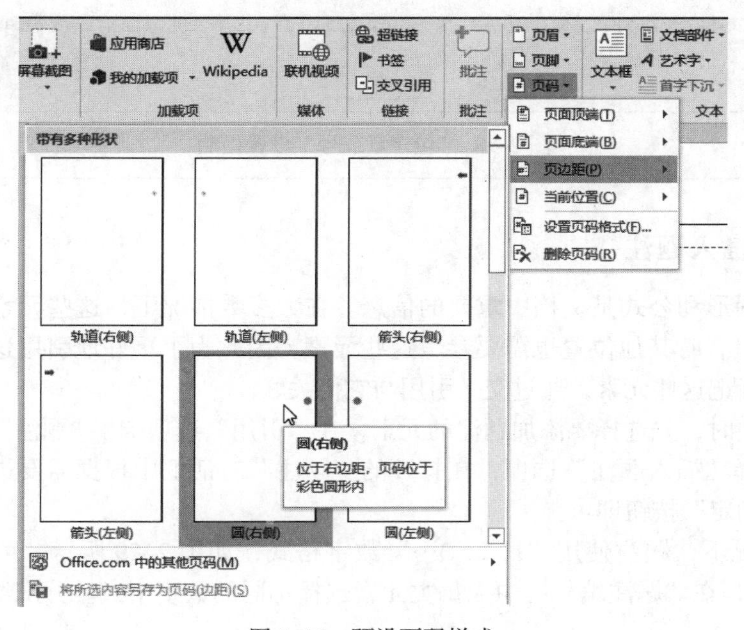

图 2-26　预设页码样式

若要更改页码格式，选择“插入”选项卡或“页眉和页脚工具”|“设计”选项卡（在页眉或页脚处于激活状态时），在“页眉和页脚”组|“页码”下拉列表中选择“设置页码格式”选项。在“页码格式”对话框中（如图 2–27 所示）可设置“编号格式”“页码编号”，也可以设置包含章节号的页码，单击“确定”按钮即可。

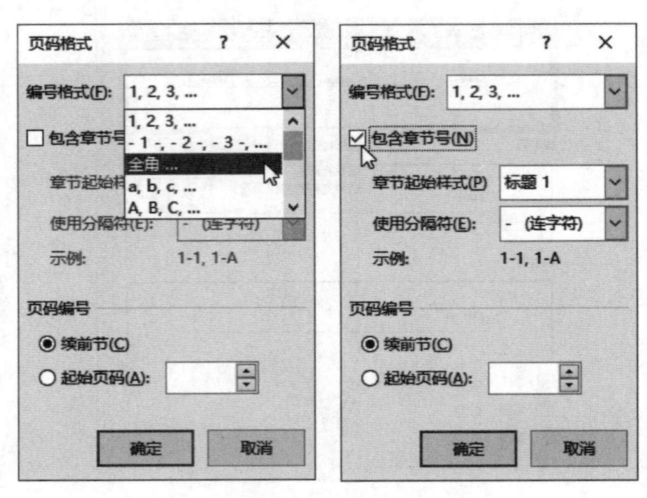

图 2–27　“页码格式”对话框

说明：若要设置页码格式包含章节号，则需要在“页码格式”对话框选中“包含章节号”复选框。在此之前若未设置“多级列表”，则会弹出如图 2–28 所示的对话框（关于多级列表的设置见 2.1.4 节）。

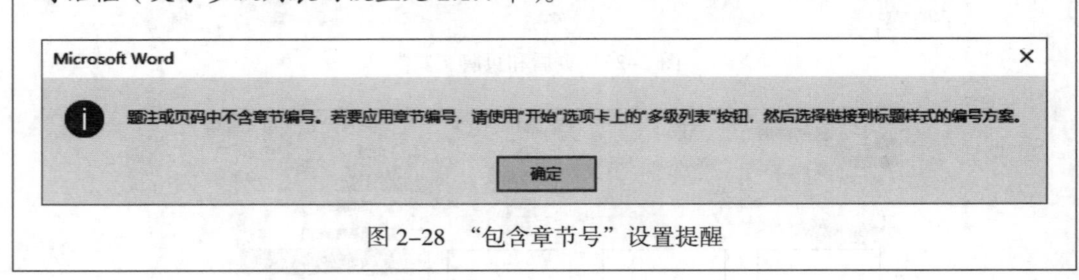

图 2–28　“包含章节号”设置提醒

2.1.6　插入题注

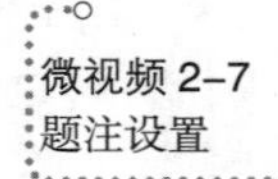

表格、图形和公式是文档中重要的信息。在大多数情况下，这些元素临近引用它们的文本，但有时其他位置也需要参考这些元素，因此为了更好地引用这些元素，可以用题注来标记这些元素，通过交叉引用与它们关联。

插入题注时，先选择要添加题注的元素，在“引用”选项卡|“题注”组或鼠标右键菜单中选择“插入题注”选项，在打开的“题注”对话框中根据需要进行相应的设置，单击“确定”按钮即可。

默认情况下，题注使用“1，2，3…”数字格式，如图 2–29 所示，可以通过单击“编号”按钮，在“题注编号”中为每类元素选择不同的数字格式。分配给元素的题注编号由它在文档中的顺序自动确定，如果在该元素之前增加同标签的题注，则后续所有题注编号及相关引用将自动更新。

在题注中，数字前面带有标签，默认为“公式”“图”“表”或“Equation”“Figure”“Table”，生成题注文字如“图 1”“表 1”等；也可以通过“新建标签”按钮创建自定义标签，如“示意图 1”等；也可以单击“编号”按钮，在打开的对话框中选中“包含章节号”复选框，自动引用当前章节的编号作为标签，如“图 1–1”。

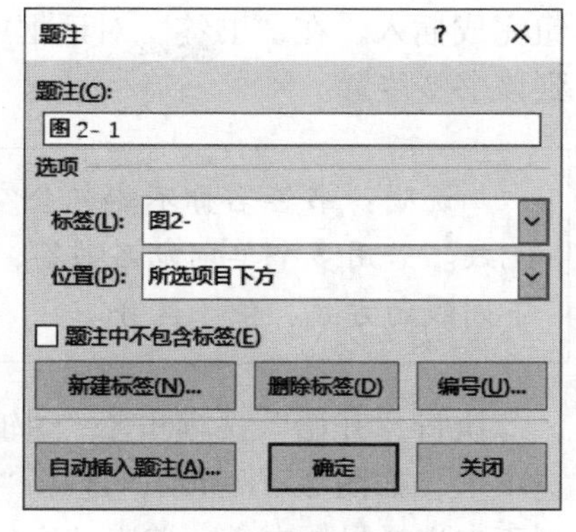

图 2–29 “题注”对话框

说明：若设置题注格式包含章节号，则要在“题注编号”对话框选中“包含章节号”复选框。在此之前若未设置“多级列表”，则会弹出如图 2–28 所示的对话框（关于多级列表的设置见 2.1.4 节）。

2.1.7 插入超链接

Word 文档中可以包含超链接、书签以及交叉引用等链接方式，帮助用户快速完成文档内导航、定位和级联更新等操作。

1. 书签

书签可以实现文档内部的导航和快速定位。先将光标定位在要插入书签的位置，或者选定要附加书签的文本或对象，执行“插入”选项卡 | “链接”组 | “书签”命令，如图 2–30 所示，在“书签”对话框的“书签名”框中输入书签名称，单击“添加”按

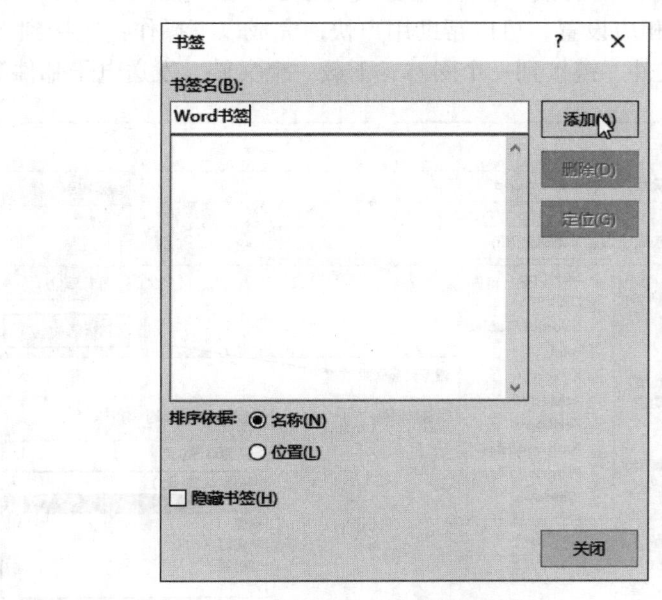

图 2–30 “书签”对话框

钮完成插入。在“书签”对话框中，选择某一书签名，还可以通过“定位”按钮移动到该书签位置。

说明：书签名称不能包含空格。如果书签名中包含空格，“添加”按钮将变为无效。若用多个单词命名书签，可以采用名称内部每个单词首字母大写或单词间加下划线的方式，便于区分。

执行“开始”选项卡 | “编辑”组 | “替换”命令，在打开的对话框选择“定位”选项卡，如图 2–31 所示，选择“定位目标”为“书签”，在“请输入书签名称”下拉列表中选择目标书签，单击“定位”按钮也可移动到该书签的位置。

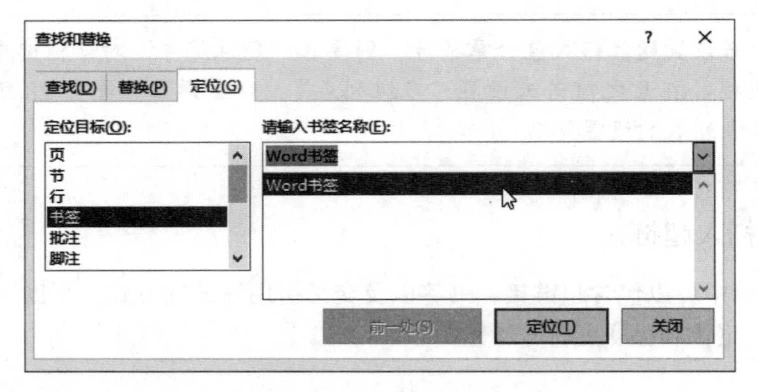

图 2–31　“定位”选项卡

2. 超链接

执行“插入”选项卡 |“链接”组 |“超链接”命令，在“插入超链接”对话框（如图 2–32 所示）中进行相应设置，可以帮助用户快速完成以下操作：链接到文件中的某个位置、打开另一个文件、链接到一个网站、下载一个文件、发送电子邮件等。

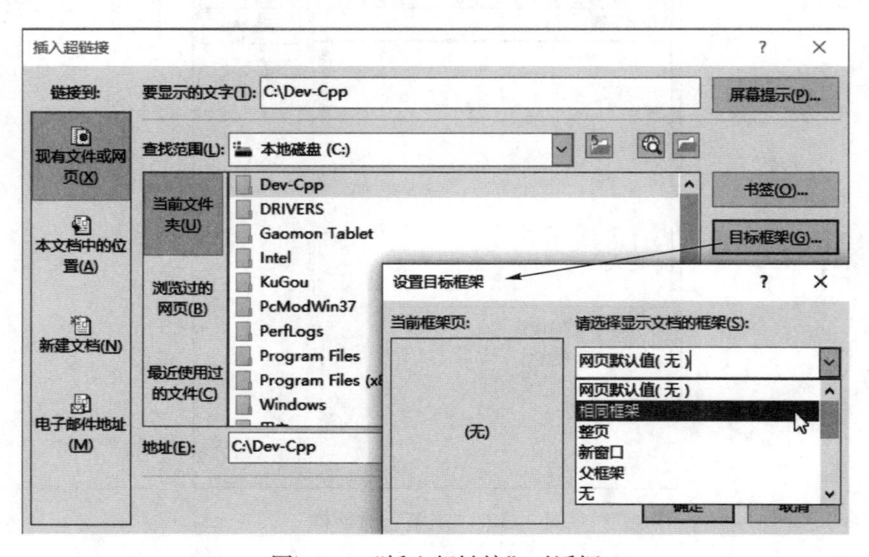

图 2–32　“插入超链接”对话框

当创建超链接到一个文档或网页（称为目标）时，用户可以指定目标框架，将目标信息显示在活动文档窗口、框架或一个新窗口中。按住 Ctrl 键并单击超链接，就会跳转到指定目标；右击超链接，可以选择编辑或取消超链接；若要修改超链接文本，可在“插入超链接”对话框上方的“要显示的文字”栏中修改。

3. 交叉引用

交叉引用是对 Word 文档中其他位置内容的引用，例如，可为标题、脚注、书签、题注、编号段落等创建交叉引用。若要引用一个只有标签和编号的题注（如“如图 1–1 所示”中的“图 1–1”），可首先确定要插入引用的位置，然后执行“引用”选项卡 | “题注”组 | “交叉引用”命令，在“交叉引用”对话框中（如图 2–33 所示）设置相应选项，单击“插入”按钮即可。

微视频 2–8
交叉引用设置

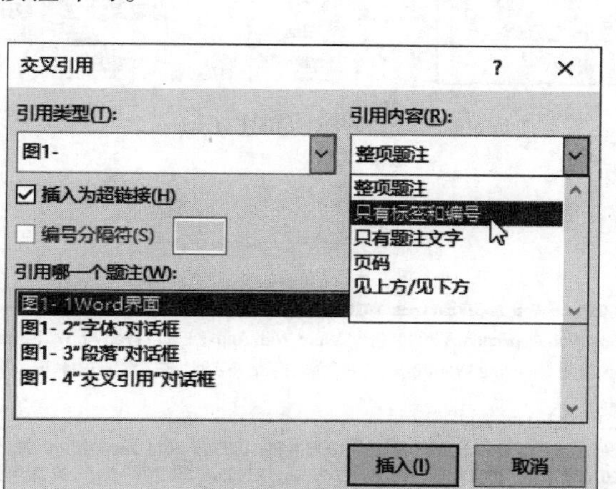

图 2–33 “交叉引用”对话框

说明：

① 带有题注的元素（如图表、表格和公式）及其他文档元素（如数字编号的项目、标题、书签和备注），都可以在文档中交叉引用。交叉引用可帮助用户定位特定内容，使题注编号随相应对象的位置自动更新。

② 如果想创建从交叉引用到引用目标的超链接，则选中“插入为超链接”复选框。如果将文档保存为网页，在“交叉引用”对话框中创建的超链接在 Word 和浏览器中都有效。

③“见上方 / 见下方”选项用于选择是否插入一个位置交叉引用，这种引用使用“见上方”或“见下方”字样，这取决于所引用的项目相对于引用的位置。

思考：

（1）如果需要在文档中引用诸如：“具体设置见第 10 页 2.1.4 创建多级列表”，其中的页码和章节有可能会根据文档实际情况发生变化，引起引用错误，该如何利用交叉引用解决这一问题？

（2）如何运用交叉引用实现参考文献的编号设置？

微视频 2-9
脚注和尾注设置

2.1.8 插入脚注或尾注

脚注和尾注可用于提供有关文档内容的辅助信息，并将这些信息链接到文档内容的指定位置。脚注出现在页面底部（默认）或在页面内容后；尾注出现在文档的末尾（默认）或在节的末尾（如果文档包含多个节）。在大多数的视图中，脚注和尾注与正文之间由脚注或尾注分隔符分开，如图 2-34 所示。

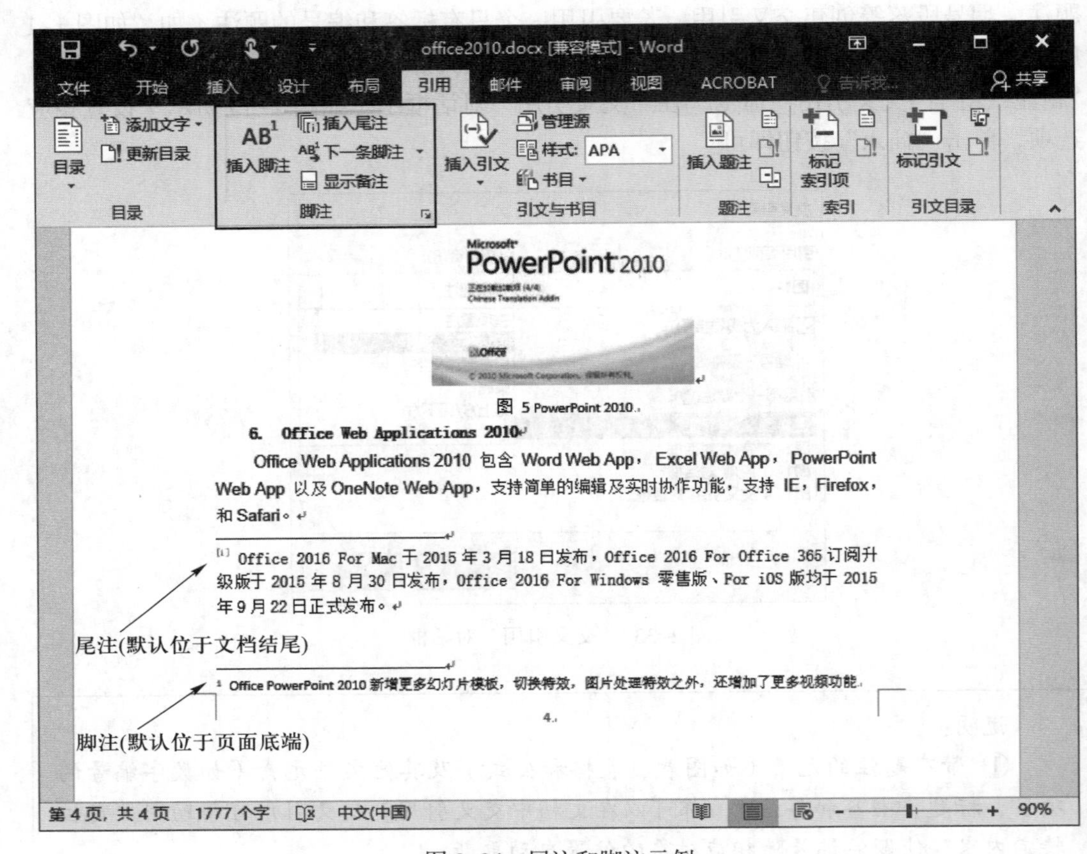

图 2-34 尾注和脚注示例

一个文档可以同时包含脚注和尾注，选用脚注还是尾注根据需要决定。一般情况下，如果包含希望读者立即能够参考的信息可使用脚注；如果包含的信息需要结合文中其他注释可使用尾注。

创建脚注或尾注时，将光标置于要引用的位置，在“引用”选项卡 |“脚注”组中，单击“插入脚注”或“插入尾注”按钮，在页面底部、文档或节结尾处的链接区域中输入注释文本。

若要修改脚注和尾注的位置、格式时，可单击“引用”选项卡 | “脚注”组中的启动器按钮，在打开的对话框（如图 2-35 所示）中进行设置。单击“转换”按钮，可在图 2-36 所示对话框中实现脚注和尾注的相互转换。

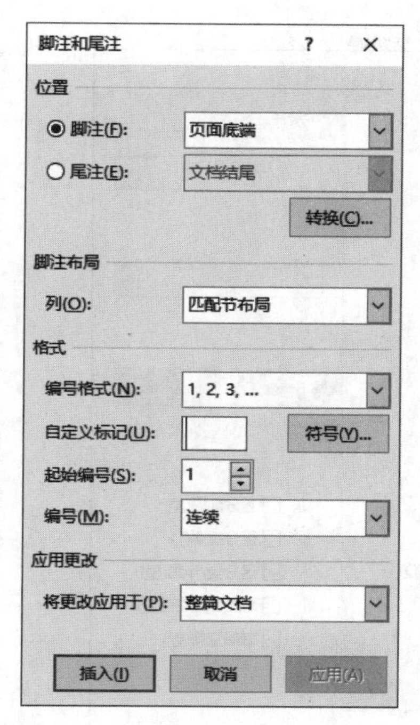

图 2–35 “脚注和尾注”对话框

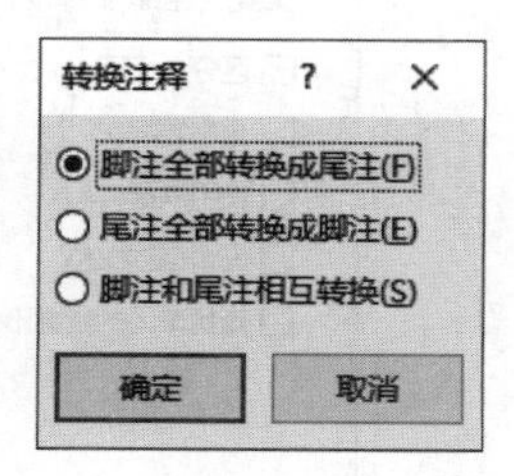

图 2–36 “转换注释”对话框

【例 2–4】添加脚注文字，并修改编号格式。

为“诗歌集 .docx”文档中的标题“沙扬娜拉一首——赠日本女郎”添加脚注，将“沙扬娜拉 .txt”的文字复制到脚注内容位置，并将脚注编号“1，2，……”改为“[1]，[2]，……”。

① 打开“诗歌集 .docx”，选中“沙扬娜拉一首——赠日本女郎”标题文字，执行“引用”选项卡 | “脚注”组 | “插入脚注”命令。

② 在光标所在位置，执行“插入”选项卡 | “对象”下拉列表中的“文件中的文字”命令，打开“插入文件”对话框，选择“沙扬娜拉 .txt”，单击“插入”按钮。

③ 执行“开始”选项卡 | “编辑”组 | “替换”命令，在打开的“查找和替换”对话框中进行如图 2–37 所示的设置（其中“^f”为脚注标记，可通过选择“特殊格式”|“脚注标记”输入，“[^&]”为“[原编号]”标记，替换前注意将光标落在正文中，否则可能会替换不完全）。

> 说明：由于脚注编号格式中没有“[1]，[2]，[3]，…”选项，因此这里采用了替换的方式完成格式修改。

微视频 2–10
域设置

思考：如果是插入尾注，并将尾注编号“i，ii……”改为“[i]，[ii]……”，应如何操作？（提示：尾注标记为“^e”）

图 2-37　脚注编号格式的查找与替换示例

2.1.9　设置域

Word 中大多数的自动化功能本质上都是域，包括页码、目录、交叉引用、题注等。域的最大好处是当文档内容有变化时，可以通过更新域实现对应内容的同步变化。例如，文档内容增加时，页码自动更新，页码就是域，当选择页码时会自动呈现灰色的底纹。

域由“域名称”“域属性”“域选项”三部分组成（如图 2-38 所示），域可以通过“插入”选项卡｜“文本”组｜“文档部件”下拉列表中的“域”命令实现。

例如，插入域名“Time”，域属性选择日期格式“h：mm：ss am/pm”，显示“2:11:34 PM”，即显示此时的计算机时间。选择时间域并右击，选择“更新域”命令或者按 F9 键来更新时间；选择“切换域代码”命令或按 Shift+F9 键查看并显示“{ TIME \@ "h：mm：ss am/pm" * MERGEFORMAT }”域代码，再次执行切换命令可恢复显示结果。

域也可手工输入，但必须首先使用 Ctrl+F9 键插入域标记，然后在域的专用大括号内输入域代码，常用域及其说明如表 2-2 所示。

在编辑长文档时，如果要求页眉文字随章节的名称变化，则首先为章节标题设置样式（如“标题 2”），然后采用 StyleRef 域，如图 2-39 所示。

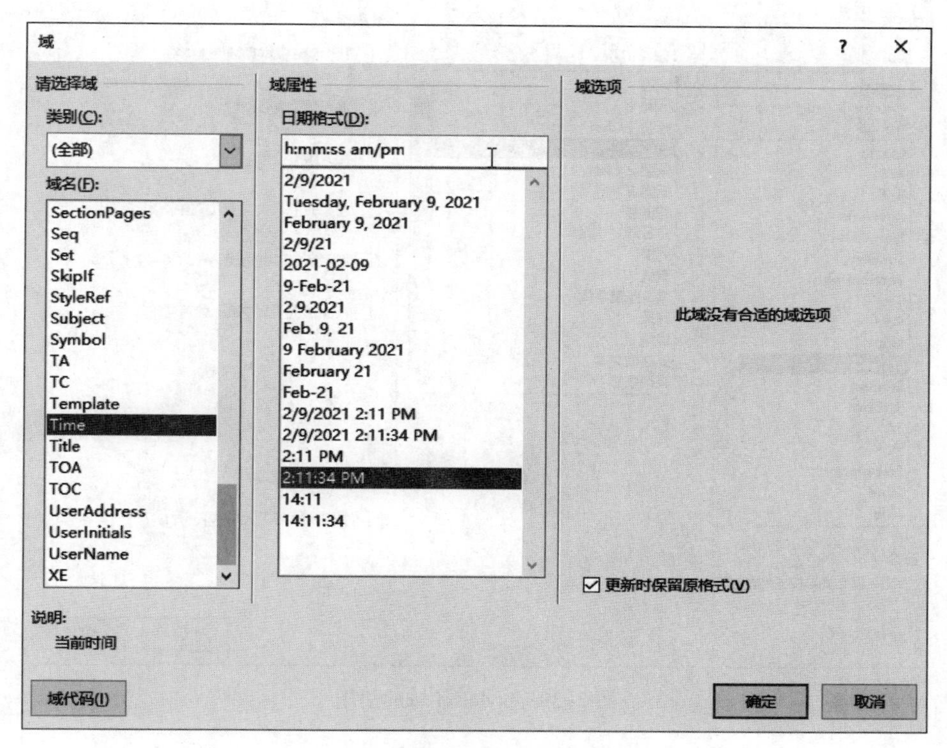

图 2–38　“域”对话框

表 2–2　常用域及其说明

域名	域代码	说明
Section	{ SECTION }	插入当前节号
Page	{ PAGE [* Format Switch] }	插入当前页码
SectionPages	{ SECTIONPAGES }	插入本节的总页数
NumPages	{ NUMPAGES }	插入文档的页数
StyleRef	{ STYLEREF }	插入具有指定样式的段落文本
TOC	{ TOC }	根据文档中预先设置好的样式来创建目录
RD	{ RD "filename" }	生成目录、索引时要包含（引用）的文件名

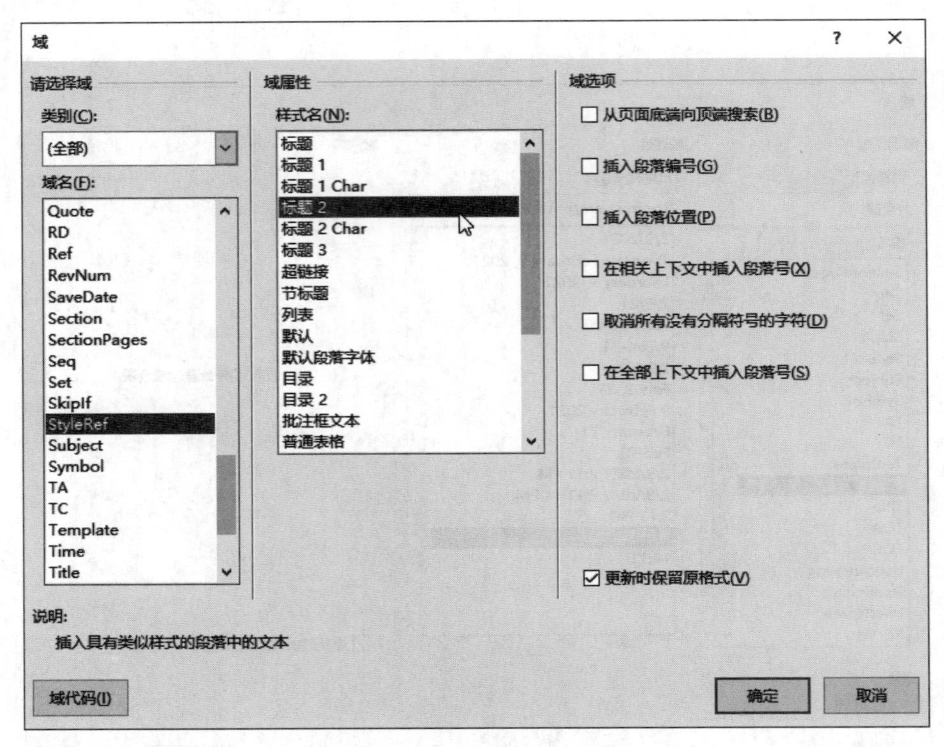

图 2-39　StyleRef 域的引用

【例 2-5】页眉页脚中域的引用和设置。

设置“印章管理办法 .docx”文档中目录单独成一页，无页眉页脚；其余页面的页眉随章标题自动变化，页脚格式为“第 X 页　共 Y 页”，X 的起始页码为 1，如图 2-40 所示。

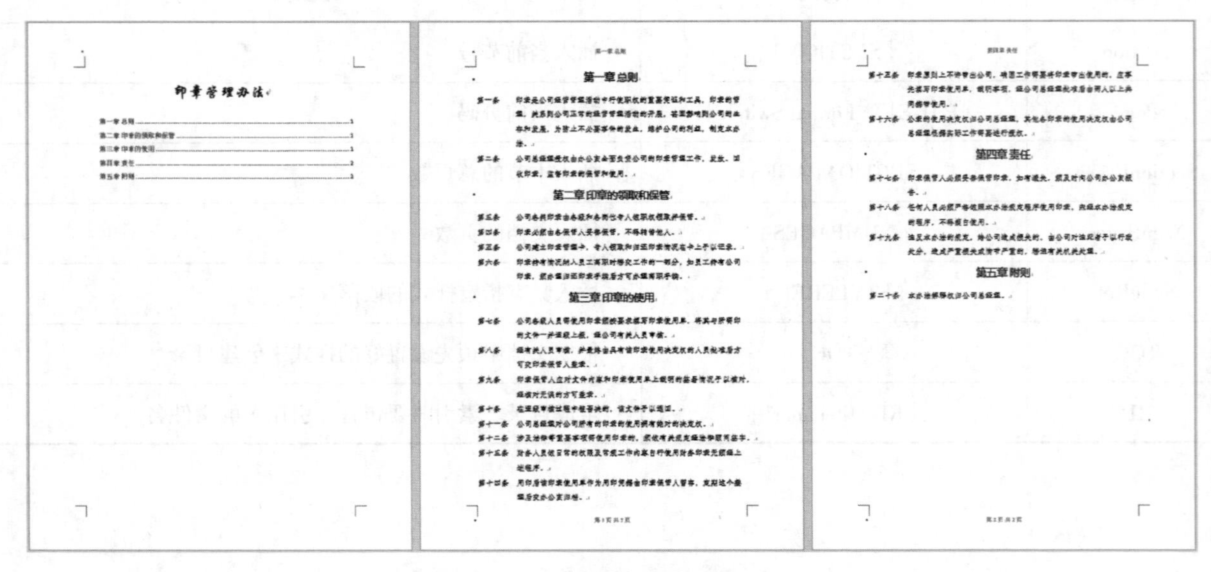

图 2-40　页眉页脚的域设置示例

① 打开“印章管理办法.docx”文档，将光标定位在“第一章 总则”前，执行“布局”选项卡｜“页面设置”组｜“分隔符”下拉列表中的“下一页”命令，将文档分为两节。

② 将光标定位到第2页，执行“插入”选项卡｜“页眉和页脚”组｜“页眉”下拉列表中的“编辑页眉”命令，或双击页面顶端页眉位置，在“页眉和页脚工具”｜“设计”选项卡｜“导航”组中，取消“链接到前一节”选项。

③ 在页眉居中的位置，执行“插入”选项卡｜“文本”组｜“文档部件”下拉列表中的“域”命令，选择“域名”为StyleRef，“样式名”为“标题2”，完成对章节标题的引用。

④ 切换到第2页的页脚位置，同样在“页眉和页脚工具”｜“设计”选项卡｜“导航”组中，取消“链接到前一节”选项。

⑤ 在页脚居中的位置，输入“第{Page}页 共{SectionPages}页”，其中{Page}和{SectionPages}均为“插入”选项卡｜“文本”组｜“文档部件”下拉列表中的域。

2.2 应用样式

微视频 2-11
样式设置

在Word文档的编辑排版过程中，除了输入基础内容外，大部分工作都是在设置内容格式，这些格式主要包括字符、段落、项目符号和编号、边框和底纹等。长文档通常具有统一的风格，需要对多个段落设置相同的文本风格，若采用逐一设置或用“格式刷”复制的方式来修改，费时费力，效率不高。

Word提供的样式功能解决了这些问题。样式集字体格式、段落格式、项目编号格式于一体，用样式编排长文档可实现文档格式与样式格式同步更新，大大提高编排的效率。长文档设置标题样式后，“导航”窗格可按照文档的标题级别显示文档的层次结构，用户可根据标题快速定位文档。

样式存储在附加到文档的模板中，默认情况下，新的空白文档都是基于Normal模板。Normal模板中包含的标准样式能够满足大多数文档的基本要求，用户可以直接使用。选中相应的文字或段落，选择“开始”选项卡｜“样式”组（如图2-41所示）中的某一内置样式，即可将样式应用到所选对象上，使文档元素外观保持一致。用户也可以通过单击“样式”组中的启动器按钮，从“样式”窗格中浏览所有可用的样式。

图2-41 “样式”组

用户还可以通过执行“样式”组下方的“应用样式”命令，打开“应用样式”对话框，如图2–42所示，在“样式名”中选择合适的样式，单击图2–42（a）中的“应用”按钮应用所选样式；若现有样式需要局部修改，则单击“修改”按钮，修改后单击图2–42（b）中的“重新应用”按钮进行样式应用；如果没有现成的样式可选择，也可以单击图2–42（c）中的“新建”按钮新建一个样式，然后应用在所选对象上。

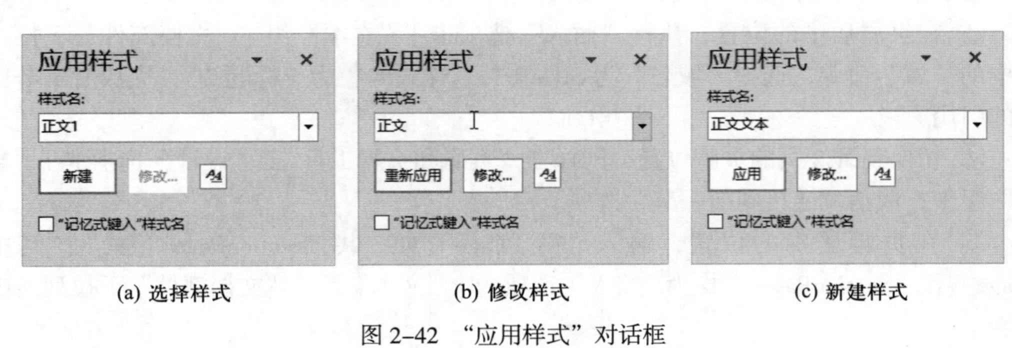

(a) 选择样式　　(b) 修改样式　　(c) 新建样式

图2–42 “应用样式”对话框

2.2.1 修改样式

如果内置的样式不满足排版需要，用户可以对内置样式进行修改。选择某一内置样式，在鼠标右键快捷菜单中选择“修改”命令，打开“修改样式”对话框，如图2–43所示，通过更改其中的各项设置修改内置样式，在对话框中间的“预览”框中列出了样式的属性。

在“修改样式”对话框的“格式”设置区中可以自定义一个样式的基本设置，如字体、段落的设置。执行对话框底部的“格式”命令，在显示的菜单中选择相应命令会打开更多对话框，用来调整基本元素的设置，包括字体和段落设置，定义或更新边框、图文集、列表格式和特殊文字效果。

说明：修改样式时，务必查看和选择“修改样式”对话框底部的复选框和选项按钮。

① 添加到样式库：默认为选中状态，可以将当前样式添加到“开始”选项卡｜“样式”组的样式列表中。

② 自动更新：新建样式时，若选中了该复选框，今后对应用该样式的内容格式进行修改时，该样式也会自动随之更新。在实际应用中，强烈建议不要选中该复选框，避免引起混乱。

③ 仅限此文档：默认选中该单选按钮，表示样式的创建与修改操作仅在当前文档内有效。

④ 基于该模板的新文档：若选中该单选按钮，则样式的创建与修改将被保存到当前文档所依赖的模板中，今后基于该模板创建的新文档中会自动包含该样式。

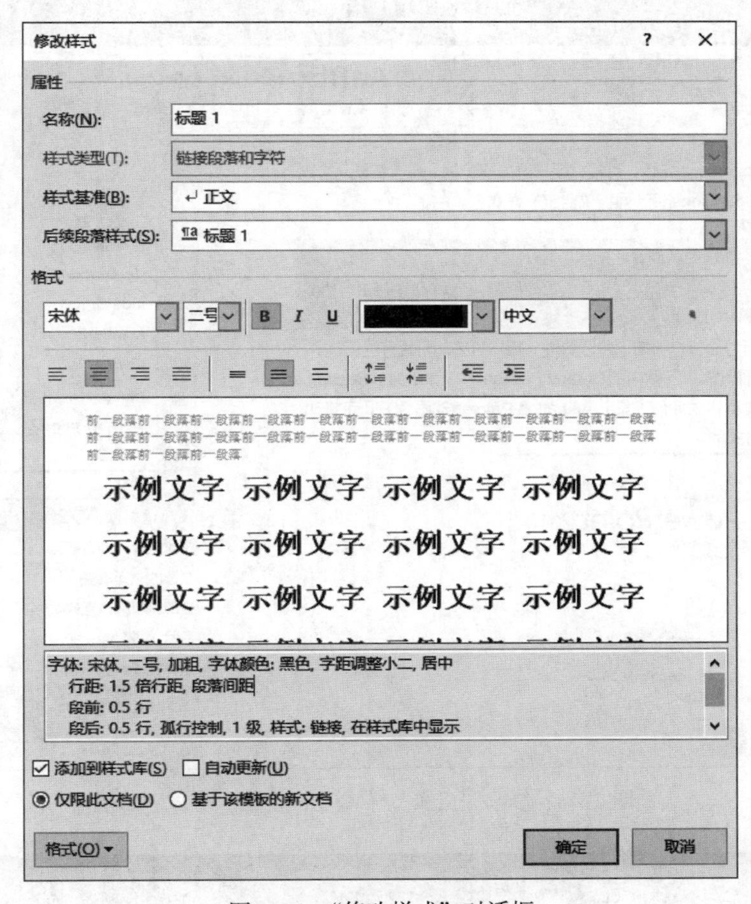

图 2–43 “修改样式”对话框

假设要给“正文”样式添加段落底纹，如图 2–44 所示，可以先选定使用该样式的一段文本，修改段落底纹填充色为“蓝色，个性色 1，淡色 60%”，在“样式”组或“样式”窗格中的“正文”样式的鼠标右键快捷菜单中选择“更新正文以匹配所选内容”命令。

此时，所有应用“正文”样式的文本都填充了段落底纹，同时所有以“正文”为基准样式的样式对应的文本也都填充了段落底纹，如图 2–45 所示，因此修改样式的操作要谨慎。

2.2.2 创建样式

由于修改系统内置样式，可能会影响已经应用了该样式或以该样式为基准的段落或文字，因此可以通过创建新的样式来实现对格式的统一设置。创建新的样式时，需要使用“根据格式设置创建新样式”对话框（如图 2–46 所示），该对话框上的设置选项与“修改样式”对话框相同，但其中的样式类型可以修改。

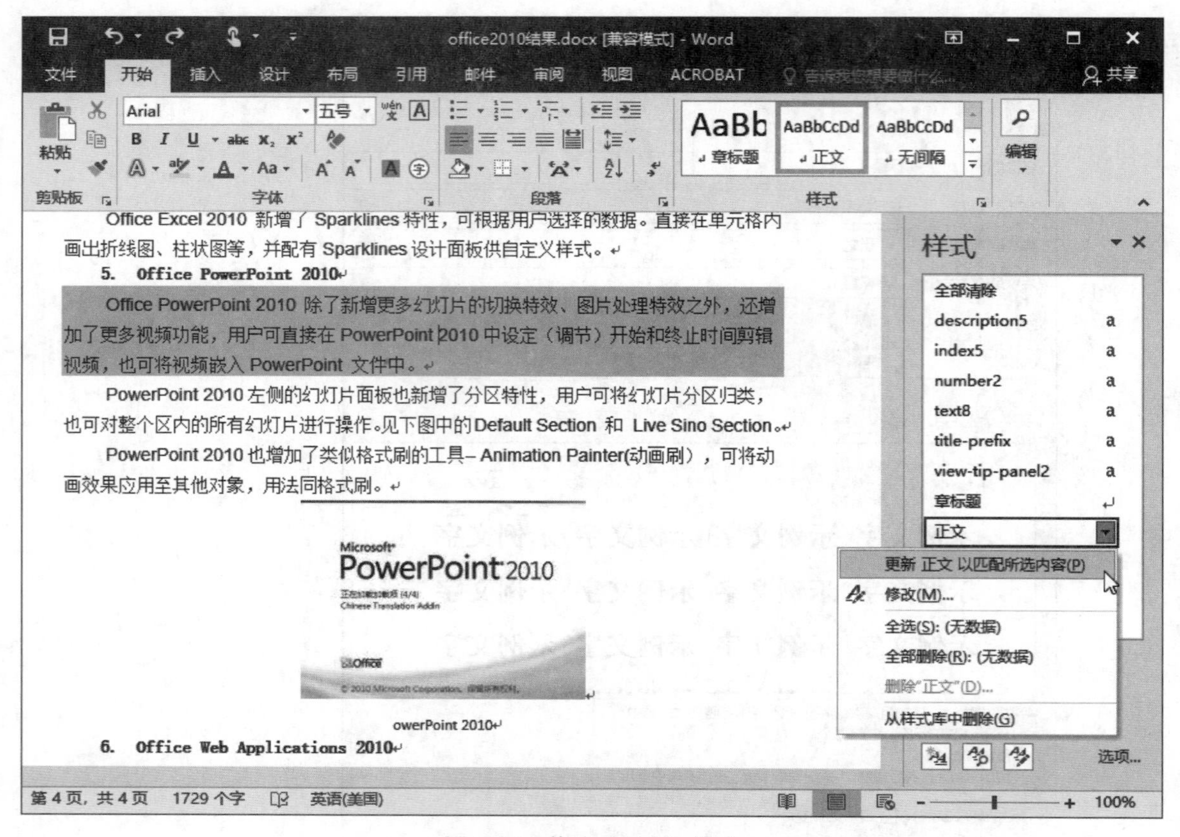

图 2-44 修改“正文”样式

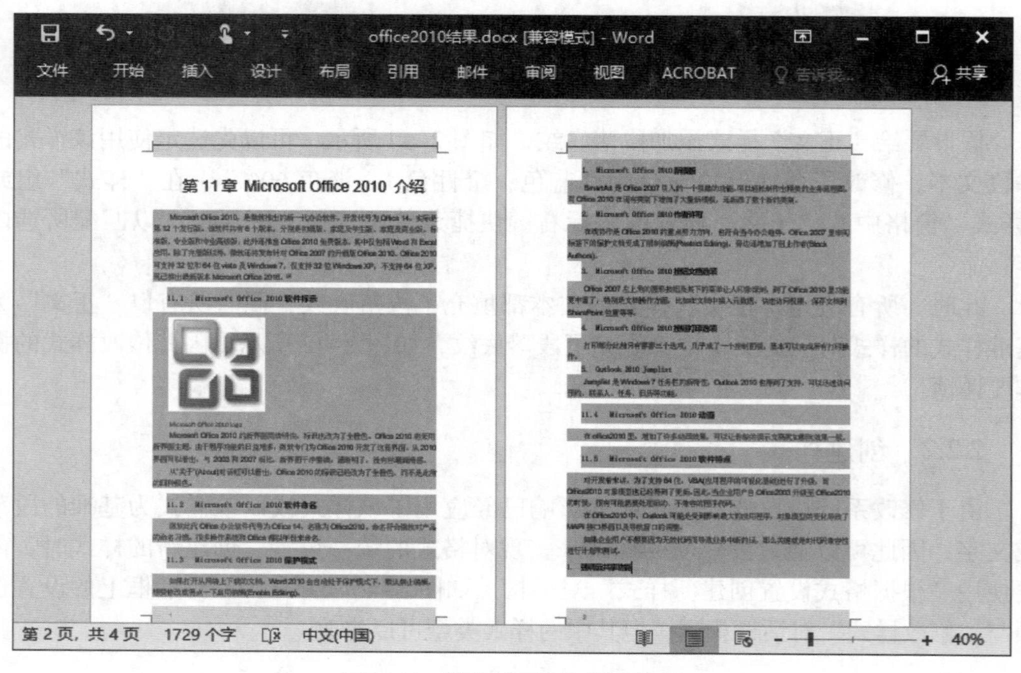

图 2-45 修改“正文”样式效果

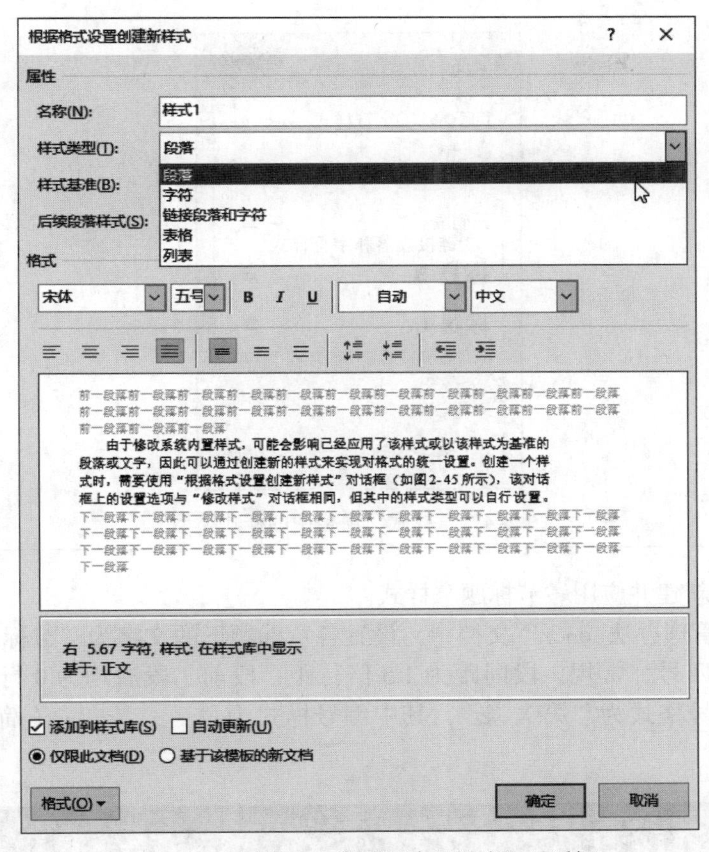

图 2–46 “根据格式设置创建新样式”对话框

单击“开始”选项卡｜“样式”组中的启动器按钮，在打开的“样式”窗格中单击“新建样式”按钮，打开“根据格式设置创建新样式”对话框。此时光标所在位置如果包含有样式设置，则会显示在该对话框中，例如“样式基准”“后续段落样式”等，因此在执行创建样式操作前，光标所在的位置不同，对话框中显示的初始内容也可能会不同。

说明：样式的“属性”区设置如下。

① 样式类型：根据样式应用方向的不同，样式被划分为5种类型，分别是段落、字符、链接段落和字符、表格和列表。前三类最常用（其符号表示如图2–47所示），主要应用于文本，其中“字符”样式仅用于控制所选文字的字体格式，“段落”样式用于控制整个段落的格式，而“链接段落和字符”类型样式综合了前两类样式，既可以对个别的文字应用样式效果，也可以对整个段落应用样式效果，根据是否选中相应内容来决定格式应用的范围。后两类样式针对性较强，表格样式应用于表格，列表样式应用于包含自动多级编号的段落。

② 样式基准：作为新样式基准的样式，如果基准样式发生了改变，则新样式也会随之改变。

③ 后续段落样式：所选样式将应用于下一段落。

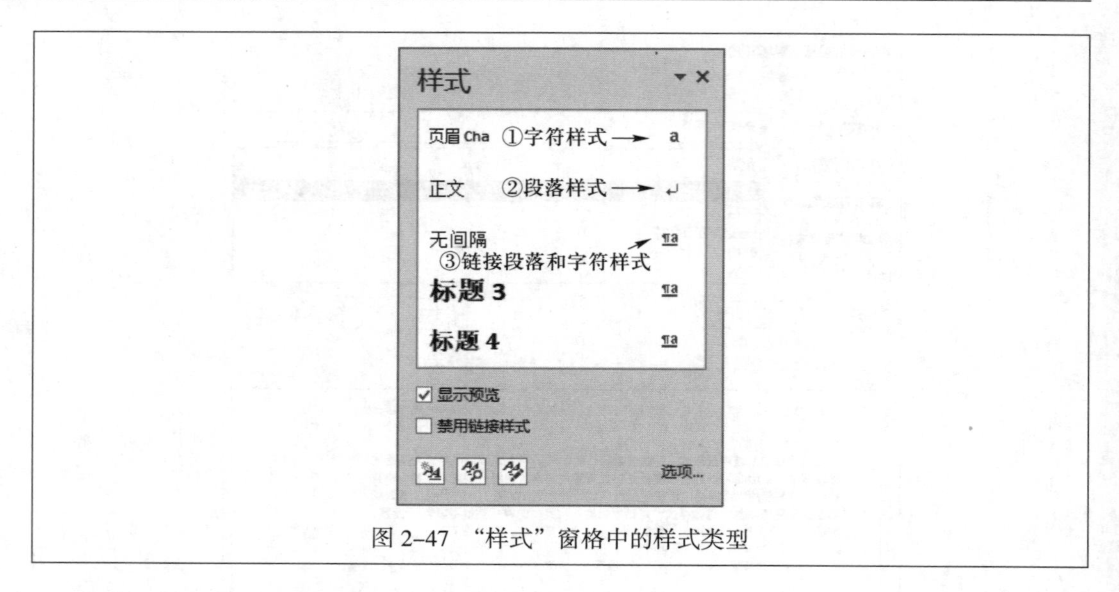

图 2–47 “样式”窗格中的样式类型

【例 2–6】新建并应用“节标题”样式。

在“印章管理办法 .docx”文档中，设置各章标题下的文字为“节标题”样式：字体为仿宋、小四号、常规，段间距为 1.5 倍行距，段前、段后均为 0 行，悬挂缩进 5 字符，设置编号格式为“第 X 条”，其中编号样式为“一、二、三（简）……”，如图 2–48 所示。

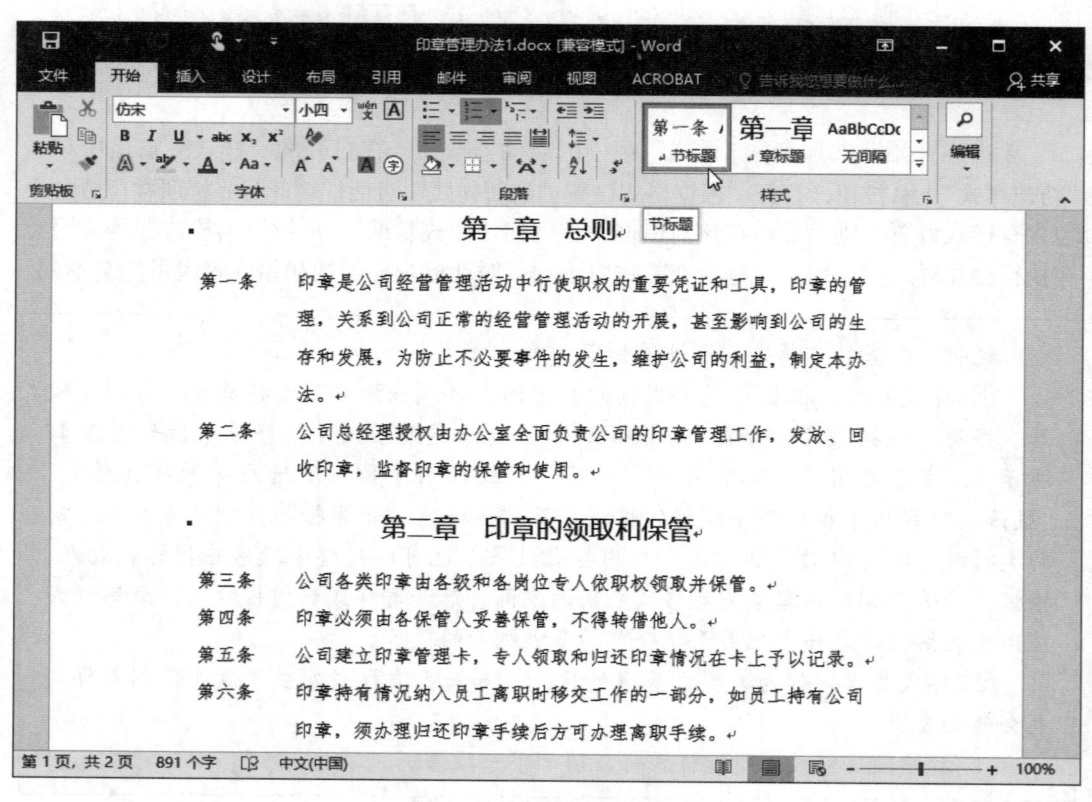

图 2–48 节标题设置效果

① 打开“印章管理办法 .docx”文档，利用前面所述方法，打开“根据格式设置创建新样式”对话框（如图 2–49 所示），字体、段落和编号均在此对话框中设置。

② 执行“格式”｜“编号”命令，打开“编号和项目符号”对话框，单击“定义新编号格式”按钮，在“定义新编号格式”对话框中进行如图 2–50 所示设置，单击“确定”按钮完成设置。

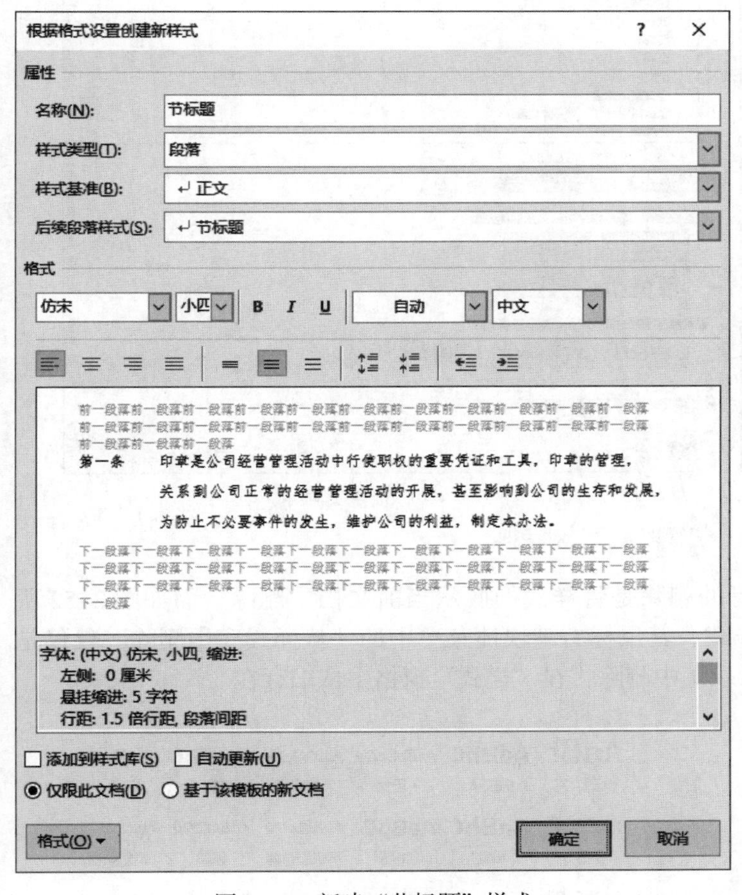

图 2–49 新建“节标题”样式

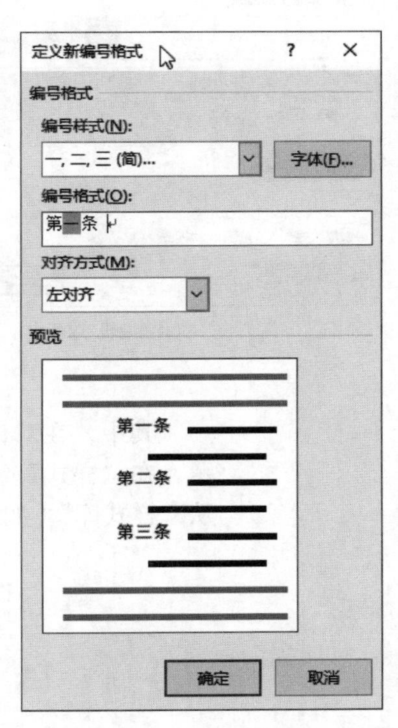

图 2–50 “定义新编号格式”对话框

③ 返回图 2–49 所示的对话框，执行“格式”｜“字体”命令，打开“字体”对话框，设置仿宋、小四号、常规。

④ 返回图 2–49 所示的对话框，执行“格式”｜“段落”命令，打开“段落”对话框，设置段间距为 1.5 倍行距，段前、段后均为 0 行，悬挂缩进 5 字符。

⑤ 单击“确定”按钮完成样式设置，选择各章标题下的文字，执行“开始”选项卡｜“样式”组｜“节标题”命令应用该样式。

2.2.3 管理样式

如图 2–51（a）所示，新建、修改和删除样式都可以在“管理样式”对话框的“编辑”选项卡中进行。

(a) “编辑”选项卡　　　　(b) “推荐”选项卡

图 2–51　“管理样式”对话框

其中，在对话框中进行的删除是将样式彻底从当前文档中删除，而如图 2–52 所示，在“样式”组中选定样式，其鼠标右键快捷菜单中的“从样式库中删除”仅仅是从“样式库”（如图 2–53 所示）中删除，在“样式”窗格中依旧存在。

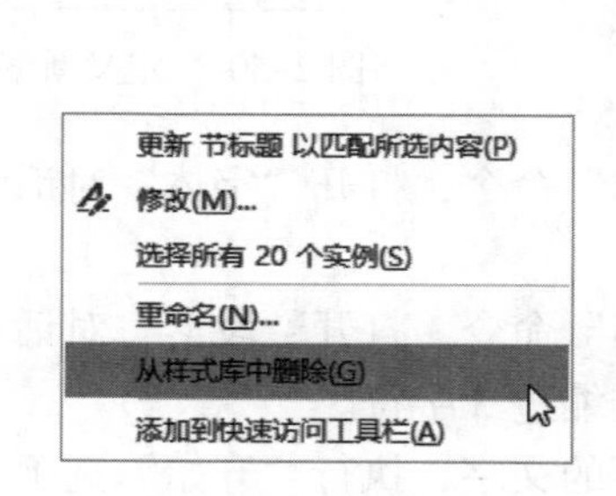

图 2–52　删除样式

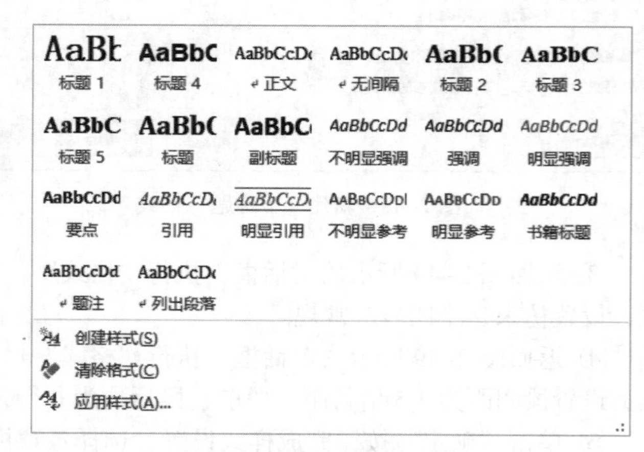

图 2–53　样式库

在“管理样式”对话框的“推荐”选项卡（如图 2–51（b）所示）中，可以设置按推荐显示时样式的排列顺序和是否在推荐列表中显示。同时还可以通过单击“导入 / 导出”按钮，打开“管理器”对话框（如图 2–54 所示），将另一文档中的样式复制到当前文档中，避免重复设置。

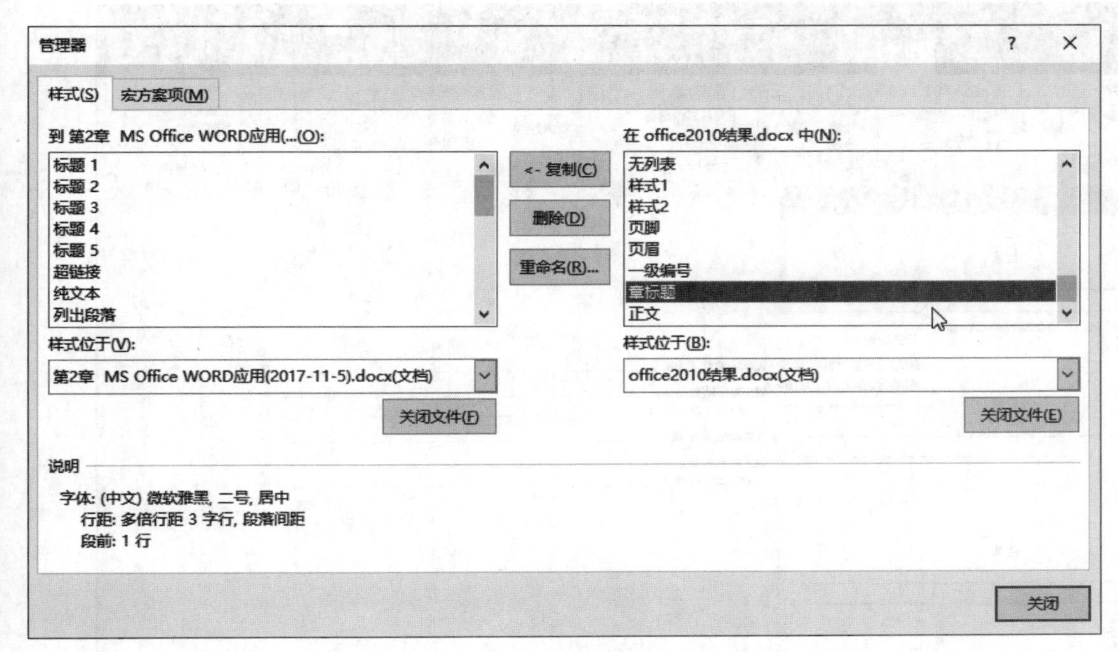

图 2–54 “管理器”对话框

2.3 创建目录和索引

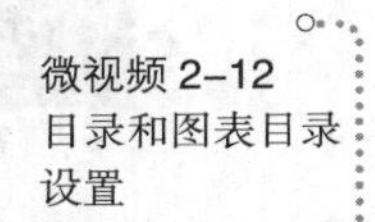

目录和索引均是按照一定的次序编排而成的，是指导阅读、检索图书的工具，通过它们不仅可以了解整个文档的结构，还能快速定位到相应的位置。

2.3.1 创建目录

目录主要是指书籍或长文档等正文前所建立的目次，其功能主要包括检索、导读等。Word 可以使用内置标题样式或用户自定义的其他样式创建目录。

1. 插入内置目录

当这些样式包含在一个文档中时，可以使用“引用”选项卡 | “目录”组中的“目录库”插入目录。“目录库”提供了两种内置的格式，如图 2–55 所示。

1）插入手动目录

如果是从创建一个目录开始编辑文档，可使用此选项。它不受文档内容限制，生成一个由占位符构成的三级目录（要插入额外的占位符，可复制和粘贴一个相应级别占位符）。

将光标定位到插入目录的位置，选择“引用”选项卡 | “目录”组 | “目录”下拉列表。打开目录库，在目录库中单击“手动目录”或“手动表格”。但由于目录是手动填写的，所以更新也需要手动实现。

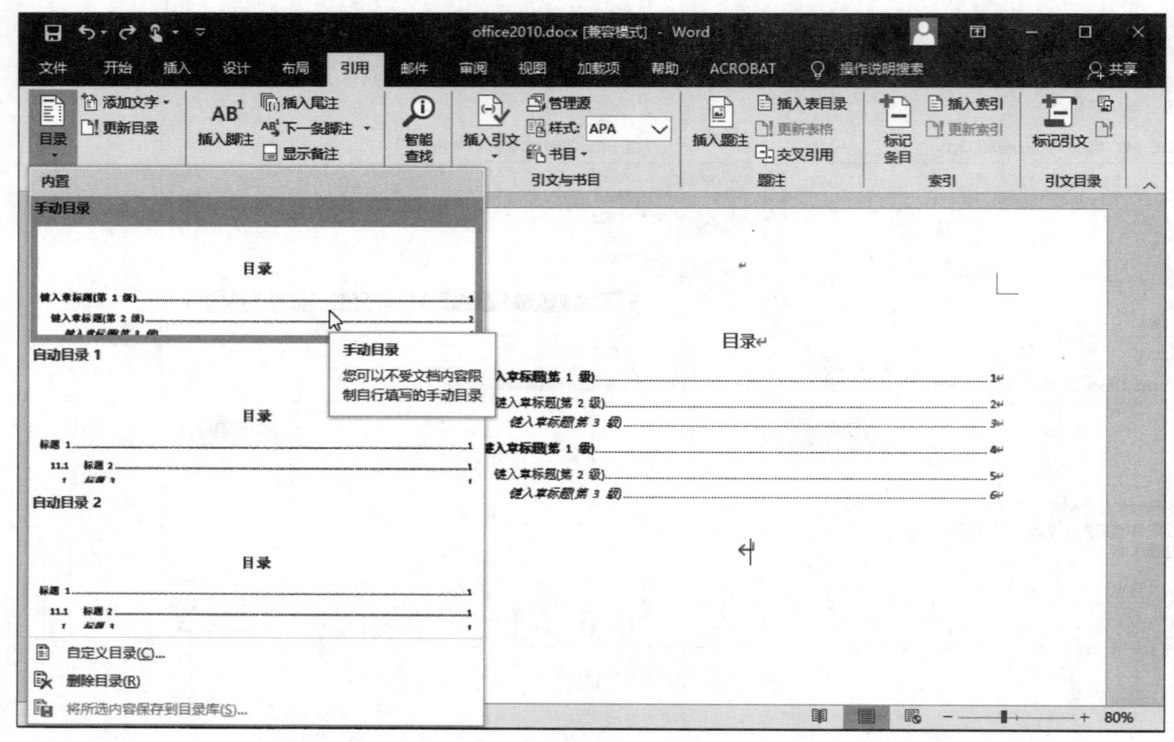

(a) 插入手动目录

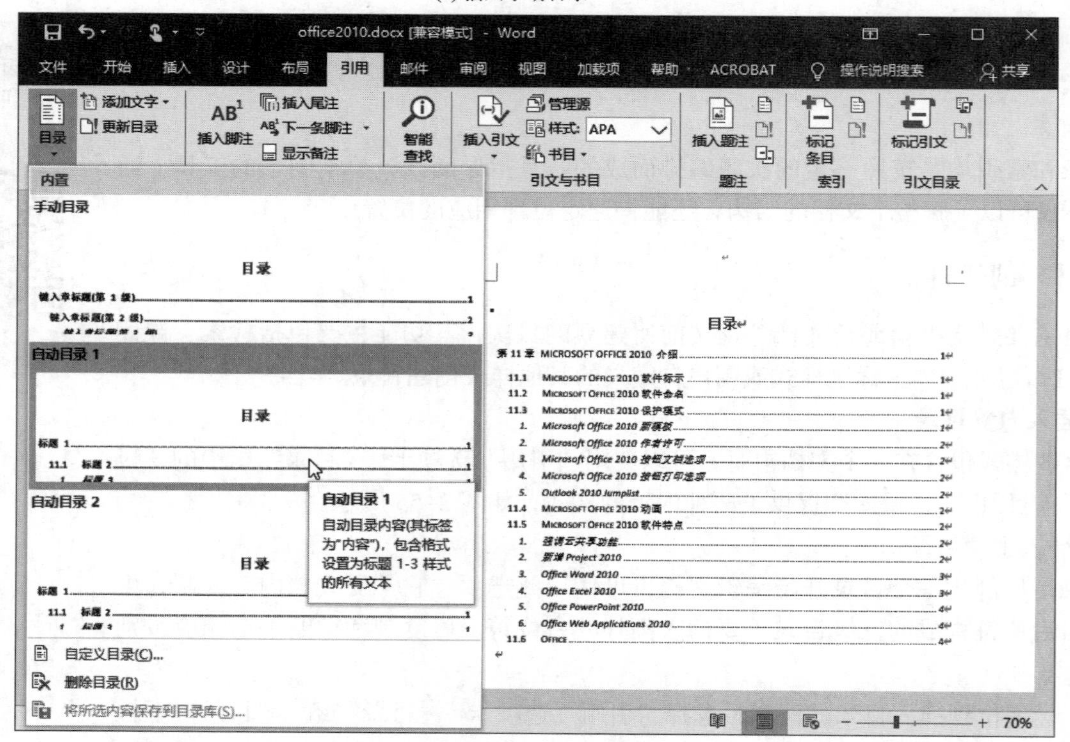

(b) 插入自动目录

图 2–55 内置“目录库”

2）插入自动目录

与样式关联的内置目录可随标题内容变化自动更新。在文档中将内置样式（通常为标题 1 到标题 3）应用到各级标题上，将光标定位到插入目录的位置，在目录库中选择“自动目录 1”或“自动目录 2”，根据标题样式分级显示。

2. 创建自定义目录

将光标定位到要插入目录的位置，在目录库中选择“自定义目录”。在“目录”对话框中，设置“显示页码”“页码右对齐”“制表符前导符”和目录格式，如图 2-56 所示。若要更改出现在目录标题中的标题级别，在“显示级别”数值框中指定级别数。若要从目录中删除超链接，可取消选中“使用超链接而不使用页码”复选框。

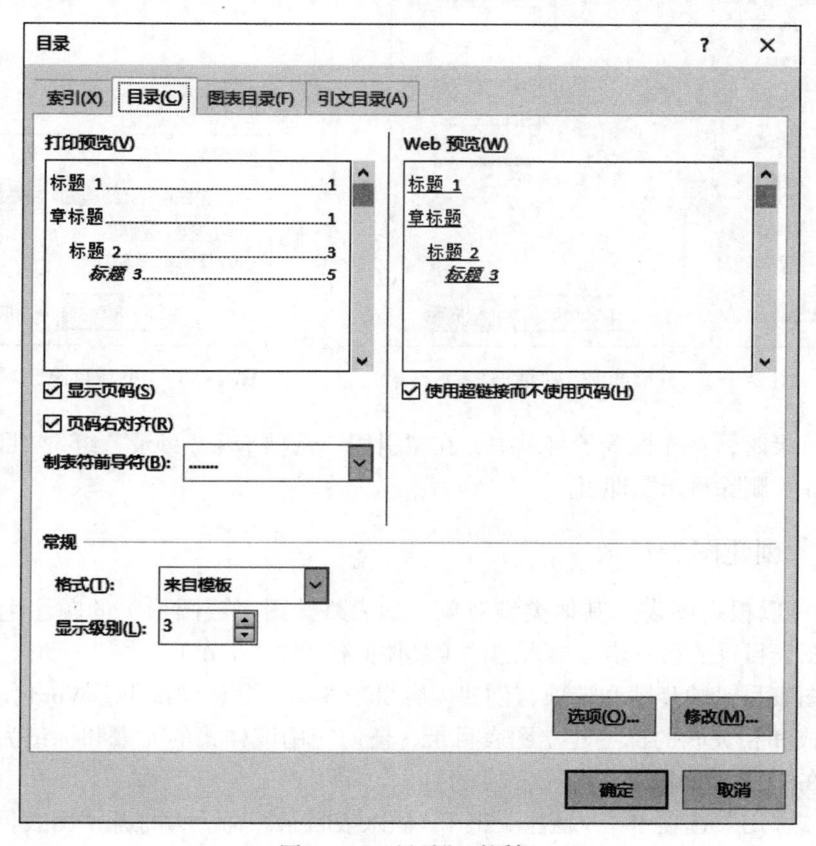

图 2-56 “目录”对话框

单击“选项”按钮，在打开的“目录选项”对话框（如图 2-57 所示）中完成以下操作。

（1）目录中要包含其他样式或者修改样式显示的级别，可在“目录级别”中指定。

（2）要将大纲级别从目录中排除，可取消选中“大纲级别”复选框。

（3）要将设置了样式的元素从目录中排除，可取消选中“样式”复选框，然后选中“大纲级别”或“目录项字段”复选框。

（4）要将手动标记的目录项包括到目录中，选中“目录项字段”复选框。

3. 更新和删除目录

更新目录时，将光标置于目录中，执行“引用”选项卡 | “目录”组 | “更新目录”命令，在打开的“更新目录”对话框（如图 2–58 所示）中可进一步选择“只更新页码”或“更新整个目录”。

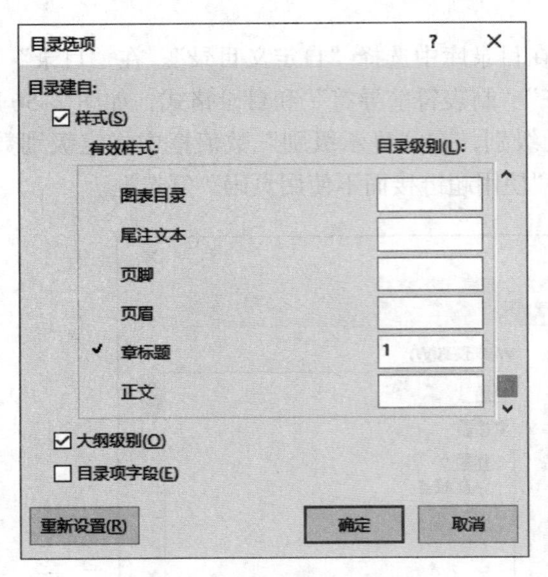

图 2–57 “目录选项”对话框

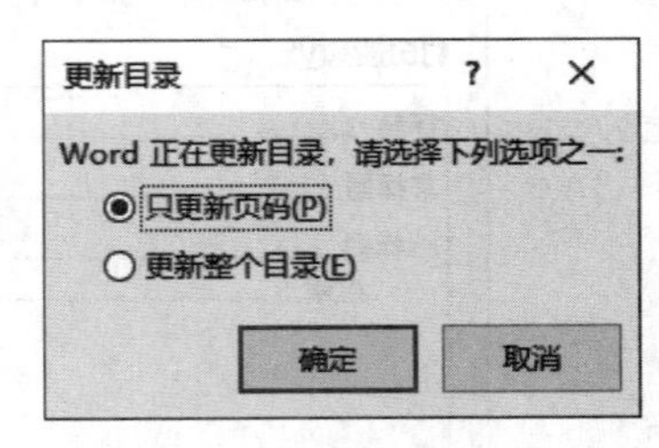

图 2–58 “更新目录”对话框

删除目录时，将光标置于目录中，在“引用”选项卡 | “目录”组 | “目录”下拉列表中选择“删除目录”即可。

2.3.2 创建图表目录

Word 可以根据图表或其他类型对象（如表格、图表或图形）的题注生成图表目录。创建图表目录的第一步是插入题注（具体操作见 2.1.6 节）。

创建图表目录的步骤和选项与创建内容目录相似。默认情况下，Word 使用其内置的题注样式和相关联的标签建立图表目录，任何应用该样式的元素和标记为图表的元素都包含在图表目录中。

执行“引用”选项卡 | “题注”组 | “插入表目录”命令，打开“图表目录”对话框，如图 2–59 所示，在该对话框中可以预览打印和在线浏览时图表目录显示的效果。用户可以选择一个内置格式或使用当前模板定义的样式。题注标签可以选择“无”“图表”“表格”“公式”，或使用“题注”对话框自定义标签。

【例 2–7】创建目录和图表目录。

在“Office 2010.docx”文档首页创建如图 2–60 所示的目录及图表目录，同时新建“目录 .docx”，在其中建立“Office 2010.docx”的相应目录和图表目录。

① 打开“Office 2010.docx”文档，将光标定位在顶端标题前，执行“布局”选项卡 | “页面设置”组 | “分隔符”下拉列表中的“下一页”命令。

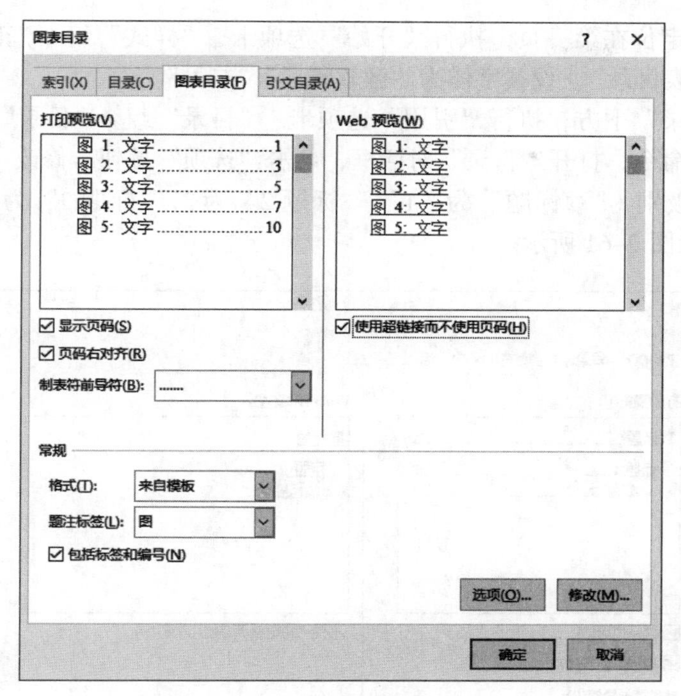

图 2-59 “图表目录”对话框

目录

第 11 章 Microsoft Office 2010 介绍......1
11.1 Microsoft Office 2010 软件标示......1
11.2 Microsoft Office 2010 软件命名......1
11.3 Microsoft Office 2010 保护模式......1
1. Microsoft Office 2010 新模板......1
2. Microsoft Office 2010 作者许可......2
3. Microsoft Office 2010 按钮文档选项......2
4. Microsoft Office 2010 按钮打印选项......2
5. Outlook 2010 Jumplist......2
11.4 Microsoft Office 2010 动画......2
11.5 Microsoft Office 2010 软件特点......2
1. 强调云共享功能......2
2. 新增 Project 2010......2
3. Office Word 2010......3
4. Office Excel 2010......3
5. Office PowerPoint 2010......4
6. Office Web Applications 2010......4
11.6 Office......4

图表目录

图 1 Microsoft Office 2010 LOGO......1
图 2 Project 2010......3
图 3 Word 2010......3
图 4 Excel 2010......3
图 5 PowerPoint 2010......4

图 2-60 目录示例

② 将光标定位在第一页，执行“开始”选项卡｜“样式”组｜“正文”命令，输入“目录”“图表目录”，设置字体为“微软雅黑”“二号”。

③ 在“目录”下方，执行“引用”选项卡｜“目录”组｜“目录”下拉列表中的“自定义目录”命令，打开“目录”对话框，单击“选项”按钮，修改“目录选项”对话框中的目录级别（“章标题”为“1”，“标题 2”为 2，“标题 3”为 3），返回“目录”对话框，如图 2–61 所示。

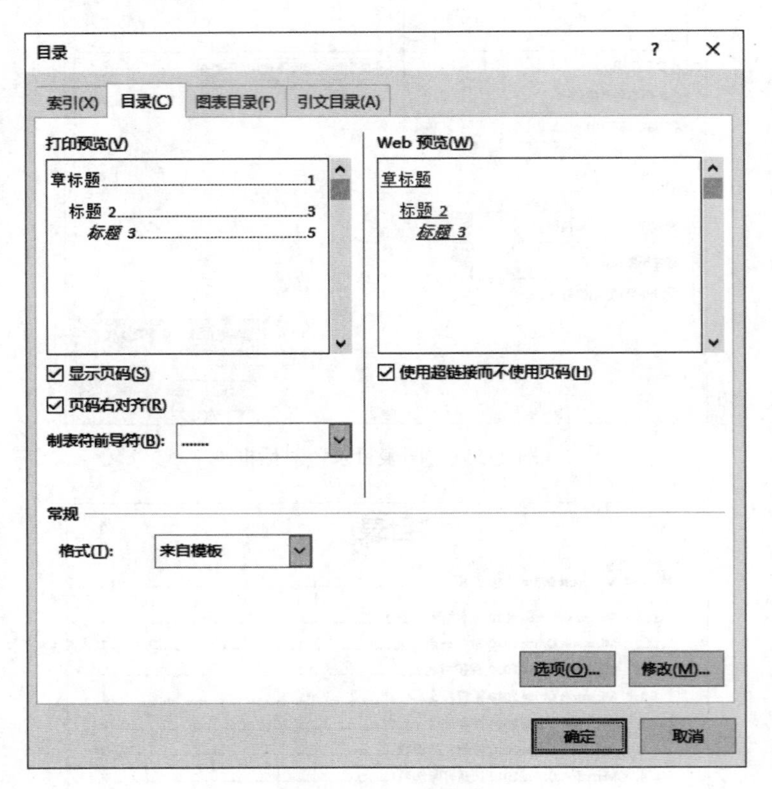

图 2–61 目录设置

④ 单击“确定”按钮，返回文档，显示目录。

⑤ 在“图表目录”下方，执行“引用”选项卡｜“题注”组｜“插入表目录”命令，打开“图表目录”对话框，选择“题注标签”为“图”，单击“确定”按钮，返回文档，显示图表目录。

⑥ 保存“Office 2010.docx”至路径“E: \My test”下（该路径为自定义路径，此处以 E 盘下 My test 文件夹为例）。

⑦ 新建“目录 .docx”文档，输入“目录”“图表目录”，设置字体为“微软雅黑”“二号”。

⑧ 在“目录 .docx”文档中，执行“插入”选项卡｜“文本”组｜“文档部件”下拉列表中的“域”命令，在“域”对话框中，选择域名“RD”，单击“选项”按钮，进行如图 2–62 所示的设置。如果“目录 .docx”也保存在同一文件夹下，则域代码可设置为“{ RD \f "office2010.docx" }”。

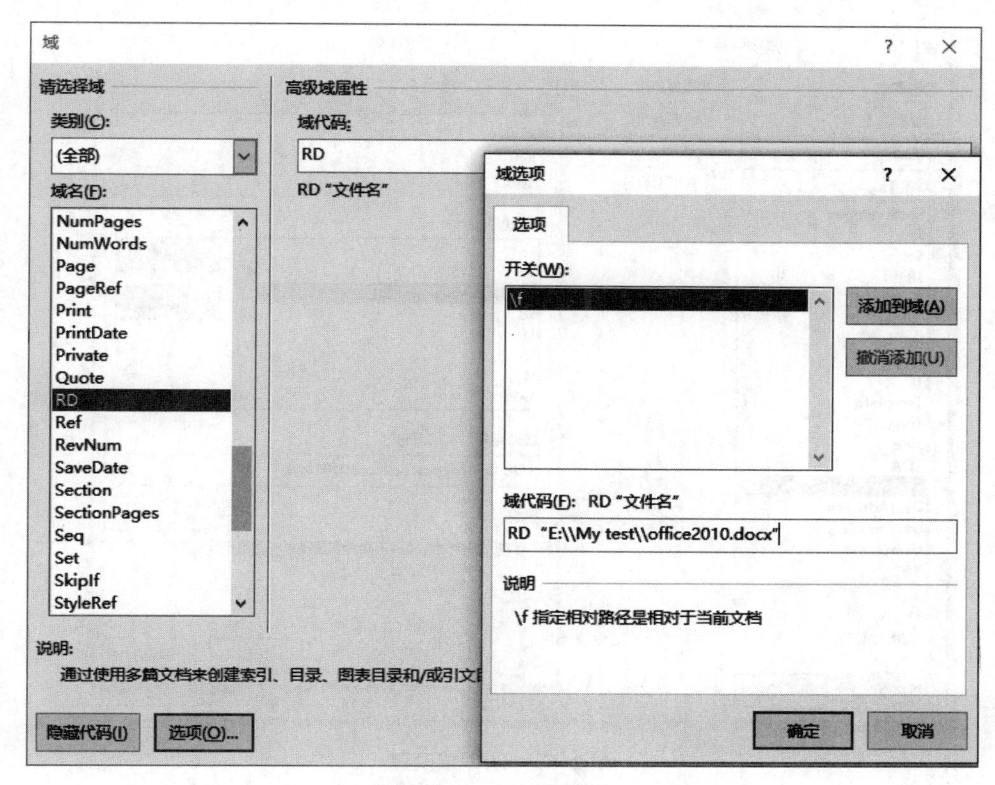

图 2-62　RD 域设置

> 说明：域开关是用于域的一些选项，用来修改域的值或值的格式，也可用来防止更新域。有些域开关是通用的，可以用于大部分域，包括格式开关、数字域开关等。
>
> RD 域在文档中不显示，可以通过执行“开始”选项卡｜“段落”组｜“显示/隐藏编辑标记”按钮来查看域的设置。
>
> RD 域的格式为：{ RD "filename" }，其中“{ }”通过 Ctrl+F9 键作为域符号插入；“filename”是需要创建目录的文件，如果路径名或文件名中包含空格，则必须要用引号将其括起来，并且路径要用双反斜杠来分隔。

⑨ 在“目录”下方，执行“插入”选项卡｜“文本”组｜“文档部件”下拉列表中的“域”命令，在“域”对话框中，选择域名“TOC”，单击“确定”按钮，完成各级标题目录的创建。

⑩ 在“图表目录”下方，同样选择 TOC 域，在“域选项”对话框中进行如图 2-63 所示设置。其中域开关“\c”表示创建给定标签的图表目录，“图”是指该文档中图表对象的标签，即为所有标签为“图”的图表对象创建目录。

⑪ 设置完成后目录的域代码如图 2-64 所示，选中并切换域代码即可得到如图 2-60 所示的目录。

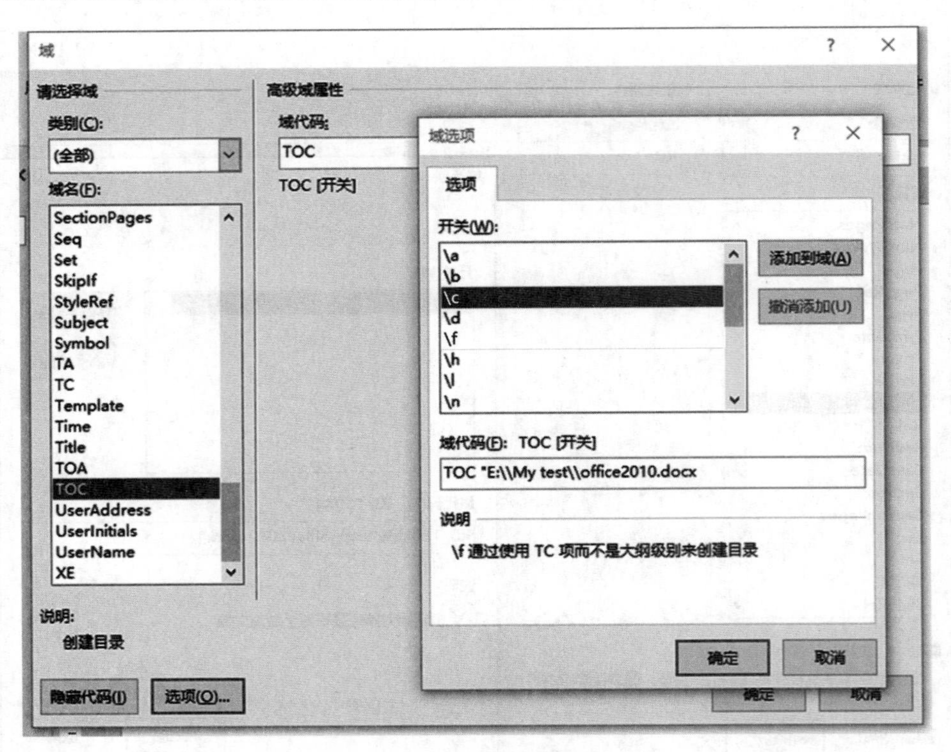

图 2–63　TOC 域设置

图 2–64　目录域代码示例

> 说明：
>
> ① 如果要在文档中引用多个文档的目录，只需插入多个 RD 域，引用不同路径下的文档即可。
>
> ② 如果建立了目录后，希望仅保留文字内容，取消链接，则可选中目录，按 Ctrl+Shift+F9 键将目录变成静态文本。

微视频 2–13
索引设置

2.3.3　创建索引

索引的组成单位是索引项，索引项一般包括索引词、说明、注释、出处等内容。索引与目录只能通过标题来显示和引导文档不同，它能利用各种特定的信息创建索引项，使文档使用者可以通过这些特定信息快速查阅文档内容。

在文档中创建索引，需要以下两个基本步骤。

（1）在文档中标记索引项（通过插入索引）。

（2）设置 Word 生成索引的选项。Word 使用指定的条目和选项创建索引，基于条目所处文档中的位置指定页码。

1. 标记索引项

标记索引项的方法有以下 3 种。

（1）通过文本标记索引项。在文档中选择文本，执行“引用”选项卡｜“索引”组｜“标记条目”命令，在打开的“标记索引项”对话框（如图 2-65 所示）中单击“标记”或“标记全部”按钮。

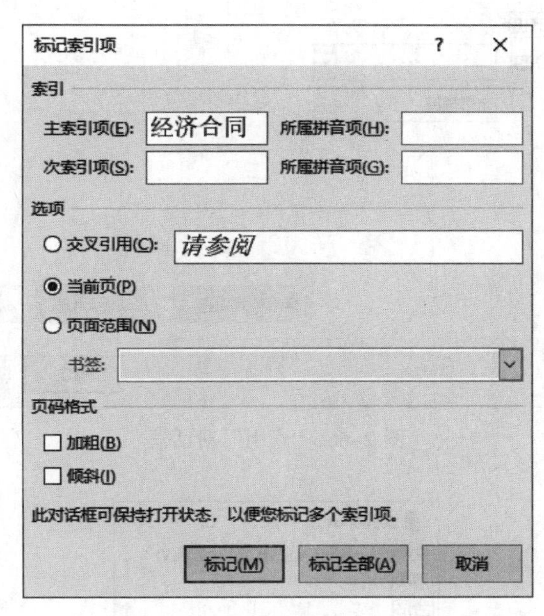

图 2-65 “标记索引项”对话框

（2）通过设置主次索引标记索引项。将光标定位在想要索引标记出现的位置，执行“引用”选项卡｜“索引”组｜“标记条目”命令，打开“标记索引项”对话框，在“主索引项”文本框中输入相关文本，单击“标记”按钮。若要编制次索引项，可在“次索引项”文本框中输入相关文本；若需要建立三级索引项，可在此索引项后面输入一个英文半角的冒号“：”，然后输入第三级索引项的文本。

（3）使用索引文件中创建的词语列表插入索引标记。索引文件是一个单独的文件，可以保存为 Word 文档或其他格式，如文本文件（.txt），该文件中的索引项区分大小写。执行“引用”选项卡｜“索引”组｜“插入索引”命令，在弹出的“索引”对话框（如图 2-66 所示）中单击“自动标记”按钮，选择索引文件（如图 2-67 所示），单击“打开”按钮后，Word 将自动扫描当前文档，并自动插入索引标记。

图 2–66 “索引”对话框

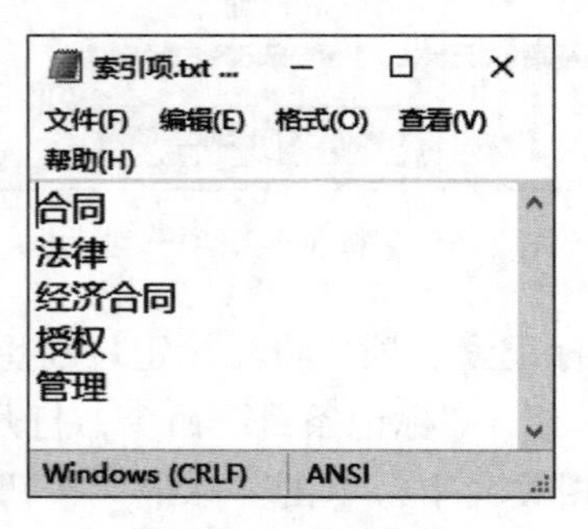

图 2–67 索引文件

Word 使用域来定义索引项。一个索引域由字母 XE 识别，并用大括号将所有关于索引项的信息括起来。索引项以隐藏文本形式显示。如果索引域没有显示在文档中，执行“开始”选项卡｜“段落”组中的“显示 / 隐藏编辑标记”命令，显示效果如图 2–68 所示。

2. 插入索引

标记索引项后，可以使用“索引”对话框设计索引格式，指定其他选项。Word 默认创建一个两栏索引，也可以选择“自动”设置或指定栏数（从一到四栏）。

经济合同{·XE·"经济合同"·}管理{·XE·"管理"·}办法

第一章·→总则

第 1 条··为了实现依法治理企业，促进公司对外经济活动的开展，规范对外经济行为，提高经济效益，防止不必要的经济损失，根据国家有关法律{·XE·"法律"·}规定，特制定本管理{·XE·"管理"·}办法。

第 2 条··凡以公司名义对外发生经济活动的，应当签订经济合同{·XE·"经济合同"·}。

第 3 条··订立经济合同{·XE·"经济合同"·}，必须遵守国家的法律{·XE·"法律"·}法规，贯彻平等互利、协商一致、等价有偿的原则。

图 2–68　显示索引标记

Word 支持两种索引格式：缩进和接排式。当索引长度作为一个因素时，可以使用接排式以节省空间。如果设置一个缩进索引，可以更改页码的对齐方式，可以选择使用的制表符前导符的类型（或选择“无”）。

当选择一个索引类别时，Word 在“索引”对话框的“打印预览”中显示该类别的示例。设置完成后，单击“确定”按钮，在光标所在位置插入索引目录，如图 2–69 所示。注意生成目录前应关闭“显示 / 隐藏编辑”按钮，隐藏索引标记，恢复文档的正常显示，确保生成的页码与实际一致。

合同..1, 2, 3, 4
法律..1, 2, 3, 4
经济合同..1, 2
授权..1
管理..1, 3, 4

图 2–69　索引目录

3. 编辑和更新索引

要编辑索引项，应该编辑对应的索引域。在文档中找到索引域，就可以编辑大括号内引号中的文字，并可以设置文字的格式。要删除索引标记，选择该索引域（包括括号），然后按 Delete 键即可；如果要删除指定的索引项，需要将文档中所有相关的索引标记都删除，这可以通过查找和替换操作来实现。

如要将“管理”索引项从文中删除，如图 2–70 所示，可在“查找和替换”对话框的“查找内容”中输入索引项名称“管理”；在“特殊格式”下拉列表中选择“域”，即在“管理”之后添加“^d”；“替换为”中为“管理”；单击“全部替换”按钮完成所有“管理”索引标记的删除。

修改索引域后，可以使用“引用”选项卡 | “索引”组 | “更新索引”命令重新生成索引，或在原索引的鼠标右键快捷菜单中选择“更新域”命令完成索引的修改。

查找和替换 ? ×

查找(D) 替换(P) 定位(G)

查找内容(N): 管理^d

选项: 区分全/半角

替换为(I): 管理

<< 更少(L) 替换(R) 全部替换(A) 查找下一处(F) 取消

搜索选项

搜索: 全部

☐ 区分大小写(H) ☐ 区分前缀(X)

☐ 全字匹配(Y) ☐ 区分后缀(T)

☐ 使用通配符(U) ☑ 区分全/半角(M)

☐ 同音(英文)(K) ☐ 忽略标点符号(S)

☐ 查找单词的所有形式(英文)(W) ☐ 忽略空格(W)

替换

格式(O) ▾ 特殊格式(E) ▾ 不限定格式(T)

图 2-70 批量删除指定索引项

微视频 2-14
邮件合并设置

2.4 邮件合并

在日常的事务处理中，经常需要制作一些格式相同的文档，例如录取通知书、传真件，使用邮件合并功能将极大地提高工作效率。

邮件合并的操作归为两类：制作主文档和数据源，设置邮件合并。主文档就是邮件合并内容中固定不变的部分，即信函中通用的部分，数据源文件主要用于保存联系人的相关信息。主文档通过插入合并域与数据源建立联系，通过合并批量生成同一格式的文档。

2.4.1 创建主文档

由于邮件合并最初主要是用来处理公文、信函、通知等有相对固定格式的文档，因此在 Word 中可以通过“邮件”选项卡｜“创建”组中的“中文信封”“信封”“标签”命令，打开相应的向导（如图 2-71 所示）来逐步实现主文档的创建；也可以执行“邮件”选项卡｜“开始邮件合并”组｜“开始邮件合并”下拉列表中（如图 2-72 所示）的对应命令来实现主文档的创建。

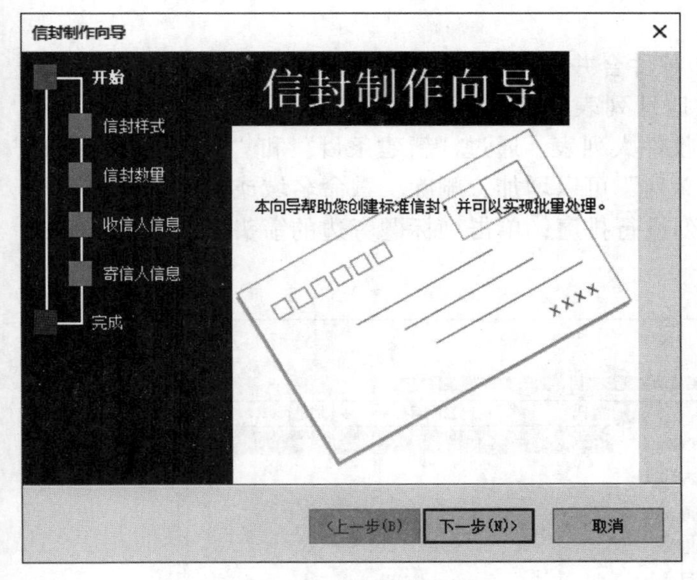

图 2–71　信封制作向导

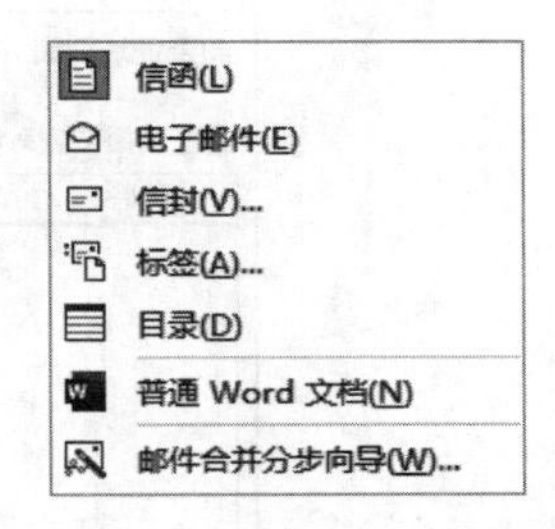

图 2–72　“开始邮件合并”下拉列表

创建主文档的方式和创建普通文档相同。以制作“欠费催缴通知函”为例（如图 2–73 所示），新建一个 Word 文档，经过页面设置后，输入“欠费催缴通知函”的正文部分，其中姓名、通信号码、起始和截止的日期、欠缴费用的部分留空，将其保存为“欠费催缴通知函（主文档）.docx”即完成该主文档的制作。

欠费催缴通知函

尊敬的用户＿＿＿＿＿＿＿您好：

经核查，您拥有的通信业务（固定电话、宽带、手机）号码为（＿＿＿＿＿＿＿）从＿＿＿＿年＿＿月起，截止＿＿＿＿年＿＿＿月＿＿＿＿日还有＿＿＿＿＿元未缴纳，请您收到通知后三日内到各营业网点缴清，逾期未缴者，我公司将根据《中华人民共和国电信条例》第三十五条规定，依法追究违约责任。

特此告知。

中国通信有限公司天河分公司

二〇二一年二月

图 2–73　邮件合并主文档

2.4.2　设置数据源

要批量制作缴费通知，除了要有主文档外，还需要用户名、通信号码、欠费金额等信息。邮件合并中可以使用多种格式的数据源，如 Excel 工作表、Microsoft Outlook 联系人列表、Access 数据库或 Word 文档等。

1. 键入新列表

在“邮件”选项卡 | “开始邮件合并”组 | “选择收件人”下拉列表中选择“键入新列表”命令，打开“新建地址列表”对话框，如图 2-74 所示，在该对话框中可以编写邮件合并操作使用的收件人列表。通过“新建条目”和“删除条目”可以增加和删除记录；通过“自定义列”可以增加、删除、重命名域或更改域的显示顺序；单击列标题可以对列表按列进行排序；单击列标题旁边的箭头可以进行排序或筛选。

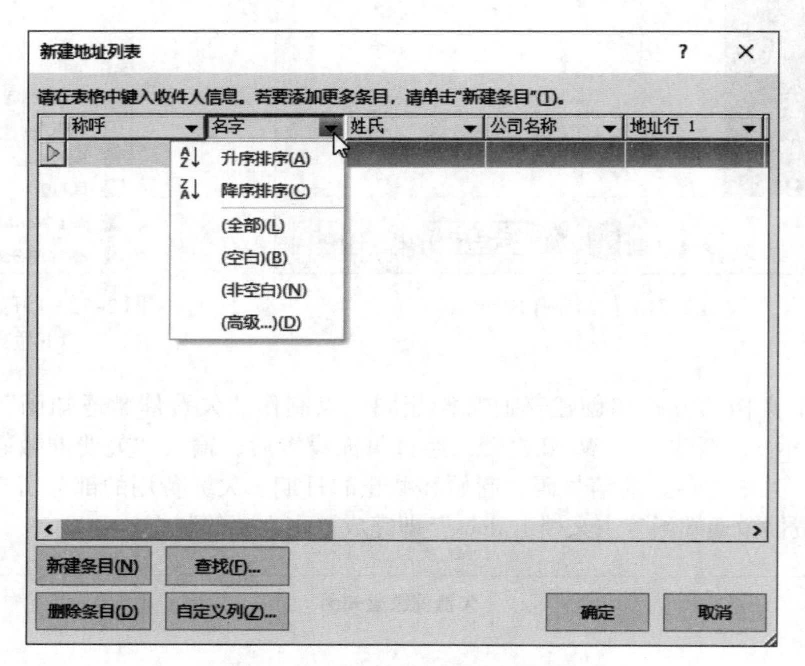

图 2-74 “新建地址列表”对话框

生成收件人列表后，Word 将其保存为 . mdb 格式，在其他邮件合并操作时也可以选择此列表。

2. 使用现有列表

如果以 Excel 工作簿或 Access 数据库作为数据源（以欠费数据源为例，如图 2-75 所示），Word 将显示“选择表格”对话框，如图 2-76 所示。

序号	用户名	通信号码	起始年份	起始月份	截止年份	截止月份	截止日期	欠缴费用
1	黄天虹	13456383712	2020	1	2021	1	31	120.3
2	张琪	13723892378	2019	3	2020	12	31	350.9
3	刘天福	18834984347	2019	6	2020	12	31	280.6
4	王大雷	15298393481	2019	8	2020	12	31	15.7
5	邱天星	17839483343	2019	3	2020	12	31	500.8
6	方菲	19834873343	2019	2	2020	12	31	600.1
7	钱程	16530493989	2020	4	2021	1	31	80.7
8	赵飞扬	12639848348	2020	5	2021	1	31	150.6
9	孙启正	17393849833	2019	7	2020	12	31	405.5
10	李大齐	14593489834	2020	9	2021	1	31	200.7

图 2-75 邮件合并数据源

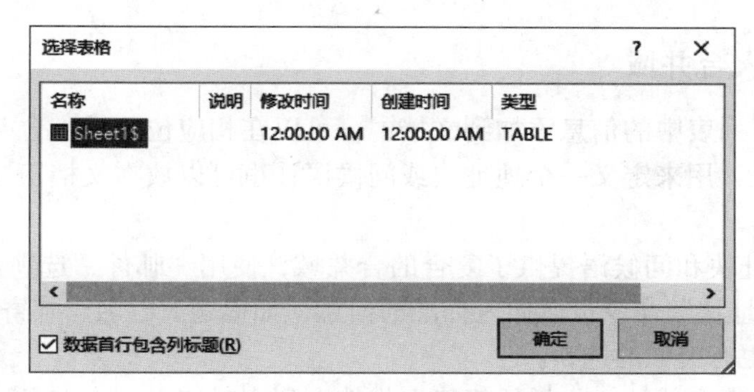

图 2–76 “选择表格”对话框

该对话框列出了 Excel 工作簿中每个工作表和命名的区域，或 Access 数据库中定义的表格。选择要使用的工作表、区域或数据库对象。默认情况下，“数据首行包含列标题”复选框被选中，若所选择的数据源没有标题行，可以取消选中该复选框。只含有一个表格的 Word 文档也可以作为一个有效的收件人列表数据源。

3. 筛选数据

选择数据源后，可执行“邮件”选项卡 | “开始邮件合并”组 | “编辑收件人列表”命令，在“邮件合并收件人”对话框中选择“筛选”，设置“筛选记录”的“域”“比较关系”“比较对象”以及“或”“与”关系，筛选出满足条件的数据，如图 2–77 所示。

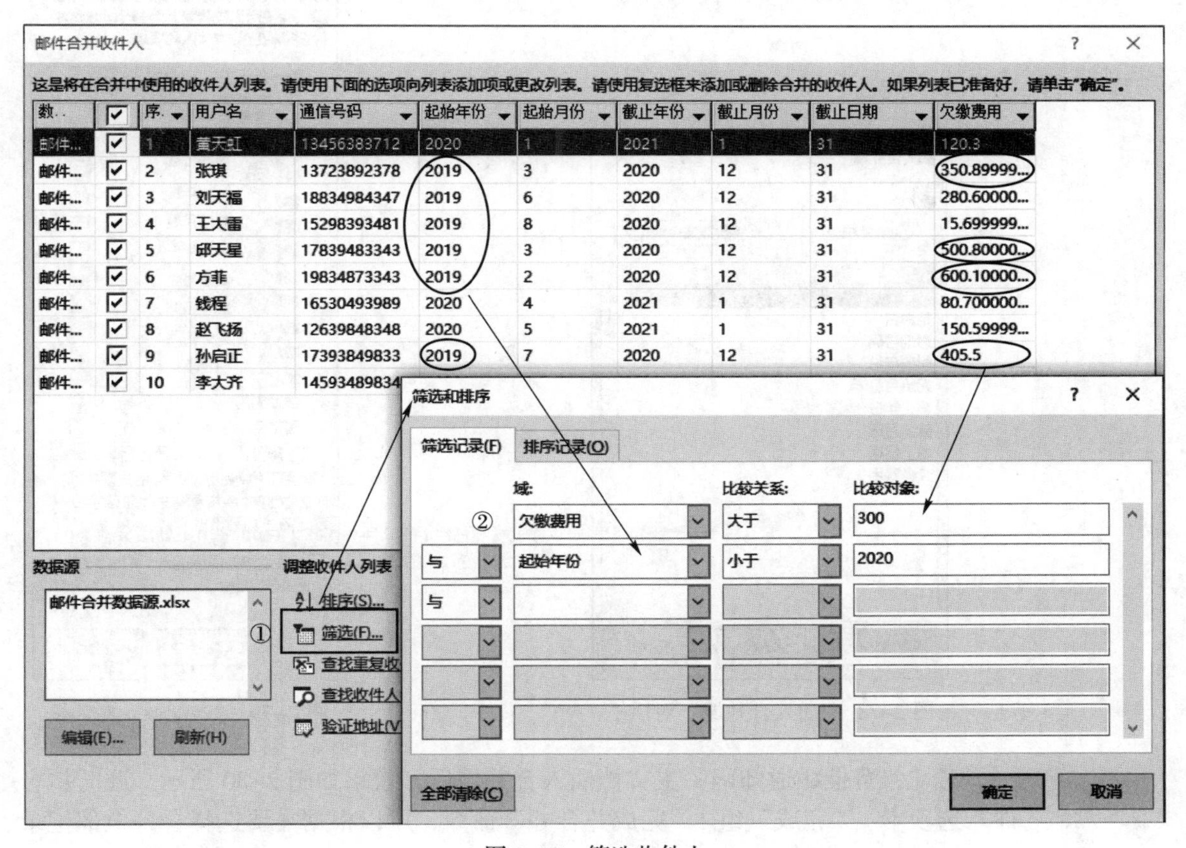

图 2–77 筛选收件人

2.4.3　插入合并域

要将收件人列表中的信息添加到文档中，可以在相应位置插入合并域。信息可以放在文档起始处，用来定义一个地址块或问候语；也可以放在文档正文中，包括公司名称或其他信息。

Word 为地址块和问候语提供了复合的合并域，使用“邮件”选项卡｜“编写和插入域”组｜“地址块”命令可以插入标准的信息，如标题、姓名、邮寄地址、城市等。“问候语”命令也有类似的选项。

若要插入单个合并域，包括任何建立收件人列表时定义的自定义域，从“插入合并域”列表中选择要插入的域，或使用“插入合并域”对话框，如图 2–78 所示。在该对话框中，选中“地址域”单选按钮，展开地址域列表；选中“数据库域”单选按钮，则展开数据源表中的字段列表。

如果 Excel 工作表或其他数据源中的域不能与 Word 中的域一一对应，可使用“邮件”选项卡｜“编写和插入域”组｜“匹配域”命令，打开“匹配域”对话框，如图 2–79 所示，设置所需的域关系。

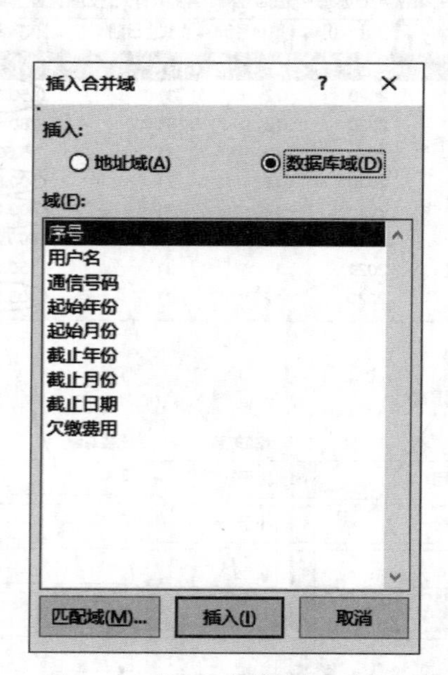

图 2–78　“插入合并域”对话框

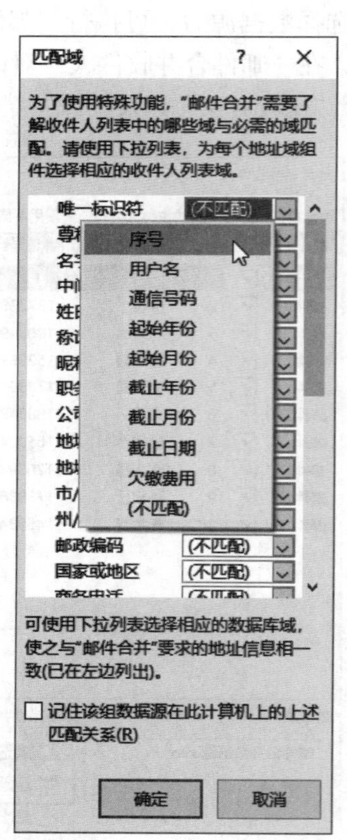

图 2–79　“匹配域”对话框

对“欠费催缴通知函”主文档插入合并域后，效果如图 2–80 所示。此时执行“邮件”选项卡｜“完成”组｜“完成并合并”命令，可以根据需要选择合并全部记录、当前记录或指定范围的记录；也可以选择发送电子邮件，每一封邮件都是发送给一个收件人的单独邮件。

欠费催缴通知函

尊敬的用户 «用户名» 您好：

经核查，您拥有的通信业务（固定电话、宽带、手机）号码为（ «通信号码» ）从 «起始年份» 年«起始月份»月起，截止«截止年份»年«截止月份»月«截止日期»日还有«欠缴费用»元未缴纳，请您收到通知后三日内到各营业网点缴清，逾期未缴者，我公司将根据《中华人民共和国电信条例》第三十五条规定，依法追究违约责任。

特此告知。

中国通信有限公司天河分公司

二〇二一年二月

图 2–80 插入合并域效果

2.4.4 添加规则

邮件合并规则是用来定义条件，增加邮件合并操作的灵活性，筛选邮件合并操作产生的记录。这些规则列在“编写和插入域”组｜“规则”下拉列表中，选择某一命令会打开相应的对话框。下面介绍两种常用的规则。

1.“如果…那么…否则…”规则

在“插入 Word 域：如果”对话框中（如图 2–81 所示），首先指定“如果”条件（如“性别”域等于“男”），在“则插入此文字”框中输入当条件为真时插入的文字；在“否则插入此文字”框中输入当条件为假时插入的文字。

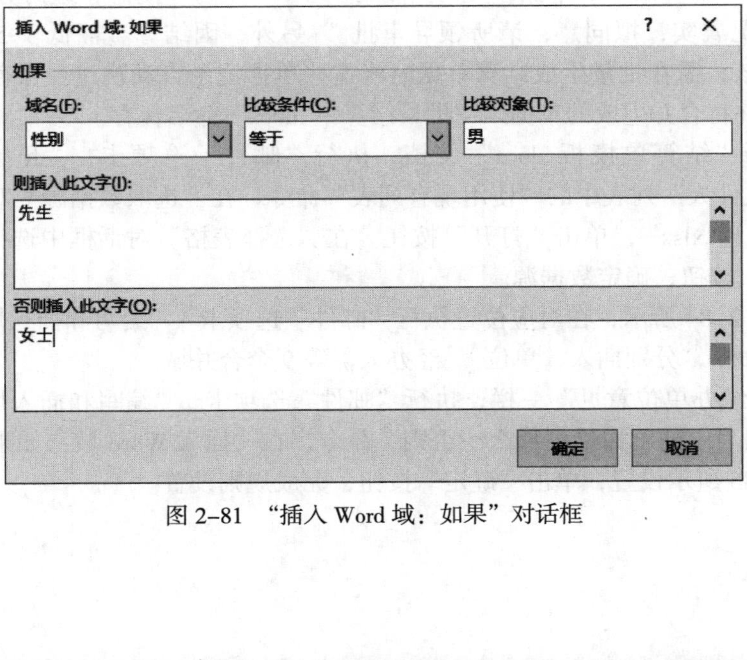

插入 Word 域: 如果

如果

域名(F): 性别　比较条件(C): 等于　比较对象(T): 男

则插入此文字(I): 先生

否则插入此文字(O): 女士

确定　取消

图 2–81 “插入 Word 域：如果”对话框

2.“填充”规则

每个邮件合并文档生成时，若设定了“填充”规则，则会提示用户填充正在使用的信息。

若之前的“欠费催缴通知函”暂未填写通知日期，要根据实际日期填写，则可以预先设定“填充”规则。将光标定位到预添加“通知日期”的位置，执行“规则”列表中的“填充”命令，在“插入 Word 域：Fill-in”对话框中输入提示和默认的填充文字，如图 2-82 所示。

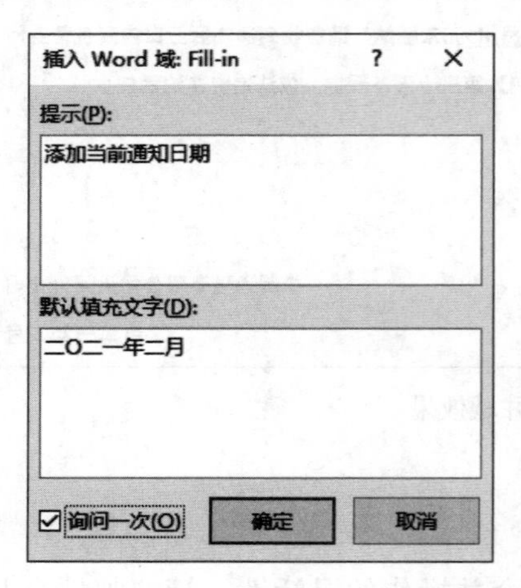

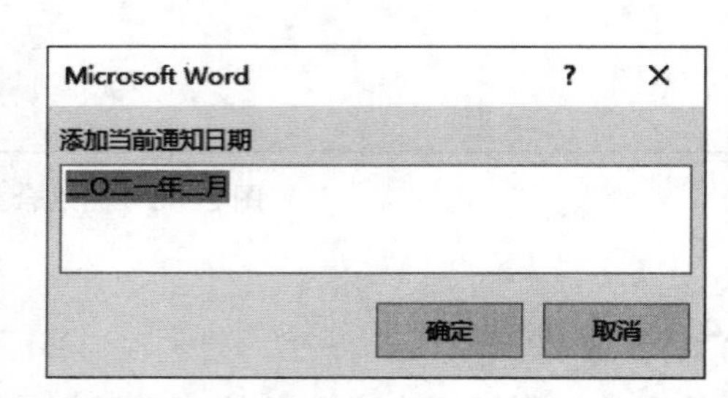

图 2-82　“插入 Word 域：Fill-in”对话框及提示效果

如果只希望在最终邮件合并的开始出现提示，选中“询问一次”复选框；如果希望每个记录都出现提示，则取消选中该复选框。关闭对话框后会出现提示，确认后将在对应位置插入相关默认或修改后的填充文字。

【例 2-8】使用“结算单模板 .docx”自动批量生成所有结算单。

在“结算单模板 .docx”中（如图 2-83 所示），对于“报账单据信息 .xlsx”中结算金额为 5 000（含）以下的单据，“经办单位意见”栏填写“同意，送财务审核。”，否则填写“情况属实，拟同意，请所领导审批。”另外，因结算金额低于 500 元的单据不再单独审核，需在批量生成结算单据时将这些单据记录自动跳过。保存“结算单模板 .docx”，并将合并生成的单据以“批量结算单 .docx”命名保存。

① 打开“结算单模板 .docx”文档，执行“邮件”选项卡｜“开始邮件合并”组｜“选择收件人”列表中的“使用现有列表”命令，在“选取数据源”对话框中选择“报账单据信息 .xlsx”，单击“打开”按钮。在“选择表格”对话框中选择“Sheet1”，单击“确定”按钮，确定数据源。

② 如图 2-84 所示，在对应位置执行“邮件”选项卡｜“编写和插入域”组｜“插入合并域”命令，分别插入《单位》《经办人》等 9 个合并域。

③ 在“经办单位意见”一栏，执行“邮件”选项卡｜“编写和插入域”组｜“规则”｜下拉列表中的“如果…那么…否则”命令，在“插入 Word 域：如果”对话框中进行如图 2-85 所示设置，单击“确定”按钮，完成规则设置。

经费联审结算单

单位：第一研究室　　经办人：张三　　1/18/2021

预算科目	XX管理信息系统国产化迁移技术研究		
项目代码	2019RW29	单据张数	4
开支内容	计算机配件	金额（元）（小写）	3482.20
报销金额（大写）	叁仟肆佰捌拾贰元贰角整		
经办单位意见	同意，送财务审核。		
财务部门意见			
转账	转入	单位	科目
资产科目		预借款	
资产金额		结算后退（补）	
公务卡号		公务卡（借/贷）	
支票号		银行（借/贷）	
借据号		现金（借/贷）	

XX 研究所科研经费报账须知

（粘贴单据封底）

1. 经费支出必须符合批准的项目执行预算和科研经费开支范围，严格按照审批程序及权限规定逐级办理经费开支报销审批手续。

2. 结算报销时必须提供真实、合法、要素齐全的原始凭证，不得超过3个月的有效期，跨年度的票据须在翌年3月31日前完成报销，每张发票背面均要有经办人签字。

3. 购买单价在1000元以上，使用年限超过一年且在使用中基本保持原来物资形态的物资属于固定资产，需同时填写《XX研究所科研经费固定资产增（减）报告单》。

4. 科研经费报账基本流程：

专职人员填写经费联审结算单 → 研究室领导审批，超过5000元递加分管副所长审批 → 财务科审核窗口审批 → 财务科结算窗口结算

图 2-83　邮件合并示例

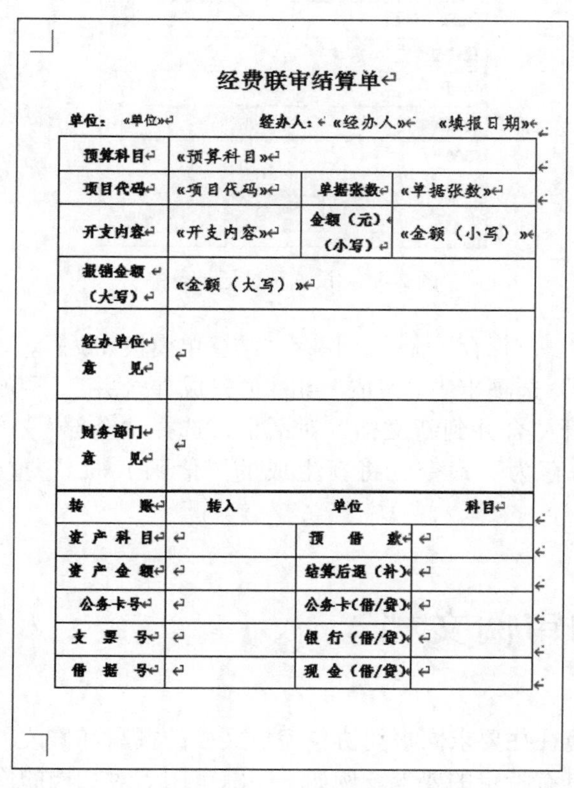

经费联审结算单

单位：«单位»　　经办人：«经办人»　　«填报日期»

预算科目	«预算科目»		
项目代码	«项目代码»	单据张数	«单据张数»
开支内容	«开支内容»	金额（元）（小写）	«金额（小写）»
报销金额（大写）	«金额（大写）»		
经办单位意见			
财务部门意见			
转账	转入	单位	科目
资产科目		预借款	
资产金额		结算后退（补）	
公务卡号		公务卡（借/贷）	
支票号		银行（借/贷）	
借据号		现金（借/贷）	

图 2-84　插入合并域

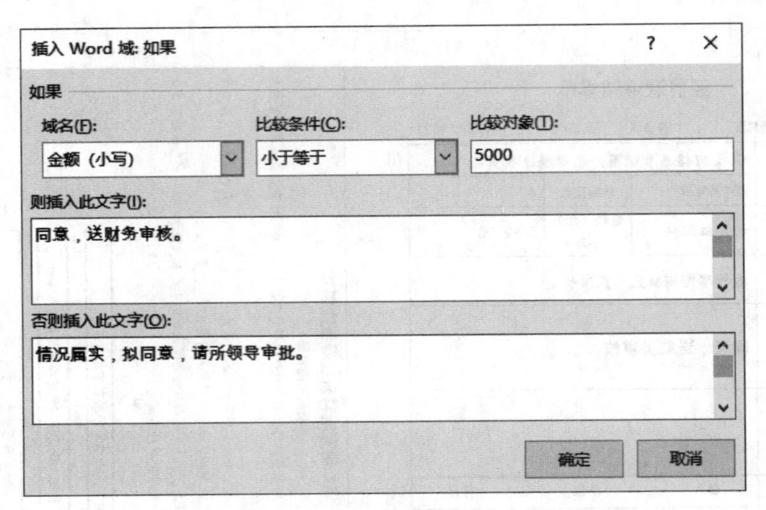

图 2-85　设置规则

④ 执行“邮件”选项卡 | “编写和插入域”组 | “规则”下拉列表中的“跳过记录条件”命令，在“插入 Word 域：Skip Record If”对话框中进行如图 2-86 所示设置，单击“确定”按钮，完成记录筛选。

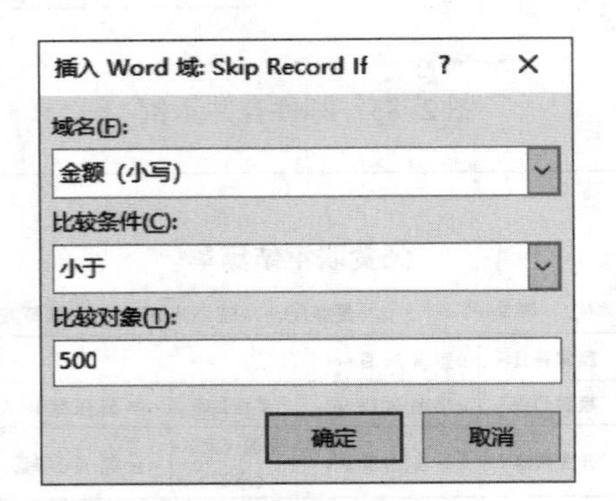

图 2-86　设置跳过记录条件

⑤ 执行“文件” | “保存”命令，保存“结算单模板 .docx”。

⑥ 执行“邮件”选项卡 | “完成”组 | “完成并合并”下拉列表中的“编辑单个文档”命令，打开“合并到新文档”对话框，选择“全部”，单击“确定”按钮，执行“文件” | “另存为”命令，将新生成的“信函 1.docx”重命名为“批量结算单 .docx”。

2.5　管理和审阅文档

当今的工作环境往往要求同事间协作完成文档的撰写和修改，并最终定稿。组内用户共享文档通常具有特定的要求。例如，跟踪审阅人对文档的修订，或合并多个审阅人各自修改的文档。在某些情况下，文档需要设置密码保护，通过密码才能打开和编辑文档。

2.5.1 比较文档

如果要比较一篇文档两个版本之间的差异，可以用“审阅”选项卡|“比较”组|“比较”下拉列表中的“比较”命令。在比较两篇文档时，原文档和修订的文档之间的差异以跟踪修订的方式显示在原文档中（或一个新文档中）。为使“比较”命令产生更好的结果，原文档和修订文档不应该包含任何修订标记。如果包含修订标记，Word 在比较时将接受这些修订。

在“比较文档”对话框中，选择比较的两个文档和要比较的内容，并指定比较结果显示的位置，如图 2–87 所示。

默认情况下，在“比较设置”区中的所有选项都被选中，除了“插入和删除”复选框外，可以取消选中其他任何选项的复选框。例如，如果主要对文档主体内容的差异感兴趣，可以取消选中“批注”“大小写更改”“空白区域”“页眉和页脚”及“域”等复选框；如果不需要查看格式差异，可取消选中“格式”复选框。

在“显示修订”区，“字词级别”单选按钮默认为选中。“字词级别”下若整个单词被修订就显示；“字符级别”下若字母被修订就显示。

在选择比较的两个文档时，分别选择“原文档”和“修订的文档”，“修订的显示位置”区的 3 个选项可设置操作后文档的差异将以修订方式出现在“原文档”“修订后文档”或基于原文档创建的“新文档”中。

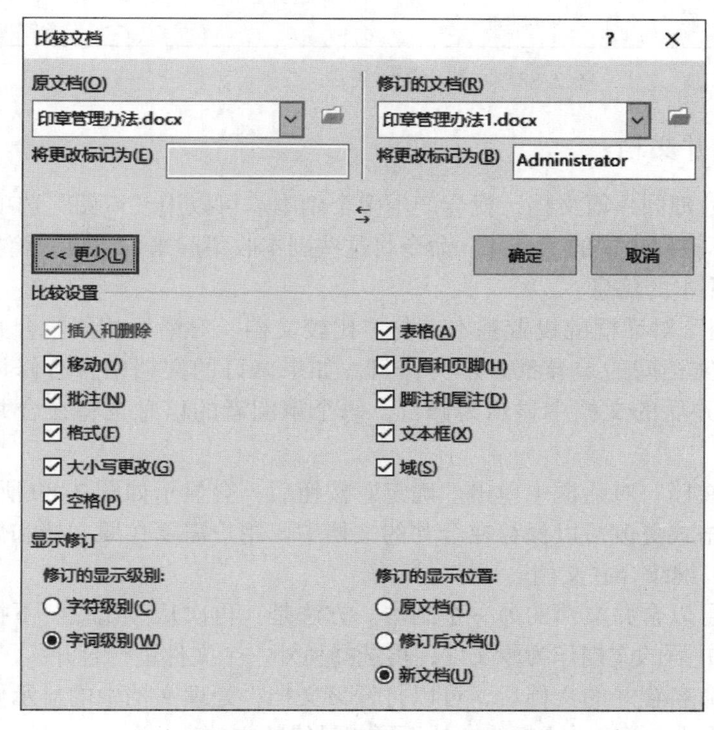

图 2–87 “比较文档”对话框

通过对比，两个文档中的差异都归于一个作者，并以“比较的文档”为标题显示在文档窗口，如图 2–88 所示。可以使用“审阅”选项卡｜“更改”组中的“上一处”和“下一处”按钮，逐条查看所做的更改，并选择接受或拒绝这些差异。通过设置“比较”组｜“比较”下拉列表中的“显示源文档”，选择显示原文档、修订后的文档或同时显示两个文档。

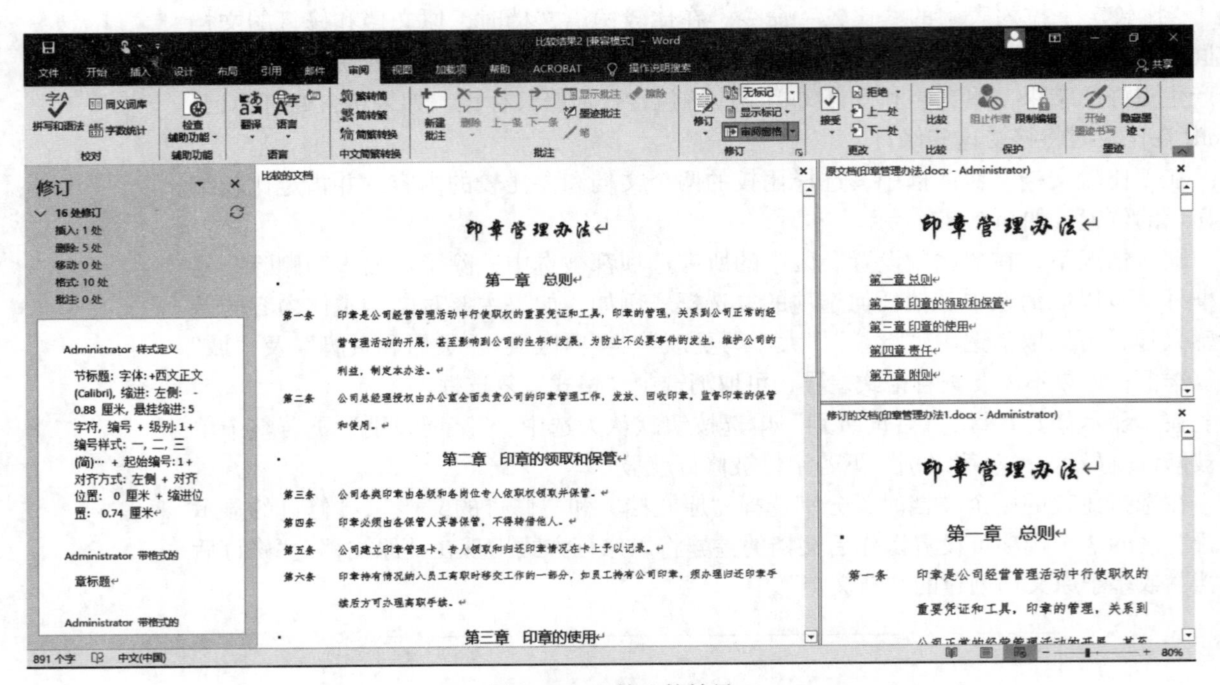

图 2–88　文档比较结果

2.5.2　合并文档

如果多人处理同一篇文档，就会产生多个副本。可以用“审阅”选项卡｜“比较”组｜“比较”下拉列表中的“合并”命令将这些副本收集起来，生成一篇文档，该文档能够显示不同副本的信息。

“合并文档”对话框的设置基本上与“比较文档”对话框相同。合并文档时，原文档和修订的文档间的差异都显示为修订。如果修订的文档中含有修订标记，这些修改也将在合并后的文档中显示为修订。每个审阅者的信息也将在合并后的文档中显示。

在“合并文档”对话框中单击“确定”按钮后，会显示如图 2–89 所示的消息框，提示只有一组格式更改可以保存在合并的文档中。用户需要在原文档和修订的文档之间进行选择，以继续合并文档。

必要时，可以合并文档的另一个副本。方法是：再次从“比较”下拉列表中选择“合并”，将合并后的文档作为原文件，再选择另外一个文件进行合并。

在保存并命名合并的文档后，可以打开该文档，处理文档中的显示修改（由修订形式标示），可以选择接受或拒绝，从而形成最终的文档。

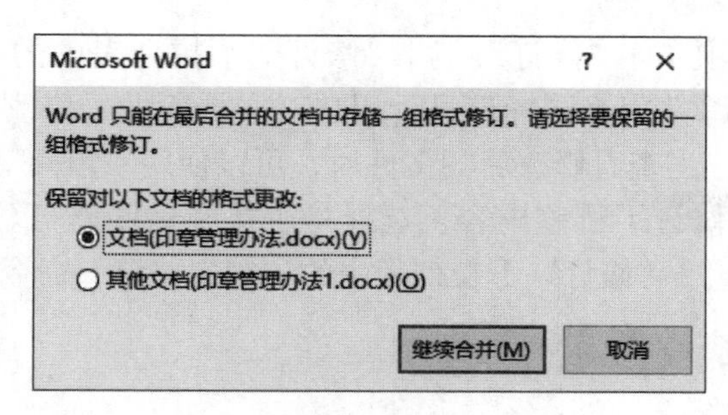

图 2–89 合并文档提示

2.5.3 修订文档

在审阅文档前，可以设置跟踪并分类显示修订标记。单击“修订”组中的启动器按钮，在弹出的“修订选项”对话框中单击“高级选项”按钮，显示“高级修订选项”对话框，如图 2–90 所示，可在对话框中给每位审阅者指定一种颜色，用“下划线”表示插入的内容，用“删除线”表示删除的内容等。

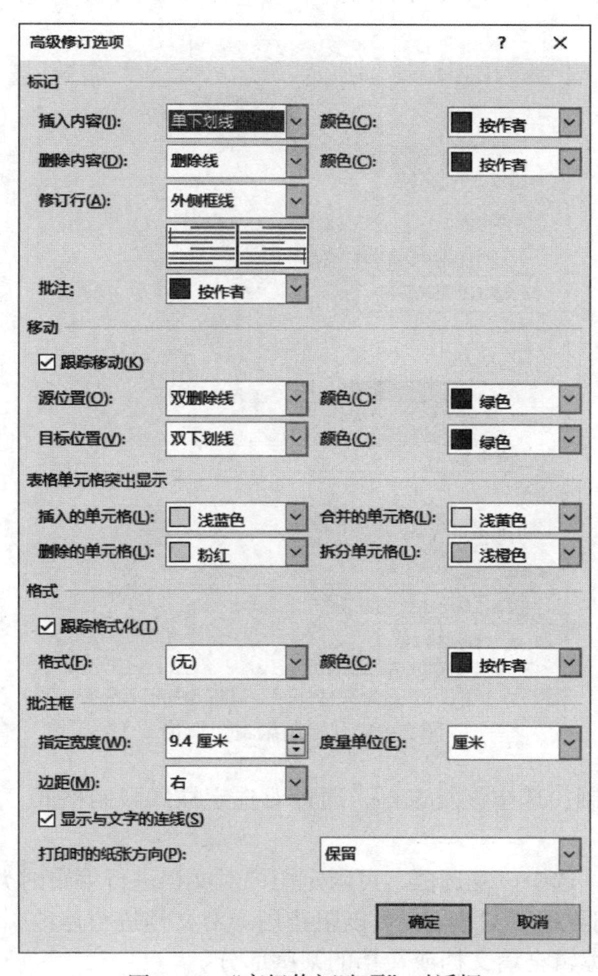

图 2–90 “高级修订选项”对话框

执行“审阅”选项卡｜“修订”组｜“修订”下拉列表中的“修订”命令，Word 将根据之前的设置跟踪并用不同标记显示用户对文档所做的修改，如插入、删除、移动文本和格式更改等。当查看修改后的文件时，可以使用“审阅”选项卡｜“更改”组中的相应命令，查看修订了哪些内容，选择是否接受这些修订。在设置修订选项时，还可以通过“修订”组｜“修订”下拉列表中的“锁定修订”命令设置密码，以防止其他作者关闭修订。

2.5.4　保护文档

如果需要对审阅者的编辑权限加以限定，或指定文档中的某些部分只能由特定人员进行编辑时，可执行“审阅”选项卡｜“保护”组｜“限制编辑”命令。

1. 限制编辑

共享文档时，若要避免其他用户随意处理共享文档，如修改格式设置、添加或删除内容、插入图片等，可在共享前对文档设置限制编辑。

执行“审阅”选项卡｜“保护”组｜“限制编辑”命令，打开“限制编辑”窗格，如图 2–91 所示，其中分为以下 3 个区域。

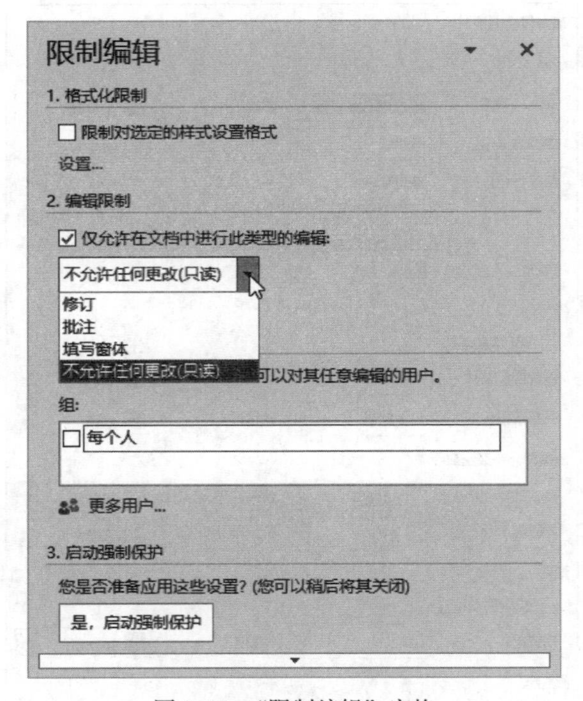

图 2–91　“限制编辑”窗格

（1）格式化限制：选中该复选框，通过对选定样式限制格式，防止样式被其他用户修改。

（2）编辑限制：选中该复选框，可限定用户对文档进行编辑的类型。

① 不允许任何更改（只读）：可以阻止用户对文档进行修改，但可以设置例外情况，允许特定用户编辑全篇文档或文档的某些部分。

② 修订：对文档所做的修改用修订标记表示。不从文档中删除保护，则跟踪修订将不能被关闭。

③ 批注：用户可以将批注添加到文档，但不能对文档内容进行修改。对于此选项，可以对特定用户设置例外项。

④ 填写窗体：限制仅可在文档的窗体内输入信息。

“例外项”默认应用于全篇文档；如果用于文档的部分内容，首先选中该部分内容，然后指定可以编辑该内容的人员即可。

（3）启动强制保护：定义好要应用到文档的“格式化限制”和“编辑限制”后，单击“是，启动强制保护”按钮打开“启动强制保护”对话框，如图 2–92 所示。可以设置密码，停止保护时输入即可解除限制；如果不设定密码，则单击“停止保护”按钮可直接解除。

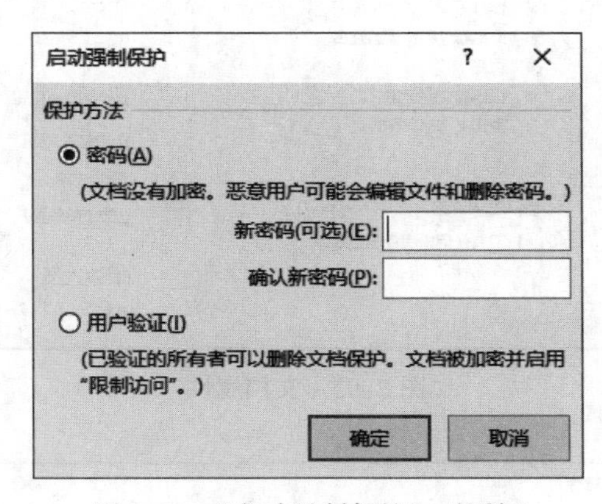

图 2–92 “启动强制保护”对话框

2. 删除文档的元数据

文档属性（也称为元数据）记录了文档的大小、标题、作者及创建日期和上一次修改时间等信息。选择“文件”|“信息”命令即可显示文档的基本属性，如图 2–93 所示。

单击“属性”下拉列表中的“高级属性”命令，打开文档的“属性”对话框（如图 2–94 所示），可以显示和编辑更多其他属性。

属性提供的信息可用于文档分类，但在共享或对外审阅时，不希望将某些属性显示在文档中。可以执行“文件”|“信息”|“检查问题”|“检查文档”命令打开“文档检查器”对话框，如图 2–95 所示。在该对话框中设置选项，单击“检查”按钮，来检查是否存在某些元数据，在检查结果中选择是否删除该元数据。

3. 将文档标记为最终状态

当共同处理完一篇文档时，可能需要将该文档标记为终稿，并告知其他成员该文档的状态。

执行“文件”|“信息”|“保护文档”|“标记为最终状态”命令。单击“确定”按钮，确认此操作并保存文档，此时会显示消息框（如图 2–96 所示），提示已将文档标记为最终状态。

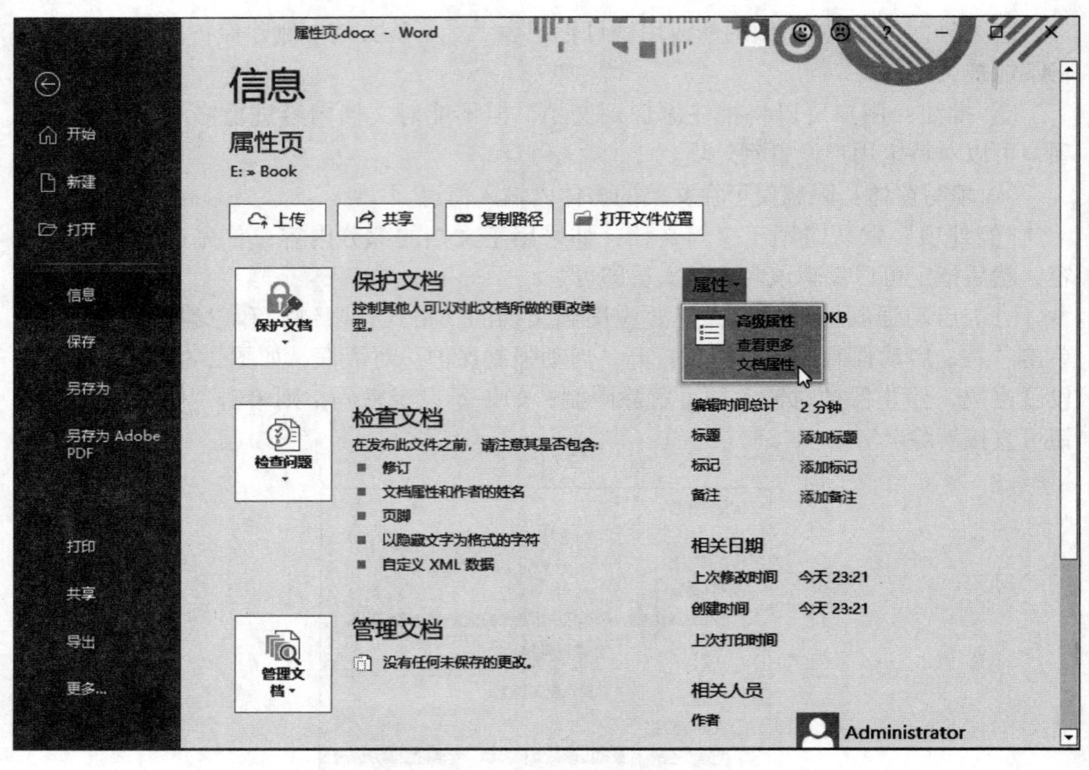

图 2–93 文档属性

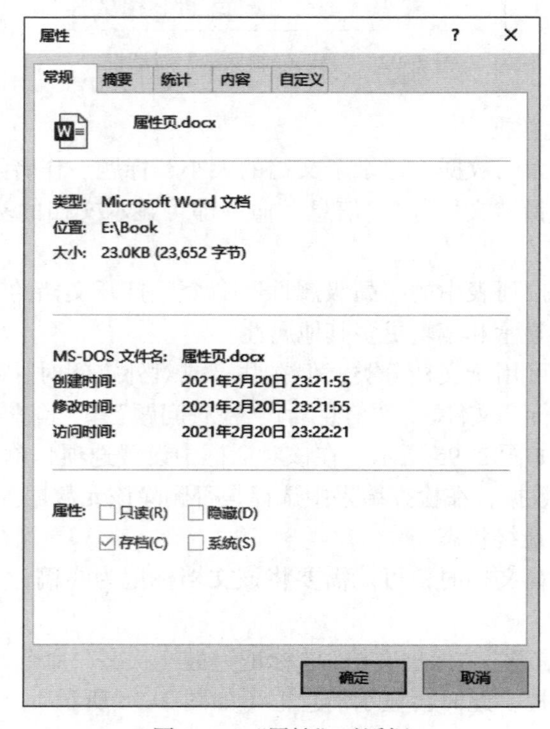

图 2–94 “属性”对话框

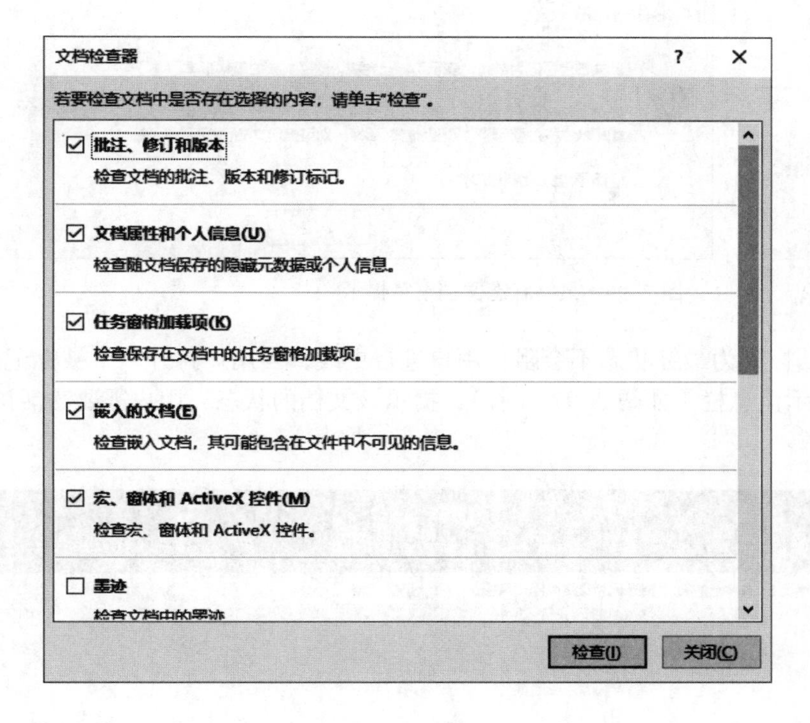

图 2–95 “文档检查器”对话框

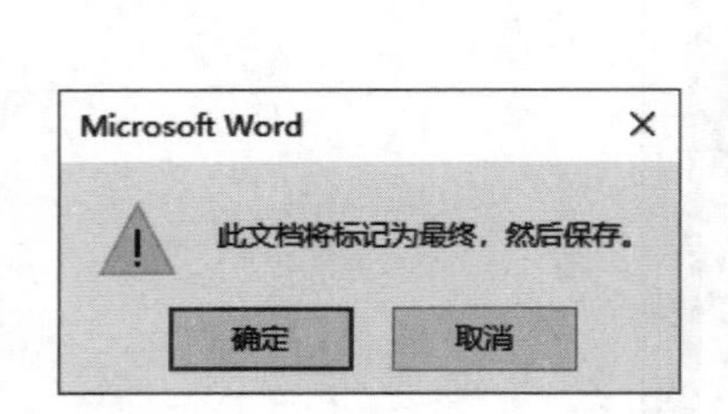

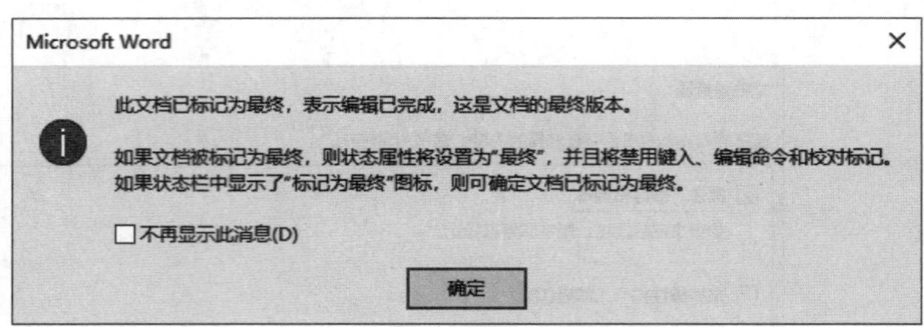

图 2-96　最终状态文档消息提示

将文档标记为最终状态不会阻止用户进行更改，当用户打开一个被标记的文档时，Word 会显示消息栏（如图 2-97 所示），提示该文档的状态，用户需要激活该文档来进行其他更改。

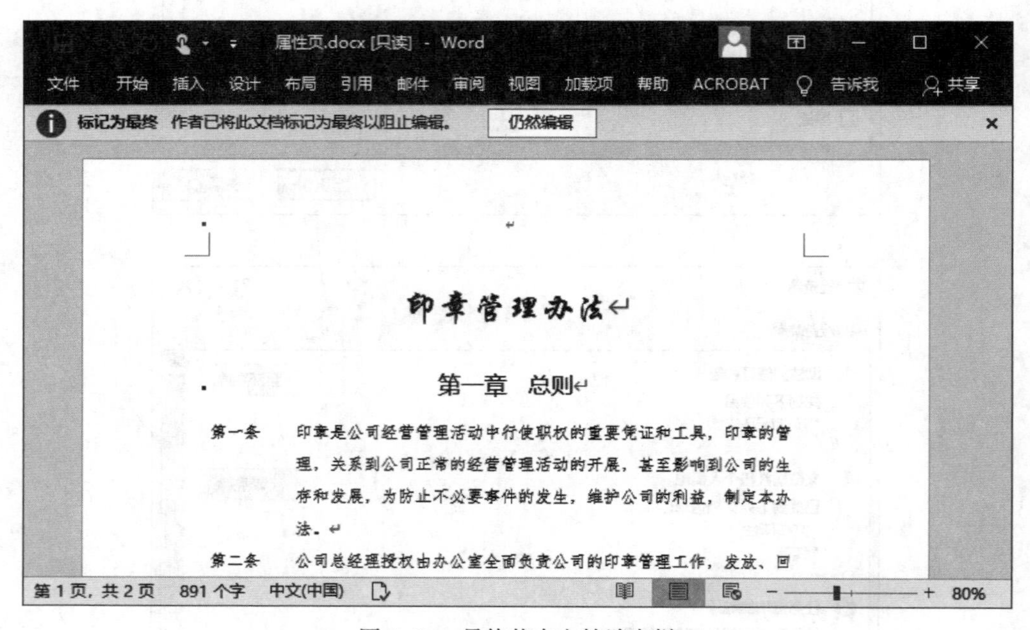

图 2-97　最终状态文档消息栏

4. 使用密码保护文档

当使用"另存为"对话框时，执行"工具"下拉列表中的"常规选项"命令可以打开"常规选项"对话框，如图 2-98 所示，在其中可以设置一个打开或修改文档时需要输入的密码。设置这样的密码不会对文档加密，主要为了防止文档被意外编辑。但此处设置的打开或修改密码一旦忘记，Word 将无法恢复该密码。

加密能加强文档的安全性，文档内容只能由拥有密码或其他类型密钥的人员阅读。如果要通过加密来保护文档，可执行"文件"|"信息"|"保护文档"|"用密码进行加密"命令，在"加密文档"对话框中输入密码实现，如图 2-99 所示。

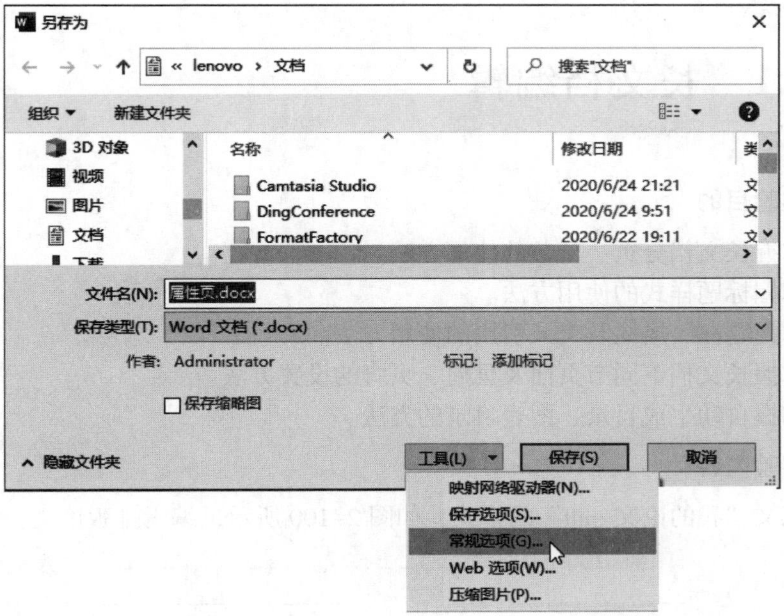

另存为

← → ↑ « lenovo › 文档 搜索"文档"

组织 ▾ 新建文件夹

3D 对象
视频
图片
文档
下载

名称	修改日期	类
Camtasia Studio	2020/6/24 21:21	文
DingConference	2020/6/24 9:51	文
FormatFactory	2020/6/22 19:11	文

文件名(N): 属性页.docx

保存类型(T): Word 文档 (*.docx)

作者: Administrator 标记: 添加标记

保存缩略图

隐藏文件夹 工具(L) ▾ 保存(S) 取消

映射网络驱动器(N)...
保存选项(S)...
常规选项(G)...
Web 选项(W)...
压缩图片(P)...

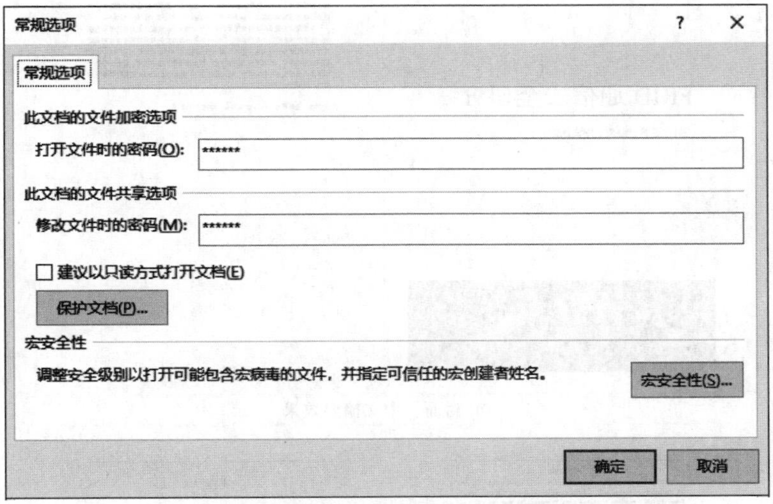

常规选项 ? ×

常规选项

此文档的文件加密选项

打开文件时的密码(O): ******

此文档的文件共享选项

修改文件时的密码(M): ******

建议以只读方式打开文档(E)

保护文档(P)...

宏安全性

调整安全级别以打开可能包含宏病毒的文件，并指定可信任的宏创建者姓名。 宏安全性(S)...

确定 取消

图 2-98 “常规选项”对话框中的密码设置

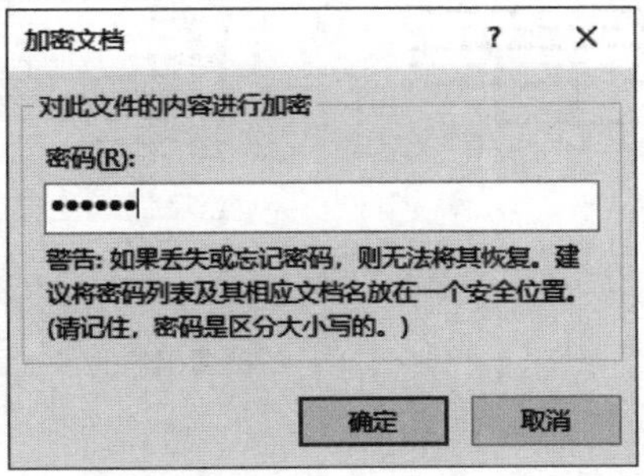

加密文档 ? ×

对此文件的内容进行加密

密码(R):

••••••

警告: 如果丢失或忘记密码，则无法将其恢复。建议将密码列表及其相应文档名放在一个安全位置。(请记住，密码是区分大小写的。)

确定 取消

图 2-99 “加密文档”对话框

实验 2.1　长文档编辑

一、实验目的

（1）掌握长文档分页、分节的使用方法。

（2）掌握标题样式的使用方法。

（3）掌握题注、尾注及交叉引用的使用方法。

（4）掌握长文档不同节页面及页眉、页脚的设置方法。

（5）掌握自动生成目录、图表目录的方法。

二、实验内容

参考范文“我的论文 .pdf”的格式，如图 2-100 所示，编辑排版论文。

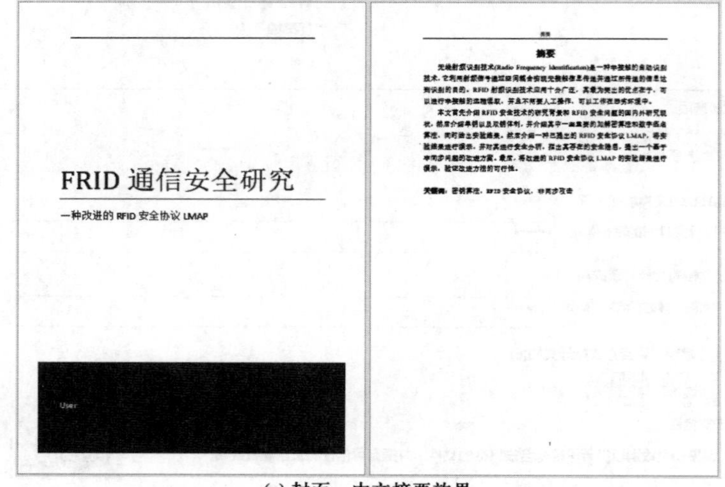

(a) 封面、中文摘要效果

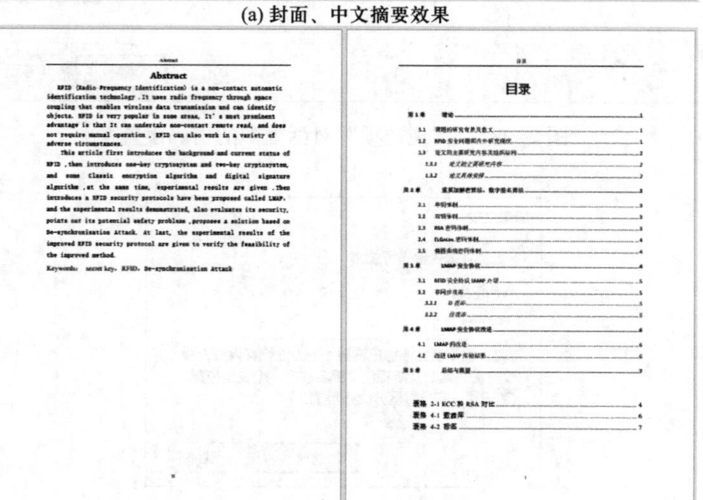

(b) 英文摘要、目录效果

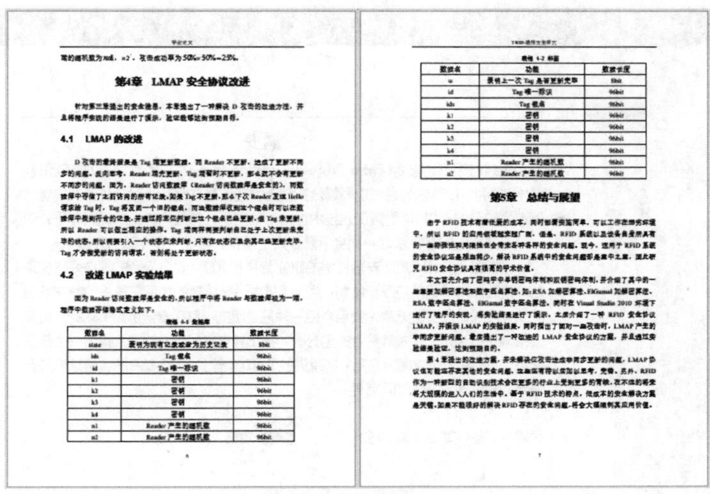

第4章　LMAP 安全协议改进

4.1　LMAP 的改进

4.2　改进 LMAP 实验结果

数据名	功能	数据长度
state	表明为现有记录或者为历史记录	8bit
ids	Tag 假名	96bit
id	Tag 唯一标识	96bit
k1	密钥	96bit
k2	密钥	96bit
k3	密钥	96bit
k4	密钥	96bit
n1	Reader 产生的随机数	96bit
n2	Reader 产生的随机数	96bit

数据名	功能	数据长度
u	表明上一次 Tag 是否更新完毕	8bit
id	Tag 唯一标识	96bit
ids	Tag 假名	96bit
k1	密钥	96bit
k2	密钥	96bit
k3	密钥	96bit
k4	密钥	96bit
n1	Reader 产生的随机数	96bit
n2	Reader 产生的随机数	96bit

第5章　总结与展望

(c) 正文效果

图 2–100　范文“我的论文”

三、实验步骤

实验准备：启动 Word，打开实验 2.1 实验素材“论文 .docx”文件。

1. 插入封面页

（1）执行“插入”选项卡 |“页面”组 |“封面”命令，选择下拉列表中内置的“怀旧”封面。

（2）参考图 2–100（a），删除封面底端“公司”和“地址”控件，在“标题”及“副标题”控件处分别输入标题及副标题。

> 说明：
>
> ① 封面实际上是内置的由表格、文本、日期等内容控件组成的文档首页，用户可在内容控件的位置上输入自己的内容，也可删除不必要的内容控件。
>
> ② 内容控件可通过执行“开发工具”选项卡 |“控件”组中的命令添加。

2. 根据需要使用样式设置各级标题

微视频 2–15
标题样式设置

（1）将文档中黑体字“摘要”“Abstract”“参考文献”设置为标题样式。

分别选择文档中“摘要”“Abstract”“参考文献”文字，应用“开始”选项卡 |“样式”组中的“标题”样式。

（2）选中“视图”选项卡 |“显示”组中的“导航窗格”复选框，打开左侧“导航”窗格，如图 2–101 所示。

（3）参考图 2–100（b）中目录的章节层次，将文档中黑体字“绪论”“重要加解密算法、数字签名算法”“LMAP 安全协议”“LMAP 安全协议改进”“总结与展望”等设置为“标题 1”样式。

（4）将文档中黑体字“课题的研究背景及意义”“RFID 安全问题国内外研究现状”“单钥体制”等设置为“标题 2”样式。

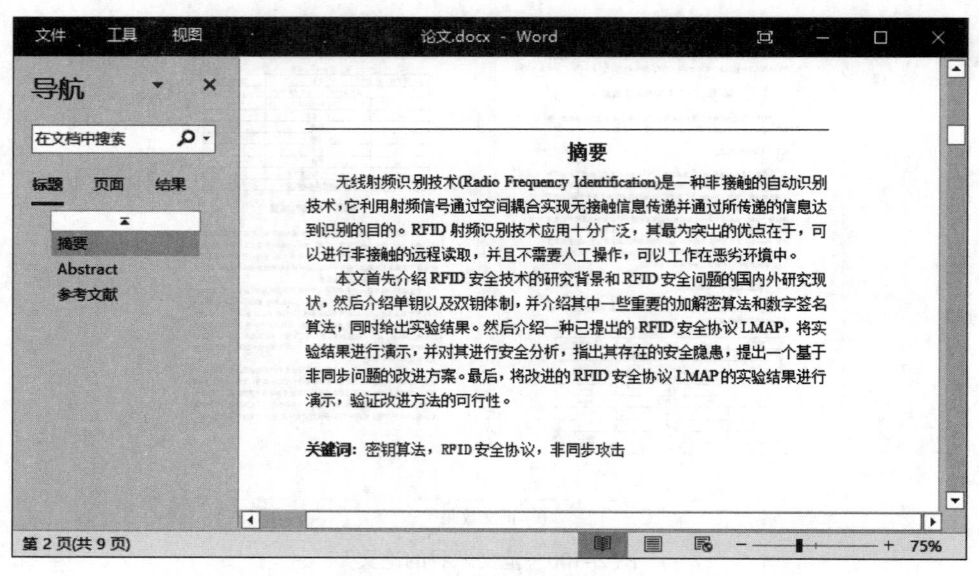

图 2-101　显示“导航”窗格

（5）将文档中黑体字“论文的主要研究内容”“论文具体安排”等设置为“标题 3”样式。

3. 参考图 2-100（b）设置标题段落多级自动编号

（1）选择“绪论”标题行，执行“开始”选项卡｜“段落”组｜“多级列表”下拉列表中的“定义新的多级列表”命令，如图 2-102 所示，打开如图 2-103 所示的对话框。

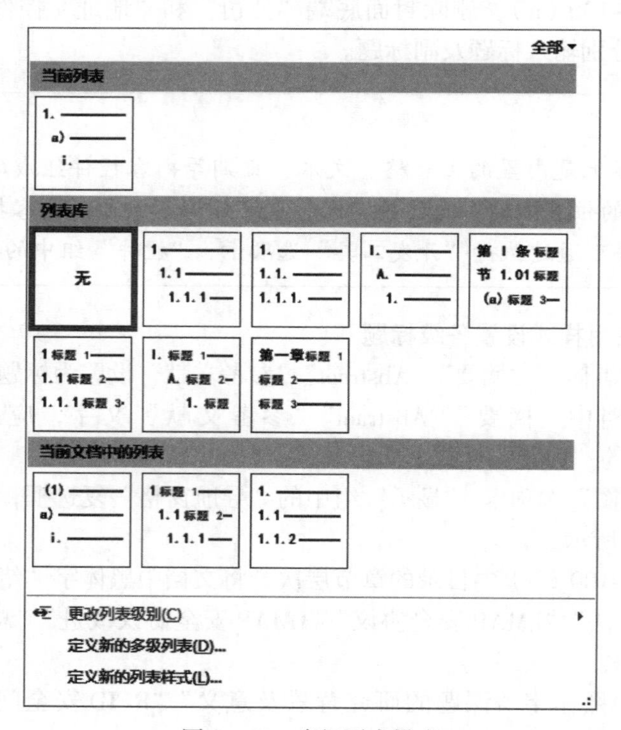

图 2-102　多级列表样式

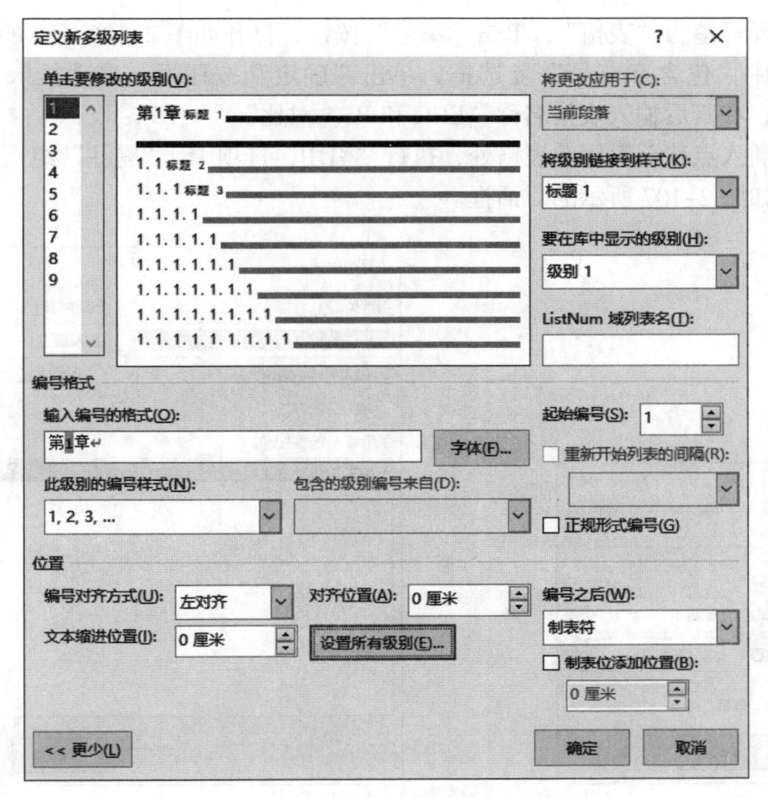

图 2-103　“定义新多级列表”对话框

（2）选择级别列表中“1”，在“输入编号的格式”文本框中的“1”的前后分别输入“第”“章”（保留原有的“1”），单击“设置所有级别”按钮，打开如图 2-104 所示的对话框，设置第一级编号、文字及缩进均为“0 厘米”。

（3）同样方法，完成“标题 2”“标题 3”的修改（本实验无须修改）。

4. 设置表格题注交叉引用

（1）将插入点定位在文档 2.5 节表格上方，执行“引用”选项卡 | “题注”组 | “插入题注”命令，打开如图 2-105 所示的对话框。

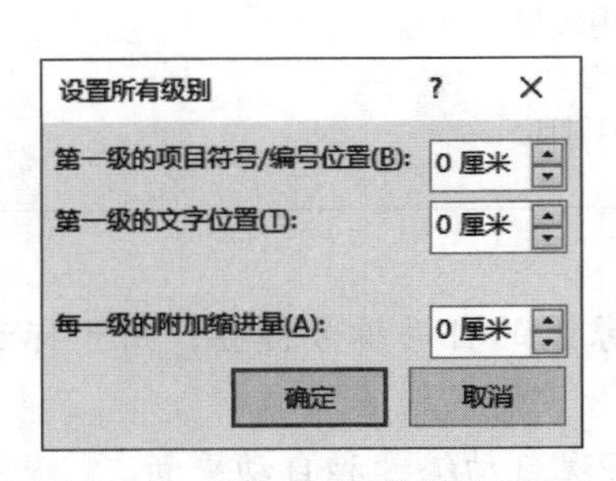

图 2-104　设置项目符号（编号）及文字位置

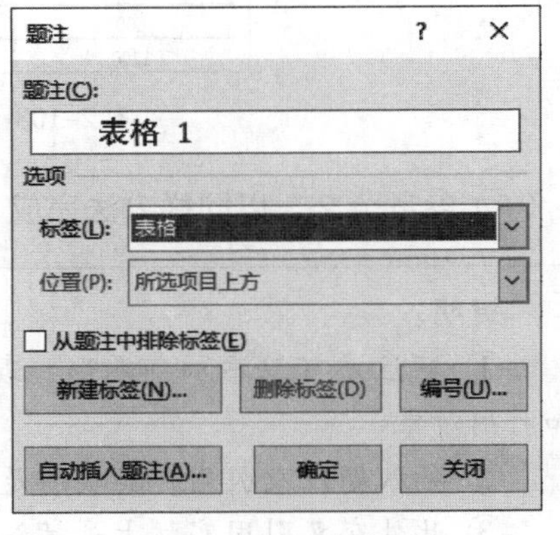

图 2-105　插入表格题注

微视频 2-16
交叉引用及尾注设置

（2）选择标签为“表格”，单击“编号”按钮，打开如图2–106所示的对话框。

（3）选中“包含章节号”复选框，单击“确定”按钮后，自动插入表格的题注“表格2-1”，在其后输入表格名称“ECC和RSA对比”。

（4）将插入点移至引用此表格处，执行“引用”选项卡｜“题注”组｜“交叉引用”命令，打开如图2–107所示的对话框。

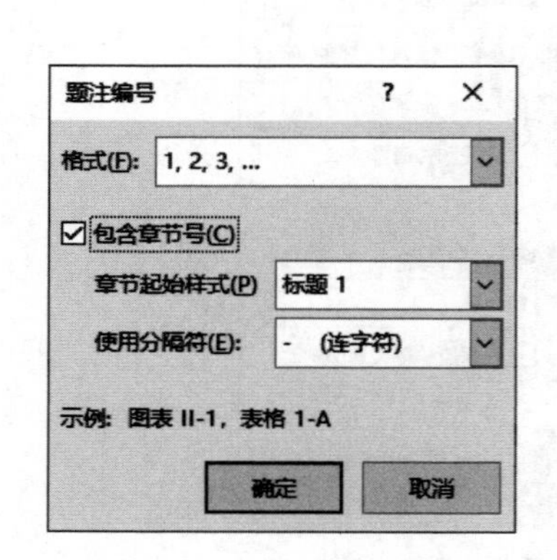

图2–106 设置题注编号

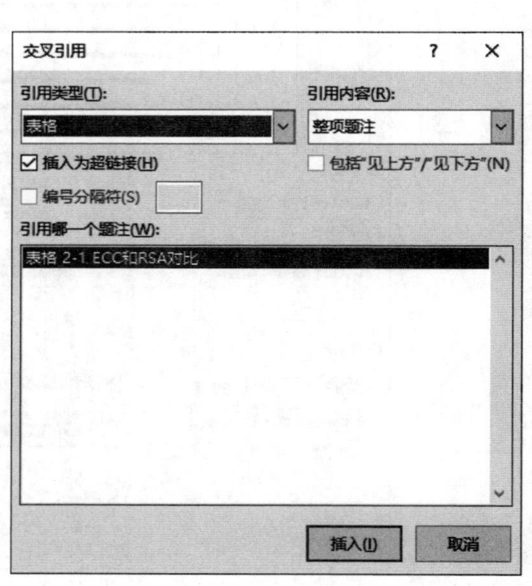

图2–107 设置表格题注交叉引用

（5）选择引用类型为“表格”，并选定引用的表格。单击“插入”按钮，完成表格题注交叉引用，如图2–108所示。

Certicom 公司对 ECC 和 RSA 进行了对比，在实现相同的安全性下，ECC 所需的密钥量比 RSA 少得多，如表格 2-1 ECC 和 RSA 对比所示。其中 MIPS 年表示用每秒完成 100 万条指令的计算机所需工作的年数，m 表示 ECC 的密钥由 2 m 点构成。

表格 2-1 ECC 和 RSA 对比

ECC 密钥长度 m	RSA 的密钥长度	MIPS-年
160	1024	1012
320	5120	1036
600	21000	1078
1200	120000	10168

图2–108 表格题注交叉引用效果

（6）参考范文，以同样方法完成4.2节表格交叉引用。

说明：

① 题注是可以添加到图形、表格、公式等对象上的自动编号标签，用于标注和引用对象。

② 插入题注及引用，其实质是插入域代码，实现自动编号和自动更新。

③ 此处交叉引用实际上是插入超链接，链接到表格题注。

5. 利用尾注标注参考文献

（1）将插入点定位在文档 1.2 节文字“Juels 等人提出的阻塞器标签方法”后，单击“引用”选项卡 | “脚注”组中的启动器按钮，打开如图 2–109 所示的对话框。

（2）选中“尾注”，编号格式设为“1，2，3，…”，单击“插入”按钮，插入点自动跳到文档尾部。

（3）在文档尾部，复制“参考文献 .docx”文件中的第 1 篇文献。

（4）参考范文，以同样方法，标注其他两篇参考文献。

（5）利用替换功能，修改文档中插入的尾注编号格式，设置所有尾注编号格式形如“[1]”“[2]”。

① 执行“开始”选项卡 | “编辑”组 | “替换”命令，打开如图 2–110 所示的对话框。

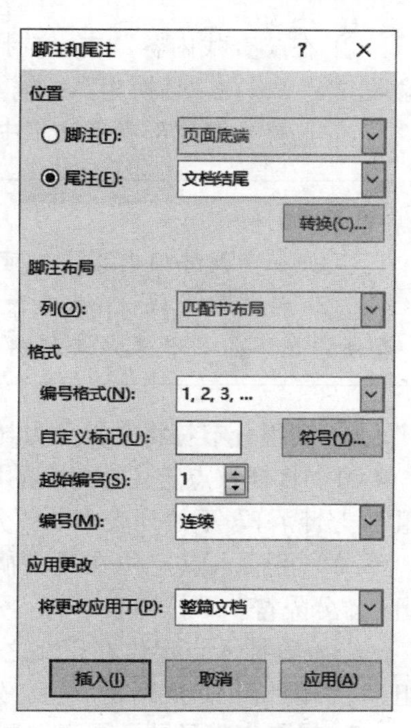

图 2–109　设置尾注

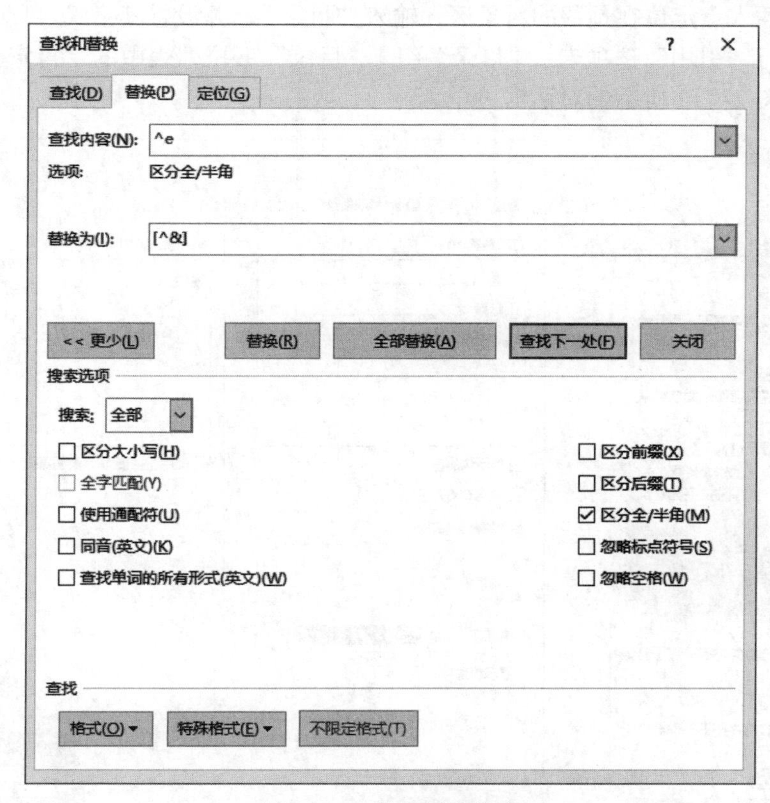

图 2–110　替换尾注格式

② 在“查找内容”中，选择“特殊格式”下拉列表中的“尾注标记”（也可直接输入“^e”），在“替换为”中输入“[^&]”。

③ 选择文档尾部参考文献中对应的尾注编号，取消其上标格式。

> 说明：
> ① 在查找替换内容中，可使用特殊格式码。
> ② 特殊格式码：^p 代表段落标记，^e 代表尾注标记，^？代表任意字符，^# 代表任意数字，^& 代表原查找内容。

6. 利用分节符将文档分为封面、摘要、目录、正文、参考文献 5 个区

（1）将插入点定位在封面的尾部（分页符后），选择“布局”选项卡｜“页面设置”组｜“分隔符”下拉列表中的“分节符（下一页）”，如图 2–111 所示。

（2）将插入点定位在英文摘要之后正文前，选择“布局”选项卡｜“页面设置”组｜“分隔符”下拉列表中的“分节符（下一页）”两次（为目录区分配单独节）。

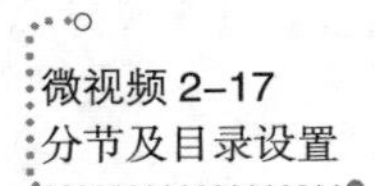

（3）将插入点定位在正文之后参考文献之前，选择“布局”选项卡｜“页面设置”组｜“分隔符”下拉列表中的“分节符（下一页）”。

7. 提取生成目录及图表目录

（1）将插入点定位在预留的目录区，输入“目录”，并设置其格式。

（2）执行“引用”选项卡｜“目录”组｜“目录”下拉列表中的“自定义目录”命令，打开如图 2–112 所示的对话框。

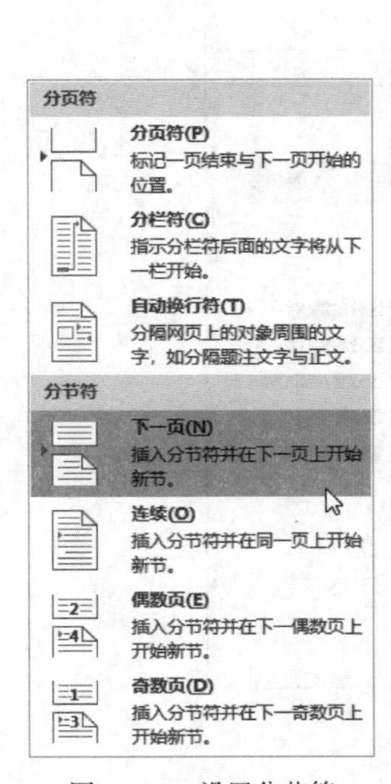

图 2–111 设置分节符

图 2–112 插入目录

（3）选择常规格式为“正式”，单击“选项”按钮，打开如图 2–113 所示的对话框，将“标题”对应的目录级别删除，单击“确定”按钮。

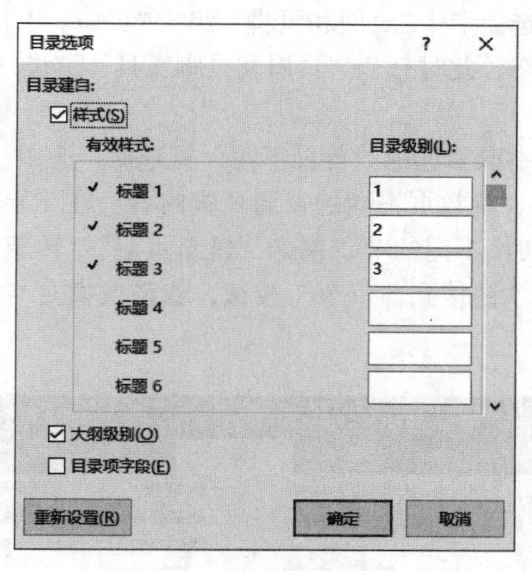

图 2–113　设置目录选项

（4）返回如图 2–112 所示的对话框，单击“确定”按钮，插入目录。

（5）将插入点定位在生成的目录下方，执行“引用”选项卡｜“题注”组｜“插入表目录”命令，打开如图 2–114 所示的对话框，设置题注标签为“表格”，单击“确定”按钮。

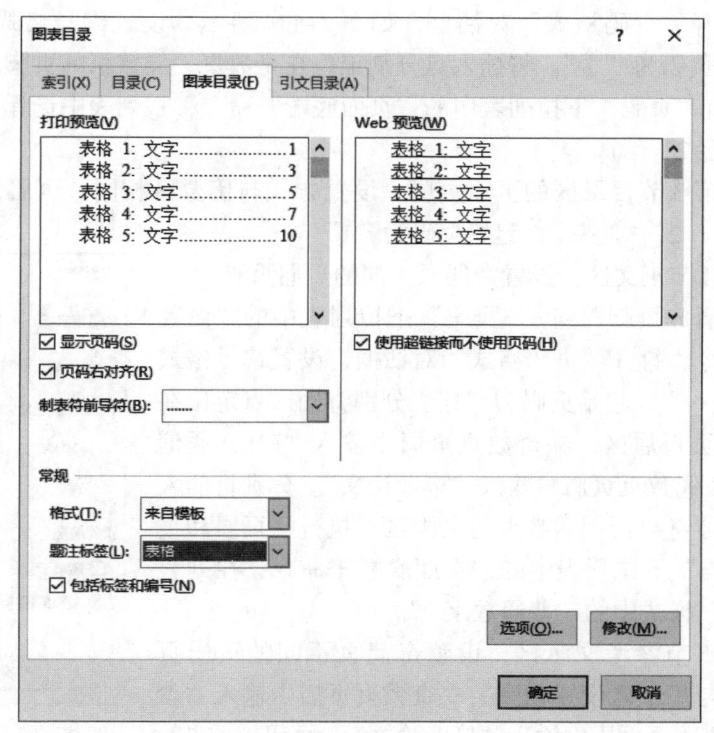

图 2–114　插入表目录

微视频 2–18
长文档页眉和页脚设置

8. 设置页眉页脚

为摘要、目录、正文、参考文献 4 个区设置页面页脚，封面无页眉页脚。

（1）执行"插入"选项卡｜"页面和页脚"组｜"页眉"下拉列表中的"编辑页眉"命令，进入页眉编辑状态，此时打开"页眉和页脚工具"｜"设计"选项卡，如图 2–115 所示。

（2）在"选项"组中取消选中"首页不同"复选框，选中"奇偶页不同"复选框，可以设置所有节奇数页、偶数页不同的页眉页脚内容。在"导航"组中，单击"上一条""下一条"按钮，切换不同的节，单击"转至页眉""转至页脚"按钮，切换页眉页脚，可根据需要单击"链接到前一节"按钮，取消或恢复与前一节页眉或页脚相同的链接。

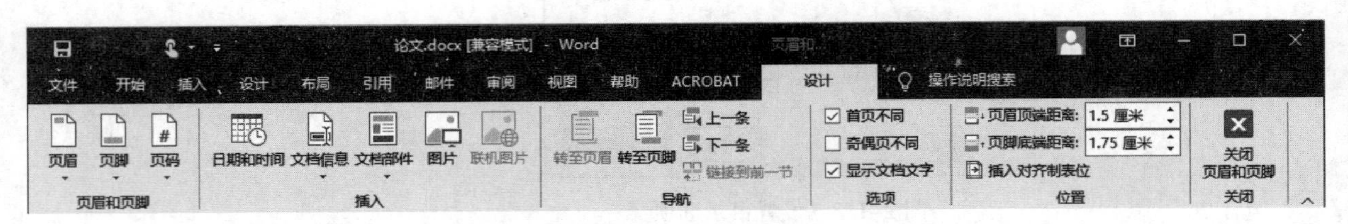

图 2–115 "页眉和页脚工具"｜"设计"选项卡

（3）设置第 2 节摘要区的页眉页脚。将插入点定位在奇数页页眉区，输入"摘要"；切换到偶数页页眉区，输入"Abstract"（如遇奇偶页与结果要求不一致的情况，可先完成页码设置）。执行"页眉和页脚"组｜"页码"下拉列表中的"设置页码格式"命令，打开"页码格式"对话框，如图 2–116 所示，设置编号格式为"Ⅰ，Ⅱ，Ⅲ,…"，起始页码为"Ⅰ"。将插入点分别定位在奇数页、偶数页的页脚区，执行"页眉和页脚"组｜"页码"下拉列表中的"页面底端"命令，在列表中选择"简单"样式中的"普通数字 2"。

（4）设置第 3 节目录区的页眉页脚。设置方式与摘要区相同，页眉输入"目录"。页脚格式为"1，2，3，…"，起始页码为"1"。

（5）在第 4 节正文区，设置奇偶页不同的页眉页脚。

执行"页眉和页脚"组｜"页码"下拉列表中的"设置页码格式"命令，打开"页码格式"对话框，设置编号格式为"1，2，3，…"，起始页码为"1"。分别将插入点定位在奇数页、偶数页页眉区，在奇数页页眉中输入"FRID 通信安全研究"，在偶数页页眉中输入"毕业论文"。分别将插入点定位在第 4 节奇数页、偶数页的页脚区，执行"页眉和页脚"组｜"页码"下拉列表中的"页面底端"命令，在列表中选择"简单"样式中的"普通数字 2"。

（6）在第 5 节参考文献区，设置奇偶页不同的页眉页脚。操作步骤与正文区设置相同，在奇数页页眉中输入"参考文献"，在偶数页页眉中输入"毕业论文"，页码续前节。

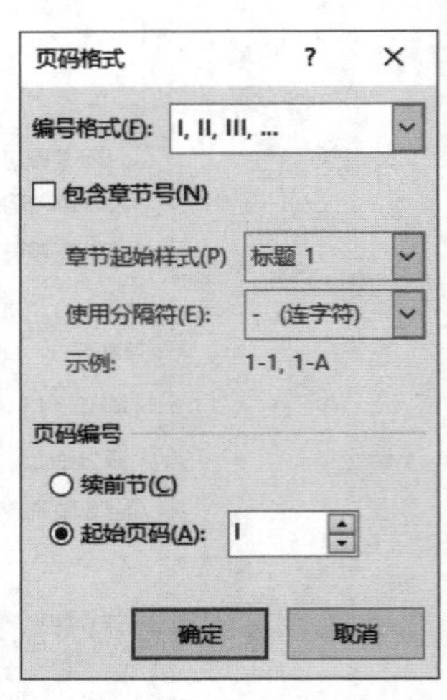

图 2–116 设置页码格式

说明：

① 不同的节可以设置不同的页眉页脚，同一节中奇数页与偶数页页眉页脚也可不同。实际上，不同的节可以有不同的页面布局，包括纸张大小、页边距、页眉页脚等。所以，在长文档中利用节将文档分成不同区，以便设置不同的页面布局和不同的页面页脚。

② 长文档分节后，系统默认将后一节的页眉和页脚链接到前一节，即“与上一节相同”。若各节页眉页脚不同，必须取消页眉及页脚的链接。

9. 更新目录区

（1）选择自动生成的目录并右击，在快捷菜单中选择“更新目录”命令，打开如图 2–117 所示的对话框，选中“只更新页码”单选按钮。

（2）以同样方法，选择自动生成的图表目录，更新图表目录页码。

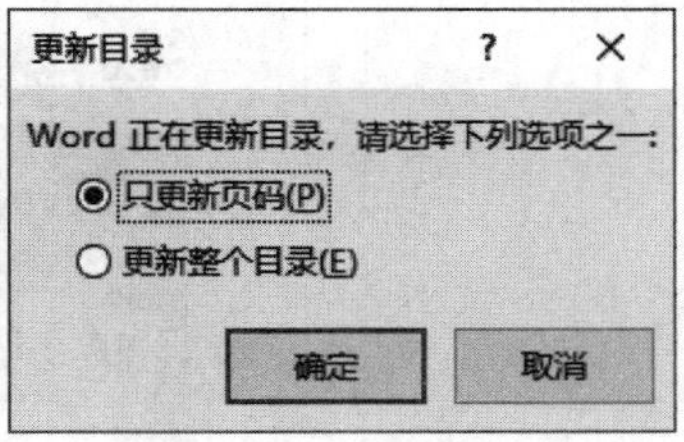

图 2–117　更新目录

10. 保存文件

（1）保存 Word 格式文件，执行“文件”|“另存为”命令，以“我的论文 .docx”为文件名保存。

（2）保存 PDF 格式文件，执行“文件”|“另存为”命令，以“我的论文 .pdf”为文件名保存。

四、思考与实践

1. 为使每一章另起一页，在每一章前插入什么分隔符比较合适？

2. 如何删除参考文献下方的横线？借助网络，搜寻解决办法，试一试。

3. 编写一篇自己的专业小论文。

4. 如果在长文档中设置了标题样式，且正文中每一页的页眉均以该页面中最先出现的某一级标题为内容，如何设置最为便捷？（提示：StyleRef 域的使用）

实验 2.2　批量制作客户传真

一、实验目的

（1）掌握系统及用户模板的使用方法。

（2）掌握域的概念及使用方法。

（3）掌握邮件合并功能的应用方法。

二、实验内容

参考范文“所有客户 CISCO 产品报价传真 .pdf”的格式，利用系统模板制作特殊格式文档传真，并利用邮件合并功能，生成公司所有客户的传真，如图 2-118 所示。

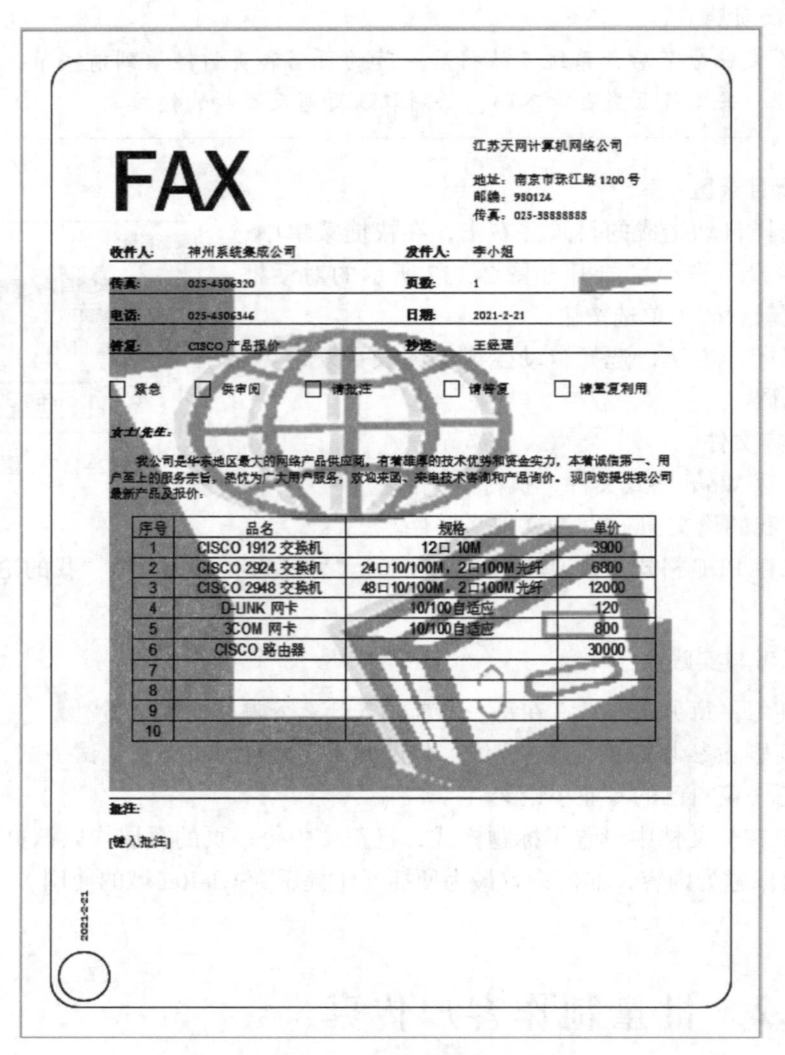

FAX

江苏天网计算机网络公司

地址：南京市珠江路 1200 号
邮编：980124
传真：025-38888888

收件人:	神州系统集成公司	发件人:	李小姐
传真:	025-4506320	页数:	1
电话:	025-4506346	日期:	2021-2-21
答复:	CISCO 产品报价	抄送:	王经理

□ 紧急　□ 供审阅　□ 请批注　□ 请答复　□ 请重复利用

女士/先生：

我公司是华东地区最大的网络产品供应商，有着雄厚的技术优势和资金实力，本着诚信第一、用户至上的服务宗旨，热忱为广大用户服务，欢迎来函、来电技术咨询和产品询价。现向您提供我公司最新产品及报价：

序号	品名	规格	单价
1	CISCO 1912 交换机	12口 10M	3900
2	CISCO 2924 交换机	24口10/100M，2口100M光纤	6800
3	CISCO 2948 交换机	48口10/100M，2口100M光纤	12000
4	D-LINK 网卡	10/100自适应	120
5	3COM 网卡	10/100自适应	800
6	CISCO 路由器		30000
7			
8			
9			
10			

批注:

[键入批注]

2021-2-21

图 2-118　客户传真效果

微视频 2-19
制作客户传真模板

三、实验步骤

1. 建立公司传真模板

（1）启动 Word，执行“文件”|“新建”命令，选择联机模板（或素材文件夹）中的“平衡传真”模板，如图 2-119 所示，单击该模板完成新文档的创建。

（2）在表格的右上角输入公司名称“江苏天网计算机网络公司”及发件人地址及电话和传真号码，修改字体颜色为主题色 -“黑色，文字 1”，如图 2-120 所示。

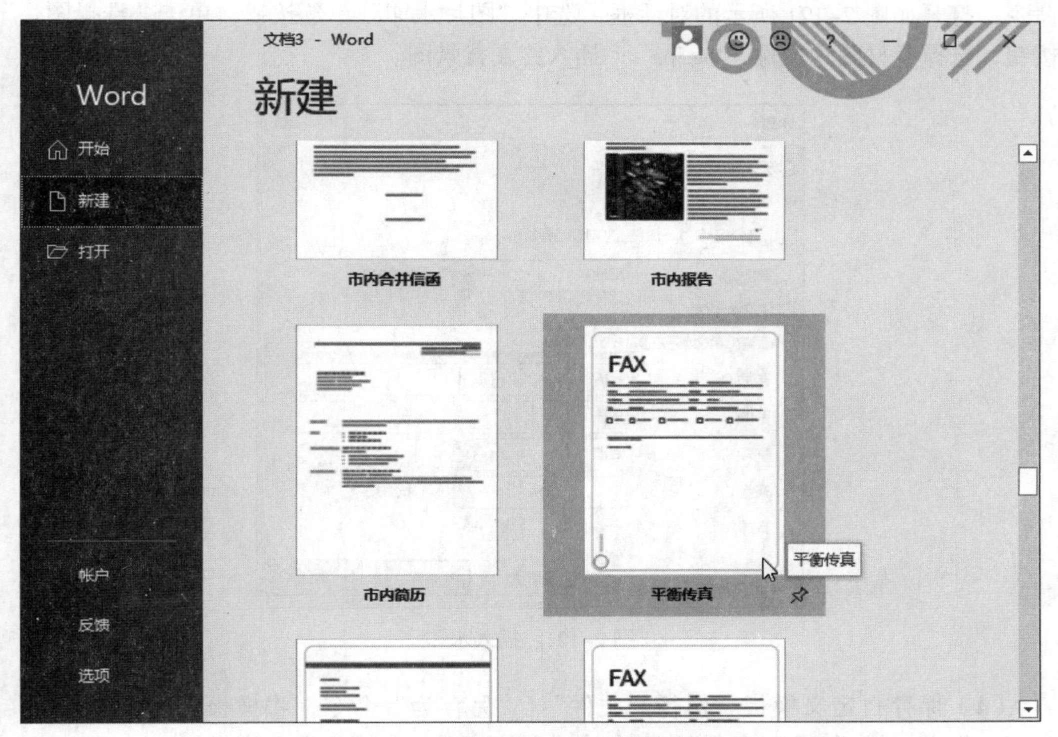

图 2-119　利用系统联机模板创建用户模板

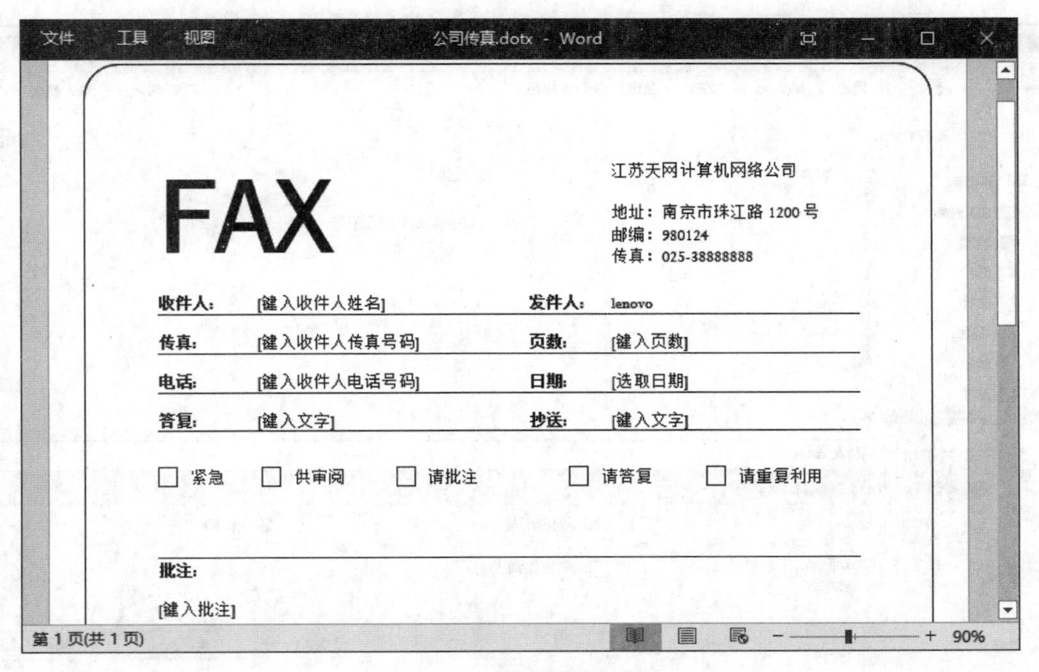

图 2-120　创建的用户模板

（3）执行“设计”选项卡｜“页面背景”组｜“水印”下拉列表中的“自定义水印”命令，打开如图 2–121 所示的对话框，选中“图片水印”单选按钮，单击“选择图片”按钮，选择素材图片文件“log.jpg”，插入传真背景图。

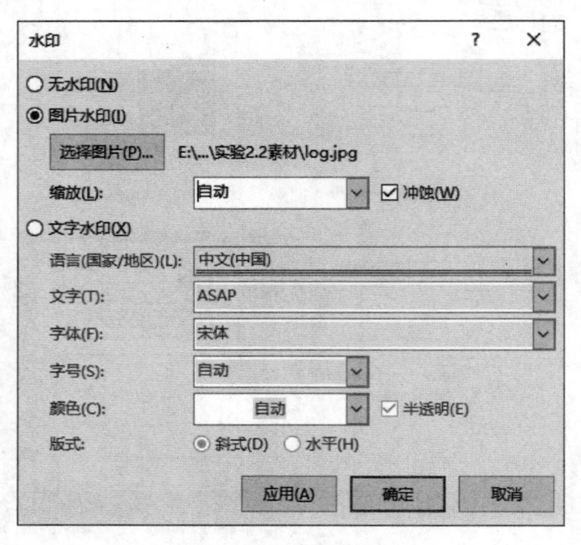

图 2–121　插入水印

（4）保存自定义模板。执行“文件”｜“另存为”命令，将模板文档以“公司传真 .dotx”为文件名保存在系统默认的“自定义 Office 模板”文件夹中，如图 2–122 所示。

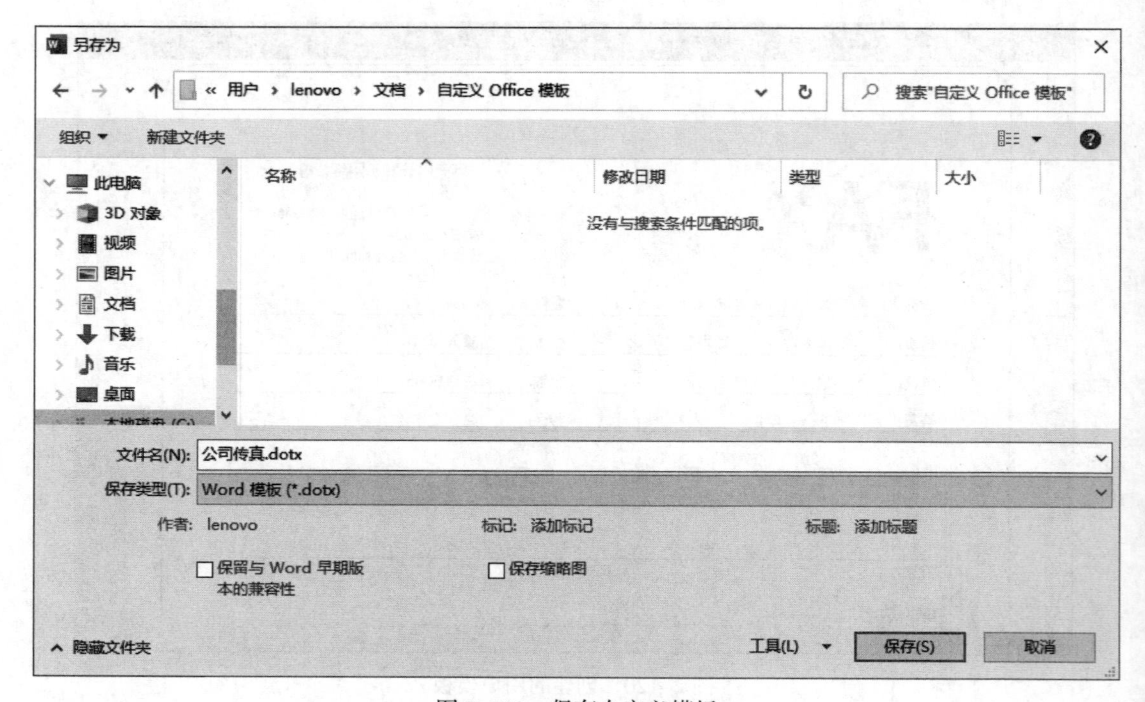

图 2–122　保存自定义模板

说明：

① Word 2016 提供了满足不同应用的多种模板，模板包含了通用的页码格式、样式、基准文本等。用户可以使用模板快速建立同格式、同类型的不同文档，无须从空文档开始，可根据需要进行文档的个别定制，既快速又省力。

② 用户可自定义模板，如在页眉页脚中加入公司或个人标志等内容，提高日后同类工作的效率。

③ 打开 Word 2016 时新建的空白文档，实际上是根据系统的空白模板生成的。

④ 用户自定义的模板只有保存在系统“自定义 Office 模板”文件夹下，才能出现在“文件”|“新建”命令的“个人”模板中。

2. 利用自制的“公司传真”模板建立传真主文档

（1）执行“文件”|“新建”命令，选择“个人”中的“公司传真”模板，如图 2-123 所示，单击该模板完成新文档创建。

图 2-123 利用用户模板创建文档

（2）参考范文，将素材文件“通告 .docx”内容复制到传真中，并适当调整文字格式。

（3）打开素材文件“产品报价 .xlsx”，复制表格内容。

（4）在传真文档中，将插入点移至表格对应位置，执行“开始”选项卡|“剪贴板”

组｜“粘贴”下拉列表中的“选择性粘贴”命令，打开如图 2-124 所示的对话框，选中“粘贴链接”单选按钮，在“形式”列表框中选择“Microsoft Excel 工作表对象”，单击“确定”按钮，将表格内容粘贴链接到传真中。

（5）执行“文件”｜“另存为”命令，以“公司传真主文档 .docx”为文件名保存。

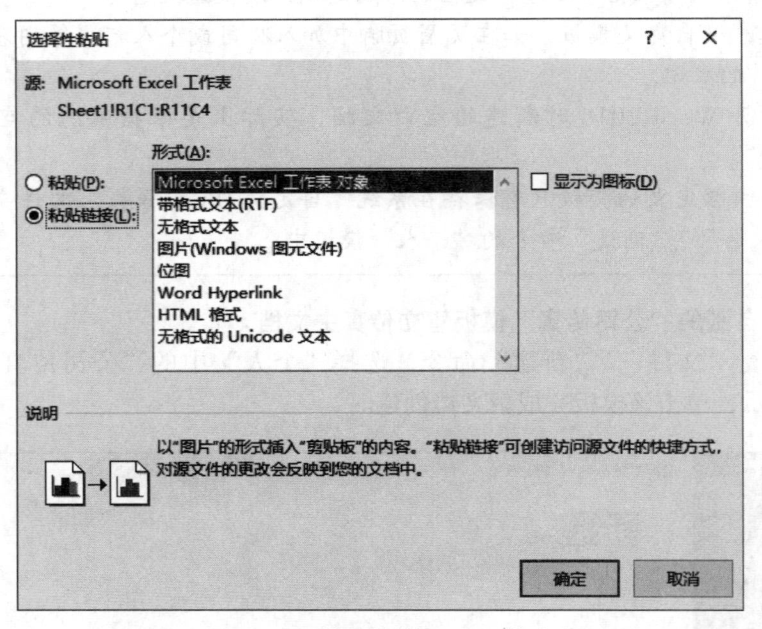

图 2-124 粘贴链接 Excel 工作表

> 说明：
>
> ① 粘贴是原始对象通过剪贴板复制到目标位置，目标位置的数据与原始对象数据没有任何的联系。
>
> ② 粘贴链接是原始对象通过剪贴板链接到目标位置，当原始数据发生变化时，目标位置的数据也将发生变化。如本例中，“产品报价 .xlsx”内容调整后，当打开“公司传真主文档 .docx”时，系统会提示是否更新链接的 Excel 数据。

微视频 2-20
邮件合并

3. 邮件合并

（1）打开文档“公司传真主文档 .docx”，作为邮件合并的主文档。

（2）执行“邮件”选项卡｜“开始邮件合并”组｜“开始邮件合并”下拉列表中的“信函”命令。

（3）执行“邮件”选项卡｜“开始邮件合并”组｜“选择收件人”下拉列表中的“使用现有列表”命令，打开如图 2-125 所示的对话框，选择素材文件“客户 .xlsx”的 Sheet1 工作表作为数据源。

（4）在“公司传真主文档 .docx”中，选择“键入收件人姓名”域，执行“邮件”选项卡｜“编写和插入域”组｜“插入合并域”命令，选择“客户”域，单击“插入”按钮。

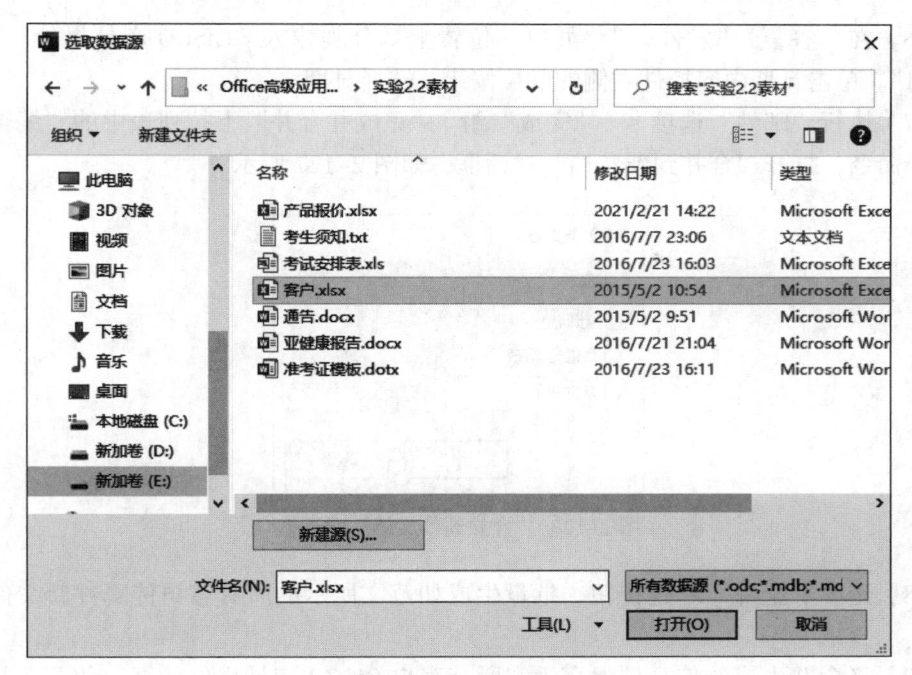

图 2-125　选取数据源

（5）以同样方法，在“传真”“电话”“抄送”位置上插入合并域“传真”“电话”“经理”，如图 2-126 所示。

图 2-126　主文档编辑界面

（6）在“答复”“发件人”“页数”位置上，分别输入“CISCO 产品报价”“李小姐”“1”。单击日期内容控件右侧的下拉按钮，选择日期。

（7）执行“邮件”选项卡｜“完成”组｜“完成并合并”下拉列表中的“编辑单个文档”命令，打开“合并到新文档”对话框，如图 2–127 所示。

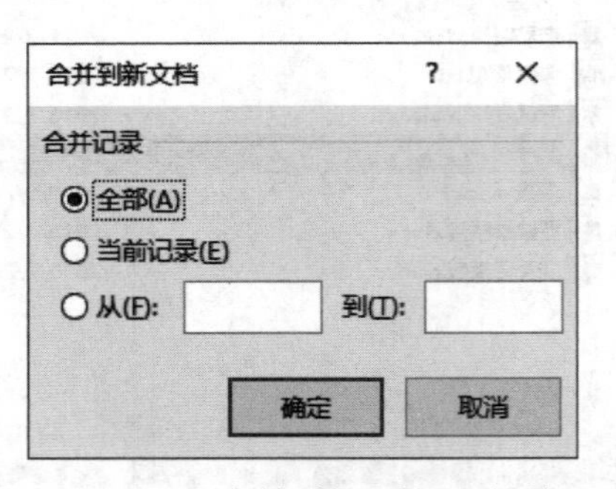

图 2–127 “合并到新文档”对话框

（8）选中“全部”单选按钮，批量生成如范文所示的所有客户传真件新文件“信函 1”。

（9）将合并生成的传真件保存为“所有客户 CISCO 产品报价传真 .docx”，并保存“公司传真主文档 .docx”。

真题解析 2–1
邮件合并案例

四、思考与实践

1. 本实验数据源是 Excel 工作表，数据源还可以是 Word 表格、Access 数据库等。将本实验数据源改为 Word 表格，重新完成邮件合并步骤。

2. 试利用邮件合并功能，为所有参会人员制作会议通知。

3. 打开“准考证模板 .dotx”，参考图 2–128，按下列要求操作。

（1）在相应位置处输入考核日期“2021 年 6 月 30 日”，考核地点“××市××街 17 号，××鼓楼中等专业学校”，将素材文件“考生须知 .txt”中的内容放入“考生须知”栏目下，设置文档自定义水印为素材图片“标志 .jpg”，自动缩放，冲蚀。

（2）以素材文件“考试安排表 .xlsx”的 Sheet1 工作表作为数据源，在相应位置插入“准考证号”“考生姓名”“当前工作单位”“理论考试开始时间”“理论考试时长”“理论考试考场号”“理论考试座位号”“技能考核开始时间”“技能考核时长”“技能考核考场号”“技能考核座位号”对应名称的合并域。

（3）为技能考核开始时间域添加规则：10 点开始的考试在时间后添加“(上午场)”，14 点开始则在时间后添加“(下午场)”。

（4）编辑收件人列表，设置筛选条件，合并生成所有理论考场号为“01 考场”的考生准考证。

（5）将主文档保存为“法院系统岗位竞聘考试准考证 .docx”，将合并生成的文档保存为“01 考场准考证 .docx”。

法院系统岗位竞聘考试准考证

准考证号	20162801
考生姓名	朱泽中
当前工作单位	盐城市中级人民法院
考核日期	2021 年 6 月 30 日
考核地点	××市××街 17 号，××鼓楼中等专业学校

理论考核			
考试开始时间	08：00	考试时长	90 分钟
考场号	01 考场	座位号	1

技能考核			
考试开始时间	10:00（上午场）	考试时长	120 分钟
考场号	11 考场	座位号	22

考生须知
1、考生凭准考证和居民身份证原件进入指定考场。 2、考生在进入考场时，除有效证件原件、准考证外，不允许携包、书籍、资料、自备草稿纸、手机、等物品。已携带入场的应按照要求存放在指定位置（手机应完全关闭）。 3、考生须按准考证上指定的座位号对号入座，不得随意调换座位。入座后，须将身份证和准考证放在考桌左上角，以备监考人员检查。 4、理论考试：考试开始 15 分钟后，考生不得入场。考试开始后 30 分钟后，方可交卷离场。技能考核：不得迟到及提早离开考场。 5、考试结束后。应立即停止答卷并立即退场。 6、考生要自觉遵守考场秩序，保持安静。 7、请提前了解考试当天所在考区的天气情况，如有交通管制，请提前出门，以免影响您参加考试。

图 2–128　考场准考证效果

4. 打开文档“亚健康报告 .docx”，参考图 2–129，按下列要求操作。

（1）设置该文档的多级列表样式为“1　标题 1……”“1.1　标题 2……”……

（2）应用样式：将文档中红色文字应用“标题 1”样式，蓝色文字应用“标题 2”样式。

（3）标记索引项：为文中“疾病”“污染”“亚健康”标记索引项，页码格式为加粗、倾斜，隐藏编辑标记。

（4）建立索引目录：在标题“6　索引”下方插入索引，页码右对齐，制表符前导符样式为短横线“--------”，格式为正式，栏数为 1，排序依据为笔画，段落间距 1.5 倍行距，字号为五号。

（5）设置页眉页脚：运用 StyleRef 域使文档的页眉随章标题（“标题 1”样式文字）

真题解析 2-2
大文档编辑案例

变化；文档的页脚为“第 X 页　共 Y 页”，起始页码为 1，用 Page 和 SectionPages 域实现。

（6）保存文档“亚健康报告 .docx”。

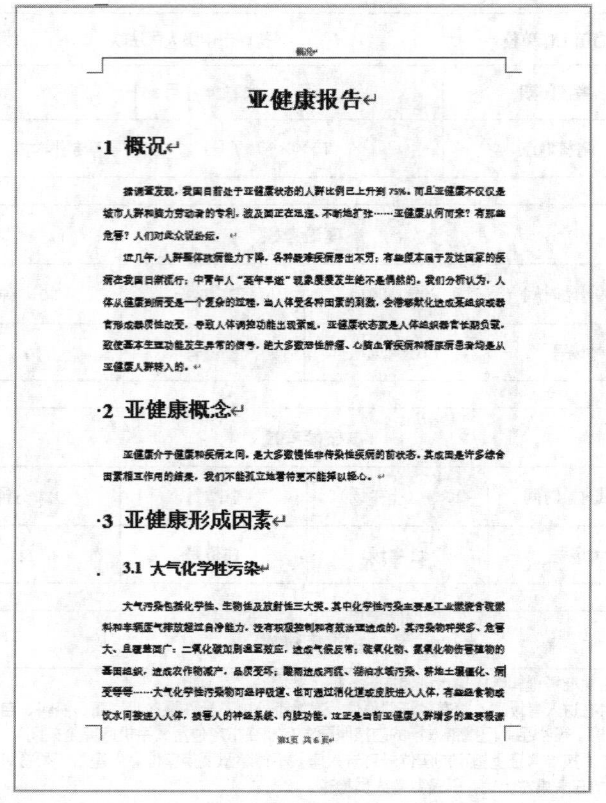
概况

亚健康报告

·1 概况

据调查发现，我国目前处于亚健康状态的人群比例已上升到 75%。而且亚健康不仅仅是城市人群和脑力劳动者的专利，波及面正在迅速、不断地扩张……亚健康从何而来？有那些危害？人们对此众说纷纭。

近几年，人群整体抗病能力下降，各种疑难疾病层出不穷；有些原本属于发达国家的疾病在我国日渐流行；中青年人“英年早逝”现象屡屡发生绝不是偶然的。我们分析认为，人体从健康到病变是一个复杂的过程，当人体受各种因素的刺激，会使器默化造成系组织或器官形成器质性改变，导致人体调控功能出现紊乱，亚健康状态就是人体组织器官长期负载，致使基本生理功能发生异常的信号，绝大多数恶性肿瘤、心脑血管疾病和糖尿病患者均是从亚健康人群转入的。

·2 亚健康概念

亚健康介于健康和疾病之间，是大多数慢性非传染性疾病的前状态，其成因是许多综合因素相互作用的结果，我们不能孤立地看待更不能掉以轻心。

·3 亚健康形成因素

3.1 大气化学性污染

大气污染包括化学性、生物性及放射性三大类。其中化学性污染主要是工业燃烧含硫燃料和车辆废气排放超过自净能力，没有积极控制和有效治理造成的。其污染物种类多、危害大、且覆盖面广：二氧化碳加剧温室效应，造成气候反常；硫氧化物、氮氧化物伤害植物的基因组织，造成农作物减产，品质变坏；酸雨造成河流、湖泊水域污染、耕地土壤僵化、病变等等……大气化学性污染物可经呼吸道、也可通过消化道或皮肤进入人体，有些经食物或饮水间接进入人体，损害人的神经系统、内脏功能。这正是当前亚健康人群增多的重要根源

第1页　共 6 页

(a) 第1页

索引

悦的心情，改观不良生活方式，合理调整食物的结构成分，增强户外体育锻炼，以提高人体防病抗菌能力，尽快从亚健康的状态中走出来；再者必须抓住源头治理环境污染，对某些调节生态环境、对病菌有遏制作用的植物进行科学合理的布局，营造天蓝地绿、人与自然和谐相处的地球家园，惟有这样，才能真正实现人类健康长寿的美好愿望。

·6 索引

▪ *六划*

亚健康 *1, 2, 3, 4, 5*

污染 *1, 2, 6*

▪ *十划*

疾病 *1, 2, 3, 4*

(b) 第6页

图 2-129　亚健康报告效果

第 3 章

MS Office Excel 应用

Excel 2016 是 Office 2016 办公软件的一个重要组成部分，是目前最流行的电子表格软件之一。它内置大量的数据处理函数和丰富的处理工具，不仅能够完成数据的输入和格式化，还可以进行各种数据处理、统计分析和辅助决策操作，被广泛应用于管理、统计、财经、金融等众多领域。

在基本的数据输入、处理的基础上，Excel 也提供了一些高级应用功能，使数据处理方法更加多样、数据处理功能更加丰富、应用范围更加广泛。

（1）Excel 工作表与其他格式文件之间可以相互转换，增强了信息之间的共享性。

（2）Excel 提供了 100 多种图表类型，利用图表向导可方便、灵活地完成图表的制作。

（3）当查找条件比较复杂时，可以使用数据高级筛选功能满足用户筛选需求。

（4）分类汇总的功能能够帮助人们在大量数据中快速进行分类计算。将多个工作表中的数据汇总到一张工作表中时则需要用到合并计算功能。

（5）数据透视表和数据透视图的应用能够更深入地分析、处理数值数据，从中得到更多有用的信息。

（6）利用 VBA 编程可以操作 Excel 中的工作表、行、列、单元格、图表等对象，使 Excel 的功能更加强大。

Excel 是一个出色的数据图表处理软件，具有直观方便的制表功能、丰富的图表功能、极强的计算和分析能力。能够熟练地使用 Excel，将会大大提高学习和工作的效率。

3.1 工作簿、工作表和单元格的操作

3.1.1 工作簿和工作表的保护

在 Excel 中，为防止用户从工作表或工作簿中意外或故意更改、移动或删除重要数据，对工作表及工作簿提供了保护的功能。

1. 工作簿的保护

对于整个工作簿结构和窗口的保护，可以禁止用户添加或删除工作表，禁止隐藏或显示隐藏的工作表，同时还可以禁止用户更改工作表窗口的大小和位置。“工作簿的保护”功能是通过“审阅”选项卡｜“更改”组｜“保护工作簿”选项实现的。

如果希望工作簿文件不被非法用户打开，就应使用密码来帮助保护整个工作簿文件，只有输入正确密码的用户才可以打开工作簿文件。“使用密码保护工作簿”的功能是在“开始”选项卡｜“信息”组｜“保护工作簿”｜“用密码进行加密”选项实现的。

2. 工作表的保护

Excel可以对锁定的单元格进行保护，根据保护时的不同设置，使用户不能在锁定的单元格中进行插入、删除和修改数据以及设置数据格式。

对于不进行保护的单元格，可以设置其为非锁定状态。“工作表的保护”功能是通过“审阅”选项卡｜“更改”组｜“保护工作表”选项实现的。

3.1.2 工作簿的共享与修订

1. 工作簿的共享

在网络上协同工作的情况越来越多，工作簿的共享可以允许网络上多位用户同时查看和修订同一个工作簿文件，而且每位保存工作簿的用户都可以看到其他用户所做的修订。共享的工作簿应该是已有的工作簿，打开一个共享工作簿后，与使用常规工作簿一样，可在其中输入和更改数据。“工作簿的共享”功能是通过“审阅”选项卡｜“更改”组｜“共享工作簿”选项实现的。

2. 工作簿的修订

对共享工作簿所做的每一步修订的信息，都可以通过“修订”功能进行跟踪、维护和显示，用户可以根据需要逐一接受或拒绝这些修订。“工作簿的修订”功能是通过“审阅”选项卡｜“更改”组｜“修订”选项实现的。

3.1.3 文件转换

为提高数据信息的共享性，Excel可以和其他应用程序文件之间相互转换。

1. Excel文件导出为其他类型文件

在“文件”选项卡中选择“另存为”选项，选择保存位置后，就可以将Excel文件转换为其他类型的文件，如网页文件、文本文件、PDF文件、XML数据文件等。

2. 其他类型文件导入Excel

根据需要导入的文件类型，在Excel“数据”选项卡“获取外部数据”组中选择相应的选项，如“自Access”“自网站”“自文本”等，可以跟随导入向导的指引，分别将Access数据库表内容、网页文件和文本文件内容导入到Excel工作表中。

3.1.4 嵌入或链接其他应用程序对象

在Excel的工作表中可以嵌入或链接其他应用程序对象，双击该对象时会打开相应的应用程序，并显示该对象内容。这种嵌入或链接的方式不仅可以方便地查看其他应用程序对象的内容，而且在工作表中占用空间小。

（1）嵌入：在嵌入方式下，对象内容不会随源文件内容的改变而改变。

（2）链接：在链接方式下，对象内容会随源文件内容的改变而改变。

【例 3-1】基于“学生信息表 .xlsx”文件，实现将其他类型的文件内容导入到工作簿文件中，设置数据修订以及工作簿和工作表的保护，并将工作表转换成 PDF 格式文件保存。

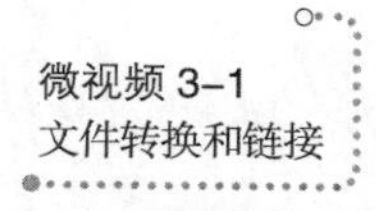

操作步骤如下。

（1）将 test.txt 文件中的内容导入到当前工作簿的一个新工作表中，工作表标签修改为“test”。

① 启动 Excel，打开“学生信息表 .xlsx”文件。选择“数据”选项卡 |“获取外部数据”组 |“自文本”选项，在“导入文本文件”对话框中选择“test.txt”文件，单击“导入”按钮。

② 在弹出的“文本导入向导”的第 1 步对话框中选择“文件原始格式”为“54936：简体中文（GB18030）”（如图 3-1 所示），单击“下一步”按钮。

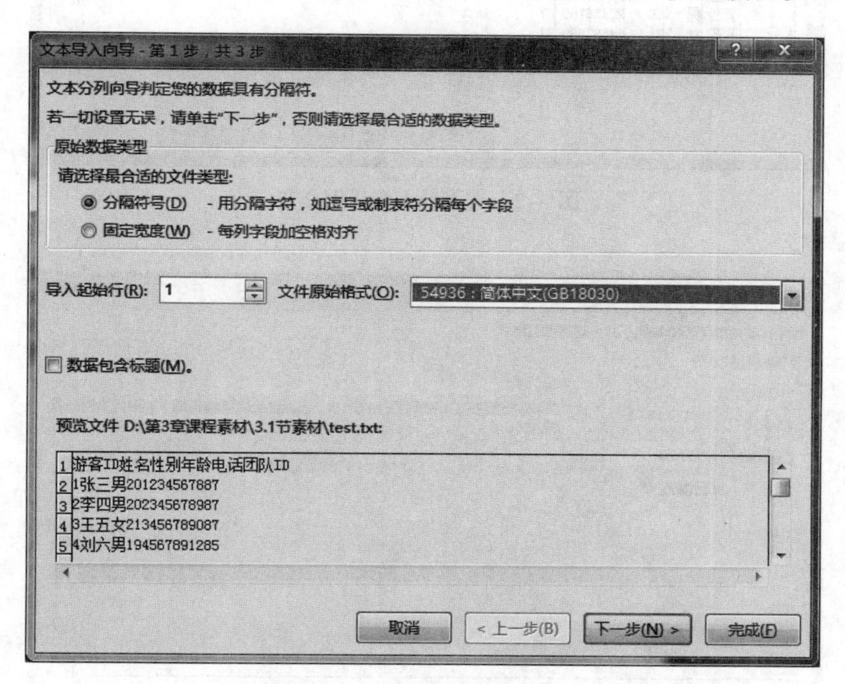

图 3-1　文本导入向导第 1 步

③ 在“文本导入向导”的第 2 步对话框中设置“分隔符号”为“Tab 键”（如图 3-2 所示），在“数据预览”中可观察到各列数据之间用竖线分隔开，单击“下一步”按钮。

④ 在“文本导入向导”的第 3 步对话框中，在“数据预览”中选择某一列数据，可设置当前这一列的数据格式，并可将不需要导入的数据列设置为“不导入此列（跳过）”。单击其中的“高级”按钮可设置数值型数据的显示格式。单击“完成”按钮（如图 3-3 所示）。

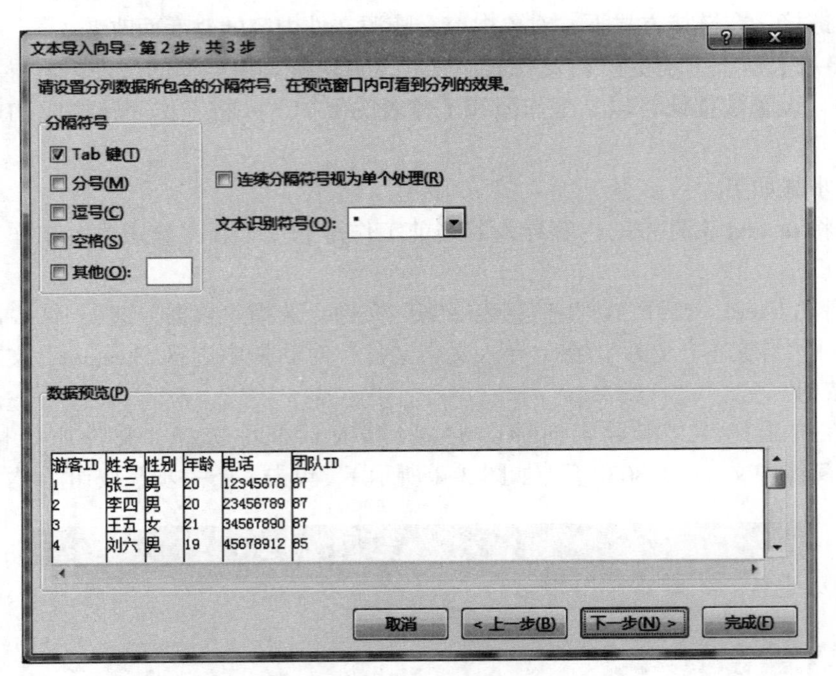

图 3-2　文本导入向导第 2 步

图 3-3　文本导入向导第 3 步

⑤ 这时弹出“导入数据”对话框，将“数据的放置位置”设置为“新工作表”（如图 3–4 所示），单击“确定”按钮。

⑥ 将导入的新工作表标签修改为“test”，导入完成之后的效果如图 3–5 所示。

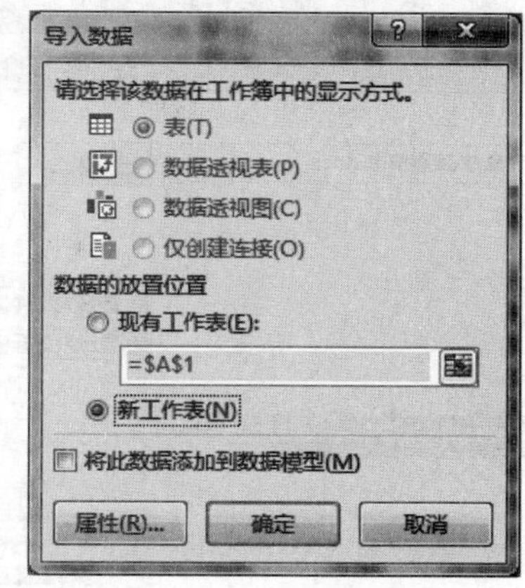

图 3–4　“导入数据”对话框

（2）将“课程信息 .docx”文件以链接的形式插入在“学生信息”工作表的 J2 单元格中。

① 在“学生信息”工作表中选择 J2 单元格，选择“插入”选项卡｜“文本”组｜“对象”选项，弹出“对象”对话框。在“由文件创建”选项卡中单击“浏览”按钮，选择相应目录下的“课程信息 .docx”文件，选中“链接到文件”和“显示为图标”复选框，如图 3–6 所示。

② 单击“更改图标”按钮，在打开的对话框的“图标标题”中输入“课程信息”文字，如图 3–7 所示，单击“确定”按钮。

③ 在“对象”对话框中单击“确定”按钮。最终的插入效果如图 3–8 所示。

（3）设置“突出显示修订”，修改 E2 单元格为“党员”，并在第 8 行之前插入一条空行，接受以上修订；取消“突出显示修订”。

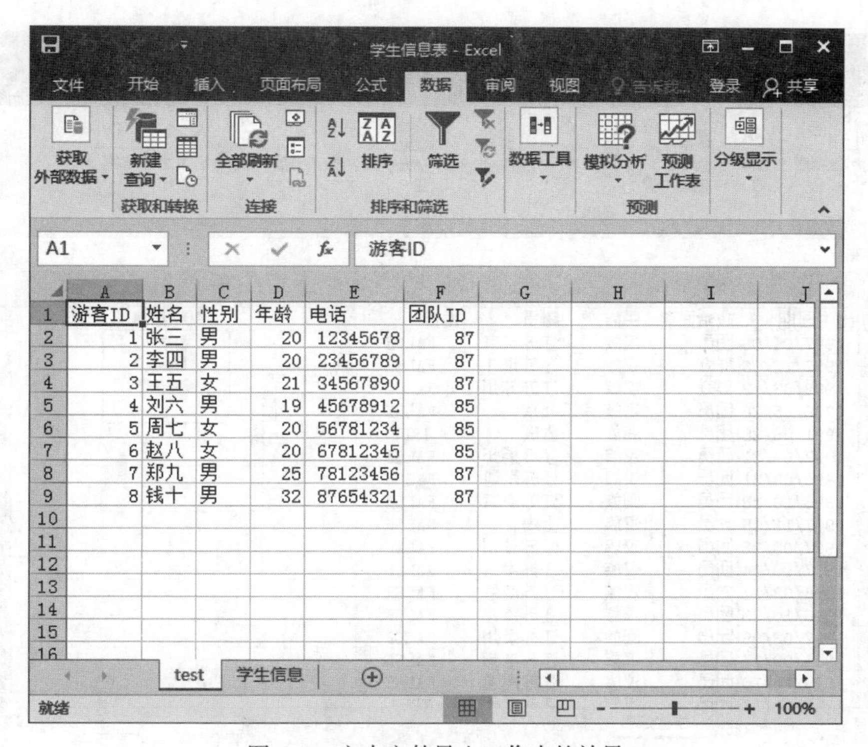

图 3–5　文本文件导入工作表的效果

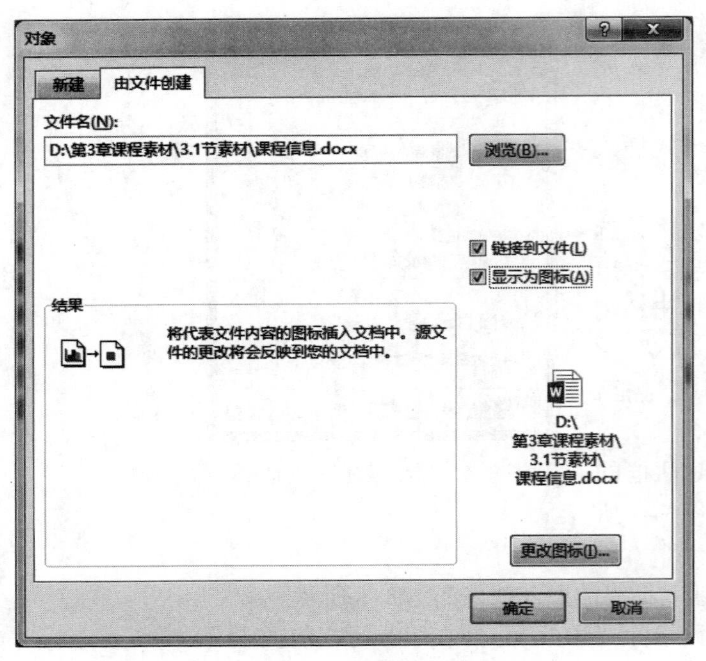

图 3-6 “对象”对话框

图 3-7 “更改图标”对话框

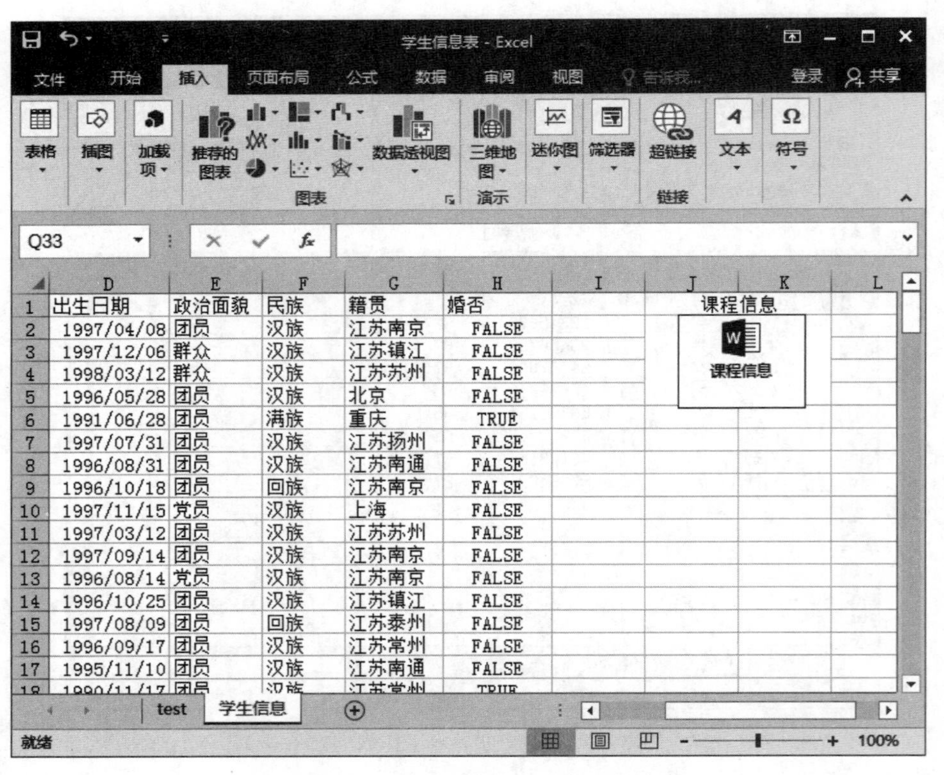

	D	E	F	G	H
1	出生日期	政治面貌	民族	籍贯	婚否
2	1997/04/08	团员	汉族	江苏南京	FALSE
3	1997/12/06	群众	汉族	江苏镇江	FALSE
4	1998/03/12	群众	汉族	江苏苏州	FALSE
5	1996/05/28	团员	汉族	北京	FALSE
6	1991/06/28	团员	满族	重庆	TRUE
7	1997/07/31	团员	汉族	江苏扬州	FALSE
8	1996/08/31	团员	汉族	江苏南通	FALSE
9	1996/10/18	团员	回族	江苏南京	FALSE
10	1997/11/15	党员	汉族	上海	FALSE
11	1997/03/12	团员	汉族	江苏苏州	FALSE
12	1997/09/14	团员	汉族	江苏南京	FALSE
13	1996/08/14	党员	汉族	江苏南京	FALSE
14	1996/10/25	团员	汉族	江苏镇江	FALSE
15	1997/08/09	团员	回族	江苏泰州	FALSE
16	1996/09/17	团员	汉族	江苏常州	FALSE
17	1995/11/10	团员	汉族	江苏南通	FALSE

图 3-8 插入“课程信息”对象后的效果

① 在“学生信息”工作表中，选择“审阅”选项卡｜“更改”组｜“修订”选项，在其下拉选项中选择“突出显示修订”。在弹出的“突出显示修订”对话框中选中“编辑时跟踪修订信息，同时共享工作簿”（如图 3–9 所示），单击“确定”按钮。这时会弹出“此操作将导致保存文档。是否继续？”的提示，单击“确定”按钮，这时 Excel 文件会变为共享工作簿。

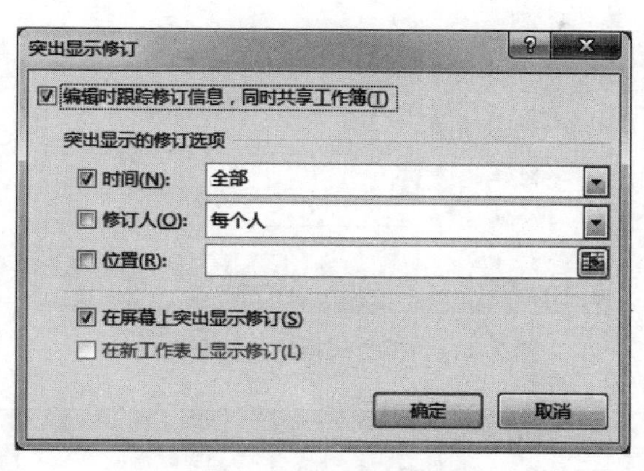

图 3–9 “突出显示修订”对话框

② 将 E2 单元格的值修改为“党员”，并在第 8 行之前插入一条空行，可以看到修订的地方均一一记录了下来，如图 3–10 所示。

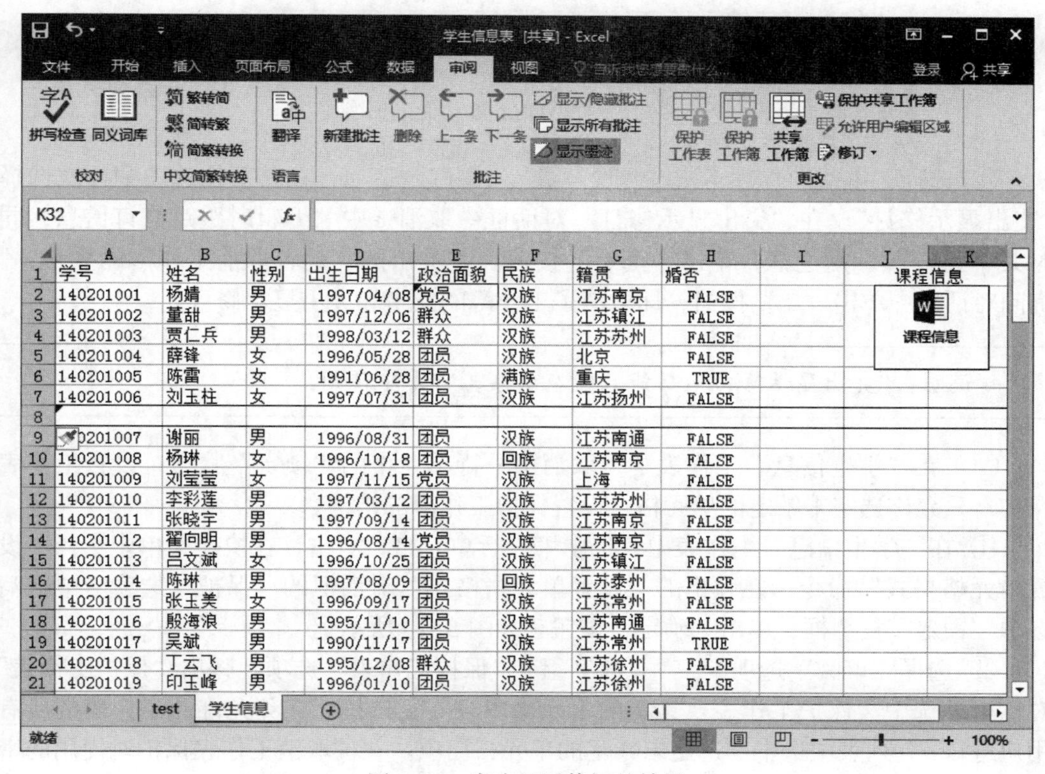

	A	B	C	D	E	F	G	H	I	J	K
1	学号	姓名	性别	出生日期	政治面貌	民族	籍贯	婚否		课程信息	
2	140201001	杨婧	男	1997/04/08	党员	汉族	江苏南京	FALSE			
3	140201002	董甜	男	1997/12/06	群众	汉族	江苏镇江	FALSE			
4	140201003	贾仁兵	男	1998/03/12	群众	汉族	江苏苏州	FALSE			
5	140201004	薛锋	女	1996/05/28	团员	汉族	北京	FALSE			
6	140201005	陈雷	女	1991/06/28	团员	满族	重庆	TRUE			
7	140201006	刘玉柱	女	1997/07/31	团员	汉族	江苏扬州	FALSE			
8											
9	0201007	谢丽	男	1996/08/31	团员	汉族	江苏南通	FALSE			
10	140201008	杨琳	女	1996/10/18	团员	回族	江苏南京	FALSE			
11	140201009	刘莹莹	女	1997/11/15	党员	汉族	上海	FALSE			
12	140201010	李彩莲	男	1997/03/12	团员	汉族	江苏苏州	FALSE			
13	140201011	张晓宇	男	1997/09/14	团员	汉族	江苏南京	FALSE			
14	140201012	翟向明	男	1996/08/14	党员	汉族	江苏南京	FALSE			
15	140201013	吕文斌	女	1996/10/25	团员	汉族	江苏镇江	FALSE			
16	140201014	陈琳	男	1997/08/09	团员	回族	江苏泰州	FALSE			
17	140201015	张玉美	女	1996/09/17	团员	汉族	江苏常州	FALSE			
18	140201016	殷海浪	男	1995/11/10	团员	汉族	江苏南通	FALSE			
19	140201017	吴斌	男	1990/11/17	团员	汉族	江苏常州	TRUE			
20	140201018	丁云飞	男	1995/12/08	群众	汉族	江苏徐州	FALSE			
21	140201019	印玉峰	男	1996/01/10	团员	汉族	江苏徐州	FALSE			

图 3–10 突出显示修订的效果

③ 选择“审阅”选项卡｜“更改”组｜“修订”选项，在其下拉选项中选择“接受 / 拒绝修订”。弹出“此操作将导致保存文档。是否继续？”的提示，单击“确定”按钮，在弹出的“接受或拒绝修订”对话框中可以设置修订的时间和修订人（如图 3-11 所示），单击“确定”按钮。在如图 3-12 所示的对话框中连续单击“接受”按钮，接受以上修订的内容。

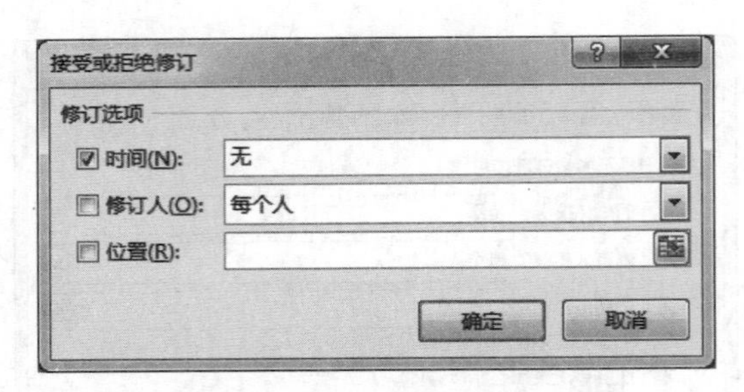

图 3-11　“接受或拒绝修订”对话框

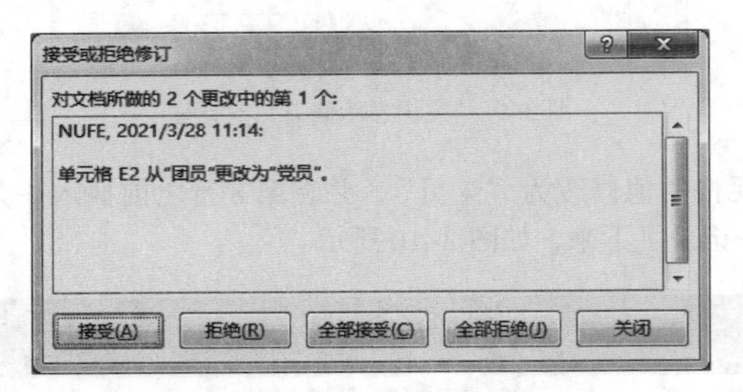

图 3-12　对修订内容的接受或拒绝

④ 选择“审阅”选项卡｜“更改”组｜“修订”选项，在其下拉选项中再次选择“突出显示修订”。在“突出显示修订”对话框中取消选中“编辑时跟踪修订信息，同时共享工作簿”复选框，单击“确定”按钮。在弹出的“是否取消工作簿的共享？”询问对话框中单击“是”按钮，即取消了工作簿的共享和突出显示修订。

说明：“突出显示修订”功能只能在共享工作簿中使用。

（4）在“学生信息”工作表中，取消第一行单元格的“锁定”状态；设置工作表保护，只允许选定未锁定的单元格；设置保护工作簿的结构。

① 在“学生信息”工作表中，选中第一行单元格，右击，在快捷菜单中选择“设置单元格格式”命令，在弹出的“设置单元格格式”对话框的“保护”选项卡中取消选中“锁定”复选框，单击“确定”按钮（如图 3-13 所示）。

② 选择“审阅”选项卡｜“更改”组｜“保护工作表”选项，弹出“保护工作表”对话框。选中“保护工作表及锁定的单元格内容”复选框，在“允许此工作表的所有用户进行：”列表中选中“选定未锁定的单元格”项。在“取消工作表保护时使用的密码”文本框中输入设置的密码，如图 3-14 所示，单击“确定”按钮。再次输入密码以

确认。这样鼠标就只能选中未锁定的单元格，而无法选定锁定的单元格。

如果需要撤销对工作表的保护，只需要选择“审阅”选项卡 |“更改”组 |“撤销工作表保护”选项，在弹出的“撤销工作表保护”对话框中输入正确密码即可。

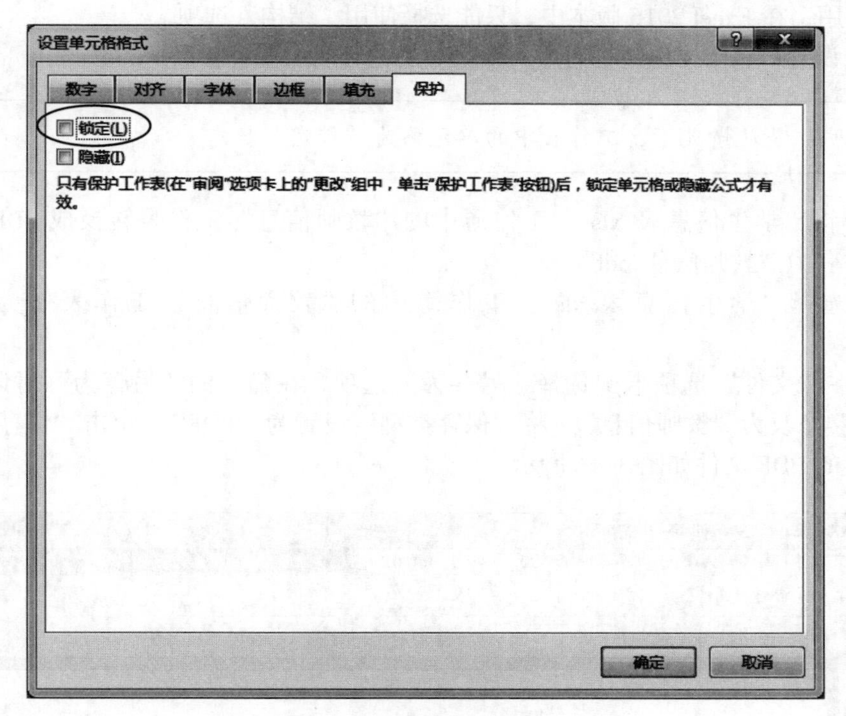

图 3-13　取消单元格锁定

③ 选择“审阅”选项卡 |“更改”组 |“保护工作簿”选项，弹出“保护结构和窗口”对话框（如图 3-15 所示）。在对话框中包含“结构”和“窗口”两个复选框。

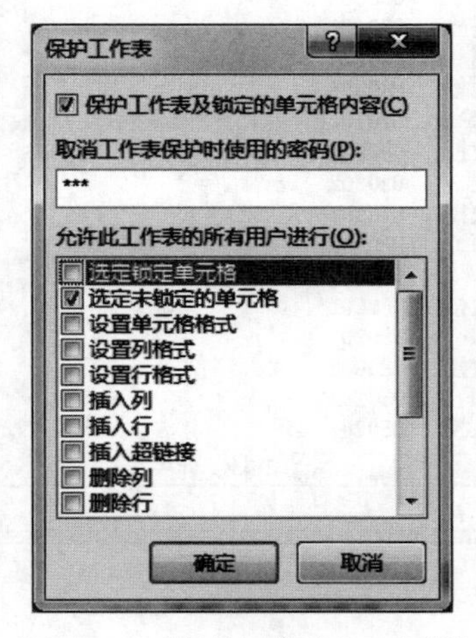

图 3-14　“保护工作表”对话框

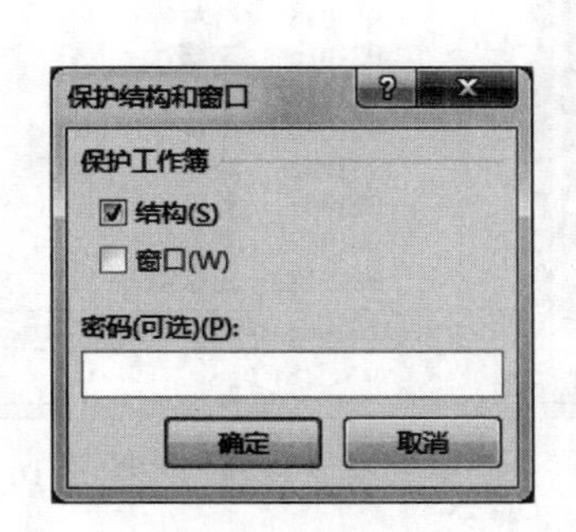

图 3-15　“保护结构和窗口”对话框

- “结构”复选框：主要是防止删除、插入、移动工作表和显示隐藏工作表。
- “窗口”复选框：主要是防止改变窗口大小和位置。

但“窗口”选项仅在 Excel 2007、Excel 2010、Excel for Mac 2011 和 Excel 2016 for Mac 中可用，在 Excel 2016 版本中，只能选择使用“结构”选项。

这个设置对整个工作簿都有效。根据需要也可以设置解除保护的密码。

> 说明：默认情况下，工作表中的单元格为“锁定”状态。

（5）将“学生信息表.xlsx”工作簿中的“教师信息”工作表转换成 PDF 文件保存，文件名为“教师信息.pdf”。

① 选择“学生信息表.xlsx”工作簿中的“教师信息”工作表作为当前工作表。

② 在“文件”选项卡中选择“另存为”选项，在弹出的“另存为”对话框中将“文件名”修改为“教师信息”，将“保存类型”设置为“PDF”，单击“保存”按钮。保存之后的 PDF 文件如图 3-16 所示。

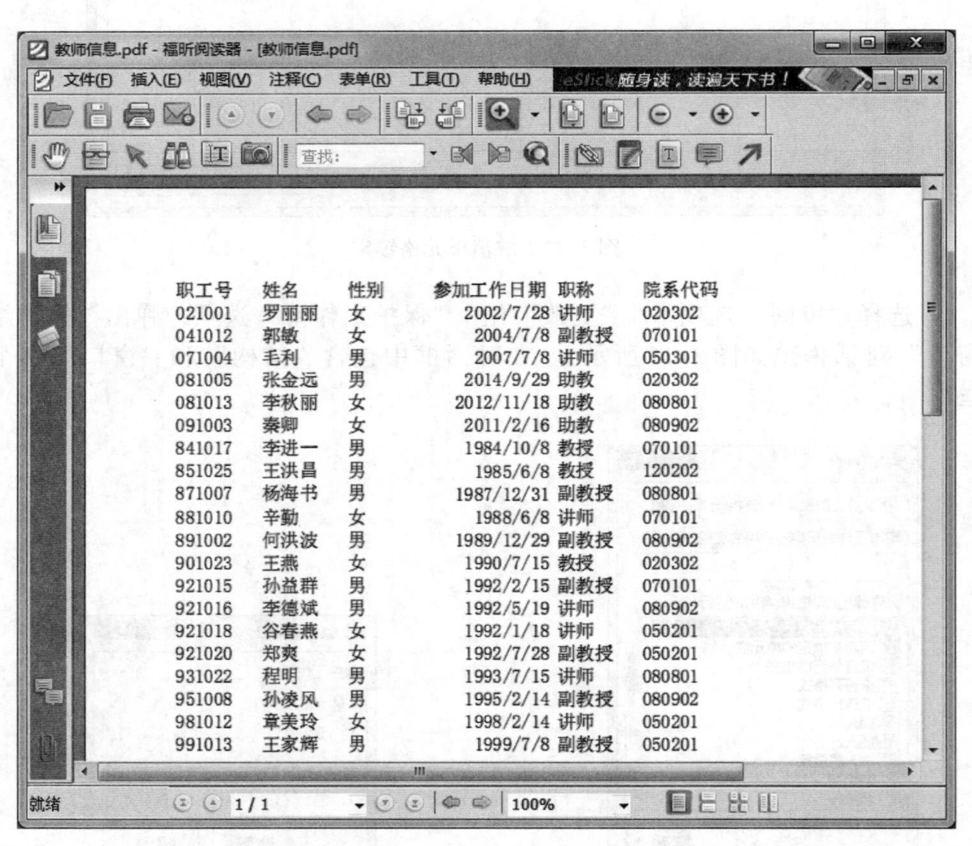

职工号	姓名	性别	参加工作日期	职称	院系代码
021001	罗丽丽	女	2002/7/28	讲师	020302
041012	郭敏	女	2004/7/8	副教授	070101
071004	毛利	男	2007/7/8	讲师	050301
081005	张金远	男	2014/9/29	助教	020302
081013	李秋丽	女	2012/11/18	助教	080801
091003	秦卿	女	2011/2/16	助教	080902
841017	李进一	男	1984/10/8	教授	070101
851025	王洪昌	男	1985/6/8	教授	120202
871007	杨海书	男	1987/12/31	副教授	080801
881010	辛勤	女	1988/6/8	讲师	070101
891002	何洪波	男	1989/12/29	副教授	080902
901023	王燕	女	1990/7/15	教授	020302
921015	孙益群	男	1992/2/15	副教授	070101
921016	李德斌	男	1992/5/19	讲师	080902
921018	谷春燕	女	1992/1/18	讲师	050201
921020	郑爽	女	1992/7/28	副教授	050201
931022	程明	男	1993/7/15	讲师	080801
951008	孙凌风	男	1995/2/14	副教授	080902
981012	章美玲	女	1998/2/14	讲师	050201
991013	王家辉	男	1999/7/8	副教授	050201

图 3-16　保存之后的 PDF 文件

3.1.5 数据验证

数据验证是对单元格或单元格区域输入的数据进行检查，如果输入的数据符合要求，则允许输入，否则禁止输入。可以对输入的数值大小范围、输入序列选项、日期时间范围、文本长度等进行限制，也可以根据需要设置自定义公式要求。“数据验证”功能是通过“数据”选项卡|“数据工具”组|“数据验证”选项实现的。

设置数据验证限制的同时，还可以设置以下内容。

（1）输入信息：当选定单元格时可以显示相应的输入提示信息，也可以按 Esc 键关闭输入信息的显示。

（2）出错警告：当在单元格中输入了不符合数据验证要求的数据时，会显示事先设置的警告信息；若没有设置警告信息，则出错时显示默认的警告消息。

（3）输入法模式：设置选定单元格时，输入法的模式是打开、关闭或随意的状态。

数据验证规则设置后，可通过“数据”选项卡|“数据工具”组|“数据验证”|“圈释无效数据”选项将单元格区域中不符合验证规则的数据圈释出来，但圈释效果在文件关闭后并不保存。

3.1.6 条件格式

在一个单元格中，除了输入数据和设置单元格格式外，还可以设置批注和单元格的条件格式。在 Excel 表格中，使用条件格式可以用不同的格式突出显示某些特殊的数据值，便于区分这些数据。突出显示的格式可以是特定的字体颜色、填充颜色或边框等，也可以是数据条、色阶或图标集。

Excel 的条件格式功能中有各种内置规则，也可以使用公式自己设置格式规则。数据的条件格式可通过“开始”选项卡|“样式”组|“条件格式”选项实现。

【例 3-2】基于“成绩表.xlsx”文件，实现控制“学号”列数据不出现重复值，并将“期末成绩”小于“期中成绩”的数据行设置为“红色加粗字体、红色实线外边框”。

微视频 3-2
数据验证

操作步骤如下。

（1）控制“学号”列数据不出现重复值。

① 打开“成绩表.xlsx”文件，选中 A2:A21 单元格区域，选择“数据”选项卡|“数据工具”组|“数据验证”|“数据验证”选项，弹出“数据验证”对话框。

a. 在“设置”选项卡中的“允许”中选择“自定义”，在“公式”中输入公式“=COUNTIF（A:A，A2）=1”，如图 3-17 所示。

b. 在“输入信息”选项卡中，输入“标题”为“提示”，在“输入信息”中输入“学号内容不能重复！”，如图 3-18 所示。

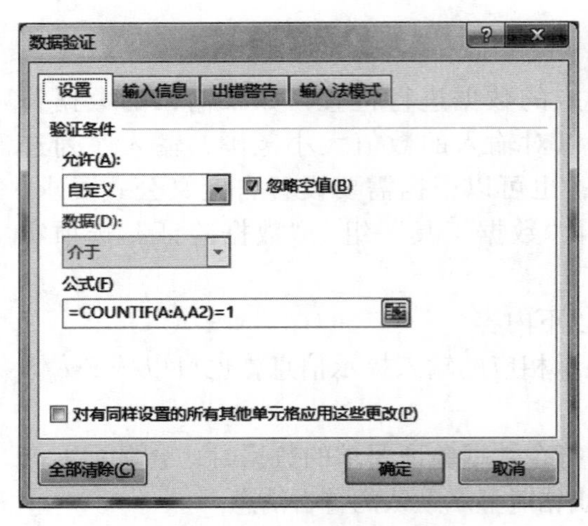

图 3–17　设置数据验证规则

图 3–18　设置数据验证的输入信息

c. 在“出错警告”选项卡中，选择“样式”为“停止”，输入“标题”为“注意”，输入“错误信息”为“该学号已存在！”，如图 3–19 所示。

d. 在“输入法模式”选项卡中，选择“模式”为“关闭（英文模式）”，如图 3–20 所示。

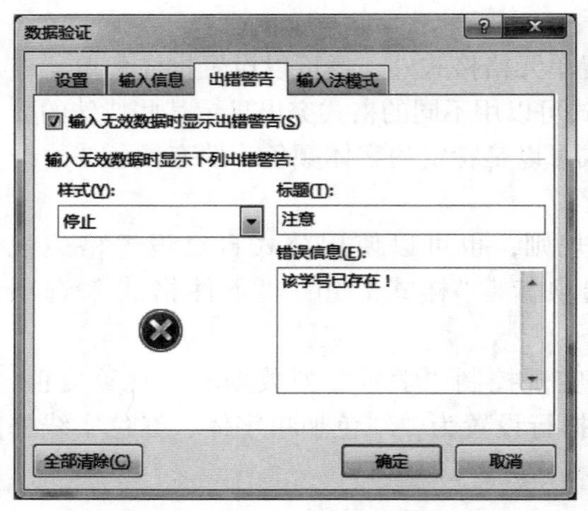

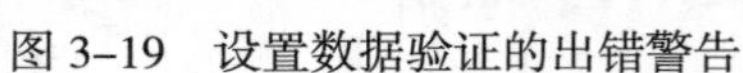
图 3–19　设置数据验证的出错警告

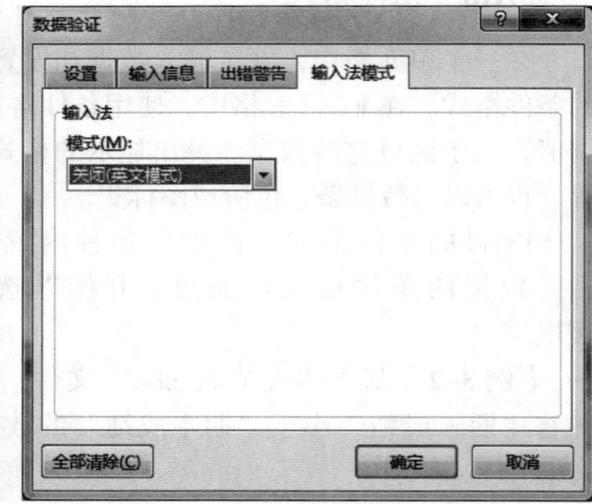

图 3–20　设置数据验证的输入法模式

单击“确定”按钮，就完成了“学号”列的数据验证规则。

② 选中 A2:A21 单元格区域，选择“数据”选项卡 |“数据工具”组 |“数据验证”|“圈释无效数据”选项，这时在“学号”列中重复的学号数据会被圈释出来，如图 3–21 所示。

③ 将 A3 单元格的学号修改为与 A2 单元格数据相同的数据“2111403301”，按 Enter 键后，会显示如图 3–22 所示的出错提示信息。

图 3–21 圈释无效数据

选择“数据”选项卡 | “数据工具”组 | “数据验证” | “清除验证标识圈”选项，可取消圈释的红色椭圆标记。

（2）将“期末成绩”小于“期中成绩”的数据行设置为“红色加粗字体、红色实线外边框”。

① 打开“成绩表.xlsx”文件，选中 A2: D21 单元格区域，选择“开始”选项卡 | “样式”组 | “条件格式” | “新建规则”选项，弹出“新建格式规则”对话框。

② 在“选择规则类型”中选择“使用公式确定要设置格式的单元格”，在“为符合此公式的值设置格式”中输入公式“=$D2<$C2”。单击下方的“格式”按钮，在弹出的“设置单元格格式”对话框中设置字体颜色为“红色加粗”、边框为“红色实线外边框”，如图 3–23 所示。

③ 单击“确定”按钮，条件格式设置效果如图 3–24 所示。

图 3-22　数据验证的提示信息和出错警告

图 3-23　“新建格式规则”对话框

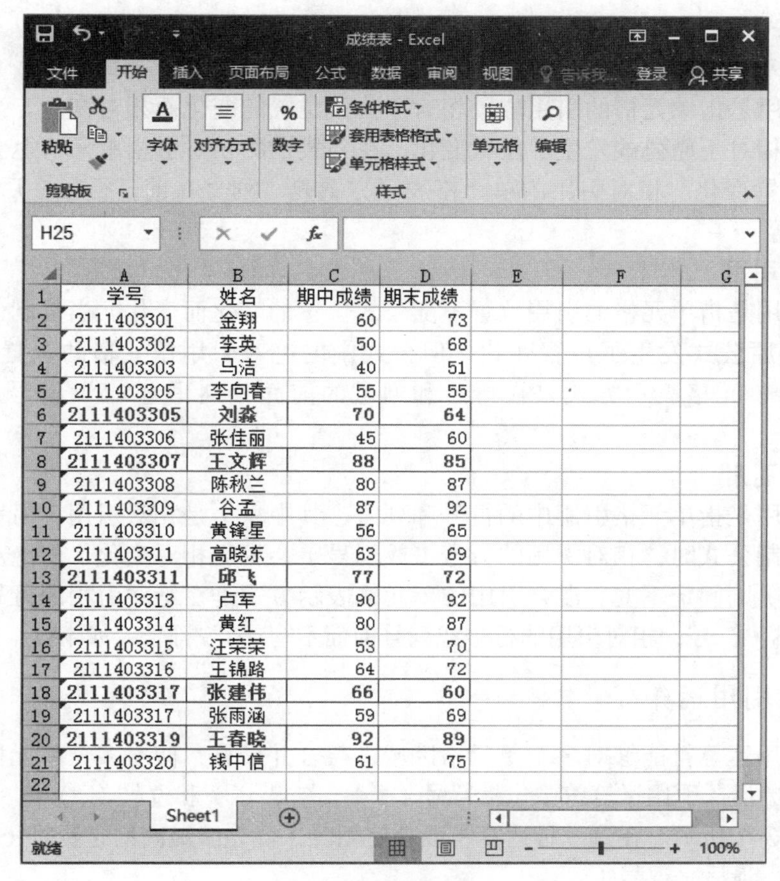

	A	B	C	D
1	学号	姓名	期中成绩	期末成绩
2	2111403301	金翔	60	73
3	2111403302	李英	50	68
4	2111403303	马洁	40	51
5	2111403305	李向春	55	55
6	2111403305	刘淼	70	64
7	2111403306	张佳丽	45	60
8	2111403307	王文辉	88	85
9	2111403308	陈秋兰	80	87
10	2111403309	谷孟	87	92
11	2111403310	黄锋星	56	65
12	2111403311	高晓东	63	69
13	2111403311	邱飞	77	72
14	2111403313	卢军	90	92
15	2111403314	黄红	80	87
16	2111403315	汪荣荣	53	70
17	2111403316	王锦路	64	72
18	2111403317	张建伟	66	60
19	2111403317	张雨涵	59	69
20	2111403319	王春晓	92	89
21	2111403320	钱中信	61	75

图 3-24 条件格式设置效果

3.2 Excel 函数

Excel 提供了丰富的函数功能，如统计函数、数值函数、文本函数、日期和时间函数、逻辑函数等，利用这些函数可以实现强大的数据计算和分析功能。

3.2.1 函数的使用方法

在 Excel 中，公式是由函数、常量、变量和各种运算符组合而成的表达式，单独的一个函数也可形成一个公式，称之为函数公式。函数公式以“=”开始，其后输入函数的名称和参数，参数用一对小括号括起来，如：=ABS（123–B8）。根据不同函数的语法定义，每个函数中各个参数的数据类型和含义等各不相同。

3.2.2 单元格引用方式

在函数公式中，常常需要引用单元格的数据作为函数的参数。单元格的引用分为以下 3 种形式。

1. 相对引用

相对引用是指单元格的引用位置相对于公式位置的变化而相对变化。当复制公式时，新公式相对于原公式发生了位置变化，在公式中的相对引用单元格也会同步地发生相对的位置变化。相对引用的单元格表示方式是“列号在前，行号在后”的形式，如 A1、B2 等。

2. 绝对引用

绝对引用是指单元格的引用位置不随公式位置的变化而变化。当复制公式时，新公式相对于原公式发生了位置变化，但公式中的绝对引用单元格的位置固定不变。绝对引用的单元格表示方式是在行号和列号的前面分别写上“$”符号，如 $A$1、$B$2 等。

3. 混合引用

混合引用是指单元格引用中的行号和列号，其中一个是相对引用，另一个是绝对引用。当复制公式时，相对引用的行号（或列号）会发生相对变化，而绝对引用的列号（或行号）则固定不变。混合引用的单元格表示方式是在绝对引用的行号或列号的前面写上“$”符号，相对引用的行号或列号前面不写“$”符号，如 $A1、B$2 等。

3.2.3 引用运算符

使用引用运算符能够对多个单元格区域进行合并计算，使对多个单元格区域的计算更加方便灵活。引用运算符中包括冒号（：）、空格（ ）和逗号（，）共 3 种运算符，其功能如表 3–1 所示。在这 3 种运算符混合使用时，优先级最高的是冒号（：），其次是空格（ ），最后是逗号（，）。

表 3–1 引用运算符

优先级	运算符	名称	功能	举例
1	:	冒号	区域运算符，包括这两个引用所表示的单元格区域	B5: B15——表示从 B5 到 B15 共 15 个单元格
2		空格	交叉运算符，对两个引用中共同单元格的引用	B2: D7 A3: E6——表示从 B3 到 D6 共 12 个单元格
3	,	逗号	联合运算符，将多个引用合并为一个引用	SUM（A1: A5，C3: D8）——表示 17 个单元格求和

3.2.4 常用函数介绍

在 Excel 中，将一些预定义的公式以函数的形式提供给用户使用，用户只需要按照函数要求，给出特定的参数数值，这些函数就可以帮助用户快速完成计算、统计等功能。

（1）SUMIF

语法：SUMIF（range，criteria，[sum_range]）

功能：在 range 单元格区域的首列查找指定的 criteria 值，并将 sum_range 中对应的值求和。sum_range 省略时，在 range 单元格区域中查找指定的 criteria 值并求和。

（2）COUNTIF

语法：COUNTIF（range，criteria）

功能：在 range 单元格区域的首列查找指定的 criteria 值计数。

（3）LEFT

语法：LEFT（text，[num_chars]）

功能：返回字符串 text 最左侧的 num_chars 个字符。num_chars 省略时，默认为 1。

（4）MID

语法：MID（text，start_num，num_chars）

功能：返回 text 字符串中从 start_num 位置开始的 num_chars 个字符。

（5）SUBSTITUTE

语法：SUBSTITUTE（text，old_text，new_text，[instance_num]）

功能：在 text 字符串中用 new_text 替代 old_text。instance_num 可选，用来指定要以 new_text 替换第 instance_num 次出现的 old_text。如果省略 instance_num，则将 text 中出现的每一处 old_text 都更改为 new_text。

（6）VLOOKUP

语法：VLOOKUP（lookup_value，table_array，col_index_num，range_lookup）

功能：在 table_array 的首列查找指定的 lookup_value 值，并返回 table_array 中的第 col_index_num 列值。range_lookup 是逻辑值，为 TRUE 或省略时，返回近似匹配值；为 FALSE 时，为精确匹配。如果未找到，则返回错误值 #N/A。

（7）LOOKUP

语法：LOOKUP（lookup_value，lookup_vector，[result_vector]）

功能：在 lookup_vector 单元格区域中查找指定的 lookup_value 值，找到后返回 result_vector 单元格区域中对应的数据。lookup_vector 中的值必须以升序排列，否则可能无法返回正确的值。如果未找到，则返回错误值 #N/A。result_vector 参数必须与 lookup_vector 大小相同。

（8）INDEX

语法：INDEX（array，row_num，[column_num]）

功能：返回 array 单元格区域中的第 row_num 行、第 column_num 列的单元格数据值。

（9）MATCH

语法：MATCH（lookup_value，lookup_array，[match_type]）

功能：返回 lookup_array 单元格区域中 lookup_value 数据的位置。

（10）COUNTA

语法：COUNTA（value1，[value2]，...）

功能：统计多个参数（value1，[value2]，...）中不为空的单元格的个数。

（11）RANK

语法：RANK（number，ref，[order]）

功能：返回 number 数据在 ref 列表中的排位序号。如果 order 为 0 或省略，则返回 ref 列表降序排列的序号；如果 order 不为 0，则返回 ref 列表升序排列的序号。

在 Excel 中提供的众多函数中，除了上述常用函数之外，还有其他一些常用函数，如表 3–2 所示。

表 3–2 其他常用函数表

函数名	语法	功能	举例
ABS	ABS(number)	返回 number 的绝对值	ABS(12–35)
MOD	MOD(number, divisor)	返回 number 除以 divisor 的余数，结果的正负号与除数 divisor 相同	MOD(15, –4)
TEXT	TEXT(value, format_text)	将 value 数值转换为文本，并使用 format_text 格式来显示	TEXT(12.3, "$00.00")
EXACT	EXACT(text1, text2)	该函数用于比较 text1 和 text2 两个字符串是否相同。如果它们完全相同，则返回 TRUE；否则，返回 FALSE。EXACT 函数区分字符大小写，但忽略格式上的差异	EXACT("ABC", "abc")
ADDRESS	ADDRESS(row_num, column_num)	获取工作表中第 row_num 行、第column_num 列单元格的地址	ADDRESS(3, 4)
ROW	ROW([reference])	返回 reference 单元格或单元格区域的第一个单元格的行号。若省略 reference，则返回当前单元格的行号	ROW(C2: F9)
COLUMN	COLUMN([reference])	返回 reference 单元格或单元格区域的第一个单元格的列号。若省略 reference，则返回当前单元格的列号	COLUMN(C2: F9)
DATE	DATE(year, month, day)	返回 year 年、month 月、day 日组成的一个日期	DATE(2017, 6, 1)
YEAR	YEAR(date_number)	返回 date_number 日期的年份	YEAR(A2)
MONTH	MONTH(date_number)	返回 date_number 日期的月份	MONTH(A2)
DAY	DAY(date_number)	返回 date_number 日期是一个月里的第几天	DAY(A2)
AND	AND(logical1,[logical2], ...)	所有参数（logical1，[logical2]，...）的计算结果均为 TRUE 时，返回 TRUE；只要有一个参数的计算结果为 FALSE，即返回 FALSE	AND(B3>10, B3<50)
FALSE	FALSE( )	返回逻辑值 FALSE	FALSE( )
TRUE	TRUE( )	返回逻辑值 TRUE	TRUE( )
NOT	NOT(logical)	对参数 logical 求反	NOT(12>90)
IFERROR	IFERROR(value, value_if_error)	如果 value 为错误，则返回指定的值 value_if_error，否则将返回公式的 value 结果	IFERROR (A1/A2, " 出错 ")

【例 3-3】在“学生表 .xlsx”工作簿文件中的“学生”工作表中，计算学生的年龄、籍贯和最大年龄，并找出最大年龄学生的姓名；在“成绩”工作表中计算每个学生的总分和总分排名，并统计各门课成绩及格的人数和各门课成绩达到优秀的成绩总分。

操作步骤如下。

（1）在“学生”工作表中，利用 TODAY、YEAR 等函数，计算“学生”工作表中 I 列的内容。

启动 Excel，打开“学生表 .xlsx”工作簿文件，在“学生”工作表中选择 I2 单元格，输入公式“=YEAR（TODAY（））–YEAR（D2）”，按 Enter 键。再次选择 I2 单元格，并双击右下角“填充柄”或拖拉填充柄到 I150 单元格，复制公式至整个 I 列，如图 3-25 所示（注：当前年份为 2021 年）。

	A	B	C	D	E	F	G	H	I	J	K	L
1	学号	姓名	性别	出生日期	政治面貌	民族	籍贯	婚否	年龄		最大年龄	
2	140201001	杨婧	男	1997/04/08	团员	汉族		FALSE	24		姓名	
3	140201002	董甜	男	1997/12/06	群众	汉族		FALSE	24			
4	140201003	贾仁兵	男	1998/03/12	群众	汉族		FALSE	23			
5	140201004	薛锋	女	1996/05/28	团员	汉族		FALSE	25			
6	140201005	陈雷	女	1991/06/28	团员	满族		TRUE	30			
7	140201006	刘玉柱	女	1997/07/31	团员	汉族		FALSE	24			
8	140201007	谢丽	男	1996/08/31	团员	汉族		FALSE	25			
9	140201008	杨琳	女	1996/10/18	团员	回族		FALSE	25			
10	140201009	刘莹莹	女	1997/11/15	党员	汉族		FALSE	24			
11	140201010	李彩莲	男	1997/03/12	团员	汉族		FALSE	24			
12	140201011	张晓宇	男	1997/09/14	团员	汉族		FALSE	24			
13	140201012	翟向明	男	1996/08/14	党员	汉族		FALSE	25			
14	140201013	吕文斌	女	1996/10/25	团员	汉族		FALSE	25			
15	140201014	陈琳	男	1997/08/09	团员	回族		FALSE	24			
16	140201015	张玉美	女	1996/09/17	团员	汉族		FALSE	25			
17	140201016	殷海浪	男	1995/11/10	团员	汉族		FALSE	26			
18	140201017	吴斌	男	1990/11/17	团员	汉族		TRUE	31			
19	140201018	丁云飞	男	1995/12/08	群众	汉族		FALSE	26			
20	140201019	印玉峰	男	1996/01/10	团员	汉族		FALSE	25			
21	140201020	李玲	女	1996/04/08	群众	汉族		FALSE	25			
22	140201021	刘伟	男	1996/12/19	群众	汉族		FALSE	25			
23	140201022	宫能坤	男	1996/01/22	团员	汉族		FALSE	25			
24	140201023	张志伟	男	1991/01/27	团员	汉族		TRUE	30			
25	140201024	王路漫	女	1996/02/20	党员	汉族		FALSE	25			

图 3-25 计算“年龄”列的值

（2）根据“籍贯”工作表中的数据，利用 VLOOKUP 函数，完成“学生”工作表中 G 列内容的填充。

在“学生”工作表中选择 G2 单元格，输入公式“=VLOOKUP（A3，籍贯 !$A$2:$C$150，3，FALSE）”，按 Enter 键。再次选择 G2 单元格，并双击右下角“填充柄”，复制公式至整个 G 列，如图 3-26 所示。

微视频 3-3
VLOOKUP 函数

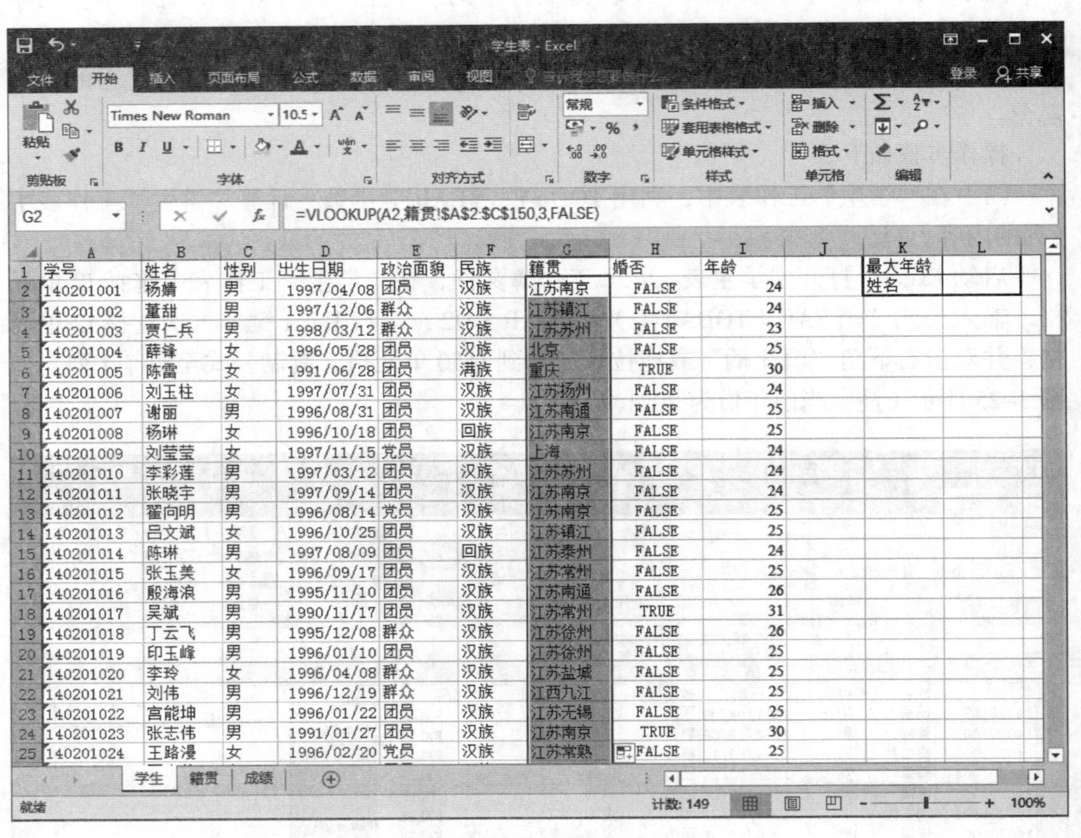

图 3–26 计算“籍贯”列的值

（3）在“学生”工作表中，利用 MAX 函数在 L1 单元格统计出学生的最大年龄，利用 INDEX 和 MATCH 函数在 L2 单元格查找出最大年龄学生的姓名。

在“学生”工作表中选择 L1 单元格，输入公式“=MAX（I2: I150）”，统计出所有学生中的最大年龄。选择 L2 单元格，输入公式“=INDEX（B2: B150，MATCH（L1，I2: I150，0））”，按 Enter 键，查找出最大年龄学生的姓名，如图 3–27 所示。

（4）在“成绩”工作表中，在 I 列和 J 列分别计算每个学生的总分和总分排名。

在“成绩”工作表中选择 I2 单元格，输入公式“=SUM（E2: H2）”，按 Enter 键，拖动 I2 单元格右下角的填充柄，向下拖拉到 I24 单元格，计算出每个学生的总分。选择 J2 单元格，输入公式“=RANK（I2，$I$2: $I$24，0）”，按 Enter 键，拖动 J2 单元格右下角的填充柄，向下拖拉到 J24 单元格，计算出每个学生按照总分排名的次序，如图 3–28 所示。

说明：在 RANK 函数中，第 3 个参数为 0 表示按照降序排列次序，第 3 个参数为 1 表示按照升序排列次序。

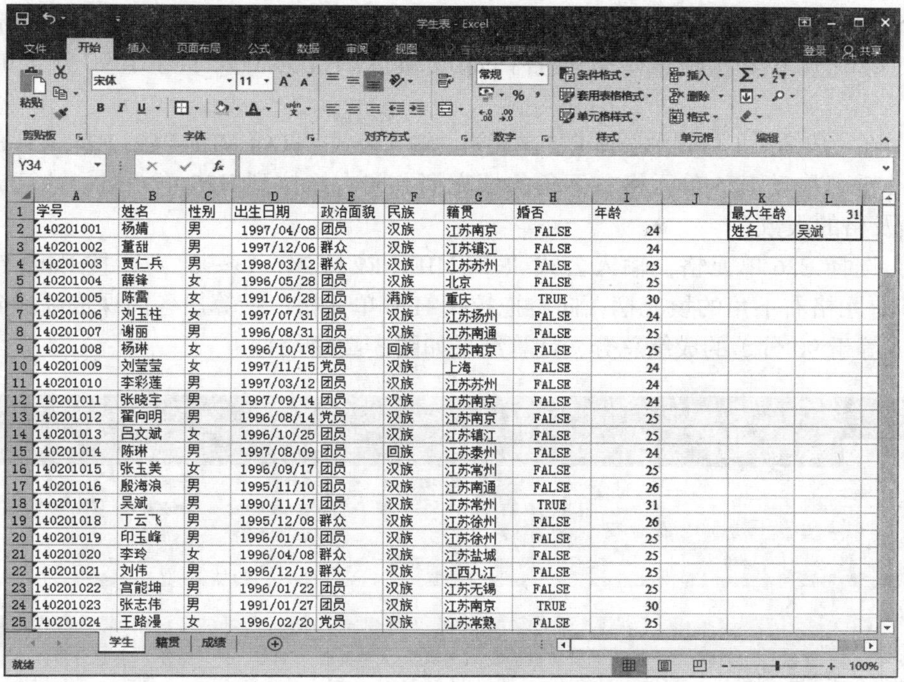

	A	B	C	D	E	F	G	H	I	J	K	L
1	学号	姓名	性别	出生日期	政治面貌	民族	籍贯	婚否	年龄		最大年龄	31
2	140201001	杨婧	男	1997/04/08	团员	汉族	江苏南京	FALSE	24		姓名	吴斌
3	140201002	董甜	男	1997/12/06	群众	汉族	江苏镇江	FALSE	24			
4	140201003	贾仁兵	男	1998/03/12	群众	汉族	江苏苏州	FALSE	23			
5	140201004	薛锋	女	1996/05/28	团员	汉族	北京	FALSE	25			
6	140201005	陈雷	女	1991/06/28	团员	满族	重庆	TRUE	30			
7	140201006	刘玉柱	女	1997/07/31	团员	汉族	江苏扬州	FALSE	24			
8	140201007	谢丽	男	1996/08/31	团员	汉族	江苏南通	FALSE	25			
9	140201008	杨琳	女	1996/10/18	团员	回族	江苏南京	FALSE	25			
10	140201009	刘莹莹	女	1997/11/15	党员	汉族	上海	FALSE	24			
11	140201010	李彩莲	男	1997/03/12	团员	汉族	江苏苏州	FALSE	24			
12	140201011	张晓宇	男	1997/09/14	团员	汉族	江苏南京	FALSE	24			
13	140201012	翟向明	男	1996/08/14	党员	汉族	江苏南京	FALSE	25			
14	140201013	吕文斌	女	1996/10/25	团员	汉族	江苏镇江	FALSE	25			
15	140201014	陈琳	男	1997/08/09	团员	回族	江苏泰州	FALSE	24			
16	140201015	张玉美	女	1996/09/17	团员	汉族	江苏常州	FALSE	25			
17	140201016	殷海浪	男	1995/11/10	团员	汉族	江苏南通	FALSE	26			
18	140201017	吴斌	男	1990/11/17	团员	汉族	江苏常州	TRUE	31			
19	140201018	丁云飞	男	1995/12/08	群众	汉族	江苏徐州	FALSE	26			
20	140201019	印玉峰	男	1996/01/10	团员	汉族	江苏徐州	FALSE	25			
21	140201020	李玲	女	1996/04/08	群众	汉族	江苏盐城	FALSE	25			
22	140201021	刘伟	男	1996/12/19	群众	汉族	江西九江	FALSE	25			
23	140201022	宫能坤	男	1996/01/22	团员	汉族	江苏无锡	FALSE	25			
24	140201023	张志伟	男	1991/01/27	团员	汉族	江苏南京	TRUE	30			
25	140201024	王路漫	女	1996/02/20	党员	汉族	江苏常熟	FALSE	25			

图 3-27 查找学生中的最大年龄及姓名

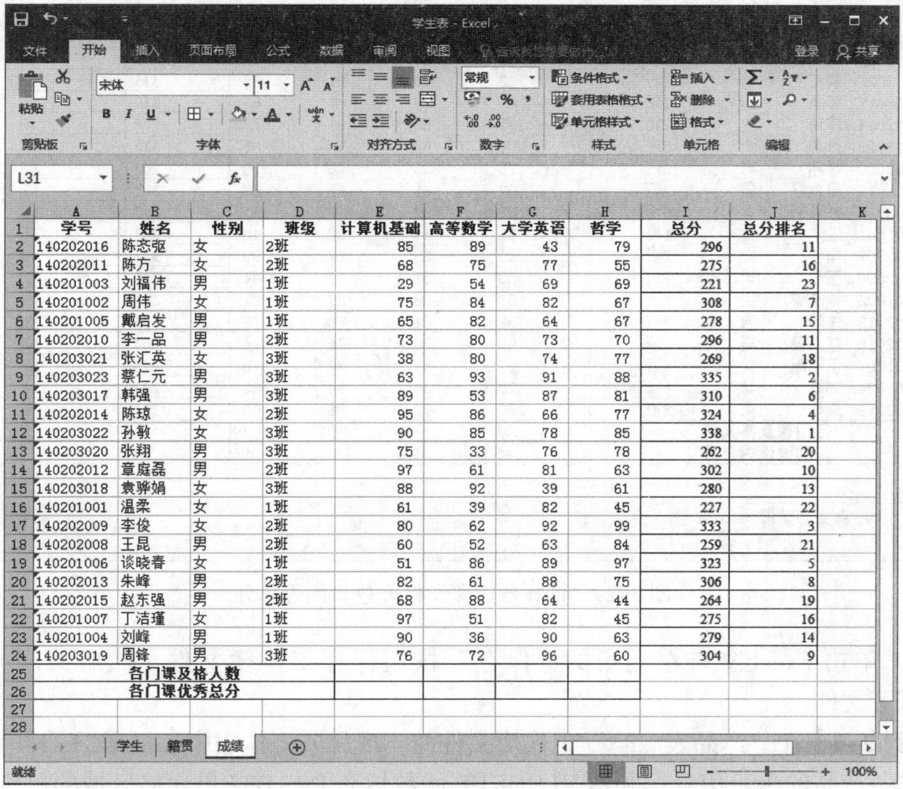

	A	B	C	D	E	F	G	H	I	J	K
1	学号	姓名	性别	班级	计算机基础	高等数学	大学英语	哲学	总分	总分排名	
2	140202016	陈忞弫	女	2班	85	89	43	79	296	11	
3	140202011	陈方	女	2班	68	75	77	55	275	16	
4	140201003	刘福伟	男	1班	29	54	69	69	221	23	
5	140201002	周伟	女	1班	75	84	82	67	308	7	
6	140201005	戴启发	男	1班	65	82	64	67	278	15	
7	140202010	李一品	男	2班	73	80	73	70	296	11	
8	140203021	张汇英	女	3班	38	80	74	77	269	18	
9	140203023	蔡仁元	男	3班	63	93	91	88	335	2	
10	140203017	韩强	男	3班	89	53	87	81	310	6	
11	140202014	陈琼	女	2班	95	86	66	77	324	4	
12	140203022	孙敏	女	3班	90	85	78	85	338	1	
13	140203020	张翔	男	3班	75	33	76	78	262	20	
14	140202012	章庭磊	男	2班	97	61	81	63	302	10	
15	140203018	袁骅娟	女	3班	88	92	39	61	280	13	
16	140201001	温柔	女	1班	61	39	82	45	227	22	
17	140202009	李俊	女	2班	80	62	92	99	333	3	
18	140202008	王昆	男	2班	60	52	63	84	259	21	
19	140201006	谈晓春	女	1班	51	86	89	97	323	5	
20	140202013	朱峰	男	2班	82	61	88	75	306	8	
21	140202015	赵东强	男	2班	68	88	64	44	264	19	
22	140201007	丁洁瑾	女	1班	97	51	82	45	275	16	
23	140201004	刘峰	男	1班	90	36	90	63	279	14	
24	140203019	周锋	男	3班	76	72	96	60	304	9	
25	各门课及格人数										
26	各门课优秀总分										
27											
28											

图 3-28 计算每个学生的总分和总分排名

（5）在“成绩”工作表中，在 E25：H25 单元格区域计算各门课成绩及格的人数，在 E26：H26 单元格区域计算各门课成绩达到优秀（大于等于 90 分）的成绩总分。

① 在“成绩”工作表中选择 E25 单元格，输入公式“=COUNTIF（E2：E24，">=60"）”，按 Enter 键。拖动 E25 单元格右下角的填充柄，向右拖拉到 H25 单元格，计算出各门课成绩及格的人数。

② 选择 E26 单元格，输入公式“=SUMIF（E2：E24，">=90"）”，按 Enter 键。拖动 E26 单元格右下角的填充柄，向右拖拉到 H26 单元格，计算出各门课成绩达到优秀（大于或等于 90 分）的成绩总分，计算结果如图 3-29 所示。

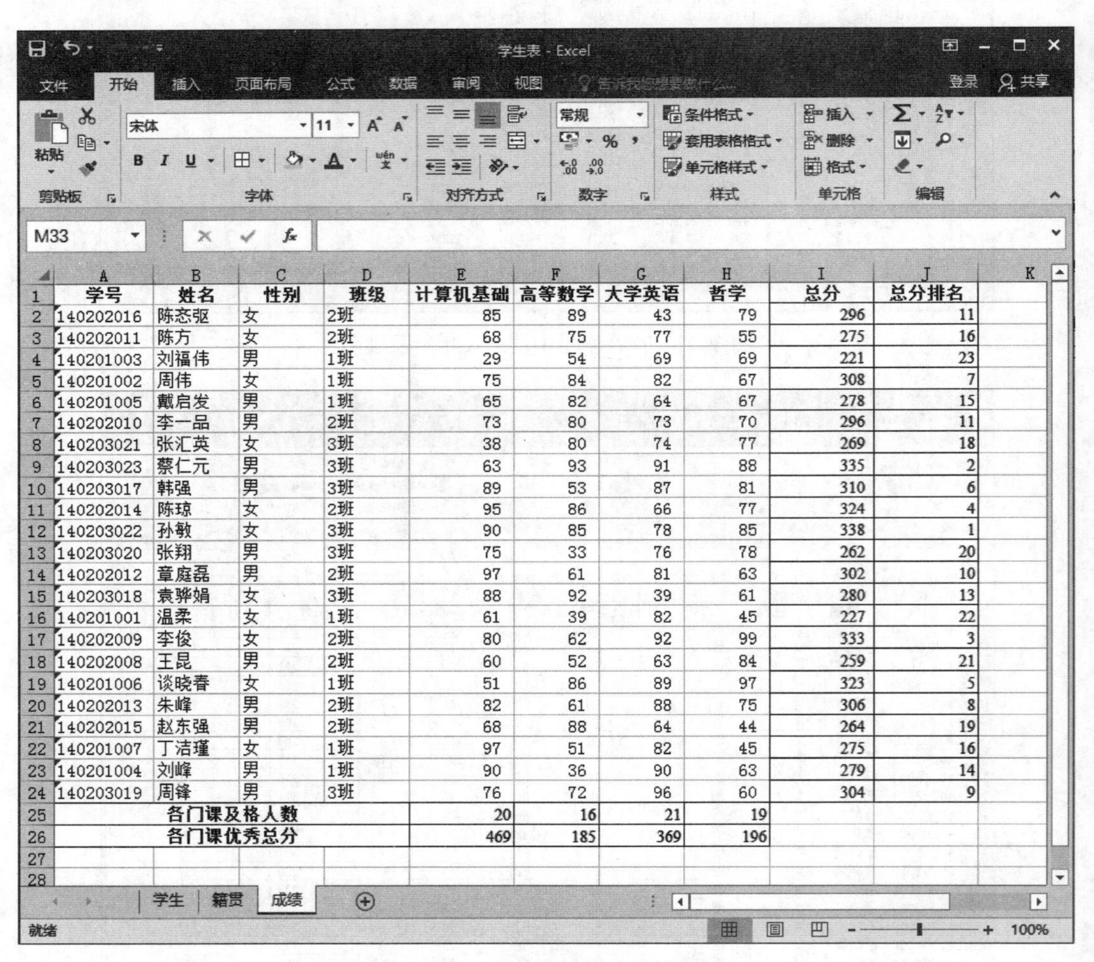

	A	B	C	D	E	F	G	H	I	J
1	学号	姓名	性别	班级	计算机基础	高等数学	大学英语	哲学	总分	总分排名
2	140202016	陈恣弫	女	2班	85	89	43	79	296	11
3	140202011	陈方	女	2班	68	75	77	55	275	16
4	140201003	刘福伟	男	1班	29	54	69	69	221	23
5	140201002	周伟	女	1班	75	84	82	67	308	7
6	140201005	戴启发	男	1班	65	82	64	67	278	15
7	140202010	李一品	男	2班	73	80	73	70	296	11
8	140203021	张汇英	女	3班	38	80	74	77	269	18
9	140203023	蔡仁元	男	3班	63	93	91	88	335	2
10	140203017	韩强	男	3班	89	53	87	81	310	6
11	140202014	陈琼	女	2班	95	86	66	77	324	4
12	140203022	孙敏	女	3班	90	85	78	85	338	1
13	140203020	张翔	男	3班	75	33	76	78	262	20
14	140202012	章庭磊	男	2班	97	61	81	63	302	10
15	140203018	袁骅娟	女	3班	88	92	39	61	280	13
16	140201001	温柔	女	1班	61	39	82	45	227	22
17	140202009	李俊	女	2班	80	62	92	99	333	3
18	140202008	王昆	男	2班	60	52	63	84	259	21
19	140201006	谈晓春	女	1班	51	86	89	97	323	5
20	140202013	朱峰	男	2班	82	61	88	75	306	8
21	140202015	赵东强	男	2班	68	88	64	44	264	19
22	140201007	丁洁瑾	女	1班	97	51	82	45	275	16
23	140201004	刘峰	男	1班	90	36	90	63	279	14
24	140203019	周锋	男	3班	76	72	96	60	304	9
25	各门课及格人数				20	16	21	19		
26	各门课优秀总分				469	185	369	196		

图 3-29　计算各门课及格人数和优秀总分

③ 单击 Excel 窗口左上角的“保存”按钮保存工作簿文件，然后关闭“学生表 .xlsx”文件。

【例 3-4】在“产品表 .xlsx”工作簿文件的“产品”工作表中，根据 J1：K4 单元格区域中各产品的单价信息，利用 VLOOKUP 函数填充 D2：D37 单元格区域的单价数值；

在 F2：F37 单元格区域和 G2：G37 单元格区域分别计算各销售部各季度每种产品的销售额和销售排名；在 F38 单元格计算所有产品的销售额总和；在 H2：H37 单元格区域计算每一项销售额在销售额总和中所占比例。

操作步骤如下。

① 打开“产品表 .xlsx”工作簿文件，在“产品”工作表中选择 D2 单元格，输入公式“=VLOOKUP（C2，$J$2：$K$4，2）”，拖动 D2 单元格的填充柄，拖拉到 D37 单元格，填充各产品的单价信息，如图 3–30 所示。

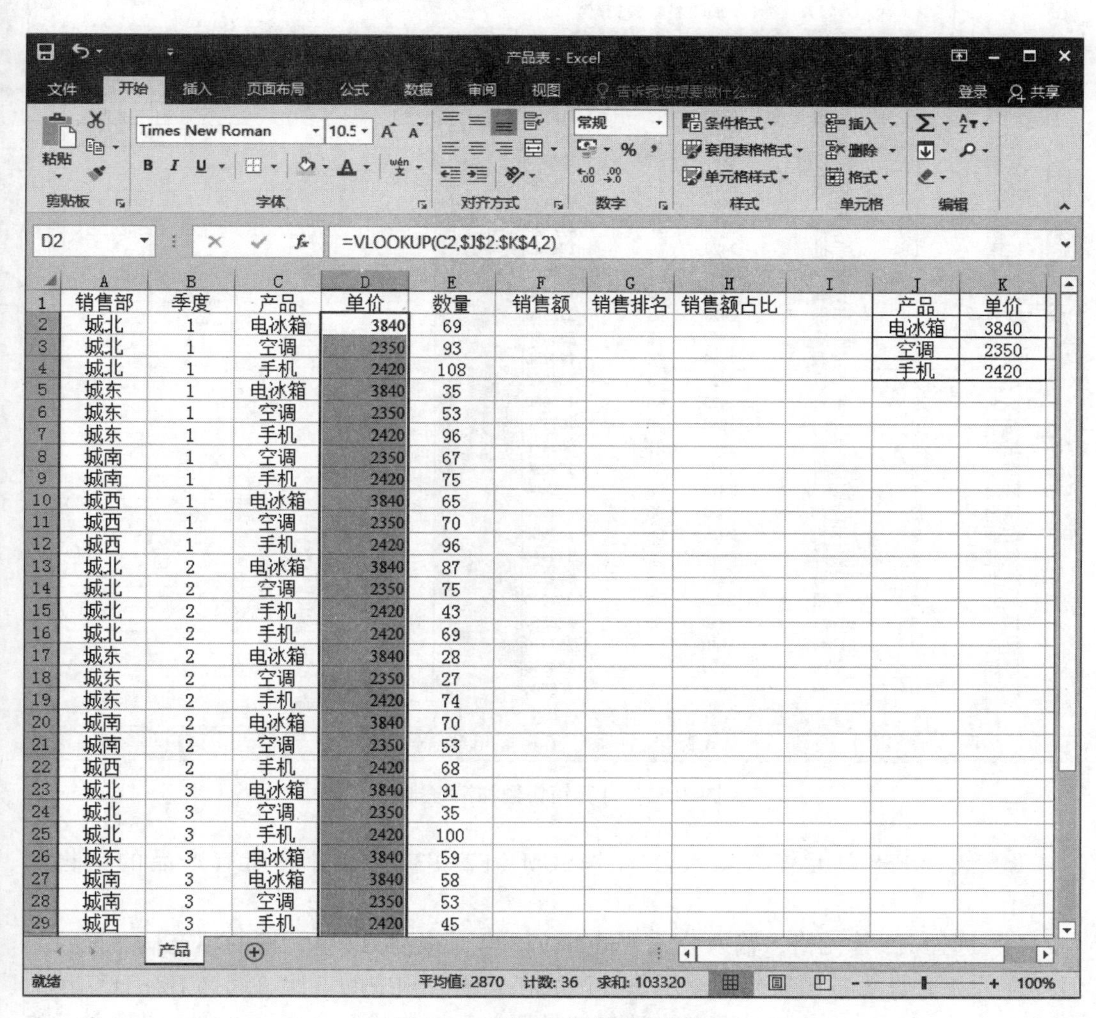

	A	B	C	D	E	F	G	H	I	J	K
1	销售部	季度	产品	单价	数量	销售额	销售排名	销售额占比		产品	单价
2	城北	1	电冰箱	3840	69					电冰箱	3840
3	城北	1	空调	2350	93					空调	2350
4	城北	1	手机	2420	108					手机	2420
5	城东	1	电冰箱	3840	35						
6	城东	1	空调	2350	53						
7	城东	1	手机	2420	96						
8	城南	1	空调	2350	67						
9	城南	1	手机	2420	75						
10	城西	1	电冰箱	3840	65						
11	城西	1	空调	2350	70						
12	城西	1	手机	2420	96						
13	城北	2	电冰箱	3840	87						
14	城北	2	空调	2350	75						
15	城北	2	手机	2420	43						
16	城北	2	手机	2420	69						
17	城东	2	电冰箱	3840	28						
18	城东	2	空调	2350	27						
19	城东	2	手机	2420	74						
20	城南	2	电冰箱	3840	70						
21	城南	2	空调	2350	53						
22	城西	2	手机	2420	68						
23	城北	3	电冰箱	3840	91						
24	城北	3	空调	2350	35						
25	城北	3	手机	2420	100						
26	城东	3	电冰箱	3840	59						
27	城南	3	电冰箱	3840	58						
28	城南	3	空调	2350	53						
29	城西	3	手机	2420	45						

图 3–30　填充各产品单价信息

② 选择 F2 单元格，输入公式“=D2*E2”，拖动 F2 单元格的填充柄，拖拉到 F37 单元格，计算各销售部各季度每种产品的销售额。选择 G2 单元格，输入公式“=RANK（F2，$F$2：$F$37，0）”，拖动 G2 单元格的填充柄，拖拉到 G37 单元格，计算各销售部各季度每种产品的销售排名。计算结果如图 3–31 所示。

	A	B	C	D	E	F	G	H	I	J	K
1	销售部	季度	产品	单价	数量	销售额	销售排名	销售额占比		产品	单价
2	城北	1	电冰箱	3840	69	264960	5			电冰箱	3840
3	城北	1	空调	2350	93	218550	13			空调	2350
4	城北	1	手机	2420	108	261360	6			手机	2420
5	城东	1	电冰箱	3840	35	134400	25				
6	城东	1	空调	2350	53	124550	28				
7	城东	1	手机	2420	96	232320	9				
8	城南	1	空调	2350	67	157450	23				
9	城南	1	手机	2420	75	181500	16				
10	城西	1	电冰箱	3840	65	249600	7				
11	城西	1	空调	2350	70	164500	21				
12	城西	1	手机	2420	96	232320	9				
13	城北	2	电冰箱	3840	87	334080	2				
14	城北	2	空调	2350	75	176250	18				
15	城北	2	手机	2420	43	104060	33				
16	城北	2	手机	2420	69	166980	19				
17	城东	2	电冰箱	3840	28	107520	32				
18	城东	2	空调	2350	27	63450	36				
19	城东	2	手机	2420	74	179080	17				
20	城南	2	电冰箱	3840	70	268800	4				
21	城南	2	空调	2350	53	124550	28				
22	城西	2	手机	2420	68	164560	20				
23	城北	3	电冰箱	3840	91	349440	1				
24	城北	3	空调	2350	35	82250	34				
25	城北	3	手机	2420	100	242000	8				
26	城东	3	电冰箱	3840	59	226560	11				
27	城南	3	电冰箱	3840	58	222720	12				
28	城南	3	空调	2350	53	124550	28				
29	城西	3	手机	2420	45	108900	31				

图 3–31　计算销售额和销售排名

③ 选择 F38 单元格，输入公式“=SUM（F2：F37）”，计算所有产品的销售额总和。

④ 选择 H2 单元格，输入公式“=F2/$F$38”，拖动 H2 单元格的填充柄，拖拉到 H37 单元格，计算各销售部各季度每种产品在总销售额中的占比。选择 H2：H37 单元格区域右击，在弹出的快捷菜单中选择“设置单元格格式”命令，弹出“设置单元格格式”对话框，在“数字”选项卡的“分类”中选择“百分比”，设置右侧的“小数位数”为“2”，单击“确定”按钮。最终计算结果如图 3–32 所示。

销售部	季度	产品	单价	数量	销售额	销售排名	销售额占比
城北	1	电冰箱	3840	69	264960	5	4.03%
城北	1	空调	2350	93	218550	13	3.32%
城北	1	手机	2420	108	261360	6	3.97%
城东	1	电冰箱	3840	35	134400	25	2.04%
城东	1	空调	2350	53	124550	28	1.89%
城东	1	手机	2420	96	232320	9	3.53%
城南	1	空调	2350	67	157450	23	2.39%
城南	1	手机	2420	75	181500	16	2.76%
城西	1	电冰箱	3840	65	249600	7	3.80%
城西	1	空调	2350	70	164500	21	2.50%
城西	1	手机	2420	96	232320	9	3.53%
城北	2	电冰箱	3840	87	334080	2	5.08%
城北	2	空调	2350	75	176250	18	2.68%
城北	2	手机	2420	43	104060	33	1.58%
城北	2	手机	2420	69	166980	19	2.54%
城东	2	电冰箱	3840	28	107520	32	1.63%
城东	2	空调	2350	27	63450	36	0.96%
城东	2	手机	2420	74	179080	17	2.72%
城南	2	电冰箱	3840	70	268800	4	4.09%
城南	2	空调	2350	53	124550	28	1.89%
城西	2	手机	2420	68	164560	20	2.50%
城北	3	电冰箱	3840	91	349440	1	5.31%
城北	3	空调	2350	35	82250	34	1.25%
城北	3	手机	2420	100	242000	8	3.68%
城东	3	电冰箱	3840	59	226560	11	3.45%
城南	3	电冰箱	3840	58	222720	12	3.39%
城南	3	空调	2350	53	124550	28	1.89%
城西	3	手机	2420	45	108900	31	1.66%
城北	4	电冰箱	3840	48	184320	15	2.80%
城北	4	空调	2350	28	65800	35	1.00%
城东	4	电冰箱	3840	42	161280	22	2.45%
城南	4	空调	2350	86	202100	14	3.07%
城南	4	手机	2420	55	133100	26	2.02%
城西	4	电冰箱	3840	75	288000	3	4.38%
城西	4	空调	2350	55	129250	27	1.97%
城西	4	手机	2420	60	145200	24	2.21%
		销售额总和			6576310		

产品	单价
电冰箱	3840
空调	2350
手机	2420

图 3–32　计算销售额总和及销售额占比

3.3 排序与筛选

Excel 提供了强大的组织和管理大量数据的功能，使数据管理更加科学、高效。本节主要介绍数据排序和筛选的操作方法。

3.3.1 排序

在数据处理过程中，常常需要将某一列或某几列数据按照一定次序进行排列。在 Excel 中，可通过“数据”选项卡｜“排序和筛选”组｜“升序”或“降序”选项实现

单个字段数据排序。若需要按照多个字段排序，可通过“数据”选项卡 |“排序和筛选”组 |“排序”选项实现。

在设置排序时，可以按照数值大小排序，也可以按照字体颜色、单元格图标或单元格颜色等排序。在数值排序时：数字 < 字母 < 汉字 < 逻辑值。当排序顺序与常规数值顺序不同时，还可以进行自定义序列排序。

3.3.2 筛选

筛选功能可以帮助用户从大量的数据中快速找出自己需要的内容。Excel 提供了自动筛选和高级筛选两种功能。

1. 自动筛选

利用自动筛选功能能够快速地将符合条件的数据筛选出来，对不同类型的数据分别提供了不同的筛选方式，使筛选过程方便快捷。多列数据分别设置筛选条件，可实现同时满足多条件下的筛选结果。“自动筛选”功能是通过“数据”选项卡 |“排序和筛选”组 |“筛选”选项实现的。

2. 高级筛选

当筛选条件比较复杂，需要利用多个条件分别进行筛选时，可以采用高级筛选功能。“高级筛选”功能是通过“数据”选项卡 |“排序和筛选”组 |“高级”选项实现的。

高级筛选功能需要事先在工作表的空白单元格中准备筛选条件区域。条件区域的首行应为筛选的字段名称，字段名的下方写相应的筛选条件。其中，同一行的条件之间是“与”的关系，不同行的条件之间是“或”的关系。

【例 3–5】在“订单表 .xlsx”工作簿文件的“订单”工作表中，对“运货商”字段设置排序序列，并筛选出符合条件的订单信息。

操作步骤如下。

（1）首先设置“运货商”字段按照“联邦货运、统一包裹、急速快递”的顺序进行排序，同一个运货商时再按照“运费”从高到低排序。

① 打开“订单表 .xlsx”工作簿文件，将光标放置在数据区，选择“数据”选项卡 |“排序和筛选”组 |“排序”选项，弹出“排序”对话框，在“主要关键字”中选择“运货商”字段，在“排序依据”中选择“数值”，在“次序”中选择“自定义序列”，如图 3–33 所示。

② 这时弹出了“自定义序列”对话框，在“输入序列”框中依次输入“联邦货运”“统一包裹”“急速快递”，可以将 3 个运货商名称输入在同一行上，用半角逗号分隔，或者每输入一个运货商名称均按一次 Enter 键，使 3 个名称分别为一行。单击“添加”按钮，将自定义的序列添加到左侧序列列表中，如图 3–34 所示。单击“确定”按钮返回“排序”对话框。

③ 在“排序”对话框中，单击“添加条件”按钮，设置“次要关键字”为“运费”字段，“排序依据”为“数值”，“次序”为“降序”，如图 3–35 所示。

单击“确定”按钮，完成“运货商”为主要关键字、“运费”为次要关键字的排序设置，排序结果如图 3–36 所示。

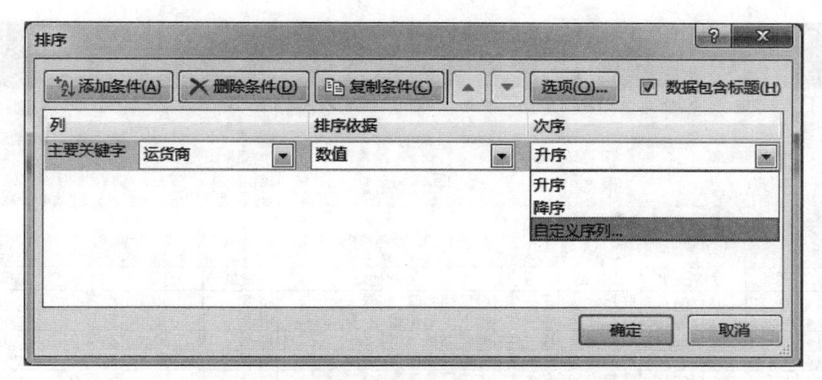

图 3-33　设置主要关键字的“排序”对话框

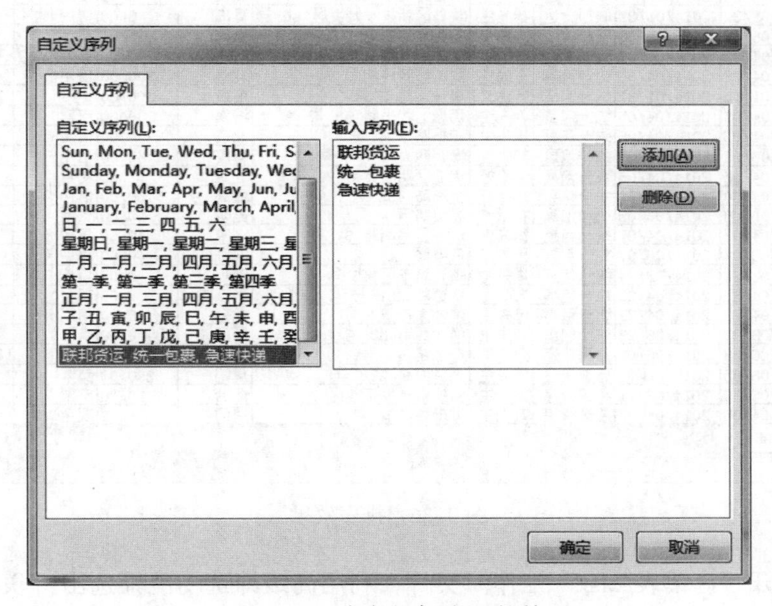

图 3-34　“自定义序列”对话框

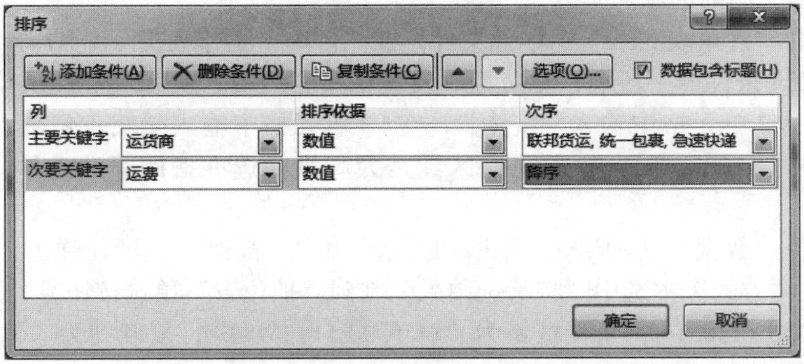

图 3-35　设置次要关键字的“排序”对话框

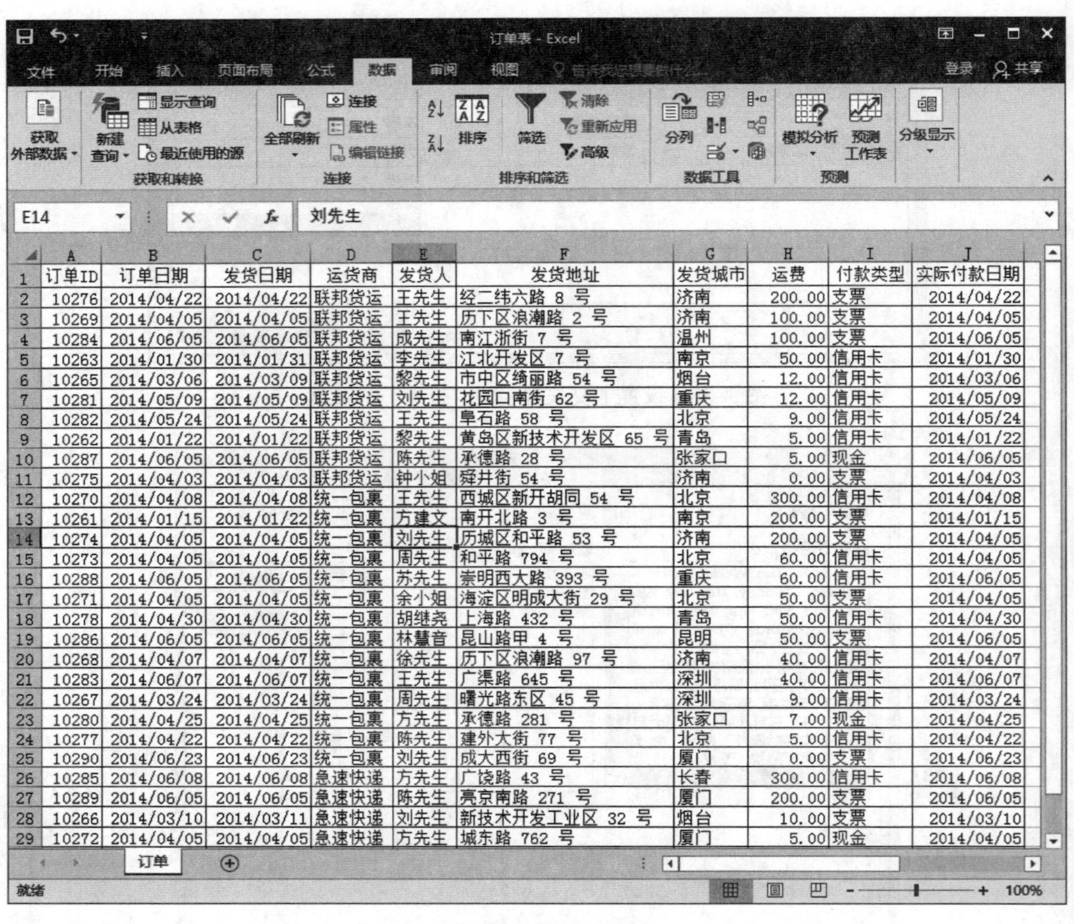

	A	B	C	D	E	F	G	H	I	J
1	订单ID	订单日期	发货日期	运货商	发货人	发货地址	发货城市	运费	付款类型	实际付款日期
2	10276	2014/04/22	2014/04/22	联邦货运	王先生	经二纬六路 8 号	济南	200.00	支票	2014/04/22
3	10269	2014/04/05	2014/04/05	联邦货运	王先生	历下区浪潮路 2 号	济南	100.00	支票	2014/04/05
4	10284	2014/06/05	2014/06/05	联邦货运	成先生	南江浙街 7 号	温州	100.00	支票	2014/06/05
5	10263	2014/01/30	2014/01/31	联邦货运	李先生	江北开发区 7 号	南京	50.00	信用卡	2014/01/30
6	10265	2014/03/06	2014/03/09	联邦货运	黎先生	市中区绮丽路 54 号	烟台	12.00	信用卡	2014/03/06
7	10281	2014/05/09	2014/05/09	联邦货运	刘先生	花园口南街 62 号	重庆	12.00	信用卡	2014/05/09
8	10282	2014/05/24	2014/05/24	联邦货运	王先生	阜石路 58 号	北京	9.00	信用卡	2014/05/24
9	10262	2014/01/22	2014/01/22	联邦货运	黎先生	黄岛区新技术开发区 65 号	青岛	5.00	信用卡	2014/01/22
10	10287	2014/06/05	2014/06/05	联邦货运	陈先生	承德路 28 号	张家口	5.00	现金	2014/06/05
11	10275	2014/04/03	2014/04/03	联邦货运	钟小姐	舜井街 54 号	济南	0.00	支票	2014/04/03
12	10270	2014/04/08	2014/04/08	统一包裹	王先生	西城区新开胡同 54 号	北京	300.00	信用卡	2014/04/08
13	10261	2014/01/15	2014/01/22	统一包裹	方建文	南开北路 3 号	南京	200.00	支票	2014/01/15
14	10274	2014/04/05	2014/04/05	统一包裹	刘先生	历城区和平路 53 号	济南	200.00	支票	2014/04/05
15	10273	2014/04/05	2014/04/05	统一包裹	周先生	和平路 794 号	北京	60.00	信用卡	2014/04/05
16	10288	2014/06/05	2014/06/05	统一包裹	苏先生	崇明西大路 393 号	重庆	60.00	信用卡	2014/06/05
17	10271	2014/04/05	2014/04/05	统一包裹	余小姐	海淀区明成大街 29 号	北京	50.00	支票	2014/04/05
18	10278	2014/04/30	2014/04/30	统一包裹	胡继尧	上海路 432 号	青岛	50.00	信用卡	2014/04/30
19	10286	2014/06/05	2014/06/05	统一包裹	林慧音	昆山路甲 4 号	昆明	50.00	支票	2014/06/05
20	10268	2014/04/07	2014/04/07	统一包裹	徐先生	历下区浪潮路 97 号	济南	40.00	信用卡	2014/04/07
21	10283	2014/06/07	2014/06/07	统一包裹	王先生	广渠路 645 号	深圳	40.00	信用卡	2014/06/07
22	10267	2014/03/24	2014/03/24	统一包裹	周先生	曙光路东区 45 号	深圳	9.00	信用卡	2014/03/24
23	10280	2014/04/25	2014/04/25	统一包裹	方先生	承德路 281 号	张家口	7.00	现金	2014/04/25
24	10277	2014/04/22	2014/04/22	统一包裹	陈先生	建外大街 77 号	北京	5.00	信用卡	2014/04/22
25	10290	2014/06/23	2014/06/23	统一包裹	刘先生	成大西街 69 号	厦门	0.00	支票	2014/06/23
26	10285	2014/06/08	2014/06/08	急速快递	方先生	广饶路 43 号	长春	300.00	信用卡	2014/06/08
27	10289	2014/06/05	2014/06/05	急速快递	陈先生	亮京南路 271 号	厦门	200.00	支票	2014/06/05
28	10266	2014/03/10	2014/03/11	急速快递	刘先生	新技术开发工业区 32 号	烟台	10.00	支票	2014/03/10
29	10272	2014/04/05	2014/04/05	急速快递	方先生	城东路 762 号	厦门	5.00	现金	2014/04/05

图 3-36　排序效果

微视频 3-5
高级筛选

（2）打开“订单表 .xlsx”工作簿文件，利用高级筛选功能筛选出：联邦货运公司济南发货的订单信息和统一包裹公司运费在 100 元以上的订单信息，将筛选结果复制到 L7 单元格开始的区域。

① 打开“订单表 .xlsx”工作簿文件，在“订单”工作表的 L1：N1 单元格区域中分别输入筛选条件的字段名：运货商、发货城市、运费。在 L2 单元格中输入“联邦货运”，在 M2 单元格中输入“济南”，在 L3 单元格中输入“统一包裹”，在 N3 单元格中输入“>100”。L1：N3 单元格区域是为高级筛选准备的筛选条件，如图 3-37 所示。

② 选择“数据”选项卡｜“排序和筛选”组｜“高级”选项，弹出“高级筛选”对话框，在“方式”中选中“将筛选结果复制到其他位置”单选按钮，分别设置列表区域为“$A$1：$J$31”，条件区域为“订单 !$L$1：$N$3”，复制到为“订单 !$L$7”，单击“确定”按钮（如图 3-38 所示）。

③ 最终高级筛选结果如图 3-39 所示。

	L	M	N
1	运货商	发货城市	运费
2	联邦货运	济南	
3	统一包裹		>100

图 3-37 筛选条件

图 3-38 “高级筛选”对话框

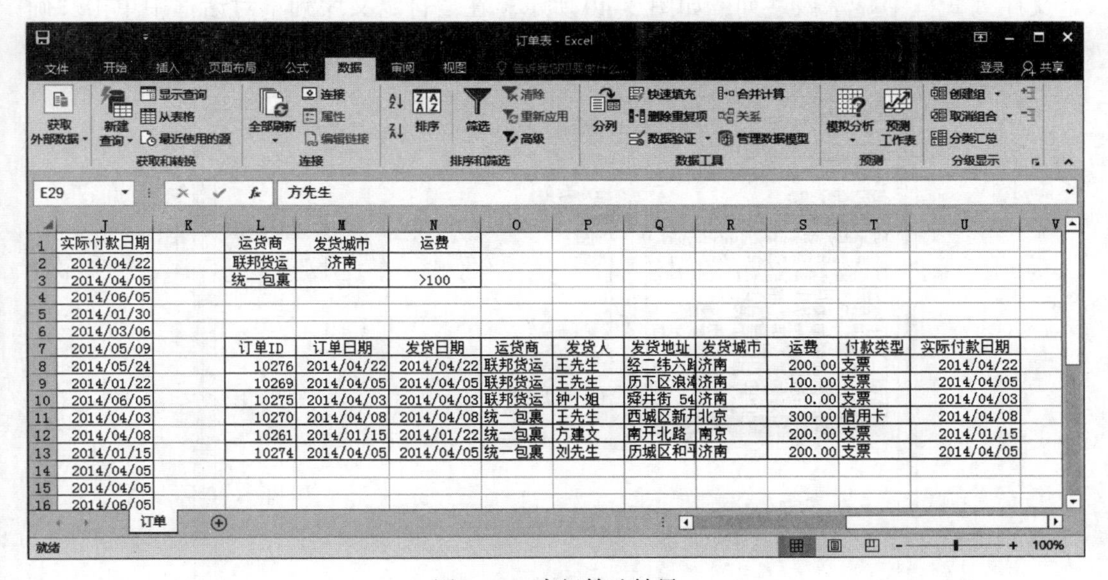

图 3-39 高级筛选结果

3.4 分类汇总与合并计算

3.4.1 分类汇总

分类汇总是将表格中的数据按照某一类别（如“部门”）分别进行统计计算，如求和、平均值、计数、最大值、最小值等。为了能够实现将同一类别的数据进行汇总的统计效果，在分类汇总操作之前，需要按照分类的字段进行排序（升序或降序均可）。“分类汇总”功能是通过“数据”选项卡｜“分级显示”组｜“分类汇总”选项实现的。

【例 3–6】在“学生信息表 .xlsx”工作簿文件的 3 个工作表中分别实现对数据的分类汇总操作。

操作步骤如下。

（1）在“学生信息”工作表中，利用分类汇总统计出不同政治面貌的人数（按照“学号”字段计数，政治面貌按“党员、团员、群众”自定义序列排序），汇总结果显示在数据下方。

① 打开“学生信息表 .xlsx”工作簿文件，在“学生信息”工作表中，单击“数据”选项卡 |“排序和筛选”组 |“排序”按钮，在弹出的“排序”对话框中，设置“主要关键字”为“政治面貌”字段，“排序依据”为“数值”，在“次序”下拉列表中选择“自定义序列”，在弹出的“自定义序列”对话框的“输入序列”框中依次输入“党员”“团员”和“群众”，每一项分别为一行，单击“添加”按钮，就会在左侧的“自定义序列”框中显示该序列，如图 3–40 所示。在“自定义序列”对话框中单击“确定”按钮，在“排序”对话框中单击“确定”按钮。

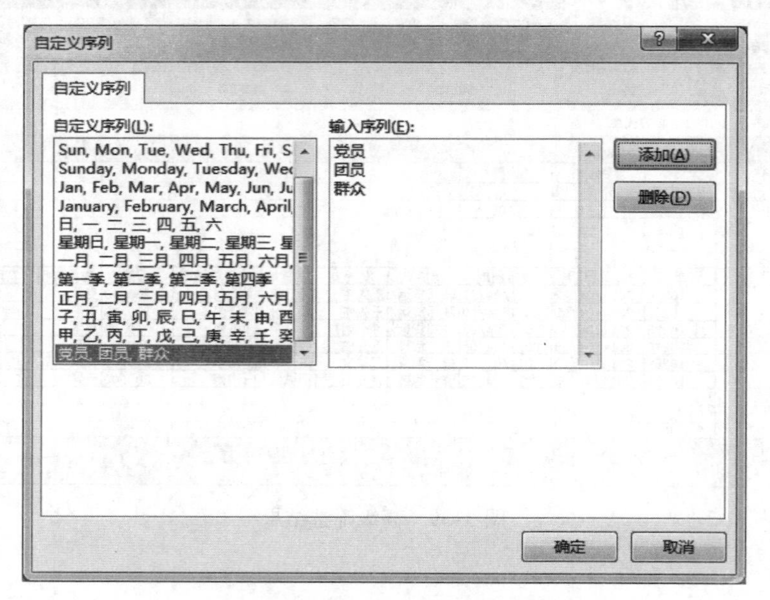

图 3–40 “自定义序列”对话框

② 将光标定位在 A1: H150 单元格区域中，单击“数据”选项卡 |“分级显示”组 |“分类汇总”按钮，在弹出的“分类汇总”对话框中，设置“分类字段”为“政治面貌”，“汇总方式”为“计数”，在“选定汇总项”中选中“学号”，取消其他字段的选择，选中“汇总结果显示在数据下方”复选框，单击“确定”按钮（如图 3–41 所示）。

③ 分类汇总的结果如图 3–42 所示。

（2）在“学生成绩”工作表中，利用分类汇总统计出各班级的“计算机基础”课程的平均分和“宏观经济学”课程的平均分，汇总结果显示在数据下方。

① 打开“学生信息表 .xlsx”工作簿文件，在“学生成绩”工作表中，将光标定位

在“班级”列中，在“数据”选项卡的“排序和筛选”组中单击“升序”按钮，当前数据即按照班级升序排列。

② 将光标定位在数据区中，单击“数据”选项卡｜“分级显示”组｜“分类汇总”按钮，在弹出的“分类汇总”对话框中，设置“分类字段”为“班级”，“汇总方式”为“平均值”，在“选定汇总项”中分别选中“计算机基础”和“宏观经济学”，取消其他字段的选择，选中“汇总结果显示在数据下方”复选框，单击“确定”按钮（如图 3–43 所示）。

③ 分类汇总的结果如图 3–44 所示。

（3）在“各科成绩”工作表中，利用分类汇总统计出各班级男女生的各门课程的平均分，汇总结果显示在数据下方，并将汇总结果复制到单元格 A38 开始的区域，最后取消分类汇总。

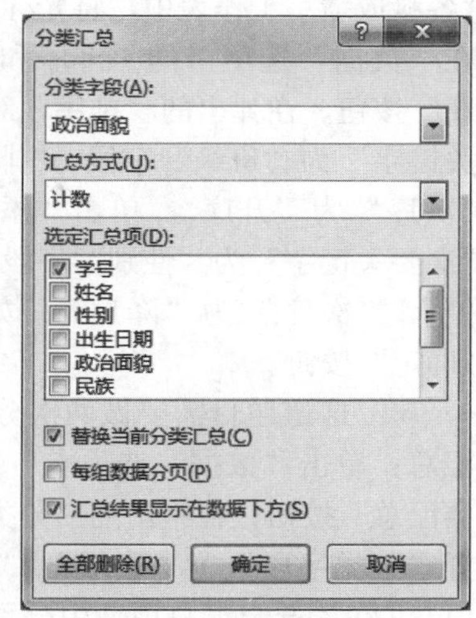

图 3–41　“分类汇总”对话框

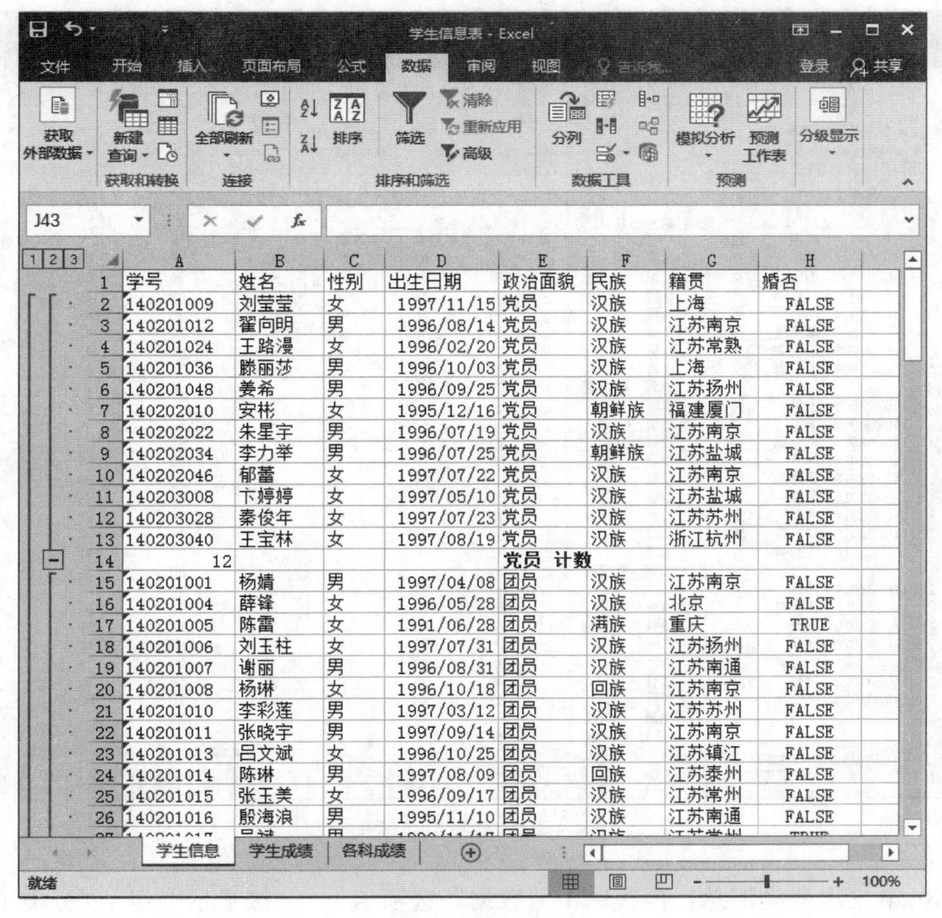

	A	B	C	D	E	F	G	H
1	学号	姓名	性别	出生日期	政治面貌	民族	籍贯	婚否
2	140201009	刘莹莹	女	1997/11/15	党员	汉族	上海	FALSE
3	140201012	翟向明	男	1996/08/14	党员	汉族	江苏南京	FALSE
4	140201024	王路漫	女	1996/02/20	党员	汉族	江苏常熟	FALSE
5	140201036	滕丽莎	男	1996/10/03	党员	汉族	上海	FALSE
6	140201048	姜希	男	1996/09/25	党员	汉族	江苏扬州	FALSE
7	140202010	安彬	女	1995/12/16	党员	朝鲜族	福建厦门	FALSE
8	140202022	朱星宇	男	1996/07/19	党员	汉族	江苏南京	FALSE
9	140202034	李力举	男	1996/07/25	党员	朝鲜族	江苏盐城	FALSE
10	140202046	郁蕾	女	1997/07/22	党员	汉族	江苏南京	FALSE
11	140203008	卞婷婷	女	1997/05/10	党员	汉族	江苏盐城	FALSE
12	140203028	秦俊年	女	1997/07/23	党员	汉族	江苏苏州	FALSE
13	140203040	王宝林	女	1997/08/19	党员	汉族	浙江杭州	FALSE
14	12				党员 计数			
15	140201001	杨婧	男	1997/04/08	团员	汉族	江苏南京	FALSE
16	140201004	薛锋	女	1996/05/28	团员	汉族	北京	FALSE
17	140201005	陈雷	女	1991/06/28	团员	满族	重庆	TRUE
18	140201006	刘玉柱	女	1997/07/31	团员	汉族	江苏扬州	FALSE
19	140201007	谢丽	男	1996/08/31	团员	汉族	江苏南通	FALSE
20	140201008	杨琳	女	1996/10/18	团员	回族	江苏南京	FALSE
21	140201010	李彩莲	男	1997/03/12	团员	汉族	江苏苏州	FALSE
22	140201011	张晓宇	男	1997/09/14	团员	汉族	江苏南京	FALSE
23	140201013	吕文斌	女	1996/10/25	团员	汉族	江苏镇江	FALSE
24	140201014	陈琳	男	1997/08/09	团员	回族	江苏泰州	FALSE
25	140201015	张玉美	女	1996/09/17	团员	汉族	江苏常州	FALSE
26	140201016	殷海浪	男	1995/11/10	团员	汉族	江苏南通	FALSE

图 3–42　分类汇总结果

① 打开“学生信息表.xlsx”工作簿文件，在“各科成绩”工作表中，将光标定位在“班级”列中，在“数据”选项卡的“排序和筛选”组中单击“排序”按钮。在弹出的“排序”对话框中，设置“主要关键字”为“班级”字段，“排序依据”为“数值”，“次序”为“升序”。单击“添加条件”按钮，设置“次要关键字”为“性别”字段，“排序依据”为“数值”，“次序”为“降序”，如图 3–45 所示，单击“确定”按钮。

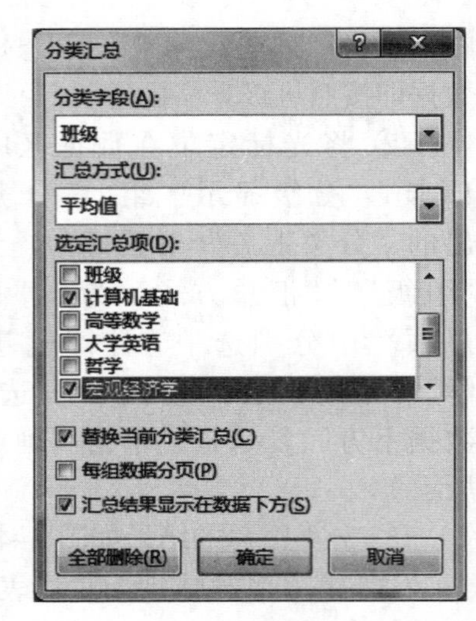

图 3–43　“分类汇总”对话框

② 这道题目需要做两次分类汇总。第一次分类汇总：单击“数据”选项卡 | “分级显示”组 | “分类汇总”按钮，在弹出的“分类汇总”对话框中，设置“分类字段”为“班级”，“汇总方式”为“平均值”，在“选定汇总项”中分别选中各门课程，选中“汇总结果显示在数据下方”复选框，单击“确定”按钮（如图 3–46 所示）。

	A	B	C	D	E	F	G	H	I	J	K
1	学号	姓名	性别	班级	计算机基础	高等数学	大学英语	哲学	宏观经济学	会计学管理	数据库系统
2	140201001	温柔	女	1班	61	39	82	45	94	56	71
3	140201002	周伟	女	1班	75	84	82	67	80	60	93
4	140201003	刘福伟	男	1班	29	54	69	69	98	40	95
5	140201004	刘峰	男	1班	90	36	90	63	96	86	48
6	140201005	戴启发	男	1班	65	82	64	67	71	91	91
7	140201006	谈晓春	女	1班	51	86	89	97	89	93	61
8	140201007	丁洁瑾	女	1班	97	51	82	45	76	90	51
9				**1班　平均值**	67				86		
10	140202008	王昆	男	2班	60	52	63	84	91	62	64
11	140202009	李俊	女	2班	80	62	92	99	56	60	65
12	140202010	李一品	男	2班	73	80	73	70	95	70	87
13	140202011	陈方	女	2班	68	75	77	55	85	67	96
14	140202012	章庭磊	男	2班	97	61	81	63	73	98	74
15	140202013	朱峰	男	2班	82	61	88	75	75	78	60
16	140202014	陈琼	女	2班	95	86	66	77	74	67	79
17	140202015	赵东强	男	2班	68	88	64	44	91	97	60
18	140202016	陈恣驱	女	2班	85	89	43	79	98	91	97
19				**2班　平均值**	79				82		
20	140203017	韩强	男	3班	89	53	87	81	84	62	84
21	140203018	袁骅娟	女	3班	88	92	39	61	83	65	73
22	140203019	周锋	男	3班	76	72	96	60	88	78	23
23	140203020	张翔	男	3班	75	33	76	78	85	95	75
24	140203021	张汇英	女	3班	38	80	74	77	95	74	87
25	140203022	孙敏	女	3班	90	85	78	85	75	55	78
26	140203023	蔡仁元	男	3班	63	93	91	88	72	93	87
27				**3班　平均值**	74				83		
28				**总计平均值**	74				84		

图 3–44　分类汇总结果

③ 第二次分类汇总：再次单击“数据”选项卡 | “分级显示”组 | “分类汇总”按钮，在弹出的“分类汇总”对话框中，设置“分类字段”为“性别”，“汇总方式”

为“平均值”，在“选定汇总项”中仍是分别选中各门课程，选中“汇总结果显示在数据下方”复选框，取消选中“替换当前分类汇总”复选框，单击“确定”按钮（如图 3–47 所示）。最终分类汇总的结果如图 3–48 所示。

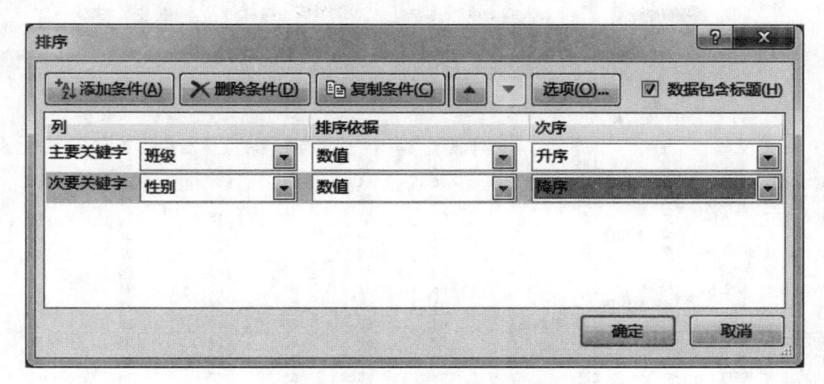

图 3–45 “排序”对话框

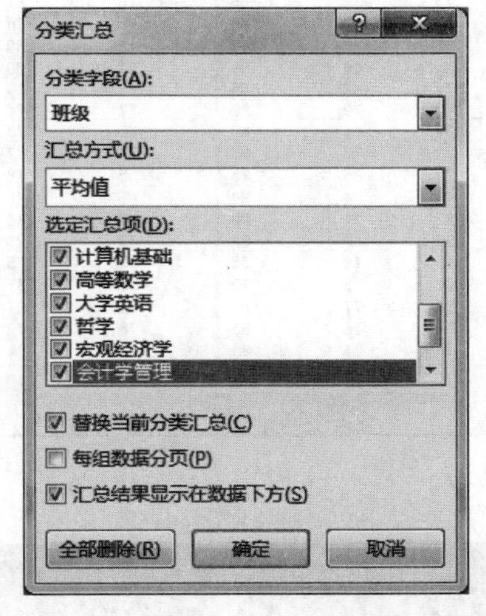

图 3–46 第一次“分类汇总”对话框

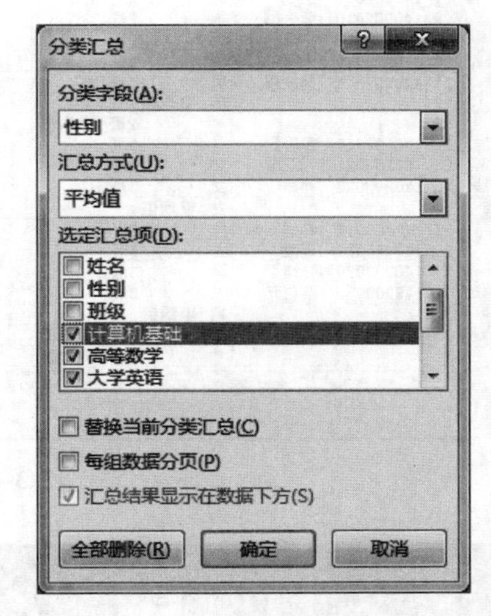

图 3–47 第二次“分类汇总”对话框

④ 在数据区左侧单击数字“3”，将分类汇总结果折叠到第 3 层，选中整个数据区，如图 3–49 所示。按 Alt+; 键，或者在“开始”选项卡“编辑”组中单击“查找和选择”按钮，在下拉列表中选择“定位条件”选项，弹出如图 3–50 所示的“定位条件”对话框，选中其中的“可见单元格”单选按钮，单击“确定”按钮。这样就选中了分类汇总的可见单元格数据，而不包括隐藏起来的数据内容。

⑤ 按 Ctrl+C 键复制分类汇总数据区，然后将光标定位在 A38 单元格，按 Ctrl+V 键将汇总结果粘贴在当前位置，结果如图 3–51 所示。

⑥ 将光标定位在分类汇总数据区，再次单击“数据”选项卡｜“分级显示”组｜“分类汇总”按钮，在弹出的“分类汇总”对话框中单击“全部删除”按钮，取消分类汇总。

	A	B	C	D	E	F	G	H	I	J	K
1	学号	姓名	性别	班级	计算机基础	高等数学	大学英语	哲学	宏观经济学	会计学管理	数据库系统
2	140201001	温柔	女	1班	61	39	82	45	94	56	71
3	140201002	周伟	女	1班	75	84	82	67	80	60	93
4	140201006	谈晓春	女	1班	51	86	89	97	89	93	61
5	140201007	丁洁瑾	女	1班	97	51	82	45	76	90	51
6			**女 平均值**		71	65	84	64	85	75	69
7	140201003	刘福伟	男	1班	29	54	69	69	98	40	95
8	140201004	刘峰	男	1班	90	36	90	63	96	86	48
9	140201005	戴启发	男	1班	65	82	64	67	71	91	91
10			**男 平均值**		61	57	74	66	88	72	78
11				**1班 平均值**	67	62	80	65	86	74	73
12	140202009	李俊	女	2班	80	62	92	99	56	60	65
13	140202011	陈方	女	2班	68	75	77	55	85	67	96
14	140202014	陈琼	女	2班	95	86	66	77	74	67	79
15	140202016	陈忞銐	女	2班	85	89	43	79	98	91	97
16			**女 平均值**		82	78	70	78	78	71	84
17	140202008	王昆	男	2班	60	52	63	84	91	62	64
18	140202010	李一品	男	2班	73	80	73	70	95	70	87
19	140202012	章庭磊	男	2班	97	61	81	63	73	98	74
20	140202013	朱峰	男	2班	82	61	88	75	75	78	60
21	140202015	赵东强	男	2班	68	88	64	44	91	97	60
22			**男 平均值**		76	68	74	67	85	81	69
23				**2班 平均值**	79	73	72	72	82	77	76
24	140203018	袁骅娟	女	3班	88	92	39	61	83	65	73
25	140203021	张汇英	女	3班	38	80	74	77	95	74	87
26	140203022	孙敏	女	3班	90	85	78	85	75	55	78
27			**女 平均值**		72	86	64	74	84	65	79
28	140203017	韩强	男	3班	89	53	87	81	84	62	84
29	140203019	周锋	男	3班	76	72	96	60	88	78	23
30	140203020	张翔	男	3班	75	33	76	78	85	95	75
31	140203023	蔡仁元	男	3班	63	93	91	88	72	93	87
32			**男 平均值**		76	63	88	77	82	82	67
33				**3班 平均值**	74	73	77	76	83	75	72
34				**总计平均值**	74	69	76	71	84	75	74

图 3–48　分类汇总结果

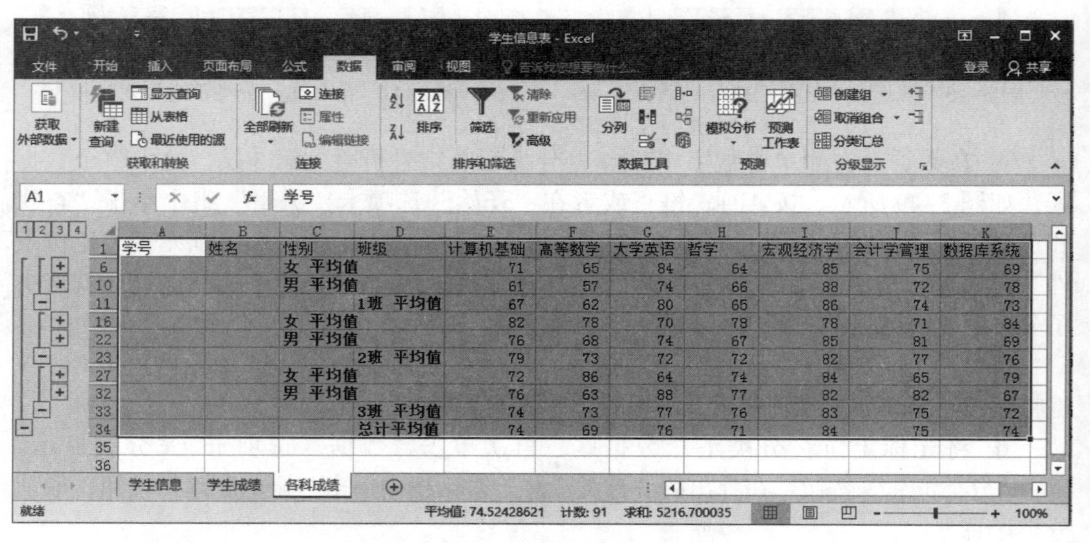

	A	B	C	D	E	F	G	H	I	J	K
1	学号	姓名	性别	班级	计算机基础	高等数学	大学英语	哲学	宏观经济学	会计学管理	数据库系统
6			女 平均值		71	65	84	64	85	75	69
10			男 平均值		61	57	74	66	88	72	78
11				1班 平均值	67	62	80	65	86	74	73
16			女 平均值		82	78	70	78	78	71	84
22			男 平均值		76	68	74	67	85	81	69
23				2班 平均值	79	73	72	72	82	77	76
27			女 平均值		72	86	64	74	84	65	79
32			男 平均值		76	63	88	77	82	82	67
33				3班 平均值	74	73	77	76	83	75	72
34				总计平均值	74	69	76	71	84	75	74

图 3–49　折叠后的分类汇总结果

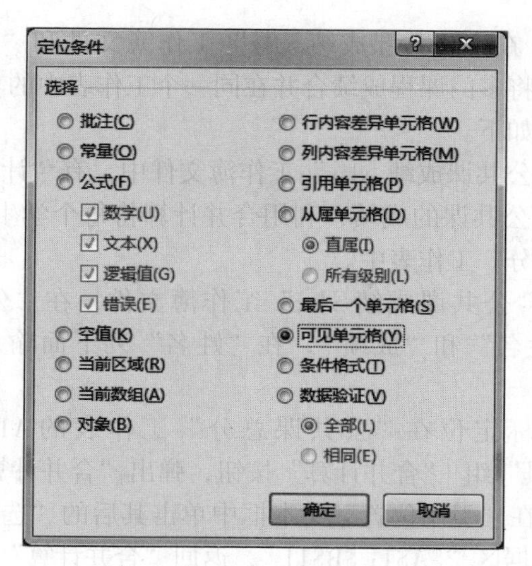

图 3-50 “定位条件”对话框

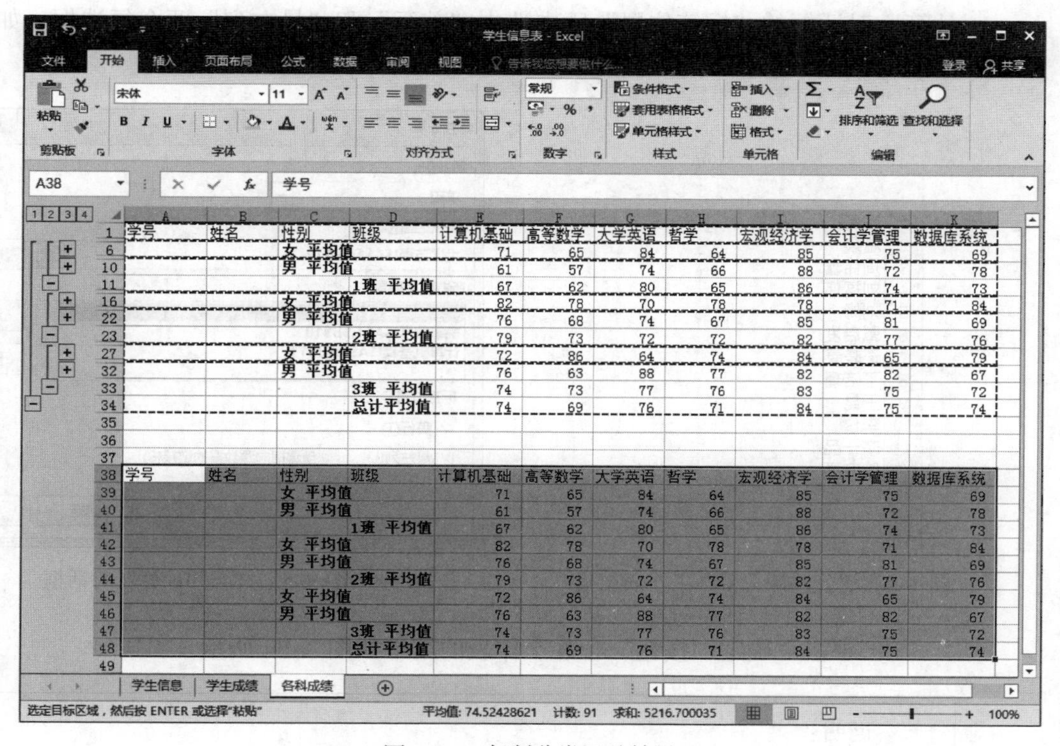

图 3-51 复制分类汇总结果

3.4.2 合并计算

合并计算功能可以将多个工作表（子工作表）中的数据合并到一个工作表（主工作表）中，主工作表和子工作表的结构应一致。主工作表和子工作表可以位于同一个工作簿中，也可以位于不同的工作簿中。

微视频 3-6
合并计算——
求和汇总

【例 3-7】在“公共课成绩 .xlsx”工作簿文件和“专业课成绩 .xlsx”工作簿文件中，分别实现将多门课程成绩合并在同一个工作表中的功能。

操作步骤如下。

（1）在“公共课成绩 .xlsx”工作簿文件中，有“计算机基础”“高等数学”和“大学英语”三门公共课的成绩，利用合并计算将每个学生的三门公共课成绩求总分存放到“公共课总分”工作表中。

① 打开“公共课成绩 .xlsx”工作簿文件，在“公共课总分”工作表的第一行输入标题“姓名”和“成绩”，在“姓名”列下面输入所有学生的姓名，如图 3-52 所示。

② 将光标定位在“公共课总分”工作表的 A1 单元格，单击“数据”选项卡 |“数据工具”组 |“合并计算”按钮，弹出“合并计算”对话框，在“函数”项中选择“求和”，在“引用位置”文本框中单击其后的“选择”按钮，选中“计算机基础”工作表中的数据区“$A$1: $B$11”，返回“合并计算”对话框后，单击“添加”按钮，以此类推，分别将“高等数学”和“大学英语”工作表的数据区添加进来。在“合并计算”对话框的“标签位置”区中选中“首行”和“最左列”两个复选框，如图 3-53 所示。

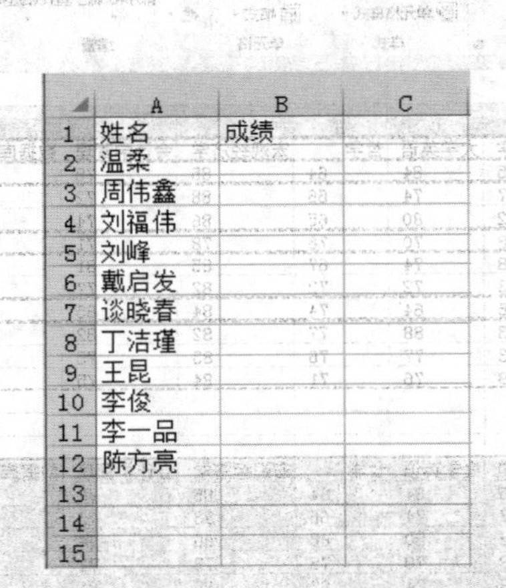

	A	B	C
1	姓名	成绩	
2	温柔		
3	周伟鑫		
4	刘福伟		
5	刘峰		
6	戴启发		
7	谈晓春		
8	丁洁瑾		
9	王昆		
10	李俊		
11	李一品		
12	陈方亮		
13			
14			
15			

图 3-52 “公共课总分”工作表结构

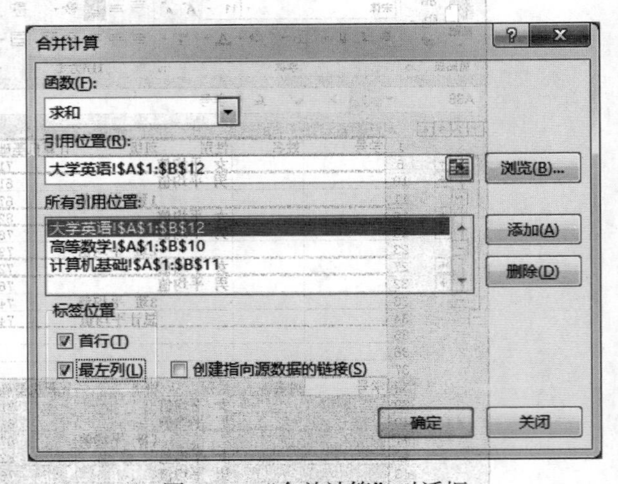

图 3-53 “合并计算”对话框

③ 单击“确定”按钮，合并工作表的结果如图 3-54 所示。

> 说明：
>
> ① 如需要修改或删除添加的引用位置，可在“合并计算”对话框中先选中已添加的引用位置，然后在“引用位置”框中修改或单击“删除”按钮。
>
> ② 在“合并计算”对话框中，当选中“创建指向源数据的链接”复选框时，可在每个学生总分下展开查看其分值明细，同时，主工作表的数据随着各子工作表数据的变化而变化（如图 3-55 所示）。若不选中该复选框，则只有每个学生的总分，而不包含明细数据（如图 3-54 所示）。

	A	B
1	姓名	成绩
2	温柔	182
3	周伟鑫	241
4	刘福伟	152
5	刘峰	216
6	戴启发	211
7	谈晓春	226
8	丁洁瑾	230
9	王昆	175
10	李俊	234
11	李一品	146
12	陈方亮	77

图 3–54 合并工作表的结果

1 2		A	B	C
	1	姓名		成绩
+	5	温柔		182
+	9	周伟鑫		241
+	13	刘福伟		152
+	17	刘峰		216
+	21	戴启发		211
+	25	谈晓春		226
+	29	丁洁瑾		230
+	33	王昆		175
+	37	李俊		234
+	40	李一品		146
+	42	陈方亮		77

图 3–55 带明细的分组计算结果

（2）在“专业课成绩 .xlsx”工作簿文件中，有“宏观经济学”“会计学原理”和“审计学”三门专业课的成绩，利用合并计算将每个学生的三门专业课成绩明细集中存放到“专业课成绩汇总”工作表中。

微视频 3–7
合并计算——
明细汇总

① 打开“专业课成绩 .xlsx”工作簿文件，在“专业课成绩汇总”工作表的第一行分别输入标题“姓名”和三门专业课的课程名称（“宏观经济学”“会计学原理”和“审计学”），在“姓名”列下面输入所有学生的姓名，如图 3–56 所示。

	A	B	C	D
1	姓名	宏观经济学	会计学原理	审计学
2	朱峰			
3	孙岗			
4	赵东强			
5	陈忞弢			
6	韩强			
7	黄尽翔			
8	周锋			
9	张翔			
10	张汇英			
11	李峰			
12				

图 3–56 “专业课成绩汇总”工作表结构

② 在“宏观经济学”“会计学原理”和“审计学”3 个工作表中，分别将“成绩”标题修改为相应的课程名称。如“宏观经济学”工作表中表格标题修改效果如图 3–57 所示。

③ 将光标定位在“专业课成绩汇总”工作表的 A1 单元格，单击“数据”选项卡｜“数据工具”组｜“合并计算”按钮，弹出“合并计算”对话框，在“引用位置”文本框中单击其后的“选择”按钮，选中“宏观经济学”工作表中的数据区“$A$1: $B$11”，返回“合并计算”对话框后，单击“添加”按钮，以此类推，分别将“会计学原理”和“审计学”工作表的数据区添加进来，在“合并计算”对话框的“标签位置”区中选中“首行”和“最左列”两个复选框，如图 3–58 所示。

④ 单击“确定”按钮，合并工作表的结果如图 3–59 所示。

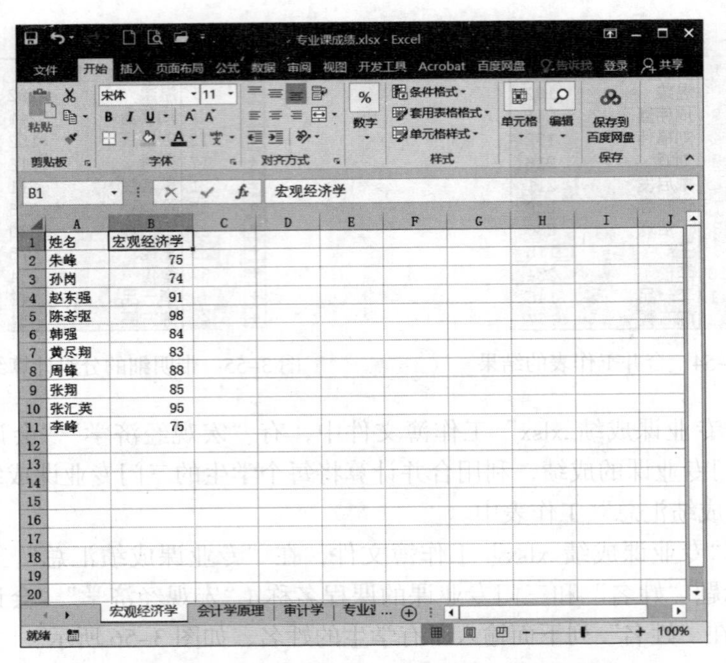

	A	B
1	姓名	宏观经济学
2	朱峰	75
3	孙岗	74
4	赵东强	91
5	陈态驱	98
6	韩强	84
7	黄尽翔	83
8	周锋	88
9	张翔	85
10	张汇英	95
11	李峰	75

图 3-57　“宏观经济学”工作表修改表格标题

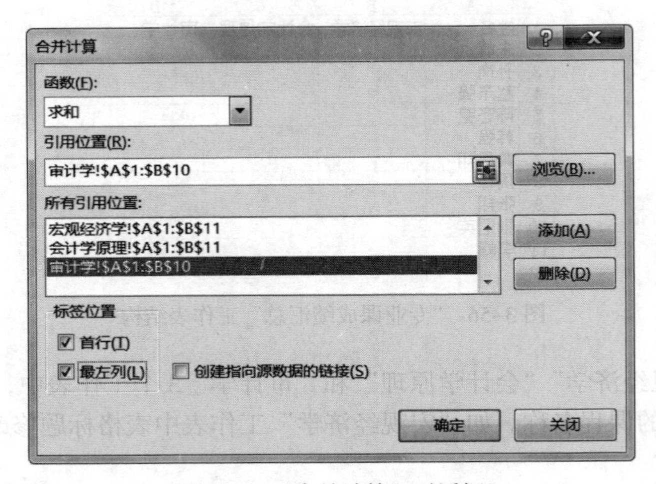

图 3-58　“合并计算”对话框

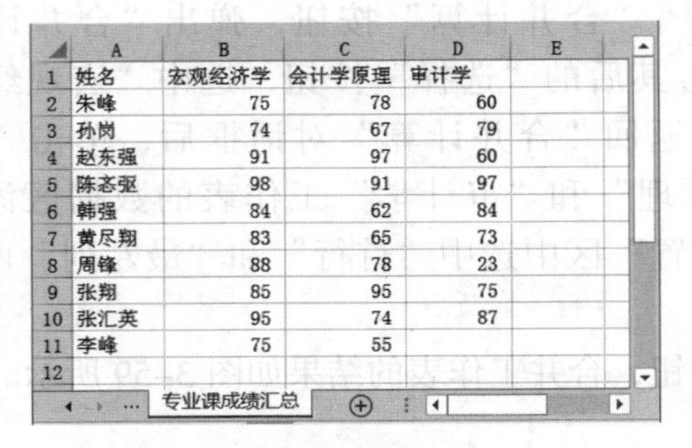

	A	B	C	D
1	姓名	宏观经济学	会计学原理	审计学
2	朱峰	75	78	60
3	孙岗	74	67	79
4	赵东强	91	97	60
5	陈态驱	98	91	97
6	韩强	84	62	84
7	黄尽翔	83	65	73
8	周锋	88	78	23
9	张翔	85	95	75
10	张汇英	95	74	87
11	李峰	75	55	

图 3-59　专业课成绩汇总的结果

3.5 数据透视表和数据透视图

3.5.1 数据透视表

数据透视表是可以快速地从不同角度分析、统计、汇总大量数据的交互式工具。数据透视表是一种交叉表格，行字段和列字段可以根据需要随意调整、删除或增加，能够深入地进行数据的汇总、分析，为用户提供有力的决策支持。

数据透视表的数据源既可以是本地 Excel 工作簿文件中的数据，也可以是来自外部数据源的数据。数据透视表中包括行字段、列字段、筛选字段和值域，在值域中可以使用求和、求平均值、计数、最大值、最小值、方差等多种汇总方式统计数据。数据透视表中的数据可以进行分组操作，如根据日期分组为年和月、产品根据类别分成多个组等。

3.5.2 数据透视图

数据透视图是数据透视表的图形表现形式，其操作方法和数据透视表类似，可以将汇总、分析的数据以图形形式展现。

【例 3–8】在“产品销售表 .xlsx”工作簿文件的“产品销售”工作表中，创建一个数据透视表，汇总显示各销售部门在各地区的销售金额的平均值，并按照销售日期的年和月进行筛选，取消行汇总。效果图如图 3–60 所示。

图 3–60 例 3–8 的效果图

操作步骤如下。

（1）打开“产品销售表 .xlsx”工作簿文件，在“产品销售”工作表中，将光标定位在数据区。单击“插入”选项卡 |“表格”组 |“数据透视表”按钮，在弹出的“创建数据透视表”对话框中，选中“选择一个表或区域”单选按钮，设置“表 / 区域”为“产品销售 !$A$1：$I$124”，在“选择放置数据透视表的位置”中选中“现有工作表”单选按钮，设置“位置”为“产品销售 !$K$5”，单击“确定”按钮，如图 3–61 所示。

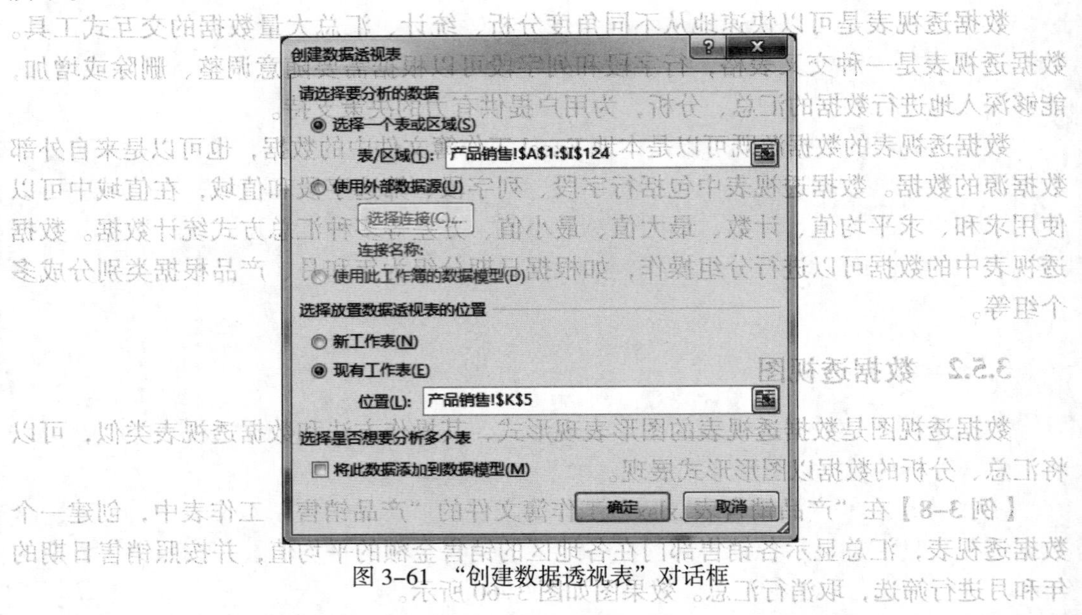

图 3–61 “创建数据透视表”对话框

（2）在“数据透视表字段”窗格中，在“销售日期”字段前选中打钩，或将“销售日期”字段拖到下方的“行”区域中，就会自动分组为：年、季度和销售日期，其中的“销售日期”的实际内容是月份。

将“年”和“销售日期”字段拖到“筛选器”区域，并修改“销售日期”的标签为“月”。

将“季度”字段删除，方法有以下两种。

① 将“季度”字段拖出“数据透视表字段”窗格即可。

② 单击“季度”字段右侧的小按钮，选择“删除字段”命令。

结果如图 3–62 所示。

（3）在“数据透视表字段”窗格中，将“销售部门”字段拖拉到“行”区域，将“区域”字段拖拉到“列”区域，将“金额”字段拖拉到“值”区域。单击“值”区域的“求和项：金额”右侧的小按钮，选择“值字段设置”，在弹出的“值字段设置”对话框中，设置“值汇总方式”为“平均值”，单击“确定”按钮，如图 3–63 所示。

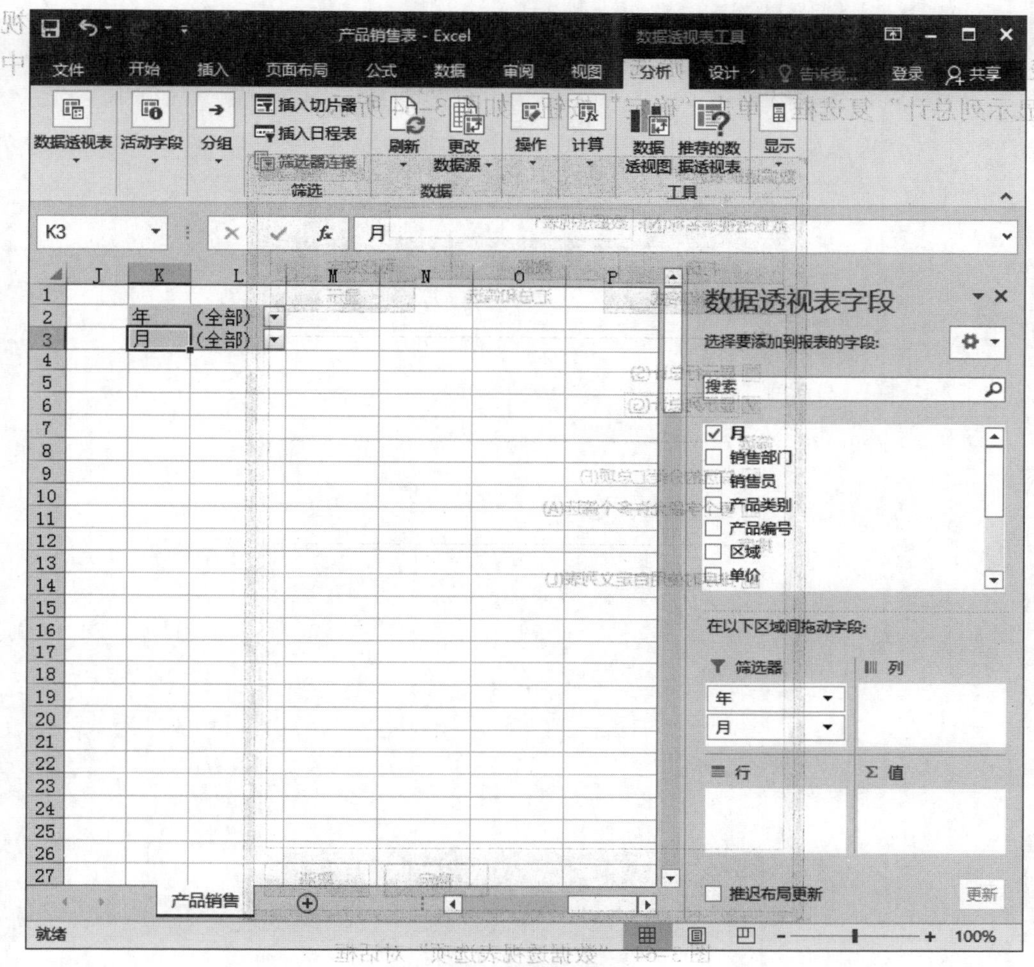

图 3-62　销售日期分组

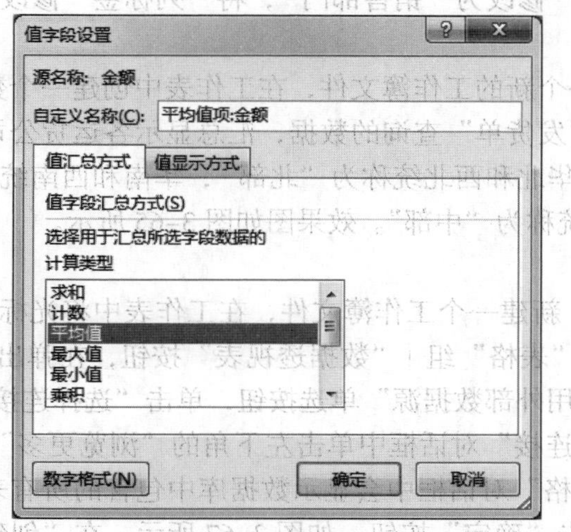

图 3-63　“值字段设置”对话框

（4）在数据透视表区域中右击，选择“数据透视表选项”命令，弹出“数据透视表选项”对话框，在“汇总和筛选”选项卡中取消选中“显示行总计”复选框，选中“显示列总计”复选框，单击“确定”按钮，如图 3–64 所示。

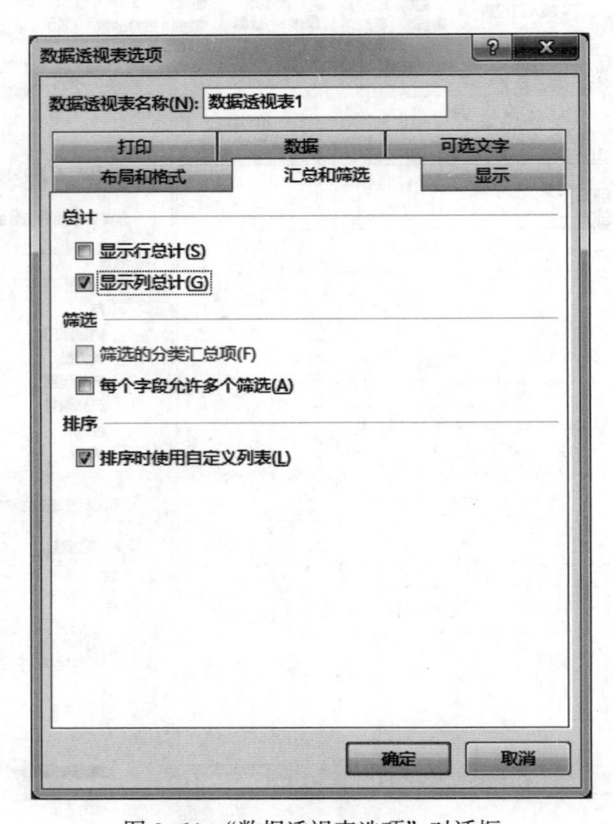

图 3–64 “数据透视表选项”对话框

（5）将“行标签”修改为“销售部门”，将“列标签”修改为“区域”，将值标签修改为“平均金额”。

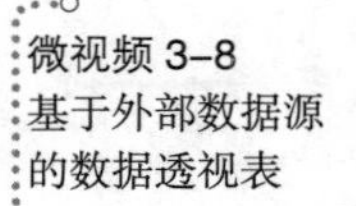

【例 3–9】 打开一个新的工作簿文件，在工作表中创建一个数据透视表，直接获取 Northwind 数据库中“发货单”查询的数据，汇总显示各运货公司发往不同地区的运货费总额，并将东北、华北和西北统称为“北部”，华南和西南统称为“南部”，华东统称为“东部”，华中统称为“中部”。效果图如图 3–65 所示。

操作步骤如下。

（1）打开 Excel，新建一个工作簿文件，在工作表中将光标定位在 A1 单元格。单击“插入”选项卡｜“表格”组｜“数据透视表”按钮，在弹出的“创建数据透视表”对话框中，选中“使用外部数据源”单选按钮，单击“选择连接”按钮，如图 3–66 所示。在弹出的“现有连接”对话框中单击左下角的“浏览更多”按钮，选择 Northwind 数据库。在“选择表格”对话框中会显示数据库中包含的所有表和查询，选择其中的“发货单”查询，单击“确定”按钮，如图 3–67 所示。在“创建数据透视表”对话框中单击“确定”按钮。

	A	B	C	D	E	F
1	运货费总额	运货商				
2	货主地区	急速快递	联邦货运	统一包裹	总计	
3	北部	24088.2	40669.11	57785.42	122542.73	
4	东部	12609.48	15933.9	16397.37	44940.75	
5	南部	15563.75	6842.13	17318.08	39723.96	
6	中部	110.56		68.94	179.5	
7	总计	52371.99	63445.14	91569.81	207386.94	
8						

图 3–65　例 3–9 的效果图

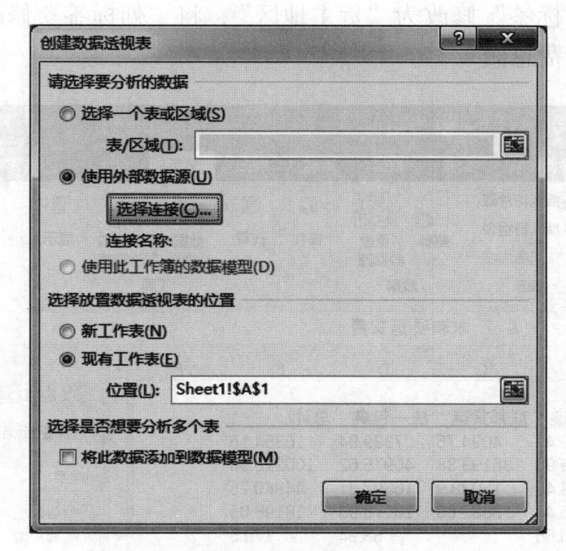

图 3–66　“创建数据透视表”对话框

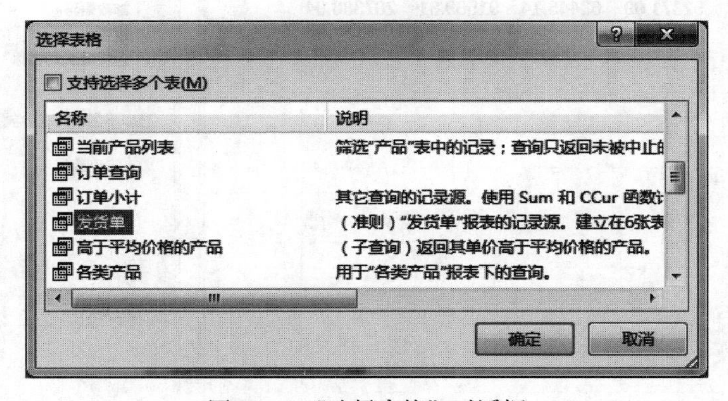

图 3–67　“选择表格”对话框

（2）在“数据透视表字段”窗格中，将“货主地区”字段拖动到“行”处，将“运货商 . 公司名称”字段拖动到“列”处，将“运货费”字段拖动到“值”处，如图 3–68 所示。

（3）在数据透视表中将数据分组。

① 在行标签中，按住 Ctrl 键的同时，用鼠标分别选中“东北”“华北”和“西北”，右击，在弹出的快捷菜单中选择“创建组”命令，这时就将“东北”“华北”和

“西北”合并成一个组，将组标签中“数据组 1”修改为“北部”。

② 在行标签中，同时选中“华南”和“西南”，利用鼠标右键快捷菜单中的“创建组”命令，将“华南”和“西南”合并成一组，并修改组标签“数据组 2”为“南部”。

③ 将组标签“华东”修改为“东部”，将组标签“华中”修改为“中部”，如图 3–69 所示。

（4）在“数据透视表字段”窗格中，删除“行”区域中的“货主地区”字段。将数据透视表中的“行标签”修改为“货主地区”，将“列标签”修改为“运货商”，将值标签修改为“运货费总额”。

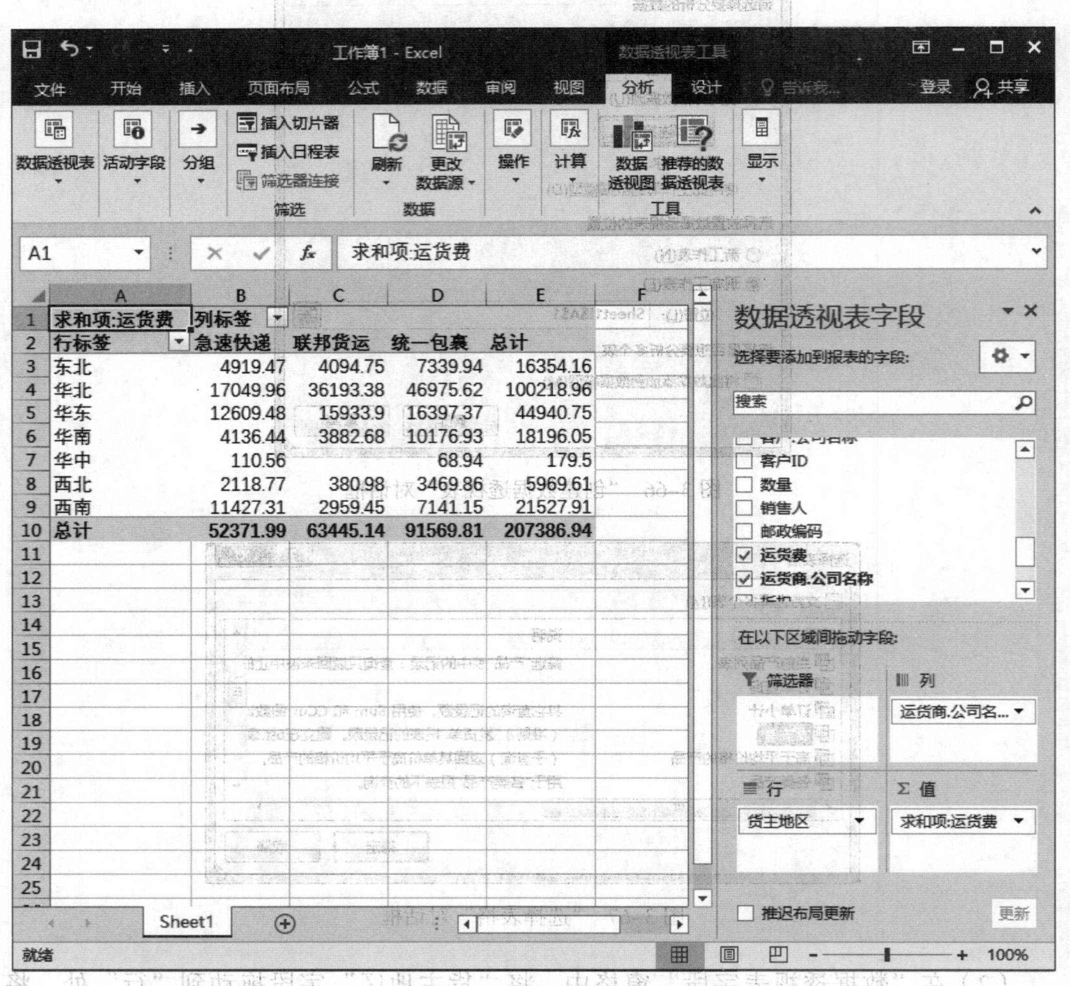

求和项:运货费	列标签			
行标签	急速快递	联邦货运	统一包裹	总计
东北	4919.47	4094.75	7339.94	16354.16
华北	17049.96	36193.38	46975.62	100218.96
华东	12609.48	15933.9	16397.37	44940.75
华南	4136.44	3882.68	10176.93	18196.05
华中	110.56		68.94	179.5
西北	2118.77	380.98	3469.86	5969.61
西南	11427.31	2959.45	7141.15	21527.91
总计	52371.99	63445.14	91569.81	207386.94

图 3–68　设置各区域内容

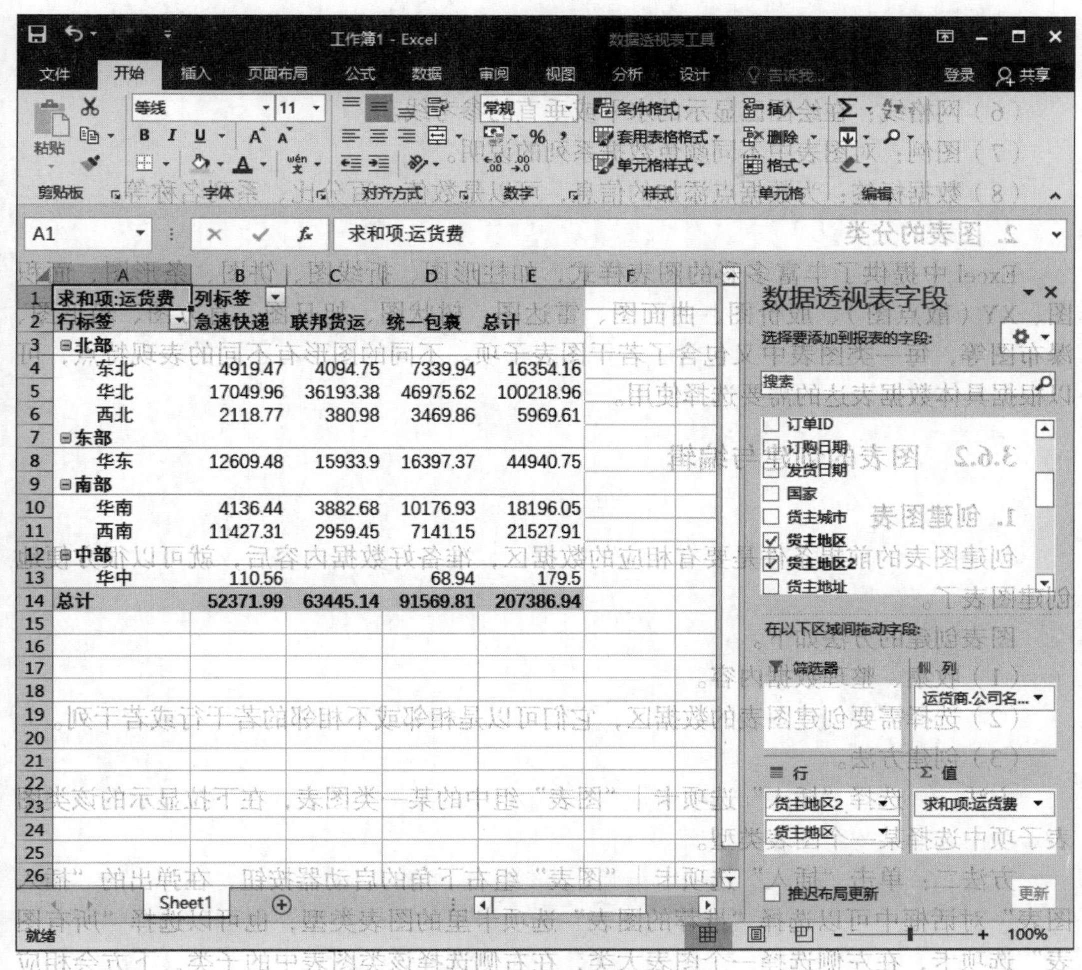

图 3–69 各地区分组

3.6 图表

3.6.1 图表的构成与分类

在 Excel 中利用图表可以将数据以图形的形式表现出来，使数据表现形式更加直观明了、形式多样。

1. 图表的构成

在一个图表中，包含了以下多种的图表元素。

（1）图表区：整个图表的作图区域。

（2）绘图区：绘制图表的主要区域。

（3）图表标题：为图表添加的说明性文字。

（4）横坐标和纵坐标：可以修改坐标的刻度、颜色、字体等内容。

（5）坐标轴标题：为坐标轴添加的说明性文字。

（6）网格线：在绘图区显示的水平或垂直的参考线。

（7）图例：对图表中不同颜色数据系列的说明。

（8）数据标签：为数据点添加的信息，可以是数值、百分比、系列名称等。

2. 图表的分类

Excel 中提供了丰富多彩的图表样式，如柱形图、折线图、饼图、条形图、面积图、XY（散点图）、股价图、曲面图、雷达图、树状图、旭日图、直方图、箱形图、瀑布图等，每一类图表中又包含了若干图表子项。不同的图形有不同的表现特点，可以根据具体数据表达的需要选择使用。

3.6.2 图表的创建与编辑

1. 创建图表

创建图表的前提条件是要有相应的数据区，准备好数据内容后，就可以很方便地创建图表了。

图表创建的方法如下。

（1）收集、整理数据内容。

（2）选择需要创建图表的数据区，它们可以是相邻或不相邻的若干行或若干列。

（3）创建方法。

方法一：选择“插入”选项卡｜“图表”组中的某一类图表，在下拉显示的该类图表子项中选择某一个图表类型。

方法二：单击“插入”选项卡｜“图表”组右下角的启动器按钮，在弹出的“插入图表”对话框中可以选择“推荐的图表”选项卡里的图表类型，也可以选择“所有图表”选项卡，在左侧选择一个图表大类，在右侧选择该类图表中的子类，下方会相应显示其预览效果，如图 3–70 所示。

2. 编辑图表

创建了图表后，往往需要对图表进行编辑加工。编辑图表的方法有以下两种。

方法一：选中图表，在功能区中会出现“图表工具”上下文选项卡，其中包含了“设计”和“格式”两个子选项卡，可以利用这里提供的选项进行图表的编辑操作。

方法二：在图表中选中某一个图表元素，如坐标轴、图例、网格线、数据系列等，右击，在弹出的快捷菜单中选择相应的功能进行设计操作。

微视频 3–9
图表

【例 3–10】在“2013 最佳县级城市 .xlsx”工作簿文件中，在“城市数据”工作表中基于“2013 中国最佳县级城市”数据区，创建一个显示各城市人才指数和城市规模指数的簇状柱形图。具体要求如下。

（1）添加图表标题为“2013 中国最佳县级城市”。

（2）设置垂直轴主要网格线“颜色”为“黑色，文字 1，淡色 50%”“线型”为“短划线”。

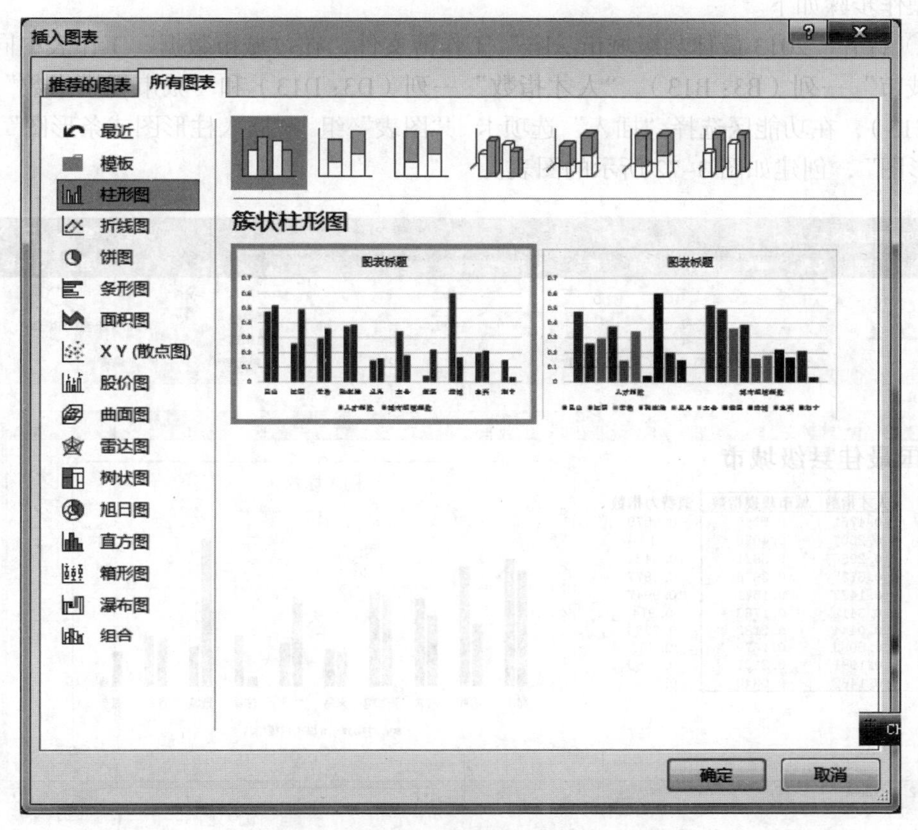

图 3-70 “插入图表”对话框

（3）设置绘图区填充色为“茶色，背景 2，深色 10%”。

（4）在图表绘图区的上方显示图例。

（5）添加横坐标轴标题，并显示标题为“城市名称”。

效果图如图 3-71 所示。

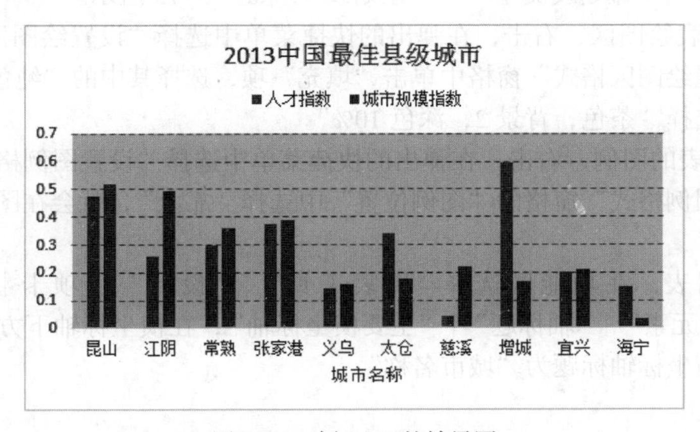

图 3-71 例 3-10 的效果图

操作步骤如下。

① 打开“2013 最佳县级城市 .xlsx”工作簿文件，在“城市数据”工作表中同时选中“城市”一列（B3：B13）、“人才指数”一列（D3：D13）和“城市规模指数”一列（E3:E13），在功能区选择“插入”选项卡｜“图表”组｜“插入柱形图或条形图”｜“簇状柱形图”，创建如图 3-72 所示的图表。

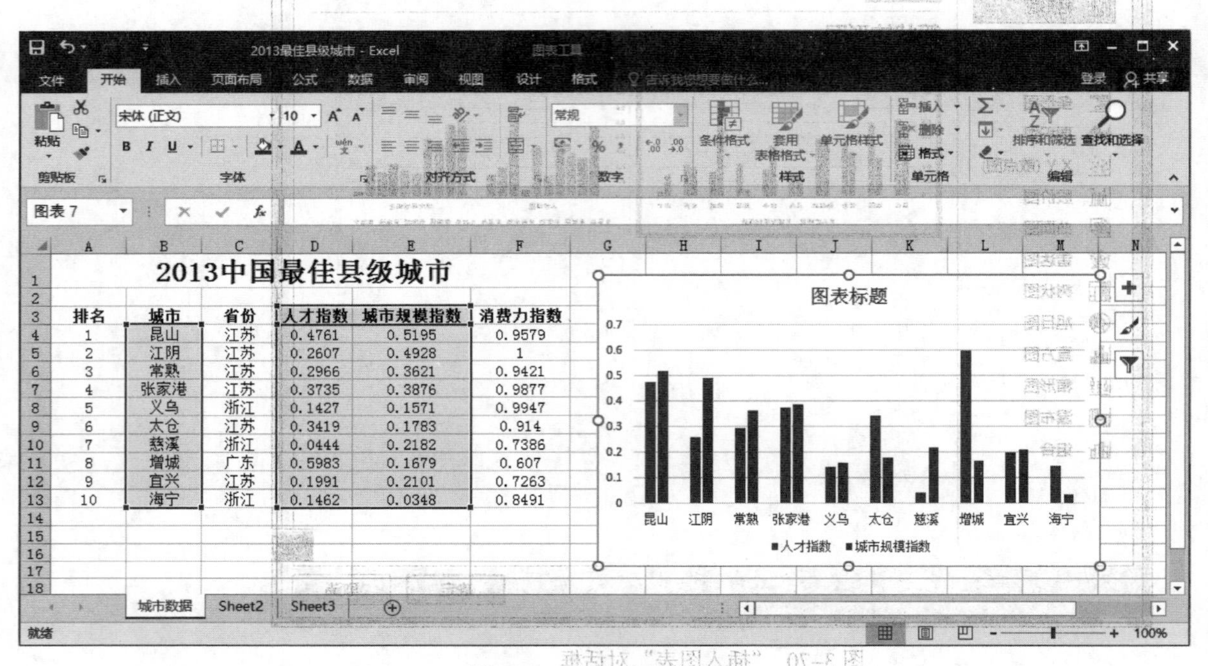

2013中国最佳县级城市

排名	城市	省份	人才指数	城市规模指数	消费力指数
1	昆山	江苏	0.4761	0.5195	0.9579
2	江阴	江苏	0.2607	0.4928	1
3	常熟	江苏	0.2966	0.3621	0.9421
4	张家港	江苏	0.3735	0.3876	0.9877
5	义乌	浙江	0.1427	0.1571	0.9947
6	太仓	江苏	0.3419	0.1783	0.914
7	慈溪	浙江	0.0444	0.2182	0.7386
8	增城	广东	0.5983	0.1679	0.607
9	宜兴	江苏	0.1991	0.2101	0.7263
10	海宁	浙江	0.1462	0.0348	0.8491

图 3-72　创建簇状柱形图

② 选中图表中的图表标题，修改图表标题为“2013 中国最佳县级城市”。

③ 选中图表的垂直轴主要网格线，右击，在弹出的快捷菜单中选择“设置网格线格式”命令，在弹出的“设置主要网格线格式”窗格中，设置“颜色”为“黑色，文字 1，淡色 50%”，“短划线类型”为“短划线”，如图 3-73 所示。

④ 选中图表绘图区，右击，在弹出的快捷菜单中选择“设置绘图区格式”命令，在弹出的“设置绘图区格式”窗格中单击“填充”项，选择其中的“纯色填充”，在下方“颜色”中选择“茶色，背景 2，深色 10%”。

⑤ 选中图表的图例，右击，在弹出的快捷菜单中选择“设置图例格式”命令，在弹出的“设置图例格式”窗格的“图例位置”中选择“靠上”，就会在图表绘图区的上方显示图例。

⑥ 选中图表，在功能区选择“图表工具”｜“设计”选项卡｜“图表布局”组｜“添加图表元素”｜“轴标题”｜“主要横坐标轴”，在横坐标轴下方添加了横坐标轴标题，修改横坐标轴标题为“城市名称”。

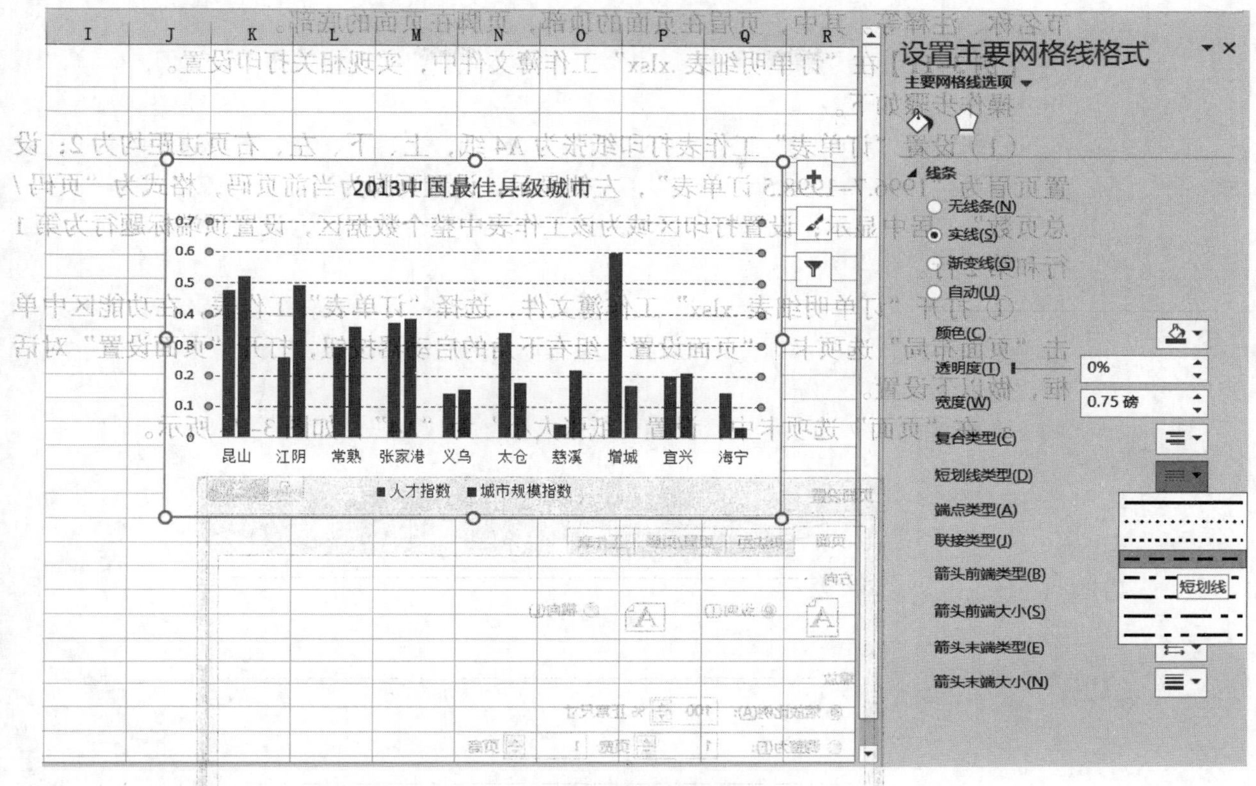

图 3–73　设置网格线颜色和线型

3.7　工作表的打印

在 Excel 中，工作表中的数据常常需要打印出来，这时就需要进行相应的页面设置和打印参数设置，使打印的表格更加美观。

3.7.1　打印设置

在 Excel 功能区的“页面布局”选项卡 |“页面设置”组中可以进行表格打印的设置，包括页边距、纸张方向、纸张大小、打印区域、打印标题等。

3.7.2　超大表格打印

当表格数据超长超宽时，打印出来的效果就很不美观，在 Excel 中可以通过设置打印区域的调整来适应打印纸张的大小。

3.7.3　设置页眉页脚

在每一页中，页眉页脚通常用来显示文件的附加信息，如时间、日期、页码、章节名称、注释等。其中，页眉在页面的顶部，页脚在页面的底部。

【例3-11】在“订单明细表.xlsx”工作簿文件中，实现相关打印设置。

操作步骤如下。

（1）设置“订单表”工作表打印纸张为A4纸，上、下、左、右页边距均为2；设置页眉为“1996.7-1998.5订单表”，左侧显示，设置页脚为当前页码，格式为“页码/总页数”，居中显示；设置打印区域为该工作表中整个数据区，设置顶端标题行为第1行和第2行。

① 打开“订单明细表.xlsx”工作簿文件，选择“订单表”工作表，在功能区中单击“页面布局”选项卡｜“页面设置”组右下角的启动器按钮，打开“页面设置”对话框，做以下设置。

a. 在“页面”选项卡中，设置“纸张大小”为“A4”，如图3-74所示。

图3-74 设置纸张大小

b. 在“页边距”选项卡中设置上、下、左、右页边距均为2，如图3-75所示。

c. 在“页眉/页脚”选项卡中，单击“自定义页眉”按钮，在弹出的“页眉”对话框中，将光标定位在左侧框内，输入“1996.7-1998.5订单表”（如图3-76所示），单击“确定”按钮。单击“自定义页脚”按钮，在弹出的“页脚”对话框中，将光标定位在中间的框内，单击选择当前对话框内提供的“插入页码”按钮，然后键盘输入“/”符号，再次单击“插入页数”按钮（如图3-77所示），单击“确定”按钮。

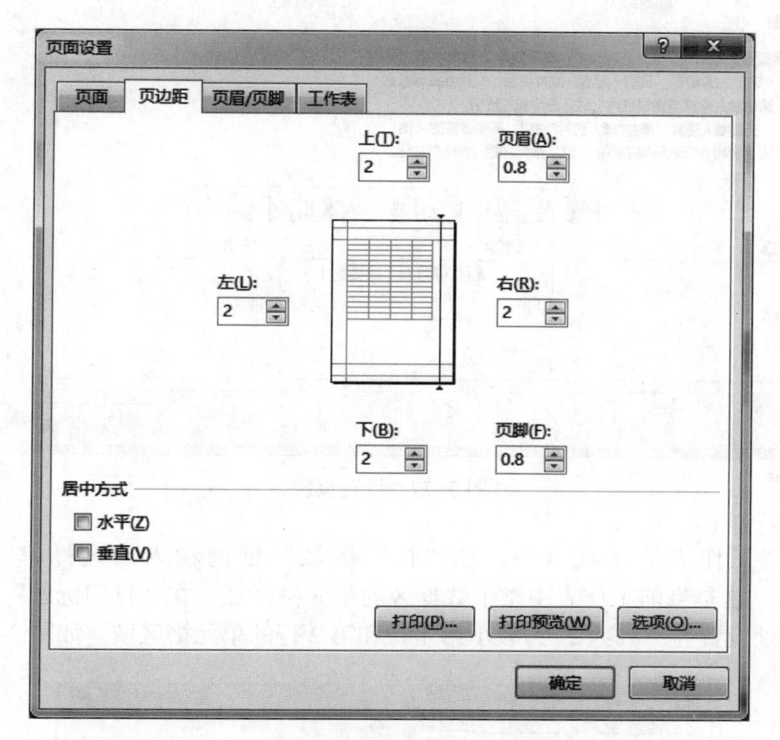

图 3-75 设置页边距

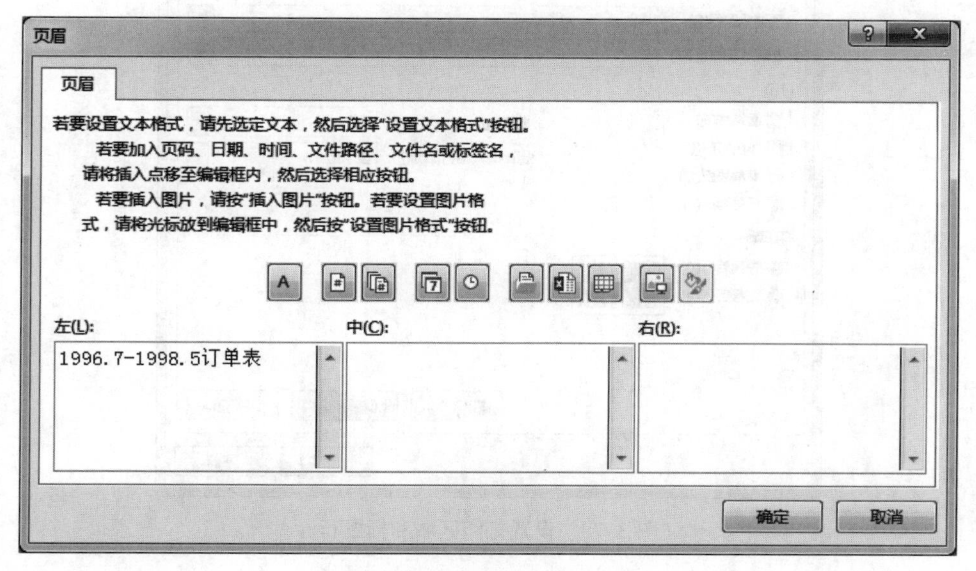

图 3-76 设置页眉

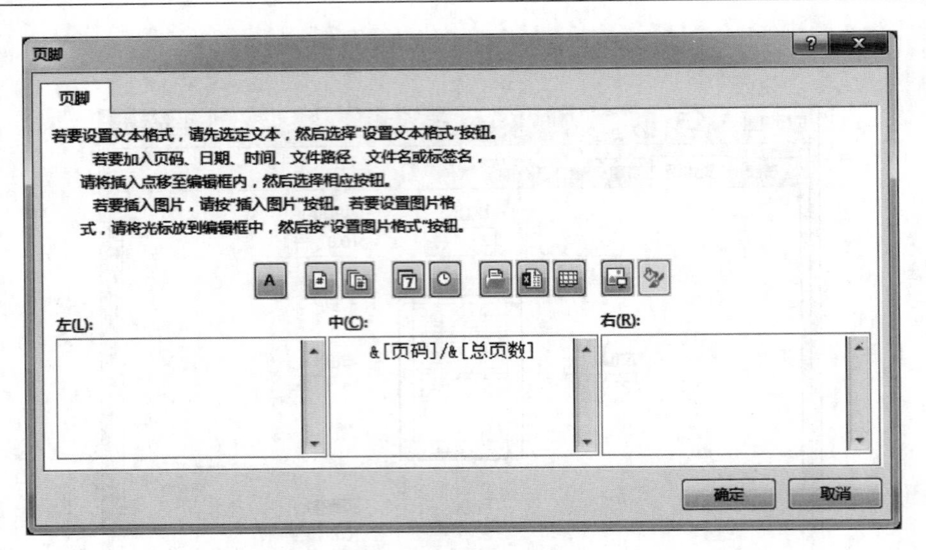

图 3–77　设置页脚

② 在“工作表”选项卡中，在“打印区域”框内输入或选择单元格区域为“A1: F832”，这是当前工作表中整个数据区的单元格区域。在“打印标题”区中的“顶端标题行”处设置为“$1: $2”，表示第 1 行和第 2 行的单元格区域，如图 3–78 所示。

图 3–78　设置打印区域和标题行

③“订单表”工作表的打印预览效果如图 3–79 所示。

（2）在“订单明细”工作表中，查看在 A4 纸张大小下分页预览效果，然后设置工作表数据打印在一张 A3 纸张内。

1996.7-1998.5订单表

订单明细表

订单ID	订购日期	运货费	运货公司	订单金额	货主国家
10248	1996/7/4	32.38	联邦货运	440.00	中国
10249	1996/7/5	11.61	急速快递	1863.40	日本
10250	1996/7/8	65.83	统一包裹	1552.60	中国
10251	1996/7/8	41.34	急速快递	654.06	日本
10252	1996/7/9	51.3	统一包裹	3597.90	日本
10253	1996/7/10	58.17	统一包裹	1444.80	日本
10254	1996/7/11	22.98	统一包裹	556.62	日本
10255	1996/7/12	148.33	联邦货运	2490.50	日本
10256	1996/7/15	13.97	统一包裹	517.80	中国
10257	1996/7/16	81.91	联邦货运	1119.90	美国
10258	1996/7/17	140.51	急速快递	1614.88	美国
10259	1996/7/18	3.25	联邦货运	100.80	欧盟
10260	1996/7/19	55.09	急速快递	1504.65	欧盟
10261	1996/7/19	3.05	统一包裹	448.00	欧盟
10262	1996/7/22	48.29	联邦货运	584.00	欧盟
10263	1996/7/23	146.06	联邦货运	1873.80	欧盟
10264	1996/7/24	3.67	联邦货运	695.62	中国
10265	1996/7/25	55.28	急速快递	1176.00	中国
10266	1996/7/26	25.73	联邦货运	346.56	中国
10267	1996/7/29	208.58	急速快递	3536.60	中国
10268	1996/7/30	66.29	联邦货运	1101.20	中国
10269	1996/7/31	4.56	急速快递	642.20	中国
10270	1996/8/1	136.54	急速快递	1376.00	中国
10271	1996/8/1	4.54	统一包裹	48.00	中国
10272	1996/8/2	98.03	统一包裹	1456.00	日本
10273	1996/8/5	76.07	联邦货运	2037.28	日本
10274	1996/8/6	6.01	急速快递	538.60	日本
10275	1996/8/7	26.93	急速快递	291.84	中国
10276	1996/8/8	13.84	联邦货运	420.00	日本
10277	1996/8/9	125.77	联邦货运	1200.80	中国
10278	1996/8/12	92.69	统一包裹	1488.80	日本
10279	1996/8/13	25.83	统一包裹	351.00	日本
10280	1996/8/14	8.98	急速快递	613.20	日本
10281	1996/8/14	2.94	急速快递	86.50	日本
10282	1996/8/15	12.69	急速快递	155.40	日本
10283	1996/8/16	84.81	联邦货运	1414.80	中国
10284	1996/8/19	76.56	急速快递	1170.38	美国
10285	1996/8/20	76.83	统一包裹	1743.36	美国
10286	1996/8/21	229.24	联邦货运	3016.00	欧盟
10287	1996/8/22	12.76	联邦货运	819.00	欧盟
10288	1996/8/23	7.45	急速快递	80.10	欧盟
10289	1996/8/26	22.77	联邦货运	479.40	欧盟
10290	1996/8/27	79.7	急速快递	2169.00	欧盟
10291	1996/8/27	6.4	统一包裹	497.52	中国
10292	1996/8/28	1.35	统一包裹	1296.00	中国
10293	1996/8/29	21.18	联邦货运	848.70	中国
10294	1996/8/30	147.26	统一包裹	1887.60	中国
10295	1996/9/2	1.15	统一包裹	121.60	中国
10296	1996/9/3	0.12	急速快递	1050.60	中国
10297	1996/9/4	5.74	统一包裹	1420.00	中国

1/17

图 3-79 “订单表”的打印预览效果

① 在“订单明细表.xlsx”工作簿文件中选择“订单明细”工作表，在功能区中的“页面布局”选项卡｜“页面设置”组｜“纸张大小”中选择“A4”，单击窗口右下角的“分页预览”按钮（或在“视图”选项卡｜“工作簿视图”组中选择“分页预览”），可看到工作簿分页预览的效果，通过单击并拖动分页符，可以调整分页符的位置，如图 3-80 所示。

② 在功能区中单击“页面布局”选项卡｜“页面设置”组中的启动器按钮，打开“页面设置”对话框，在“页面”选项卡中设置“纸张大小”为“A3”，选择“缩放”为“调整为 1 页宽 1 页高”（如图 3-81 所示），单击“确定”按钮。单击窗口右

下角的“分页预览”按钮，可预览到数据内容全部显示在一张 A3 纸张中，如图 3–82 所示。

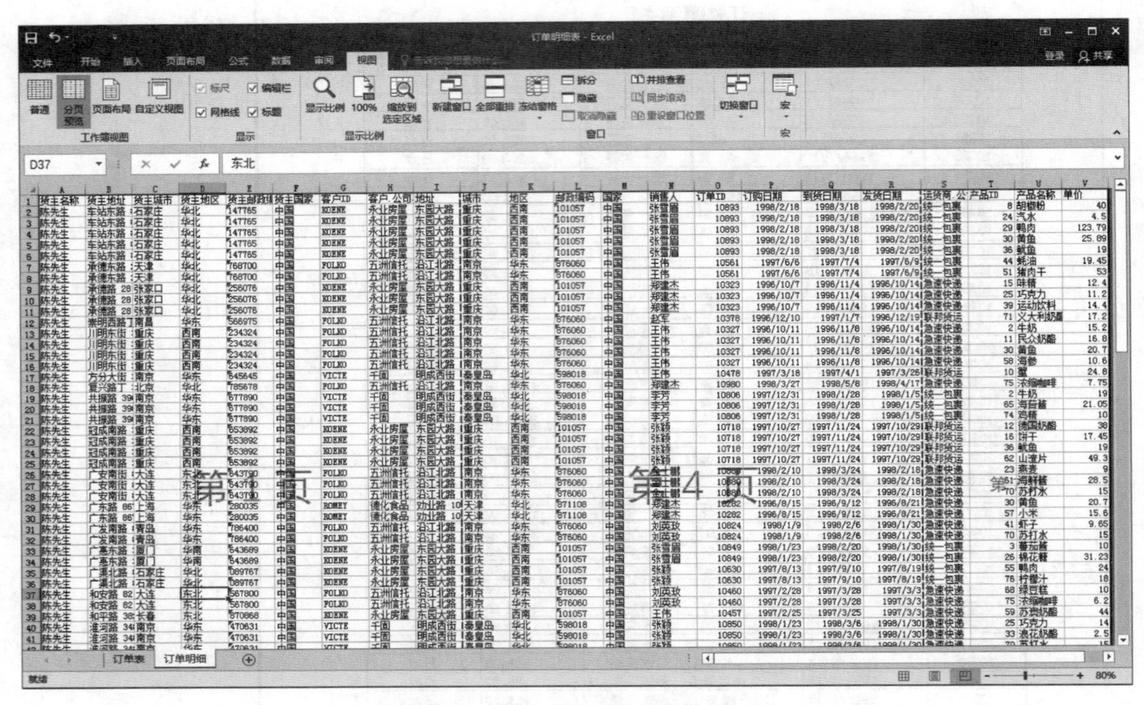

图 3–80　A4 纸张下的分页预览效果

图 3–81　设置打印在 1 页内

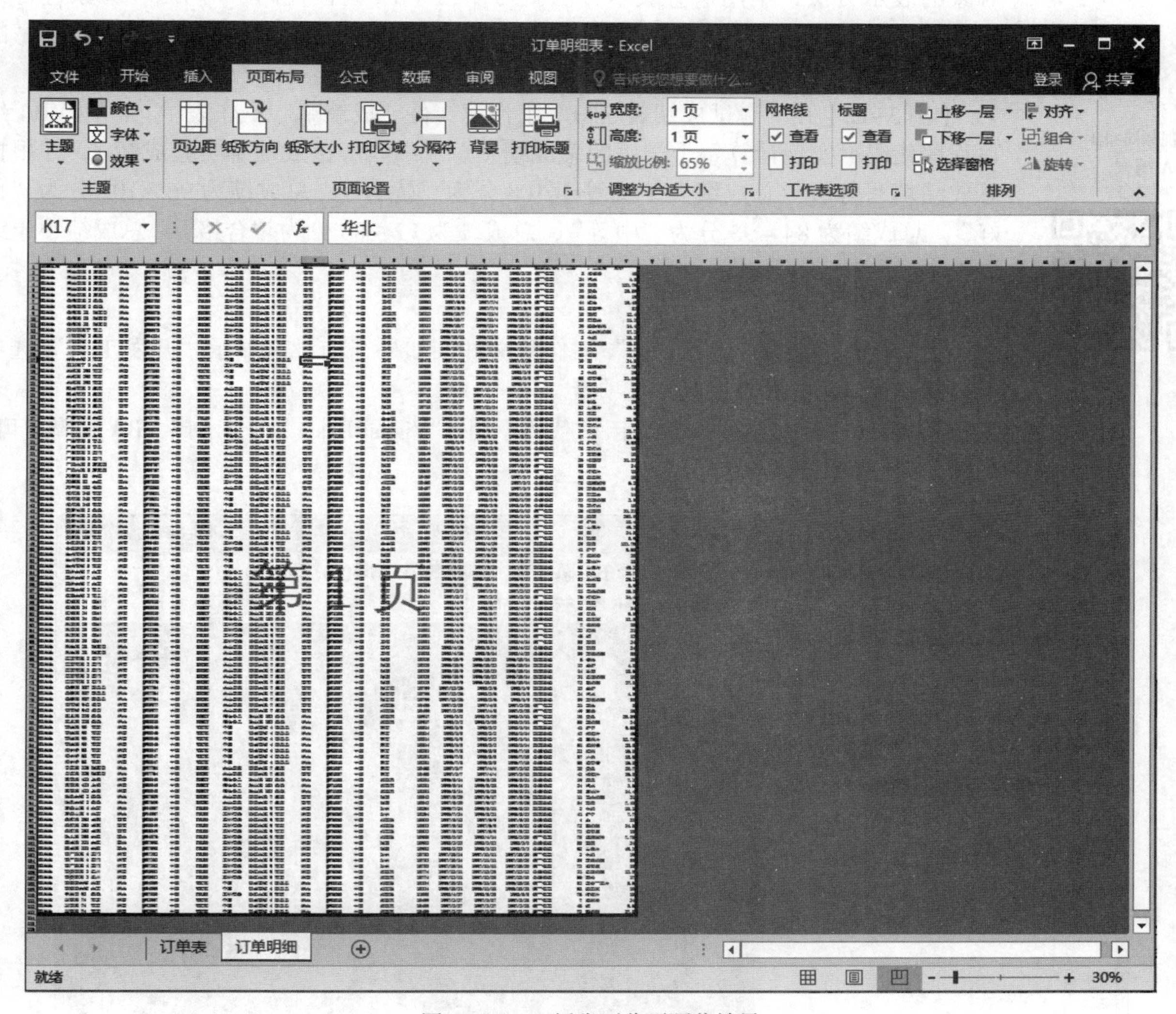

图 3-82　A3 纸张下分页预览效果

3.8　Excel 中 VBA 编程

在 Excel 中可以与 VBA 相结合，通过 VBA 编程操作 Excel 中的工作表、行、列、单元格、图表等对象，以实现更加丰富的功能，提高数据处理的效率和自动化。

Excel 中的对象有工作簿、工作表、单元格（区域）、图表、数据透视表等，这些对象的层次排列模式称为 Excel 的对象模型。在 Excel 中提供了 VBA 下的各种 Excel 对象的表示方法，利用这些表示方法就可以在 VBA 编程代码中对 Excel 对象进行操作处理。通过对 Excel 对象的属性、方法和事件的设置和编写来实现 VBA 程序的功能。

微视频 3-10
VBA 编程

【例 3-12】在“考试成绩表 .xlsx”工作簿文件“成绩单”工作表中，利用 VBA 编写程序代码，实现计算每个学生的总成绩（总成绩 = 考试成绩 + 实验成绩），并根据总成绩填写等级：总成绩大于或等于 108 分为“优秀”，总成绩为 96 ~ 107 分为“良好”，总成绩为 84 ~ 95 分为“中等”，总成绩为 72 ~ 83 分为“合格”，总成绩小于或等于 71 分为“不合格”。

操作步骤如下。

① 打开“考试成绩表 .xlsx”工作簿文件，如果当前没有显示“开发工具”选项卡，则设置显示“开发工具”选项卡。

② 选择“开发工具”选项卡 |“代码”组 |“Visual Basic”，显示出 VBA 编辑窗口，如图 3-83 所示。

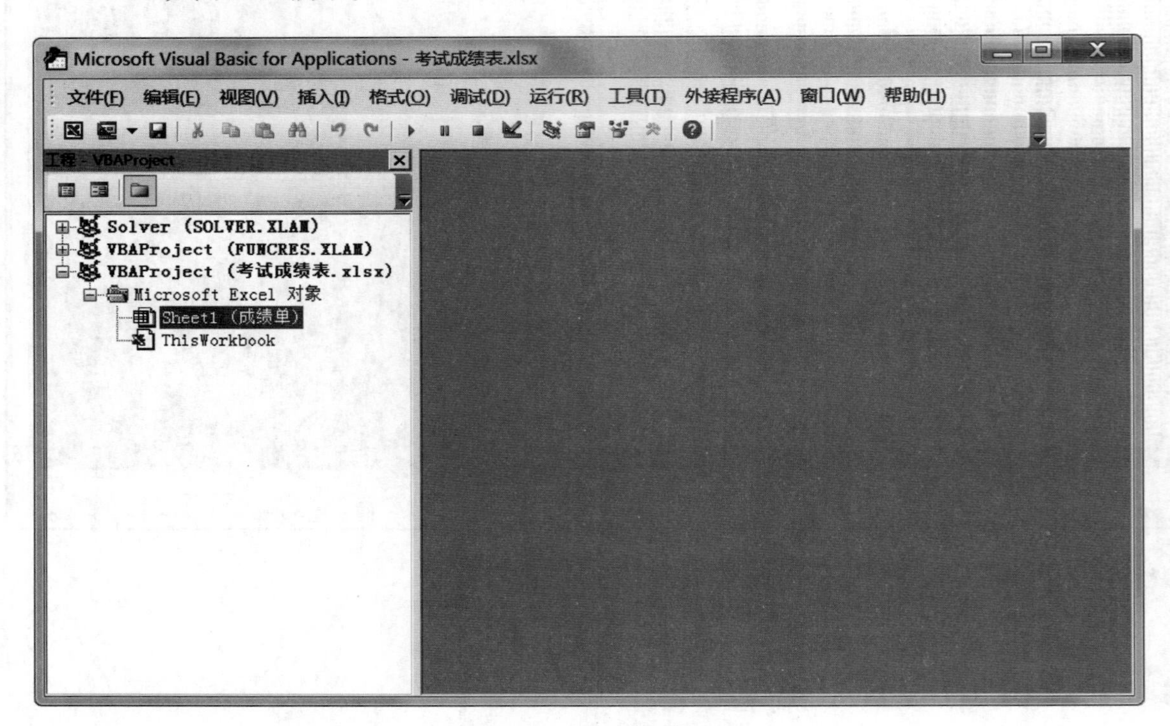

图 3-83 VBA 编辑窗口

③ 在“插入”菜单中选择“模块”命令，在当前窗口中插入了一个新模块“模块1”。在模块的代码窗口中输入如图 3-84 所示的代码。

代码如下：

```
Sub 计算总成绩( )                              '计算每个学生的总成绩,并填写等级
   For i=3 To 21
      Cells(i,6)=Cells(i,4)+Cells(i,5)  '计算每个学生的总成绩
      If Cells(i,6)>=108 Then             '根据总成绩判断并填写等级
         Cells(i,7)=" 优秀 "
      ElseIf Cells(i,6)>=96 Then
         Cells(i,7)=" 良好 "
      ElseIf Cells(i,6)>=84 Then
         Cells(i,7)=" 中等 "
      ElseIf Cells(i,6)>=72 Then
         Cells(i,7)=" 合格 "
      Else
         Cells(i,7)=" 不合格 "
      End If
   Next i
End Sub
```

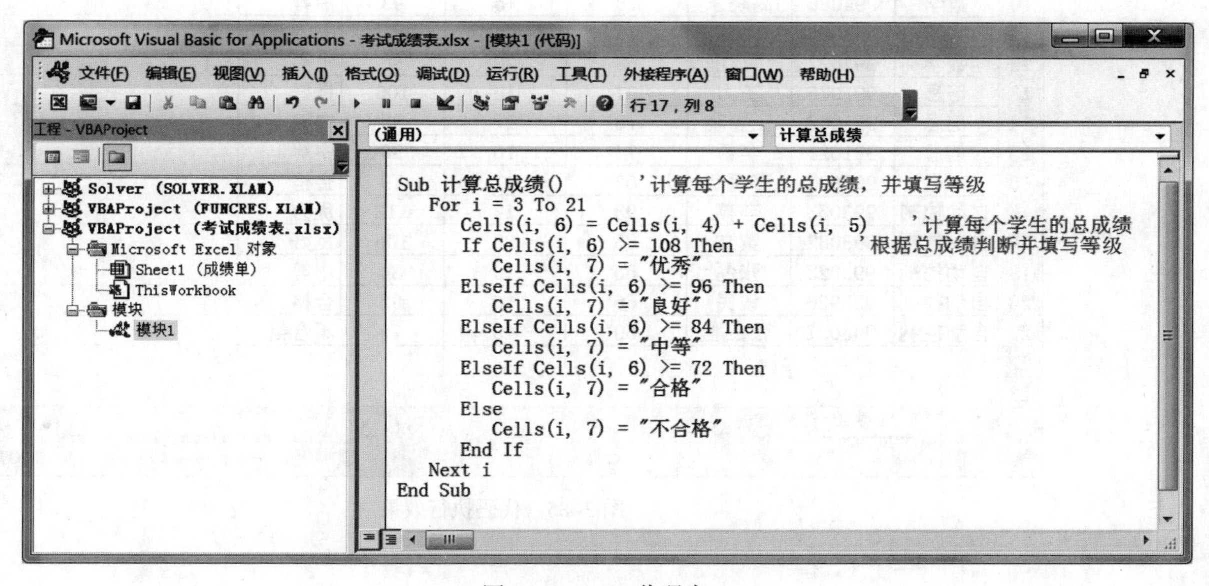

图 3-84　VBA 代码窗口

④ 在 VBA 窗口中，将光标放在“计算总成绩”子过程中，运行该代码。将窗口切换到 Excel 界面下，可看到子过程运行效果如图 3-85 所示。

⑤ 将该工作簿文件另存为扩展名为“xlsm”的文件，在这种类型的文件下才可以保存 VBA 代码。

“计算机应用基础”成绩						
系别	学号	姓名	考试成绩	实验成绩	总成绩	等级
计算机	992005	扬海东	90	19	109	优秀
计算机	992032	王文辉	87	17	104	良好
计算机	992089	金翔	73	18	91	中等
经济	995034	郝心怡	86	17	103	良好
经济	995014	张平	80	18	98	良好
经济	995022	陈松	69	12	81	合格
数学	994034	姚林	89	15	104	良好
数学	994086	高晓东	78	15	93	中等
数学	994056	孙英	77	14	91	中等
数学	994027	黄红	68	20	88	中等
信息	991076	王力	91	15	106	良好
信息	991062	王春晓	78	17	95	中等
信息	991021	李新	74	16	90	中等
信息	991025	张雨涵	62	17	79	合格
自动控制	993053	李英	93	19	112	优秀
自动控制	993082	黄立	85	20	105	良好
自动控制	993023	张磊	65	19	84	中等
自动控制	993026	钱民	66	16	82	合格
自动控制	993021	张在旭	60	10	70	不合格

图 3-85　代码执行效果

实验 3.1　人事档案的排序与计算

一、实验要求

（1）了解 Excel 对象的表示方法。

（2）熟悉 VBA 分支结构和循环结构的基本语法。

（3）掌握表格数据的自定义排序方法。

（4）掌握利用 Excel 内置函数计算数据的方法。

二、实验内容

在“人事档案 .xlsx”工作表中，按照要求对“职称”列进行排序，利用函数通过身份证号码判断职员的性别和年龄，根据“职称”输入“基本工资”列，利用模块中的宏，实现“计算工龄”和“计算实发工资”，如图 3–86 所示。

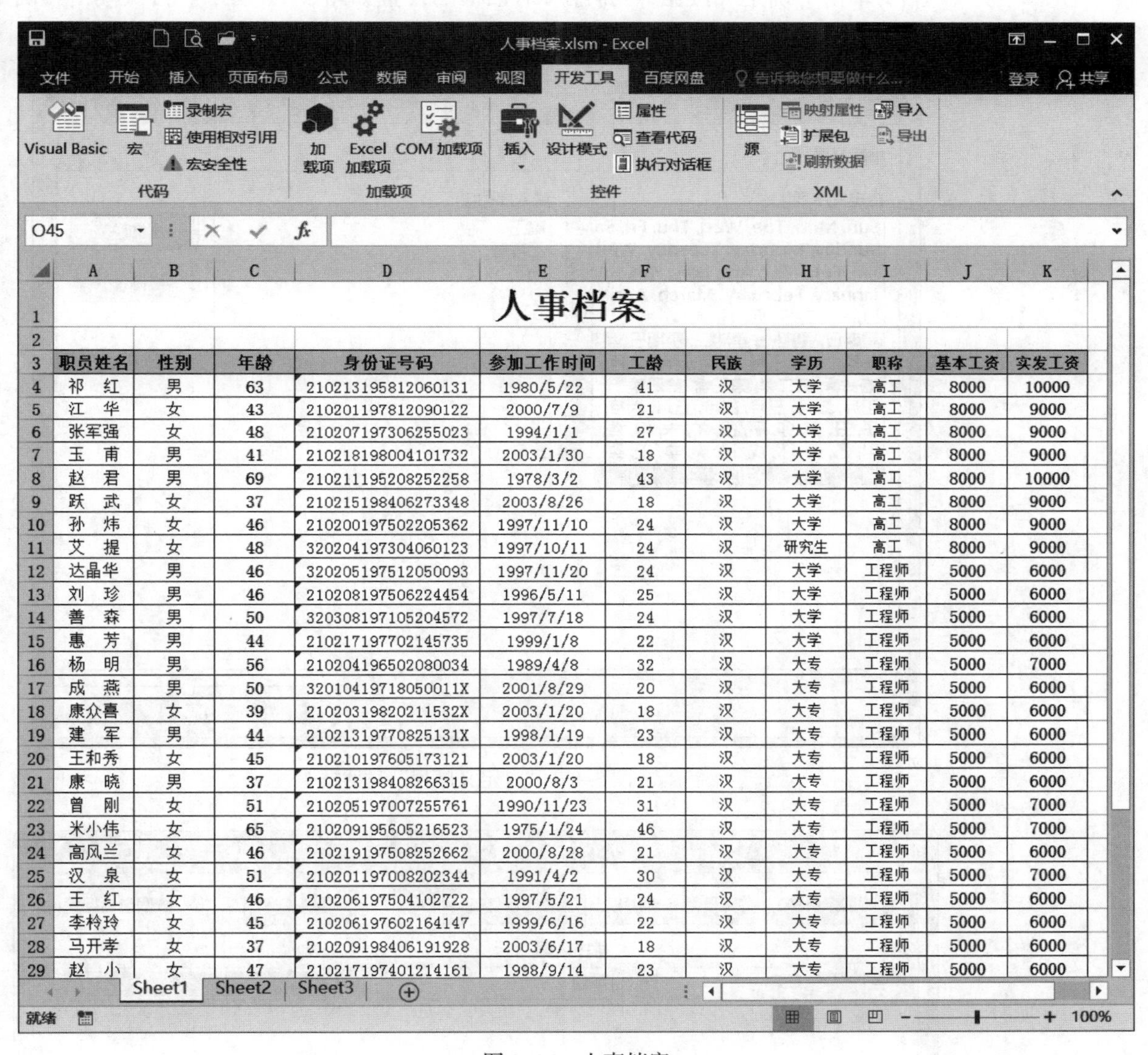

人事档案

职员姓名	性别	年龄	身份证号码	参加工作时间	工龄	民族	学历	职称	基本工资	实发工资
祁　红	男	63	210213195812060131	1980/5/22	41	汉	大学	高工	8000	10000
江　华	女	43	210201197812090122	2000/7/9	21	汉	大学	高工	8000	9000
张军强	女	48	210207197306255023	1994/1/1	27	汉	大学	高工	8000	9000
玉　甫	男	41	210218198004101732	2003/1/30	18	汉	大学	高工	8000	9000
赵　君	男	69	210211195208252258	1978/3/2	43	汉	大学	高工	8000	10000
跃　武	女	37	210215198406273348	2003/8/26	18	汉	大学	高工	8000	9000
孙　炜	女	46	210200197502205362	1997/11/10	24	汉	大学	高工	8000	9000
艾　提	女	48	320204197304060123	1997/10/11	24	汉	研究生	高工	8000	9000
达晶华	男	46	320205197512050093	1997/11/20	24	汉	大学	工程师	5000	6000
刘　珍	男	46	210208197506224454	1996/5/11	25	汉	大学	工程师	5000	6000
善　森	男	50	320308197105204572	1997/7/18	24	汉	大学	工程师	5000	6000
惠　芳	男	44	210217197702145735	1999/1/8	22	汉	大学	工程师	5000	6000
杨　明	男	56	210204196502080034	1989/4/8	32	汉	大专	工程师	5000	7000
成　燕	男	50	32010419718050011X	2001/8/29	20	汉	大专	工程师	5000	6000
康众喜	女	39	21020319820211532X	2003/1/20	18	汉	大专	工程师	5000	6000
建　军	男	44	21021319770825131X	1998/1/19	23	汉	大专	工程师	5000	6000
王和秀	女	45	210210197605173121	2003/1/20	18	汉	大专	工程师	5000	6000
康　晓	男	37	210213198408266315	2000/8/3	21	汉	大专	工程师	5000	6000
曾　刚	女	51	210205197007255761	1990/11/23	31	汉	大专	工程师	5000	7000
米小伟	女	65	210209195605216523	1975/1/24	46	汉	大专	工程师	5000	7000
高风兰	女	46	210219197508252662	2000/8/28	21	汉	大专	工程师	5000	6000
汉　泉	女	51	210201197008202344	1991/4/2	30	汉	大专	工程师	5000	7000
王　红	女	46	210206197504102722	1997/5/21	24	汉	大专	工程师	5000	6000
李柃玲	女	45	210206197602164147	1999/6/16	22	汉	大专	工程师	5000	6000
马开孝	女	37	210209198406191928	2003/6/17	18	汉	大专	工程师	5000	6000
赵　小	女	47	210217197401214161	1998/9/14	23	汉	大专	工程师	5000	6000

图 3–86　人事档案

三、实验步骤

实验准备：启动 Excel，打开实验 3.1 实验素材“人事档案 .xlsx”工作簿文件。

1. 按“职称”对 Sheet1 表中数据进行排序（职称顺序为高工、工程师、助工）

（1）将光标放置在数据区，单击功能区中“数据”选项卡｜“排序和筛选”组｜“排序”按钮，在弹出的“排序”对话框中设置“主要关键字”为“职称”，“排序依据”为“数值”，“次序”选择“自定义序列”。

（2）这时会弹出“自定义序列”对话框，在“输入序列”框中依次输入“高工”“工程师”和“助工”，每输入一个职称就要按一次 Enter 键换行，单击“添加”按钮，如图 3-87 所示。

（3）单击“确定”按钮，“排序”对话框的设置如图 3-88 所示。再次单击“确定”按钮。

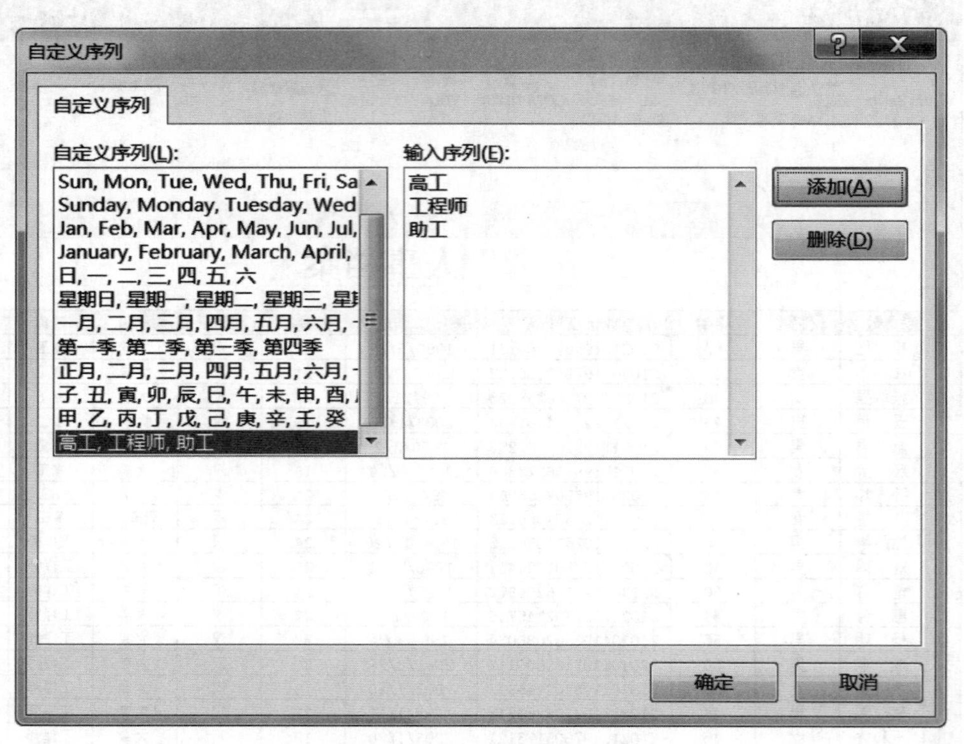

图 3-87　“自定义序列”对话框

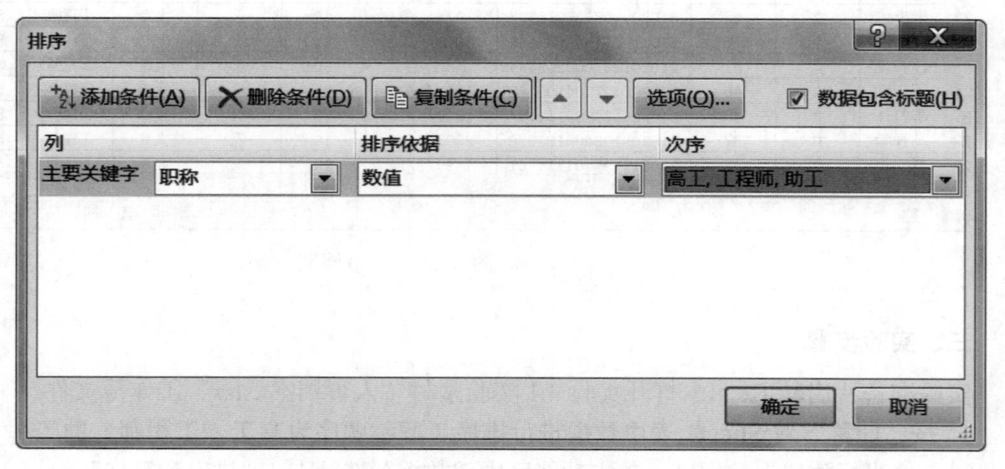

图 3-88　“排序”对话框

2. 通过身份证号码求出每名职员的性别和年龄

> 说明：
> ① 身份证号码第 17 位数字表示性别：奇数表示男性，偶数表示女性。
> ② 运用 YEAR、TODAY、MID、MOD 函数。

（1）选择工作表的 B4 单元格，输入公式“=IF(MOD(MID(D4，17，1)，2)=0，"女"，"男")”。

（2）选择 B4 单元格，双击其右下角的“填充柄”，复制公式至整个 B 列。

（3）选择工作表的 C4 单元格，输入公式“=YEAR（TODAY（））–MID（D4，7，4）”TODAY（）表示当前日期，YEAR（TODAY（1）表示获取当前日期的年份，本例中当前年份为 2021 年）。

（4）选择 C4 单元格，双击其右下角的“填充柄”，复制公式至整个 C 列。

3. 根据“职称”输入“基本工资”列

> 说明：
> “基本工资”列的计算规则如下。
> ① 高工：基本工资为 8 000 元。
> ② 工程师：基本工资为 5 000 元。
> ③ 助工：基本工资为 3 000 元。

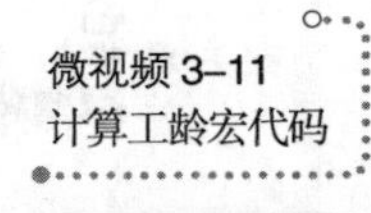

（1）选择工作表的 J4 单元格，输入公式“=IF（I4="高工"，8000，IF（I4="工程师"，5000，3000））”。

（2）选择 J4 单元格，双击其右下角的“填充柄”，复制公式至整个 J 列。

4. 实现模块中的“计算工龄”宏

（1）执行“开发工具”选项卡｜“代码”组｜“Visual Basic”命令，打开 VBA 窗口，如图 3–89 所示。

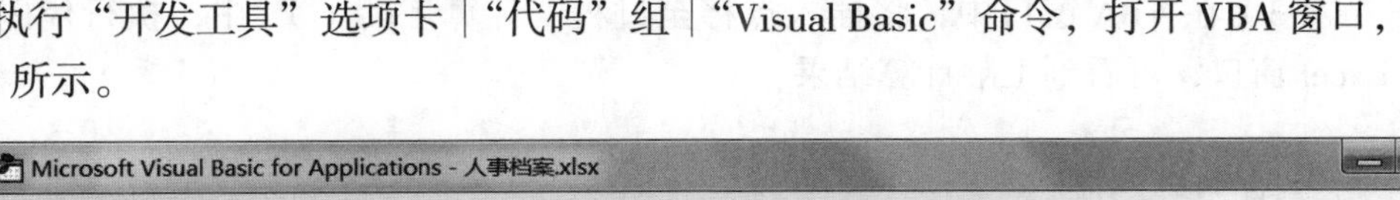

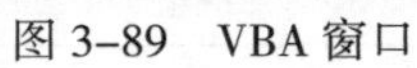

图 3–89　VBA 窗口

（2）在 VBA 窗口中，执行“插入”|“模块”命令，在右边的代码窗口中输入“计算工龄（）”宏代码，如图 3-90 所示。代码如下：

```
Sub 计算工龄( )
   Dim I As Integer
   I=4
   Do While I<=37
      Sheet1.Range("F" & I)=Year(Now( ))-Year(Sheet1.Range("E" & I))
      I=I+1
   Loop
End Sub
```

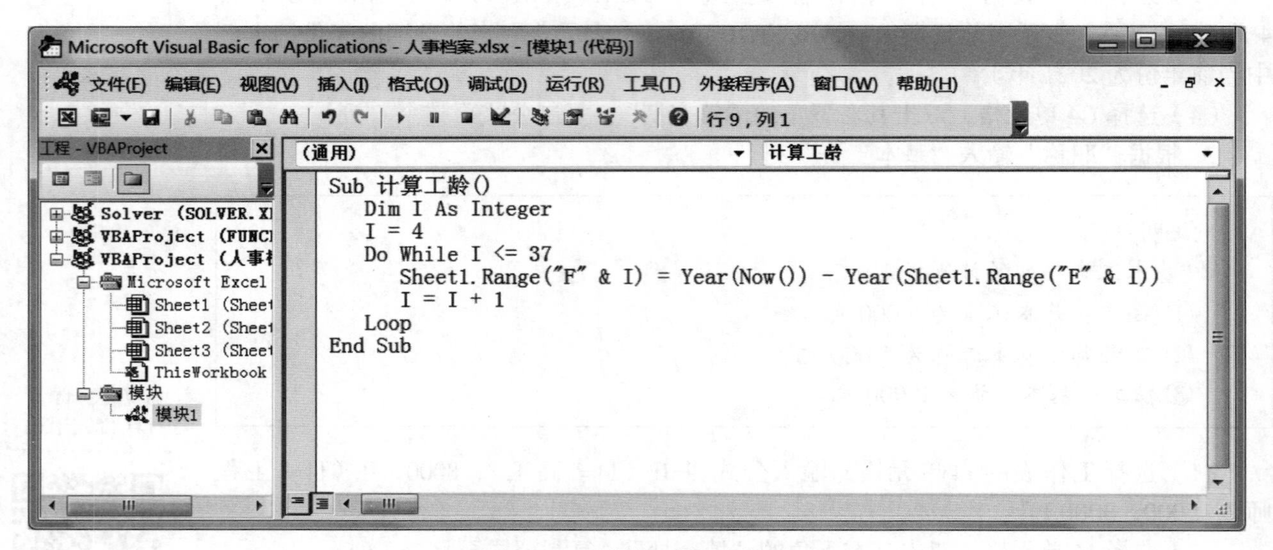

图 3-90　“计算工龄”宏代码

（3）在 VBA 窗口中，将插入点移至过程“计算工龄（）”中，执行代码。切换到 Excel 窗口，可看到工龄计算结果。

> 说明：
> ① Now（）函数表示当前日期；Year（Now（））函数表示获得当前日期的年份，即当前年份（注：当前年份为 2021 年）。
> ② Sheet1.Range（"F" & I）表示方法中，利用 I 值从 4 到 37 的变化，依次表示 F 列的 F4，F5，F6，…，F37 单元格引用。

5. 实现模块中的“计算实发工资”宏

> 说明：
> “实发工资”列的计算规则如下。
> ① 30 年以上工龄：实发工资 = 基本工资 +2 000。

② 15 到 30 年工龄：实发工资 = 基本工资 +1 000。
③ 15 年以下工龄：实发工资 = 基本工资 +500。

（1）在 VBA 窗口右边的代码窗口中输入“计算实发工资（ ）”宏代码，如图 3–91 所示。代码如下：

```
Sub 计算实发工资( )
    Dim I As Integer
    For I=4 To 37
        If Sheet1.Range("F" & I)<15 Then
            Sheet1.Range("K" & I)=Sheet1.Range("J" & I)+500
        Else
            If Sheet1.Range("F" & I)<30 Then
                Sheet1.Range("K" & I)=Sheet1.Range("J" & I)+1000
            Else
                Sheet1.Range("K" & I)=Sheet1.Range("J" & I)+2000
            End If
        End If
    Next I
End Sub
```

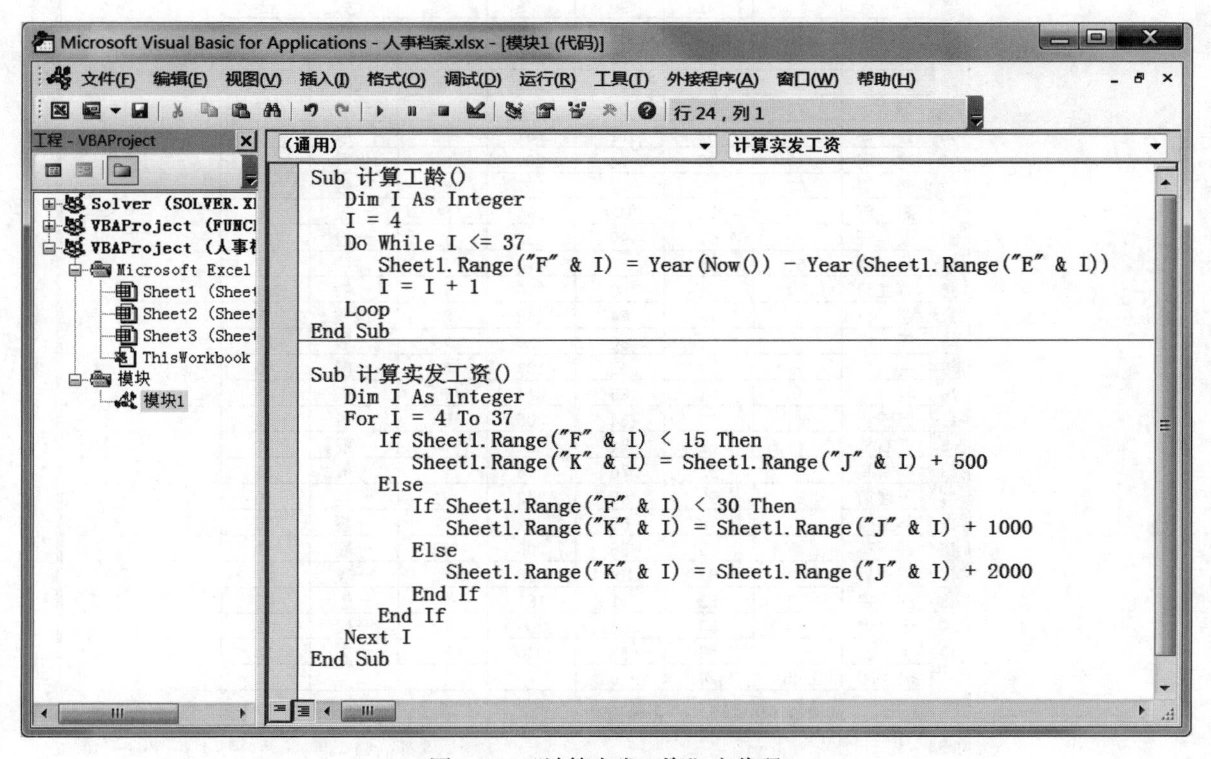

图 3–91　“计算实发工资”宏代码

（2）在 VBA 窗口中，将插入点移至过程“计算实发工资( )”中，执行代码。切换到 Excel 窗口，可看到实发工资计算结果。

6. 保存工作簿“人事档案 .xlsm”及其代码

将“人事档案 .xlsx”文件保存为带宏代码的 Excel 格式文件。选择“文件”菜单中的“另存为”命令，文件名为“人事档案”，文件类型为“Excel 启用宏的工作簿（*.xlsm）”。

四、思考与实践

真题解析 3–1
成绩单处理案例 1

1. 在“计算实发工资”宏中使用了双分支结构的嵌套来计算实发工资，想一想，还可以用什么样的分支结构来代替双分支结构的嵌套？

2. 打开“成绩表 .xlsx”，参考图 3–92，按下列要求操作。

成绩表.xlsm - Excel

成绩单

	姓名	语文	数学	英语	总分	平均分	期评	名次
21	米小伟	57	100	73	230	77	一般	21
22	高风兰	91	75	76	242	81	优秀	10
23	赵　君	89	61	90	240	80	优秀	13
24	汉　泉	77	99	96	272	91	优秀	3
25	王　红	88	91	99	278	93	优秀	2
26	李柃玲	66	93	47	206	69	一般	35
27	马开孝	74	84	51	209	70	一般	32
28	跃　武	99	92	96	287	96	优秀	1
29	赵　小	72	73	90	235	78	一般	17
30	孙　炜	48	62	77	187	62	一般	43
31	建　河	77	99	74	250	83	优秀	8
32	张　丽	67	58	72	197	66	一般	40
33	惠　芳	53	52	100	205	68	一般	36
34	蔡　轩	72	61	99	232	77	一般	18
35	代　建	61	55	57	173	58	差	47
36	蒋红芳	80	61	69	210	70	一般	31
37	赵　俭	86	78	84	248	83	优秀	9
38	天　增	88	61	80	229	76	一般	22
39	王　兰	55	77	65	197	66	一般	40
40	吴　文	48	81	85	214	71	一般	28
41	苏砂曼	69	72	64	205	68	一般	36
42	王右林	79	69	74	222	74	一般	23
43	杨右高	84	58	76	218	73	一般	25
44	玉迷斯	55	92	95	242	81	一般	10
45	马玉膻	87	78	67	232	77	一般	18
46	韩下英	72	75	56	203	68	一般	39
47	王秀昌	33	83	100	216	72	一般	27
48	沈　福	78	52	51	181	60	一般	45
49	于　谡	68	55	86	209	70	一般	32
50	丁　仁	89	68	83	240	80	优秀	13
51	优秀率	6.45%	25.81%	29.03%				

图 3–92 “成绩表”样图

（1）在工作表“成绩单”中，通过公式或函数计算出每位同学的总分、平均分，其中平均分数值四舍五入取整。

（2）运用 COUNTIF 等函数统计出每门课程的优秀率（优秀：分数大于或等于 90），填入优秀率行中。

（3）运用 IF 函数和逻辑函数完成每位同学的期评，条件如表 3–3 所示。

表 3–3　期评条件

条件	期评
平均分 <60	差
60 ≤平均分 <80 或者 平均分≥ 80 并且有不及格课程	一般
平均分≥ 80 并且没有不及格课程	优秀

（4）运用 RANK 函数为总分排名次，完成名次列，总分相同，名次相同。

（5）运行“模块 1”中的“设置语文成绩”宏，实现按语文成绩采用不同字体颜色显示的效果。

（6）模仿“设置语文成绩”宏，实现模块中“设置平均分成绩”宏的编写，达到样图的效果。

实验 3.2　职称的筛选与分类汇总

一、实验要求

（1）掌握函数的使用方法和功能。

（2）掌握表格中数据筛选的方法。

（3）掌握数据分类汇总的方法。

（4）掌握 VBA 自定义函数的创建和使用。

二、实验内容

在“职称表 .xlsx”工作簿文件的“职称”工作表中，根据“职称”列判断“高级职称”列填写是否为“高级职称”，根据工作表“系科”中的数据填写“系科”列，筛选出“女讲师或者男副教授”放在“筛选结果”工作表中，分类汇总出各职称不同性别的教师人数（按照“职称”计数），编写“科研工作量”自定义函数计算“科研工作量”列的数据，结果如图 3–93 所示。

三、实验步骤

实验准备：启动 Excel，打开实验 3.2 实验素材“职称表 .xlsx”工作簿文件。

	A	B	C	D	E	F	G	H
1	姓名	性别	职称	系科	年龄	高级职称	科研工作量	
2	林 海	男	教授	会计系	52	是	400	
3	跃 武	男	教授	英语系	50	是	400	
4	建 军	男	教授	会计系	48	是	400	
5	天 增	男	教授	营养系	48	是	400	
6	沈 福	男	教授	营养系	44	是	400	
7	杨右高	男	教授	营养系	39	是	400	
8		**男 计数**	6				0	
9	惠 芳	女	教授	英语系	45	是	400	
10	祁 红	女	教授	会计系	42	是	400	
11	汉 泉	女	教授	社保系	38	是	400	
12		**女 计数**	3				0	
13		**教授 计数**	9				0	
14	米小伟	男	副教授	英语系	53	是	300	
15	代 建	男	副教授	英语系	51	是	300	
16	艾 提	男	副教授	会计系	44	是	300	
17	张军强	男	副教授	会计系	43	是	300	
18	达晶华	男	副教授	会计系	38	是	300	
19	吴 文	男	副教授	营养系	37	是	300	
20	马玉膛	男	副教授	营养系	36	是	300	
21	江 华	男	副教授	会计系	33	是	300	
22		**男 计数**	8				0	
23	孙 炜	女	副教授	英语系	59	是	300	
24	王和秀	女	副教授	社保系	53	是	300	
25	李柃玲	女	副教授	社保系	46	是	300	
26	丁 仁	女	副教授	营养系	29	是	300	
27		**女 计数**	4				0	
28		**副教授 计数**	12				0	
29	康众喜	男	讲师	会计系	39	否	200	
30	康 晓	男	讲师	社保系	38	否	200	
31	建 河	男	讲师	英语系	38	否	200	
32		**男 计数**	3				0	
33	苏砂曼	女	讲师	营养系	46	否	200	
34	刘 珍	女	讲师	会计系	44	否	200	
35	蒋红芳	女	讲师	英语系	38	否	200	
36	韩下英	女	讲师	营养系	38	否	200	
37	成 燕	女	讲师	会计系	32	否	200	
38	高风兰	女	讲师	社保系	27	否	200	
39		**女 计数**	6				0	
40		**讲师 计数**	9				0	
41	曾 刚	男	助教	社保系	30	否	100	
42	赵 小	男	助教	英语系	29	否	100	
43	于 谡	男	助教	营养系	26	否	100	
44	杨 明	男	助教	会计系	25	否	100	
45	蔡 轩	男	助教	英语系	24	否	100	
46		**男 计数**	5				0	
47	王 兰	女	助教	营养系	27	否	100	
48	玉迷斯	女	助教	营养系	27	否	100	
49	王 红	女	助教	英语系	25	否	100	
50	玉 甫	女	助教	会计系	24	否	100	
51	风 玲	女	助教	会计系	23	否	100	
52		**女 计数**	5				0	
53		**助教 计数**	10				0	
54		**总计数**	40				0	

职称 系科 筛选结果

图 3-93 分类汇总和计算结果

1. 根据“职称”列判断“高级职称”列填写是否为“高级职称”

（1）选择“职称”工作表的 F2 单元格，输入公式“=IF（OR（C2=" 教授 "，C2=" 副教授 "），" 是 "，" 否 "）”。

（2）选择 F2 单元格，双击右下角的“填充柄”，复制公式至整个 F 列。

2. 根据工作表“系科”中的数据填写“系科”列

（1）选择“职称”工作表的 D2 单元格，输入公式“=VLOOKUP（A2，系科 !$A$2:$B$41，2，FALSE）”。

（2）选择 D2 单元格，双击右下角的“填充柄”，复制公式至整个 D 列。

3. 筛选出“女讲师或者男副教授”放在“筛选结果”工作表中

（1）在“职称”工作表中准备筛选条件，在 I1：J1 单元格区域分别输入“性别”和“职称”标题名称，在 I2：J2 单元格区域分别输入“女”和“讲师”，在 I3：J3 单元格区域分别输入“男”和“副教授”，如图 3–94 所示。

（2）选择“筛选结果”工作表，在 Excel 窗口的功能区选择“数据”选项卡｜“排序和筛选”组｜“高级”，在“方式”区中选中“将筛选结果复制到其他位置”单选按钮，设置“列表区域”为“职称 !$A$1: $G$41”，设置“条件区域”为“职称 !$I$1: $J$3”，设置“复制到”为“筛选结果 !$A$1”，如图 3–95 所示，单击“确定”按钮。在“筛选结果”工作表中显示出筛选的数据内容，如图 3–96 所示。

	I	J
1	性别	职称
2	女	讲师
3	男	副教授

图 3–94　筛选条件

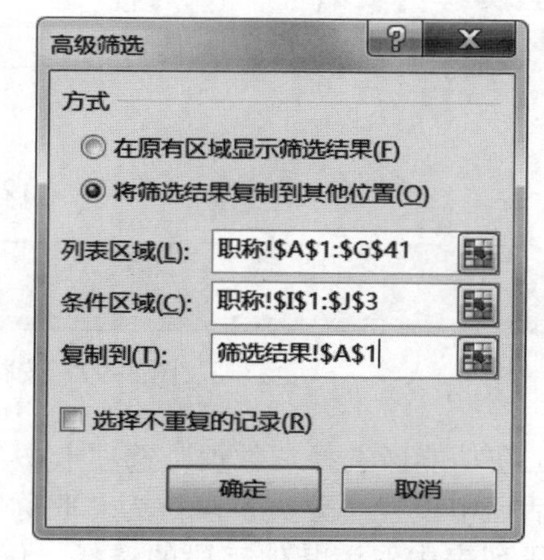

图 3–95　“高级筛选”对话框

	A	B	C	D	E	F	G	H
1	姓名	性别	职称	系科	年龄	高级职称	科研工作量	
2	米小伟	男	副教授	英语系	53	是		
3	代　建	男	副教授	英语系	51	是		
4	苏砂曼	女	讲师	营养系	46	否		
5	艾　提	男	副教授	会计系	44	是		
6	刘　珍	女	讲师	会计系	44	否		
7	张军强	男	副教授	会计系	43	是		
8	达晶华	男	副教授	会计系	38	是		
9	蒋红芳	女	讲师	英语系	38	否		
10	韩下英	女	讲师	营养系	38	否		
11	吴　文	男	副教授	营养系	37	是		
12	马玉膛	男	副教授	营养系	36	是		
13	江　华	男	副教授	会计系	33	是		
14	成　燕	女	讲师	会计系	32	否		
15	高风兰	女	讲师	社保系	27	否		
16								

K25　职称 | 系科 | 筛选结果

图 3–96　筛选结果

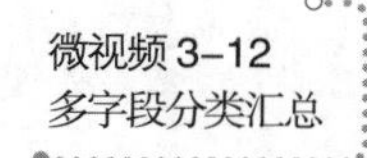

4. 分类汇总出各职称不同性别的教师人数

（1）将光标定位在“职称”工作表的数据区中，在功能区选择“数据”选项卡｜“排序和筛选”组｜“排序”，在“排序”对话框中设置“主要关键字”为“职称”，

“次序”为自定义序列“教授、副教授、讲师、助教”，设置“次要关键字”为“性别”，“次序”为“升序”，如图3–97所示，单击“确定”按钮。

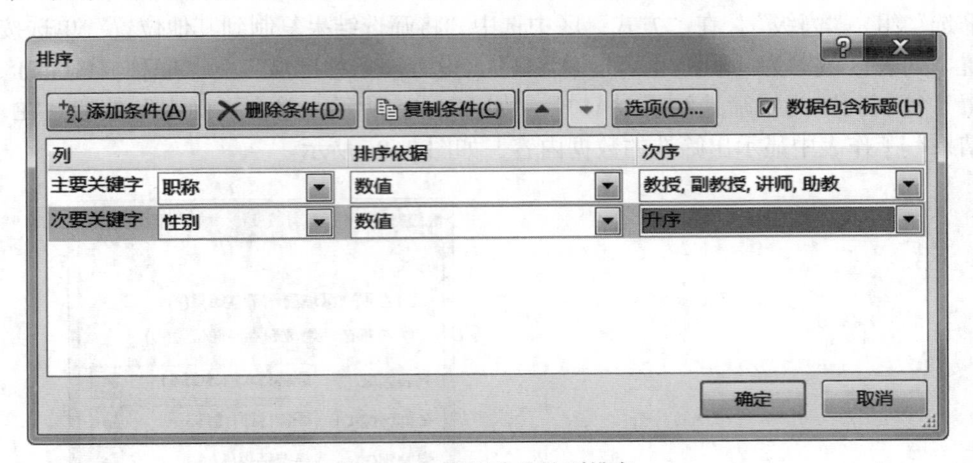

图3–97 按职称和性别排序

（2）在功能区选择“数据”选项卡｜“分级显示”组｜“分类汇总”，在“分类汇总”对话框中设置“分类字段”为“职称”，“汇总方式”为“计数”，在“选定汇总项”字段列表中取消其他字段的选择，仅选中“职称”字段，如图3–98所示，单击“确定”按钮。

（3）再次在功能区中选择“数据”选项卡｜“分级显示”组｜“分类汇总”，在“分类汇总”对话框中设置“分类字段”为“性别”，“汇总方式”和“选定汇总项”字段保持不变，取消选中“替换当前分类汇总”复选框，单击“确定”按钮（如图3–99所示）。分类汇总的结果如图3–100所示。

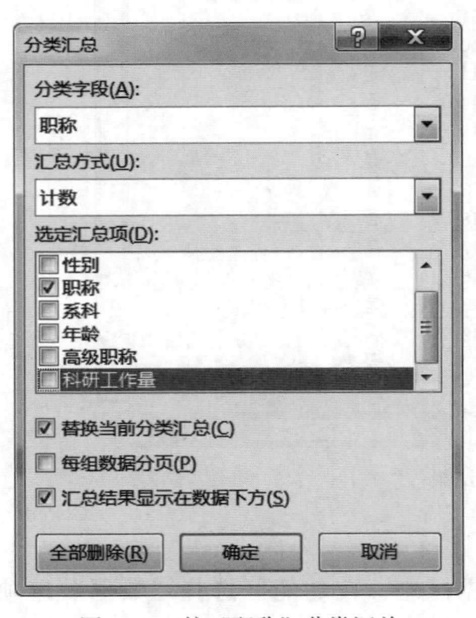

图3–98 按“职称”分类汇总

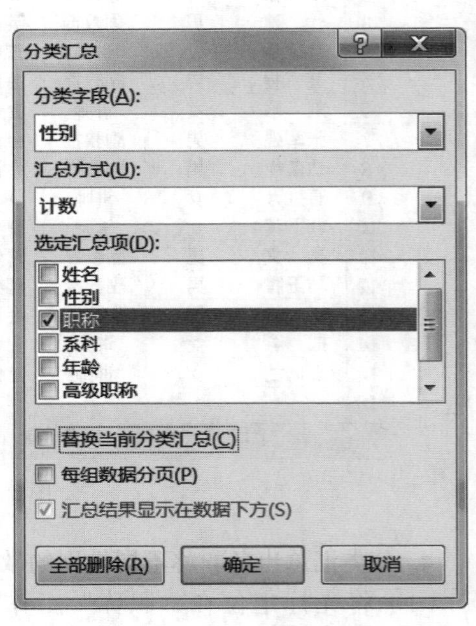

图3–99 按“性别”分类汇总

职称表.xlsx - Excel

文件　开始　插入　页面布局　公式　数据　审阅　视图　开发工具　百度网盘　告诉我　登录　共享

O48

	A	B	C	D	E	F	G
1	姓名	性别	职称	系科	年龄	高级职称	科研工作量
2	林　海	男	教授	会计系	52	是	
3	跃　武	男	教授	英语系	50	是	
4	建　军	男	教授	会计系	48	是	
5	天　增	男	教授	营养系	48	是	
6	沈　福	男	教授	营养系	44	是	
7	杨右高	男	教授	营养系	39	是	
8		**男 计数**	6				
9	惠　芳	女	教授	英语系	45	是	
10	祁　红	女	教授	会计系	42	是	
11	汉　泉	女	教授	社保系	38	是	
12		**女 计数**	3				
13		**教授 计数**	9				
14	米小伟	男	副教授	英语系	53	是	
15	代　建	男	副教授	英语系	51	是	
16	艾　提	男	副教授	会计系	44	是	
17	张军强	男	副教授	会计系	43	是	
18	达晶华	男	副教授	会计系	38	是	
19	吴　文	男	副教授	营养系	37	是	
20	马玉膛	男	副教授	营养系	36	是	
21	江　华	男	副教授	会计系	33	是	
22		**男 计数**	8				
23	孙　炜	女	副教授	英语系	59	是	
24	王和秀	女	副教授	社保系	53	是	
25	李柃玲	女	副教授	社保系	46	是	
26	丁　仁	女	副教授	营养系	29	是	
27		**女 计数**	4				
28		**副教授 计数**	12				
29	康众喜	男	讲师	会计系	39	否	
30	康　晓	男	讲师	社保系	38	否	
31	建　河	男	讲师	英语系	38	否	
32		**男 计数**	3				
33	苏砂曼	女	讲师	营养系	46	否	
34	刘　珍	女	讲师	会计系	44	否	
35	蒋红芳	女	讲师	英语系	38	否	
36	韩下英	女	讲师	营养系	38	否	

职称　系科　筛选结果

就绪　100%

图 3–100　分类汇总的结果

5. 编写“科研工作量”自定义函数

说明：职称为“教授、副教授、讲师、助教”的科研工作量依次为 400、300、200、100。

（1）执行“开发工具”选项卡｜“代码”组｜“Visual Basic”命令，打开 VBA 窗口。

（2）在 VBA 窗口中，执行“插入”｜“模块”命令，在右边的代码窗口中输入“科研工作量（ ）”自定义函数的代码，如图 3-101 所示。代码如下：

```
Function 科研工作量(职称 As String)As Integer
    Dim Num As Integer
    Select Case 职称
       Case "教授"
          Num=400
       Case "副教授"
          Num=300
       Case "讲师"
          Num=200
       Case "助教"
          Num=100
    End Select
    科研工作量 =Num
End Function
```

（3）切换到 Excel 窗口，在“职称”工作表中选择 G2 单元格，输入公式“= 科研工作量（C2）”。

（4）选择 G2 单元格，选中其右下角的“填充柄”，向下拖拉复制公式至整个 G 列。

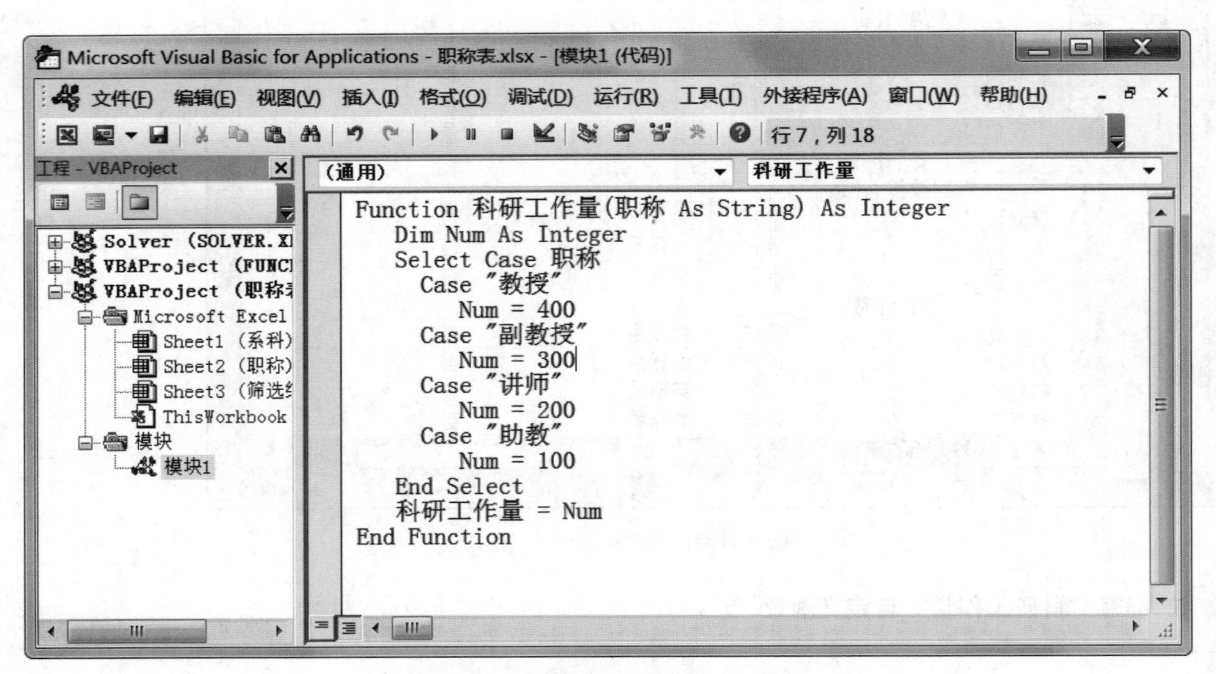

图 3-101 “科研工作量”自定义函数

6. 保存工作簿“职称表 .xlsm”及其代码

将“职称表 .xlsx”文件保存为带宏代码的 Excel 格式文件。选择“文件”菜单中的“另存为”命令，文件名为“职称表”，文件类型为“Excel 启用宏的工作簿（*.xlsm）”。

四、思考与实践

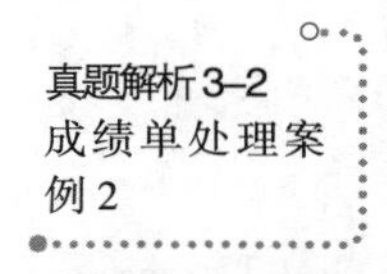

1. 想一想，如何实现多个分类字段、多个汇总方式的分类汇总功能？

2. 打开“成绩表 .xlsm”，参考图 3-102，按下列要求操作。

（1）在“成绩单”工作表中，利用“班级”工作表中的数据和 VLOOKUP 函数查找出每位同学的班级信息。

（2）运用 INDEX 和 MATCH 等函数统计和查找出语文最高分及最高分学生的姓名。

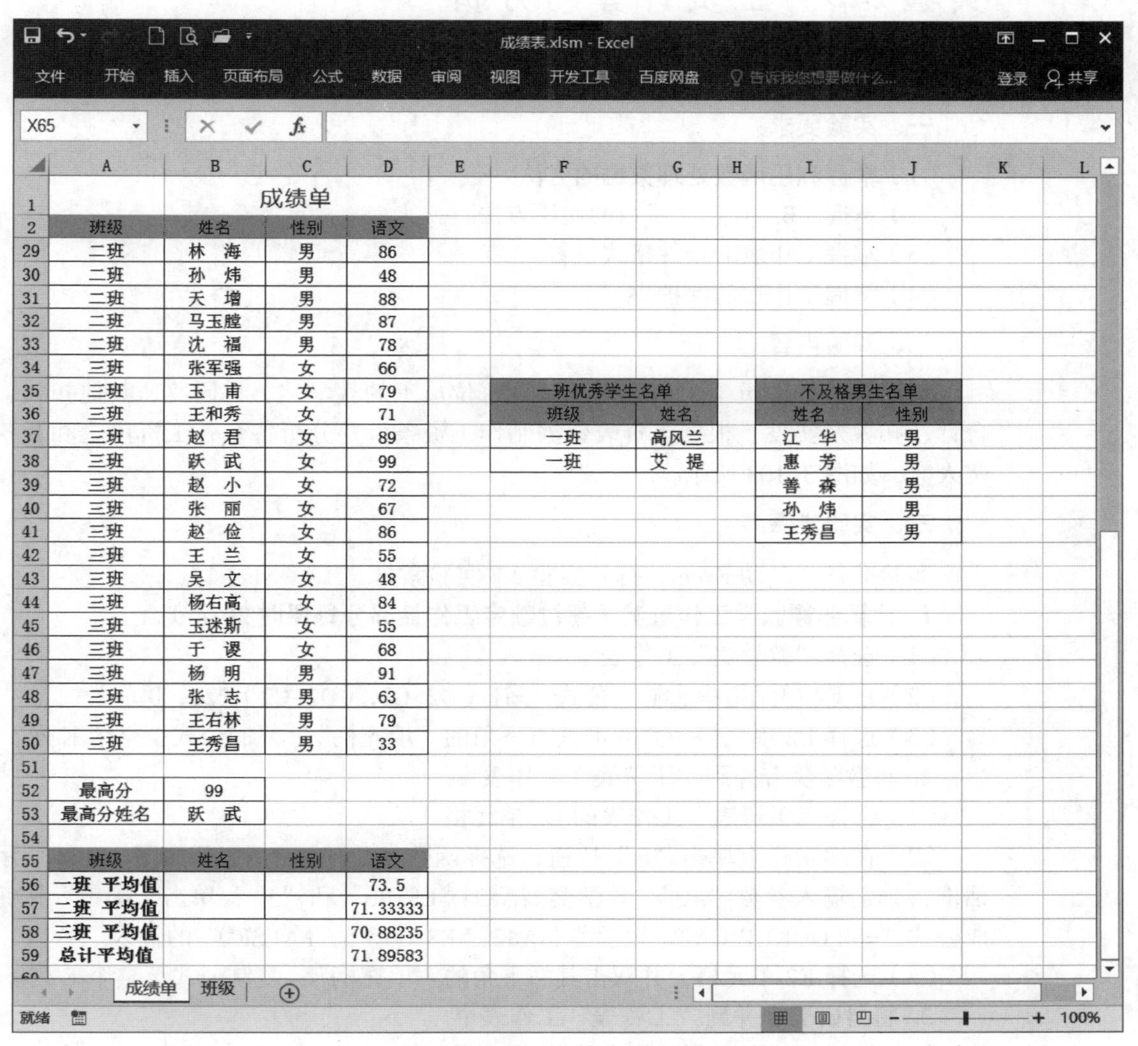

成绩单

班级	姓名	性别	语文
二班	林　海	男	86
二班	孙　炜	男	48
二班	天　增	男	88
二班	马玉膛	男	87
二班	沈　福	男	78
三班	张军强	女	66
三班	玉　甫	女	79
三班	王和秀	女	71
三班	赵　君	女	89
三班	跃　武	女	99
三班	赵　小	女	72
三班	张　丽	女	67
三班	赵　俭	女	86
三班	王　兰	女	55
三班	吴　文	女	48
三班	杨右高	女	84
三班	玉迷斯	女	55
三班	于　谡	女	68
三班	杨　明	男	91
三班	张　志	男	63
三班	王右林	男	79
三班	王秀昌	男	33

最高分	99
最高分姓名	跃　武

班级	姓名	性别	语文
一班 平均值			73.5
二班 平均值			71.33333
三班 平均值			70.88235
总计平均值			71.89583

一班优秀学生名单

班级	姓名
一班	高风兰
一班	艾　提

不及格男生名单

姓名	性别
江　华	男
惠　芳	男
善　森	男
孙　炜	男
王秀昌	男

图 3-102 “成绩表”样图

（3）对“成绩单”工作表数据区按照“班级”字段排序，排序顺序为：一班、二班、三班。

（4）对“成绩单”工作表数据区进行分类汇总，统计各班级的语文平均分，将分类汇总结果复制到样图所示位置，原数据区删除分类汇总。

（5）运行“模块1”中的“一班优秀学生”宏，实现查找一班语文成绩优秀（大于或等于90分）的学生名单。

（6）模仿“一班优秀学生”宏，实现模块中“不及格男生”宏的编写，达到样图的效果。

实验3.3 工资计算与分析

一、实验要求

（1）掌握利用函数处理数据的方法。

（2）掌握VBA自定义函数的使用方法。

（3）掌握工作表的条件格式设置。

（4）掌握工作表的保护。

二、实验内容

利用函数处理员工工资数据，计算每位员工的教学奖、科研奖、其他扣款、应发合计、扣税及实发。根据工资表数据制作工资条，并分析各系各工资项之和及获科研奖人数，如图3-103所示。

三、实验步骤

实验准备：启动Excel，打开实验3.3实验素材“工资.xlsx”。

1. 计算超额教学工作量奖（超过额定工作量部分每课时20元）

（1）选择“教学奖”工作表。

（2）在E2单元格中，输入公式“=IF（D2>C2，（D2-C2）*20，0）”。

（3）选择E2单元格，并双击其右下角的“填充柄”，复制公式至整个E列。

2. 将教学奖合并到“工资表”工作表中

（1）选择“工资表”工作表的E2单元格。

（2）在编辑栏上单击“fx”按钮，选择函数VLOOKUP，打开如图3-104所示的对话框，分别输入参数“A2”“教学奖!$A$2：$E$106”和“5”，单击“确定”按钮，完成公式“=VLOOKUP（A2，教学奖!$A$2：$E$106，5，FALSE）”的输入。

（3）选择E2单元格，并双击其右下角的“填充柄”，复制公式至整个E列。

3. 将科研奖合并到“工资表”工作表中

（1）选择“工资表”工作表的F2单元格。

（2）同上方法，输入公式“=VLOOKUP（A2，科研奖!$A$2：$C$18，3，FALSE）”，如图3-105所示。

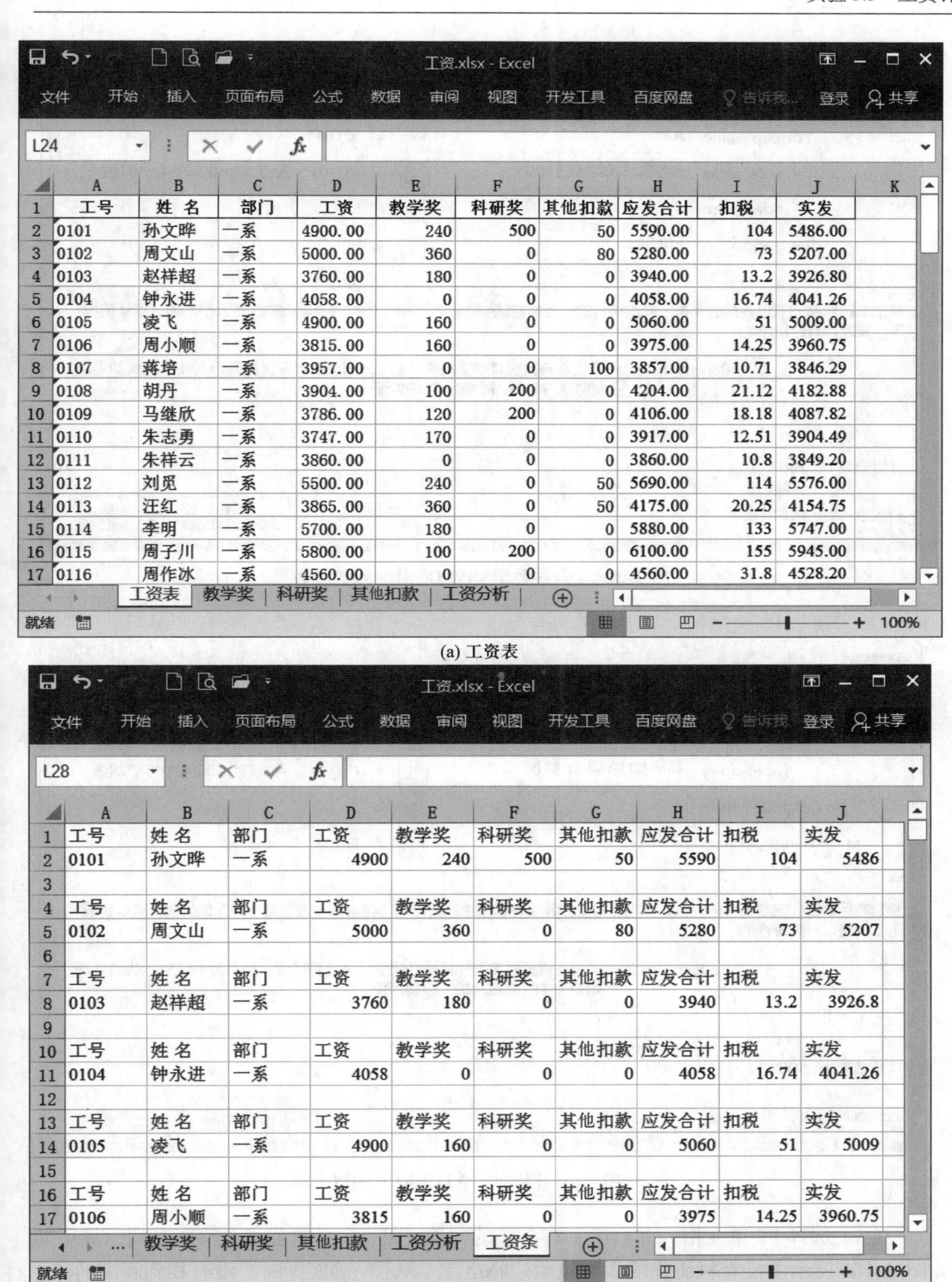

工号	姓 名	部门	工资	教学奖	科研奖	其他扣款	应发合计	扣税	实发
0101	孙文晔	一系	4900.00	240	500	50	5590.00	104	5486.00
0102	周文山	一系	5000.00	360	0	80	5280.00	73	5207.00
0103	赵祥超	一系	3760.00	180	0	0	3940.00	13.2	3926.80
0104	钟永进	一系	4058.00	0	0	0	4058.00	16.74	4041.26
0105	凌飞	一系	4900.00	160	0	0	5060.00	51	5009.00
0106	周小顺	一系	3815.00	160	0	0	3975.00	14.25	3960.75
0107	蒋培	一系	3957.00	0	0	100	3857.00	10.71	3846.29
0108	胡丹	一系	3904.00	100	200	0	4204.00	21.12	4182.88
0109	马继欣	一系	3786.00	120	200	0	4106.00	18.18	4087.82
0110	朱志勇	一系	3747.00	170	0	0	3917.00	12.51	3904.49
0111	朱祥云	一系	3860.00	0	0	0	3860.00	10.8	3849.20
0112	刘觅	一系	5500.00	240	0	50	5690.00	114	5576.00
0113	汪红	一系	3865.00	360	0	50	4175.00	20.25	4154.75
0114	李明	一系	5700.00	180	0	0	5880.00	133	5747.00
0115	周子川	一系	5800.00	100	200	0	6100.00	155	5945.00
0116	周作冰	一系	4560.00	0	0	0	4560.00	31.8	4528.20

(a) 工资表

工号	姓 名	部门	工资	教学奖	科研奖	其他扣款	应发合计	扣税	实发
0101	孙文晔	一系	4900	240	500	50	5590	104	5486
工号	姓 名	部门	工资	教学奖	科研奖	其他扣款	应发合计	扣税	实发
0102	周文山	一系	5000	360	0	80	5280	73	5207
工号	姓 名	部门	工资	教学奖	科研奖	其他扣款	应发合计	扣税	实发
0103	赵祥超	一系	3760	180	0	0	3940	13.2	3926.8
工号	姓 名	部门	工资	教学奖	科研奖	其他扣款	应发合计	扣税	实发
0104	钟永进	一系	4058	0	0	0	4058	16.74	4041.26
工号	姓 名	部门	工资	教学奖	科研奖	其他扣款	应发合计	扣税	实发
0105	凌飞	一系	4900	160	0	0	5060	51	5009
工号	姓 名	部门	工资	教学奖	科研奖	其他扣款	应发合计	扣税	实发
0106	周小顺	一系	3815	160	0	0	3975	14.25	3960.75

(b) 工资条

图 3-103　工资表和工资条

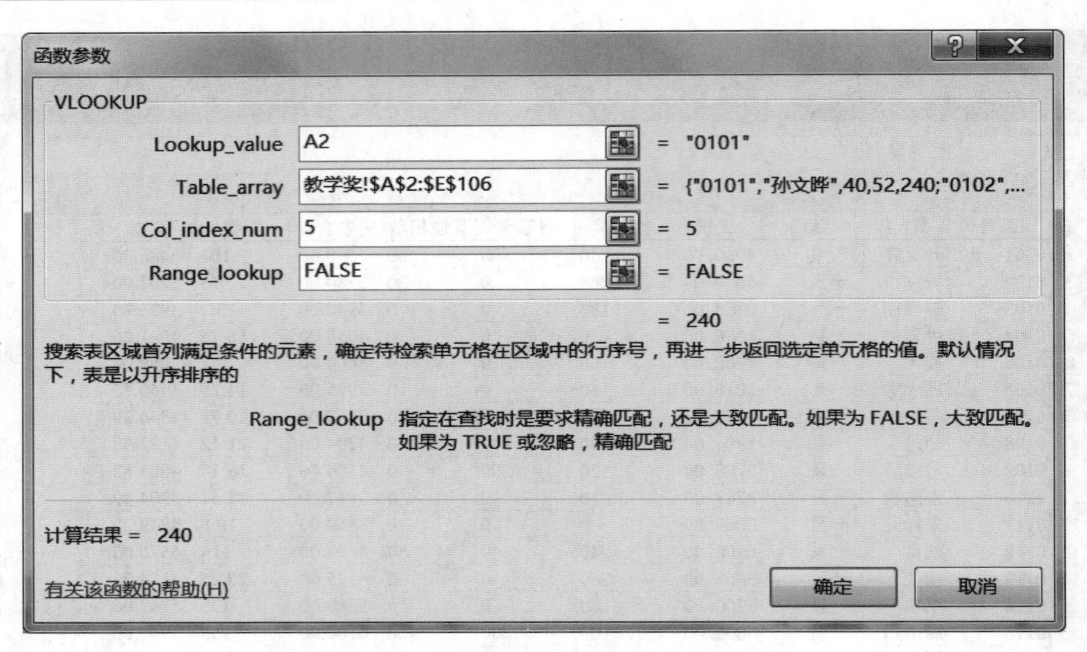

图 3-104 合并教学奖 VLOOKUP 函数参数

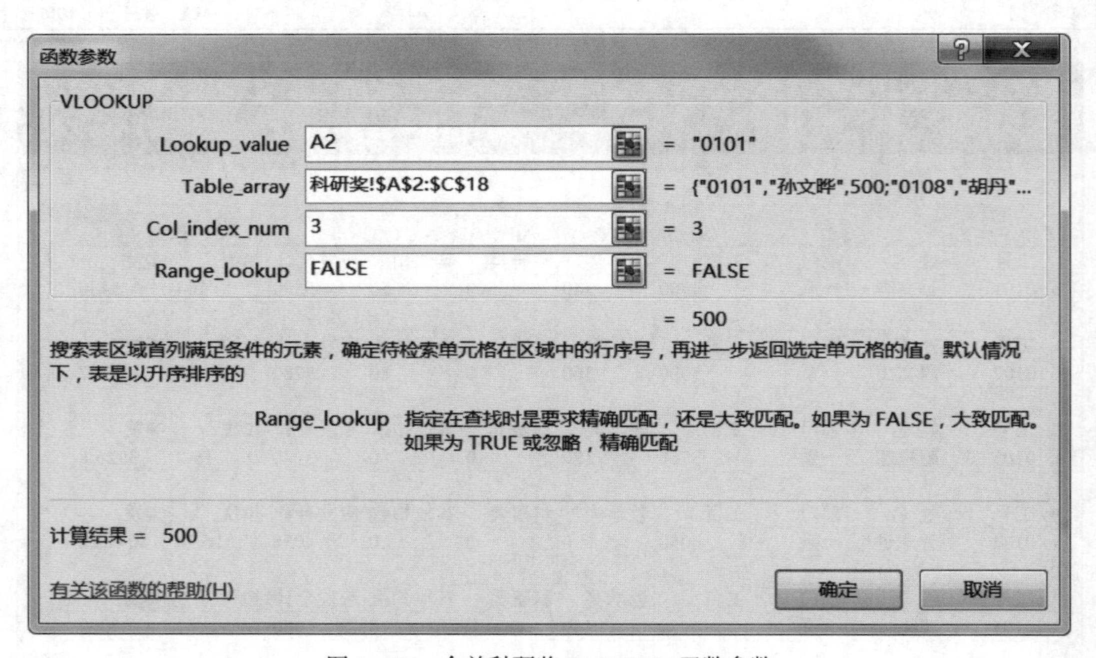

图 3-105 合并科研奖 VLOOKUP 函数参数

（3）选择 F2 单元格，并双击其右下角的“填充柄”，复制公式至整个 F 列，显示如图 3-106 所示。没有科研奖的人员显示“#N/A”，表示精确匹配时，没有找到匹配的值。

（4）选择 F2 单元格，修改公式为“=IF（ISNA（VLOOKUP（A2，科研奖 !$A$2:$C$18，3，FALSE）），0，VLOOKUP（A2，科研奖 !$A$2:$C$18，3，FALSE））”。

工号	姓 名	部门	工资	教学奖	科研奖	其他扣款	应发合计	扣税	实发
0101	孙文晔	一系	4900.00	240	500				
0102	周文山	一系	5000.00	360	#N/A				
0103	赵祥超	一系	3760.00	180	#N/A				
0104	钟永进	一系	4058.00	0	#N/A				
0105	凌飞	一系	4900.00	160	#N/A				
0106	周小顺	一系	3815.00	160	#N/A				
0107	蒋培	一系	3957.00	0	#N/A				
0108	胡丹	一系	3904.00	100	200				
0109	马继欣	一系	3786.00	120	200				
0110	朱志勇	一系	3747.00	170	#N/A				
0111	朱祥云	一系	3860.00	0	#N/A				
0112	刘觅	一系	5500.00	240	#N/A				
0113	汪红	一系	3865.00	360	#N/A				
0114	李明	一系	5700.00	180	#N/A				
0115	周子川	一系	5800.00	100	200				
0116	周作冰	一系	4560.00	0	#N/A				
0117	黄佳呈	一系	4858.00	160	#N/A				
0118	曹鹏	一系	5700.00	220	#N/A				
0119	彭军	一系	4615.00	100	800				

图 3-106　合并科研奖后效果

（5）复制公式至整个 F 列，没有科研奖人员的值显示为 0。

> 说明：
>
> ① VLOOKUP（lookup_value，table_array，col_index_num，range_lookup）函数的功能是在 table_array 的首列查找指定的 lookup_value 值，并返回 table_array 中的第 col_index_num 列值。range_lookup 是逻辑值，为 TRUE 或省略时，返回近似匹配值；为 FALSE 时，为精确匹配，如果未找到，则返回错误值 #N/A。
>
> ② 在合并教学奖时，可以省略 range_lookup 参数，因为每位员工都有对应的教学奖。
>
> ③ ISNA（value）函数的功能是测试 value 是否是 #N/A，是 #N/A 返回 TRUE，否则返回 FALSE。

4. 将其他扣款合并到“工资表”工作表中

（1）选择“工资表”工作表的 G2 单元格。

（2）同上方法，输入公式为“=IF(ISNA(VLOOKUP(B2，其他扣款!$B$2:$C$25，2，FALSE))，0，VLOOKUP(B2，其他扣款!$B$2:$C$25，2，FALSE))”。

（3）复制公式至整个 G 列。没有扣款项的人员的值显示为 0。

微视频 3–13
计算所得税

5. 计算应发合计（应发合计 = 工资 + 教学奖 + 科研奖 – 其他扣款）

（1）选择“工资表”工作表的 H2 单元格。

（2）输入公式“=D2+E2+F2–G2”，复制公式至整个 H 列。

6. 利用 VBA 自定义函数计算扣税

（1）执行“开发工具”选项卡 |“代码”组 |“Visual Basic”命令，打开 VBA 窗口，如图 3–107 所示。

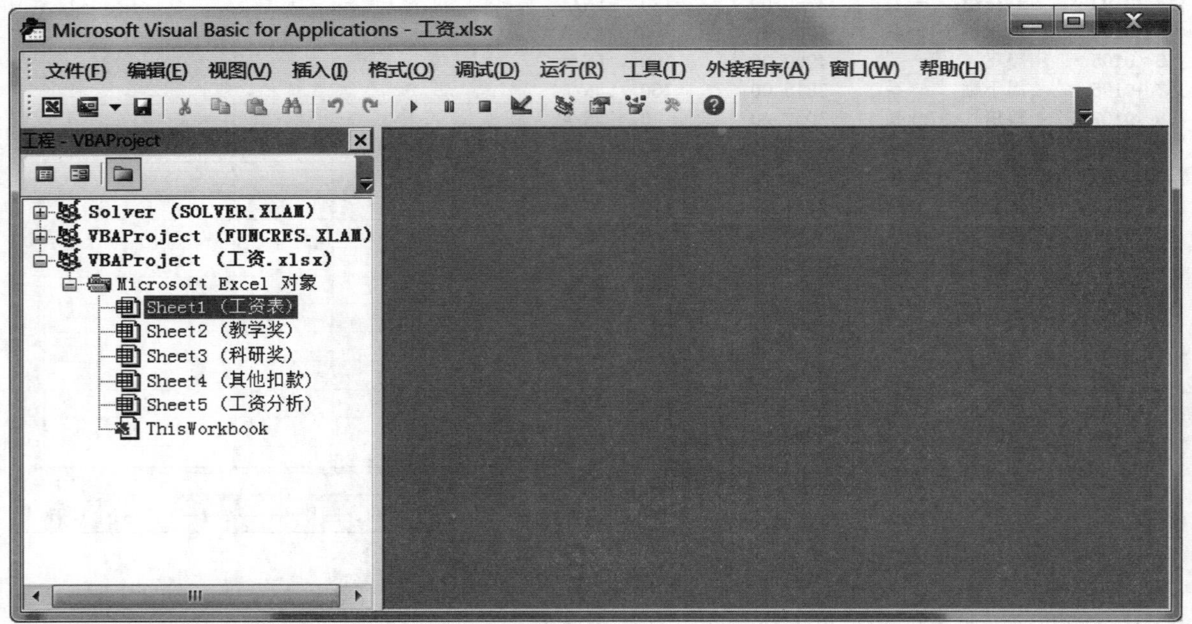

图 3–107 VBA 窗口

（2）在 VBA 窗口中，执行“插入”|“模块”命令，在右边的代码窗口中输入自定义函数“计税( )”代码，如图 3–108 所示。代码如下：

```
Function 计税(curP As Currency)
    Dim curT As Currency
    curP=curP-3500                          '3500 为扣除数
    If curP>0 Then
        Select Case curP
            Case Is<=1500
                curT=curP * 0.03
            Case Is<=4500
```

```
                curT=curP * 0.1-105
            Case Is<=9000
                curT=curP * 0.2-555
            Case Is<=35000
                curT=curP * 0.25-1005
            Case Is<=55000
                curT=curP * 0.3-2755
            Case Is<80000
                curT=curP * 0.35-5505
            Case Else
                curT=curP * 0.45-13505
        End Select
        计税 =curT
    Else
        计税 =0
    End If
End Function
```

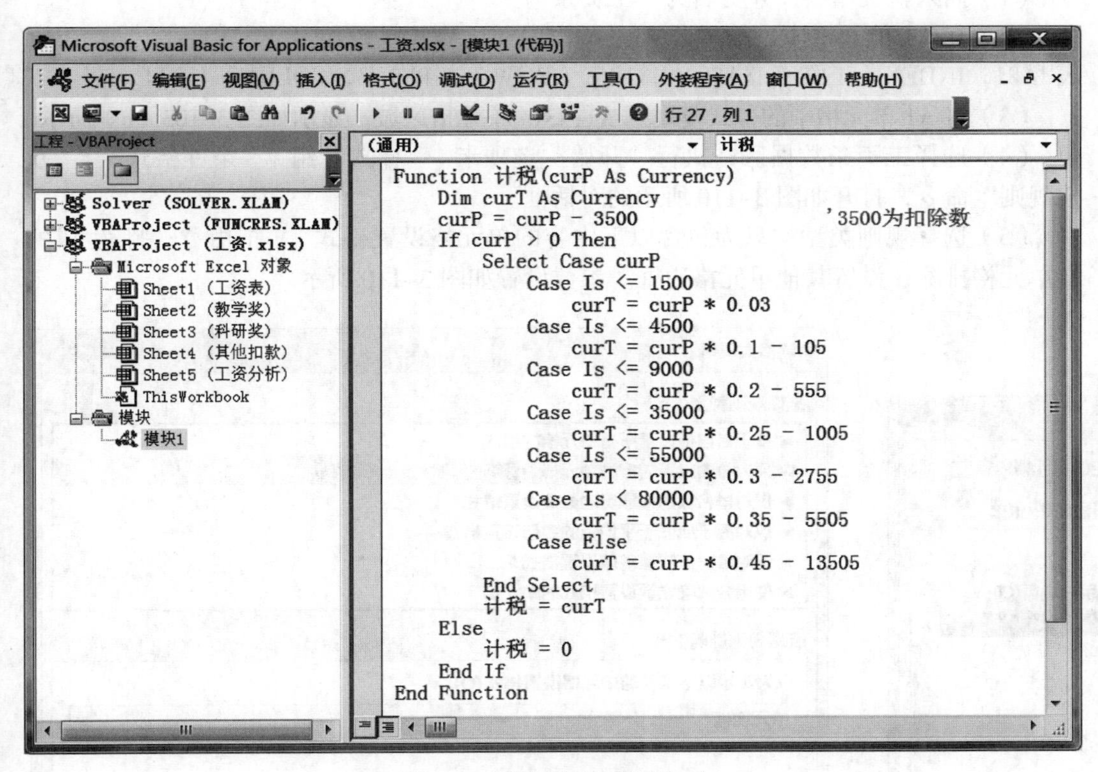

图 3-108　计税函数代码窗口

（3）切换到 Excel 窗口，在 I2 单元格中输入“= 计税（H2）”，并将公式复制到整个 I 列，计算个人所得税。

说明：

① 用户自定义函数的使用方法与使用系统内部函数相同。在本例中通过“计税”的赋值，将自定义函数的计算结果返回给调用处。

② 个人所得税的计算方法：应纳个人所得税税额 = 应纳税所得额 × 适用税率 – 速算扣除数。

7. 计算实发，保护工作表数据

（1）选择“工资表”工作表的 J2 单元格。

（2）输入公式“=H2–I2”，复制公式至整个 J 列。

（3）执行“审阅”选项卡｜“更改”组｜“保护工作表”命令，打开如图 3–109 所示的对话框。

（4）输入密码，并单击“确定”按钮（此时，当修改任意单元格数据时，都将提示只读而不能修改）。

8. 制作工资发放条并设置格式

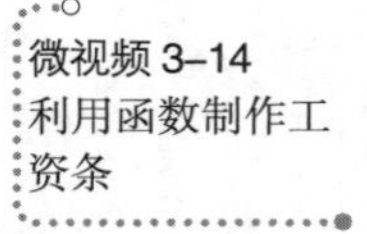

微视频 3–14
利用函数制作工资条

（1）插入新工作表，并更名为“工资条”。

（2）在 A1 单元格中，输入公式“=CHOOSE（MOD（ROW（），3）+1，""，工资表 !A$1，INDEX（工资表 !$A$2：$J$106，（ROW（）+1）/3，COLUMN（）））”

（3）将 A1 单元格中的公式复制到 A1：J314 单元格区域，显示如图 3–103（b）所示。

（4）选择工资条数据区，执行“开始”选项卡｜“样式”组｜“条件格式”｜“新建规则”命令，打开如图 3–110 所示的对话框。

（5）选择规则类型“只为包含以下内容的单元格设置格式”，把由“=""”生成的空单元格排除，设置其他单元格边框。参数设置如图 3–110 所示。

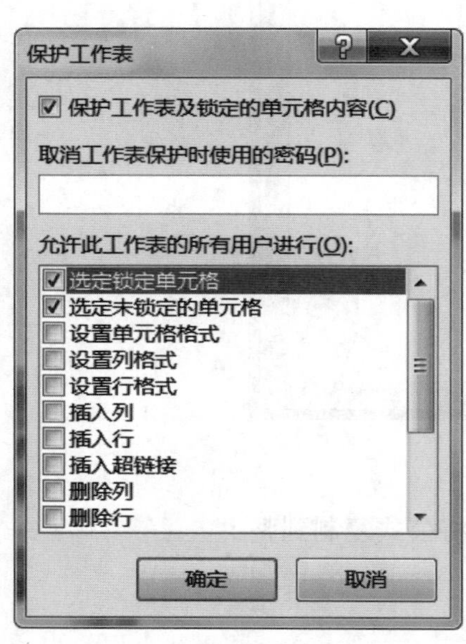

图 3–109 “保护工作表”对话框

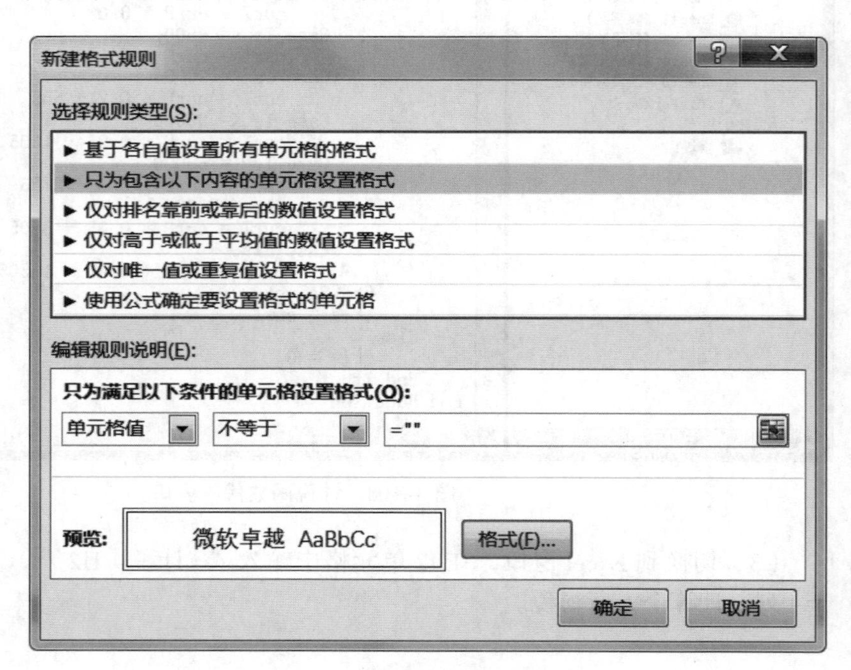

图 3–110 条件格式新建格式规则

（6）执行“文件”|“选项”命令，打开如图 3-111 所示的对话框。选择“高级”选项卡，取消选中“在具有零值的单元格中显示零”复选框。

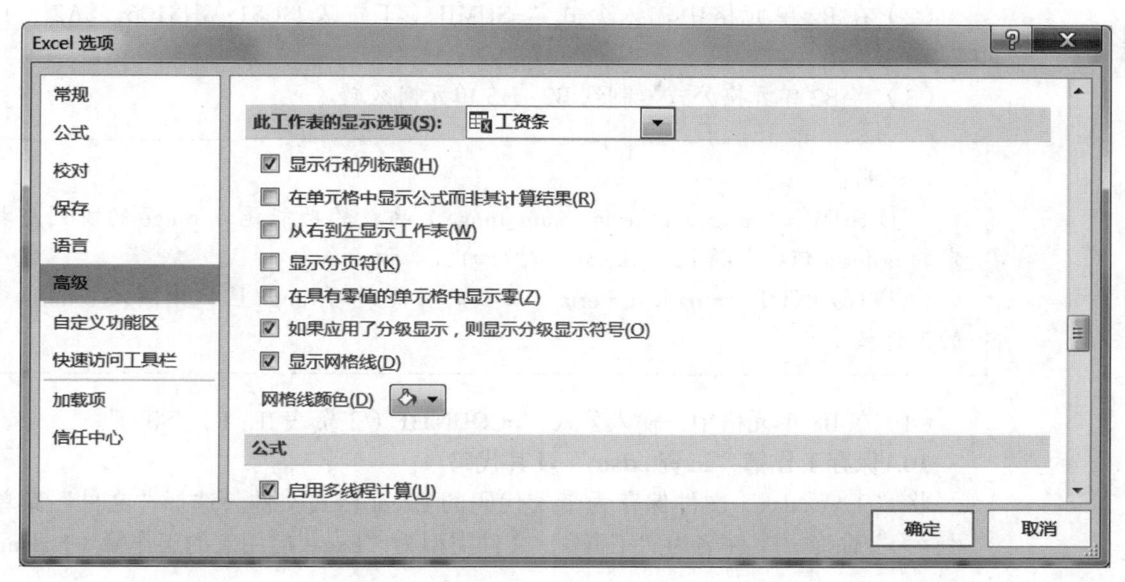

图 3-111　Excel 选项

说明：

① CHOOSE（index_num，val1，val2，…）函数的功能是根据 index_num 的值，从待选的 val1、val2、val3…中选出相应的值。如 CHOOSE（2，"第一"，"第二"，"第三"）的值为“第二”。

② INDEX（array，row_num，column_num）函数返回单元格区域中的值。如 A2="0101"，B2="孙文晔"，函数 INDEX（A2：B2，1，2）返回的值为“孙文晔”。

③ ROW（）和 COLUMN（）函数分别返回单元格的行号和列号。

④ MOD(number，divisor）函数的功能是取余数，如 MOD(5，3）返回值为 2。

⑤ 本例的解题思路是每个员工工资条占 3 行，第 1 行显示标题，第 2 行显示各项的值，第 3 行显示空行。“工资条”工作表的某一行（ROW(）)显示的是标题、值还是空行，由表达式 MOD（ROW（），3）+1 决定。如：

a. 第 4 行：表达式 MOD（ROW（），3）+1 的值为 2，CHOOSE（MOD（ROW（），3）+1，""，工资表!A$1，INDEX（工资表!$A$2：$J$106，（ROW（）+1）/3，COLUMN（）)）函数返回第 2 项值，即工资表的第 1 行的标题。

b. 第 5 行：表达式 MOD（ROW（），3）+1 的值为 3，CHOOSE（(MOD（ROW（），3）+1，""，工资表!A$1，INDEX（工资表!$A$2：$J$106，（ROW（）+1）/3，COLUMN（）)）函数返回第 3 项值，即工资表的第 2 行的工资值。

c. 第 6 行：表达式 MOD（ROW（），3）+1 的值为 1，CHOOSE（(MOD（ROW（），3)+1，""，工资表!A$1，INDEX（工资表!$A$2:$J$106，（ROW（）+1）/3，COLUMN（）)）函数返回第 1 项空值。

9. 计算各系工资项合计值及获奖人数

（1）选择“工资分析”工作表。

（2）在B2单元格中输入公式“=SUMIF（工资表!$C$1：$H$106，$A2，工资表!D：D）”。

（3）将B2单元格公式复制到B2：H5单元格区域。

> 说明：
>
> ① SUMIF（range，criteria，sum_range）函数的功能是在range的首列查找指定的criteria值，并将sum_range中对应的值求和。
>
> ② COUNTIF（range，criteria）函数的功能是对range区域中满足criteria条件的值计数。

（4）在B8单元格中，输入公式“=COUNTIF（工资表!F：F，">0"）”。

10. 保存工作簿“工资.xlsm”及其代码

将“工资.xlsx”文件保存为带宏代码的Excel格式文件。选择“文件”菜单中的“另存为”命令，文件名为“工资”，文件类型为“Excel启用宏的工作簿（*.xlsm）”。

四、思考与实践

1. 试编写一个VBA过程，制作工资发放条。
2. Worksheets（1）和Worksheets（"Sheet1"）有什么区别？

实验3.4 根据报名数据编排考场

一、实验目的

（1）了解VBA代码实现Excel对象的处理方法。

（2）熟悉VBA程序基本语法及应用。

（3）掌握使用录制宏功能，学习Excel操作的VBA代码的实现方法。

（4）掌握超长工作表打印格式的设置方法。

二、实验内容

根据工作簿“考场名册.xlsx”提供的考生报名信息，编写过程“考场编排（）”及“分页（）”VBA代码，分别实现考场编排及自动插入分页符，要求每考场人数为60人，不足60人作为独立考场，不同校区不同语种不得混排，并设置超长工作表打印格式。预览效果如图3–112所示。

三、实验步骤

实验准备：启动Excel，打开实验3.4实验素材“考场名册.xlsx”。

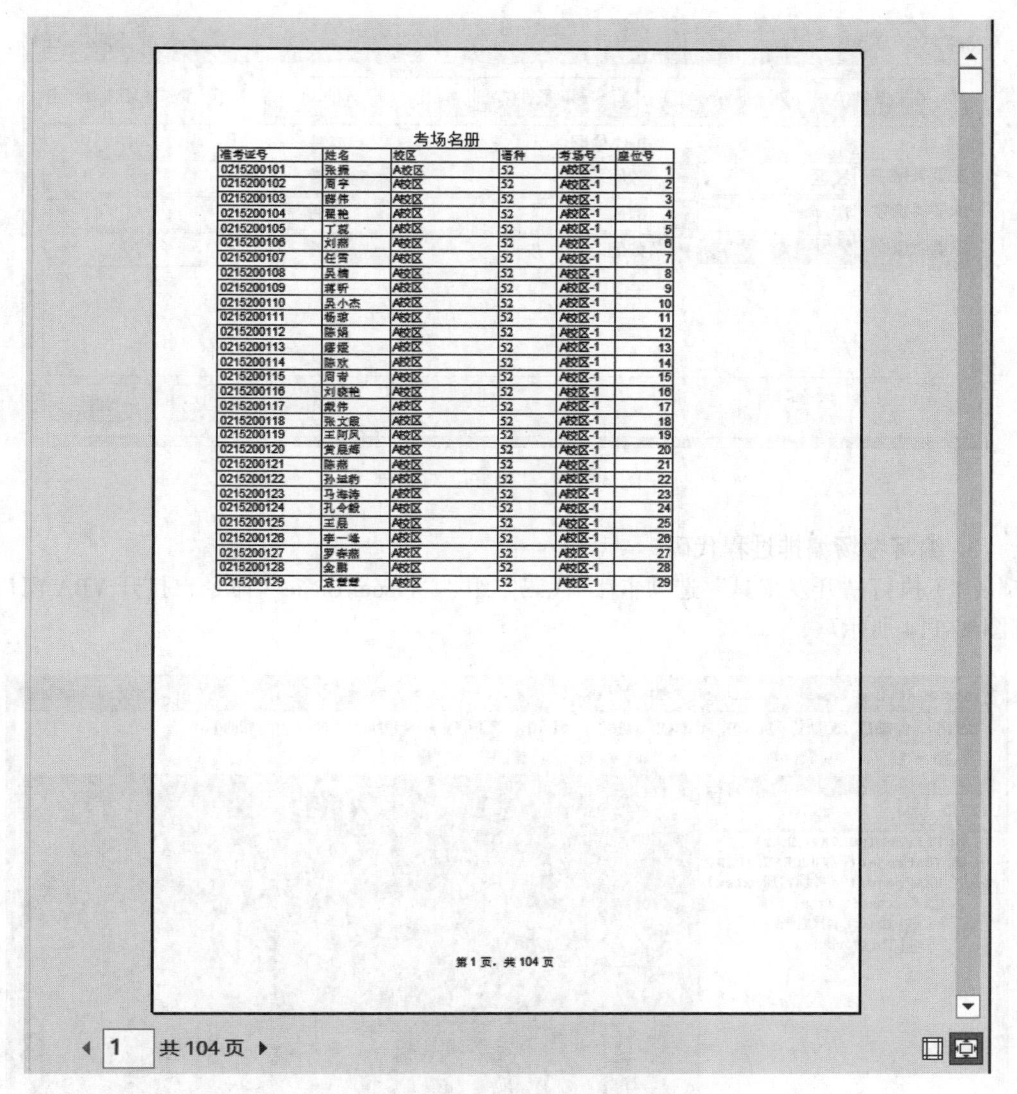

考场名册

准考证号	姓名	校区	语种	考场号	座位号
0215200101	张振	A校区	52	A校区-1	1
0215200102	周宇	A校区	52	A校区-1	2
0215200103	薛伟	A校区	52	A校区-1	3
0215200104	翟艳	A校区	52	A校区-1	4
0215200105	丁蕊	A校区	52	A校区-1	5
0215200106	刘燕	A校区	52	A校区-1	6
0215200107	任雪	A校区	52	A校区-1	7
0215200108	吴楠	A校区	52	A校区-1	8
0215200109	蒋昕	A校区	52	A校区-1	9
0215200110	吴小杰	A校区	52	A校区-1	10
0215200111	杨琼	A校区	52	A校区-1	11
0215200112	陈娟	A校区	52	A校区-1	12
0215200113	廖媛	A校区	52	A校区-1	13
0215200114	陈欢	A校区	52	A校区-1	14
0215200115	周菁	A校区	52	A校区-1	15
0215200116	刘晓艳	A校区	52	A校区-1	16
0215200117	戴伟	A校区	52	A校区-1	17
0215200118	张文殿	A校区	52	A校区-1	18
0215200119	王阿凤	A校区	52	A校区-1	19
0215200120	黄晨辉	A校区	52	A校区-1	20
0215200121	陈燕	A校区	52	A校区-1	21
0215200122	孙益豹	A校区	52	A校区-1	22
0215200123	马海涛	A校区	52	A校区-1	23
0215200124	孔令毅	A校区	52	A校区-1	24
0215200125	王晨	A校区	52	A校区-1	25
0215200126	李一峰	A校区	52	A校区-1	26
0215200127	罗春燕	A校区	52	A校区-1	27
0215200128	金鹏	A校区	52	A校区-1	28
0215200129	袁慧慧	A校区	52	A校区-1	29

第 1 页，共 104 页

1 共 104 页

图 3–112　考场名册

1. 利用公式计算语种（准考证号的第 4 ~ 5 位为语种代码）

（1）在 D3 单元格中输入公式“=MID（A3，4，2）”。

（2）选择 D3 单元格，并双击其右下角的“填充柄”，复制公式至整个 D 列。

2. 以校区、语种、准考证号为第一、二、三关键字排序

（1）选择数据列表中的任意单元格，单击“数据”选项卡 | “排序和筛选”组 | “排序”命令，打开“排序”对话框。

（2）设置“校区”为主要关键字，单击“添加条件”按钮，设置“语种”为第一次要关键字、设置“准考证号”为第二次要关键字，单击“确定”按钮，如图 3–113 所示。

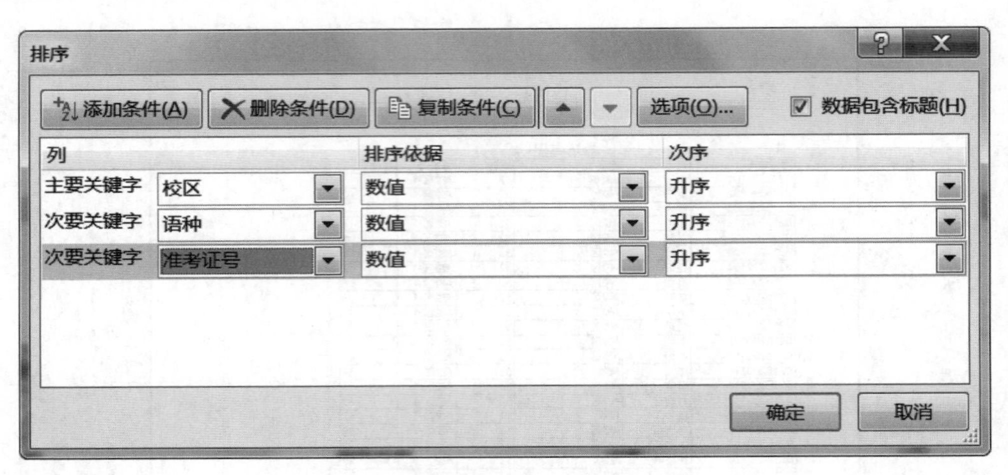

图 3-113　“排序”对话框

3. 编写考场编排过程代码

微视频 3-15
利用 VBA 编排考场

（1）执行“开发工具”选项卡 |“代码”组 |“Visual Basic”命令，打开 VBA 窗口，如图 3-114 所示。

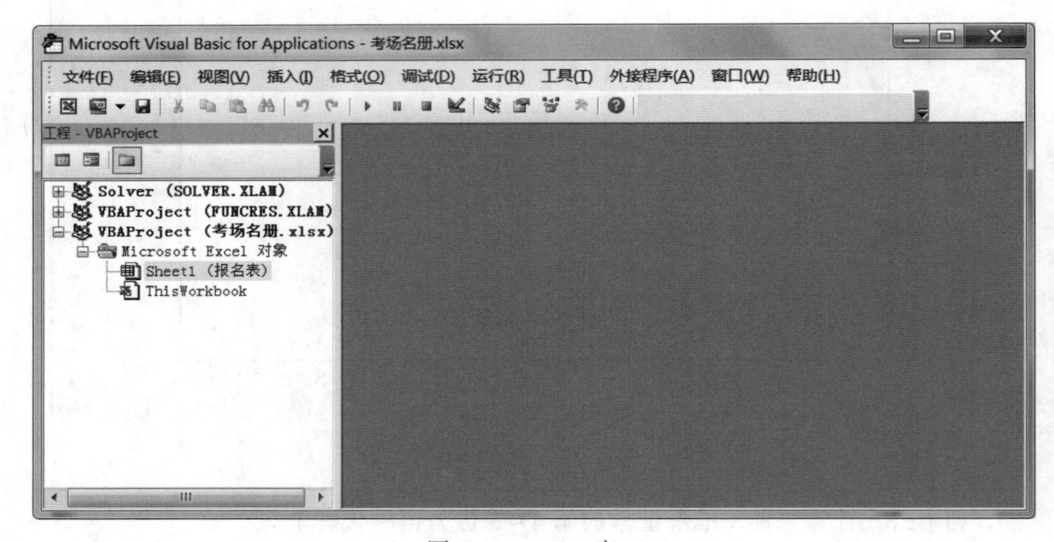

图 3-114　VBA 窗口

（2）在 VBA 窗口中，执行“插入”|“模块”命令，在右边的代码窗口中输入代码，如图 3-115 所示。代码如下：

```
Sub 考场编排( )               '分校区编排考场,每 60 人为一考场,不同语种不能混排
    考场号计数 =1             '记录考场号
    座位号计数 =1             '记录座位号
    校区 =Cells(3,3)
    语种 =Cells(3,4)
    For i=3 To 3027           '第 3~3027 行为考生记录
```

```
      If 校区=Cells(i,3)And 语种=Cells(i,4)And 座位号计数 <=60 Then
        Cells(i,5)=Cells(i,3) & "-" & 考场号计数              '填写考场号
        Cells(i,6)= 座位号计数                               '填写座位号
        座位号计数 = 座位号计数 +1
      Else
        考场号计数 = 考场号计数 +1                           '下一新考场
        座位号计数 =1
        校区 =Cells(i,3)
        语种 =Cells(i,4)
        Cells(i,5)=Cells(i,3)& "-" & 考场号计数
        Cells(i,6)= 座位号计数                         '新考场座位号从 1 开始
        座位号计数 = 座位号计数 +1
      End If
    Next
End Sub
```

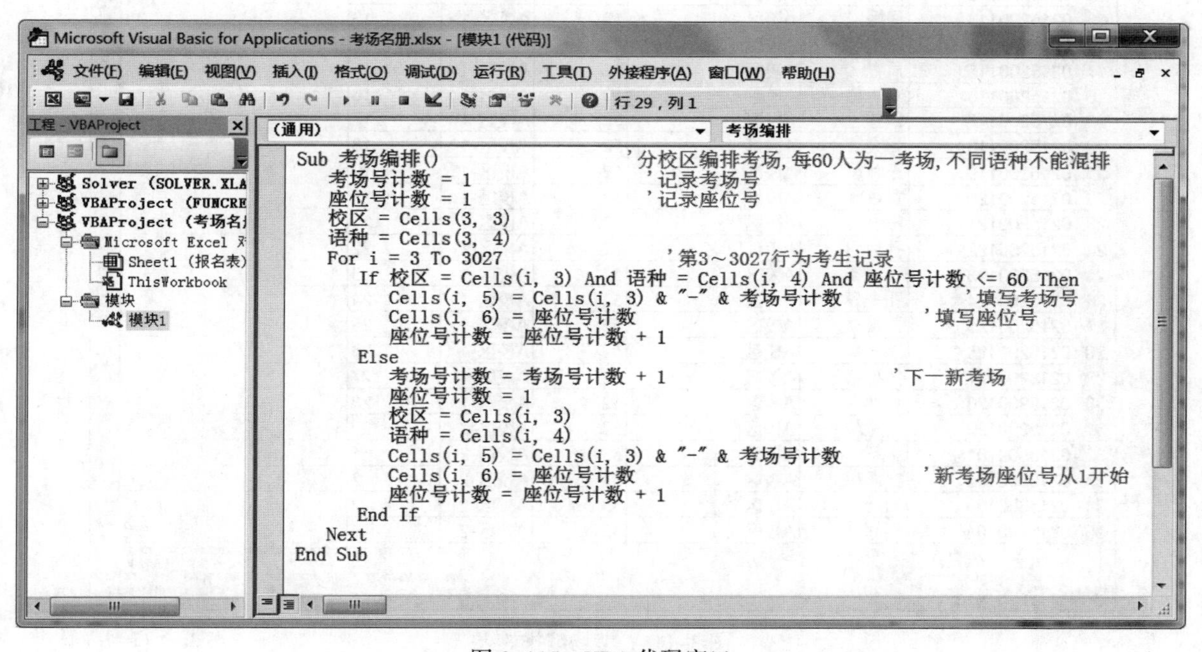

图 3-115　VBA 代码窗口

（3）在 VBA 窗口中，将插入点移至过程“考场编排（ ）”中，执行代码。切换到 Excel 窗口，发现考场号、座位号编排完毕，如图 3-116 所示。

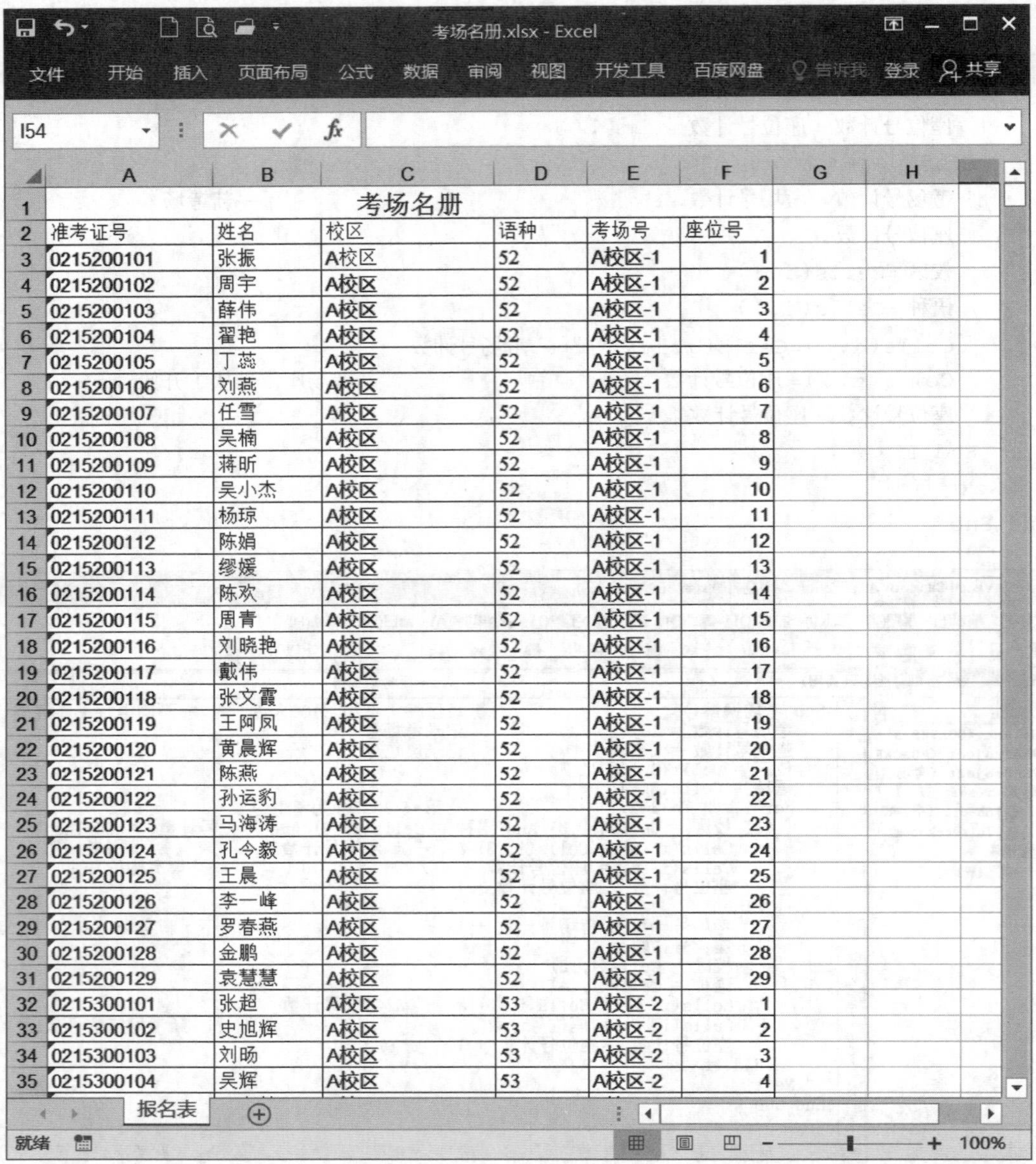

考场名册.xlsx - Excel

	A	B	C	D	E	F
1	考场名册					
2	准考证号	姓名	校区	语种	考场号	座位号
3	0215200101	张振	A校区	52	A校区-1	1
4	0215200102	周宇	A校区	52	A校区-1	2
5	0215200103	薛伟	A校区	52	A校区-1	3
6	0215200104	翟艳	A校区	52	A校区-1	4
7	0215200105	丁蕊	A校区	52	A校区-1	5
8	0215200106	刘燕	A校区	52	A校区-1	6
9	0215200107	任雪	A校区	52	A校区-1	7
10	0215200108	吴楠	A校区	52	A校区-1	8
11	0215200109	蒋昕	A校区	52	A校区-1	9
12	0215200110	吴小杰	A校区	52	A校区-1	10
13	0215200111	杨琼	A校区	52	A校区-1	11
14	0215200112	陈娟	A校区	52	A校区-1	12
15	0215200113	缪媛	A校区	52	A校区-1	13
16	0215200114	陈欢	A校区	52	A校区-1	14
17	0215200115	周青	A校区	52	A校区-1	15
18	0215200116	刘晓艳	A校区	52	A校区-1	16
19	0215200117	戴伟	A校区	52	A校区-1	17
20	0215200118	张文霞	A校区	52	A校区-1	18
21	0215200119	王阿凤	A校区	52	A校区-1	19
22	0215200120	黄晨辉	A校区	52	A校区-1	20
23	0215200121	陈燕	A校区	52	A校区-1	21
24	0215200122	孙运豹	A校区	52	A校区-1	22
25	0215200123	马海涛	A校区	52	A校区-1	23
26	0215200124	孔令毅	A校区	52	A校区-1	24
27	0215200125	王晨	A校区	52	A校区-1	25
28	0215200126	李一峰	A校区	52	A校区-1	26
29	0215200127	罗春燕	A校区	52	A校区-1	27
30	0215200128	金鹏	A校区	52	A校区-1	28
31	0215200129	袁慧慧	A校区	52	A校区-1	29
32	0215300101	张超	A校区	53	A校区-2	1
33	0215300102	史旭辉	A校区	53	A校区-2	2
34	0215300103	刘旸	A校区	53	A校区-2	3
35	0215300104	吴辉	A校区	53	A校区-2	4

报名表

图 3–116　考场编排效果

说明：

① 代码中设置了两个计数变量：考场号计数和座位号计数，均从 1 开始计数，当发生校区、语种变化或座位号编排到 60 时，考场号计数加 1，座位号从 1 开始重新计数。

② 座位号由校区名称与考场号计数合并而成，形如“A 校区 –1”，它由表达式“Cells（i，3）& "–" & 考场号计数”生成。

③ 代码中使用的变量可使用 DIM 进行声明，以减少编写程序过程中的错误。

4. 编写插入分页符过程“分页（ ）”使得每考场名册另起一页

（1）录制宏，获得插入分页符的代码。执行“开发工具”选项卡｜“代码”组｜“录制宏”命令，切换到 Excel 窗口，选择任意行，如第 25 行，执行“页面布局”选项卡｜“页面设置”组｜“分隔符”｜“插入分页符”命令，选择“开发工具”选项卡｜“代码”组｜“停止录制”命令停止宏的录制。切换到 VBA 下查看宏代码，如图 3-117 所示。

微视频 3-16
利用 VBA 批量插入分页符

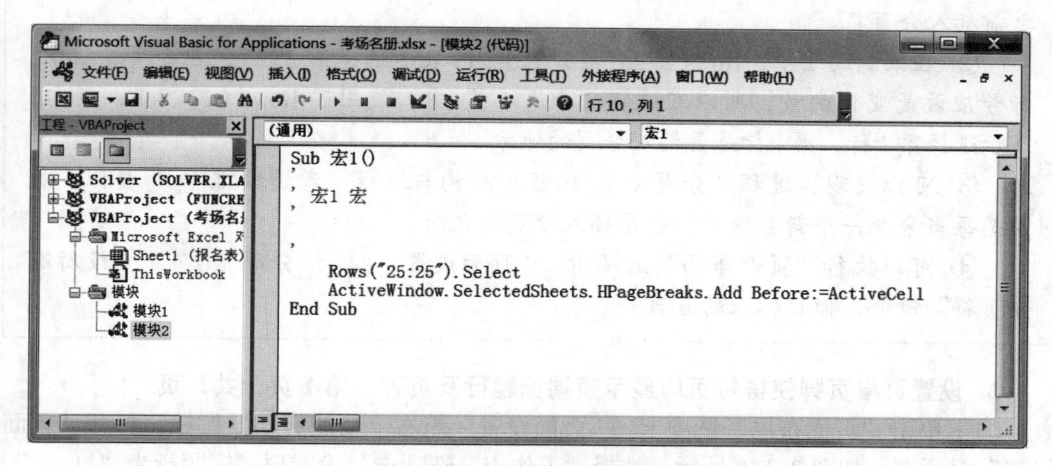

图 3-117　录制分页的宏代码

（2）在 VBA 窗口“模块 1”中，在右边的代码窗口中输入如下过程“分页（ ）”代码，代码如下：

```
Sub 分页()
    考场号计数 =1                            '记录考场号
    座位号计数 =1                            '记录座位号
    校区 =Cells(3,3)
    语种 =Cells(3,4)
    For i=3 To 3027                         '第 3~3027 行为考生记录
      If 校区 =Cells(i,3)And 语种 =Cells(i,4)And 座位号计数 <=60 Then
        座位号计数 = 座位号计数 +1
      Else
        考场号计数 = 考场号计数 +1                  '下一新考场
        座位号计数 =1
        校区 =Cells(i,3)
        语种 =Cells(i,4)
        Rows(i).Select
        ActiveWindow.SelectedSheets.HPageBreaks.Add Before:
        =ActiveCell
        座位号计数 = 座位号计数 +1
      End If
    Next
End Sub
```

（3）在 VBA 窗口中，将插入点移至过程“分页（ ）”中，执行代码。切换到 Excel

窗口，检查分页效果。

说明：

① 通过录制宏，获得插入分页符的方法：ActiveWindow.SelectedSheets.HPage Breaks.Add Before：=ActiveCell，即在当前活动窗口的当前工作表中，在活动单元格之前插入分页符。

② 在录制的宏中，Rows（"25：25"）.Select 表示选择第 25 行，在分页过程中，行号应该是变化的量，所以在过程“分页（ ）”中，使用了 Rows（i）.Select 语句，表示选择第 i 行。第 i 行是要插入分页的地方。

③ 可以发现，过程“分页（ ）”的程序结构与过程“考场编排（ ）”类似，原因是每当分配一个新考场时，也是插入分页符之时。

④ 可以执行“页面布局”选项卡｜“页面设置”组｜“分隔符”｜“重设所有分页符”命令，撤销插入的分页符。

5. 设置页眉页脚使得每页均显示顶端标题行及页脚“第 1 页，共？页”

（1）单击“页面布局”选项卡｜“页面设置”组右下角的启动器按钮，打开“页面设置”对话框，如图 3–118 所示，选择“工作表”选项卡，设置顶端标题行为“$1:$2”。

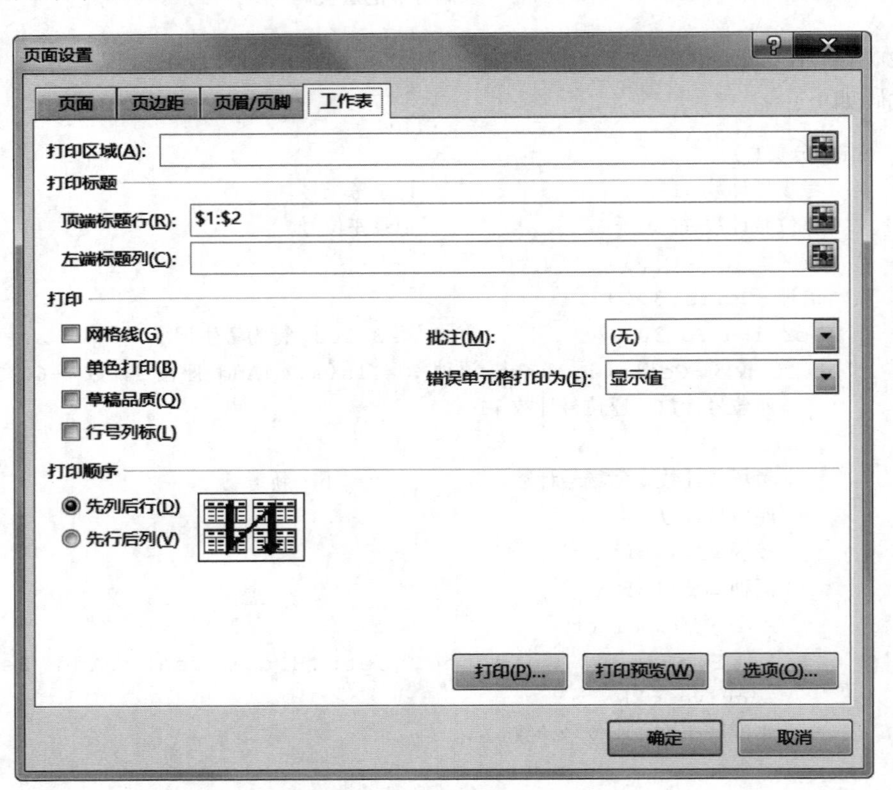

图 3–118　顶端标题行设置

（2）在当前对话框中选择“页眉 / 页脚”选项卡，单击“自定义页脚”按钮，选择“页面页脚”选项，设置页脚格式为“第 1 页，共? 页”。

6. 保存工作簿“考场名册 .xlsm”及其代码

将“考场名册 .xlsx”文件保存为带宏代码的 Excel 格式文件。选择“文件”菜单中的“另存为”命令，文件名为“考场名册”，文件类型为“Excel 启用宏的工作簿（*.xlsm）”。

四、思考与实践

1. 在考场编排代码中，使用了 For i=3 To 3027……Next 循环，试改编循环语句，以适应任意行考生的考场编排。

2. 过程“分页（ ）”的程序结构与过程“考场编排（ ）”类似，试将两过程合并为一个过程，一次实现考场编排和分页。

第4章 MS Office PowerPoint 应用

PowerPoint 2016 是微软公司 Office 办公套装软件中一个专门用于设计、制作、展示信息的电子演示文稿软件，被广泛应用于培训教育、公司会议和商业宣传等领域。用户通过 PowerPoint 2016 可以在投影仪或者计算机上进行演示，也可以将演示文稿打印出来，制作成胶片，以便应用到更广泛的传播途径中。利用 PowerPoint 2016 用户不仅可以在本机创建演示文稿，还可以在互联网上同时工作或联机发布演示文稿。PowerPoint 2016 默认的文件后缀名为 pptx；也可以导出为 PDF、Word 或视频格式文件。

在 PowerPoint 中，幻灯片和演示文稿是两个基本概念：演示文稿是指利用 PowerPoint 制作出来的文件，演示文稿中的每一页被称为幻灯片，每张幻灯片都是演示文稿中既相互独立又相互联系的内容。一套完整的演示文稿一般包含：片头动画、PPT 封面、前言、目录、过渡页、图表页、图片页、文字页、封底、片尾动画等；所采用的素材有：文字、图片、图表、动画、声音、影片等。

PowerPoint 2016 在 2010 版本的基础上新增了一些功能，通过软件自身包含的简介即可清楚了解，用户可以单击“文件”|“新建”|“欢迎使用 PowerPoint 2016 简介”|“创建”按钮，查看简介（如图 4-1 所示）。

PowerPoint 2016 提供了 5 种视图方式：普通视图、幻灯片浏览视图、备注页视图、阅读视图、大纲视图，方便用户创建更具专业水准的演示文稿，下面进行分别介绍。

1. 普通视图

普通视图是 PowerPoint 2016 的默认编辑视图，可用于撰写和设计演示文稿。普通视图有 3 个工作区域（如图 4-1 所示），分别是幻灯片窗格、幻灯片编辑区和备注窗格。幻灯片窗格中演示文稿以缩略图形式呈现，用户可以浏览演示文稿并查看任何设计更改的效果，但是不能对缩略图进行编辑；幻灯片编辑区中显示当前幻灯片的较大视图，用户可以添加编辑文本、图片、表格、SmartArt 图形等多种对象，也可以处理声音、动画及其他特殊格式；在备注窗格中可以输入当前幻灯片的备注，供演示时作为参考。

2. 幻灯片浏览视图

在幻灯片浏览视图中幻灯片以缩略图的形式呈现（如图 4-2 所示），以便用全局方式浏览整个演示文稿，并快速对演示文稿的顺序进行排列和组织。用户可在幻灯片浏览视图中添加或修改节，按不同的类别或节对幻灯片进行排序，特别适合复杂演示文稿的组织和管理。

图 4–1　欢迎使用 PowerPoint 2016 界面

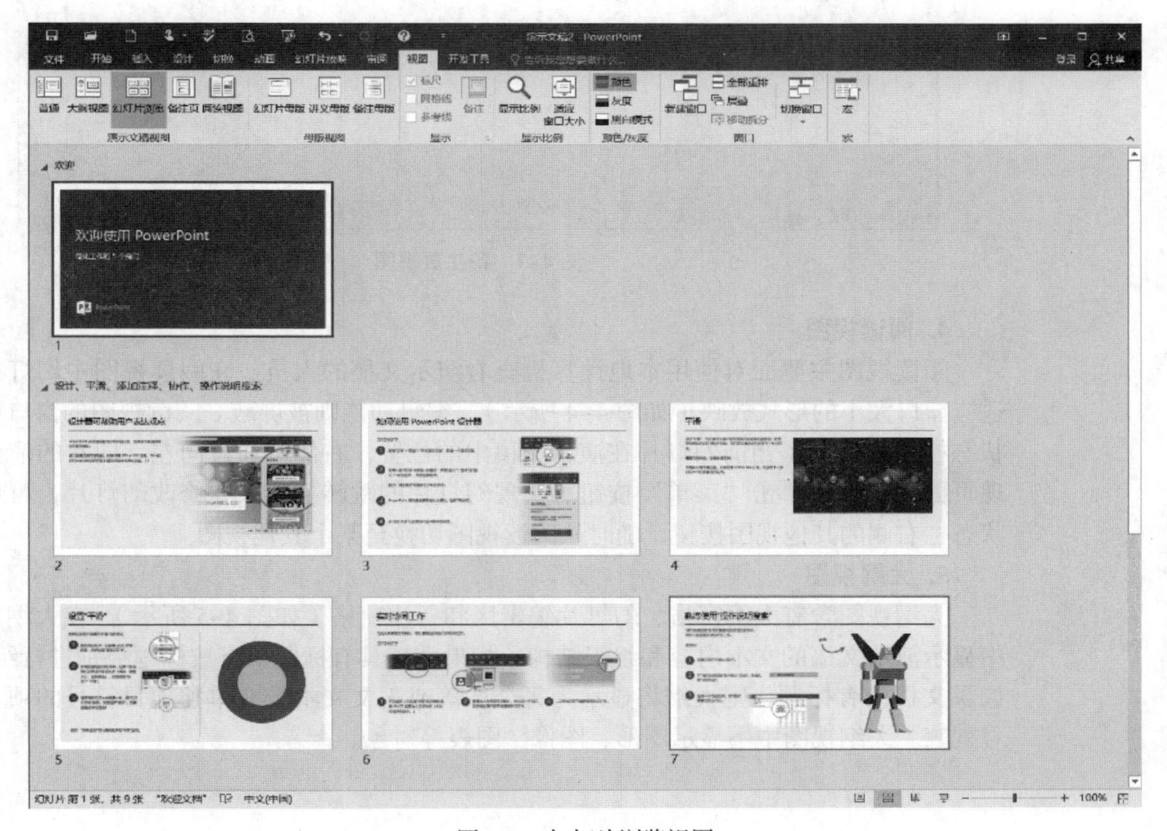

图 4–2　幻灯片浏览视图

3. 备注页视图

在备注页视图中，幻灯片以内容缩略图的形式呈现（如图 4–3 所示），无法对其进行内容编辑，用户只能在备注区中添加要应用于当前幻灯片的备注内容。用户可以将备注打印出来并在放映演示文稿时进行参考，也可以将打印好的备注分发给观众，或者将备注包括在发送给观众或发布在网页上的演示文稿中。

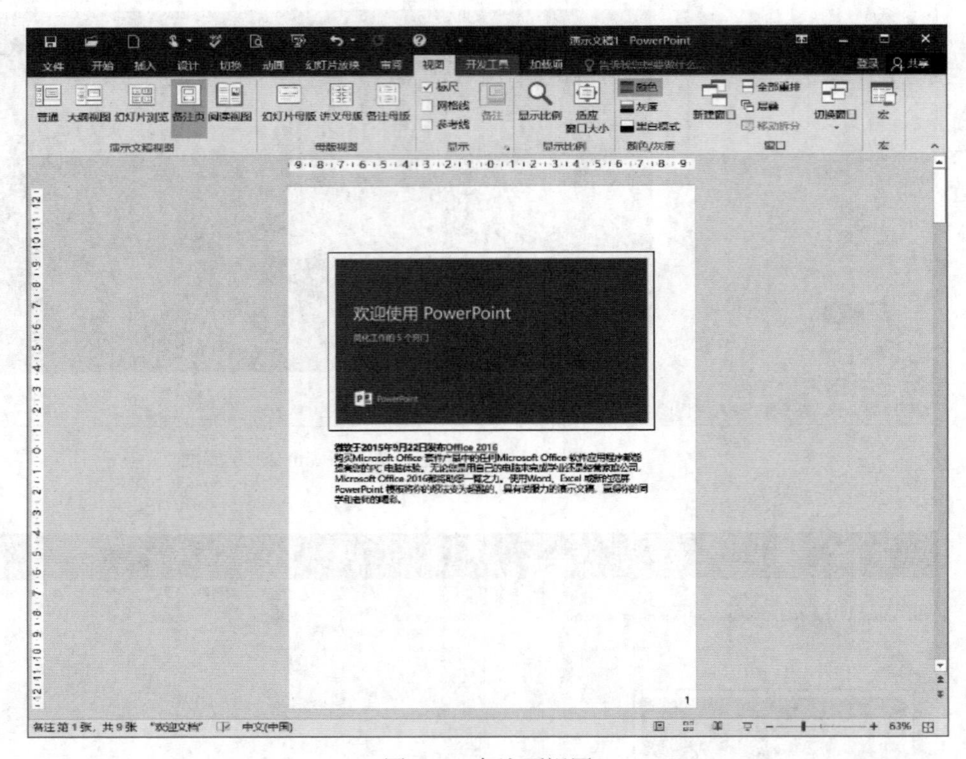

图 4–3 备注页视图

4. 阅读视图

阅读视图主要面对使用本地计算机查看演示文稿的人员。在阅读视图中幻灯片以适应窗口大小的形式放映（如图 4–4 所示），编辑功能则被屏蔽。阅读视图的窗口底部状态栏左侧显示了当前幻灯片在演示文稿中的位置，右侧可通过向左、向右的箭头实现页面的切换，单击“菜单”按钮可实现幻灯片的跳转。如果要修改幻灯片，可单击状态栏右侧的其他视图按钮，随时从阅读视图切换至某个其他视图。

5. 大纲视图

大纲视图含有大纲窗格、幻灯片编辑区和备注窗格（如图 4–5 所示）。在大纲窗格中显示演示文稿的文本内容和组织结构，如果文档具有标题，将按标题级别进行组织，如果文档没有标题，则大纲将显示为每个段落或正文文本带有单独项目符号的项目符号列表。大纲视图中不显示图形、图像、图表等对象。

图 4-4　阅读视图

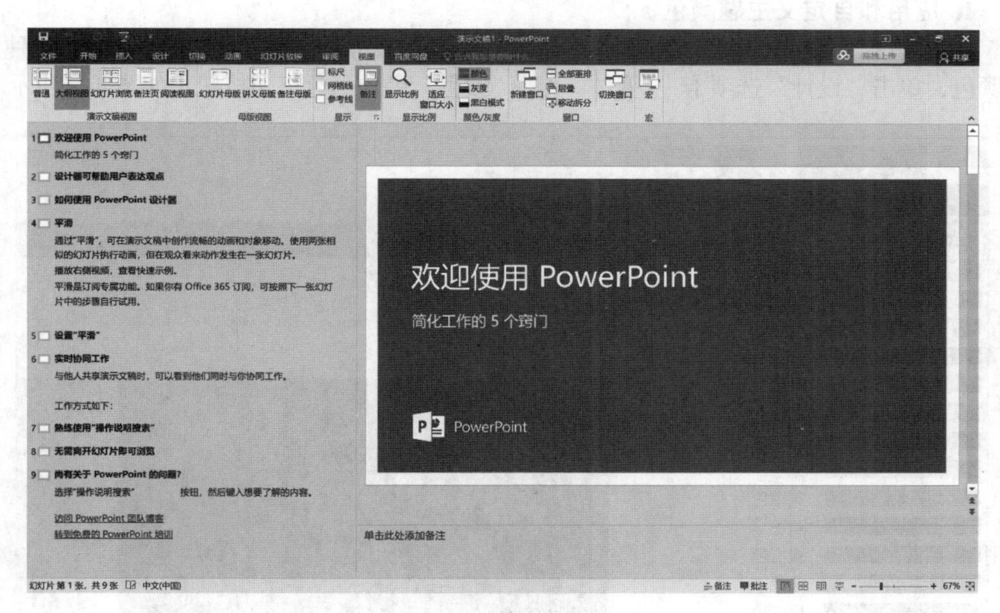

图 4-5　大纲视图

4.1　外观模式

微视频 4-1
幻灯片主题

4.1.1　幻灯片主题应用

幻灯片主题由主题颜色、主题效果和主题字体三部分组成，用以存储幻灯片颜色、字体和图形，其文件扩展名为 .thmx。PowerPoint 2016 中提供了多种设计主题（如图 4-6 所

示），包含协调的配色方案、背景、字体样式和占位符位置。用户可以使用预先设计的主题，轻松快捷地更改演示文稿的整体外观，也可以自定义主题的颜色、字体、效果和背景样式。除了系统内置的主题，微软官方网站提供了各类主题，用户可以在“文件”|“新建”中，使用搜索功能浏览官方网站中提供的主题。此外，用户也可以使用外部的主题，执行“设计”选项卡|“主题”组|“浏览主题”命令，选择本机保存的其他主题。

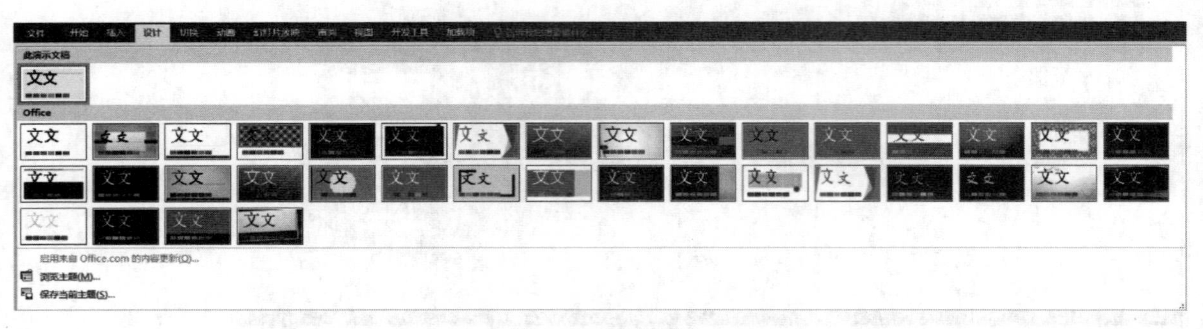

图 4-6 内置主题

1. 应用和自定义主题颜色

主题颜色对演示文稿的外观修改最为明显。在 PowerPoint 2016 中，内置了多种主题颜色，单击“设计”选项卡|“变体”组|“颜色”旁的黑色三角按钮（如图 4-7 所示），

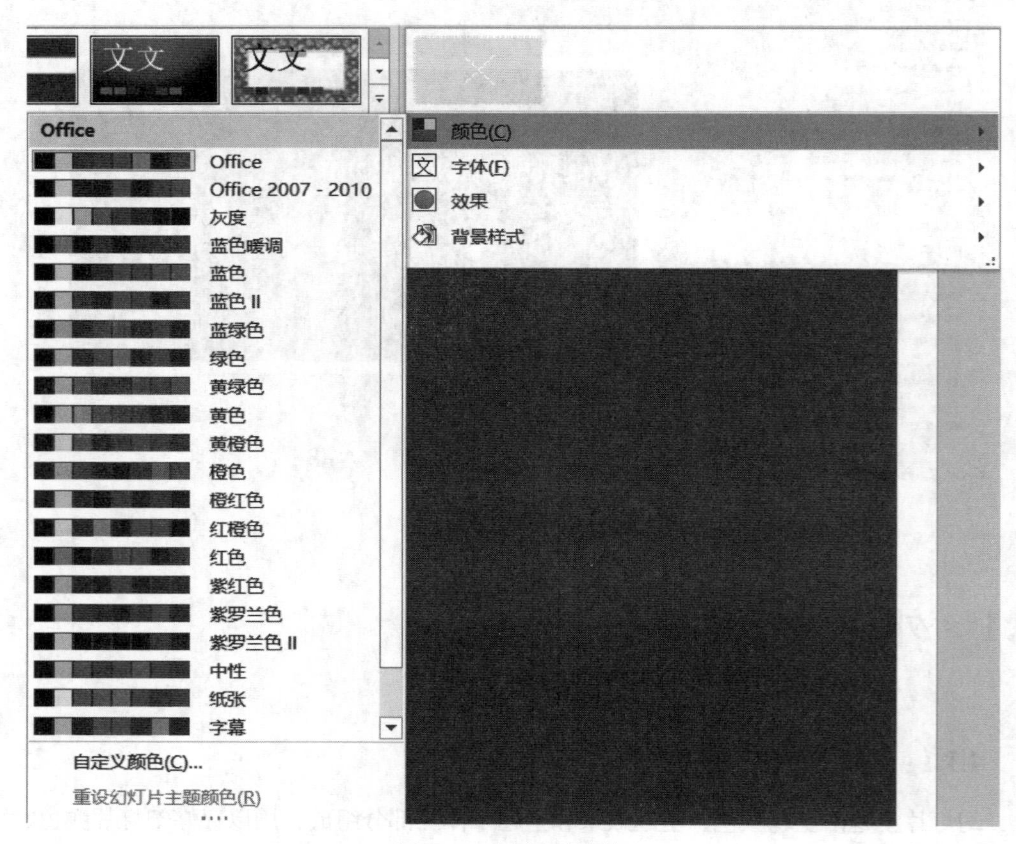

图 4-7 内置主题颜色

也可以执行“自定义颜色”命令进行个性化颜色设置（如图 4–8 所示）。用户可以直接选择合适的主题应用于演示文稿中的文字和背景、强调文字、超链接，以设置为浅色和深色两种风格，“主题颜色”框中设置对应选项的颜色，“示例”框中可以预览效果，设置完成后在“名称”文本框中命名主题颜色，即可保存自定义的主题颜色。自定义的主题颜色会显示在颜色列表库中内置颜色组合的上方，供优先使用。

图 4–8　自定义主题颜色

> 说明：主题颜色包含 12 种颜色槽。前四种颜色用于文本和背景，用浅色创建的文本总是在深色中清晰可见，而用深色创建的文本总是在浅色中清晰可见。6 种不同着色会在 4 种潜在背景色中可见。最后两种颜色将为超链接和已访问的超链接保留。

2. 应用和自定义主题字体

每个主题均定义了两类四种字体，分别用于西文和中文的标题和正文文本。PowerPoint 使用这些字体构造自动文本样式。此外，用于文本和艺术字的快速样式库也会使用这些相同的主题字体。主题字体的设置方法与主题颜色相似，可以在如图 4–9 所示的字体列表中选择主题内置字体组合，也可以在如图 4–10 所示的对话框中新建主题字体。

3. 应用内置主题效果

PowerPoint 内置了一些主题效果（如图 4–11 所示），使用这些主题效果会将指定的效果应用于图表、SmartArt 图形、形状、图片、表格、艺术字和文本，主题效果不能自己定义。

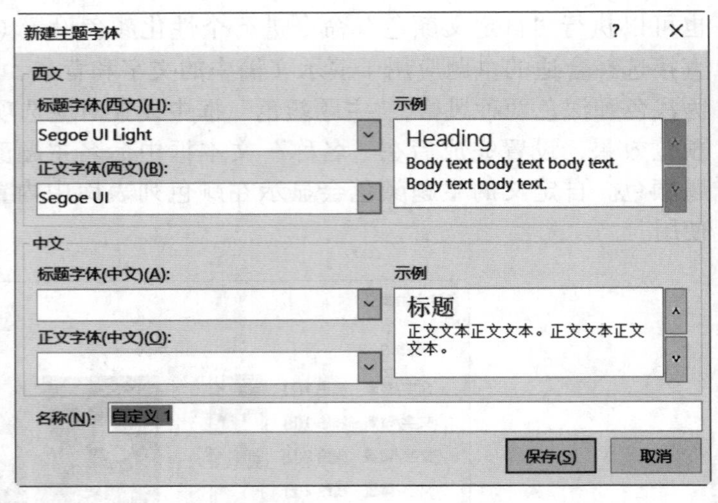

图 4–10　自定义主题字体

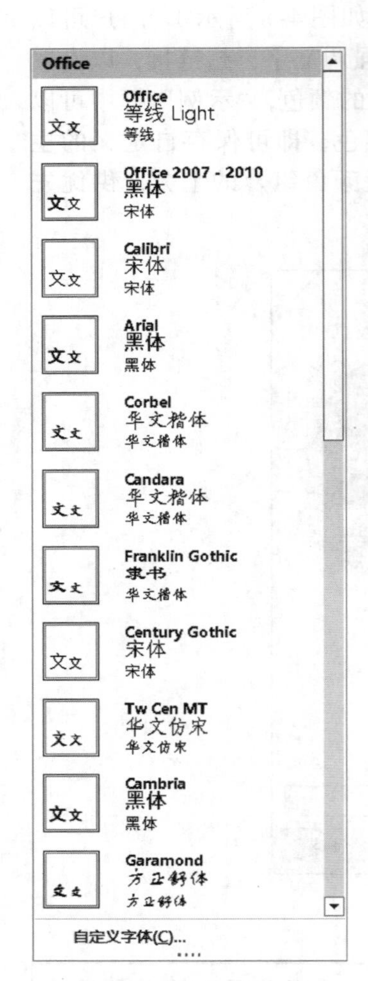

图 4–9　内置主题字体

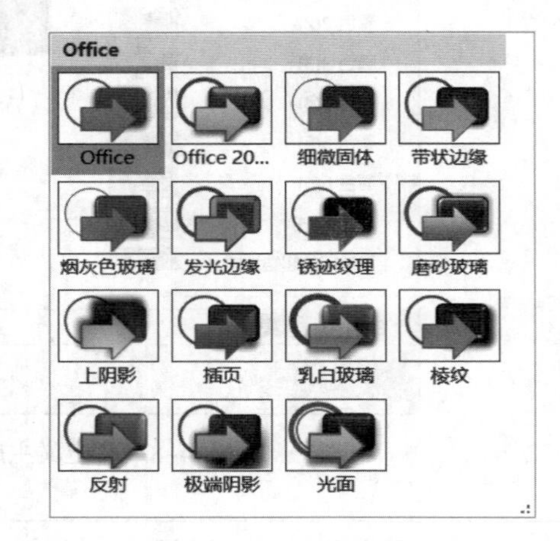

图 4–11　内置主题效果

4.1.2　幻灯片母版设计

幻灯片母版是幻灯片层级结构中的顶层幻灯片，存储了演示文稿主题和幻灯片版式的信息，包括文本和对象在幻灯片上的放置位置、文本和对象占位符的大小、文本样式、背景、颜色主题、效果和动画等信息。

幻灯片母版与模板是两个不同的概念，母版是一种特殊格式的幻灯片，可以控制基于它的所有幻灯片，对母版的任何修改会体现在对应的幻灯片中。只有打开幻灯片母版才能修改母版中的内容。模板则是一种文件类型为 .poxt 的演示文稿文件，主要提供演示文稿的格式、配色方案、母版样式等格式。在幻灯片编辑状态中就可以随时修改模板内容。

微视频 4-2
幻灯片母版设计

1. 幻灯片母版种类

PowerPoint 2016 中提供了 3 种母版：幻灯片母版、讲义母版和备注母版。在“视图”选项卡的“母版视图”中可以打开对应的母版视图。

（1）幻灯片母版：幻灯片母版针对相应的幻灯片版式定义了常见元素（如标题占位符、内容占位符和页脚）的格式设置和位置（如图 4-12 所示）。在幻灯片窗格中第一张为幻灯片母版，下方较小图像显示其相关版式的布局母版，选择某个幻灯片版式后，便可在右侧的幻灯片编辑区内对其内容和格式进行编辑。在幻灯片母版上修改的内容，布局母版会跟着变化，而在具体的一个布局母版中修改元素是不会影响幻灯片母版或者布局母版中的内容。

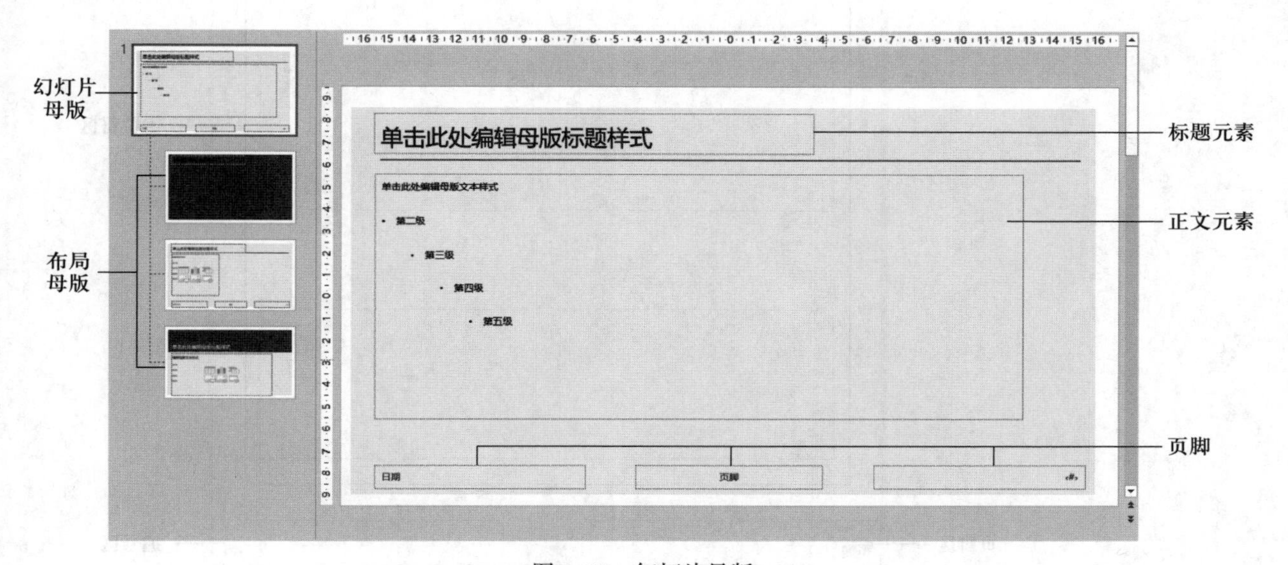

图 4-12 幻灯片母版

> 说明：占位符是带有包含内容的点线边框的框，位于母版内。占位符中可以包括文本、图表、SmartArt 图形、视频、声音、图片及剪贴画等对象内容。幻灯片中占位符能起到规划幻灯片结构的作用。

（2）讲义母版：在讲义母版中可以对讲义的外观和布局进行设置（如图 4-13 所示），利用讲义母版可以设置讲义的方向或将多张幻灯片制作在同一页面中，方便打印。

（3）备注母版：备注视图中是一页幻灯片对应一张备注页的形式（如图 4-14 所示），可以为演讲者演讲时提供参考和提示。若要对所有备注页的内容和格式进行修改，则可以通过备注母版修改。

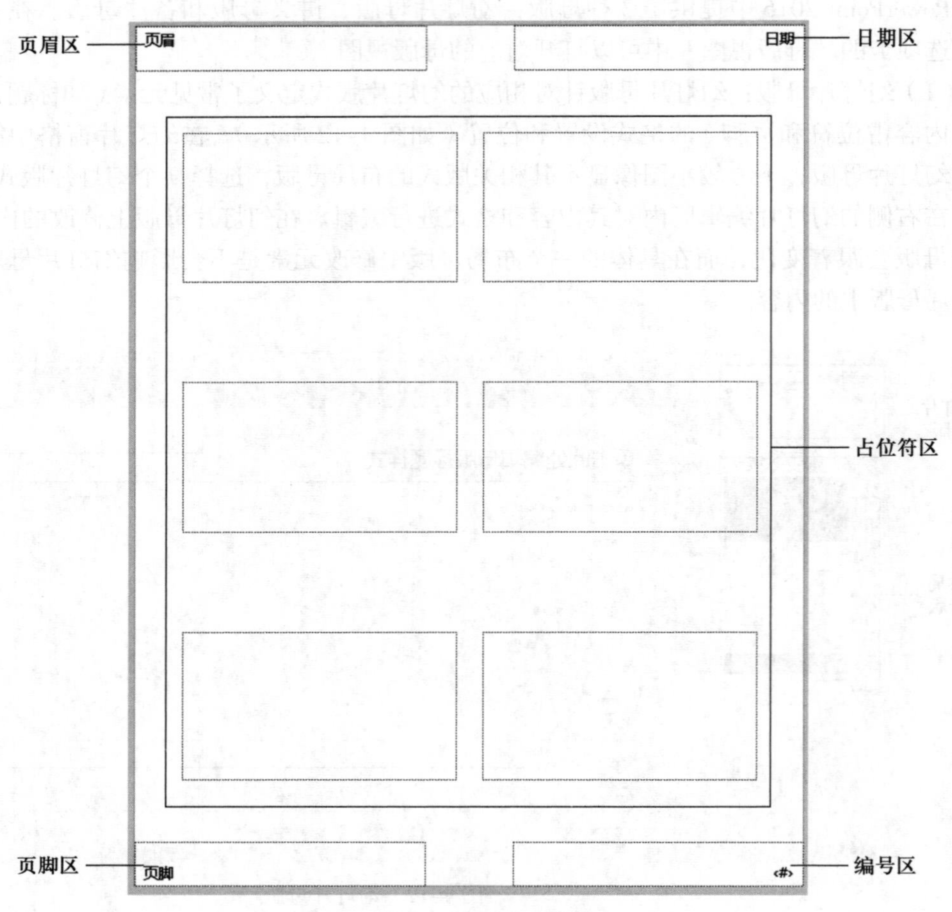

图 4–13　讲义母版

2. 使用多个幻灯片母版

默认情况下，一个演示文稿只包含一个幻灯片母版，如果用户希望演示文稿有多种不同的效果，可以添加多个幻灯片母版，每个幻灯片母版对应不同的主题。演示文稿中的幻灯片可以应用不同主题的不同版式。

【例 4–1】在一份演示文稿中使用多个幻灯片母版的操作步骤如下。

① 新建空白演示文稿，执行“视图”选项卡｜“母版视图”组｜“幻灯片母版”命令，打开幻灯片母版。

② 选择幻灯片母版，在“幻灯片母版”选项卡｜“编辑主题”组｜“主题”的下拉菜单中选择“积分”主题（如图 4–15 所示）。

③ 执行“幻灯片母版”选项卡｜“编辑母版”组｜“插入幻灯片母版”命令，在当前幻灯片母版后添加一个新的幻灯片母版，重复步骤 2，为新的幻灯片母版设置“环保”主题。

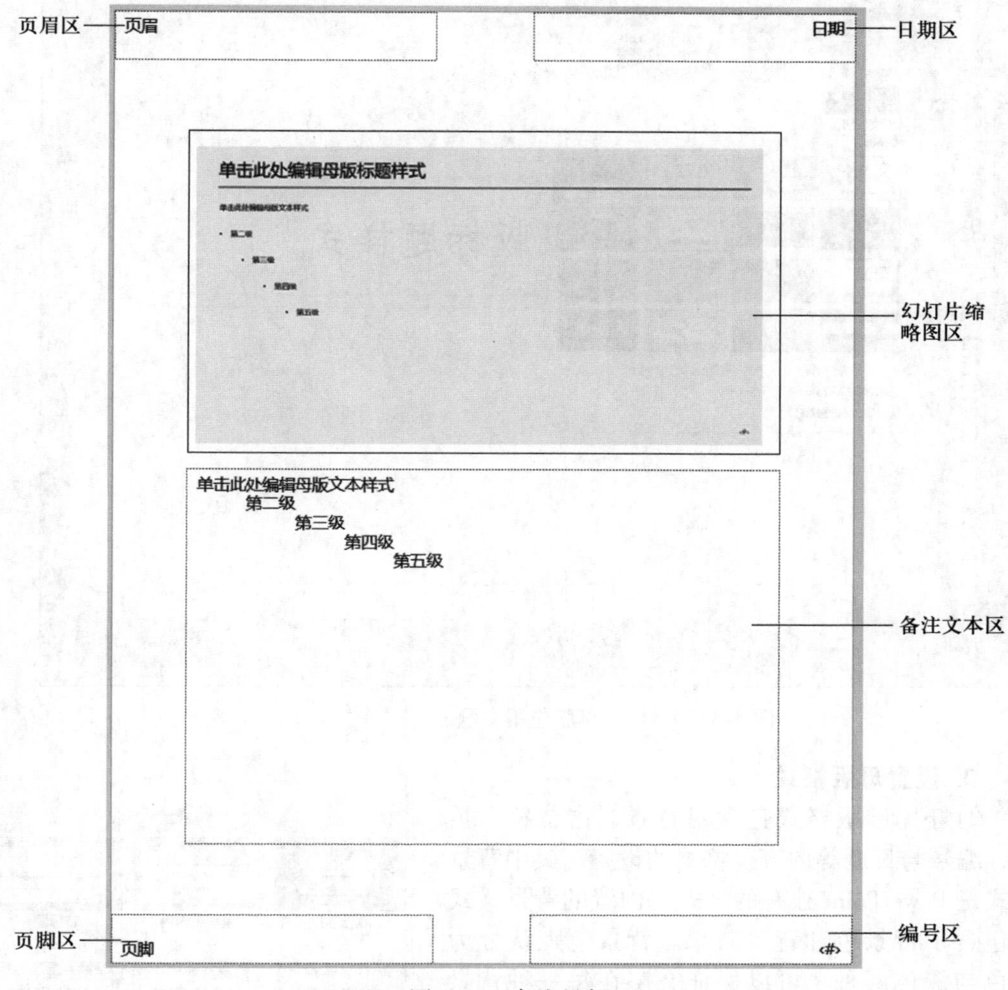

图 4–14 备注母版

④ 关闭幻灯片母版，回到普通视图，单击“开始”选项卡 |“幻灯片”组 |“新建幻灯片”下拉菜单，此时可以看到菜单中出现两个幻灯片主题母版（如图 4–16 所示），添加一张基于“环保”主题的“标题幻灯片”和“积分”主题的“标题和内容幻灯片”（如图 4–17 所示）。

说明：

①“编辑母版”选项卡中的“保留”功能是指保留该母版，使其在未被使用的情况下也能保留在演示文稿中。否则，若该母版当前未被使用，则会被删除。

②“幻灯片（从大纲）”选项可以将大纲文档导入当前演示文稿。

③“重用幻灯片”选项可以在当前演示文稿中导入已经做好的演示文稿中的幻灯片。

图 4–15　幻灯片母版应用主题

3. 设置母版格式

幻灯片母版格式包含对背景、占位符、页脚、编号与日期等内容及格式的设置，其中背景样式是 PowerPoint 独有的样式，内置的背景样式中包含了背景色和背景效果。背景色默认分为浅色与深色两种，可以保证文字在每一种背景色中清晰可见；每种背景色中包含 3 个背景填充效果：细微、中等和强烈。通过将这 4 种背景色和 3 种背景效果组合，可以获得 12 种背景样式。用户可以直接应用系统内置的背景样式，也可以自定义背景样式。

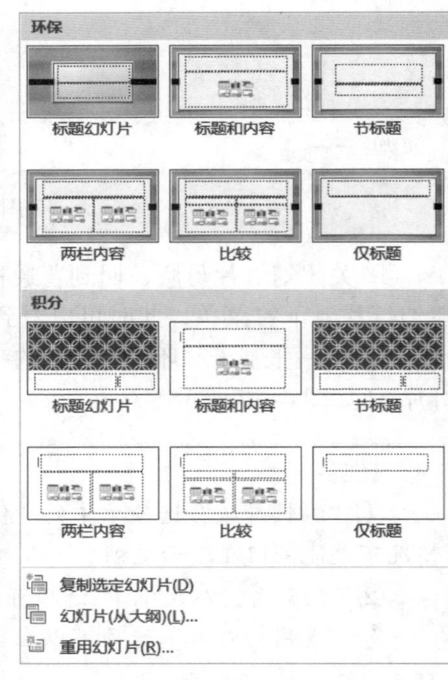

图 4–16　新建幻灯片

对幻灯片母版格式的编辑最好在制作幻灯片开始之前，否则，需要在普通视图下对现有幻灯片重新应用已更改的版式才能应用对母版的修改。

微视频 4–3
设置母版格式

【例 4–2】以“春节”演示文稿为例，演示对母版的格式设置操作。

① 打开素材文件夹中的“春节”演示文稿，执行“视图”选项卡｜“母版视图”组｜“幻灯

片母版”命令，打开幻灯片母版视图，选择“Office 主题”幻灯片母版。执行“插入”选项卡｜“插图”组｜“形状”下拉菜单中的矩形，插入与版式相同大小的矩形，设置形状无填充色，形状轮廓“标准红色”，粗细“其他线条，25 磅”（如图 4–18 所示）。

图 4–17 基于不同母版的幻灯片

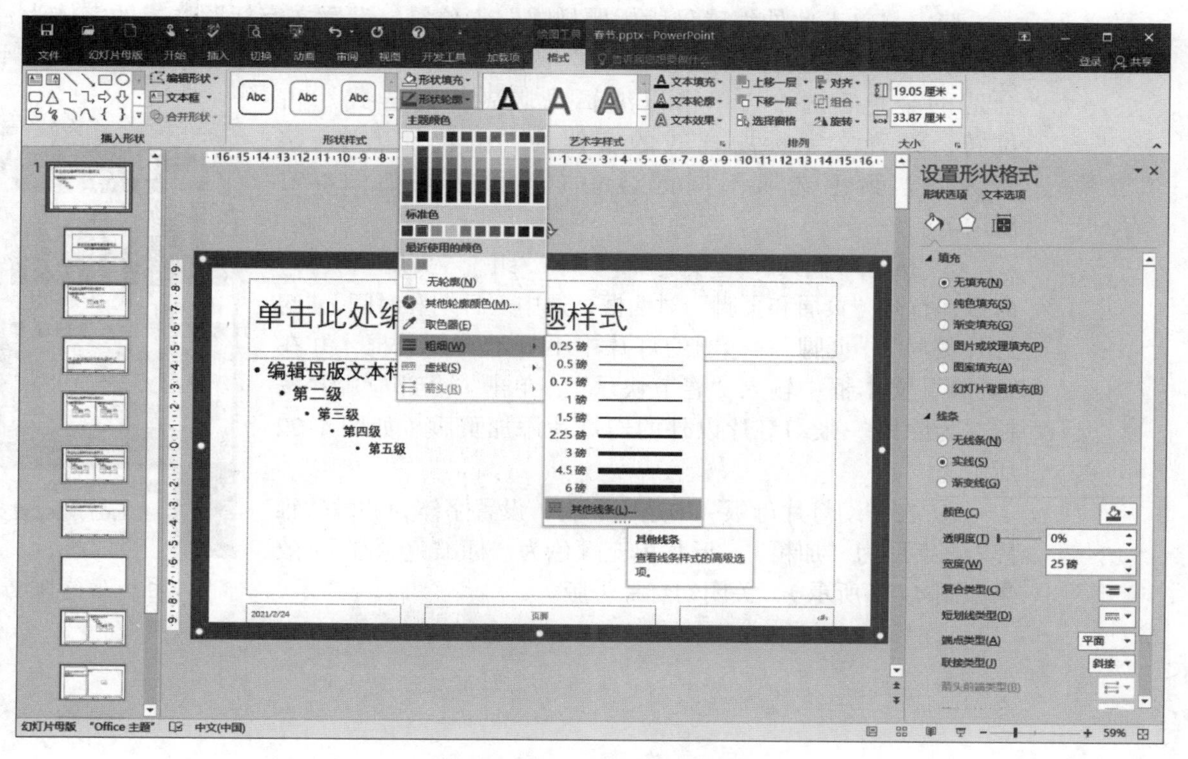

图 4–18 编辑母版视图

② 选择“标题幻灯片”版式，在母版编辑区，执行“幻灯片母版”选项卡｜“背景”组｜“背景样式”中的“设置背景格式”命令，在“设置背景格式”窗格中，选中“图片或纹理填充”单选按钮，选择素材文件夹中的“春节封面”图片，选中“隐藏背景图形”复选框，设置封面背景（如图 4–19 所示）。

图 4–19　封面背景

选中“单击此处编辑母版标题样式”占位符，设置文字标题样式的字体为“微软雅黑”、字号为 60，颜色使用“取色器”工具（如图 4–20 所示）选择图片中合适的金色。选中“单击以编辑母版副标题样式”占位符，设置文字标题样式的字体为“微软雅黑”、字号为 28、颜色选取不同的金色（页面效果如图 4–21 所示）。

③ 执行“插入”选项卡｜“文本”组｜“页眉和页脚”命令，打开“页眉和页脚”对话框，选中“日期和时间”“幻灯片编号”“页脚”“标题幻灯片中不显示”复选框，并在“页脚”文本框中输入“春节快乐”，单击“全部应用”按钮，为除第一张幻灯片以外的幻灯片添加页脚（如图 4–22 所示）。

④ 在“幻灯片母版”中选中页脚，设置字体为“微软雅黑”，字形为“加粗”，形状填充颜色为“标准色深红”（效果如图 4–23 所示），关闭幻灯片母版。

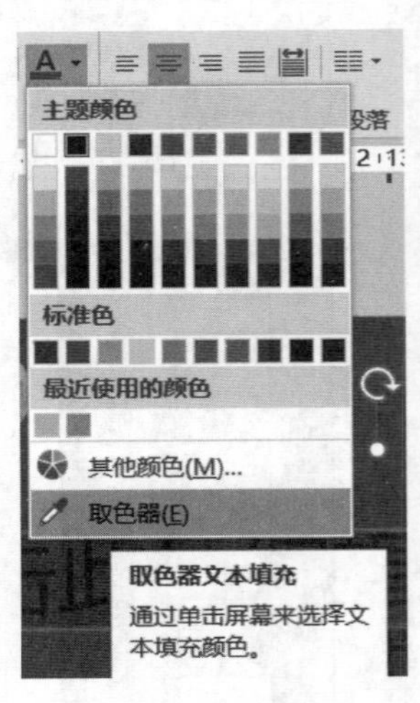

图 4–20　取色器工具

图 4-21　封面版式效果

页眉和页脚
幻灯片　备注和讲义
幻灯片包含内容
☑ 日期和时间(D)
○ 自动更新(U)
2021/2/24
语言(国家/地区)(L):　日历类型(C):
中文(中国)　公历
◉ 固定(X)
2021/2/11
☑ 幻灯片编号(N)
☑ 页脚(F)
春节快乐
☑ 标题幻灯片中不显示(S)
预览
应用(A)　全部应用(Y)　取消

图 4-22 “页眉和页脚”设置

图 4-23　演示文稿效果图

4.1.3 幻灯片版式编辑

幻灯片版式包含格式、定位和所有幻灯片显示的占位符（如图 4-24 所示）。在 PowerPoint 2016 中包含内置幻灯片版式，用户可以修改这些版式。在版式中可以插入 7 种占位符：文本、表格、图表、SmartArt 图形、图片、联机图片和视频文件。版式母版中的占位符可以指定接受其中一种内容，或者将其指定为“内容”占位符，这样可以接受 7 种类型中的任意一种。“内容”占位符显示为一个文本占位符，其中心位置有一些小图标，每个图标对应于一种内容类型，每个内容占位符一次只能存放一种内容，如果内容占位符中输入一些文本，或单击了其中一个图标并插入内容，内容占位符就锁定为存放该种类型的内容，直到从其中删除内容为止。

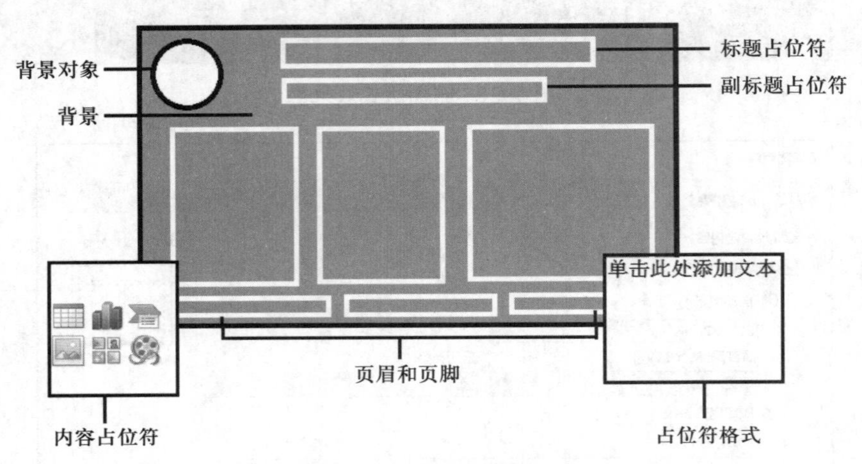

图 4-24 幻灯片版式示意图

默认新建的幻灯片版式只包含标题和页脚。如果需要更多的内容，可以重新设计版式布局，增减 7 种不同类型的占位符。

【例 4-3】 以“德清窑”演示文稿为例，演示对幻灯片版式的设计操作。

微视频 4-4
幻灯片版式设计

① 打开“德清窑 .pptx”演示文稿，执行“视图”选项卡｜“母版视图”组｜“幻灯片母版”命令，打开幻灯片母版。

② 将光标定位到最后一个版式之后，执行“幻灯片母版”选项卡｜“编辑母版”组｜“插入版式”命令，插入一个默认版式。

③ 在中间空白位置处，执行“幻灯片母版”选项卡｜“母版版式”组｜“插入占位符”命令，在下拉列表中选择“图片”，并排插入 3 个相同大小的图片占位符。在每个图片占位符下方插入 3 个“文本”占位符，段落居中，设置合适的占位符大小。

④ 单击“插入”选项卡｜“插图”组｜“形状”命令中的矩形，在版式的下半部分插入矩形，选择“绘图工具”｜“格式”选项卡｜“形状样式”组中的“彩色填充 - 蓝 - 灰 强调颜色 2 无轮廓”，在页面中设计一个背景形状，效果如图 4-25 所示。

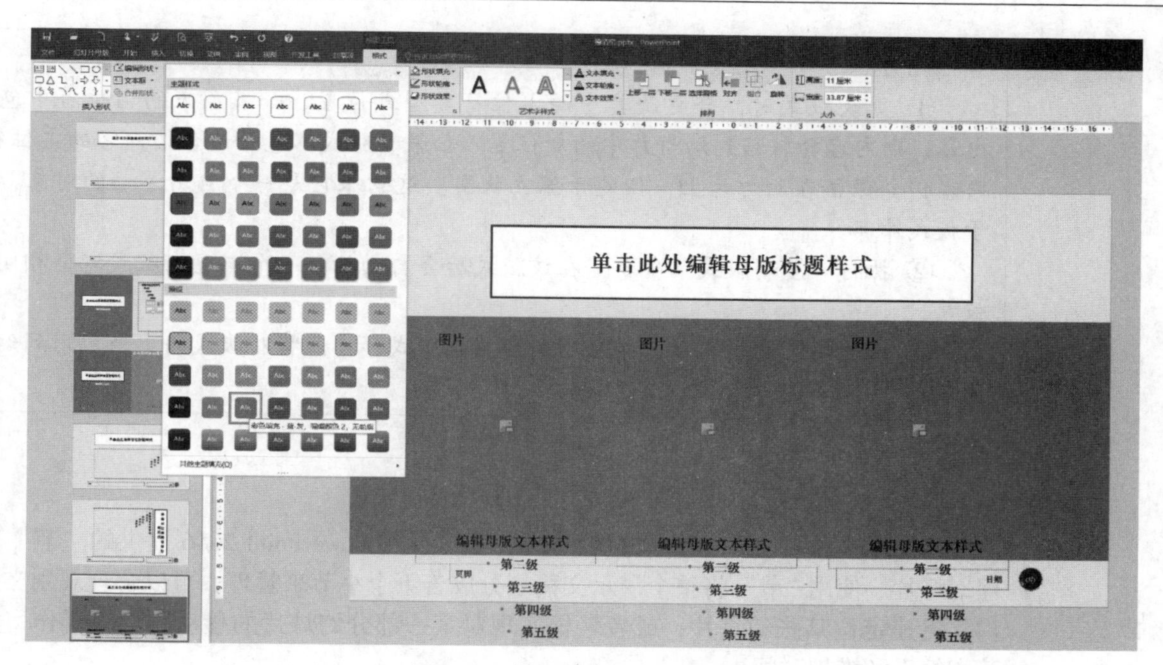

图 4–25 插入图片和文本占位符

⑤ 在母版缩略图窗格中，选中新建的版式，右击执行“重命名版式”命令，给新版式命名为“三图展示”。

⑥ 关闭幻灯片母版，在第12张幻灯片后，执行“开始”选项卡 | “幻灯片”组 | “新建幻灯片”命令，在下拉列表框中选择“三图展示”版式（如图 4–26 所示），在标题中输入“精品展示”，分别在图片占位符中单击插入 3 张素材中的图片，在文本占位符中输入图片标题内容。

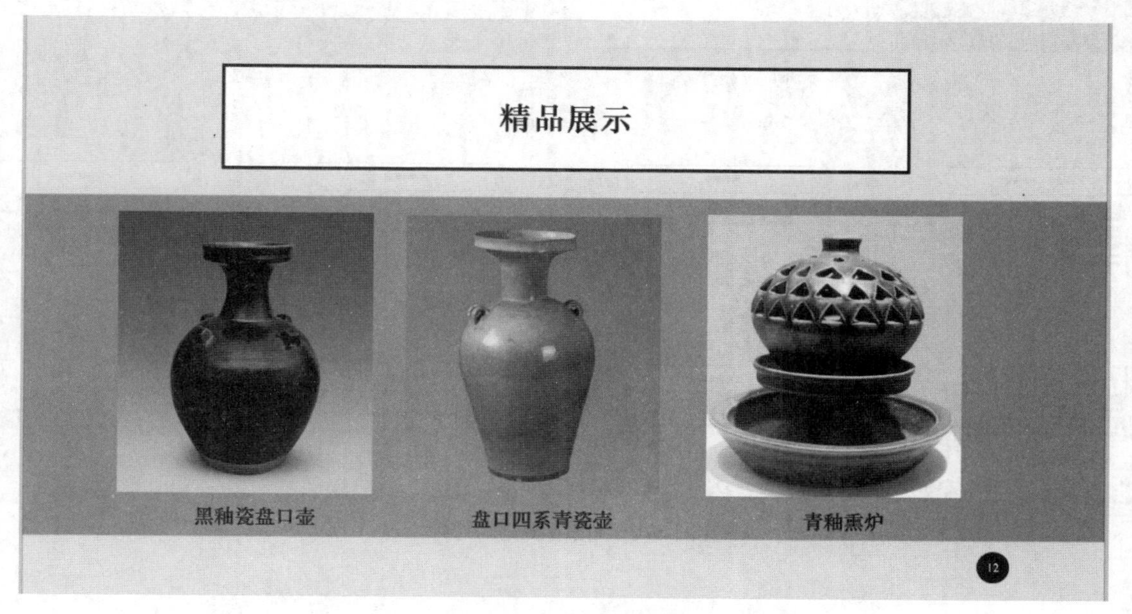

图 4–26 应用版式效果

> 说明：
>
> ① 更改版式时，会更改其中的占位符类型或位置。如果原来的占位符中包含内容，则内容会转移到幻灯片中的新位置。如果新版式不包含适合该内容的占位符，内容仍会保留在幻灯片上，但处于孤立状态。这意味它是一个自由浮动的对象，位于版式外部。
>
> ② 执行“复制版式”命令，在该版式后会自动插入一个与现有版式完全相同的版式。
>
> ③ 修改幻灯片版式后，必须重新应用该版式，才能将对版式的更新应用到幻灯片中。

4.1.4　幻灯片节的编辑

当演示文稿中的幻灯片数量较多时，可以使用 PowerPoint 2016 提供的“节”来管理幻灯片。使用“节”将整个演示文稿划分成若干个小节来管理，可以合理规划文稿结构，迅速定位某张幻灯片，或者轻松实现对某一部分幻灯片的移动删除等操作，大大节省编辑和维护时间。

如图 4–27 所示，使用幻灯片浏览视图方式查看节，可以更加直观地观察到幻灯片的逻辑类别和组织方式。单击节标题前的三角可以展开或折叠本节幻灯片，在折叠状态中，节标题后会自动显示本节包含的幻灯片张数。

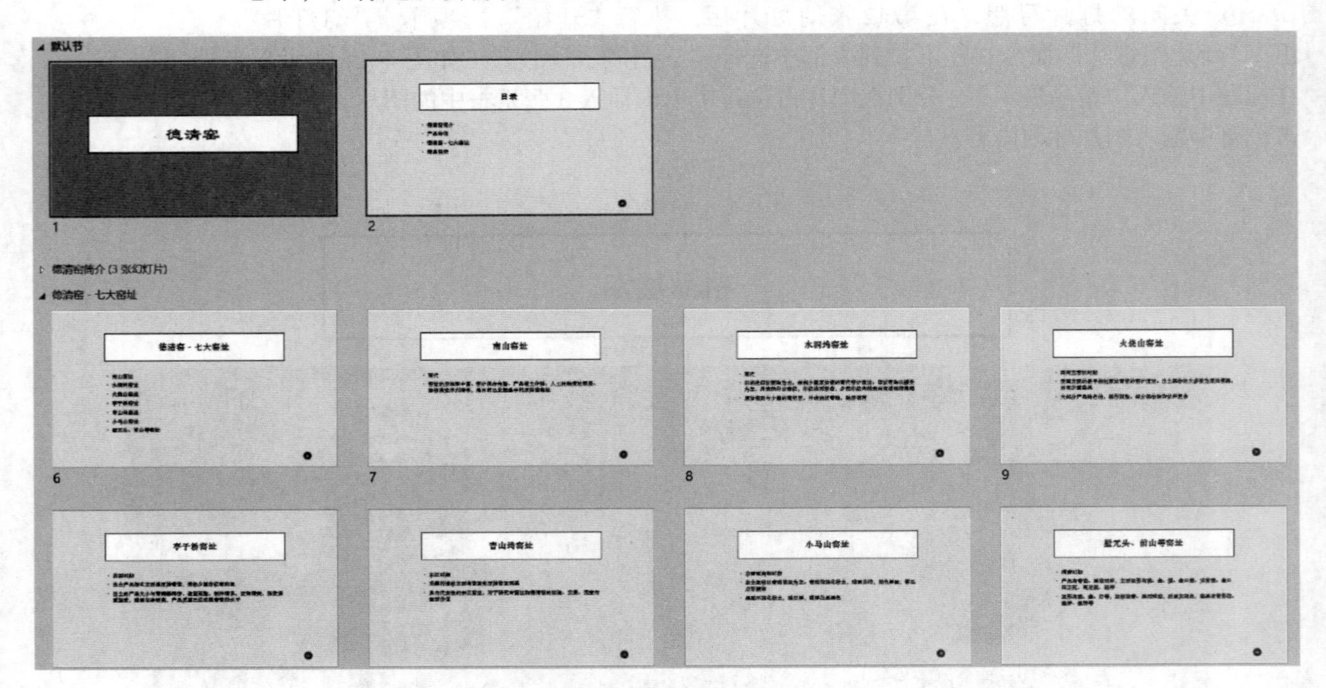

图 4–27　按节浏览幻灯片

【例 4-4】以“德清窑”演示文稿为例，介绍节编辑的操作步骤。

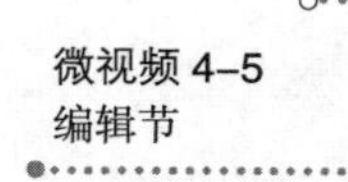

① 打开实验素材中的“德清窑 .pptx”演示文稿，在普通视图中，将光标定位到幻灯片窗格的第 2 张幻灯片前，执行“开始”选项卡｜“幻灯片”组｜“节”下拉菜单｜“新增节”命令（如图 4-28 所示），在第 2 张幻灯片前插入一个“无标题节”，右击“无标题节”标记，选择“重命名节”命令，在弹出的对话框中输入节名称“目录”（如图 4-29 所示）。

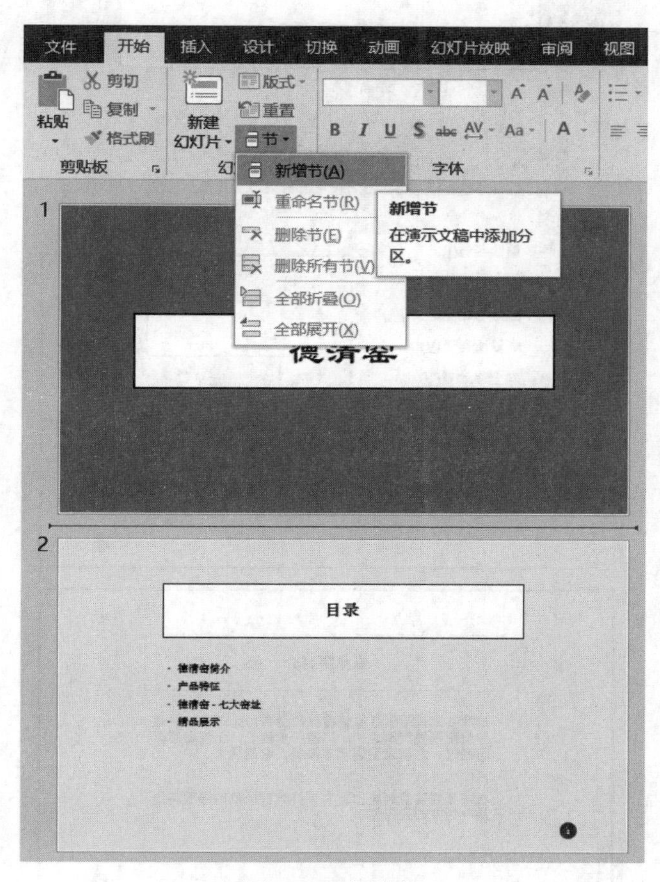

图 4-28 新增节

② 在第 3、4、5、13 张幻灯片前创建节，节名称参照目录页文本。执行“开始”选项卡｜“幻灯片”组｜“节”下拉菜单｜“全部折叠”命令，在幻灯片窗格中仅显示节标题，括号中的数字表示本节中包含的幻灯片数量（如图 4-30 所示）。

③ 右击“德清窑—七大窑址”节，在弹出的快捷菜单中选择“向下移动节”命令，将该节的 8 张幻灯片移动到“精品展示”节之后（如图 4-31 所示），也可以直接拖动节到对应的位置。

④ 右击“产品特征”节，在弹出的快捷菜单中选择“删除节”命令，将该节中的幻灯片合并到“德清窑简介”节中。此时，“德清窑简介”节中包含的幻灯片数量由此前的 1 张变成 2 张（如图 4-32 所示）。

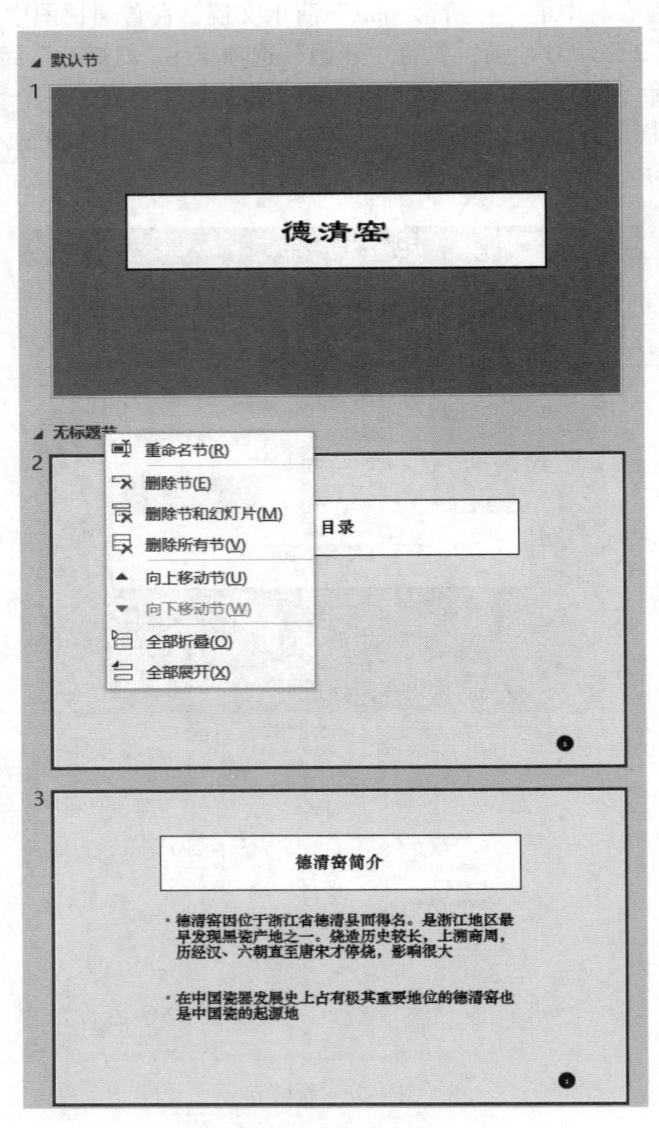

图 4-29　重命名节

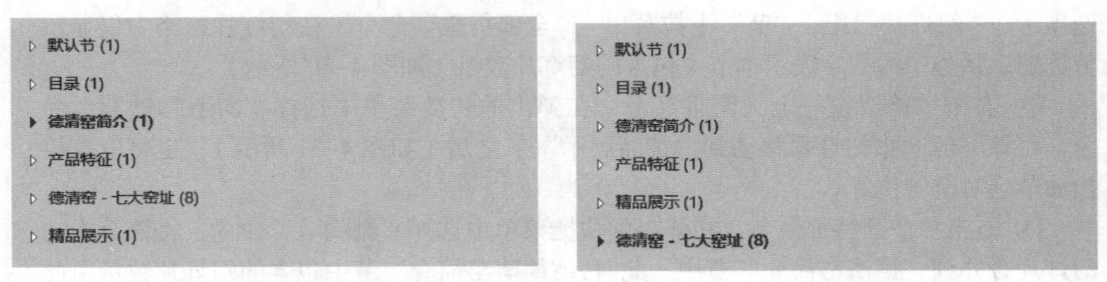

图 4-30　折叠所有节

图 4-31　整节移动

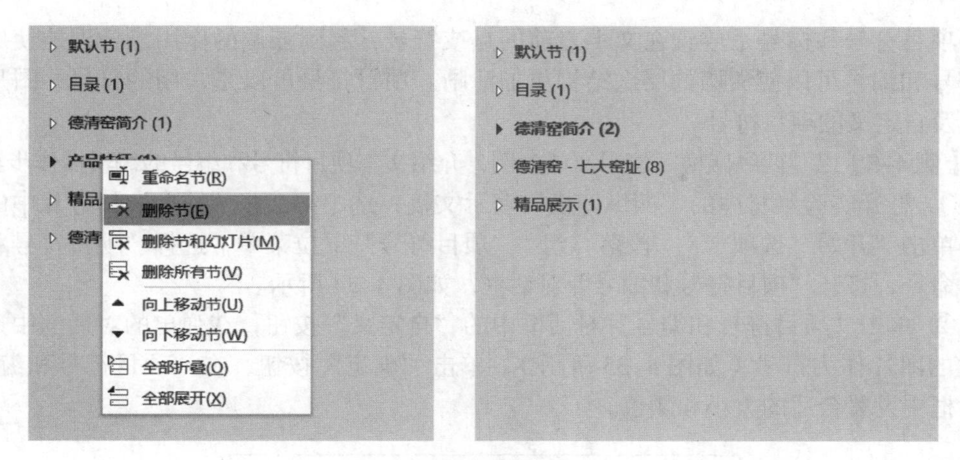

图 4–32　删除节

> 说明：
> ①“删除所有节”会将所有节标记删除，但是保留幻灯片。
> ②“删除节和幻灯片”会将节标记和本节内的所有幻灯片全部删除。

4.2　对象编辑

4.2.1　文本的输入与设置

文本是幻灯片最重要的组成部分，PowerPoint 中可以有多种方式输入文本，如通过占位符输入、文本框输入、大纲视图输入与 Word 文本导入等。大多数文本的输入是通过占位符完成的，采用占位符的文本可以通过大纲视图显示（如图 4–33 所示）。

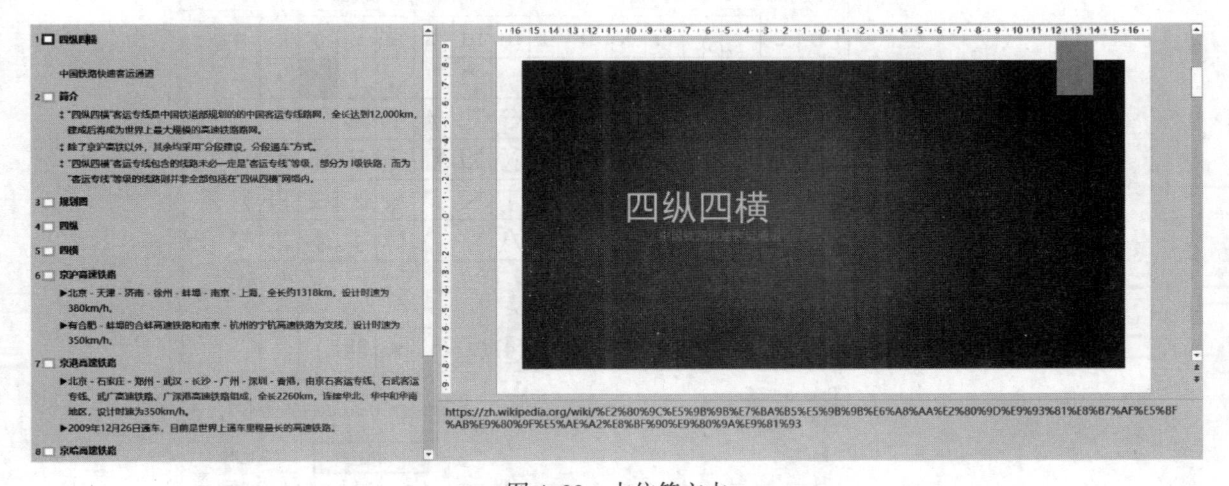

图 4–33　占位符文本

项目符号和标号是放置在文本之前的点或符号，起到强调的作用。合理地使用项目符号和编号可以使文档的层次结构更加清晰。项目符号可以是常用的符号、图片符号以及自定义的项目符号。

【例 4–5】以“四纵四横”演示文稿为例，介绍文本项目符号和编号的编辑操作步骤。

① 打开实验素材中的“四纵四横”演示文稿，选中第 2 张“简介”幻灯片中的文本，单击“开始”选项卡｜“段落”组｜“项目符号”下拉菜单，选择“项目符号和编号”命令，打开“项目符号和编号”对话框，如图 4–34 所示。

② 单击“项目符号和编号”对话框中的“自定义”按钮，在弹出的对话框中选择合适的图片作为符号（如图 4–35 所示），单击“确定”按钮，在“项目符号和编号”对话框中设置合适的大小和颜色。

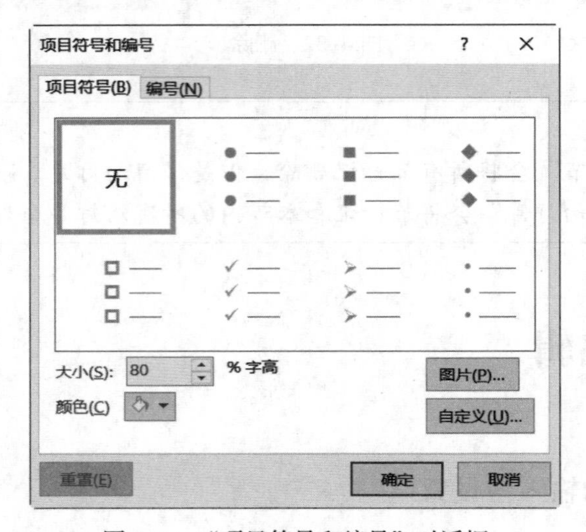

图 4–34　“项目符号和编号”对话框

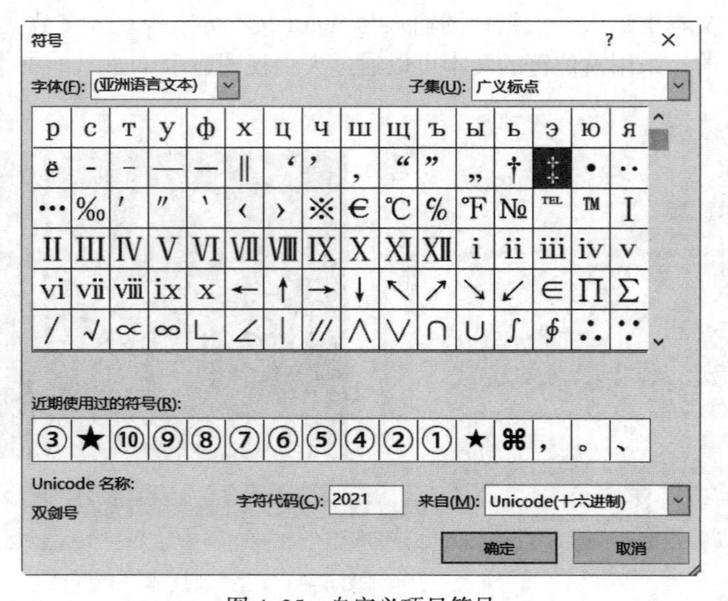

图 4–35　自定义项目符号

4.2.2 图片的插入与编辑

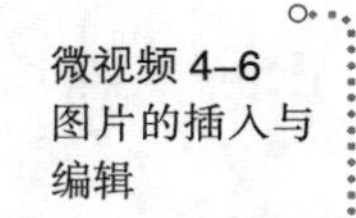

在演示文稿中，使用图文并茂的方法实现视觉化表达信息可以节约大量的文字，增强演示文稿的视觉效果。因此在幻灯片中使用图片的重要原则是要使传递的意义必须与主题有强烈的关联。

1. 图片的插入和获取

在 PowerPoint 2016 中，图片来源有 4 种，分别是：图片、联机图片、屏幕截图和相册。在“插入”选项卡｜“图像”组中，可以根据需要插入不同类型的图片。其中图片为本机图片，联机图片则使用必应图像作为搜索引擎，PowerPoint 2016 中取消了剪贴画库。

2. 图片的特效美化

图片插入幻灯片后，PowerPoint 提供了多种自带的效果调整功能，可对图片的色彩、样式和艺术效果进行修饰和调整，使图片更加美观。

选中图片，在“图片工具”｜“格式”选项卡｜“图片样式”组中单击右下三角按钮，打开“设置图片格式”窗格，如图 4-36 所示，该窗格中包含填充与线条、效果、大小与属性和图片 4 个选项卡，可以设置图片大小、对比度、颜色和艺术效果等属性。

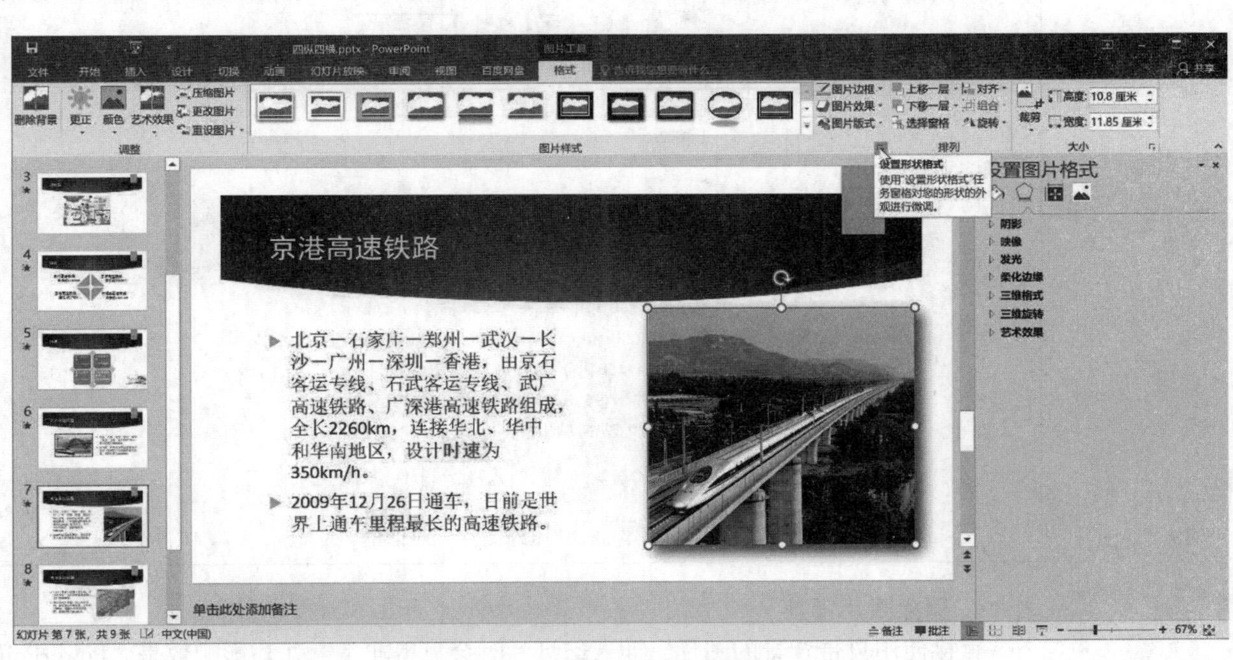

图 4-36　设置图片格式窗格

3. 裁剪图片

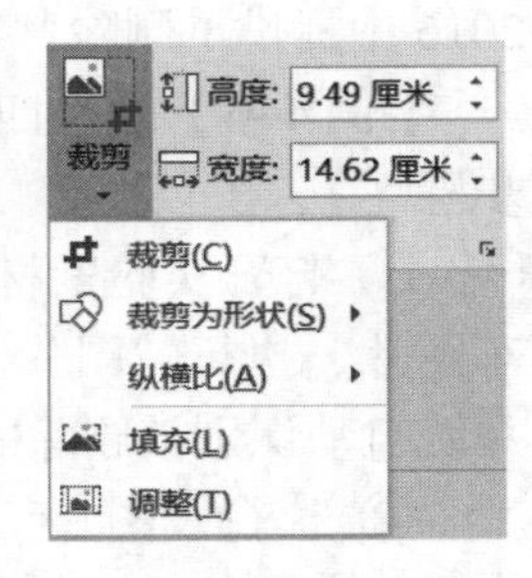

图 4-37　图片裁剪功能

当图片的大小形状与幻灯片页面要求不符合时，可以使用裁剪工具对图片进行修整。PowerPoint 2016 中提供了多种裁剪方式，包括：裁剪、裁剪为形状、纵横比、填充、调整（如图 4-37 所示）。

（1）裁剪：手动裁剪图片多余部分。

（2）裁剪为形状：将图片裁剪为所选形状，自动调整图片以填充形状的图形，并保持图片的纵横比。

（3）纵横比：将图片裁剪为通用的纵横比以适应图片框。

（4）填充：保持原始图片的纵横比并填充图片，图片在裁剪后，在图片区以外的部分将被裁剪。

（5）调整：在保持原始图片纵横比的同时快速调整图片大小适应图片区域。

说明：使用裁剪操作后，图片中被裁剪的区域仍然保留，可以对图片进行压缩，减少图片文件的保存空间，还能有效防止其他人查看已经删除的图片部分。执行“格式”选项卡｜“调整”组｜“压缩图片”命令，在弹出的如图4–38所示的对话框中选中“删除图片的剪裁区域”复选框，将剪裁的多余图片删除，但此操作不可撤销。因此，只有确定已进行所需的全部更改后，才能执行此操作。

PowerPoint中通常会使用大量图片，将会导致文件占用空间显著增长，增加运行加载时间，解决此问题的办法就是适当压缩图片分辨率，使之符合演示文稿的使用场合和用途。

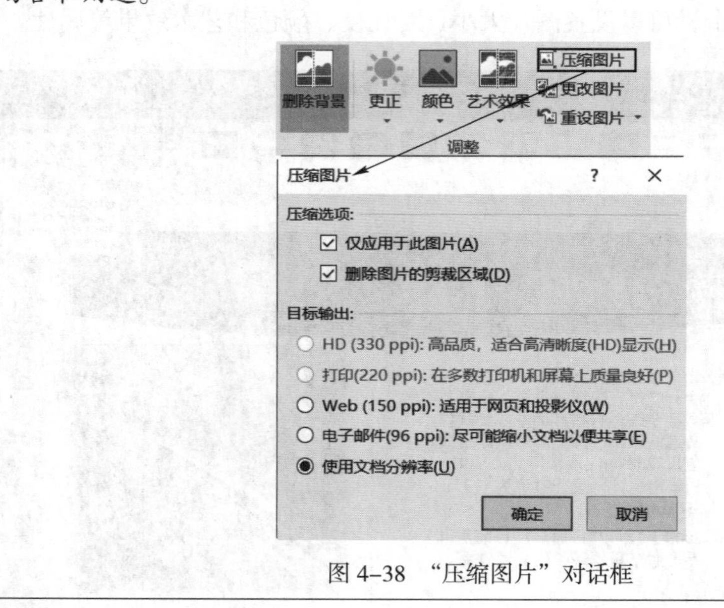

图4–38 “压缩图片”对话框

4. 删除图片背景

直接使用自带背景的图片，插入幻灯片时会显得非常突兀，影响效果。PowerPoint 2016中提供了删除背景功能，适合于背景单一且颜色为纯色的图片。

【例4–6】以“四纵四横”演示文稿中的图片为例，介绍删除背景的具体操作步骤。

① 打开实验素材中的“四纵四横”演示文稿，选中第9张“四横”幻灯片中的火车图片，执行“图片工具”｜“格式”选项卡｜“调整”组｜“删除背景”命令。此时系统自动识别被删除的区域（如图4–39所示），调整区域大小直至覆盖整个图片。

② 执行“图片工具”｜“背景消除”选项卡｜“优化”组｜“标记要保留的区域”命令，在图片需要保留的区域中拖动，会出现带“+”号的圆圈。执行“标记要删除的

区域”命令，在图片需要删除的区域中拖动，会出现带“-”号的圆圈（如图 4-40 所示）。若需要保留或删除标记设置错误，可执行“删除标记”命令，删除相应的标记。

③ 标记完成后，单击“保留更改”按钮，完成背景删除。

图 4-39　自动识别被删除区域

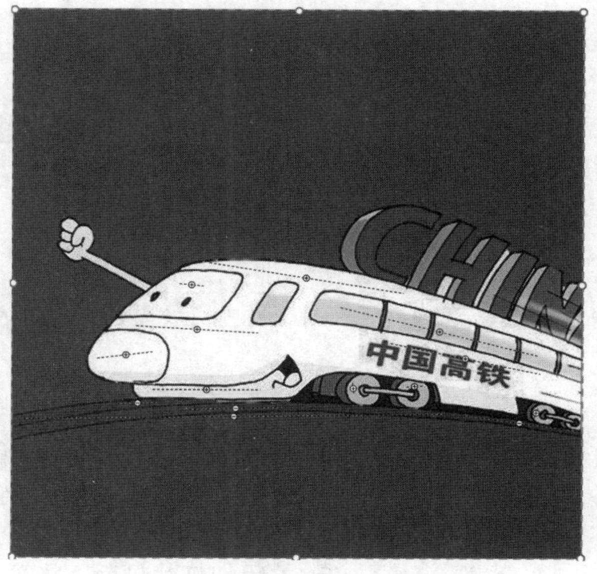

图 4-40　背景删除区域设置

4.2.3　形状的插入与编辑

形状是演示文稿中使用最多的修饰元素，在幻灯片中可以绘制多种形状，并通过排列组合这些形状增加演示文稿的可读性和逻辑性。在 PowerPoint 2016 中内置 9 组形状类别，分别为线条、矩形、基本形状、箭头总汇、公式形状、流程图、星与旗帜、标注和动作按钮（如图 4-41 所示），可以结合幻灯片主题选择合适的形状，在“格式”组中对形状进行修饰与美化。

【例 4-7】以“四纵四横”演示文稿中动作按钮为例，介绍形状的插入与美化过程。

① 打开实验素材中的“四纵四横”演示文稿，执行“视图”选项卡 | “母版视图”组 | “幻灯片母版”命令，打开幻灯片母版，选择“仅标题”版式母版。

② 在“仅标题”版式的右下角适当位置单击“插入”选项卡 | “插图”组 | “形状”，插入一个自定义动作按钮。在弹出的对话框中，选择“超链接到：”为“幻灯片”，选择“四纵”页面。完成动作按钮插入（如图 4-42 所示）。

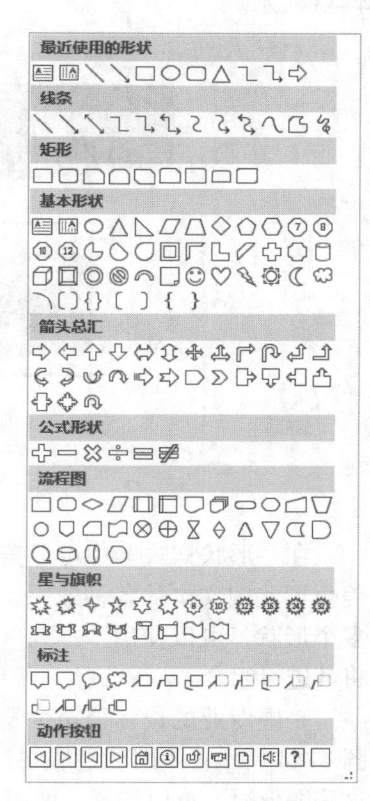

图 4-41　形状类别

微视频 4-7
编辑美化形状

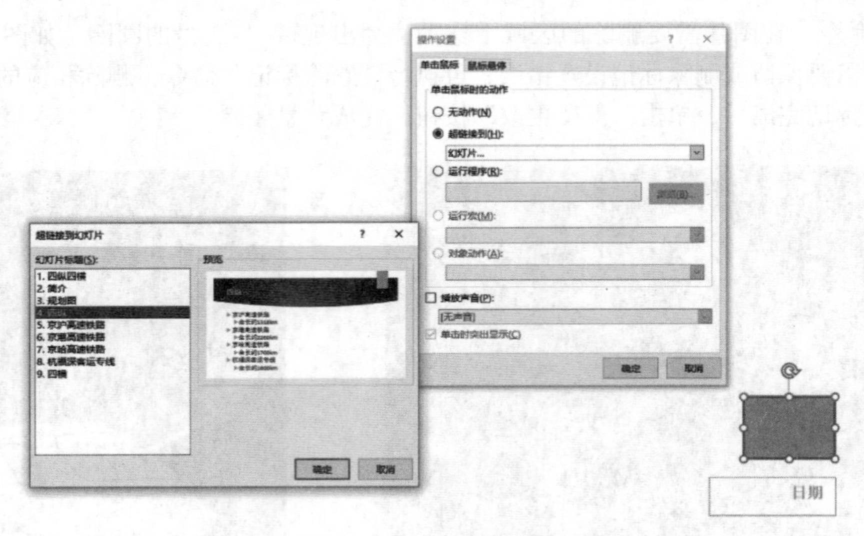

图 4–42　动作按钮设置

③ 右击动作按钮，选择“编辑文字”命令，输入“返回”。

④ 选中动作按钮，执行“绘图工具”|“格式”选项卡|“插入形状”组|“编辑形状”下的“更改形状”命令，选择“图文框”，完成形状修改。

⑤ 关闭幻灯片母版，将第 5 ~ 8 张幻灯片应用“仅标题”版式母版，效果如图 4–43 所示。

图 4–43　效果显示

在“形状样式”中可以美化形状填充色、轮廓和效果，编辑“艺术字样式”可以美化形状中文本的各种效果，通过“大小”组可以设置形状的大小和旋转角度。若有多个形状，可以使用“排列”组中的相关功能设置形状间的位置和对齐方式，也可以将其进行组合。

一些专业的设计公司会发布一些 PPT 模板，其中会包含一些精心设计的图形，如图 4–44 所示。平时注意收集这些素材，可以在自己制作幻灯片时使用这些图形，粘贴这些图形时，可以选择“使用目标主题”或“保留源格式”两种常用的粘贴方式。

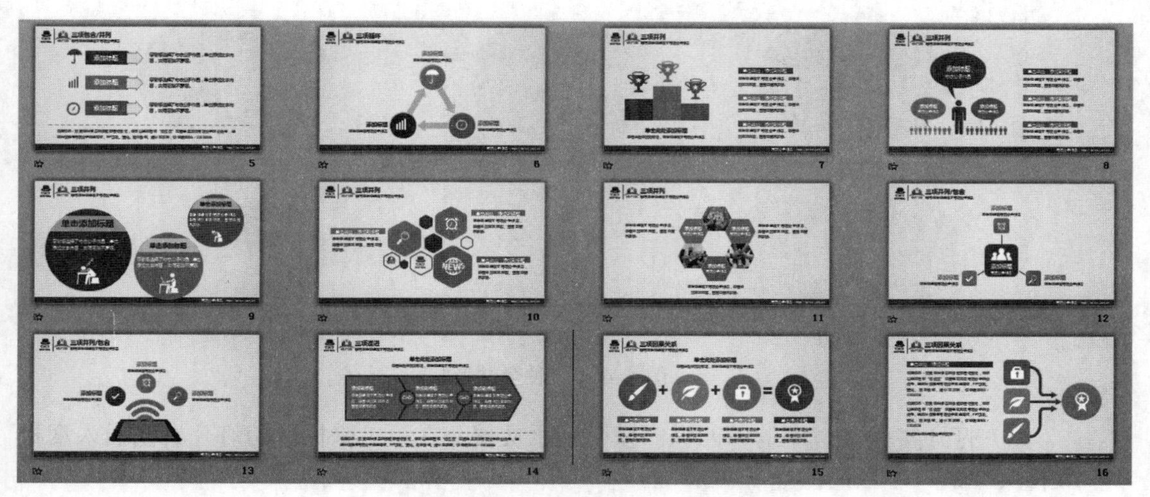

图 4–44 图形样例

微视频 4–8
合并形状

从 PowerPoint 2010 版开始，PowerPoint 新增一个形状的重要功能——合并形状，该功能在 2010 版中需要手动调出，在 2016 版中成为正式功能放置在“绘图工具”|“格式”选项卡|“插入形状”组中（如图 4–45 所示）。合并形状也称布尔运算，可以对文本、形状和图片进行相互剪裁，从而产生新的形状。

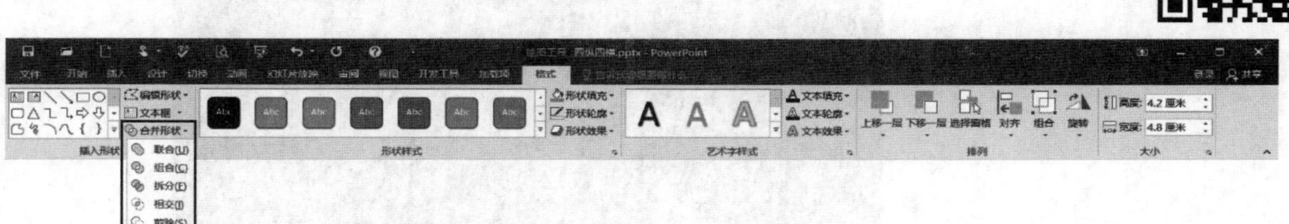

图 4–45 合并形状菜单

合并形状有 5 种运算规则，分别是联合、组合、拆分、相交和剪除，这 5 种运算规则的含义如表 4–1 所示，其合并后的效果如图 4–46 所示。

表 4–1 合并形状运算含义

运算规则	含义
联合	将选择对象组合成一个整体
组合	保留所选图形之间的非公共部分
拆分	将所选图形拆分为若干个组成部分
相交	保留所选图形间的公共部分
剪除	将图形从另一个图形中剪除

合并形状中最终的结果保留第一个选择的图形的属性，因此选择顺序不同会造成合并后的结果不同。

【例 4–8】以“四纵四横”演示文稿中的封面图片为例，介绍合并形状的基本步骤。

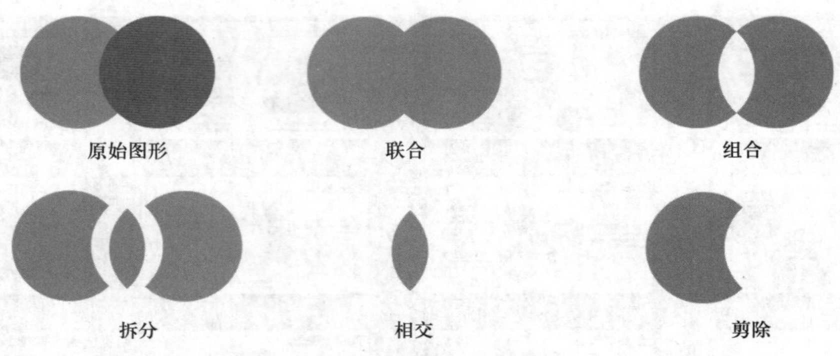

图 4-46　5 种合并形状

① 打开实验素材中的“四纵四横”演示文稿，在第 1 张标题幻灯片右侧插入素材文件夹中的“中国高铁 .jpg”图片。

② 在图片上层绘制多个圆角矩形，颜色无要求，无轮廓，横向分布（如图 4-47 所示）。

图 4-47　插入图片与形状

③ 按住 Ctrl 键先选中图片，再依次选择所有圆角矩形，执行“绘图工具”|“格式”选项卡 | “插入形状”组 | “合并形状”下拉菜单中的“相交”命令，完成后效果如图 4-48 所示。

图 4-48　拆分形状效果

④ 选择“四纵”页面，插入 4 个大小相同的圆角矩形及一个菱形，设置所有图形无边框（位置如图 4–49 所示），按住 Ctrl 键先选择菱形再选择 4 个圆角矩形，执行“绘图工具”｜“格式”选项卡｜“插入形状”组｜“合并形状”下拉菜单中的“拆分”命令，删除多余图形，完成后效果如图 4–50 所示。

⑤ 将图形页面居中，再将 4 条铁路信息文本分布到图形四周，完成后页面设置效果如图 4–51 所示。

图 4–49　合并形状布局

图 4–50　形状拆分效果

图 4–51　页面设置效果

4.2.4　SmartArt 图形的创建与编辑

SmartArt 图形是信息和观点的可视表示形式，用户可以利用 SmartArt 图形中组合好的各类格式化结构流程图来表达信息和观点，从而简化演示文稿制作，也可以丰富演示文稿的美感和观众的视觉体验，使幻灯片显得更加专业。

微视频 4–9
SmartArt 图形

SmartArt 图形提供了 8 种不同类型，每种类型针对某一类特定的结构关系，且每种类型包含几个不同的布局形式，分别介绍如下。

（1）列表：表达并列、互连或分组的关系，起强调信息重要性的作用。

（2）流程：表达事件的设计步骤、流程和结构观点之间的联系，起加强信息逻辑的作用。

（3）循环：表示阶段、任务或事件的连续流程，起强调重复过程的作用。

（4）层次结构：表示组织中的分层信息或上下级关系，广泛地应用于组织结构图。

（5）关系：表示两个或多个事件及其之间的连接关系。

（6）矩阵：以象限的方式显示部分与整体之间的关系。

（7）棱锥图：用棱锥的形式显示比例关系、互连关系、层次关系或包含关系。

（8）图片：使用图片传达或强调内容。

1. 创建 SmartArt 图形

了解了 SmartArt 图形的类型后，就可以在演示文稿中插入适当类型的 SmartArt 图形，并对其进行编辑。

执行“插入”选项卡｜“插图”组｜“SmartArt”命令，在弹出的“选择 SmartArt 图形”对话框中选择适合的类型和布局，插入一个 SmartArt 图形。若幻灯片版式中带有内容占位符，可以在如图 4–52 所示的元素区直接单击内容占位符中的“插入 SmartArt 图形”图标，弹出“选择 SmartArt 图形”对话框，然后进行后续操作。

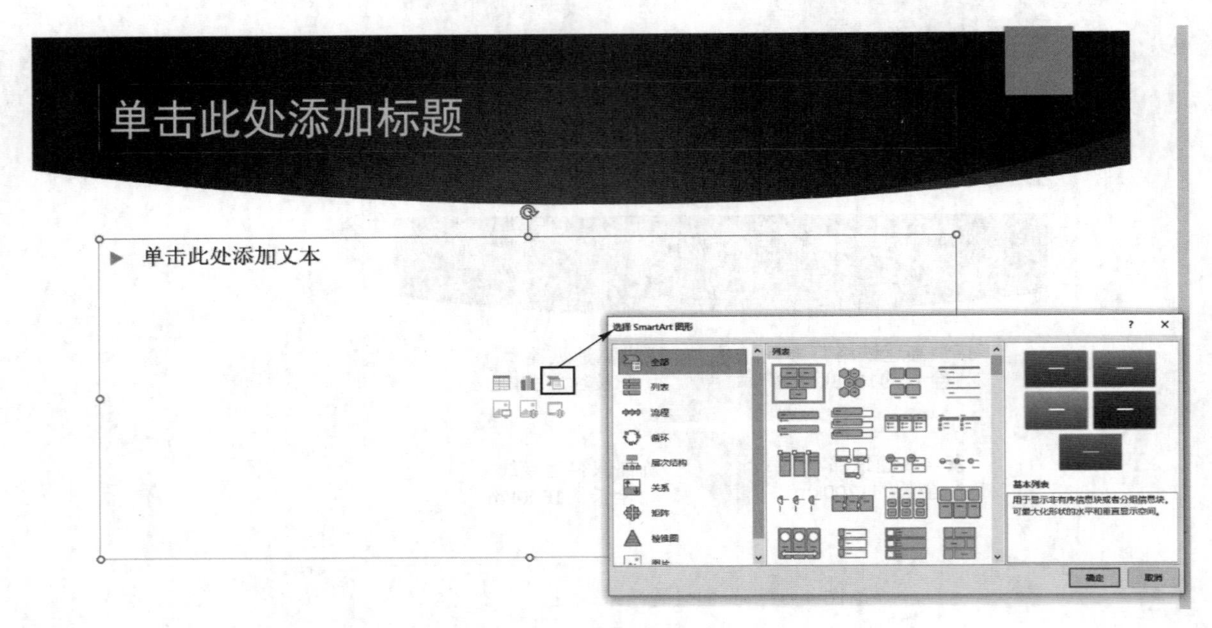

图 4–52　通过内容占位符插入 SmartArt 图形

创建 SmartArt 图形时，左侧为“文本”窗格，在该窗格中添加和编辑内容时，SmartArt 图形会自动更新，可根据需要添加或删除形状。在包含固定数量形状的 SmartArt 图形中，“文本”窗格中的部分文本只会显示在 SmartArt 图形中。不显示的文本、图片或其他内容在“文本”窗格中以红色 X 标识（如图 4–53 所示）。如果切换到其他布局，此内容仍可用，但如果保留并关闭此布局，则不会保存该信息。

SmartArt 图形右侧为图形窗格，选中窗格中相应的图形，可以移动或者改变图形的大小，也可以对图形创建超链接。

2. 美化 SmartArt 图形

插入到幻灯片中的 SmartArt 图形均采用系统默认的样式和布局，可以根据具体情况编辑 SmartArt 文本、修改 SmartArt 形状数量、布局和样式等，这些调整都在“SmartArt 工具”｜“设计”选项卡或“格式”选项卡下的对应功能里实现。

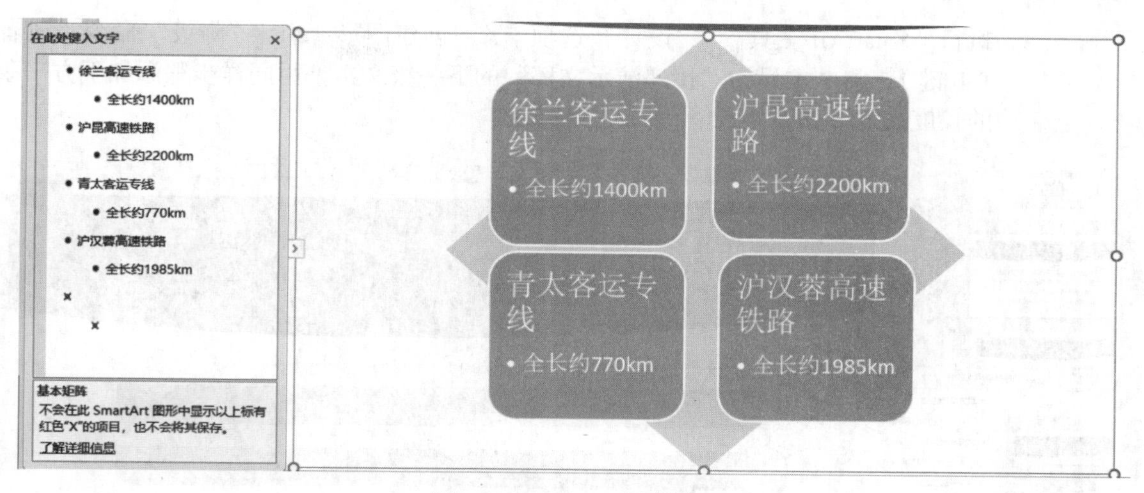

图 4–53　SmartArt 图形界面

【例 4–9】以“四纵四横”演示文稿为例，介绍 SmartArt 图形编辑的操作步骤。

① 打开实验素材中的“四纵四横”演示文稿，在第 3 张幻灯片后，右击执行“新建幻灯片”命令，在新幻灯片中右击，在快捷菜单中选择“版式”｜“标题和内容”版式。单击占位符中“插入 SmartArt 图形”图标，执行“选择 SmartArt 图形”｜“垂直曲形列表”命令，插入 SmartArt 图形，在形状中添加文本，文本可参考第 4 张幻灯片文本（如图 4–54 所示）。

② 选中第一个图形，执行“SmartArt 工具”｜“设计”选项卡｜“创建图形”组｜“添加形状”中的“在后面添加形状”命令，在新添加的图形中输入文本“全长约 1 318 km”。

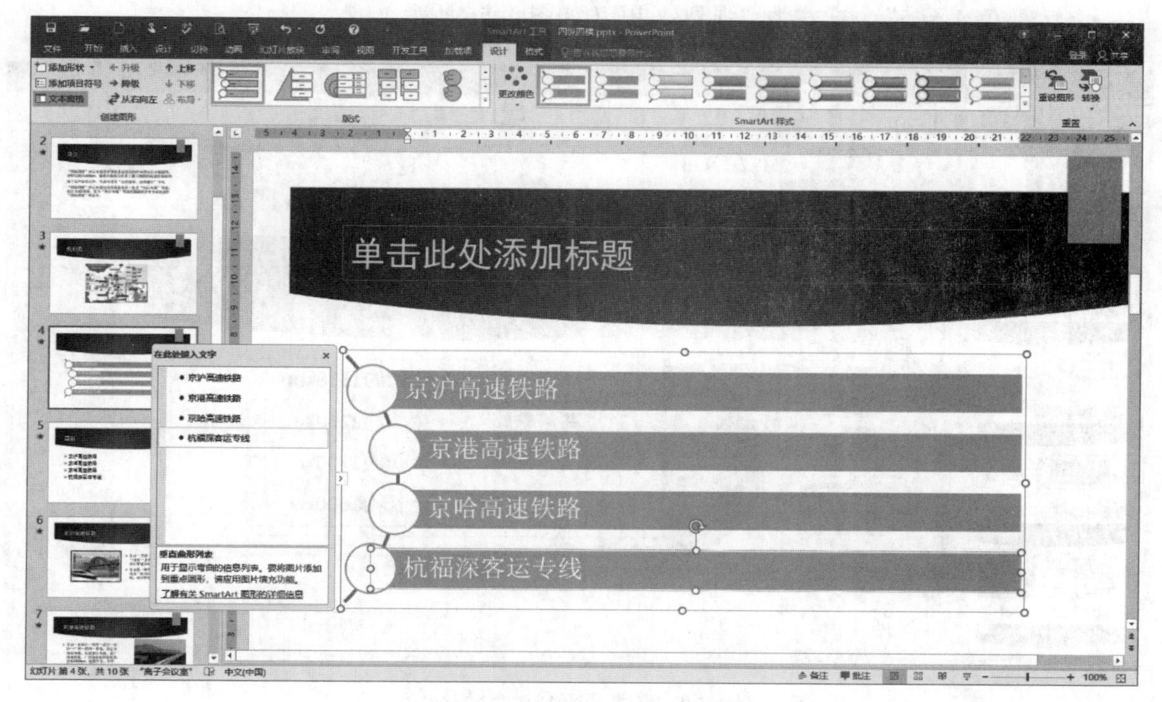

图 4–54　插入 SmartArt 图形

执行“SmartArt 工具”|“设计”选项卡|“创建图形”组|“降级”命令（或者使用 Tab 键），将文本设为“传递演示文稿”的下一级文本，用同样步骤添加下方三条铁路的长度文本（如图 4–55 所示）。

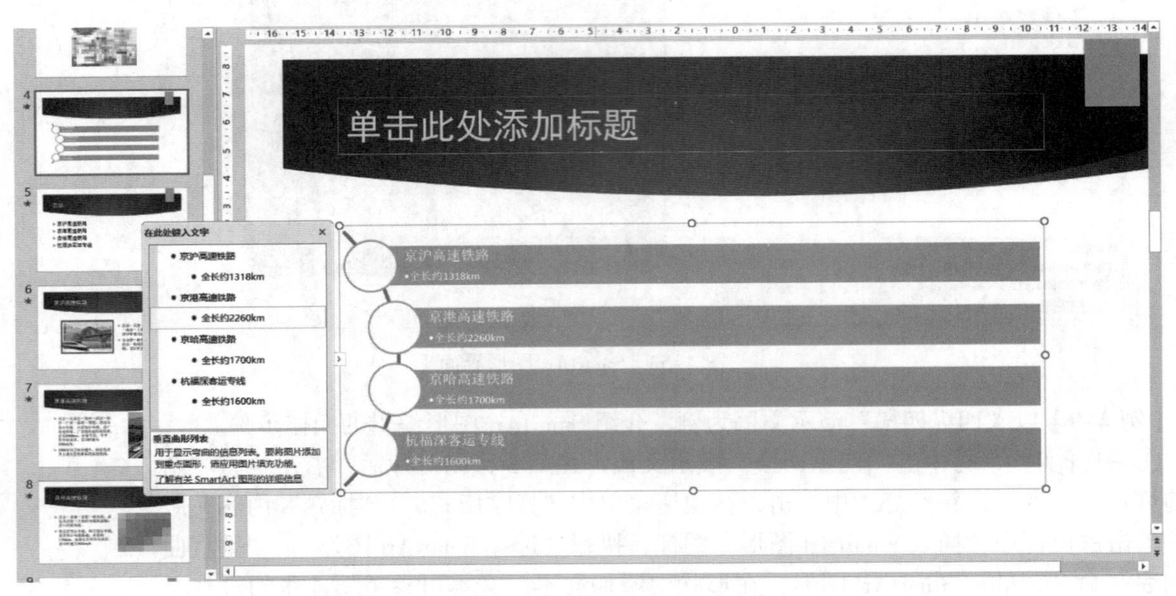

图 4–55　添加 SmartArt 文本

③ 选中 SmartArt 图形，选择“SmartArt 工具”|“设计”选项卡|“版式”组中的“目标图列表”布局，在“SmartArt 样式”选项卡中选择更改颜色为“彩色范围—个性色 4 至 5”，样式为“强烈效果”（如图 4–56 所示）。

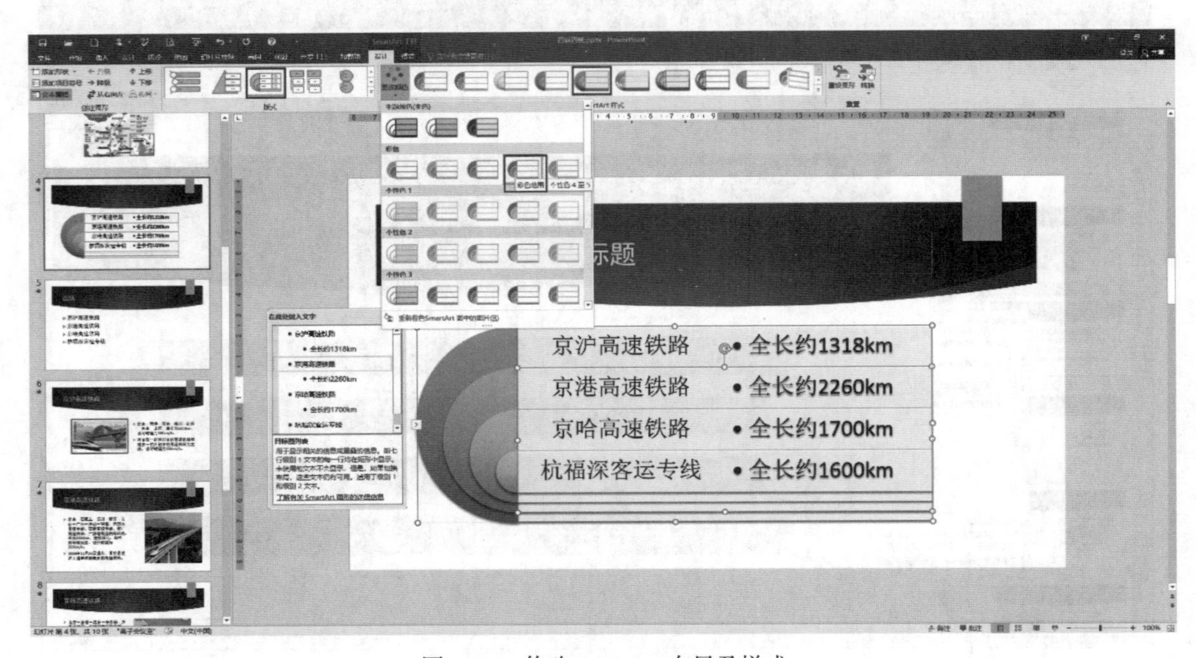

图 4–56　修改 SmartArt 布局及样式

④ 选中SmartArt图形中的左侧半圆形，选择“SmartArt工具”|“格式”选项卡|“形状”组|“更改形状选择”下拉菜单中的“六角星”，在“形状样式”选项卡中选择“形状效果”|“预设”选项，选择“预设6”样式（如图4–57所示）。

图4–57 修改SmartArt形状效果

说明：

① SmartArt图形可以与文本、形状相互转换，方便于每个文本或图形的单独编辑，执行“SmartArt工具”|“设计”选项卡|“重置”组|“转换”命令，选择转换为形状或文本，SmartArt图形转换为形状后无法再转换为SmartArt图形。

② 文本可以直接转换为SmartArt图形，选择“四纵四横”演示文稿中的“四纵”页面，选中文本框中的文字，右击，在快捷菜单中选择“转换为SmartArt”|“其他SmartArt图形”命令，打开“选择SmartArt”图形界面（如图4–58所示），设置SmartArt图形格式。

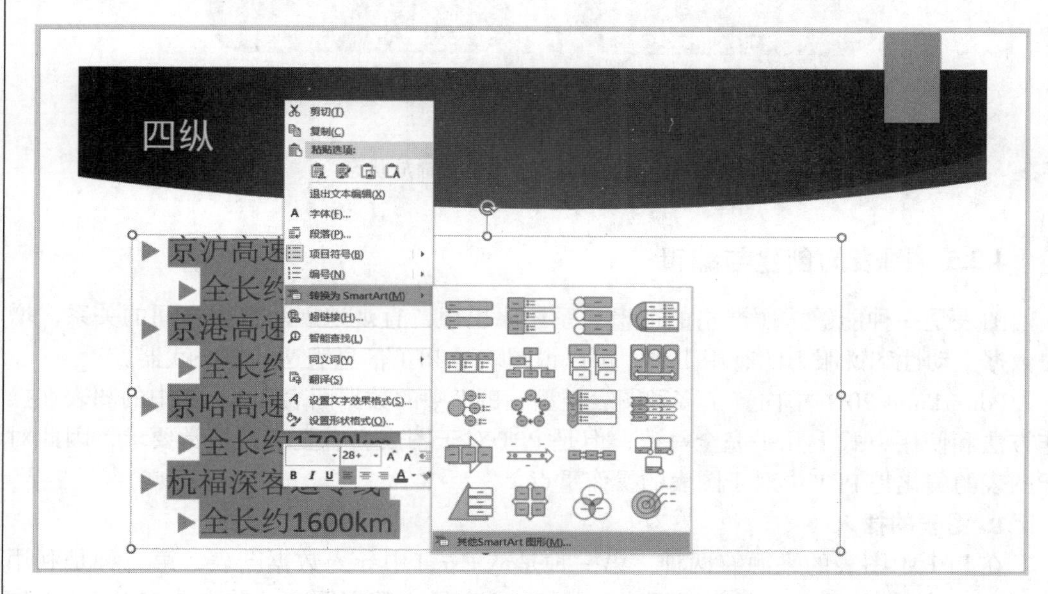

图4–58 文本转换为SmartArt图形

⑤ 选中“四横”页面中的“徐兰客运专线”圆角矩形，在右键快捷菜单中选择“超链接”命令，超链接到“现有文件或网页”，在地址栏中输入徐兰高速铁路介绍的网址（可自行百度搜索），单击“确定”按钮返回界面。图形设置超链接后外观没有变化，只有在播放状态时鼠标滑过会显示超链接地址，单击直接链接到对应页面。

⑥ 选择“沪昆高速铁路”文本，在右键快捷菜单中选择“超链接”命令，超链接到“现有文件或网页”，在地址栏中输入沪昆高速铁路介绍的网址（可自行百度搜索），单击“确定”按钮返回界面。文本设置超链接后文本下方会出现下划线，播放时单击文本链接到对应页面（如图 4–59 所示）。

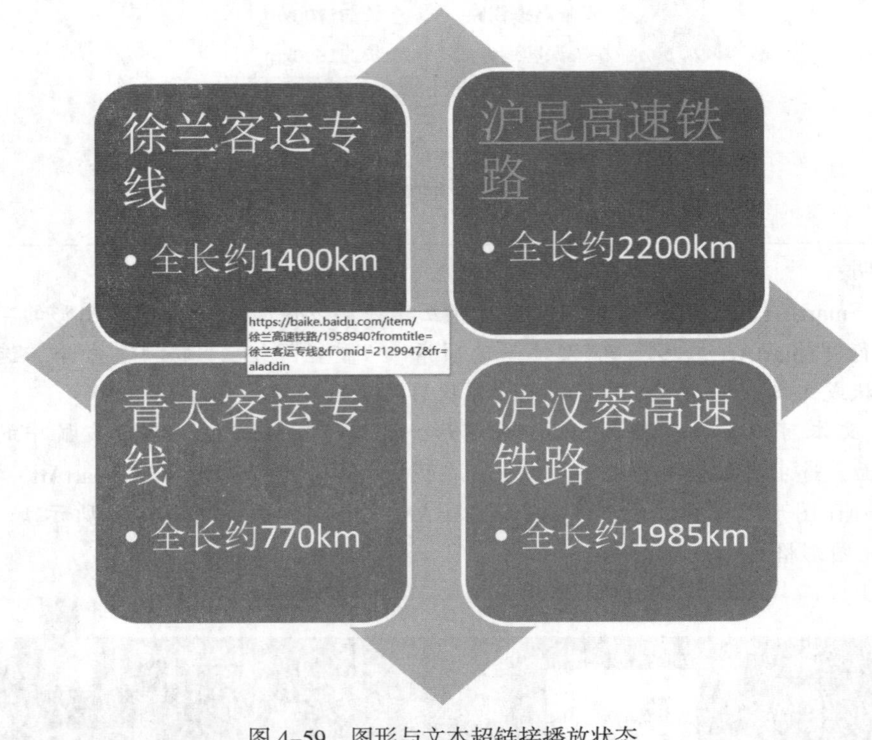

图 4–59 图形与文本超链接播放状态

4.2.5 图表的创建与编辑

图表是一种能够按照严格的逻辑关系还原思想，直观地展示数据之间的关系，增强数据生动性和说服力的有用工具，可以说图表是 PPT 信息表达的核心武器。

PowerPoint 2016 中内置了多种图表类型，PPT 中的数据图表和 Excel 中的图表在操作方法和使用方式上几乎完全一致，但是 PPT 对于图表会有更高的视觉要求，因此对于图表的美化是 PPT 中对于图表的操作重点。

1. 图表的插入

在 PPT 中图表的来源有两种：第一种是从 Excel 中导入数据图表，第二种是利用 PowerPoint 自带的图表工具生成图表。从 Excel 中导入数据图表，首先要在 Excel 工作簿中创建图表，复制该图表后可以选择嵌入图表、链接图表或保存成图片（如图 4–60 所示）。粘贴选项主要分为 3 种情况。

图 4–60 粘贴选项

（1）使用源主题或目标主题：如果希望插入的图表与演示文稿风格统一，一般建议使用目标主题。

（2）嵌入工作簿或链接数据：嵌入工作簿将当前图表复制到幻灯片中，链接数据可以保证源数据与图表同步修改。

（3）图片：以图片形式复制图表，可以进行图片格式设置。

利用 PowerPoint 自带的图表工具生成图表，可执行“插入”选项卡｜“插图”组｜“图表”命令，在“插入图表”对话框中选择合适的图表类型（如图 4-61 所示），进行数据和图表的编辑。

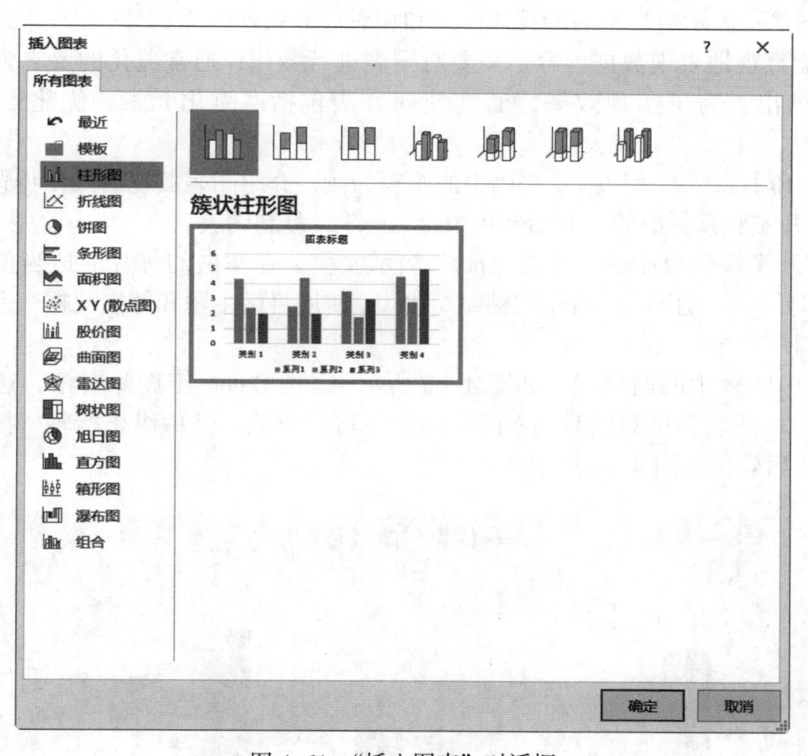

图 4–61 “插入图表”对话框

2. 图表编辑美化

PPT 中默认插入的图表使用的是系统中默认的样式，通常不够美观，要想对 PPT 中的图表进行布局美化，必须要先了解图表的各种元素（如图 4-62 所示）。

（1）图表标题：默认在图表上方，标记图表的名称。

（2）坐标轴：图表中用来表示 X、Y 坐标轴的轴线。

（3）坐标轴标题：图表中用来说明坐标轴含义的文本。

（4）数据标签：在不同的数据系列上标识数据的文本，可以选择部分显示或隐藏。

（5）数据表：显示原始数据的表格。

（6）网格线：是坐标轴刻度的延长线，其刻度和坐标轴上的刻度保持一致。

微视频 4–10
图表美化

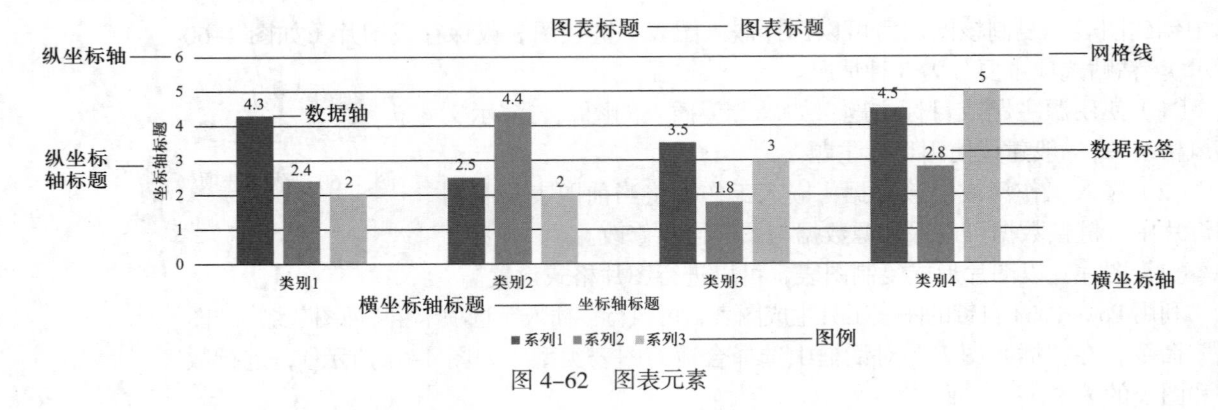

图 4–62　图表元素

（7）图例：表示数据系列的具体样式和相对应的系列名称。

为了能直观地表现数据内容，需要对图表进行美化，通常美化的要求为简洁、和谐、重点突出。为了实现效果，通常处理方法包括：简化元素、优化形状和配置颜色。

【例 4–10】以“图表”演示文稿中的图表为例，介绍图表美化的操作步骤。

① 打开实验素材中的“商品销售数量 .xlsx”，复制图表。

② 打开实验素材中的“图表 .pptx”演示文稿，在空白幻灯片的适当位置，执行“开始”选项卡｜“剪贴板”组｜“粘贴”中｜“使用目标主题和链接数据”命令，将图表粘贴到幻灯片中。

③ 选中图表中的网格线（如图 4–63 所示），按 Delete 键删除对象，达到简化元素的目的，本图表为单数据系列图表，图例也可以删除，选中纵坐标轴，按 Delete 键删除，简化后效果如图 4–64 所示。

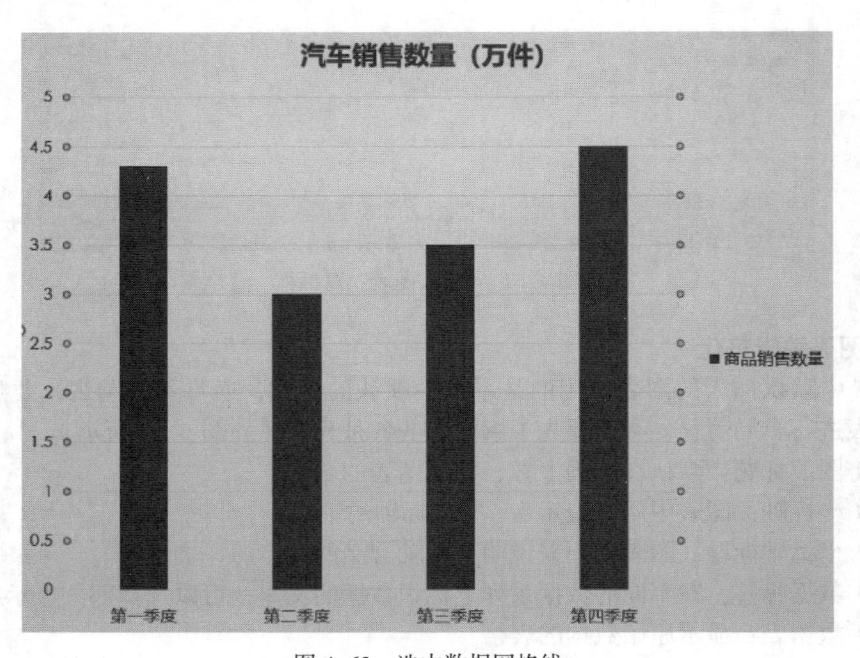

图 4–63　选中数据网格线

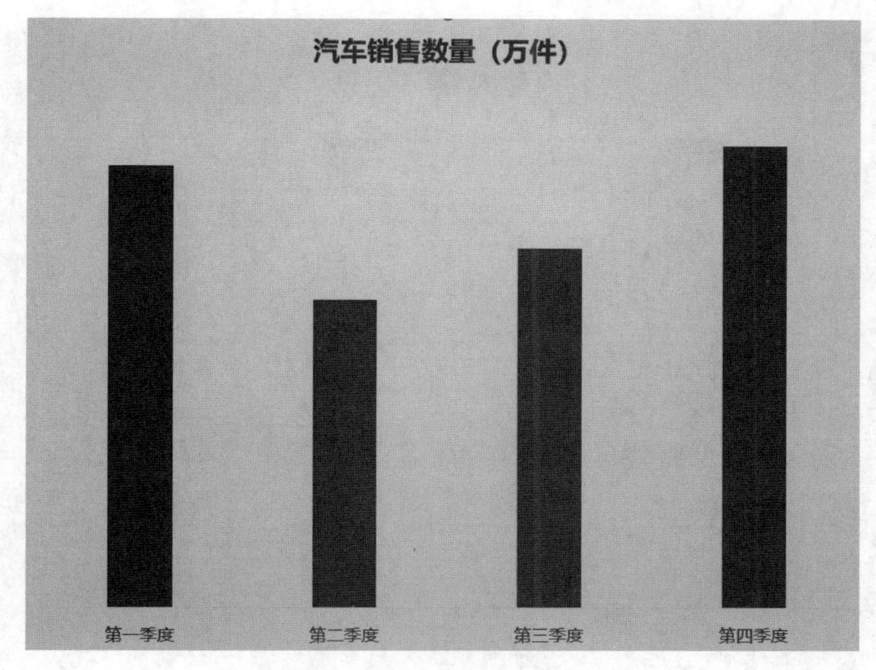

图 4-64 简化元素效果图

④ 选中数据系列，设置“图表工具”｜“格式”选项卡｜“形状样式”组｜“强烈效果—红色，强调效果 1”，单击“形状效果”下拉菜单｜“阴影”｜“阴影选项”，阴影效果设置如图 4-65 所示。

⑤ 选中图表，执行“图表工具”｜“设计”选项卡｜“图表布局”组｜“数据标签”下拉菜单中的“数据标签外”命令，为数据系列添加数据标签，设置字体大小为 12 号，效果如图 4-66 所示。

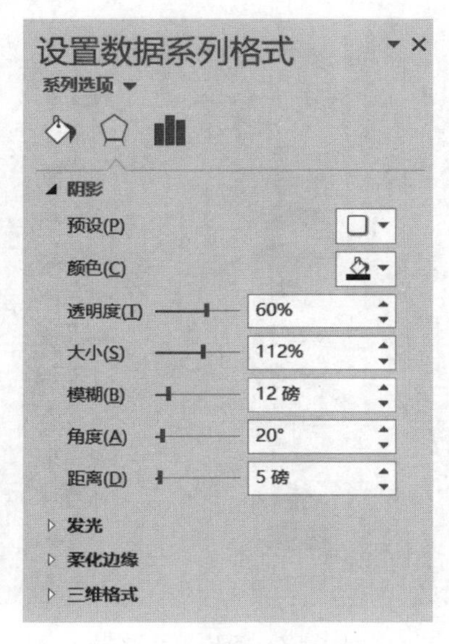

图 4-65 阴影效果设置

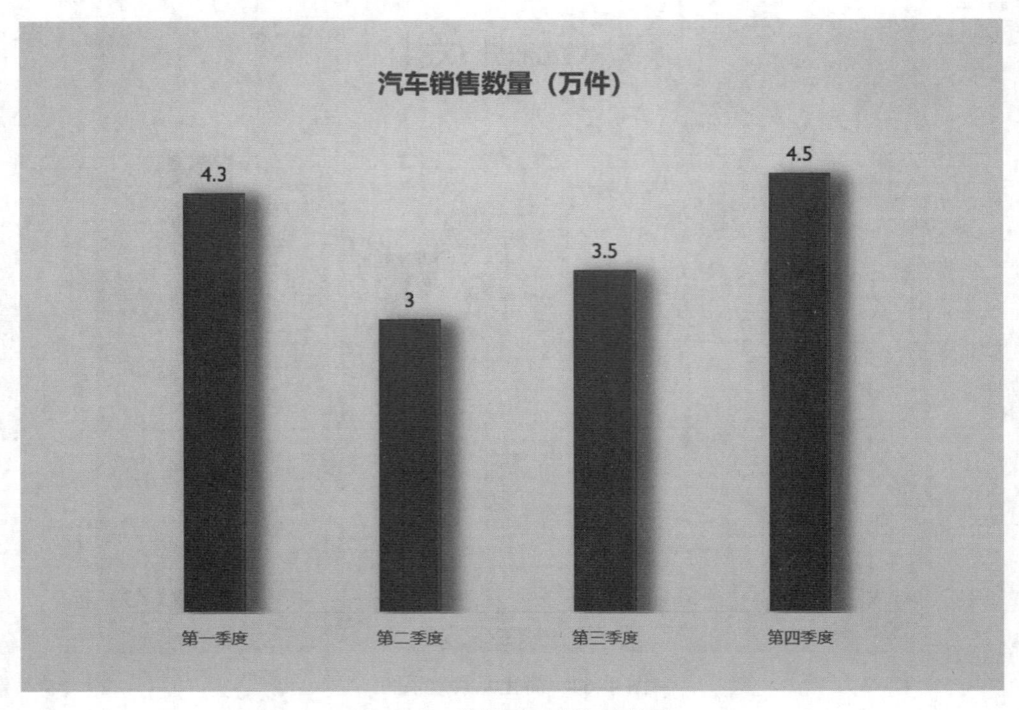

图 4–66 数据系列美化效果图

说明：

① 数据轴由形状构成，用来展示各种数据的大小。在“设置数据系列格式”窗格中，可以设置形状等多种填充方式，如图 4–67 所示采用 PNG 格式图片层叠填充。

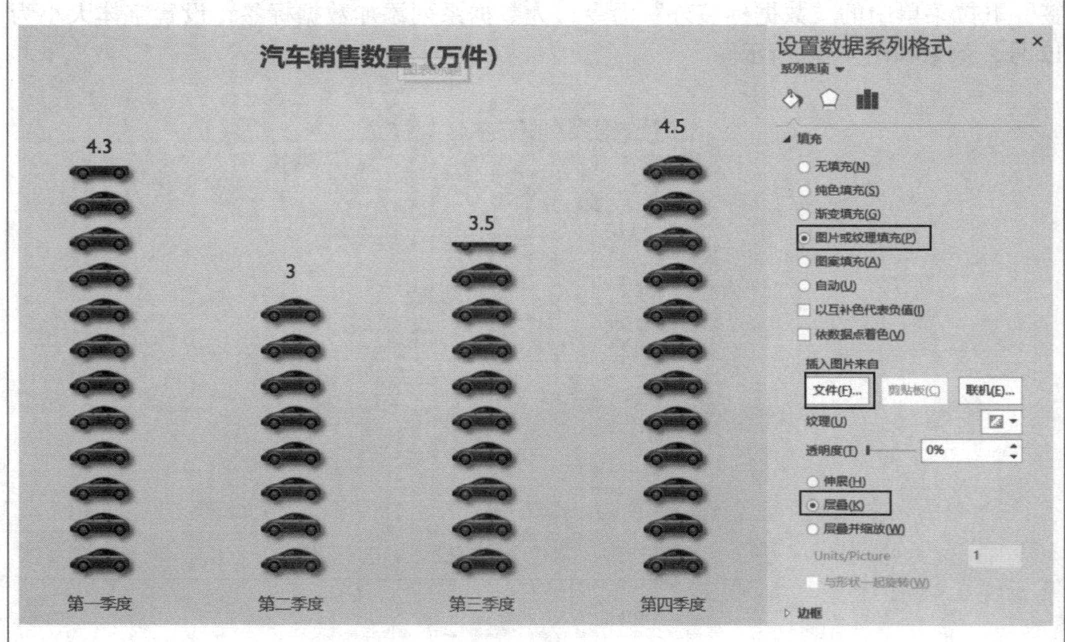

图 4–67 图片填充效果

② 为了使图表充分表现出分析数据的能力，可以在图表中添加分析数据的辅助线，包括趋势线、折线、涨/跌柱线和误差线，让图片更具说服力，执行“图表元素”｜“趋势线”命令，可选择合适的趋势线，如图 4–68 所示。

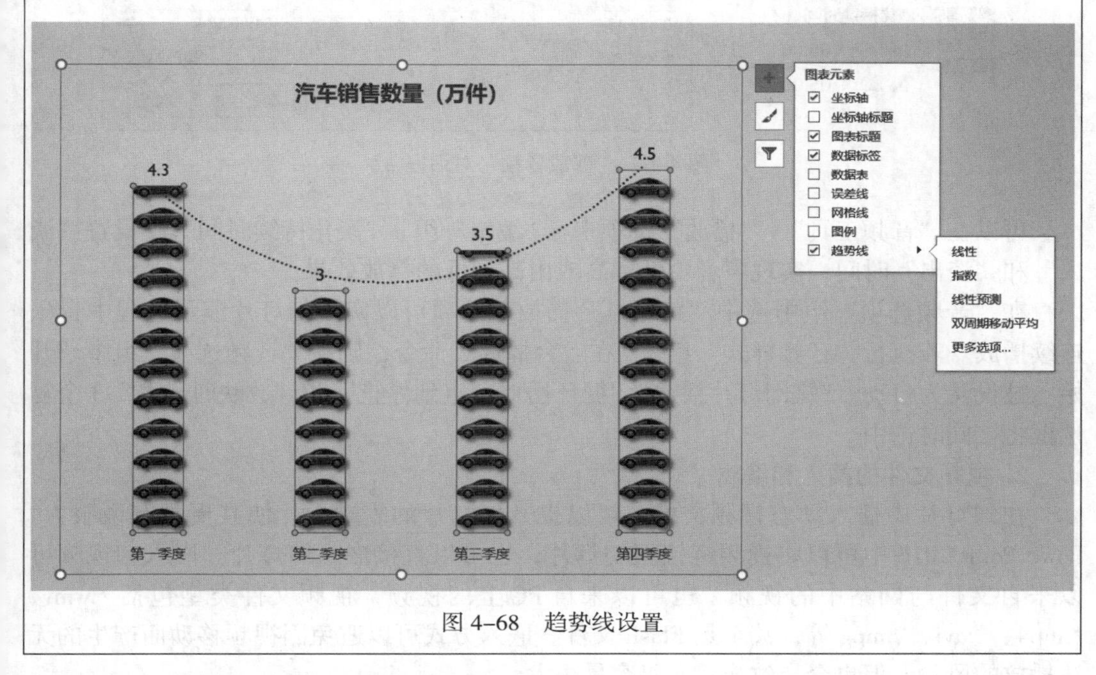

图 4–68　趋势线设置

4.2.6　媒体文件的插入与设置

在幻灯片中插入多媒体文件，可以使演示文稿具有强烈的听觉和视觉效果，丰富演示文稿的表现力，给受众留下深刻印象，达到事半功倍的演示效果。

PowerPoint 2016 提供了丰富的多媒体文件编辑功能，可以快速便捷地实现多媒体文件的裁剪和编辑。此外，还可以根据使用方式的要求选择质量选项，对多媒体文件进行压缩处理，从而解决因多媒体文件嵌入带来的文件容量过大问题，节省了磁盘空间，也提高了播放性能。

1. 音频文件的插入和编辑

在 PowerPoint 2016 中，可以插入多种格式的音频文件，包括 *.aif、*.mid、*.mp3、*.m4a、*.wav、*.au 等。按照插入方式，可以将音频源分为两类：PC 上的音频和录制音频。

执行“插入”选项卡｜“媒体”组｜“音频”｜“PC 上的音频”命令，选择完成后，音频文件以一个喇叭形图标和一个工具条形式显示，拖动该图标可以移动其位置，单击工具条中的“播放”按钮，可以检查音频文件是否正确插入。

通常插入的音频文件可能存在过长或与主题无关的部分，需要对音频文件修剪以适应幻灯片的设计。PowerPoint 2016 中提供了“剪裁音频”工具，可以对音频的开头和结尾进行修剪。选中插入的音频文件，执行“音频工具”｜“播放”选项卡｜“编辑”组｜“剪裁音频”命令，在弹出的如图 4–69 所示的“剪裁音频”对话框中设置“开始时间”和“结束时间”。

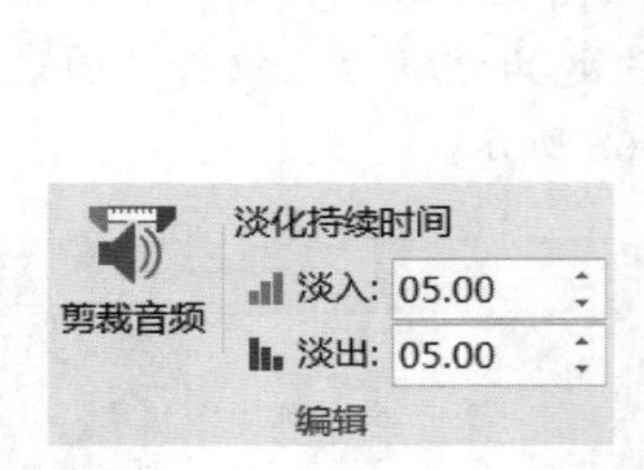

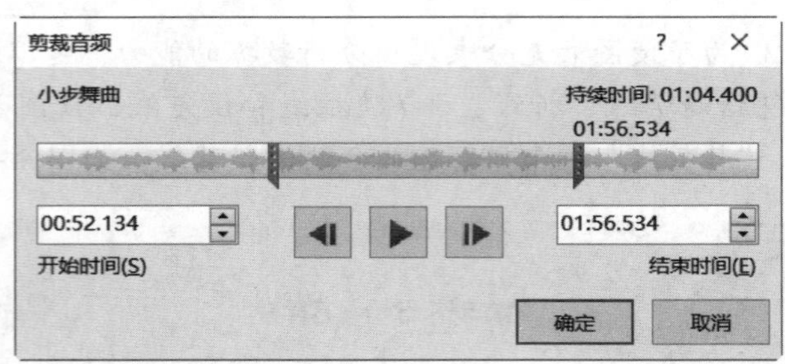

图 4-69　"剪裁音频"对话框

可以在"音频工具"｜"播放"选项卡｜"编辑"组｜"淡化持续时间"中设置"淡入"和"淡出"时间，实现声音由低到高或由高到低的播放效果。

在"音频选项"组中选中"跨幻灯片播放"选项可以实现幻灯片演示过程中音乐连续播放。若执行"音频样式"组｜"在后台播放"命令，则在"音频选项"组中"开始"被设置为自动，"跨幻灯片播放""循环播放，直到停止"和"放映时隐藏"3个复选框将被同时选中。

2. 视频文件的插入和编辑

在幻灯片中插入动态视频文件，可以提升幻灯片的表现力，使其更具有说服力。PowerPoint 2016 中可以将视频链接至幻灯片，也可以直接嵌入幻灯片。嵌入的视频可以来自文件与网站中的视频，也可以来自 PC 上的视频，视频文件类型包括 *.wmv、*.mp4、*.avi、*.mpg 等，甚至是 Flash 文件。嵌入方式可以避免因视频移动而产生的无法播放的风险，但也会导致演示文稿容量很大。

视频的播放与编辑操作方式与音频文件基本相同，主要功能集中在"格式"与"播放"两个选项卡中。默认插入幻灯片的视频文件没有任何修饰，有时为了设计感，需要对视频的框架、颜色、亮度、对比度等外观属性进行修改，修改的方式与图片处理非常相似，可以在"格式"选项卡｜"调整"组中完成外观属性设置。例如，默认情况下，幻灯片页面上显示的是视频的第一帧画面，如果当前画面与整体风格不协调时，可以执行"视频工具"｜"格式"选项卡｜"调整"组｜"标牌框架"命令，选择合适的图片作为视频的封面。

4.3　动画效果设计

微视频 4-11
动画效果设计

在 PowerPoint 2016 中，幻灯片文本、图片、形状、表格、SmartArt 图形和其他对象均可以设置动画。总体而言，PPT 动画分为自定义动画和页面切换动画两大类。自定义动画中包括进入动画、强调动画、退出动画和动作路径动画。在解读他人设计的"自定义动画"时，可以通过动画图标及其填充颜色来初步判别其"动画类别"和"动画效果"。

（1）进入动画：（★ 绿色图标）对 PPT 页面中的各种对象设置从无到有、陆续出现在幻灯片播放页面的效果。

（2）强调动画：（★ 黄色图标）针对在页面中已经显示的对象设置形状或颜色的变化，起到强调作用。有“基本型”“细微型”“温和型”以及“华丽型”4 种特色动画效果。

（3）退出动画：（★ 红色图标）是进入动画的逆过程，可以设置对象消失的效果。一般较少使用，但是却是无缝连接画面之间过渡效果的必备选项。

（4）动作路径动画：（☆ 无填充色图标）可以根据形状或者直线、曲线控制对象游走的路径。

以上 4 种自定义动画可以单独使用，也可以组合在一起使用，以便表现更为丰富的动画效果。

4.3.1 自定义动画效果

1. 添加动画效果

动画效果是指放映幻灯片时出现的一系列动作，包括进入动画、退出动画、强调动画和动作路径动画，设置对象的动画效果可以使幻灯片更加生动，更具观赏性。

【例 4–11】以“四纵四横”演示文稿中的动画效果为例，介绍动画设置的操作步骤。

① 打开素材文件夹中的“四纵四横”演示文稿，选择第 5 张幻灯片，选中标题文本框，执行“动画”选项卡｜“动画”组｜“强调动画”中的“脉冲”命令，在“计时”组中设置为“上一动画之后”开始。

② 选中 SmartArt 图形，执行“动画”选项卡｜“动画”组｜“擦除”命令，在“动画”组｜“效果选项”序列设置为“逐个”显示，在“计时”组中设置为“上一动画之后”开始。在“持续时间”数字框中设置 01.00 秒，表示指定动画持续时间为 1 秒。在“延迟”数字框中设置 00.25，表示每一项延迟 0.25 秒播放动画。

③ 选中火车头图片，选择“动画”选项卡｜“动画”组｜“动作路径”中“自定义路径”，在“效果选项”中设置“曲线”，绘制一条动作路径（如图 4–70 所示），在“计时”组中的“开始”下拉列表框中选择“上一动画之后”。

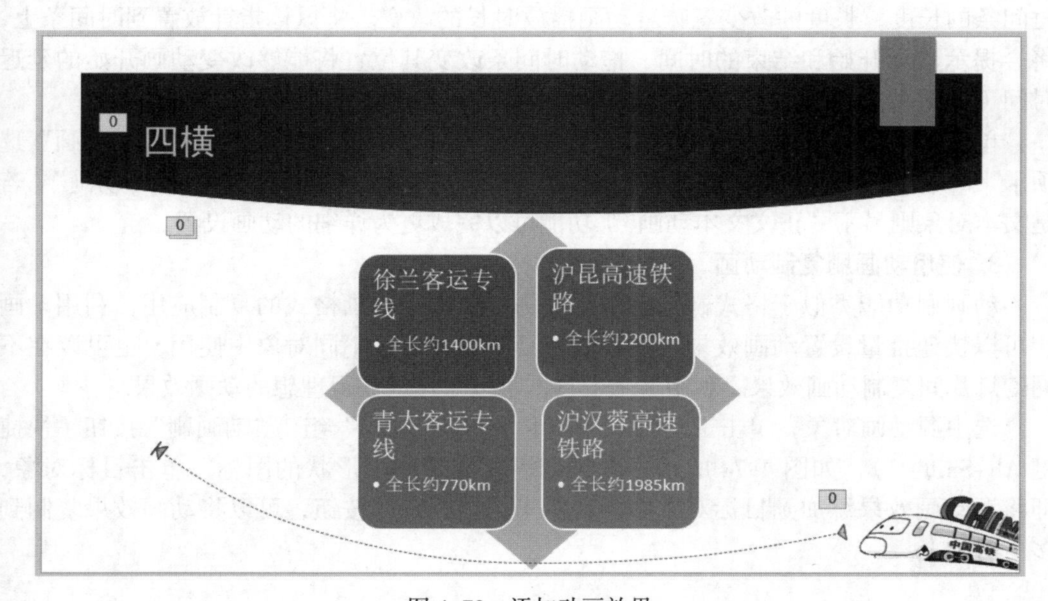

图 4–70 添加动画效果

2. 使用动画窗格管理动画

在 PowerPoint 中，使用动画窗格能够对幻灯片中对象的动画效果进行设置，包括播放动画、设置动画播放顺序和调整动画播放的时长等。

在“动画”选项卡｜“高级动画”组中单击“动画窗格”按钮，打开“动画窗格”窗格。窗格中按照动画的播放顺序列出了当前幻灯片中的所有动画效果，单击“全部播放”按钮将播放幻灯片中的动画，动画窗格中会有时间线表示当前显示时间（如图 4-71 所示）。

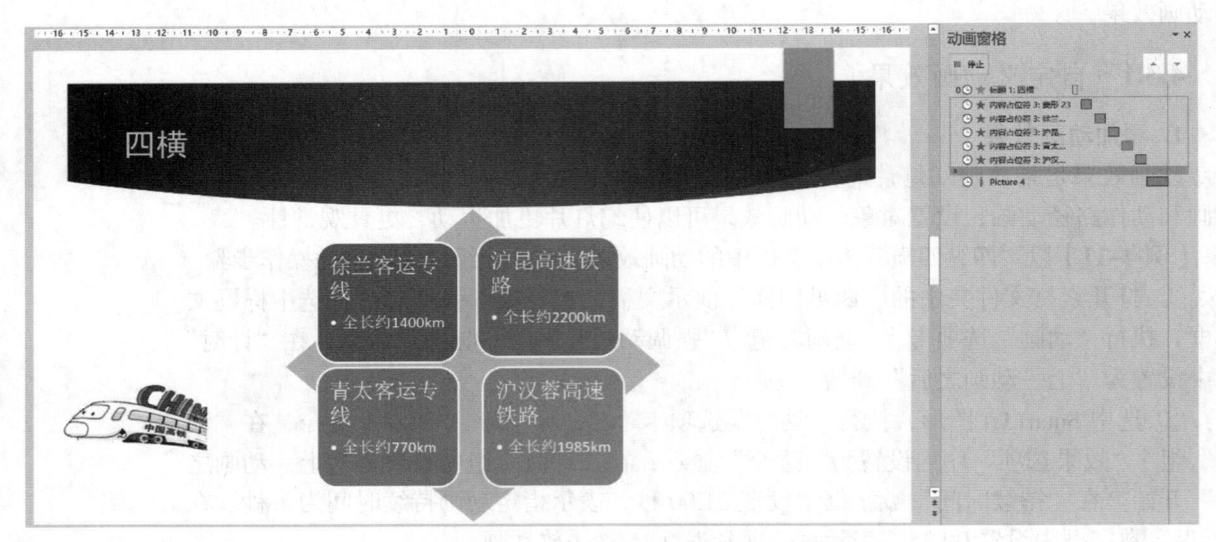

图 4-71　动画窗格

在动画窗格中按住鼠标左键拖动动画选项可以改变其在列表中的位置，进而改变动画在幻灯片中播放的顺序。使用鼠标按住左键拖动时间条左右两侧的边框可以改变时间条的长度，长度的改变意味着动画播放时长的改变。将鼠标指针放置到时间条上，将会提示动画开始和结束的时间，拖动时间条改变其位置将能够改变动画开始的延迟时间（如图 4-72 所示）。

单击动画窗格右侧的下拉按钮，弹出如图 4-73 所示的快捷菜单，它与“动画”选项卡｜“计时”组中的功能相对应，选择“效果选项”“计时”及“SmartArt 动画”（若是文本对象则显示“正文文本动画”）功能可以完成更为详细的动画设置。

3. 使用动画刷复制动画

动画刷功能类似于格式刷，但是动画刷主要用于动画格式的复制应用，利用动画刷可以快速批量设置动画效果。动画刷工具不仅可以在不同对象中使用，也可以在不同幻灯片间复制动画效果。利用这个工具，可以快速地获得理想的动画效果。

选中源动画对象，单击“动画”选项卡｜“高级动画”组｜“动画刷”按钮（快捷键 Alt+Shift+C），如图 4-74 所示，此时光标变成带刷子形状的图标，单击目标对象，即将源动画效果添加到目标对象中，若双击“动画刷”按钮，可以将动画效果复制到多个对象上。

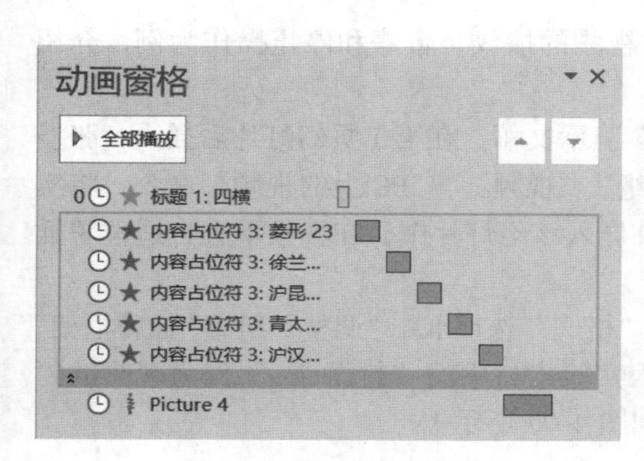

图 4–72　控制动画时长

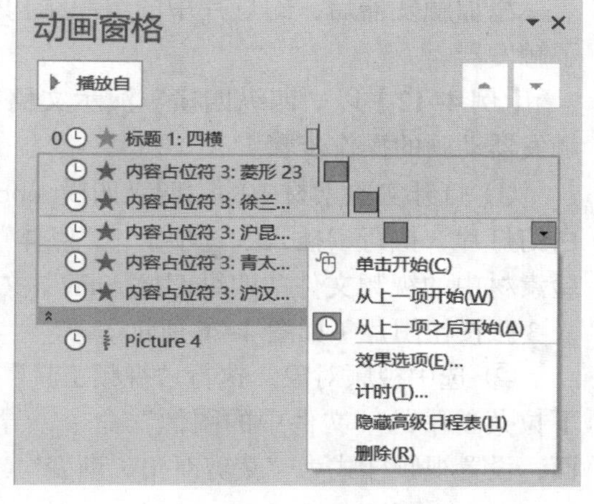

图 4–73　动画窗格选项

双击“动画刷”按钮，在向第一个对象复制动画效果后，可以继续向其他对象复制动画。完成所有对象的动画复制后，单击“动画刷”按钮即可取消复制操作。

图 4–74　“动画刷”按钮

4.3.2　触发器动画

微视频 4–12
触发器动画设计

在 PowerPoint 2016 中，可以将图片、按钮、图形等对象作为触发对象，通过单击触发器对象，触发一个设定好的动作，如播放动画、声音或影片。利用触发器可以灵活多变地控制多种对象，让幻灯片具有一定的交互性。

执行“动画”选项卡｜“高级动画”组｜“触发”命令，可以选择触发方式为“单击”或者“书签”，在打开的子列表中选择触发对象即设置完成触发器（如图 4–75 所示）。

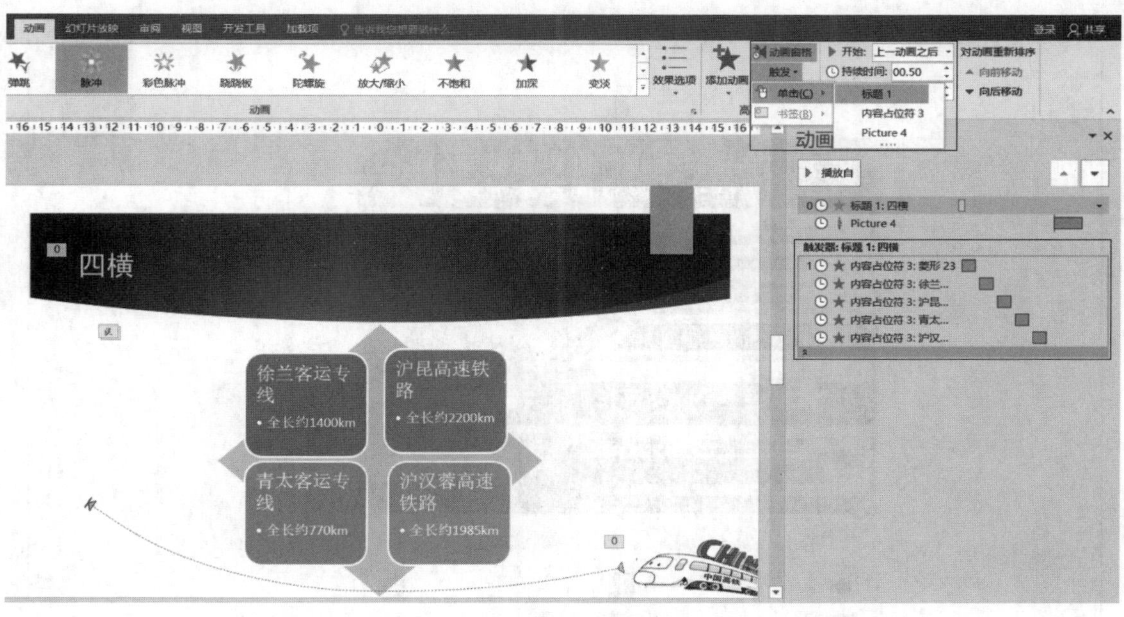

图 4–75　触发器按钮

添加触发器后，幻灯片中的组织结构图左上方出现 ⚡ 图标，表明该对象动画添加了触发器。

【例 4–12】以“四纵四横”演示文稿中视频的播放、暂停和停止操作为例，介绍触发器动画的操作步骤。

① 打开实验素材中的“四纵四横 .pptx”演示文稿，在第 1 页幻灯片后插入一张空白幻灯片，执行“插入”选项卡｜“媒体”组｜“视频”｜“PC 上的视频”命令，将实验素材中的视频文件“四纵四横 .wmv”文件导入该幻灯片中，在视频下方合适位置插入 3 张按钮图片（如图 4–76 所示）。

② 选中视频对象，执行“视频工具”｜“格式”选项卡｜“调整”组｜“标牌框架”下拉菜单中的“文件中的图像”命令，导入实验素材中的“封面 .jpg”作为视频的封面，设置视频样式为“裁剪对角，渐变”（如图 4–77 所示）。

图 4–76　播放效果图片

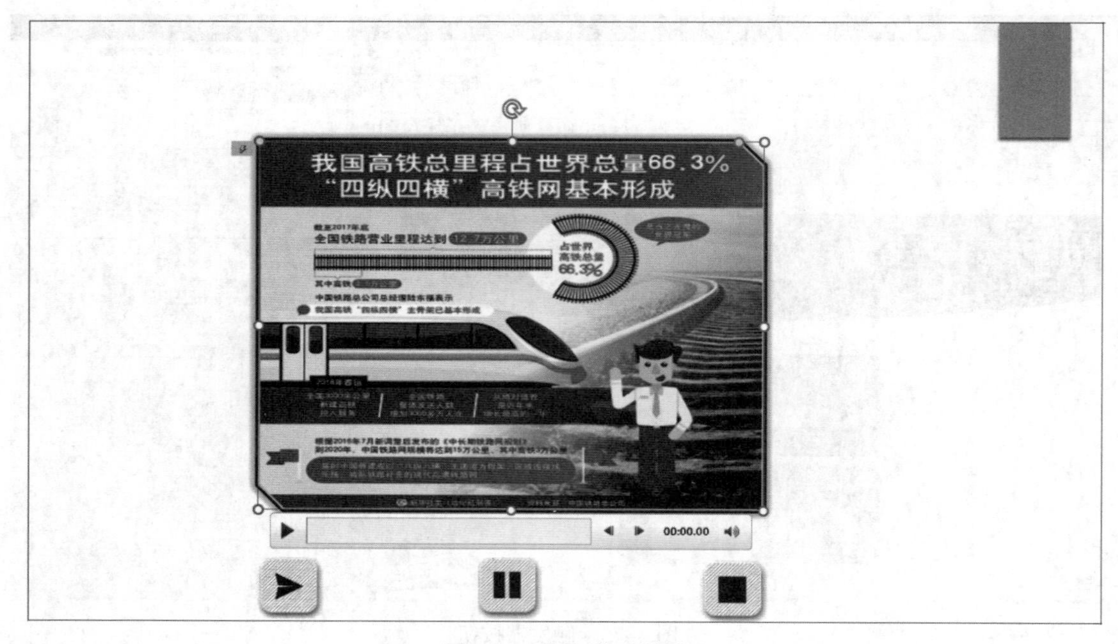

图 4–77　视频格式设计

③ 单击页面中的视频对象，执行“动画”选项卡|“高级动画”组|“触发”下拉菜单中的“单击”命令，选择播放图片。

④ 选择视频对象，执行“动画”选项卡|“高级动画”组|“添加动画”中的“暂停”命令，在“触发”下拉菜单中选择触发对象为暂停图片。

⑤ 用相同的方法定义“停止”图片的触发器，动画窗格显示如图 4-78 所示。

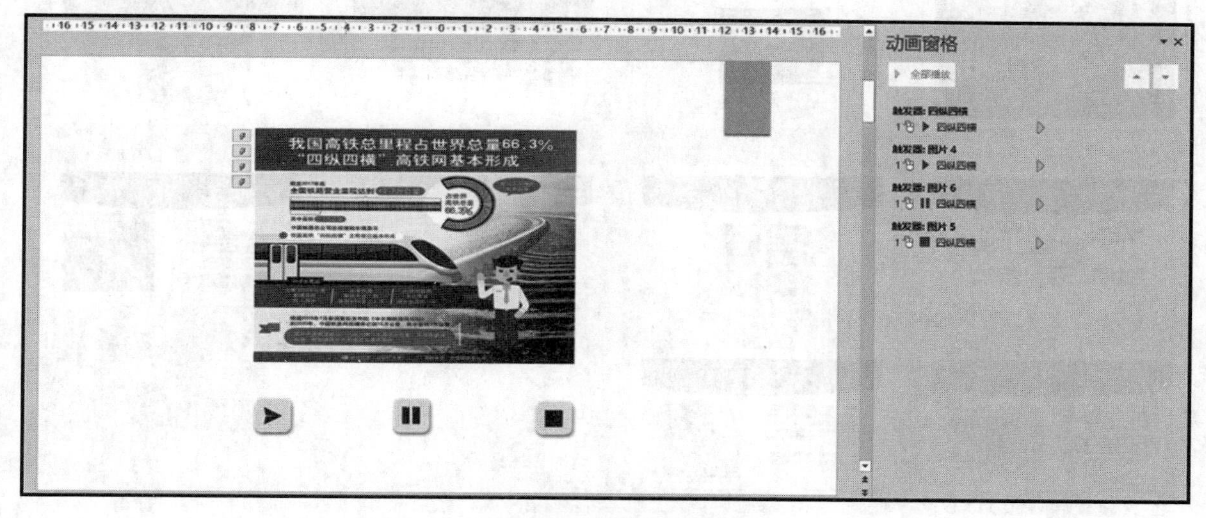

图 4-78 触发器设置效果

4.3.3 画面切换动画

画面切换动画主要是为了缓解幻灯片之间转换时的生硬而设置的动画。其动画特点是大画面、有气势、过渡衔接自然有吸引力。

在 PowerPoint 2016 中，为用户提供了“细微型”“华丽型”和“动态内容”三大类切换效果（如图 4-79 所示），可在“切换”选项卡|“切换到此幻灯片”组提供的库中选择，也可以按照不同需求对切换效果进行设置，这些设置均在“切换”选项卡中完成。

图 4-79 幻灯片切换效果库

在 PowerPoint 2016 中，默认的换片方式是单击鼠标，即播放时只有单击鼠标才能切换到下一张幻灯片，但为了能自动播放，可以将切换方式改为自动，设置适当的幻灯片时间，则每隔设置的时间会自动切换到下一张幻灯片，在幻灯片浏览视图中可以看到幻灯片换片时长（如图 4-80 所示）。

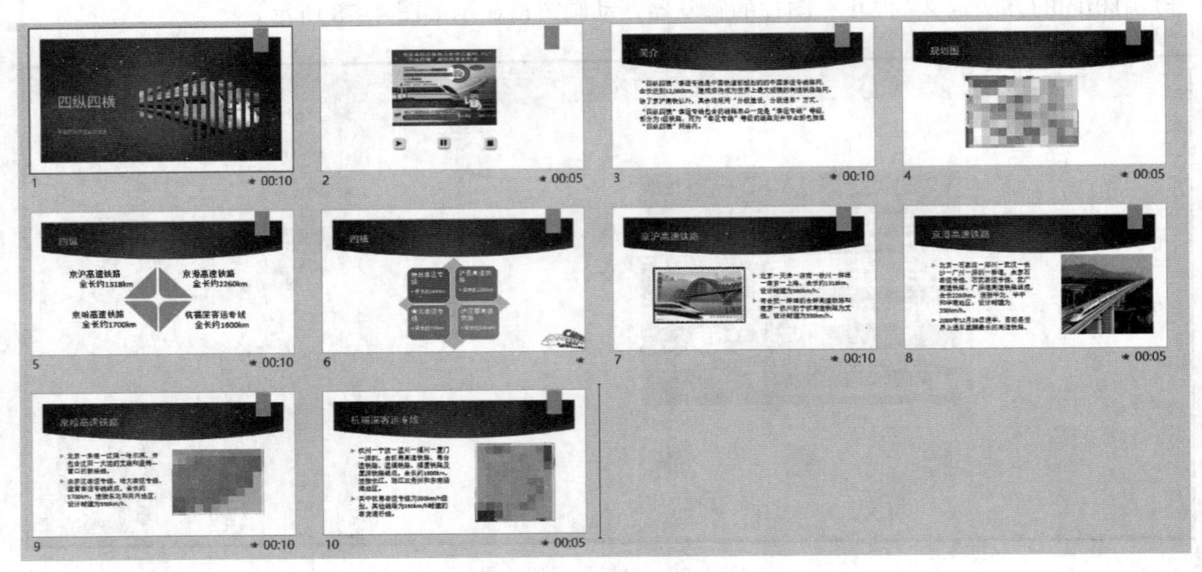

图 4-80　幻灯片换片时长

4.4　演示文稿的放映和输出

微视频 4-13
演示文稿的放映控制

将制作完成的演示文稿放映展示给观众群体，从而正确完整地表达制作者的理念和观点，是演示文稿制作的最终目标。为了精准地放映幻灯片，根据使用场合不同，PowerPoint 2016 提供了十分灵活的放映方式。此外，PowerPoint 2016 还提供了打包演示文稿，转换成其他格式文件输出等操作，方便与他人进行信息共享。

4.4.1　演示文稿放映控制

1. 放映控制

演示文稿的“开始放映幻灯片”组中有 4 种放映方式：从头开始、从当前幻灯片开始、联机演示和自定义幻灯片放映。用户也可以在“幻灯片放映”选项卡｜“设置”组中选择“设置幻灯片放映”，在打开的对话框中选择更多的放映方式与放映选项，如图 4-81 所示。

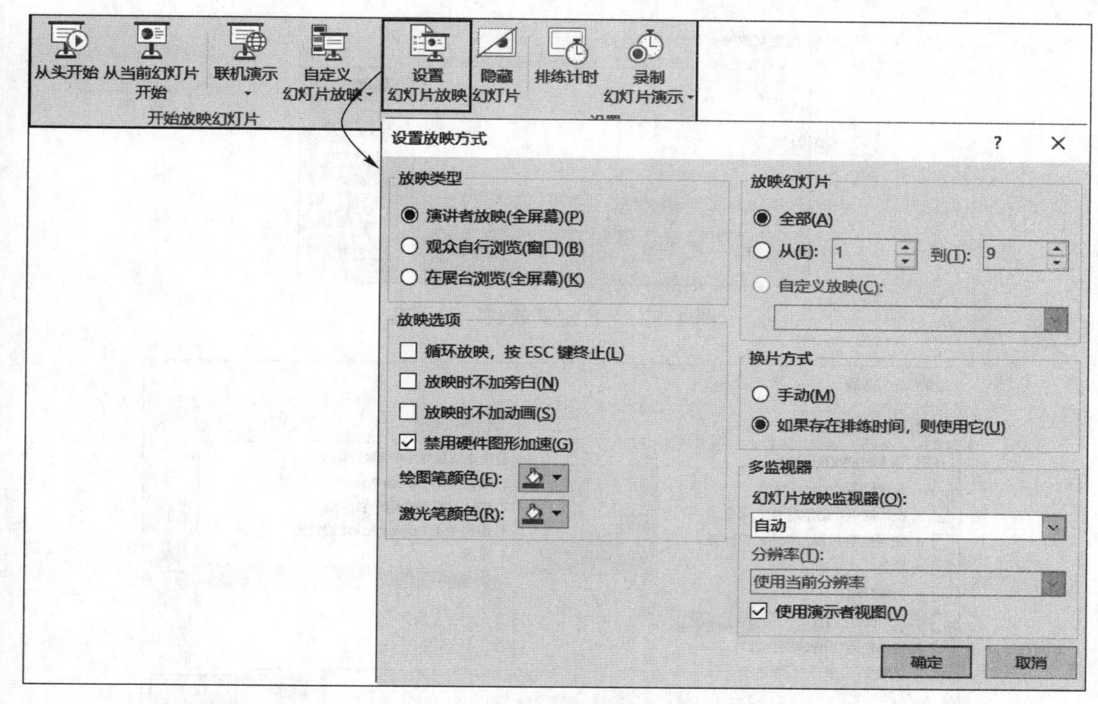

图 4-81 “设置放映方式”对话框

（1）演讲者放映（全屏幕）：此为常规的全屏放映方式，由演讲者控制幻灯片放映过程。

（2）观众自行浏览（窗口）：在标准窗口中放映幻灯片，观众可以利用窗口右下角的方向按钮和菜单按钮控制幻灯片放映过程，切换自己想看的幻灯片。

（3）在展台浏览（全屏幕）：采用全屏幕放映幻灯片，可以手动播放，也可以用事先存在的排练时间自动循环播放幻灯片，此时观众不能控制放映过程。

2. 隐藏幻灯片

选择需要隐藏的幻灯片，执行“幻灯片放映”选项卡｜“设置”组｜“隐藏幻灯片”命令，可以让该幻灯片在放映时不会被显示。

3. 自定义幻灯片放映

制作好的演示文稿可以根据面向的对象和场合的不同设置不同的放映内容和顺序，使用自定义幻灯片放映功能可以提前预置不同的放映方案，达到所需的放映效果。

执行“幻灯片放映”选项卡｜“开始放映幻灯片”组｜“自定义幻灯片放映”命令，在弹出的对话框（如图 4-82 所示）中可以新建和编辑不同的放映场景，单击“新建”按钮，在弹出的对话框（如图 4-83 所示）中可以定义放映名称，可以挑选需要的幻灯片加入放映方案，也可以通过右侧的上下箭头调整幻灯片顺序。如果没有被加入放映方案，幻灯片仍然保留在演示文稿中，但是不会在放映时显示。

4. 排练计时

使用排练计时可以对播放幻灯片的时间进行准确估计。

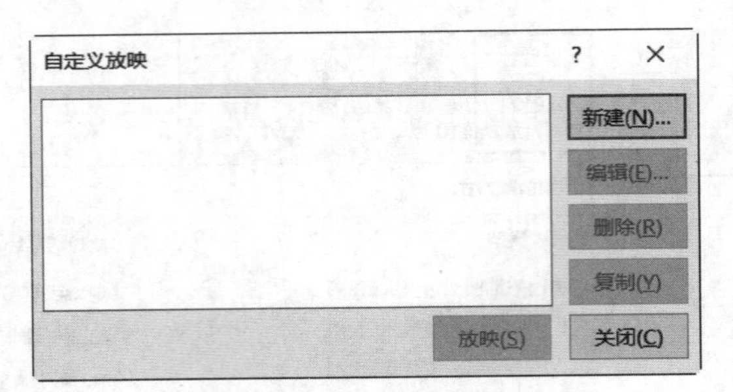

图 4-82 “自定义放映”对话框

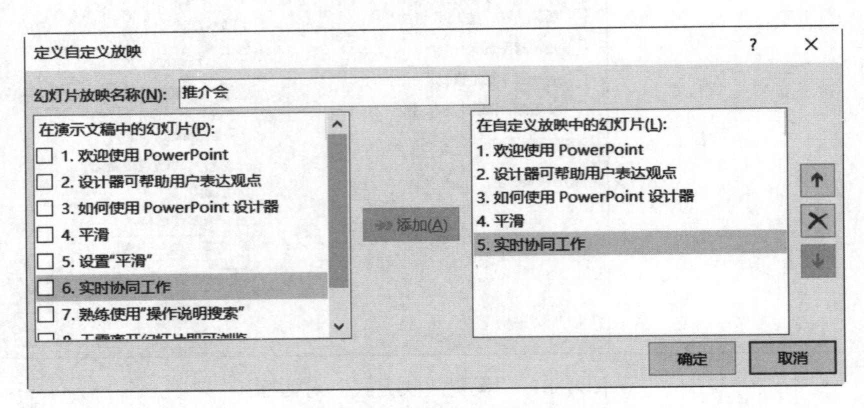

图 4-83 自定义放映场景

执行“幻灯片放映”选项卡｜“设置”组｜“排练计时”命令，幻灯片进入放映状态，同时弹出“录制”工具栏（如图 4-84 所示），显示当前幻灯片的放映时间和总放映时间，演示者可以通过录制工具栏中的相应按钮，暂停或重复录制排练。排练结束或中途使用“关闭”按钮时，会弹出是否保存排练计时的对话框，如果选择“是”，在展台浏览（全屏幕）方式下幻灯片会按照排练计时自动播放幻灯片。

图 4-84“录制”工具栏

5. 录制幻灯片演示

录制幻灯片演示不仅可以录制幻灯片的放映时间，还可以录制解说旁白与鼠标或激光笔轨迹，还原了演示者在场的幻灯片播放效果。

执行“幻灯片放映”选项卡｜“设置”组｜“录制幻灯片演示”命令，可以选择从头开始录制或从当前幻灯片开始录制。

4.4.2 演示文稿输出

PowerPoint 2016 提供了多种文件输出格式，如 PDF/XPS 文件、视频文件、讲义文件及多种图片文件格式等，方便阅读、传播及使用。

1. 创建 PDF/XPS 文档

PDF 是 Portable Document Format 的简称，意为便携式文件格式，它是 Adobe 公司提供的一种可跨平台并保留源文件格式的开放标准。XPS 是 XML Paper Specification（XML 文件规格书）的简称，它是微软公司开发的一种文档保存与查看的规范。

PDF 和 XPS 是两种较为常用的电子印刷品文件格式，这两种文件都不可再进行编辑，但都比较方便传输和携带。

选择“文件”|“导出”|“创建 PDF/XPS 文档”命令，单击“创建 PDF/XPS”按钮，在弹出的“发布为 PDF 或 XPS”对话框中设置好文件名、保存位置和类型即可。

2. 创建视频文件

将演示文稿转换成 MPEG-4 视频（.mp4）文件，可以使演示文稿脱离 PowerPoint 软件进行播放。

选择“文件”|“导出”|“创建视频”命令，设置视频的质量和大小后单击“创建”按钮，在弹出的对话框中输入文件名和保存位置，即可创建视频。

说明：创建视频过程所需的时间取决于演示文稿的复杂度，可能需要较长的时间，可以通过状态栏跟踪视频创建过程。

3. 创建讲义文件

根据演示文稿及备注内容制作的讲义，可以作为演讲者演示文稿时的内容提示，也便于分发给观众在演示过程中作为参考。

PowerPoint 2016 中将演示文稿创建为讲义，即创建一个包含该演示文稿中的幻灯片和备注的 Word 文档，还可以设置该 Word 文档的格式以及布局（如图 4-85 所示）。

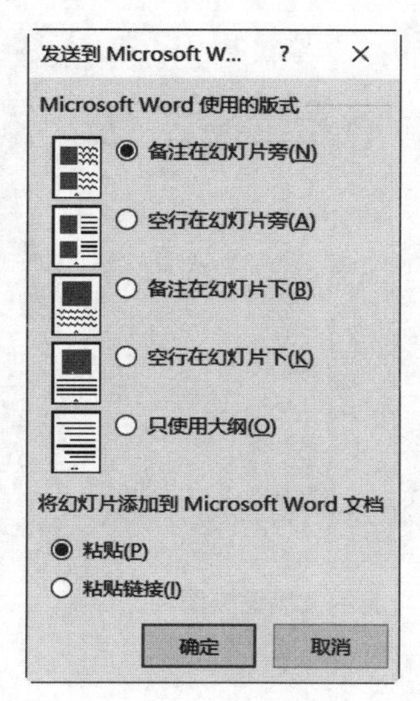

图 4-85 设置文件格式及布局

实验 4.1　PowerPoint 2016 简介动画制作

一、实验要求

微视频 4-14
实验 4.1 演示

（1）掌握 SmartArt 对象的设置方法。
（2）掌握合并形状的设置方法。
（3）掌握各类对象的动画设置方法。
（4）掌握幻灯片切换效果的设置方法。

二、实验内容

按照要求，修改“PowerPoint 2016”简介演示文稿，如图 4-86 所示。

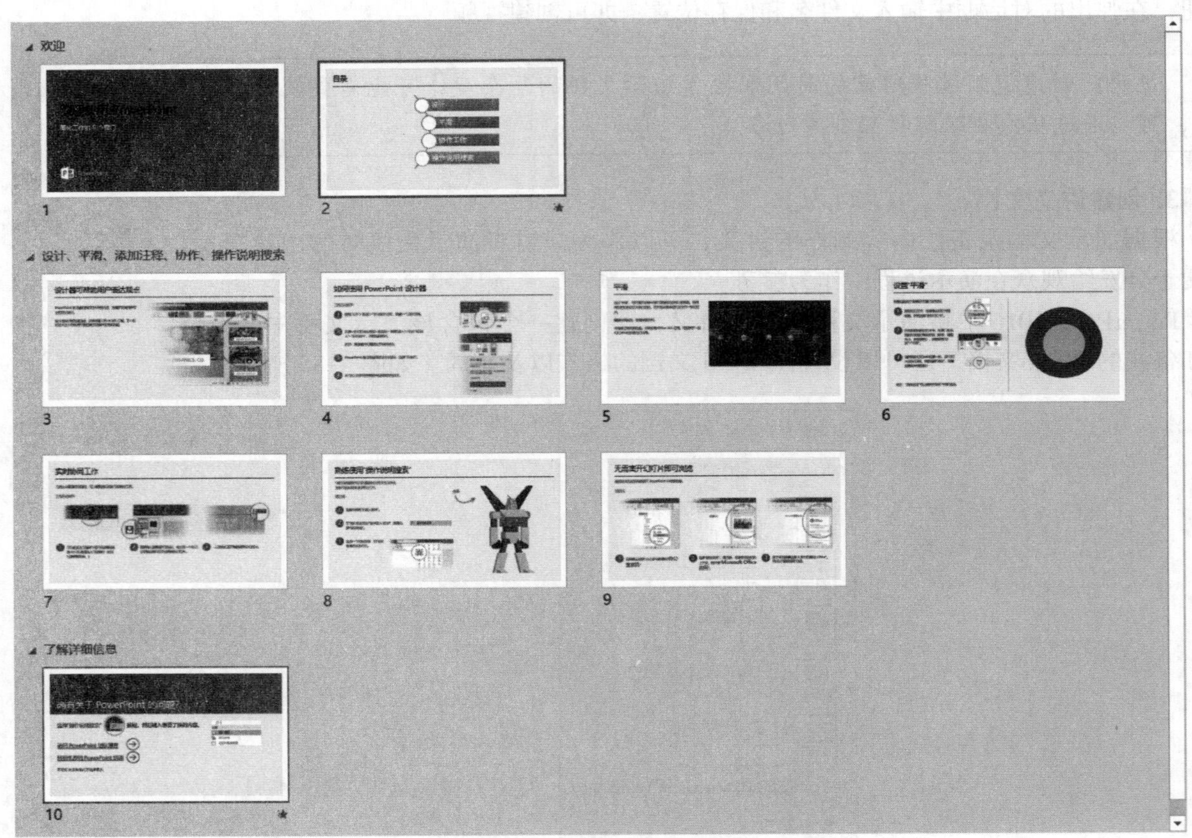

图 4-86　演示文稿缩略图

具体要求如下。

（1）新建“欢迎使用 PowerPoint 2016”演示文稿，在第 1 张幻灯片后插入一张新幻灯片，标题文本为“目录”，内容占位符中插入“垂直曲形列表”SmartArt 对象，文本为“设计器、平滑、协作工作、操作说明搜索”，颜色为“彩色范围 - 个性色 2 至 3”，效果为“强烈效果”。

（2）将上述 SmartArt 图形对象设置超链接到相应的幻灯片，并设置 SmartArt 动画为：自顶部擦除。

（3）在该幻灯片左侧合适位置中利用“合并形状”命令设计一个任意多边形，添加文本“简化工作的 5 个窍门”。

（4）设置该多边形的向右路径动画和跷跷板强调动画；设置触发器，单击左侧的任意多边形，出现右侧 SmartArt 图形动画。

（5）设置所有幻灯片的切换方式：推进，方向为自右侧，持续时间为 2 秒，自动换片时间为 5 秒，伴随风声。

三、实验步骤

（1）启动 PowerPoint 2016，选择“文件”｜“新建”，在搜索联机模板和主题中输入“欢迎”，搜索后选择“欢迎使用 PowerPoint2016”，单击“创建”按钮（如图 4–87 所示），创建演示文稿。

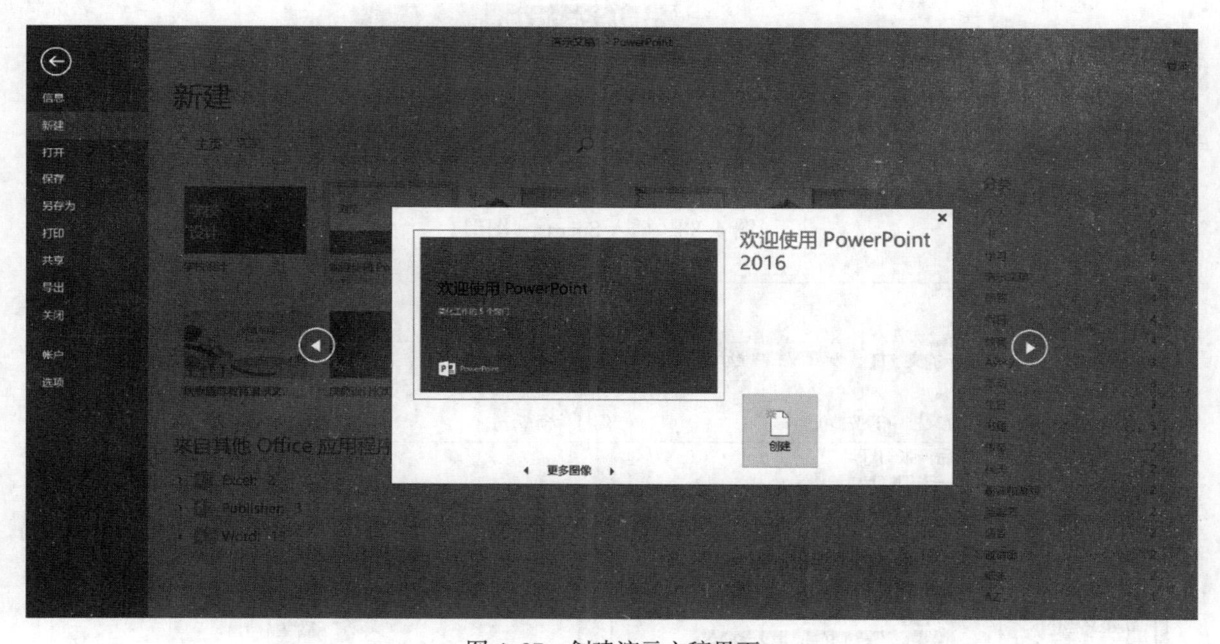

图 4–87 创建演示文稿界面

（2）在第 1 张幻灯片后执行“开始”选项卡｜“新建幻灯片”组｜“新建幻灯片”命令，插入一张“标题和内容”版式幻灯片，设置标题文本为“目录”，在合适的位置执行“插入”选项卡｜“插图”组｜“SmartArt”命令，在弹出的对话框中选择“列表”中的“垂直曲形列表”，单击“确认”按钮，插入 SmartArt 图形。在形状中添加“设计器、平滑、协作工作、操作说明搜索”文本。选中 SmartArt 图形，选择“SmartArt 工具”｜“设计”选项卡｜“更改颜色”选项，选择“彩色范围 - 个性色 2 至 3”，选择“SmartArt 样式”中的“强烈效果”样式，效果如图 4–88 所示。

（3）分别选中 SmartArt 图形中文字所在的矩形形状，右击，在弹出的快捷菜单中执行“超链接”命令，在弹出的如图 4-89 所示的对话框中选择要链接的幻灯片。

（4）选中 SmartArt 对象，选择“动画”选项卡 |“动画”组 |“擦除”动画，在“效果选项”下拉框中选择“自顶部”。

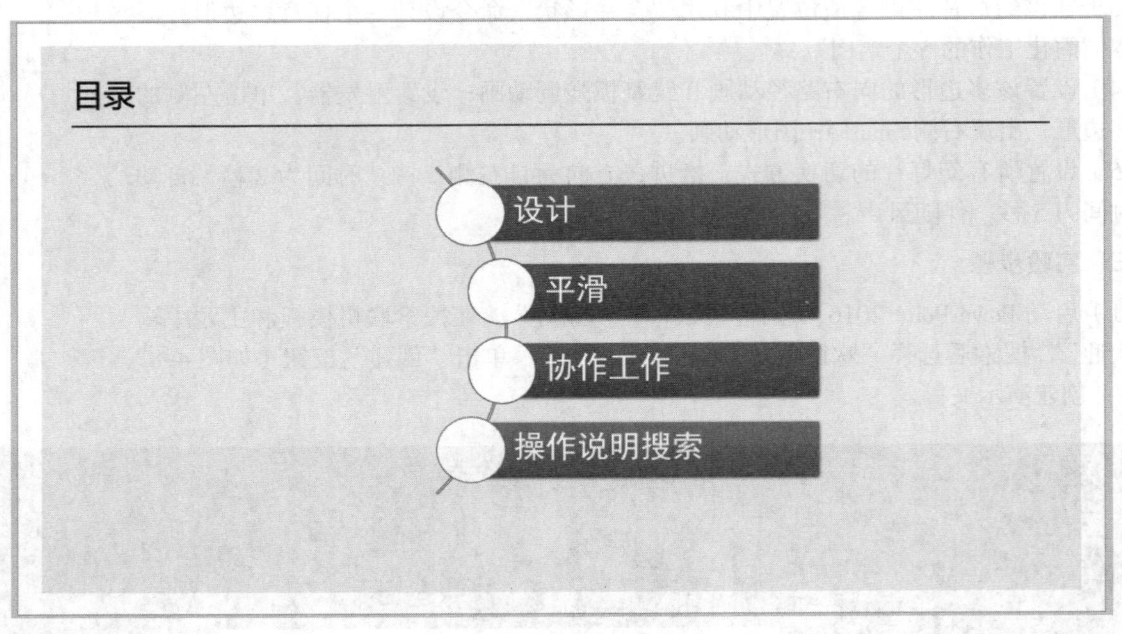

图 4-88　插入 SmartArt 图形

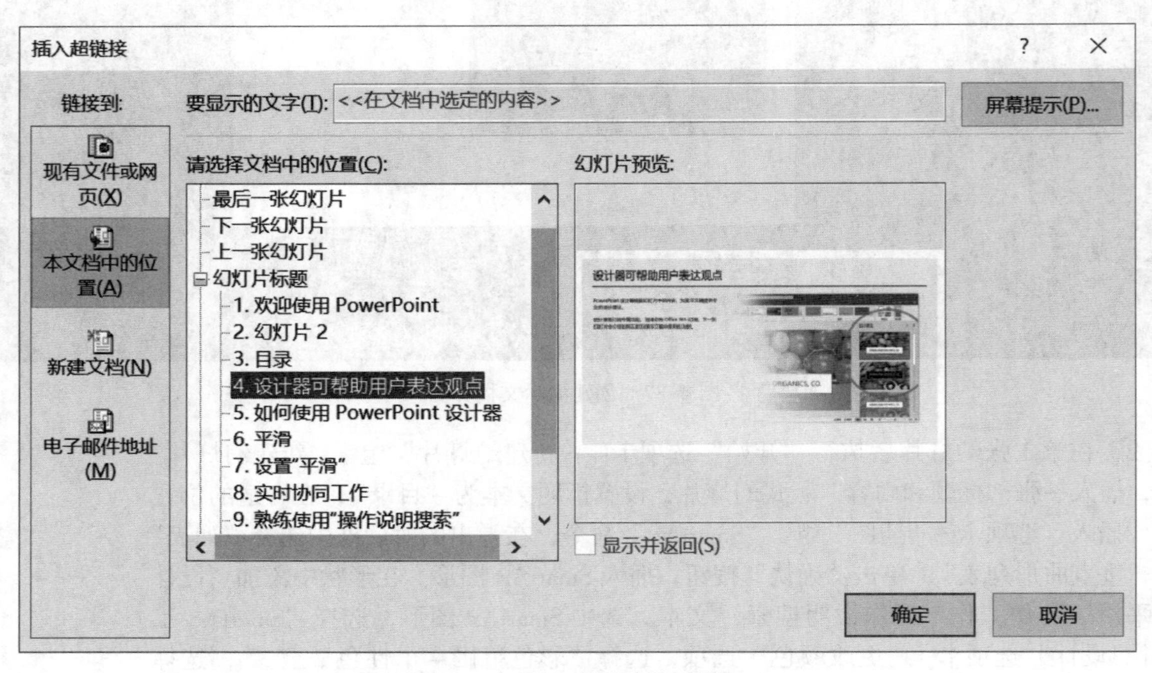

图 4-89　“插入超链接”对话框

（5）在左侧空白位置选择“插入”选项卡｜“插图”组｜“形状”中的“泪滴形”，在形状填充中使用取色器工具，填充“设计”矩形中的橙色，设置形状轮廓为无，旋转 45°；同样插入圆形形状，无轮廓（效果如图 4-90（a）所示）；先选择泪滴形，再按住 Ctrl 键选择圆形，执行“格式”选项卡｜“插入形状”组｜“合并形状”下拉列表中的“组合”命令，完成合并形状，插入相应文本框（效果如图 4-90（b）所示）。

图 4-90　合并形状

（6）选中任意多边形和文本对象，右击执行“组合”｜“组合”命令，将图形和文本框组合。选中该组合，选择“动画”选项卡｜“动画”组｜“直线”动作路径动画，在“效果选项”下拉框中选择“右”，调整路径长度；继续选择“动画”选项卡｜“高级动画”组｜“添加动画”，添加“强调”中的“跷跷板”动画，设置动画为“上一动画之后”开始。

（7）选择 SmartArt 图形，添加“自顶部擦除”动画，选择“动画”选项卡｜“高级动画”组｜“触发”中的“单击”，选择左侧的任意多边形图形，完成触发动画（动画设置情况如图 4-91 所示）。

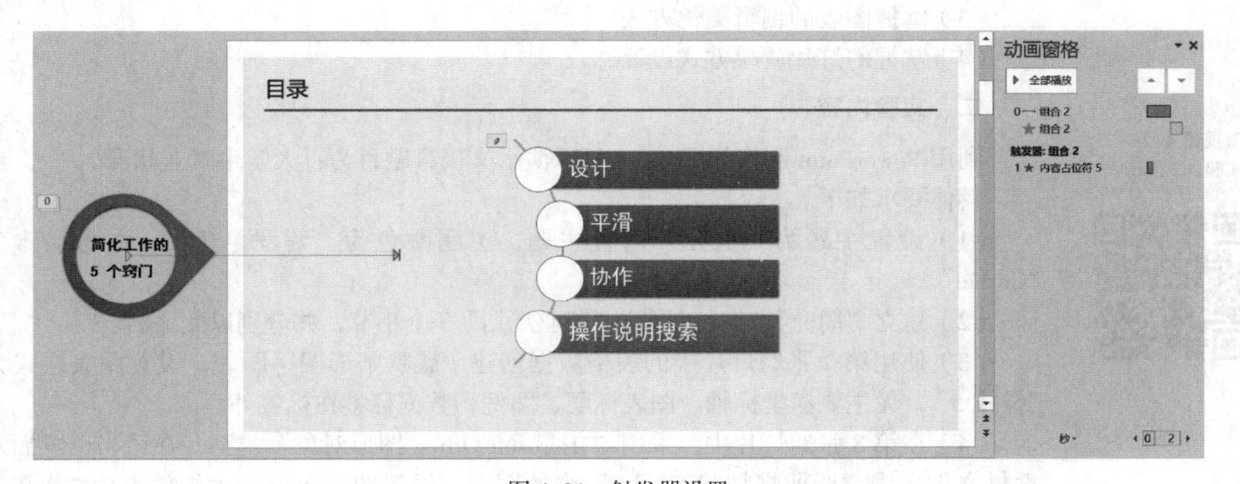

图 4-91　触发器设置

说明：

① 合并形状中对象的选择顺序将直接影响最终图形的颜色和形状。

② 有多个相同类型对象时，可以通过“动画窗格”查看对象名称，或给对象重命名有意义的名字，方便选择。

③ 执行“动画”选项卡｜“高级动画”组｜“动画窗格”命令，可以打开“动画窗格”窗格，可以在动画窗格中查看动画顺序、时间及触发情况，也可以在窗格中选择对象进行进一步设置。

（8）选择“切换”选项卡｜“切换到此幻灯片”组｜“推进”选项，在效果选项中设置方向为自右侧，在“计时”组中设置持续时间为2秒，声音为风声，在换片方式中取消选中“单击鼠标时”，选中“设置自动换片时间”，设置为5秒，单击“全部应用”按钮。

（9）保存幻灯片。

四、思考与实践

1. 应用超链接和动作按钮完成“家庭相册”演示文稿。
2. 演示文稿中如何实现无缝衔接画面的过渡效果？

实验 4.2　制作大学生就业状况演示文稿

一、实验要求

（1）掌握幻灯片的“节”的设置及管理方式。

（2）掌握应用预置的主题样式。

（3）掌握图表的编辑美化方法。

（4）掌握幻灯片放映方式设置。

二、实验内容

微视频 4–15
实验 4.2 演示

利用 PowerPoint 制作如图 4–92 所示演示文稿，题目为：大学生就业状况。

具体要求如下。

（1）设置主题为“积分”内置主题，主题颜色为“紫罗兰色”，主题字体为“Corbel”。

（2）建立“简介”“期待月薪”“职业规划”3个小节，并分别以此命名。

（3）使用第7张幻灯片中的表格数据创建“簇状条形图”图表，设置图表样式为“样式5”，无主要横坐标轴、图表标题、图例，数据标签在标签外。

（4）在第8张幻灯片中，采用“Microsoft Office 图形对象”类型，在适当位置插入素材文件夹中“职业规划状态 .xlsx”中的图表，设置图表部分的动画效果为“擦除－自底部”“按类别”“上一动画之后”“中速”播放并伴有“推动”的声音。

（5）设置所有幻灯片切换效果为“翻转”，自定义放映“场景1”放映第1、3、4、5、7、8和9张幻灯片，放映方式为“观众自行浏览”，“循环放映，按 Esc 键终止”。

三、实验步骤

（1）启动 PowerPoint 2016，打开实验素材文件夹中的“大学生就业状况 .pptx”演示文稿，在幻灯片视图中，选择“设计”选项卡｜“主题”组｜“积分”主题，单击“设计”选项卡｜“变体”组向下箭头，选择主题颜色为“紫罗兰色”（如图 4–93 所示），主题字体为“Corbel”。

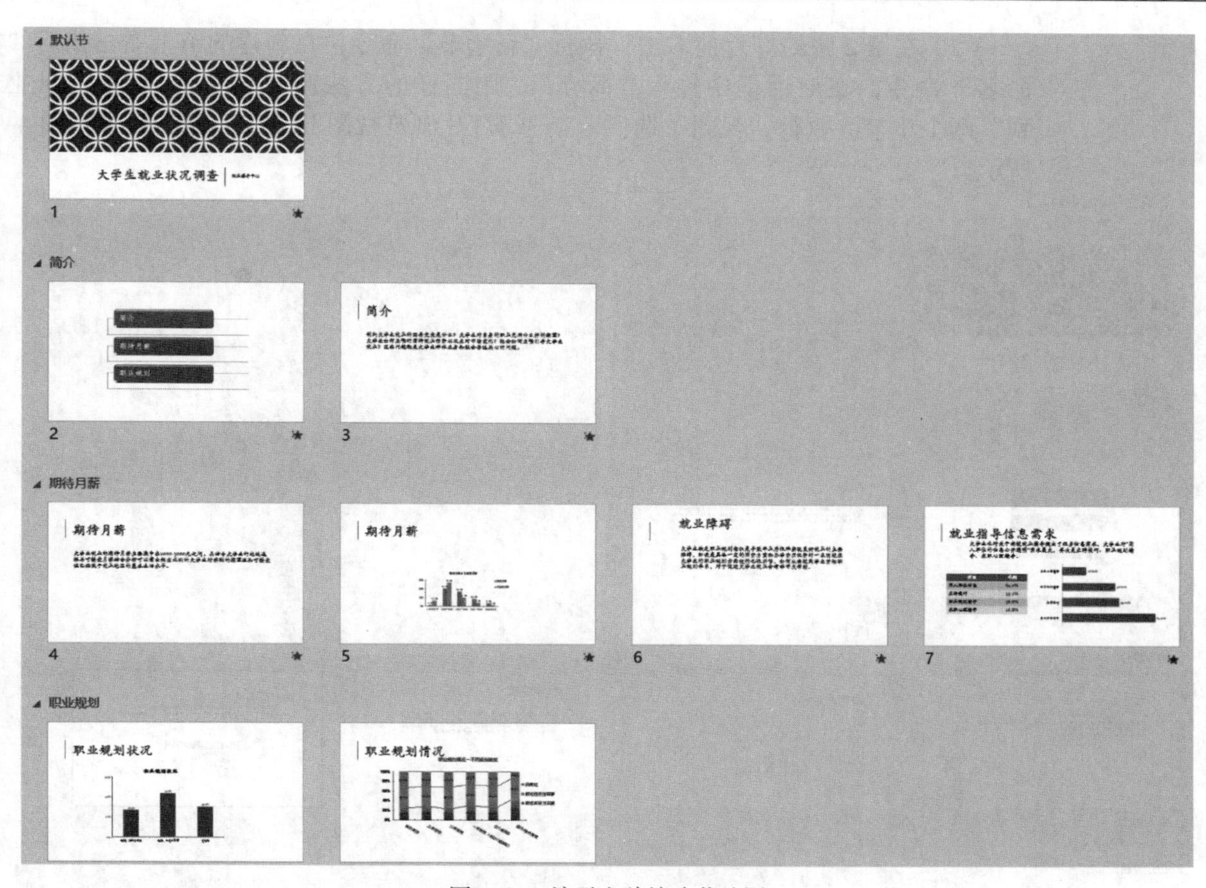

图 4-92　演示文稿缩略节选图

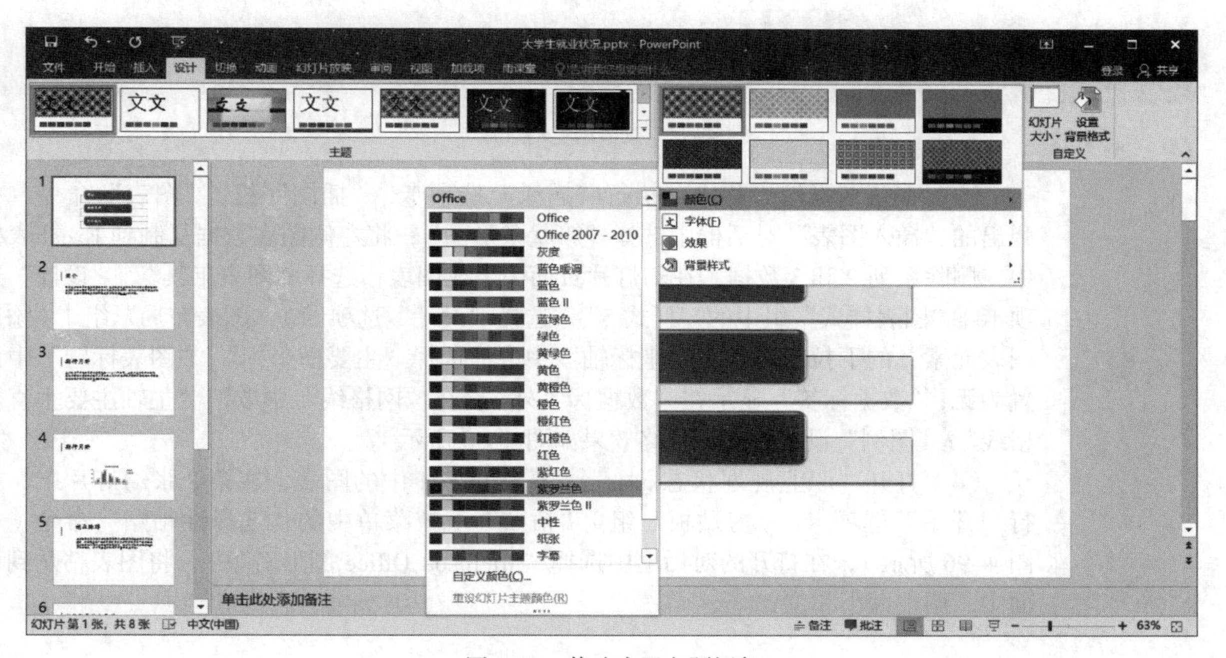

图 4-93　修改内置主题颜色

（2）在第 2 张幻灯片前右击，执行“新增节”命令，在新建的节上右击执行“重命名”命令，在对话框中输入“简介”；用同样的方法新建“期待月薪”“职业规划”两个小节。执行“视图”选项卡｜“幻灯片浏览视图”命令，显示效果如图 4–94 所示。

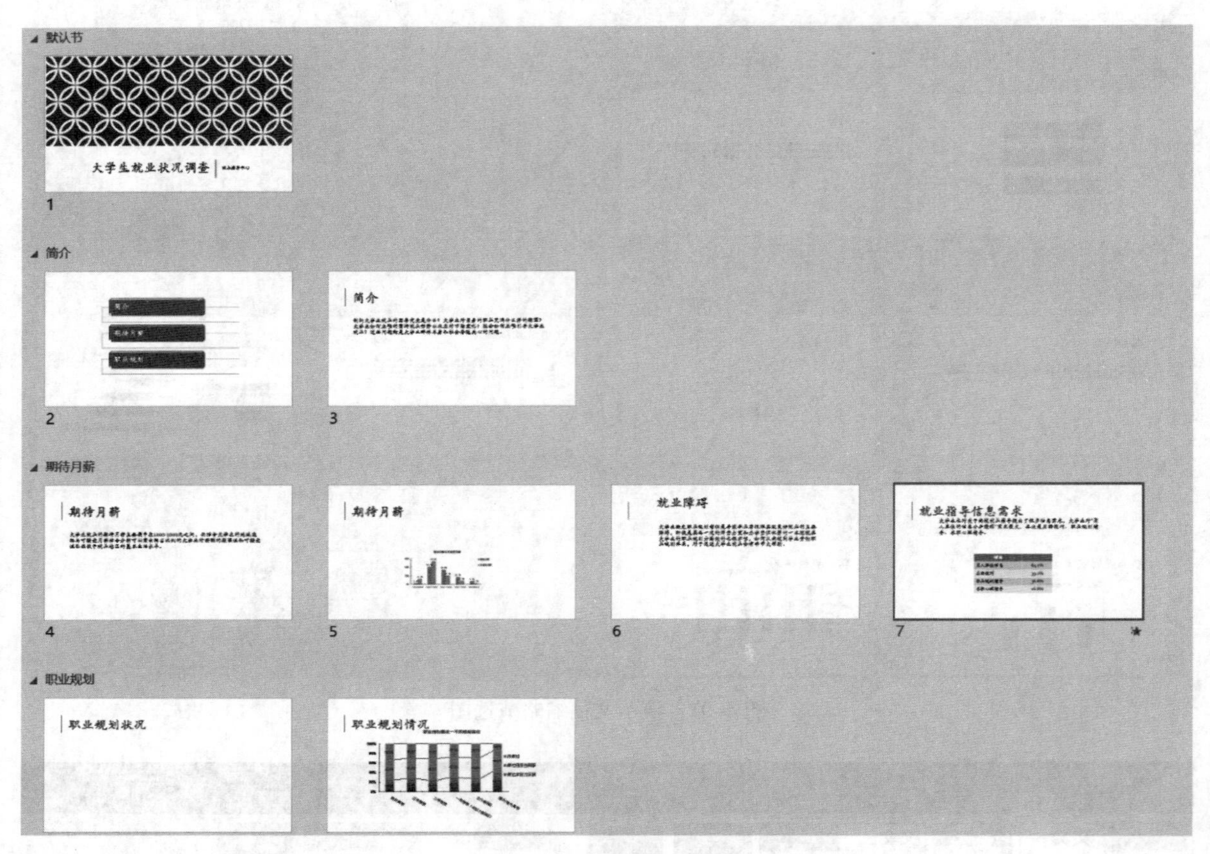

图 4–94　按节浏览幻灯片

（3）在第 7 张幻灯片中，执行“插入”选项卡｜“插图”组｜“图表”命令，在弹出的“插入图表”对话框中选择“簇状条形图”；将左侧图表数据复制到 Excel 表格中，删除系列 2 和 3 数据，在幻灯片页面中生成图表；选择“图表工具”｜“设计”选项卡｜“图表样式”组中的“样式 5”，选择“设计”选项卡｜“图表布局”组｜“添加图表元素”的下拉菜单，在“坐标轴”中取消选择“主要横坐标”；“图表标题”中设置为无；“数据标签”显示在“数据标签外”；在“网格线”中取消“主轴主要垂直网格线”；“图例”设置为无（最终效果如图 4–95 所示）。

（4）打开“职业规划状态 .xlsx”，复制 Sheet1 中的图表，在第 8 张幻灯片中，执行“开始”选项卡｜“剪贴板”组｜“粘贴”下拉菜单中的“选择性粘贴”命令（如图 4–96 所示），在打开的对话框中选择“Microsoft Office 图形对象”，将图表粘贴到页面中，调整大小和位置。

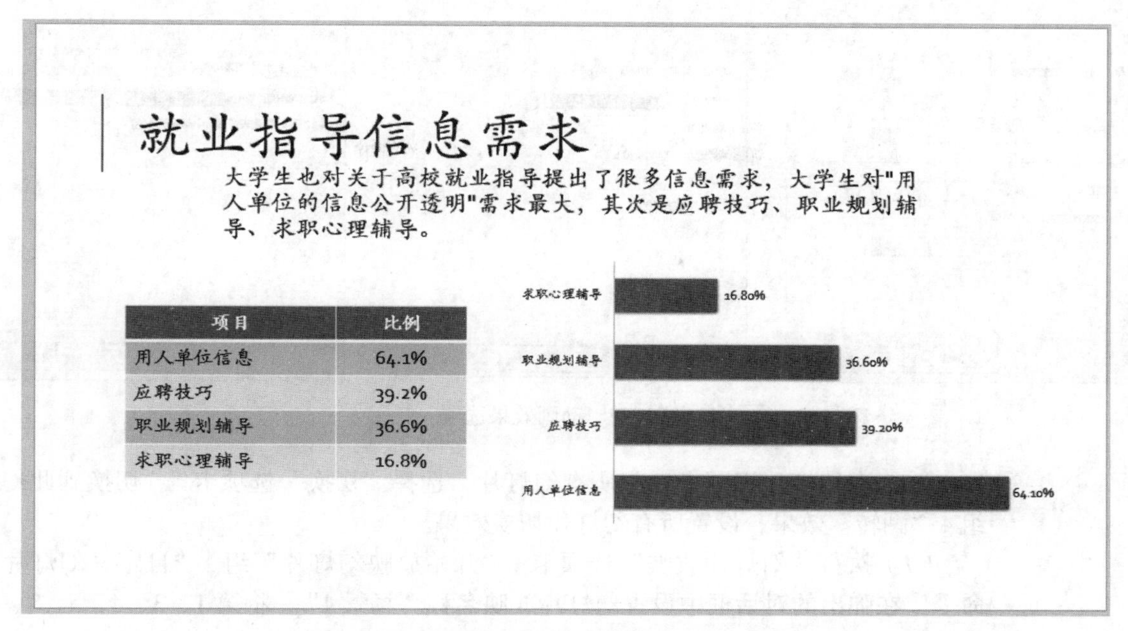

图 4-95　美化后的图表效果

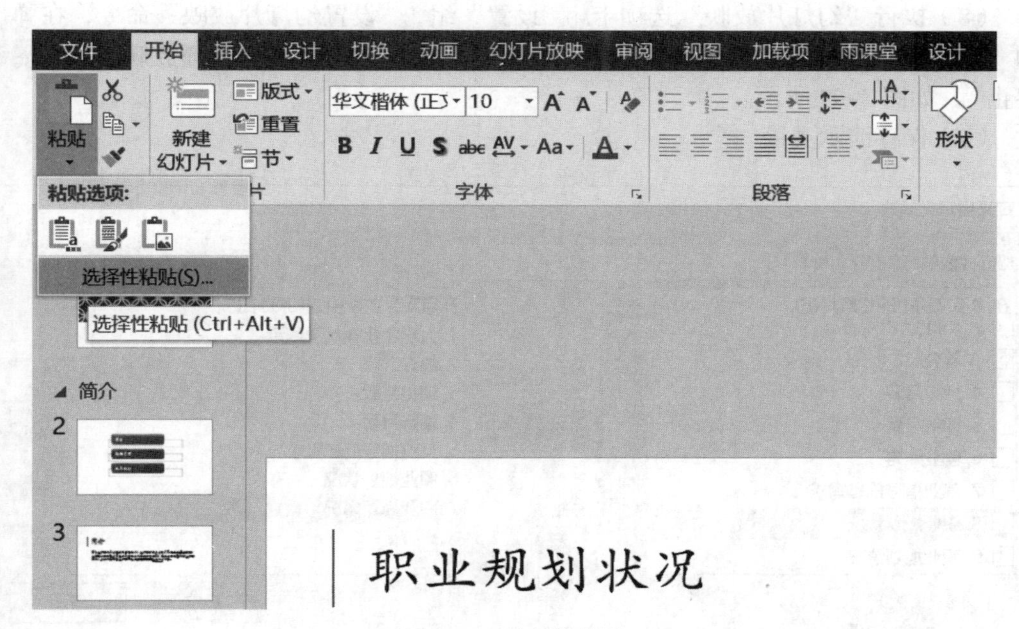

图 4-96　选择性粘贴

（5）选中图表对象，选择“动画”选项卡｜“动画”组｜“进入”｜“擦除”动画，执行“高级动画”组｜“动画窗格”命令，打开动画窗格，单击图表对象右侧的下拉菜单，执行“效果选项”命令，在“效果”选项卡中设置方向为“自底部”，声音为“推动”；在“计时”选项卡中设置为“上一动画之后”开始，“中速（2 秒）”，在“图表动画”选项卡中设置“按分类”（动画选项设置如图 4-97 所示），单击“确定”按钮完成动画设置。

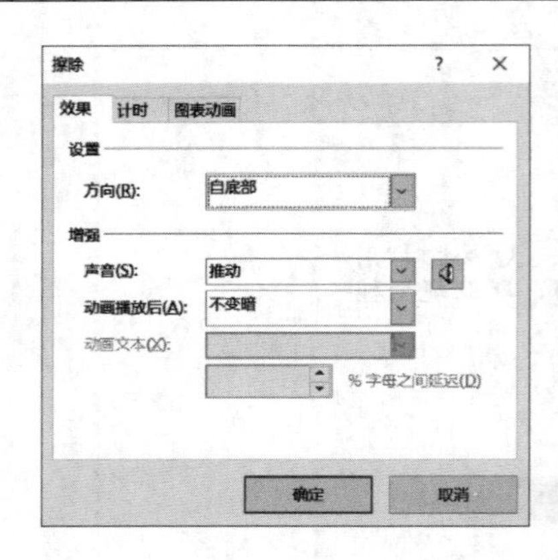

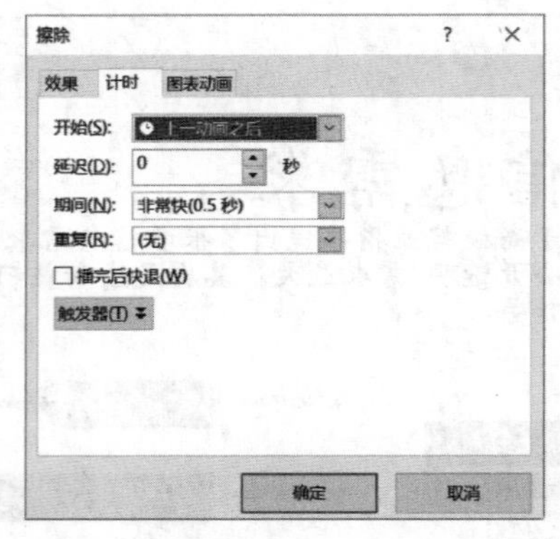

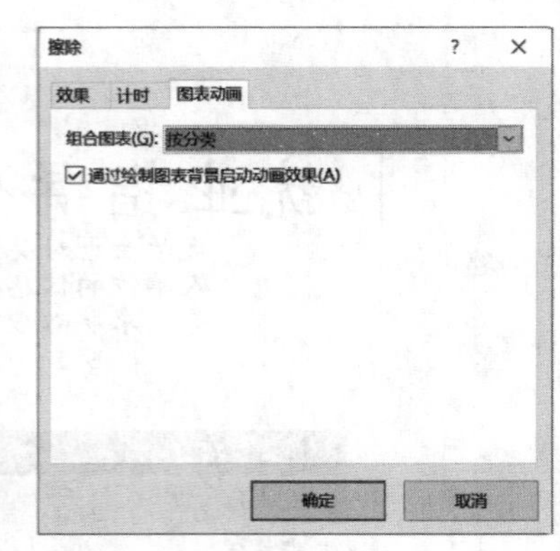

图 4–97　动画效果选项

（6）在幻灯片视图中选中所有幻灯片，选择“切换”选项卡｜“切换到此幻灯片”组｜“翻转”效果，设置所有幻灯片切换效果。

（7）执行“幻灯片放映”选项卡｜“开始放映幻灯片”组｜“自定义幻灯片放映”命令，在弹出的对话框中设置幻灯片放映名称“场景 1”，将第 1、3、4、5、7、8 和 9 张幻灯片添加到自定义放映的幻灯片中（如图 4–98 所示）。

（8）执行“幻灯片放映”选项卡｜“设置”组｜“设置幻灯片放映”命令，在弹出的“设置放映方式”对话框中，选中“观众自行浏览（窗口）”“循环放映，按 Esc 键终止”，如图 4–99 所示。

（9）保存演示文稿。

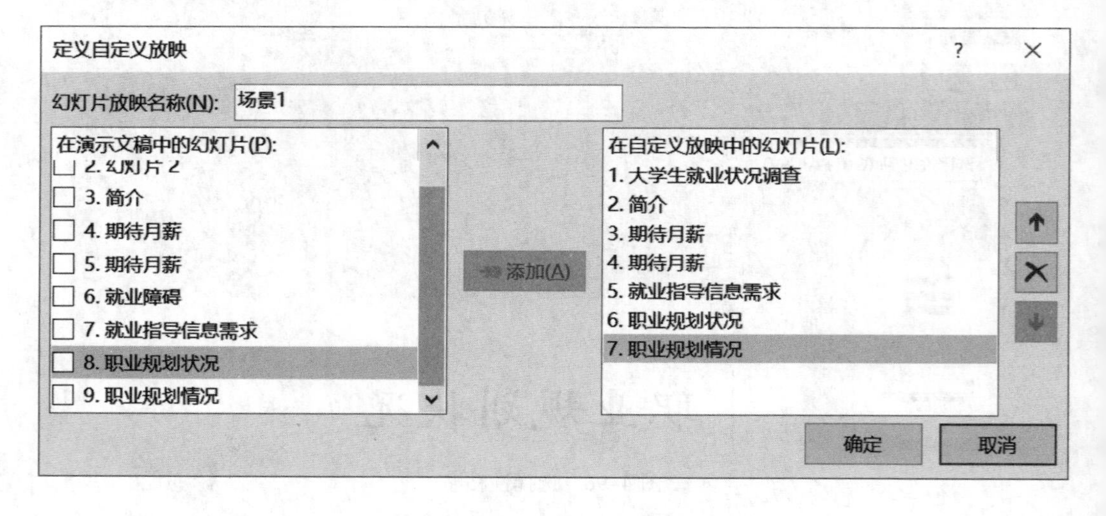

图 4–98　自定义放映

四、思考与实践

1. 如果同一个演示文稿需要由不同的演示者演示，每位演示者有自己的放映要求，该如何设置放映方式？

2. PowerPoint 2016 中的图表默认都是纯色图形，可以采用何种方式使得图表能个性化显示？

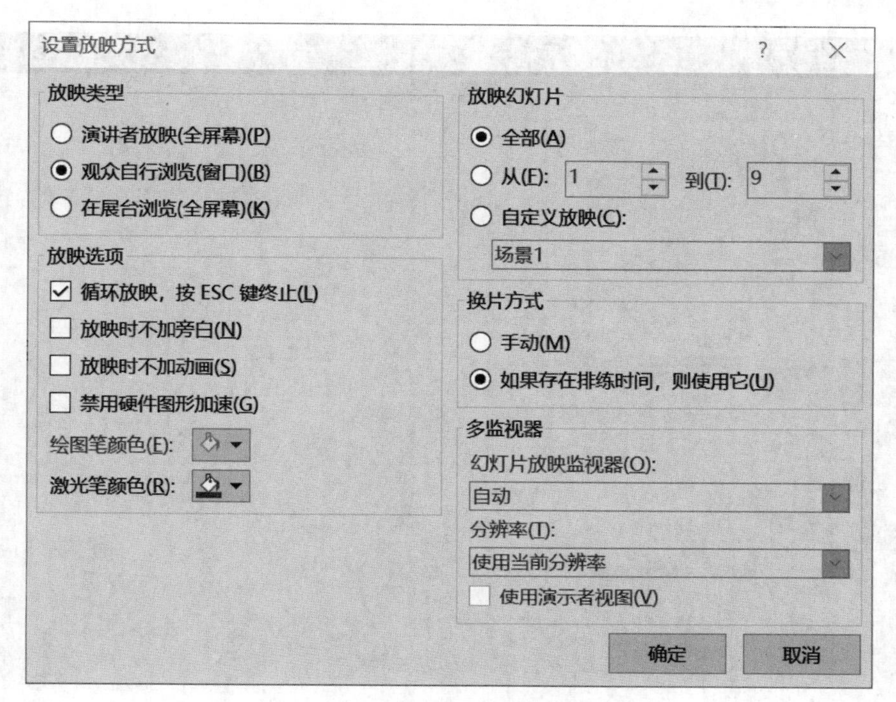

图 4–99　“设置放映方式”对话框

实验 4.3　制作毕业论文答辩母版

一、实验要求

（1）掌握多媒体文件的简单编辑方法。

（2）掌握幻灯片母版版式、页眉页脚的设置方法。

（3）掌握演示文稿打包、发布等输出方式。

二、实验内容

利用 PowerPoint 制作如图 4–100 所示的演示文稿模板，题目为：毕业论文答辩模板。

具体要求如下。

（1）在第 1 张幻灯片中插入音频“小步舞曲 .mp3”，对音频时长进行裁剪，设置开始时间为“01 : 09.000”，跨幻灯片播放，放映时隐藏，循环播放，直到停止。

（2）在幻灯片母版中，创建一个“上下两栏内容”版式，没有标题占位符，上方为文本占位符，下方为图表占位符，并适当调整大小，并将此版式应用到第 7 张幻灯片。

（3）通过幻灯片母版设置“标题和内容”版式中的内容占位符项目符号形状为：钻石型，形状样式设置为“橙色，个性色 2，深色 25%”。

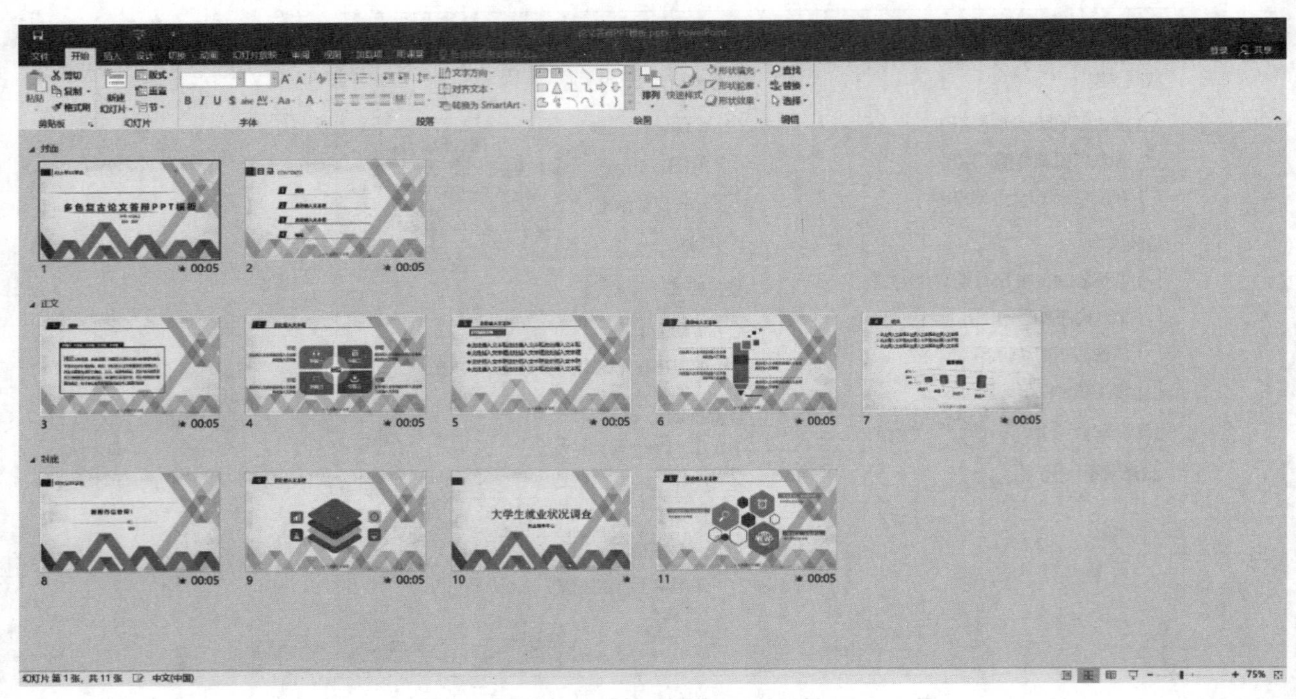

图 4–100　演示文稿缩略节选图

（4）设置幻灯片页脚为“× × 大学 × × 学院”，字体为微软雅黑，在页脚框中居中显示，但标题幻灯片中不显示。

（5）设置所有幻灯片的切换方式：自左侧推进，持续时间为 3 秒，自动换片时间为 5 秒；放映方式设置为在展台浏览（全屏幕），只播放第 1 ~ 7 张。

（6）将幻灯片发布为“毕业论文模板 .pdf”文稿。

三、实验步骤

微视频 4–16
实验 4.3 演示

（1）打开实验素材中的“毕业论文 PPT 模板 .potx”文件，此时将根据此模板生成一个新的演示文稿，在第 1 张幻灯片中，执行“插入”选项卡｜“媒体”组｜“音频”｜“PC 上的音频”，插入素材文件夹中的音乐“小步舞曲 .mp3”，将声音图标拖放到合适的位置。

（2）选中声音图标，执行“播放”选项卡｜“编辑”组｜“剪裁音频”命令，在打开的对话框中设置开始时间为“01 : 09.000”，在“音频选项”组中选中“跨幻灯片播放”“放映时隐藏”“循环播放，直到停止”复选框（如图 4–101 所示）。

（3）执行“视图”选项卡｜“母版视图”组｜“幻灯片母版”命令，进入幻灯片母版视图，执行“幻灯片母版”选项卡｜“编辑母版”组｜“插入版式”命令，在母版的最后一页生成一个新的版式，将其重命名为“上下两栏内容”版式，删除“母版标题样式”文本框，单击“幻灯片母版”选项卡｜“母版版式”组｜“插入占位符”旁的下拉按钮，在页面上方插入“文本占位符”，下方插入“图表占位符”，调整两个占位符的位置和大小（如图 4–102 所示），执行“幻灯片母版”｜“关闭母版视图”命令，返回幻灯片视图。

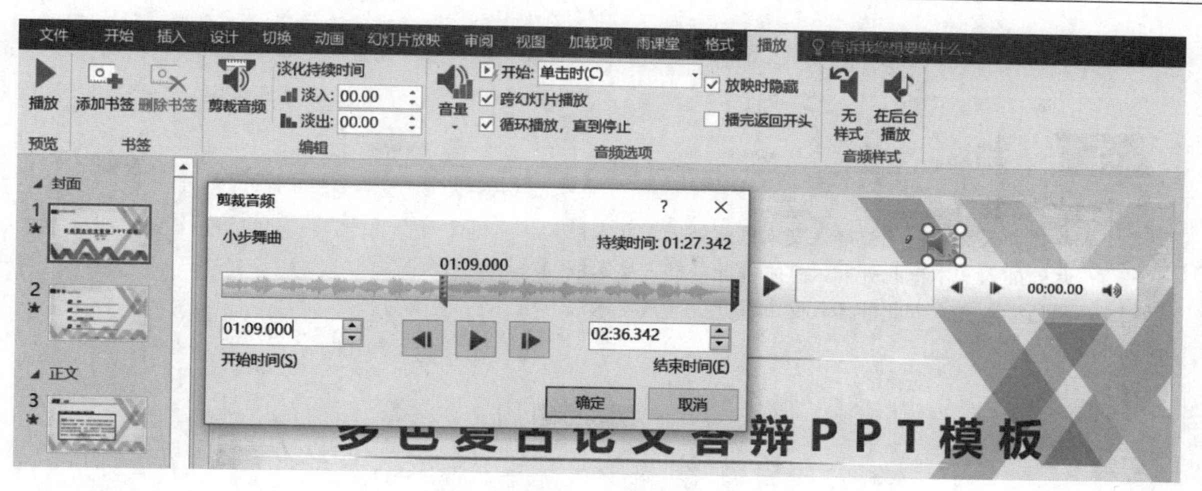

图 4–101　剪裁音乐

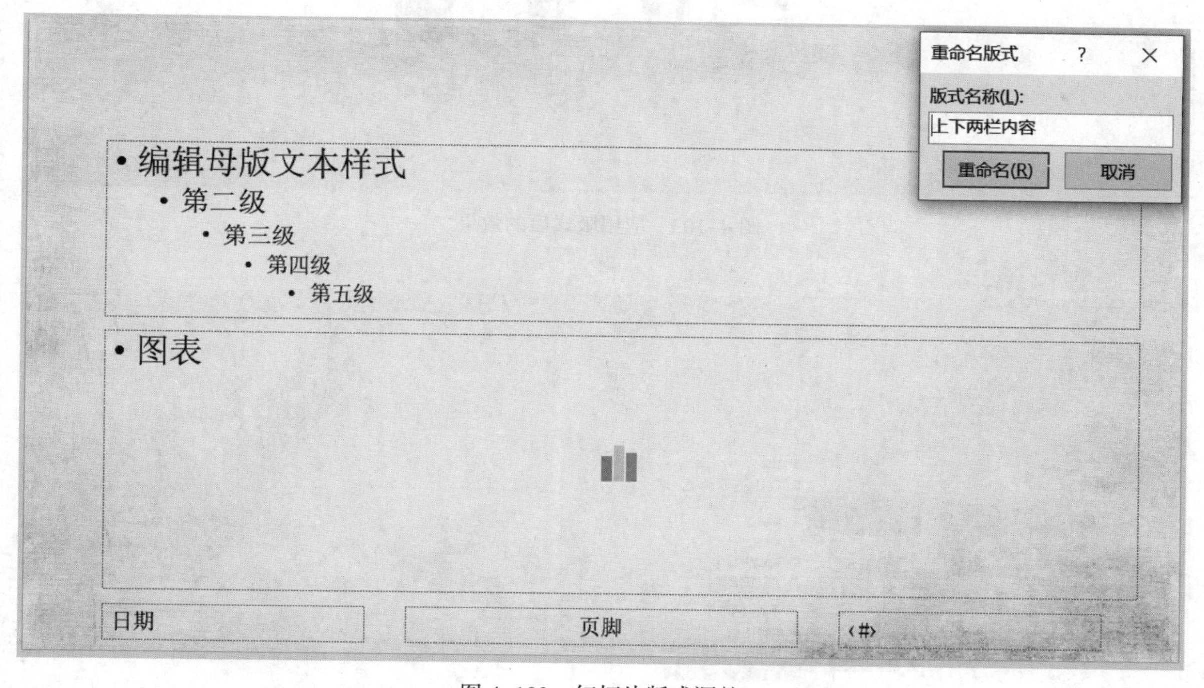

图 4–102　幻灯片版式调整

（4）在第 7 张幻灯片中，右击选择“版式”|“上下两栏内容”命令（如图 4–103 所示），将此版式应用在幻灯片中，根据样张适当调整大小及位置。

（5）执行“视图”选项卡|“母版视图”组|“幻灯片母版”命令，进入幻灯片母版视图。如图 4–104 所示，选择“标题和内容”版式中的文本占位符，右击选择“项目符号”|“项目符号和编号”命令，在打开的对话框中选择形状为“钻石型”，颜色为“橙色，个性色 2，深色 25%”（如图 4–105 所示）。

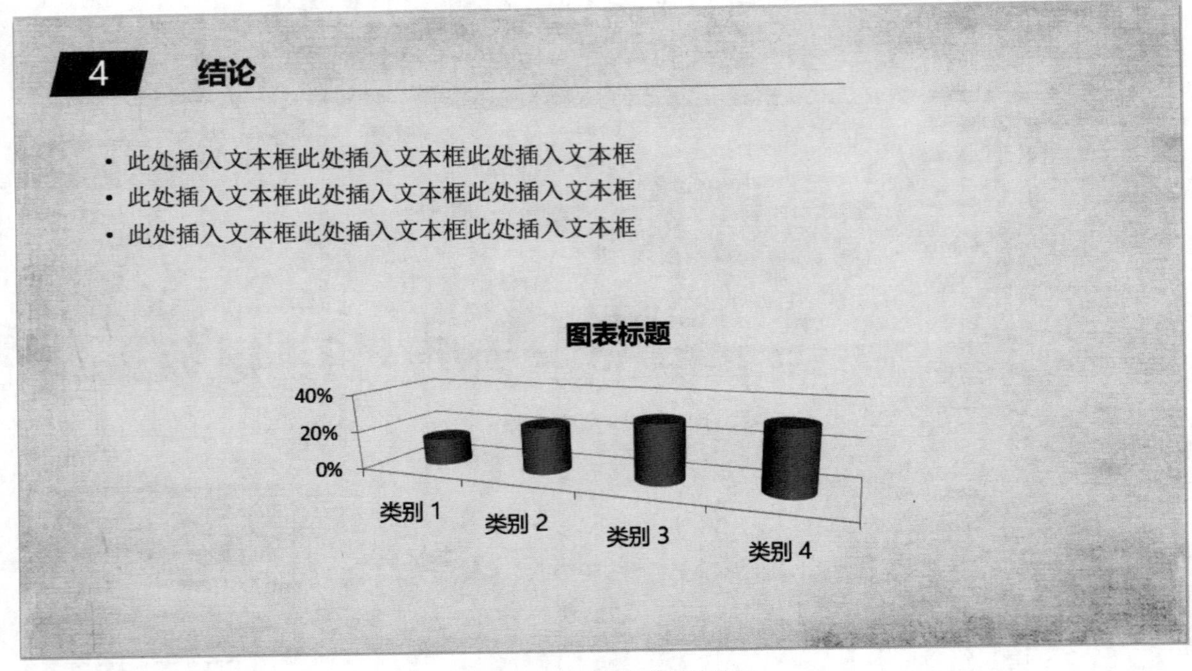

图 4-103　应用版式后的效果

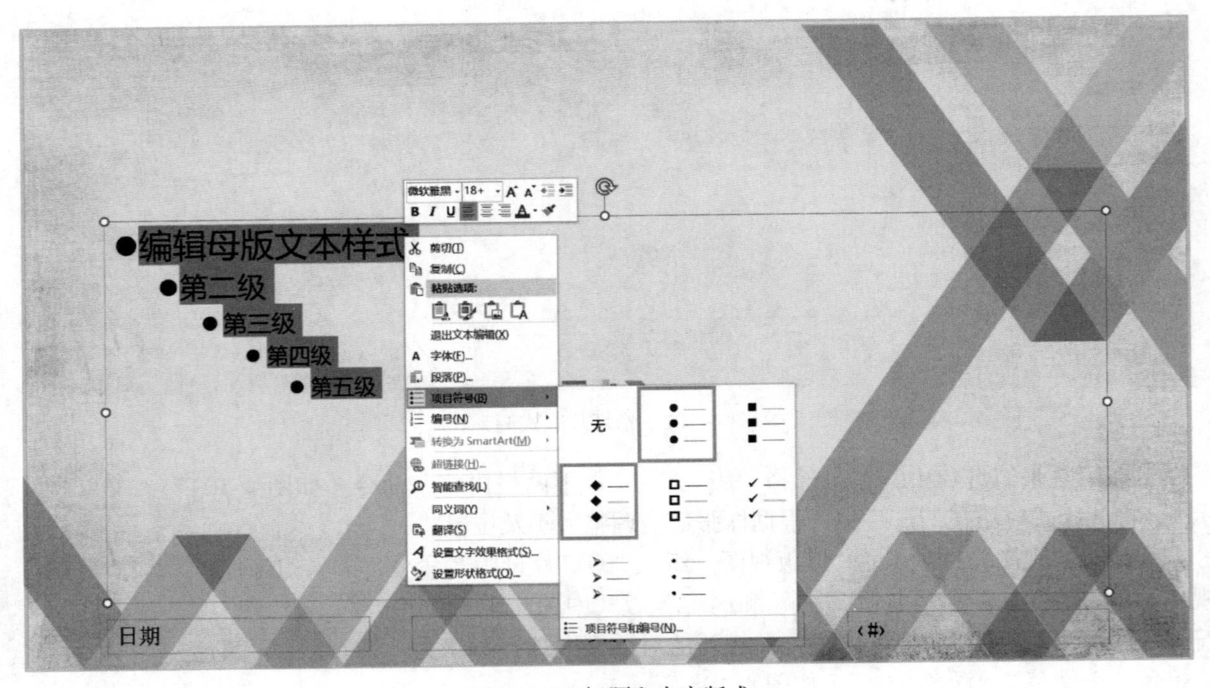

图 4-104　标题和内容版式

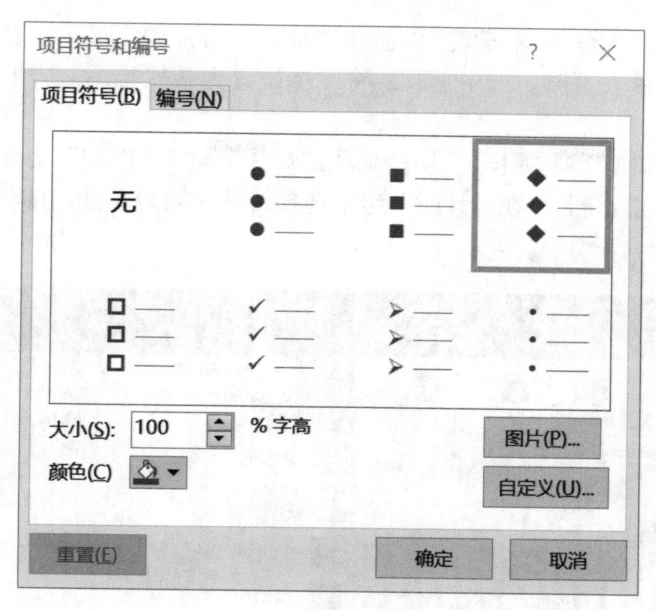

图 4-105　“项目符号和编号”对话框

（6）在“幻灯片母版”模式下，选择左侧第一张“幻灯片母版”，执行“插入”选项卡｜“文本”组｜“页眉页脚”命令，在打开的如图 4-106 所示的对话框中，编辑“页

图 4-106　“页眉和页脚”对话框

脚”文本框“× × 大学 × × 学院”，选中“标题幻灯片中不显示”复选框；单击“全部应用”按钮，插入页脚。选中页脚，将字体设置为微软雅黑，居中显示，关闭母版视图。

（7）选择“切换”选项卡 | “切换到此幻灯片”组 | “推进”切换效果，在“效果选项”中选择“自左侧”，在“计时”组中选择持续时间为 3 秒，自动换片时间为 5 秒（如图 4–107 所示）。

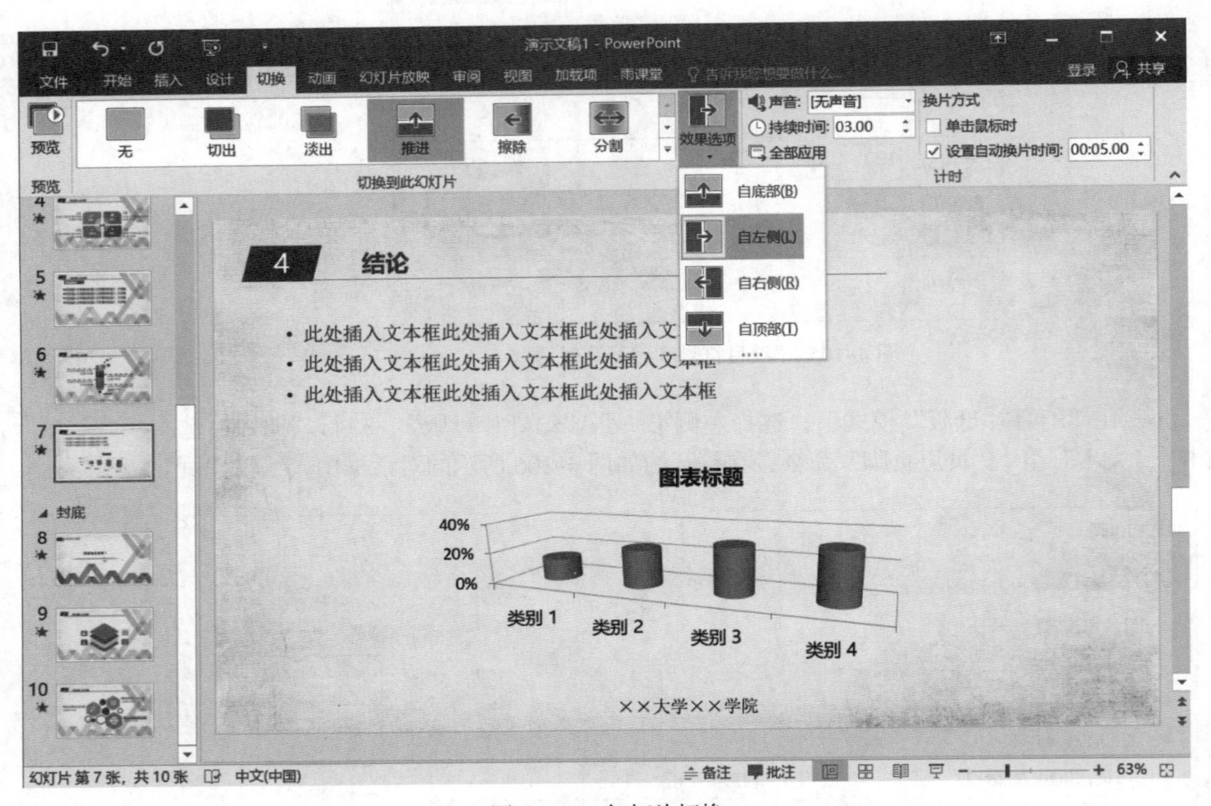

图 4–107　幻灯片切换

（8）选择“文件” | “导出” | “创建 PDF/XPS 文档”，单击“创建 PDF/XPS”按钮（如图 4–108 所示），将幻灯片发布为“毕业论文模板 .pdf”文稿，保存文档。

四、思考与实践

1.“毕业论文答辩模板”的倒数第 2 张幻灯片中有一个由 4 个堆叠的菱形构成的图形（如图 4–109 所示），如果要改变堆叠的顺序，除了使用“叠放次序”工具外，还有没有其他操作方法？

2. 如图 4–110 所示，怎样把基于一个模板的幻灯片插入到另一个演示文稿中，并且保持原有模板不变？

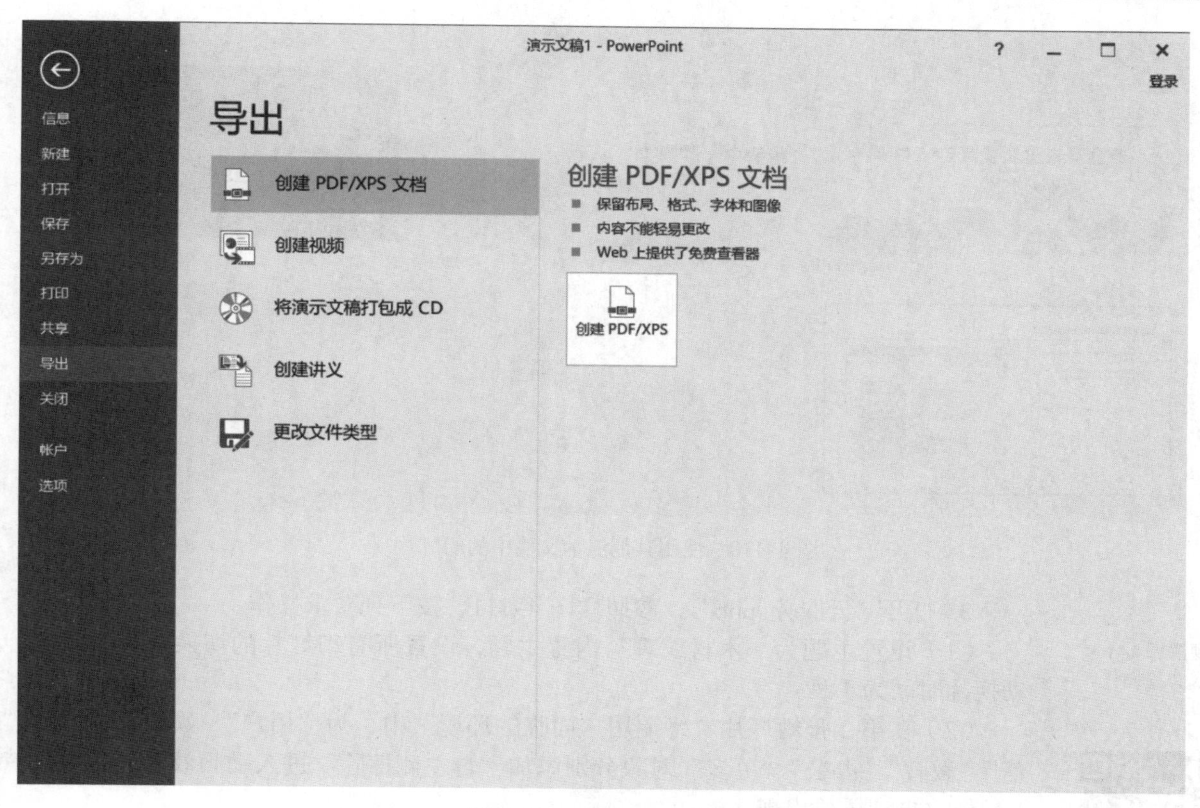

图 4-108　发布 PDF 文档

图 4-109　图形堆叠效果

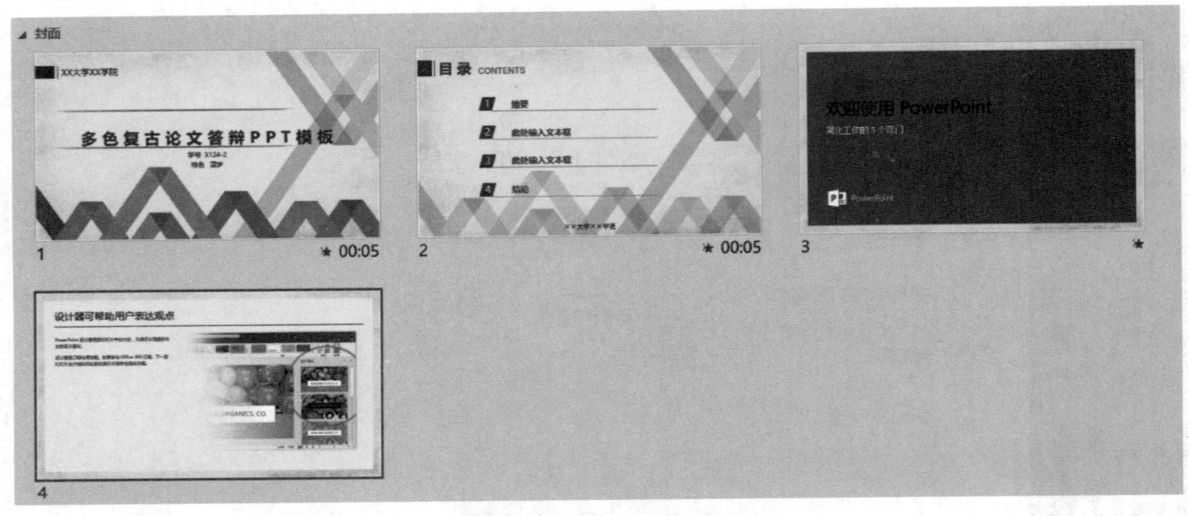

图 4–110　使用其他演示文稿中的幻灯片

真题解析 4–1
演示文稿操作
案例 1

3. 打开“云服务 .pptx”，参照样图 4–111，按下列要求操作。

（1）设置主题为“木材纹理”内置主题，设置所有幻灯片的切换效果为溶解，自动换片时间为 1 秒。

（2）在第 2 张幻灯片“终端用户面临的环境”中，为“用户”“娱乐”“安全”“通信”“教育”“办公”“更多”对象分别添加“自左侧擦除”进入动画效果，各对象持续 1 秒依次自动播放出现。

（3）将第 6 张“云物联”幻灯片中的 SmartArt 结构改为“垂直公式”，并更改颜色为“彩色填充 – 个性色 2”。

（4）在最后添加一张“标题和内容”的幻灯片，标题为“云服务市场规模”，在内容区利用插入图表功能，根据“云服务市场规模 .txt”提供的数据生成最终的图表，最后设置该幻灯片隐藏。

4. 打开“地震 .pptx”，参照图 4–112，按下列要求操作。

真题解析 4–2
演示文稿操作
案例 2

（1）应用内置的“肥皂”主题；在幻灯片母版“节标题版式”的“单击此处编辑母版文本样式”处添加“怎样做好防震准备”文本，设置字体为微软雅黑，并应用在第 1 张幻灯片中。

（2）根据第 2 张幻灯片的内容，在合适的位置新增 4 个节并分别命名，在每节加入节标题幻灯片，并在标题位置添加与节对应的标题文字。

（3）将第 4 张幻灯片（标题为：检查住房的环境和条件）中内容区转换成“垂直图片重点列表”的 SmartArt 图形布局，颜色为“彩色范围 – 个性色 1”，并在左侧圆形位置插入对应同名的图片。

（4）为第 8 张幻灯片（空白幻灯片）添加“1.jpg”“2.jpg”等 6 张宣传画图片（图片位于素材文件夹中），设置各图片动画效果：自底部飞入到中心，然后沿直线动作路径，并将图片缩小成“较小”，移到相应的位置（见样图，大致分两排，上面四张，下面两张，从左到右，从上到下，依次为①～⑥），分布大致匀称、合理），并要求此张幻灯片内容能实现自动连续播放（可以使用动画刷）。

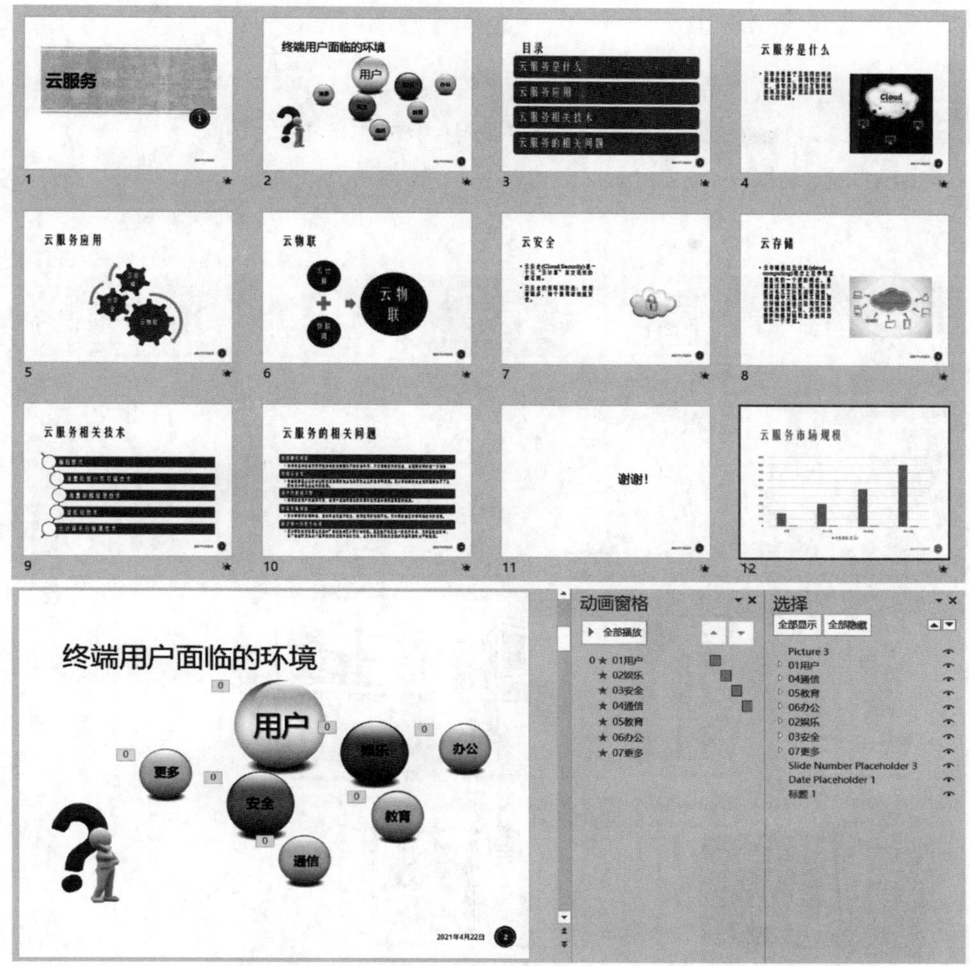
终端用户面临的环境
用户
娱乐
办公
更多
安全
教育
通信
动画窗格
全部播放
01用户
02娱乐
03安全
04通信
05教育
06办公
07更多
选择
全部显示
全部隐藏
Picture 3
Slide Number Placeholder 3
Date Placeholder 1
标题 1
2021年4月22日

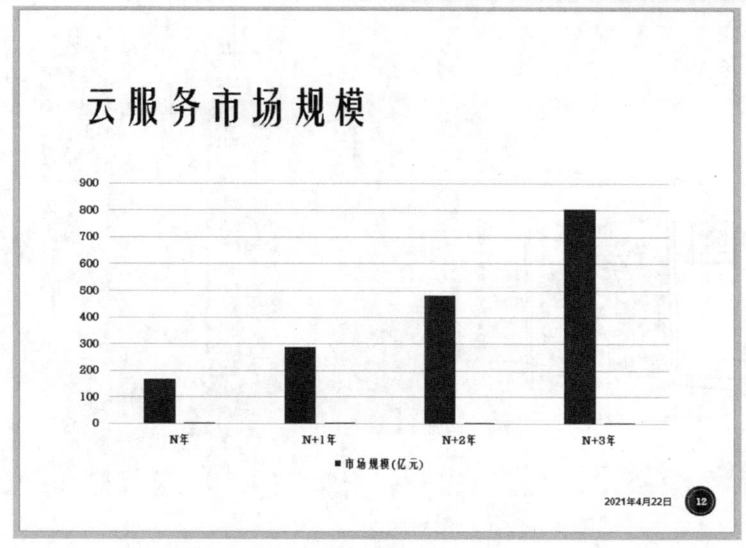
云服务市场规模
900
800
700
600
500
400
300
200
100
0
N年
N+1年
N+2年
N+3年
市场规模(亿元)
2021年4月22日
12

图 4-111 操作样图 1

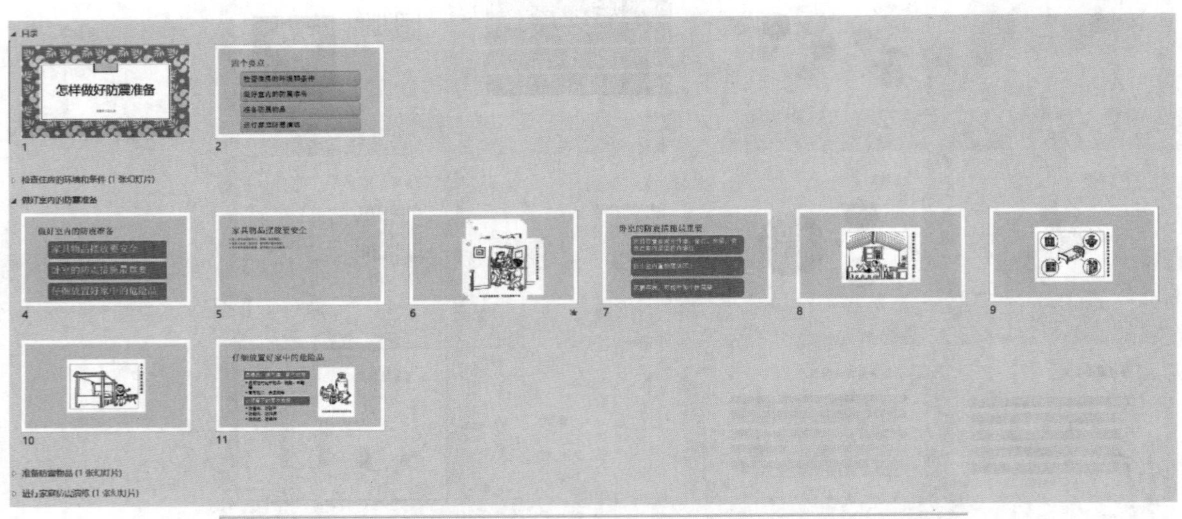
怎样做好防震准备

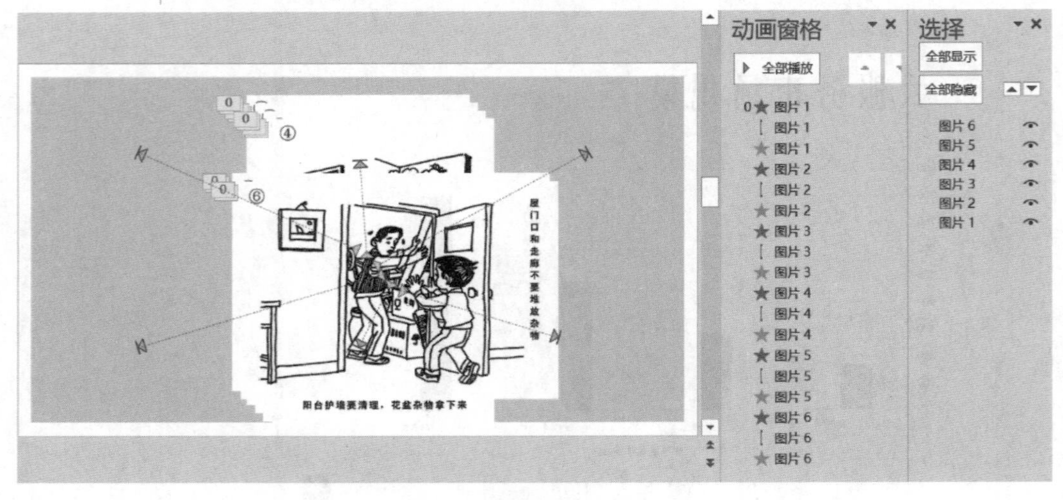
动画窗格
全部播放
图片 1
图片 1
图片 1
图片 2
图片 2
图片 2
图片 3
图片 3
图片 3
图片 4
图片 4
图片 4
图片 5
图片 5
图片 5
图片 6
图片 6
图片 6
选择
全部显示
全部隐藏
图片 6
图片 5
图片 4
图片 3
图片 2
图片 1
屋门口和走廊不要堆放杂物
阳台护墙要清理，花盆杂物拿下来

图 4-112 操作样图 2

第 5 章
Access 数据库

Access 2016 数据库是 Office 2016 办公软件系列产品中的一员，它属于桌面关系型数据库管理系统，提供了一个数据管理工具包和应用程序的开发环境，主要适用于小型数据库系统的开发。本章将介绍 Access 数据库的建立及查询。

电子教案

课程素材

5.1 Access 数据库简介

启动 Access 2016，新建空白桌面数据库，显示如图 5-1 所示的工作窗口。

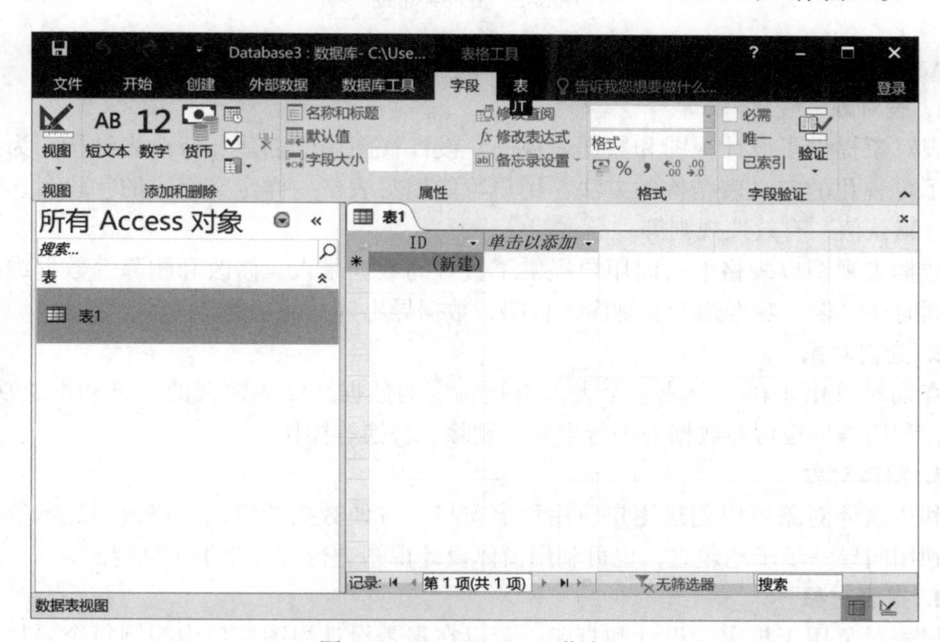

图 5-1　Access 2016 工作窗口

Access 2016 工作窗口与 Office 2016 其他应用程序界面的一致性，使得熟悉 Word、Excel 等软件操作的用户很容易掌握 Access 2016 的操作。例如，用户只要单击左窗格中不同的对象就可以进入相应功能的操作。

Access 2016 像其他 Office 2016 应用程序一样提供了强大的帮助功能，按 F1 键将联网在线帮助，如图 5-2 所示。

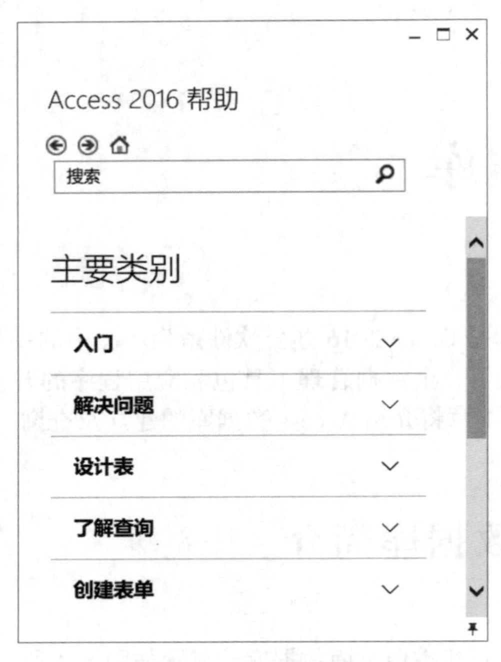

图 5-2 Access 帮助

Access 2016 提供多种对象以支持数据库应用开发，分别介绍如下。

1. 表对象

表对象提供了设计视图和数据表视图。设计视图用于创建和修改表结构，为用户提供了可视化的定义表结构的方法，用户可像填写表格一样定义字段的字段名、数据类型、默认值、有效性规则等。

数据表视图以表格形式向用户提供了直观的数据录入、修改和删除等数据维护功能，同时还提供了数据筛选、排序、打印、数据导出等其他功能。

2. 查询对象

查询对象用于在一个或多个表内查找特定的数据，完成数据的检索和汇总功能，同时，利用查询也可对数据表进行生成、删除、替换等操作。

3. 窗体对象

利用窗体对象可以创建用户应用程序窗口，方便数据的输入、修改、显示等。窗体可利用向导一步步地建立，也可利用窗体设计视图进行可视化手工创建。

4. 报表对象

报表对象用于报表的设计和打印，可以在报表设计视图窗口中控制每个要打印元素的大小、位置和显示方式，使报表按照用户所需的方式显示和打印。

5. 宏对象

宏是 Access 中功能强大的对象，它能将以上彼此之间相互独立的对象有机地结合起来，帮助用户实现各种操作集合。宏实际上是一种特殊的代码。

6. 模块对象

模块是 Access 中实现复杂功能的有效工具，它由 Visual Basic 编制的过程和函数组成。使用 Visual Basic 可以编制代码，以实现细致的操作和复杂的控制功能。

Access 数据库是微型计算机上使用的小型数据库管理系统，在大型的数据库应用中，其在数据的检索、维护、并发控制、数据安全等方面都显得薄弱。然而，Access 数据库使用方便，易学易用，对于小型数据库开发就显现出其优越性，使用它可以在极短的时间内开发出一个较完善的数据库应用系统，特别适合非计算机专业人士使用。

5.2 数据库的建立与维护

Access 2016 数据库是许多数据库对象的集合，包含表、查询、窗体、报表、宏和模块。建立 Access 数据库就是创建诸多的与特定应用有关的这些对象，这些数据库对象均保存在同一个以 .accdb 为扩展名的数据库文件中。本节以学生成绩管理关系模式为例，介绍 Access 2016 数据库的建立过程，包括数据库的创建、表的建立、记录的输入等内容。

为方便起见，数据库名称定义为“成绩管理 .accdb”，数据库各表名称及其字段名称同相应的关系模式名称和属性名称一致。各数据库记录内容分别如表 5–1 ~ 表 5–5 所示。

表 5–1 学 生 表

学号	姓名	性别	出生日期	院系代码	专业代码	备注
00010101	李林	男	1981–8–4	01	0101	
01020102	高山	男	1982–4–20	02	0201	党员
01020201	林一风	女	1983–5–2	02	0201	
01010201	朱元元	女	1982–7–15	01	0102	班长

表 5–2 课 程 表

课程代码	课程名称
0001	大学英语
0002	计算机信息技术
0003	大学语文

表 5–3 院 系 表

院系代码	院系名称
01	文学院
02	计算机系

表 5–4 专 业 表

专业代号	专业名称
0101	现代汉语
0102	新闻
0201	计算机应用

表 5–5 选 课 表

学号	课程代码	成绩
00010101	0001	84
00010101	0002	92
00010101	0003	82
01010201	0001	70
01010201	0002	87
01010201	0003	55
01020102	0001	90
01020102	0002	90
01020102	0003	84
01020201	0001	78
01020201	0002	52
01020201	0003	72

1. 新建空白桌面数据库

新建空白桌面数据库即首先建立一个没有任何数据库表、查询、窗体、报表等对象的空数据库，然后再根据需要逐一地创建所需对象。

启动 Access 数据库，执行“文件”|“新建”命令，选择“空白桌面数据库”选项，建立数据库。选择保存位置并输入数据库名“成绩管理 .accdb”，单击“创建”按钮，即可创建一个空白桌面数据库，如图 5–3 所示。

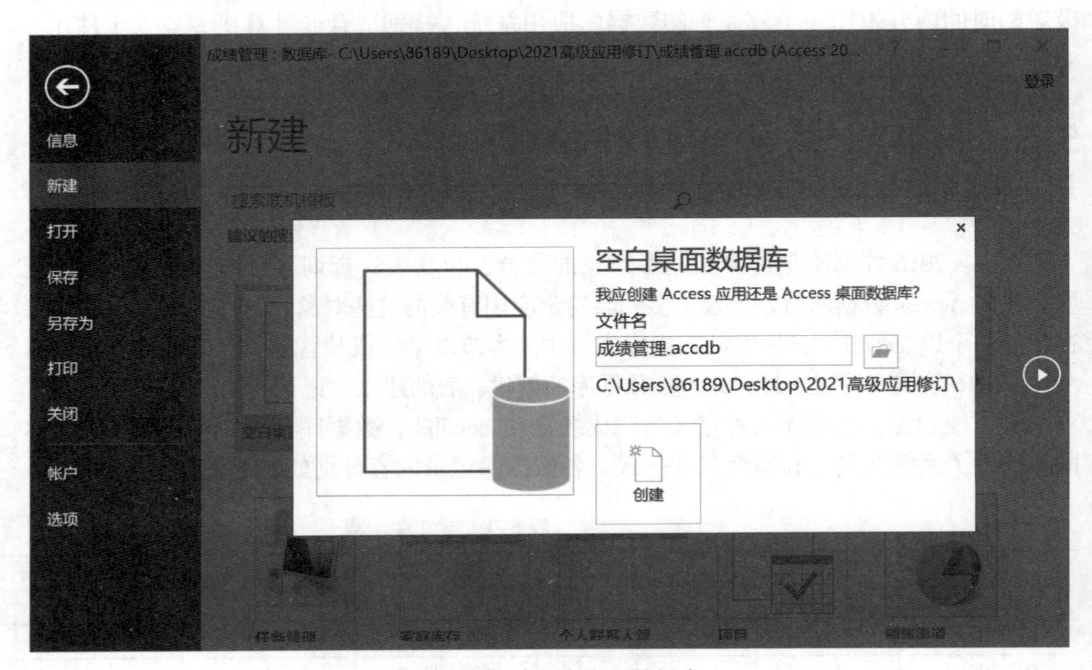

图 5–3 创建空白桌面数据库

2. 打开数据库

对数据库操作首先要打开数据库，新建数据库完成时，数据库处于打开状态。如果对已存在数据库进行操作，可按如下步骤进行。

（1）启动 Access，执行“文件”|“打开”命令，然后在最近使用的文件列表中选择数据库文件。

（2）若最近打开的文件列表中没有要打开的数据库文件，则可执行“文件”|“打开”命令，单击“浏览”按钮，打开如图 5–4 所示的对话框，选择正确的文件路径及数据库文件打开。

3. 建立表

建立一个空白桌面数据库后，紧接着应该建立数据表，Access 2016 数据库可以通过使用模板创建表、使用设计器创建表、通过输入设计创建表，也可以通过导入数据生成数据表和记录。这里所说的建立数据表是指创建表的结构，表结构包括表的每一个字段的字段名及其数据类型、字段属性、主关键字及索引等内容。

使用设计器创建表，用户可直接输入字段名、选择数据类型等生成自己的表。使用设计器创建表是在数据表设计视图下进行的，主要操作步骤如下。

（1）在如图 5-1 所示的窗口执行“创建”选项卡｜“表格”组｜“表设计”命令，打开如图 5-5 所示的表设计视图窗口。

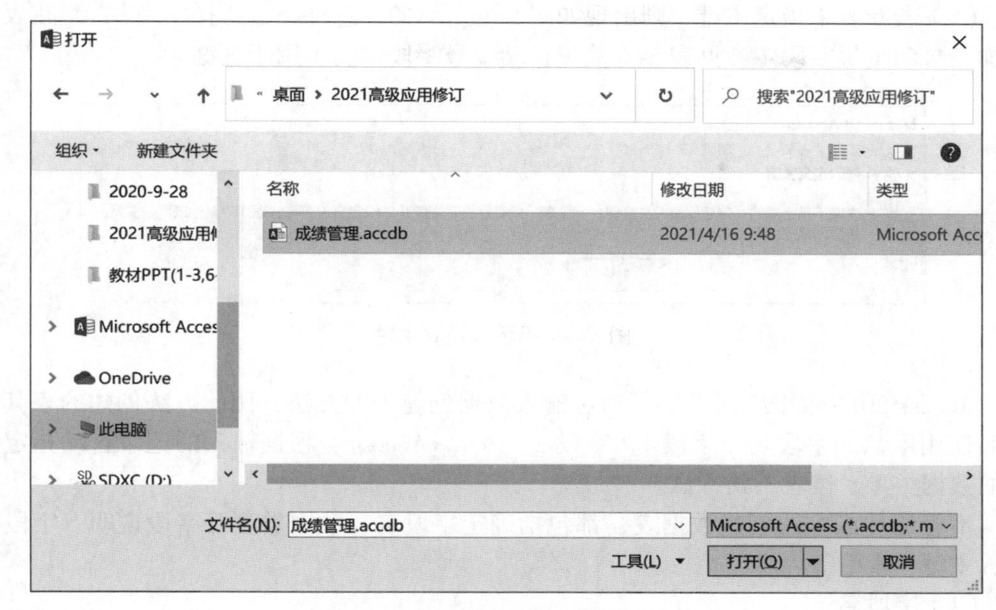

图 5-4　“打开”对话框

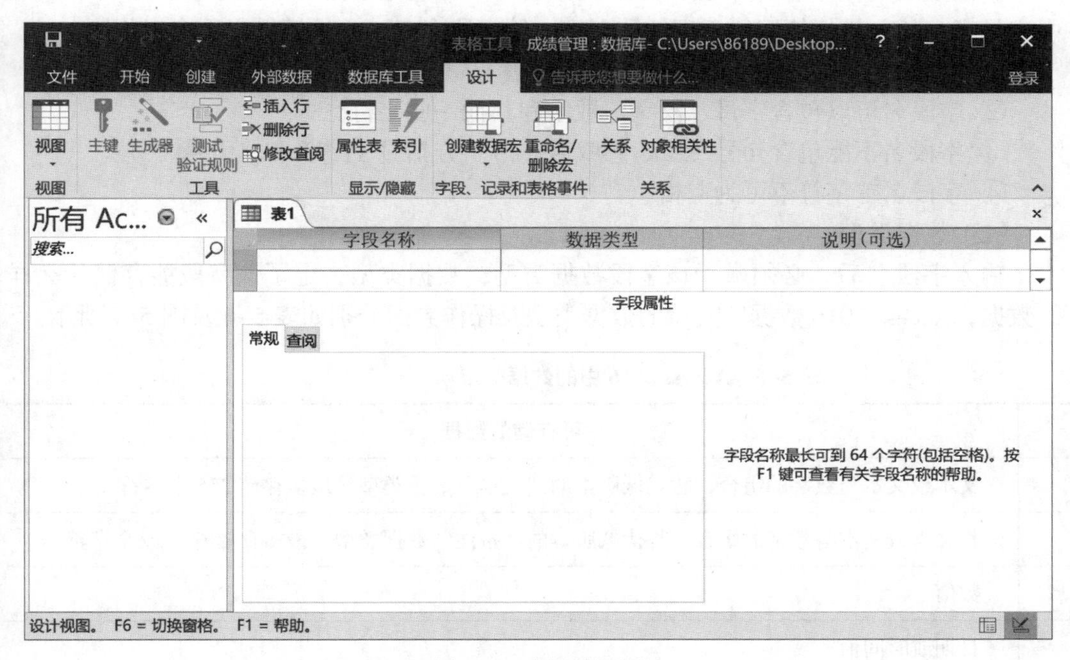

图 5-5　表设计视图

（2）输入所有字段，选择其数据类型，并输入其字段大小。

（3）若有必要指定主键字段，可选择该字段（若是多字段构成主键，可按住 Ctrl 键选择多个字段），执行“表格工具”｜“设计”选项卡｜“工具”组｜“主键”命令。

（4）以上工作完成后，执行“文件”|“保存”命令或关闭表设计窗口，在打开的提示对话框中输入新表名称，保存新表。

（5）若新表未指定主键，则出现如图 5-6 所示的信息框，若选择“是”，则在表中增加一自动编号字段（参见表 5-6 关于自动编号字段说明）用于主键。

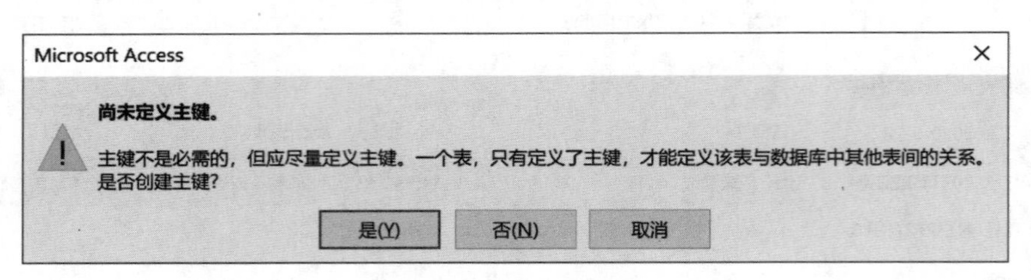

图 5-6　提示未建立主键

Access 2016 数据库还提供了通过输入数据创建表的方法，用此方法创建的表其字段名使用默认的字段名（字段 1，字段 2，…），Access 会根据输入的记录自动指定字段的数据类型，读者不妨一试。

不管用什么方法创建数据表，都包括确定字段名、数据类型及字段说明、字段属性、主键、索引等内容。

（1）字段名

字段是表的基本存储单位，为字段命名可以方便地使用和识别字段。字段名在表中应是唯一的，最好使用便于理解的名字。给字段命名，必须遵循以下命名规则。

① 字段名最长可达 64 个字符（包括空格）。

② 字段名可以包含字母、汉字、数字和其他一些字符。

③ 字段名不能包含句号（.）、感叹号（!）、方括号（[ ]）和单引号（'）。

④ 字段名首字符不可为空格。

（2）数据类型

输入字段名后，必须赋予该字段数据类型，数据类型决定了该字段能存储什么样的数据，Access 2016 数据库支持的数据类型及操作界面分别如表 5-6 及图 5-7 所示。

表 5-6　Access 2016 中的数据类型

数据类型	可存储的数据
短文本	文本或文本与数字的组合，替代低版本的“文本”数据类型，最多存储 255 个字符
长文本	长文本或文本与数字的组合，替代低版本的“备注”数据类型，最多存储 63 999 个字符
数字	数值
日期 / 时间	日期或时间值
货币	货币数据
自动编号	在添加记录时自动插入的序号（每次增加 1）
是 / 否	逻辑值（是 / 否，真 / 假）

续表

数据类型	可存储的数据
OLE 对象	Access 表中链接或嵌入的对象（如 Excel 电子表格、Word 文档、图形、声音或其他二进制数据）
超链接	保存超链接的字段
附件	附加到数据库的外部文件
计算	用于计算的字段
查阅向导	创建字段，该字段将允许使用组合框来选择另一个表或一个列表中的值。从数据类型列表中选择此选项，将打开向导以进行定义

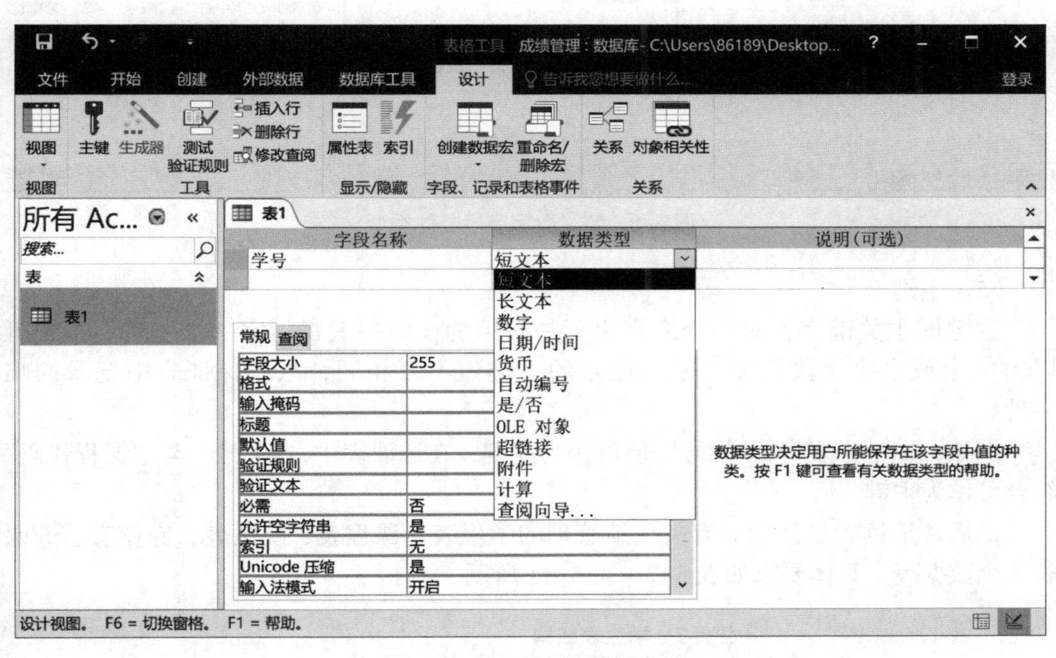

图 5-7　定义字段的数据类型

（3）字段说明

字段说明仅仅用于帮助用户记住或者使其他用户了解它的用途。如果为某一字段输入了字段说明，则每当在 Access 中使用该字段时，字段说明总是显示在状态栏上。

输入字段说明的方法是单击“说明”列中的空白位置，然后直接输入字段说明内容即可。例如，可在“学号”字段的“说明”列中输入“学号由 8 个数字组成”。

（4）字段大小

字段大小属性可确定一个字段的长度。对于短文本数据类型字段，字段大小可以从 1 到 255 个字符。对于数字数据类型，可从下拉列表中选择，有“整型”“长整型”“单精度型”“双精度型”等，如图 5-8 所示。

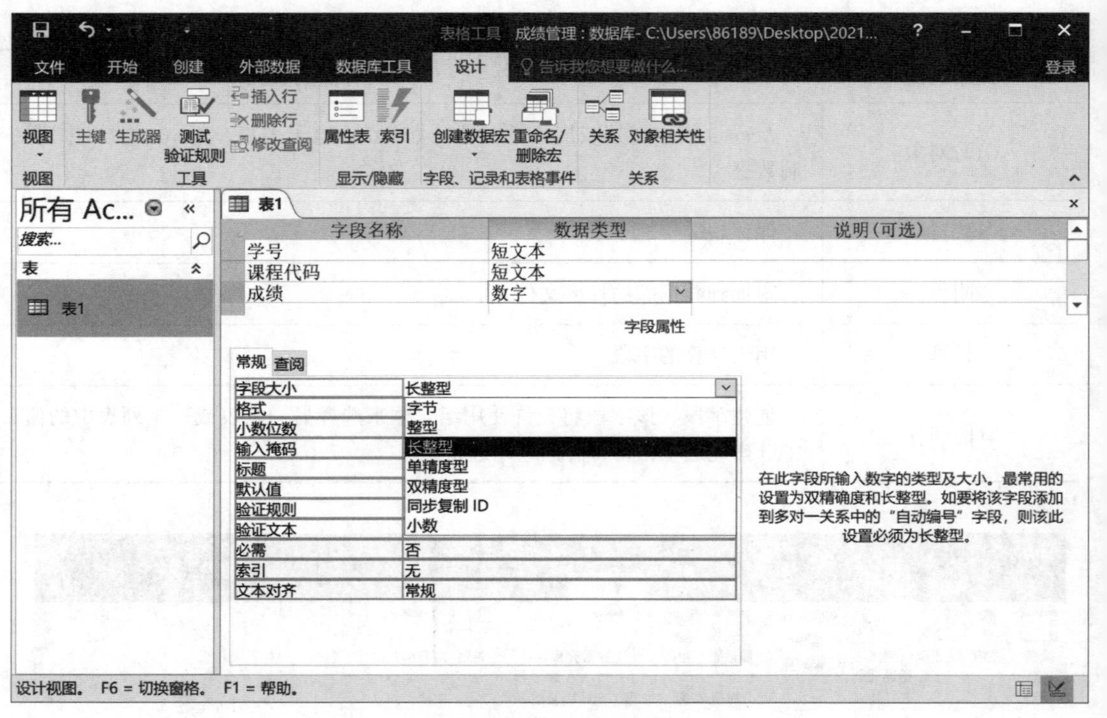

图 5-8 定义数字字段具体类型

（5）主键

主键即主关键字，对一个表来说不是必需的，但一般都指定一个主键。主键可以由一个或多个字段构成，不同记录的主键值不可相同，从而保证表中记录的唯一性。

例如，在学生表中，"学号"便可作为主键；在选课表中，"学号"与"课程代码"组合可作为主键。

最后，请读者自己建立有关成绩管理的学生表、课程表、院系表、专业表、选课表 5 个数据表。具体要求如表 5-7 ~ 表 5-11 所示。

表 5-7 学生表结构

字段名称	数据类型（长度）	说明
学号	短文本（8）	作为主键
姓名	短文本（4）	
性别	短文本（1）	
出生日期	日期 / 时间	
院系代码	短文本（2）	
专业代码	短文本（4）	
备注	长文本	

表 5-8 课程表结构

字段名称	数据类型（长度）	说明
课程代码	短文本（4）	作为主键
课程名称	短文本（10）	

表 5-9 院系表结构

字段名称	数据类型（长度）	说明
院系代码	短文本（2）	作为主键
院系名称	短文本（10）	

表 5-10 专业表结构

字段名称	数据类型（长度）	说明
专业代码	短文本（4）	作为主键
专业名称	短文本（10）	

表 5-11 选课表结构

字段名称	数据类型（长度）	说明
学号	短文本（8）	作为主键
课程代码	短文本（4）	
成绩	数字（整型）	

4. 导入数据

可从另一个 Access 数据库，甚至从其他格式的数据文件（如 Excel、dBase 等）中导入数据，在 Access 数据库中生成新表。

下面以导入 Access 数据库表为例，介绍导入的步骤。

（1）执行“外部数据”选项卡 |“导入并链接”组 |“Access”命令，打开如图 5-9 所示的对话框。

（2）单击“浏览”按钮，打开如图 5-10 所示的对话框，选择要导入的数据库，单击“打开”按钮。

（3）在如图 5-9 所示的对话框中，选中“将表、查询、窗体、报表、宏和模块导入当前数据库”单选按钮，单击“确定”按钮，此时打开如图 5-11 所示的“导入对象”对话框。

（4）在该对话框的“表”选项卡中选择要导入的表（可多选），然后单击“确定”按钮。至此，所选数据表全部导入到当前数据库中。

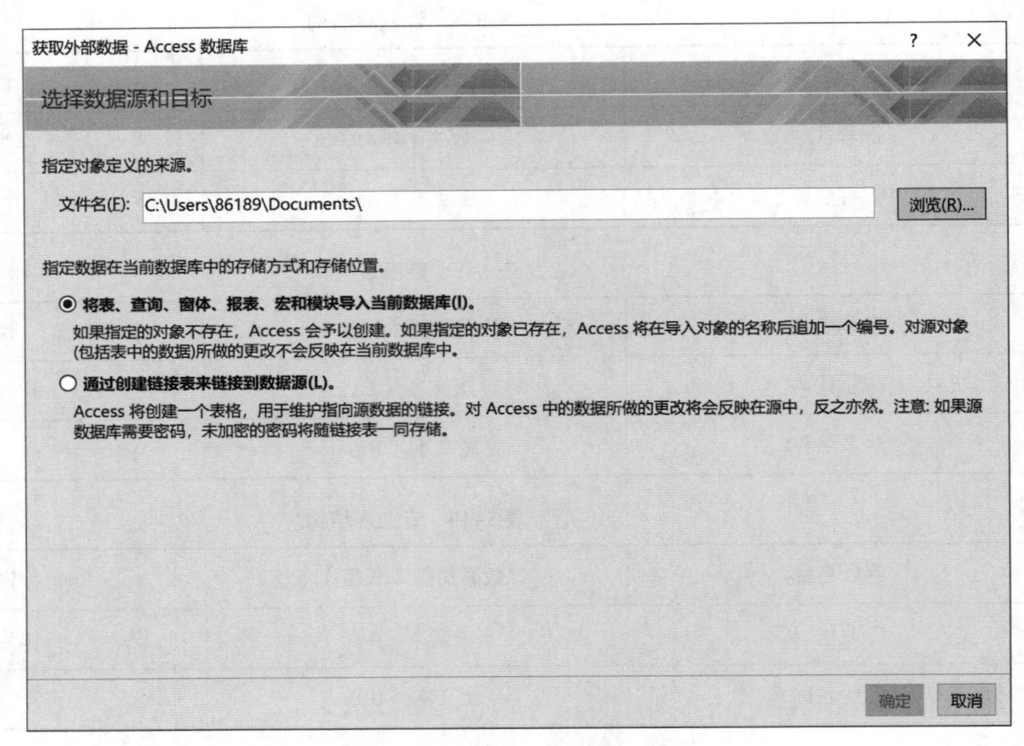

图 5-9　“选择数据源和目标”对话框

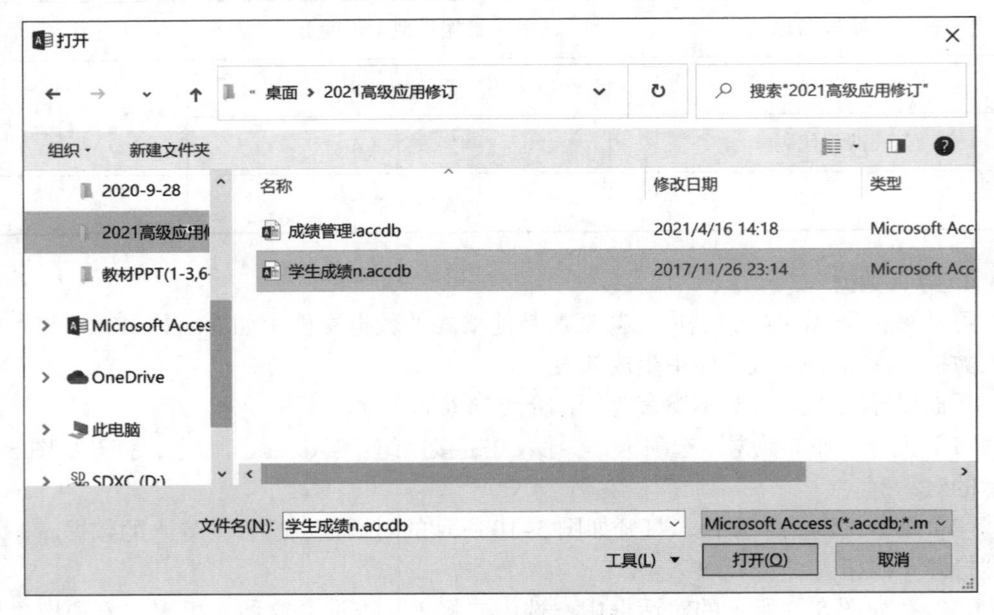

图 5-10　“打开”对话框

5. 编辑表结构

用户有时需要对已建立好的表结构进行修改，如对字段进行移动、增加、删除等。修改表结构，首先要进入表的设计视图。

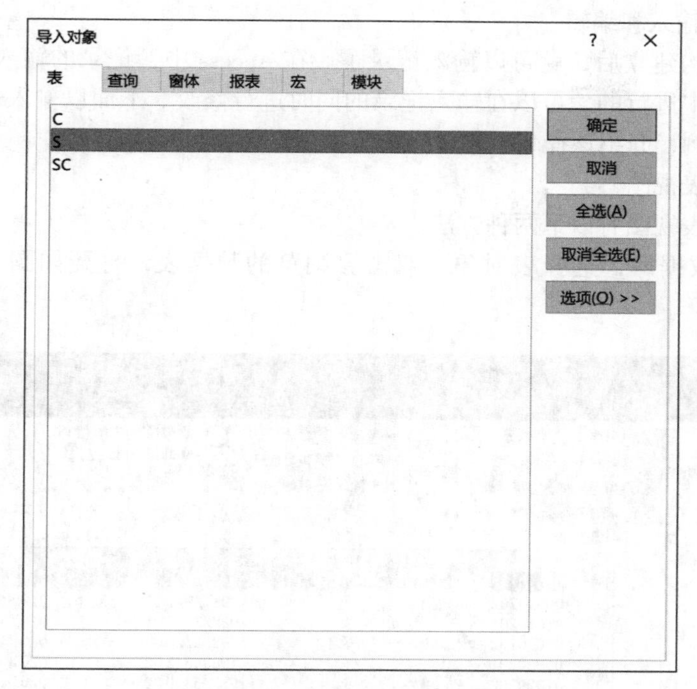

图 5–11 “导入对象”对话框

（1）移动字段

创建表结构时输入的字段顺序决定了表中字段的排列次序，从而决定了在数据表中的显示次序。用户可移动字段改变字段次序，具体步骤如下。

① 右击要修改的表，在弹出的快捷菜单中选择“设计视图”命令，或双击要修改的表，再执行“开始”选项卡｜“视图”组｜“视图”下拉列表｜“设计视图”命令。

② 在行选定区，利用鼠标进行拖放，改变字段的相对位置。

（2）增加字段

打开要增加字段表的设计视图，将鼠标移动到位于插入字段之后的字段上，执行“表格工具”｜“设计”选项卡｜“工具”组｜“插入行”命令，可以根据要求插入一个新的字段定义。

（3）删除字段

打开要删除字段表的设计视图，将鼠标移动到要删除的字段上，执行“表格工具”｜“设计”选项卡｜“工具”组｜“删除行”命令，或者直接按 Delete 键。

说明：

① 当删除的字段已经包含数据，系统将出现一个警告对话框，提示将丢失此字段的数据。

② 对于重新编辑的字段，如果在查询、窗体和报表中对其进行了引用，则需要进行手工调整，否则运行时出错。

6. 记录的输入和编辑

数据表结构建立后，就可以输入记录了。在 Access 中，记录的输入和编辑通常是在数据表视图中进行的，可以在输入记录的同时进行修改。下面以输入表 5–1 ~ 表 5–5 给出的记录为例，介绍该操作。

（1）数据表视图

打开数据表视图有以下两种方法。

① 打开数据库，选择表对象，双击要浏览的数据表，打开如图 5–12 所示的数据表。

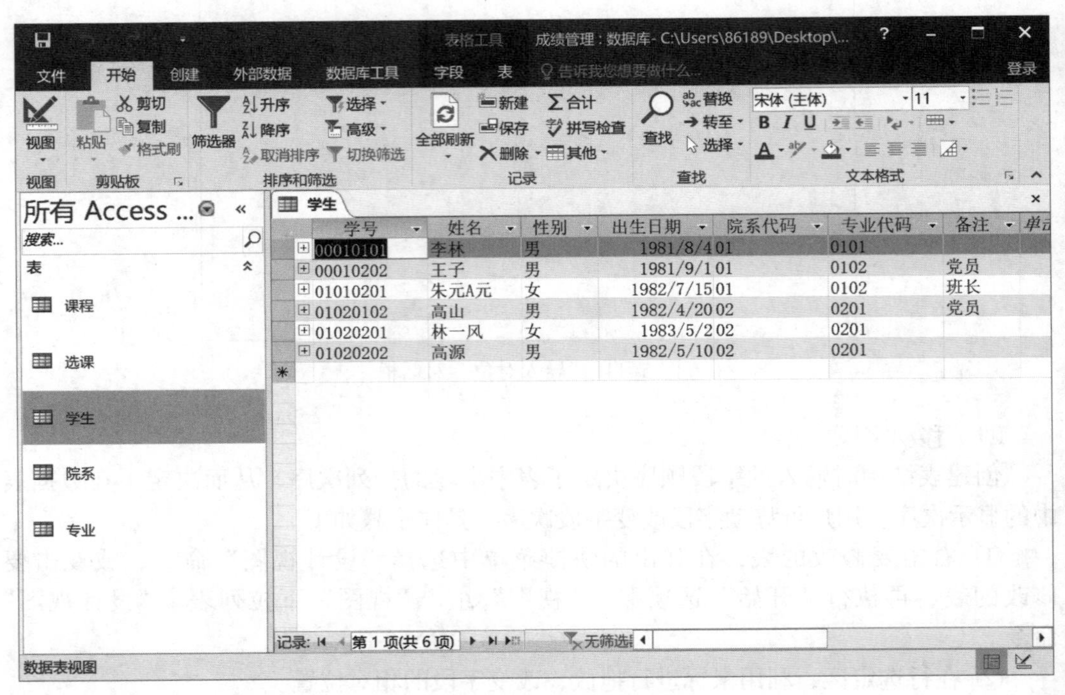

图 5–12　数据表视图

② 执行“开始”选项卡｜“视图”组｜“视图”下拉列表｜“数据表视图”命令。

在数据表视图中，可以看出每一行显示一条记录，每一行的行首是行定位器，单击行定位器可以选定整行。用颜色表示该行是当前操作行或称为当前记录。表的每一列显示一个字段，每一列的第一行（标题行）称为列定位器，单击列定位器可选择整列。行列交叉处称为单元格，显示记录的字段值。

在数据表视图的下方显示的是记录浏览器按钮，中间的数字表示当前记录项。单击内侧按钮，可选定上一条记录或下一条记录，单击外侧按钮则选定首条记录或最后一条记录。

（2）记录的基本操作

记录的基本操作包括记录的添加、修改、删除操作。在数据表视图中每次只能对当前记录进行操作，当修改当前记录还未保存时，行定位器上显示笔形图标。若其他用户通过网络也在修改同一记录，行定位器上将显示锁定图标。

① 添加记录。将鼠标移动到末尾的空白行（定位器上显示 * 的行），然后输入记录即可，当离开此记录时会自动保存输入的记录。

在数据表的单元格中输入数据通常受字段数据类型的限制，当输入的数据不符合定义的数据类型时，系统会给出提示。

- 短文本字段其最大可输入的文本长度由该字段的“字段大小”属性值决定，在短文本字段中输入的任何数据都将作为文本字符保存。
- 数字及货币数据类型字段只允许输入有效数字。如果输入的是字母，Access 将会提示该字段输入的值无效。
- 日期 / 时间数据类型字段只允许输入有效的日期和时间。
- 是 / 否数据类型字段，只能输入表示是或否的 Yes、No、True、False、On、Off 及 0、-1。
- 自动编号字段不允许输入任何值，其值由系统在增加记录时自动递增生成。
- 长文本数据类型字段允许输入的文本长度可达 63 999 字节。输入时可按 Shift+F2 键，进入带有滚动条的文本输入框，如图 5-13 所示。

图 5-13 长文本字段编辑

- OLE 对象数据类型可输入图形、图表和声音等文件，要在该字段中输入对象，可右击该字段，在弹出的快捷菜单中选择“插入对象”命令，在打开的如图 5-14 所示的对话框中选择要插入的对象类型或文件。

② 修改记录。直接按 Tab 键定位单元格，或双击单元格，单元格的内容以反白显示，表示已选中该单元格。此时输入新值即可替换旧值。

若要在原字段值基础上进行修改，可单击相应单元格，使光标定位在某字符前面，直接对原值进行修改。在修改过程中，可单击工具栏上的“撤销”按钮（也可按 Esc 键），放弃最近一次修改（不可撤销最近一次以前的修改）。

Access 2016 支持利用剪贴板实现记录的复制。注意，若表中设置了非自动增量的主键，复制操作将失败，因为主键不可重复。

③ 删除。删除操作包括删除记录（整行）、删除列（整个字段及其值）和删除单元格的数据。

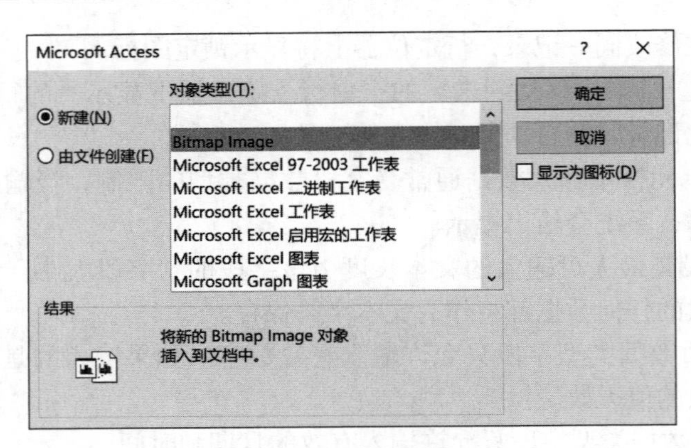

图 5-14 插入对象

删除记录的主要操作步骤如下。

a. 单击行定位器，整条记录颜色发生变化，表示已选择该条记录。

b. 若选择多条记录，则在行定位区拖动鼠标，或把鼠标移到最后一条记录再同时按下鼠标和 Shift 键，被选择记录的颜色发生变化。

c. 执行“开始”选项卡｜“记录”组｜“删除”命令，或直接按 Delete 键即可删除选定的记录。

删除列的主要操作步骤如下。

a. 单击列定位器，整列颜色将发生变化，表示已选择该列。

b. 执行“开始”选项卡｜“记录”组｜“删除”命令，将删除选定列。

删除列不仅删除列数据，而且删除表结构中相应的字段，所以系统每次都将给出警告信息，以便用户确认。

删除单元格数据，只要选中单元格，按 Delete 键即可。

5.3 数据表关系及子数据表

前面建立的成绩管理数据库中，数据表之间存在多个一对多的关系（也称联系）。例如院系表与学生表关于院系代码存在一对多关系，学生表与选课表关于学号存在一对多关系。Access 2016 数据库支持这种关系的定义，Access 数据库能够利用其维护这些相关表的数据完整性，并方便访问相关表中的数据。

1. 建立表关系

下面以建立成绩管理数据库表间关系为例，介绍表关系建立的一般步骤。

（1）打开成绩管理数据库。

（2）执行“数据库工具”选项卡｜“关系”组｜“关系”命令，打开如图 5-15 所示的窗口。

（3）分别将“学生”“院系”“专业”“课程”“选课”表添加到关系窗口中，如图 5-16 所示。

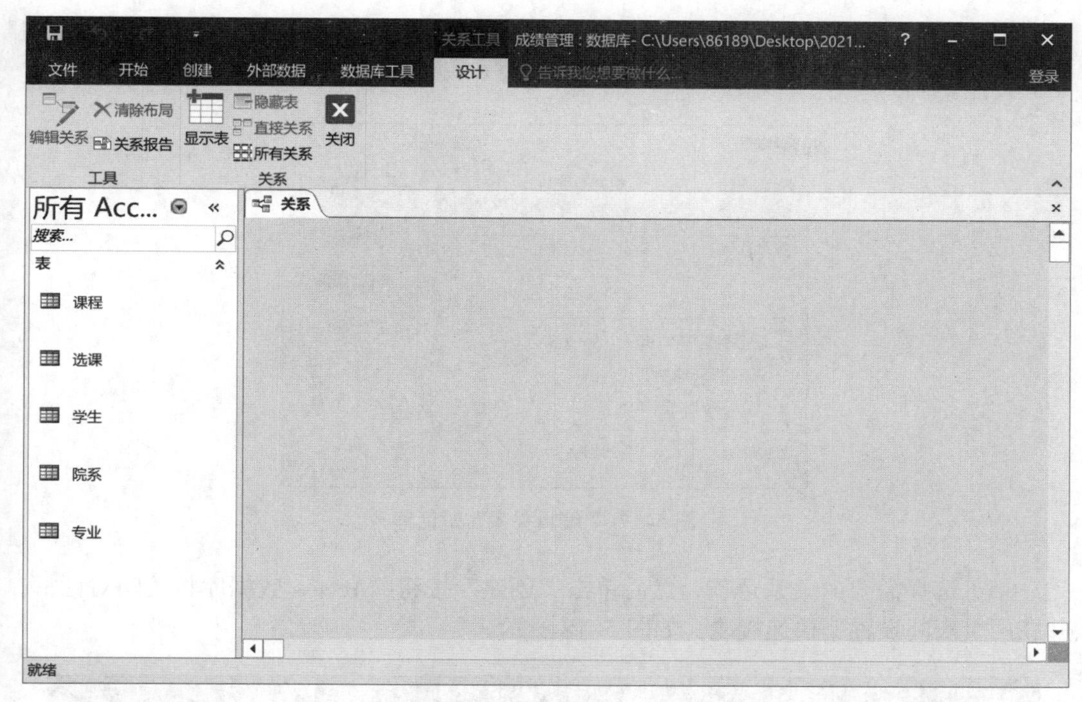

图 5-15 关系窗口

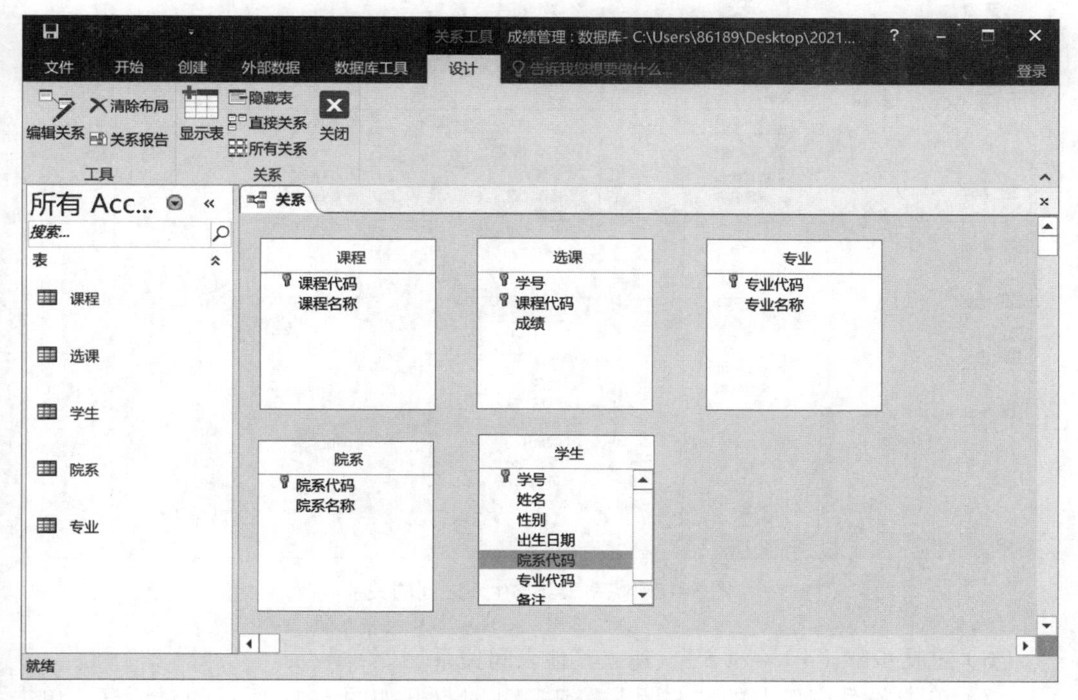

图 5-16 将表添加到关系窗口

（4）选择“学生”表中“院系代码”字段，并拖放到相应的“院系”表“院系代码”字段上（一般情况，被拖放的字段是其中一个表的主键，这个表为一对多关系中

"一"方，而另一表为"多"方，前者也叫主表，显示在左边，后者叫相关表，显示在右边)，此时打开如图 5-17 所示的对话框。

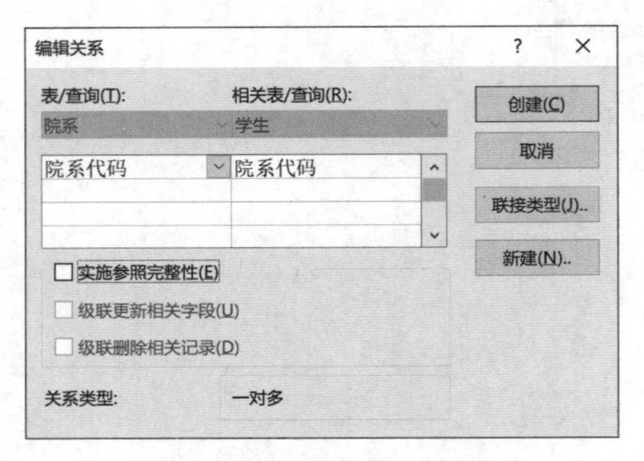

图 5-17 "编辑关系"对话框

(5) 选择需要的关系选项，然后单击"创建"按钮，Access 数据库将关闭对话框，并在两个表间设置一根连接线，如图 5-18 所示。

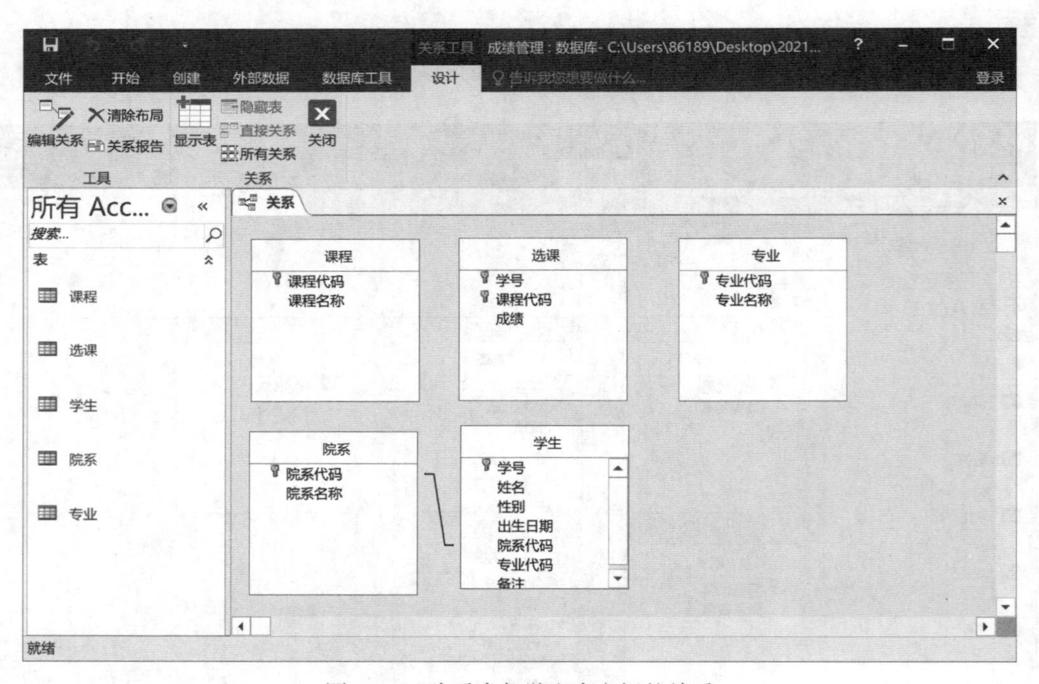

图 5-18 院系表与学生表之间的关系

(6) 重复步骤 (4) ~ (5)，建立其他表间关系。

(7) 单击关系窗口上的"关闭"按钮，此时打开如图 5-19 所示的对话框，单击"是"按钮即可保存表间的关系。

关系建立后，也可以方便地进行删除。下面以删除学生表与选课表关系为例，介绍其主要步骤。

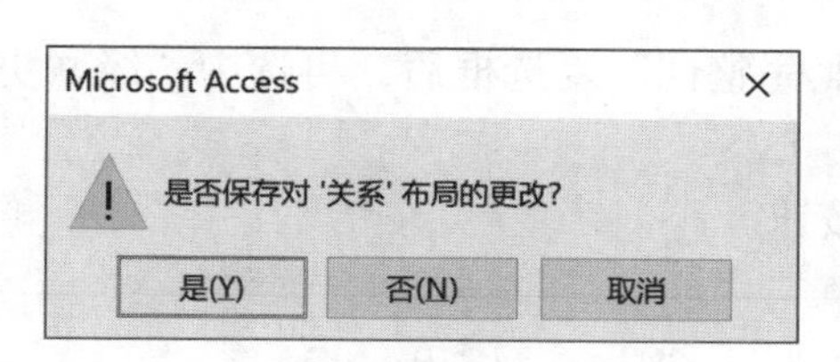

图 5-19 提示保存关系对话框

（1）打开成绩管理数据库。

（2）执行“数据库工具”选项卡｜“关系”组｜“关系”命令，打开如图 5-18 所示的关系窗口（关系已建立，所以直接被打开）。

（3）选择学生表与选课表的关系连线，按 Delete 键，并确认即可。

2. 设置关系选项

在如图 5-17 所示的“编辑关系”对话框中，还可以在表之间实施参照完整性。参照完整性是为了实现表与表之间的完整性控制。例如，在一般情况下，对学生表某学号记录进行删除时，可直接删除，而不用考虑选课表中该学生是否存在成绩记录，这样就容易导致选课表中的成绩无对应的学生（姓名）。这种现象称为数据表之间的数据不一致性，失去了数据的完整性。

Access 2016 数据库使用参照完整性来确保相关表中记录之间的有效性。如果实施了参照完整性，当主表中没有关联的记录时，Access 数据库不允许将记录添加到相关表，也不允许删除在相关表有对应记录的主表记录或更改在相关表有对应记录的主表主键值。当然，在编辑关系时，可以设置“级联更新相关字段”和“级联删除相关记录”使得主表、相关表同步更新和删除。

设置参照完整性的主要操作步骤如下。

（1）打开成绩管理数据库。

（2）执行“数据库工具”选项卡｜“关系”组｜“关系”命令，打开如图 5-18 所示的窗口（关系已建立，所以直接被打开）。

（3）选择学生表与选课表之间的关系连线，执行“关系工具”｜“设计”选项卡｜“工具”组｜“编辑关系”命令，或双击之，打开如图 5-20 所示的对话框。

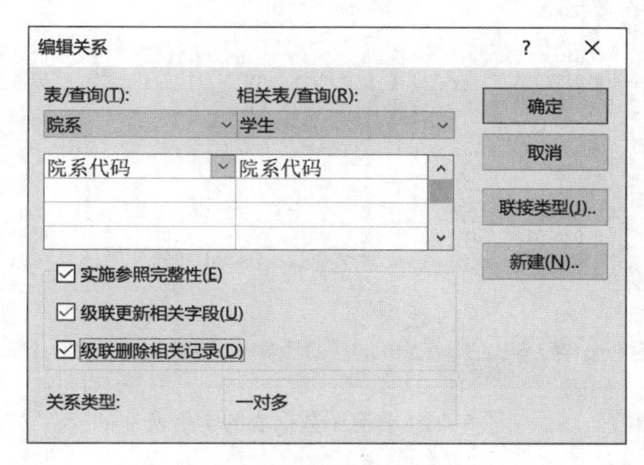

图 5-20 设置参照完整性

（4）选中“实施参照完整性”复选框后，再选中“级联更新相关字段”及“级联删除相关记录”复选框。

（5）单击“确定”按钮。

> 说明：
>
> ① 实施参照完整性：禁止了在选课表中添加学号不存在于学生表中的记录。
>
> ② 级联更新相关字段：当修改学生表主键“学号”值时，同时更新相关表选课表对应记录的学号。
>
> ③ 级联删除相关记录：当删除学生表某学号记录时，同时删除相关表中对应记录。

3. 子数据表

在 Access 2016 数据库中，允许用户在数据表视图中查看子数据表。利用子数据表用户可在一个窗口中查看相关的数据，而不是只看数据库中单个数据表。

子数据表是建立在表关系基础之上的。例如，图 5-21 显示的是学生表记录中包含了选课表（成绩）子数据表，两者之间是一对多的关系。

> 说明：单击数据表记录前面的“+”号，可逐级展开子数据表。

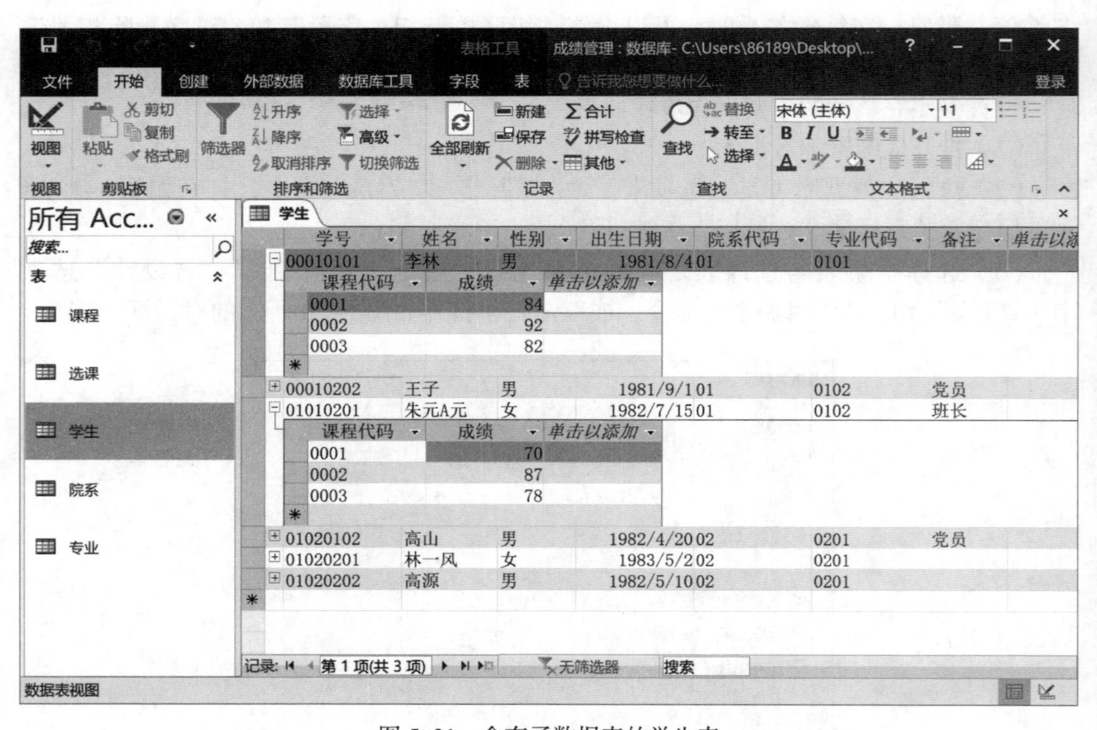

图 5-21 含有子数据表的学生表

5.4 数据查询

数据查询是对 Access 数据库中的数据进行处理和分析，可以对数据库表数据进行统计、分析，也可对数据库表数据进行增加、修改和删除。

1. 常数、运算符、函数及表达式

在 Access 中建立查询，常常需要使用表达式，而表达式由常数、函数和运算符组成。如查询输出列为数据库表字段的运算表达式，查询条件为一个逻辑表达式。

（1）常数的表示

在 Access 中用英文的引号表示文本常量、用 # 号表示日期常量，数值直接使用，字段名需要用方括号括起来。如 "CC112"、#2005-06-10#、60、[姓名] 分别表示文本、日期、数值和字段名。

（2）运算符

运算符有算术运算符、字符运算符、关系运算符、逻辑运算符和特殊运算符。前四者与 VBA 语言类似，这里不再重述。查询条件中还包括一类特殊运算符。

In：用于指定一个列表，并判断查询值是否包含其中。

Between：用于判断查询值的范围，范围之间用 and 连接。

Like：用于指定文本字段查询值的字符模式。在字符模式中，用“？”表示可匹配任意一个字符，用“*”表示可匹配任意多个字符，用“#”表示可匹配任意一个数字，用方括号表示可匹配其中描述的字符范围。

Is null：用于判断查询值是否为空值。

Is not null：用于判断查询值是否为非空值。

（3）函数

Access 提供了大量的内置函数，如算术函数、字符函数、日期 / 时间函数、统计函数等。函数的格式和功能可以通过 Access 帮助查询。

表 5-12 以查询条件为例介绍常用函数及表达式的使用方法。

表 5-12 查询条件示例

数据类型	字段名	条件	功能
数值	成绩	<60	判断成绩小于 60
		Between 50 and 60	判断成绩在 50 ~ 60
		>=50 and <=60	
		58 or 59	判断成绩为 58 或 59
		Not 0	判断成绩非 0

续表

数据类型	字段名	条件	功能
文本	职称	"教授"	判断职称为教授
		"教授"Or"副教授"	判断职称为教授或副教授
		Instr([职称],"教授")=1 Or Instr([职称],"教授")=2	判断职称中第 1 字符开始为“教授”字符或第 2 字符开始为“教授”字符
		Instr([职称],"教授")<>0	判断职称中含“教授”字符
	姓名	"李林"Or"高山"	判断姓名为李林或高山
		In("李林","高山")	
		Not"李林"	判断姓名不为李林
		Left([姓名],1)="李"	判断姓李
		Like"李*"	
		Instr([姓名],"李")=1	
		Mid([姓名],1,1)="李"	
		Len([姓名])<=2	判断姓名为 2 个字
	学号	Mid([学号],5,2,)="03"	判断学号第 5～6 位为 03
		Instr([学号],"03")=5	
		Right([学号],2)="10"	判断学号后 2 位为 10
日期	出生日期	Between #1992-01-01# and #1992-06-30#	判断出生日期在 1992-01-01～1992-06-30
		>= #1992-01-01# and <=#1992-06-30#	
		Year([出生日期])=1992	判断 1992 年出生
		Month([出生日期])=6	判断 6 月生日
任意	任意	Is null	判断空值
		Is not null	判断非空值

2. 使用查询向导建立简单查询

使用查询向导创建查询，用户可在向导的引导下，一步一步地完成查询。查询向导包括简单查询向导、交叉表查询向导等，这里只介绍简单查询向导的使用。

【**例 5-1**】打开成绩管理数据库，使用向导建立查询，查询学生表的学号、姓名。

操作步骤如下。

① 执行“创建”选项卡｜“查询”组｜“查询向导”命令，在打开的对话框中选择“简单查询向导”，打开如图 5-22 所示的对话框。

微视频 5-1
使用向导建立查询

② 选择学生表，并选择“学号”和“姓名”字段。

③ 单击“下一步”按钮，输入查询名称，单击“完成”按钮。

查询建立后，双击所建查询即可显示查询的结果。

【**例 5-2**】打开成绩管理数据库，使用向导建立查询，查询学生的各课程成绩，要求输出学号、姓名、课程名、成绩。

操作步骤如下。

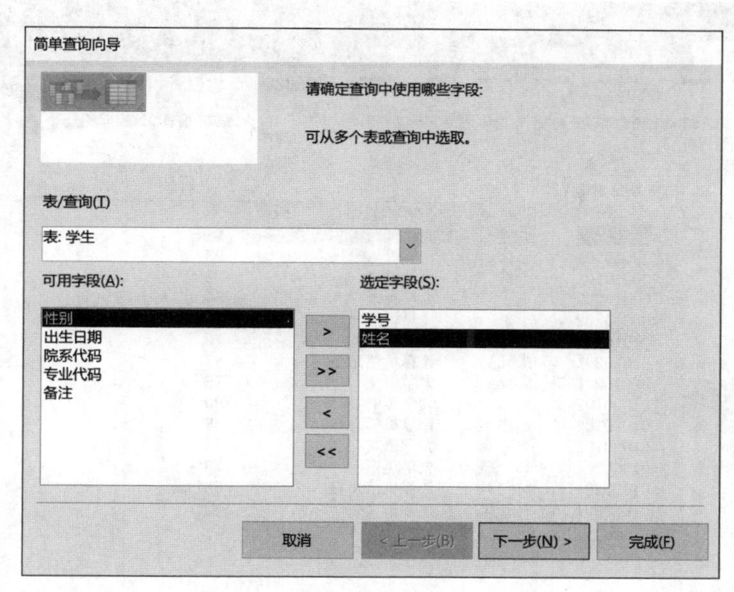

图 5-22 “简单查询向导”对话框

① 执行“创建”选项卡｜“查询”组｜“查询向导”命令，在打开的对话框中选择“简单查询向导”，打开如图 5-22 所示的对话框。

② 选择学生表，选择“学号”和“姓名”字段。

③ 再选择课程表，选择“课程名称”字段。

④ 然后选择选课表，选择“成绩”字段。

⑤ 如图 5-23 所示，单击“下一步”按钮，输入查询名称，单击“完成”按钮，显示如图 5-24 所示的查询结果。

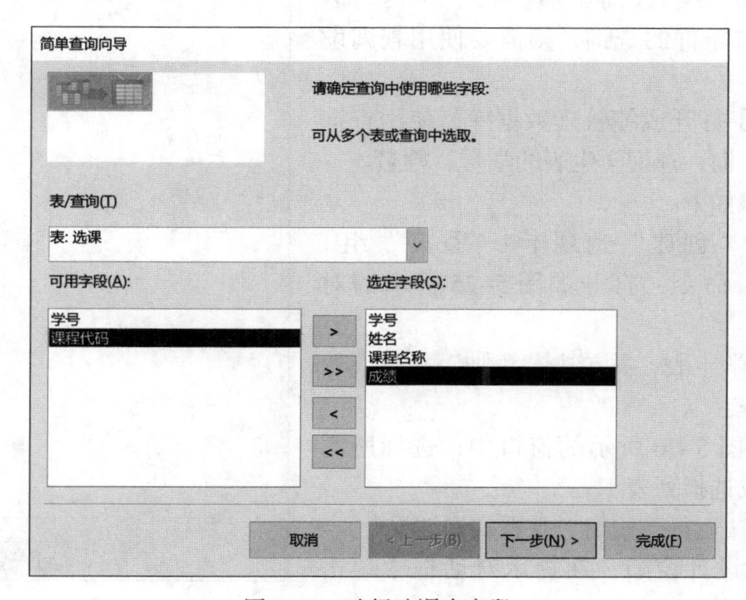

图 5-23 选择选课表字段

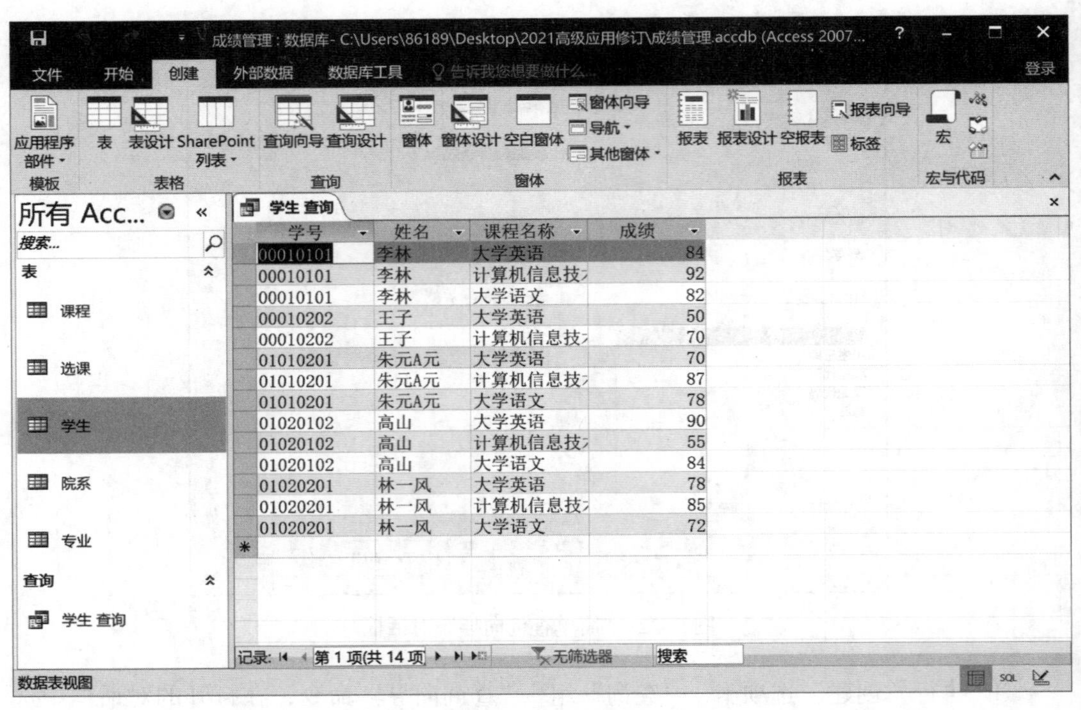

学号	姓名	课程名称	成绩
00010101	李林	大学英语	84
00010101	李林	计算机信息技	92
00010101	李林	大学语文	82
00010202	王子	大学英语	50
00010202	王子	计算机信息技	70
01010201	朱元A元	大学英语	70
01010201	朱元A元	计算机信息技	87
01010201	朱元A元	大学语文	78
01020102	高山	大学英语	90
01020102	高山	计算机信息技	55
01020102	高山	大学语文	84
01020201	林一风	大学英语	78
01020201	林一风	计算机信息技	85
01020201	林一风	大学语文	72

图 5-24　学生成绩查询结果

注：所选择的表之间必须建立了关系，若未建立，将进入建立数据库关系窗口，可以将关联字段从一个表拖放到关联表的对应字段上。

3. 使用查询设计器创建简单查询

使用向导创建查询虽然方便、快速，但对于需要设置条件的查询，则需要使用查询设计器。

【例 5-3】打开成绩管理数据库，使用查询设计器建立查询，查询学生表的学号、姓名。

操作步骤如下。

① 执行“创建”选项卡｜“查询”组｜“查询设计”命令，打开如图 5-25 所示的对话框。

② 选择学生表，并单击“添加”按钮，然后关闭对话框。

③ 在如图 5-26 所示的窗口中，选择所需字段（拖放或选择列表）。

④ 单击“运行”按钮，查看查询结果。

⑤ 关闭设计窗口，在提示对话框中单击“是”按钮保存。

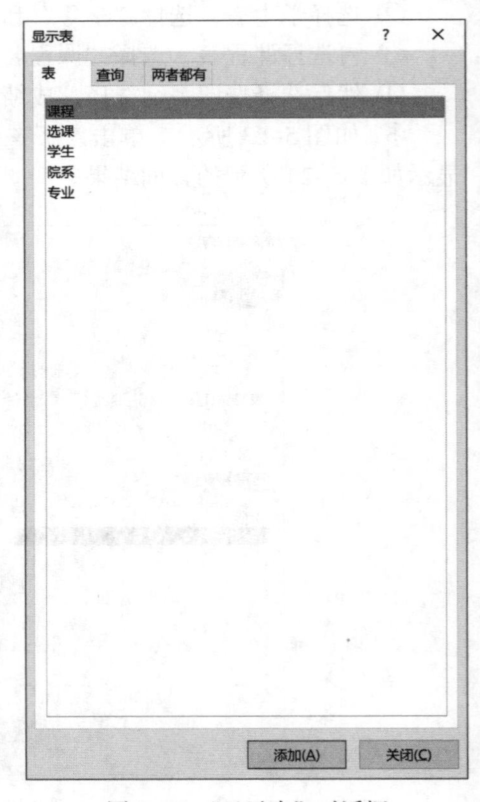

图 5-25　“显示表”对话框

微视频 5-2
使用查询设计器
创建简单查询

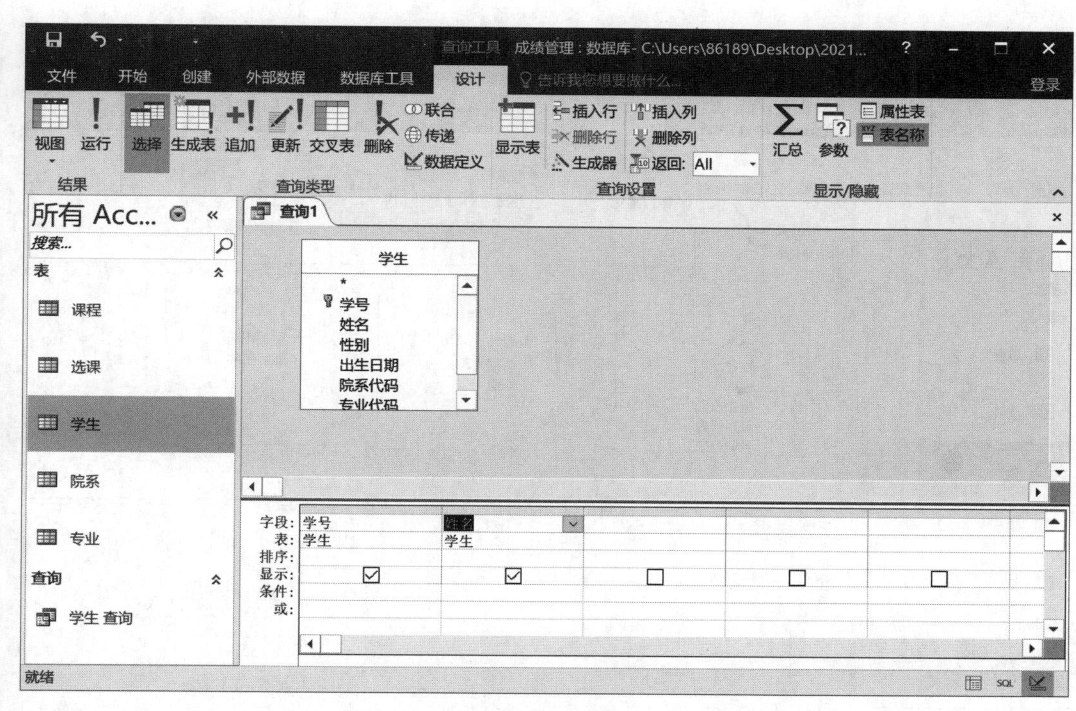

图 5-26 查询设计窗口

【例 5-4】打开成绩管理数据库，使用查询设计器建立查询，查询学生的不及格课程成绩，要求输出学号、姓名、课程名、成绩。

操作步骤如下。

① 执行“创建”选项卡｜“查询”组｜“查询设计”命令，打开如图 5-25 所示的对话框。

② 依次选择学生表、课程表、选课表并添加，完成后关闭对话框。

③ 在如图 5-27 所示的窗口中，依次在各表中选择所需字段（拖放或选择列表）。

④ 在“成绩”字段的“条件”行输入“<60”。

⑤ 单击“运行”按钮，查看查询结果。

⑥ 关闭设计窗口，根据提示保存为“查询成绩表”。

4. 修改查询

选择要修改的查询并右击，在打开的快捷菜单中选择“设计视图”命令，此时便可对查询进行增加字段、删除字段等修改工作。

（1）打开查询（进入设计视图）。

（2）删除字段：只要选择要删除的列，如图 5-28 所示，按 Delete 键即可删除。

（3）增加字段：选择“查询设置”组中的“插入列”命令，插入一空列，然后再添加字段。

（4）修改字段顺序：选择一列后，拖放鼠标。

（5）重命名字段：在原字段左边输入新字段名，并用“：”作为分隔符。

（6）关闭设计窗口。

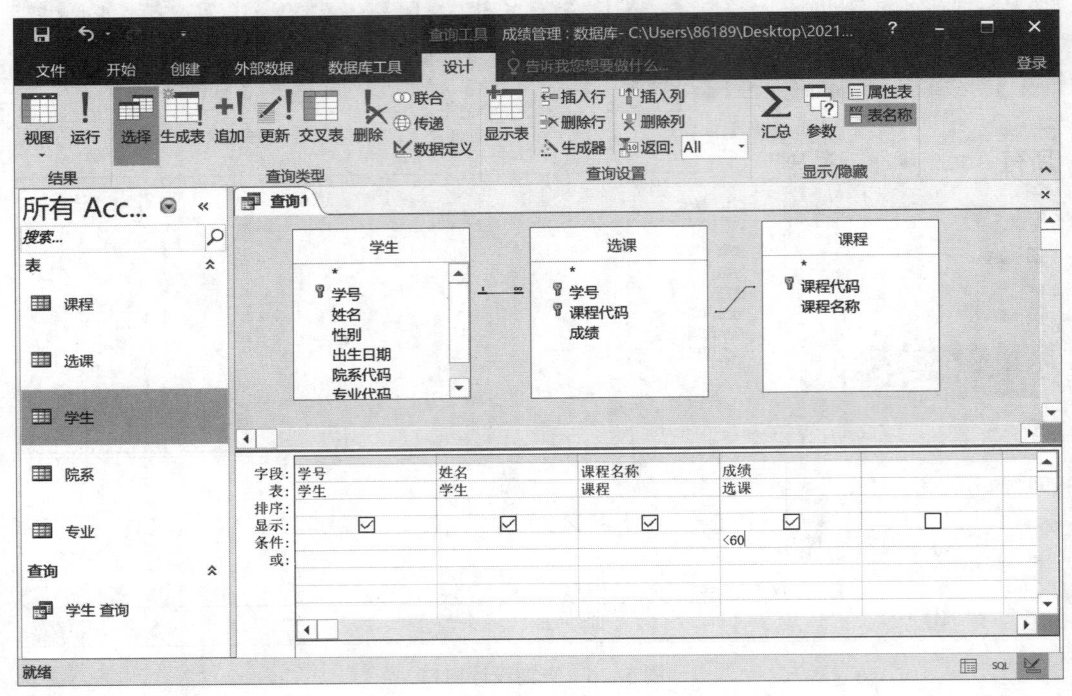

图 5–27　多表查询设计窗口

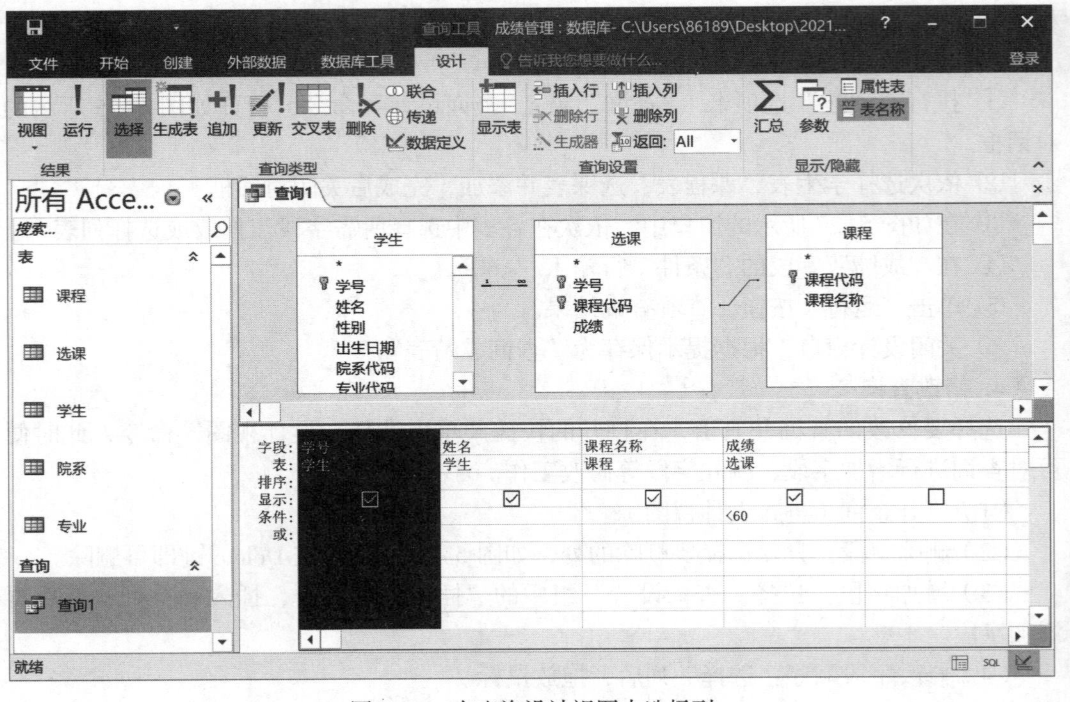

图 5–28　在查询设计视图中选择列

5. 建立汇总查询

查询可以从单个或多个表中查询原始数据，而且还可以对其进行汇总查询。所谓汇总查询就是对原始数据进行统计分析，如统计学生成绩总分，按班级统计平均分（均分）等。在进行汇总查询时，通常要使用以下12个统计方法。

Group by：分组统计依据。

合计：对指定字段求和。

平均值：对指定字段求平均值。

最小值：对指定字段求最小值。

最大值：对指定字段求最大值。

计数：对记录计数。

Stdev：对指定字段求均方差。

变量：对指定字段求方差。

First：取分组中第一个记录值。

Last：取分组中最后一个记录值。

Expression：计算式。

Where：筛选条件。

微视频5-3
使用查询设计器创建汇总查询

【例5-5】打开成绩管理数据库，查询学生成绩总分。

操作步骤如下。

① 执行“创建”选项卡｜“查询”组｜“查询设计”命令，打开如图5-25所示的对话框。

② 依次选择学生表、选课表并添加，完成后关闭对话框。

③ 在“查询工具”｜“设计”选项卡｜“显示/隐藏”组中，单击“∑ 汇总”按钮，显示出“总计”行。

④ 在如图5-29所示的窗口中，依次在各表中选择所需字段（拖放或选择列表）。

⑤ 分别在“学号”“姓名”字段的“总计”行选择“GROUP BY”，“成绩”字段的“总计”行选择“合计”。

⑥ 单击“运行”按钮，查看查询结果。

⑦ 关闭设计窗口，保存为“查询汇总1”。

【例5-6】打开成绩管理数据库，查询学生总分、均分、最高分、最低分。

操作步骤如下。

① 执行“创建”选项卡｜“查询”组｜“查询设计”命令，打开如图5-25所示的对话框。

② 依次选择学生表、选课表并添加，完成后关闭对话框。

③ 在“查询工具”｜“设计”选项卡｜“显示/隐藏”组中，单击“∑ 汇总”按钮，显示出“总计”行。

④ 在如图5-30所示的窗口中，依次在各表中选择所需字段（拖放或选择列表）。

⑤ 分别在“学号”“姓名”字段的“总计”行选择“Group by”，依次将多个“成绩”字段的“总计”行设置为“合计”“平均值”“最大值”“最小值”。

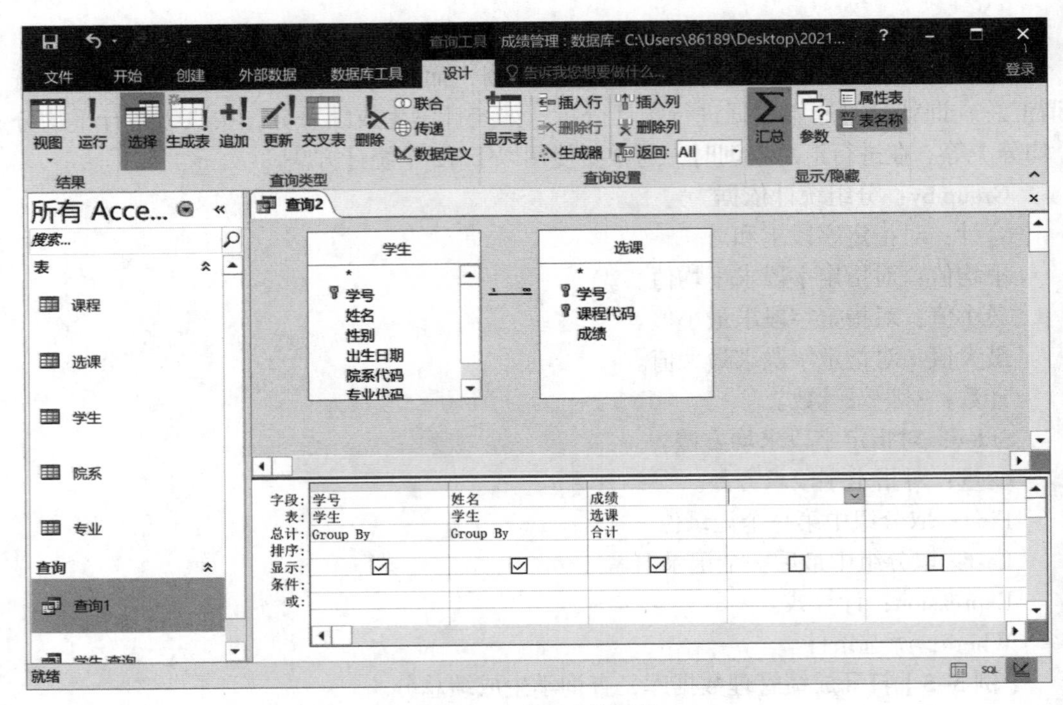

图 5-29　分组查询设计

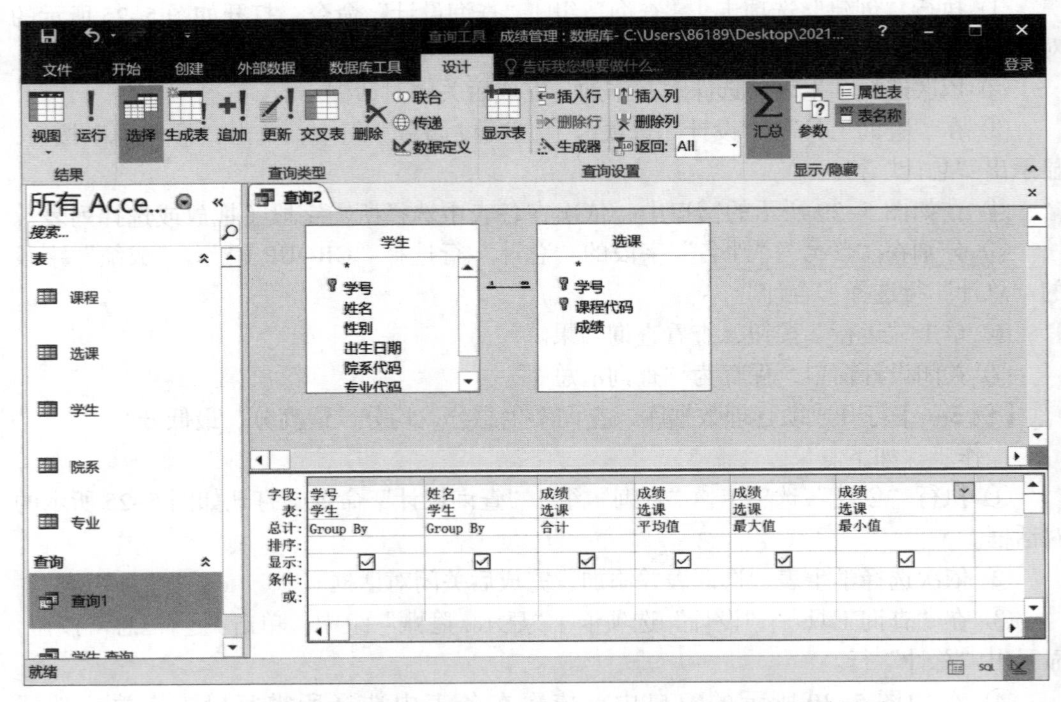

图 5-30　查询学生总分、均分、最高分、最低分分组查询设计视图

⑥ 单击“运行”按钮，查看查询结果。

⑦ 关闭设计窗口，提示保存为“查询汇总 2”。

【例 5-7】打开“Test1.accdb”数据库，涉及的表及联系如图 5-31 所示，按下列要求操作。

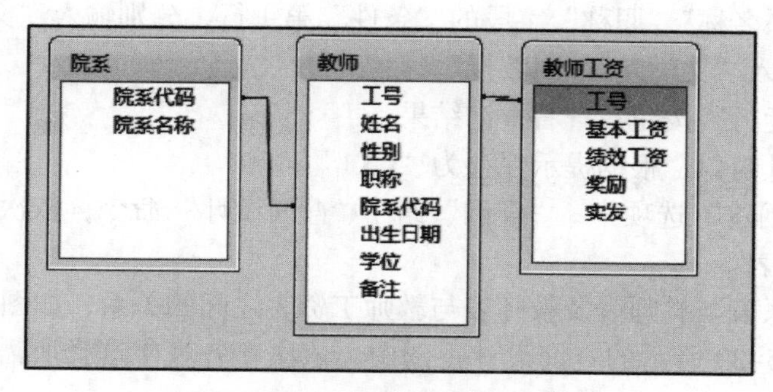

图 5-31 Test1 数据库表及联系

① 基于院系表及教师表，查询文学院所有教授或副教授的教师名单，要求输出院系名称、工号、姓名、职称，查询保存为“CX1”。

② 基于院系表、教师表及教师工资表，查询各院系教师基本工资的平均值，要求输出院系代码、院系名称、基本工资平均值，备注为“实习”的教师不参加统计（用 Is Null 条件），只显示基本工资平均值大于 3 000 的学院，查询保存为“CX2”。

微视频 5-4
创建 Test1 数据库查询

操作步骤如下。

① 执行“创建”选项卡 | “查询”组 | “查询设计”命令，依次添加院系表和教师表。

② 选择院系表中“院系代码”字段，拖放到教师表对应字段上，建立表之间的关系，如图 5-32 所示。

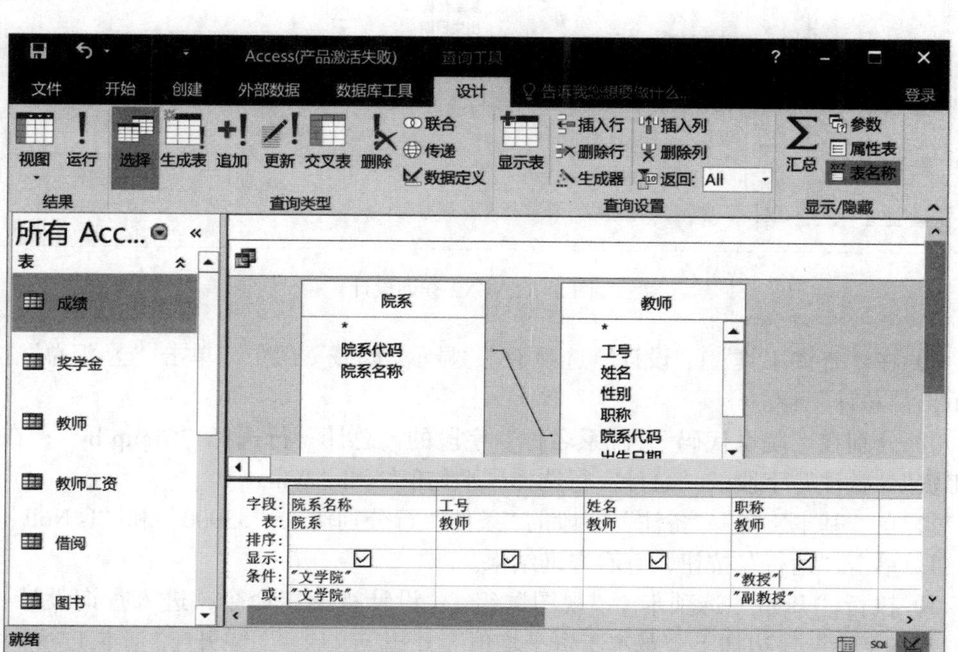

图 5-32 CX1 查询设计

③ 在如图 5–32 所示的查询设计视图中，依次在各表中选择所需字段（拖放或选择列表）。

④ 在“院系名称”“职称”字段的“条件”第 1 行，分别输入“文学院”“教授”；在第 2 行分别输入“文学院”“副教授”。

⑤ 单击“运行”按钮，查看查询结果。

⑥ 关闭设计窗口，根据提示保存为“CX1”。

⑦ 执行“创建”选项卡｜“查询”组｜“查询设计”命令，依次添加院系表、教师表、教师工资表。

⑧ 建立院系表与教师表及教师表与教师工资表之间的关系，如图 5–33 所示。

⑨ 在如图 5–33 所示的查询设计视图中，依次在各表中选择所需字段（拖放或选择列表）。

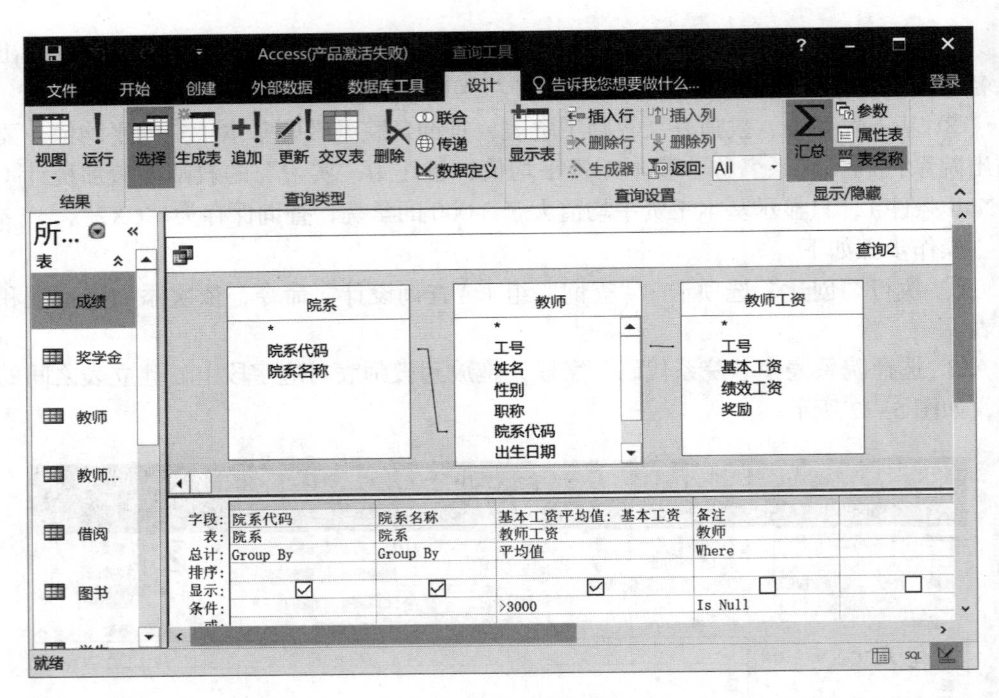

图 5–33 CX2 查询设计

⑩ 在“查询工具”｜“设计”选项卡｜“显示 / 隐藏”组中，单击“∑ 汇总”按钮，显示出“总计”行。

⑪ 分别在“院系代码”“院系名称”字段的“总计”行选择“Group by”；在“基本工资”“备注”字段的“总计”行选择“平均值”和“Where”。

⑫ 在“基本工资”“备注”字段的“条件”行分别输入“>3000”和“Is Null”。

⑬ 单击“运行”按钮，查看查询结果。

⑭ 执行“开始”选项卡｜“视图”组｜“设计视图”命令，进入查询设计视图，在“基本工资”左边加上“基本工资平均值”并用英文“：”隔开（“基本工资平均值”将作为查询结果的列名），单击“运行”按钮，查看查询结果。

⑮ 关闭设计窗口，按提示保存为“CX2”。

6. 动作查询

利用查询还可对数据库进行修改、删除。

【**例 5-8**】打开成绩管理数据库，将课程代码为“0001”课程的所有成绩增加 5 分。

操作步骤如下。

① 执行“创建”选项卡｜“查询”组｜“查询设计”命令。

② 选择“选课”表并添加。

③ 执行“查询工具”｜“设计”选项卡｜“查询类型”组｜“更新”命令。

④ 在如图 5-34 所示的窗口中，选择“成绩”和“课程代码”字段。

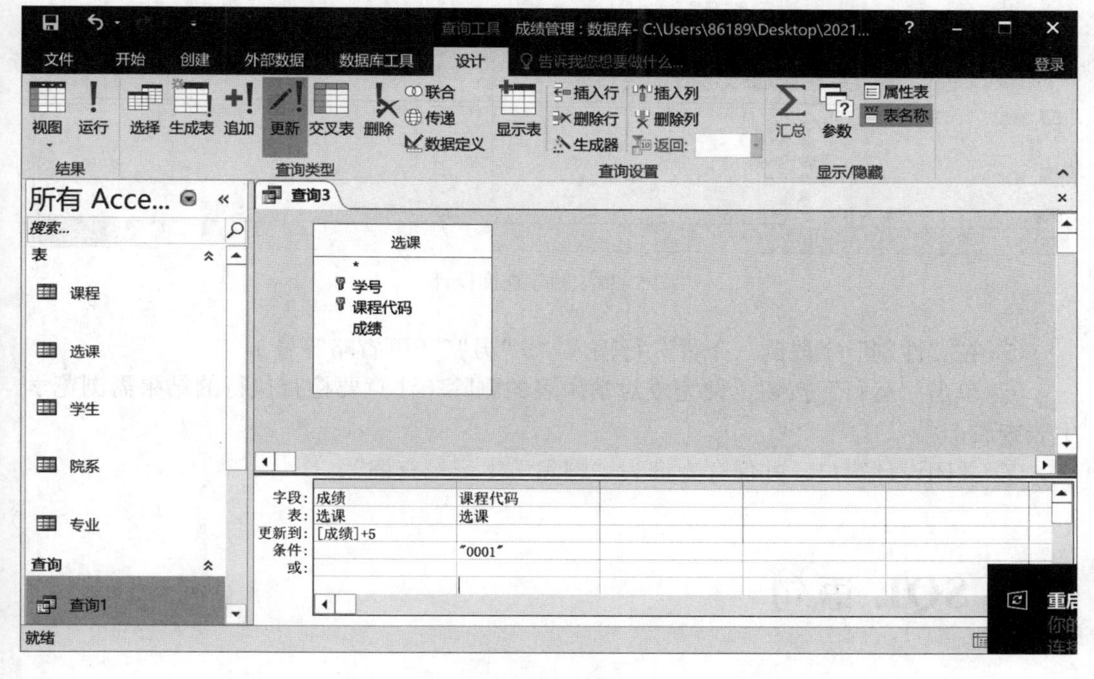

图 5-34 更新查询设计

⑤ 在“成绩”字段的“更新到”行输入“[成绩] +5”。在“课程代码”字段的“条件”行输入“="0001"”（可省略等号）。

⑥ 单击“运行”按钮，便完成对成绩的修改（注意要检查执行的结果需浏览选课表查看）。

⑦ 关闭设计窗口，并保存查询为“更新成绩查询”。

【**例 5-9**】打开成绩管理数据库，删除学生表中所有男同学记录。

操作步骤如下。

① 执行“创建”选项卡｜“查询”组｜“查询设计”命令。

② 选择学生表并添加。

③ 执行“查询工具”｜“设计”选项卡｜“查询类型”组｜“删除”命令。

④ 在如图 5-35 所示的窗口中，选择“性别”字段。

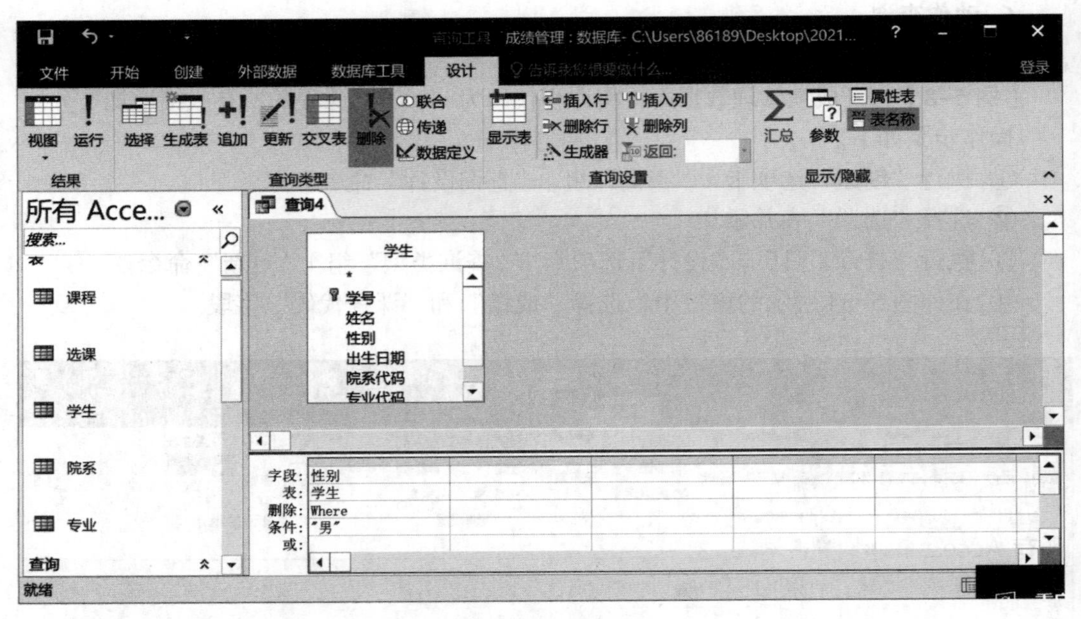

图 5-35　删除查询设计

⑤ 在“性别”字段的“条件”行输入“= "男"”(可省略等号)。

⑥ 单击“运行”按钮，便完成对学生表的删除(注意要检查执行的结果需浏览学生表查看)。

⑦ 关闭设计窗口，并保存查询为“删除学生记录查询”。

5.5　SQL 语句

SQL 是关系数据库标准的访问语言，它提供了一系列完整的数据定义、数据查询、数据操纵和数据控制等功能。SQL 语言可以直接在查询窗口中以人机交互方式使用，也可以嵌入到程序设计语言中执行。前面学习了利用查询设计器对数据库进行查询、更新、删除操作，实际上查询设计器是一个交互式的辅助生成 SQL 语句的工具。

例如，打开“查询成绩表”查询，执行“查询工具”|“设计”选项卡|“结果”组|“视图”下拉列表|“SQL 视图”命令，显示如图 5-36 所示的窗口。图中显示的是一个标准的 SQL 查询语句，它就是利用查询设计器生成的。在 SQL 视图中，可以输入和修改 SQL 语句，甚至可输入查询设计器无法实现的复杂 SQL 语句。

虽然 SQL 语言功能强，但仅有为数不多的几条命令，语法也非常简单。下面简单介绍 SQL 常用语法格式。

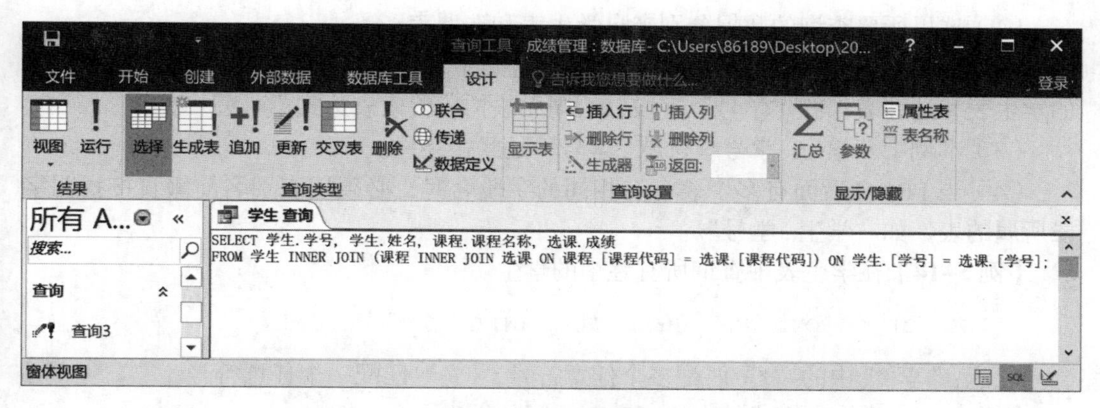

图 5-36 SQL 视图

1. SQL 查询语句

SQL 的核心是查询功能，SQL 的查询命令也称作 SELECT 命令，它的常用语法格式如下（斜体字部分为注释，用于说明语句功能）。

```
SELECT [ALL|DISTINCT][TOP (表达式)]……              说明要查询的数据
FROM [数据库名 !]<表名>                              说明数据来源
     [[INNER|LEFT[OUTER]|RIGHT[OUTER]]              说明与其他表联接方式
      JOIN 数据库名 ! 表名 ON <联接条件>]
WHERE……                                             说明查询的条件
[GROUP BY……]                                         对查询结果进行分组
[HAVING……]                                           限定分组满足的条件
[ORDER BY ……]                                        对查询结果进行排序
[UNION [ALL] ……]                                     对多个查询结果进行合并
```

【例 5-10】查询学生表中所有字段。

```
SELECT * FROM 学生
```

注意：* 是通配符，代表全部字段列表。

【例 5-11】查询学生表中所有学号和姓名。

```
SELECT 学号,姓名 FROM 学生
```

注意：字段名之间要用英文逗号分隔。

【例 5-12】从成绩表中查询所有成绩大于 85 分的学号。

```
SELECT DISTINCT 学号 FROM 选课 WHERE 选课 . 成绩 >85
```

注意：DISTINCT 用于去掉重复值。

【例 5-13】查询至少有一门课程成绩大于 85 分的学生姓名。

```
SELECT 姓名 FROM 学生,选课
WHERE 选课 . 成绩 >85 AND 学生 . 学号 = 选课 . 学号
```

注意：

（1）这里所要查询的数据分别来自学生表和选课表。

（2）如果在 FROM 之后有两个表，那么这两个表之间一般有一种关系，如本例中的学生表和选课表都有“学号”字段，否则无法构成检索表达式。

（3）本例中“学生 . 学号 = 选课 . 学号”是联接条件。

（4）当 FROM 后面有多个表含有相同的字段名时，必须用表别名前缀直接指明字段所属的表，如“学生 . 学号”。

【例 5–14】 在学生表中查询所有姓李的学生。

```
SELECT * FROM 学生 WHERE 姓名 LIKE "李*"
```

注意："李*" 中的“*”匹配多个任意符号，“？”匹配一个任意符号。

【例 5–15】 查询所有成绩在 80 和 90 之间的学生。

```
SELECT 学生 . 姓名 FROM 学生,选课
WHERE（选课 . 成绩 BETWEEN 80 AND 90）AND（学生 . 学号 = 选课 . 学号）
```

【例 5–16】 统计每门课程的名称、平均成绩。

```
SELECT 课程 . 课程名称,AVG(选课 . 成绩）AS “平均成绩” FROM 课程,选课;
WHERE 选课 . 课程代码 = 课程 . 课程代码 GROUP BY 课程 . 课程名称
```

【例 5–17】 查询选修了 3 门课程以上学生的学号。

```
SELECT 学号 FROM 选课 GROUP BY 学号 HAVING COUNT(*)>=3
```

> 说明：HAVING 子句的作用是指定查询的结果所满足的条件，通常和 GROUP BY 配合使用，而 WHERE 子句的作用是指定参与查询的表中的数据所满足的条件。

【例 5–18】 按学号升序、成绩降序检索学生成绩。

```
SELECT * FROM 选课 ORDER BY 学号 ASC , 成绩 DESC
```

> 说明：SQL 使用 ORDER BY 进行排序的操作，ASC 表示升序，DESC 表示降序，默认为升序排序。

【例 5–19】 将学生表和成绩表按内部联接，查询每个学生的学号、姓名、课程代码、成绩。

```
SELECT 学生 . 学号,学生 . 姓名,选课 . 课程代码,选课 . 成绩
FROM 学生 INNER JOIN 选课 ON 学生 . 学号 = 选课 . 学号
```

> 说明：SQL 中 FROM 子句后的 JOIN 联接有 3 种形式，其意义如下。
>
> 内部联接 [INNER] JOIN，内部联接与普通联接相同，只有满足条件的记录才出现在查询结果中。

左联接 LEFT [OUTER] JOIN，在查询结果中包含 JOIN 左侧表中的所有记录，以及右侧表中匹配的记录。

右联接 RIGHT [OUTER] JOIN，在查询结果中包含 JOIN 右侧表中的所有记录，以及左侧表中匹配的记录。

2. SQL 数据操纵语句（动作查询）

删除记录的 SQL 语言命令格式为：

```
DELETE  FROM  <表名>  WHERE  <条件表达式>
```

更新是指对记录进行修改，用 SQL 语言更新记录的命令格式为：

```
UPDATE <表名>   SET <字段名 1>=<表达式 1>[,<字段名 2>=<表达式 2>…];
 WHERE <条件表达式>
```

【例 5-20】删除学生表中所有男同学记录。

```
DELETE  FROM  学生  WHERE  学生.性别="男"
```

注意：若省略 WHERE 子句，将删除表中全部记录。

【例 5-21】将成绩表中所有课程代号为“0001”的成绩增加 5 分。

```
UPDATE 选课 SET 成绩=成绩+5 WHERE 课程代号='0001'
```

实验 5.1　建立学生成绩数据库

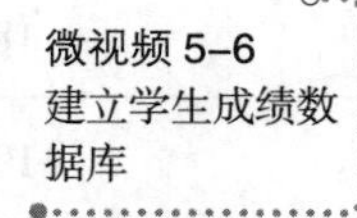

一、实验目的

（1）掌握 Access 数据库的创建方法。

（2）掌握利用设计视图建立表结构的方法。

（3）掌握利用数据表视图输入、修改表记录的方法。

（4）了解利用 SQL 数据定义语句建立表结构的方法。

（5）了解利用 SQL 数据更新语句输入、修改表记录的方法。

微视频 5-6
建立学生成绩数据库

二、实验内容

根据表 5-13、表 5-14 和表 5-15 提供的数据，创建“学生成绩”数据库。

表 5-13　学　生　表

学号	姓名	系别	性别	出生日期	身高
16140101	韩柱	计算机	男	1996-06-30	1.75
16140102	吕新	计算机	女	1996-08-20	1.62

续表

学号	姓名	系别	性别	出生日期	身高
18140101	朱学辉	自动控制	男	1996-08-10	1.70
19140201	朱爱丽	应用数学	女	1995-10-20	1.65
19140102	鞠海峰	管理工程	男	1995-05-16	1.80

表5-14 课 程 表

课程号	课程名	学时	开课时间
CC112	软件工程	60	春
CS202	数据库	45	秋
EE103	控制工程	60	春
ME234	数学分析	40	秋
MS211	人工智能	60	秋

表5-15 选课成绩表

学号	课程号	成绩
16140101	CC112	84.5
16140101	CS202	82.0
19140201	CC112	92.0
18140101	ME234	85.0
19140201	ME234	92.5
19140201	MS211	90.0
19140102	MS211	70.5
19140102	CS202	75

三、实验步骤

1. 创建学生成绩管理空白桌面数据库

（1）启动Access，选择“空白桌面数据库”选项，建立数据库。

（2）输入数据库文件名“学生成绩”，并单击“创建”按钮，生成学生成绩空白桌面数据库。

2. 利用设计器创建学生表结构

（1）打开“学生成绩”数据库。

（2）执行“创建”选项卡｜“表格”组｜“表设计”命令，打开如图 5–37 所示的表设计视图。

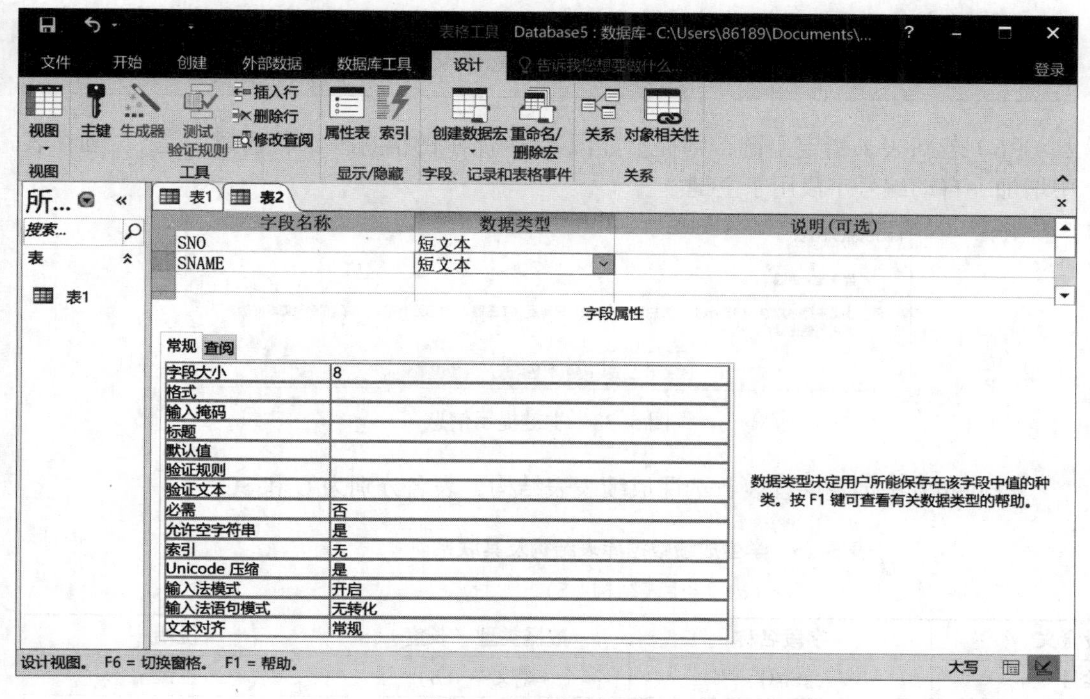

图 5–37　表设计视图

（3）输入学生表结构所有字段，选择其数据类型，并输入其字段大小（参见表 5–16）。

（4）选择“学号”字段行（若是多字段构成主键，可按住 Ctrl 键，选择多个字段），在“工具”组中选择“主键”。

（5）以上工作完成后，执行“文件”｜“保存”命令或关闭表设计窗口，在打开的提示对话框中输入新表名称 S，保存新表。

> 说明：
>
> ① 建立 Access 表，首先要创建表结构，表结构包括字段名、字段数据类型、字段说明、字段属性、主键、索引等内容。
>
> ② 字段是表的基本存储单位，为字段命名是为了方便地使用和识别字段。字段名在表中应是唯一的，最好使用便于理解的名字。如学号可以使用“SNO”为字段名，也可用汉语拼音、汉字作为字段名。
>
> ③ 字段数据类型决定字段能存储什么样的数据。如学号字段“SNO”设置为短文本类型，长度为 4 表示最多可存储 4 个字母、数字等，出生日期字段“BDATE”设置为日期时间型，表示只能存储日期时间。

④ 主键即主关键字，对一个表来说不是必需的，但一般都指定一个主键。主键可以由一个或多个字段构成，不同的记录主键值不可相同，从而保证表中记录的唯一性。例如，在学生表中，“学号”可作为主键；在选课成绩表中，“学号”与“课程号”组合可作为主键。

⑤“自动编号”是一种特殊的数据类型，该类型字段在添加记录时自动插入整数序号（每次增加1），其值不可更改，对于每个记录来说都是唯一的。

（6）若新表未指定主键，则提示如图5–38所示的信息框，若选择“是”，则在表中增加一自动编号字段用于主键。

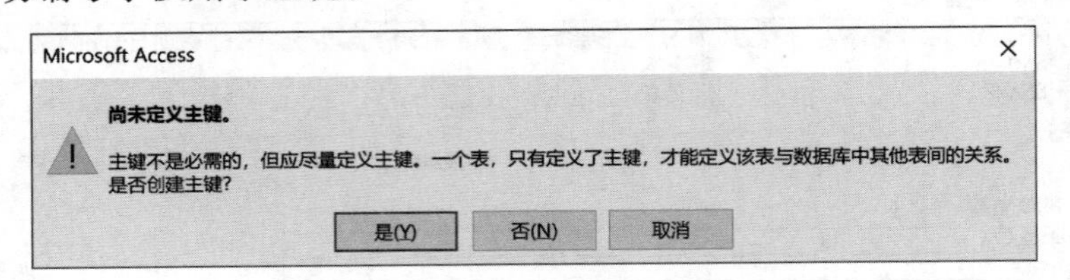

图5–38　主键提示信息

以同样方法创建课程表、选课成绩表表结构，表名分别为C和SC。

表5–16　学生成绩数据库表结构及其联系

（a）学生表结构（S）

字段含义	字段名称	数据类型（长度）	说明
学号	SNO	短文本（8）	主键
姓名	SNAME	短文本（8）	
系别	DEPART	短文本（10）	
性别	SEX	短文本（1）	
出生日期	BDATE	日期	
身高	HEIGHT	数字（单精度型）	

（b）课程表结构（C）

字段含义	字段名称	数据类型（长度）	说明
课程代码	CNO	短文本（5）	主键
课程名	CNAME	短文本（10）	
学时	LHOUR	数字（整型）	
开课时间	SEMESTER	短文本（2）	

（c）选课成绩表结构（SC）

字段含义	字段名称	数据类型（长度）	说明	
学号	SNO	短文本（8）	外关键字	组合主键
课程代码	CNO	短文本（5）	外关键字	
成绩	GRADE	数字（单精度型）		

> 说明：为便于理解，以下对字段的说明采用字段的中文含义描述，如 SNO 字段表示为“学号”字段。

3. 利用数据表视图输入、修改、删除学生表记录

（1）打开数据库，选择表对象，双击要浏览的表 S，打开如图 5-39 所示的数据表视图（首次打开时，无任何记录）。

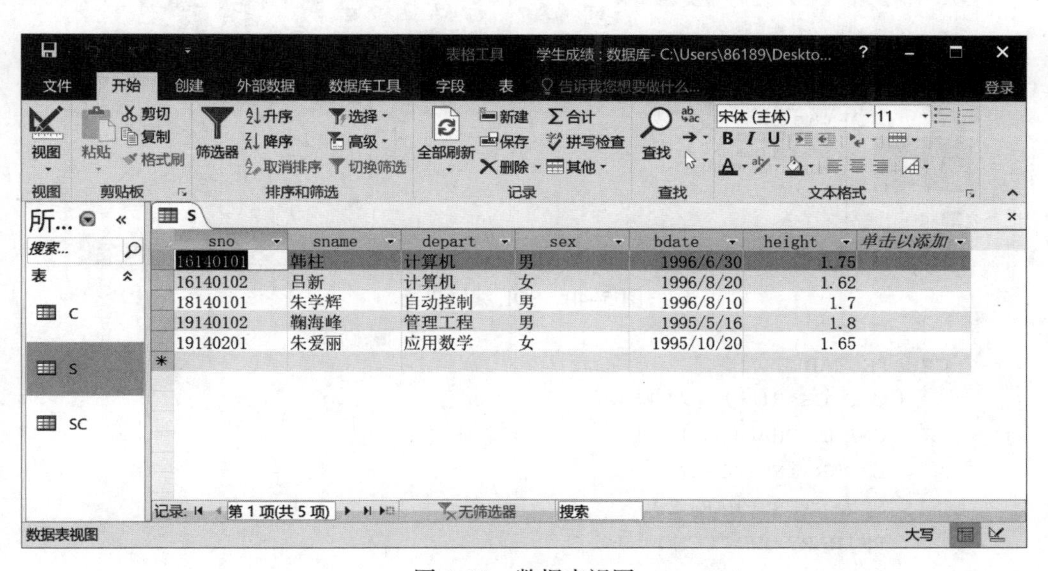

图 5-39　数据表视图

（2）在数据表视图中，可一行行输入记录。

（3）单击要修改的单元格，使光标定位在某字符前面，可直接对原值进行修改。

（4）选择要删除的记录行（单击行定位器，整条记录颜色发生变化，表示已选择该条记录），执行“开始”选项卡｜“记录”组｜“删除”命令，可删除相应记录。

> 说明：
>
> ① 数据表结构建立后，即可进入数据表视图进行记录的输入和编辑，此时若发现结构设置不当，导致不能正确输入数据，可选择“开始”选项卡｜“视图”组｜“设计视图”命令，进行结构修改。修改完成后，再选择“数据表视图”命令，进行记录修改。
>
> ② 这里所讲的“视图”是指 Access 特定的操作界面，而非数据库理论中所说的“视图”。
>
> ③ 由于设置了“SNO”为主键，因此不允许输入两条学号相同的记录（两条空记录也是不允许的）。

4. 使用 SQL 数据定义语句创建课程表及选课成绩表结构

（1）执行“创建”选项卡｜“查询”组｜“查询设计”命令，在“显示表”对话框中单击“关闭”按钮，打开查询设计视图。

（2）执行“查询工具”|“设计”选项卡|“结果”组|“视图”下拉列表|“SQL 视图”命令，进入如图 5-40 所示的 SQL 编辑界面。

（3）输入如下创建课程表 C 结构的 SQL 数据定义语句：

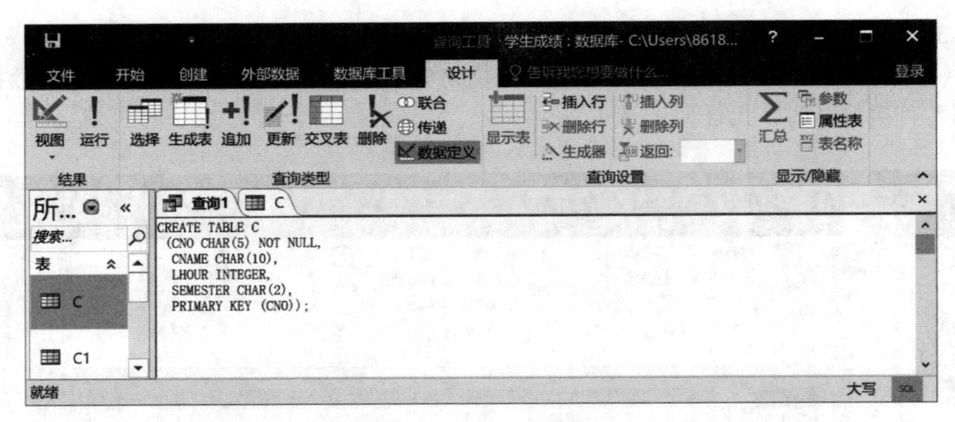

图 5-40　SQL 编辑界面

```
CREATE TABLE C
    ( CNO CHAR( 5 ) NOT NULL,
      CNAME CHAR( 10 ),
      LHOUR INTEGER,
      SEMESTER CHAR( 2 ),
      PRIMARY KEY ( CNO ) );
```

（4）单击“运行”按钮，执行该查询。

（5）关闭查询设计窗口，系统提示是否保存查询，可选择“否”。

（6）选择表对象，在右边窗口中显示新建的表 C。双击表 C，执行“表格工具”|“字段”选项卡|“视图”组|“视图”下拉列表|“设计视图”命令，显示表 C 的结构。

（7）以同样方法，执行如下 SQL 数据定义语句，创建选课成绩表 SC。

```
CREATE TABLE SC
  ( SNO CHAR( 4 ) NOT NULL,
    CNO CHAR( 5 ) NOT NULL,
    GRADE NUMBER,
    PRIMARY KEY ( SNO, CNO ) );
```

说明：

① 可以看出，数据表结构可在结构设计视图中建立，也可利用 SQL 数据定义语句 CREATE TABLE 来创建。

② CREATE TABLE 语句中，用“CHAR”“INTEGER”“DATE”“NUMBER”分别表示“文本”“整数”“日期”“数字”数据类型，用“PRIMARY KEY ”指出主键，用“NOT NULL”表示字段不允许为空值。

③ SQL 语句中使用的分隔符均为英文符号，如引号、逗号、括号等。

5. 使用 SQL 数据更新语句输入课程表记录

（1）执行“创建”选项卡 |“查询”组 |“查询设计”命令，在“显示表”对话框中单击“关闭”按钮，打开查询设计视图。

（2）执行“查询工具”|“设计”选项卡 |“结果”组 |“视图”下拉列表 |“SQL 视图”命令，进入如图 5-40 所示的 SQL 编辑界面。

（3）输入如下追加课程表 C 第一条记录的 SQL 数据更新语句：

```
INSERT INTO C(CNO,CNAME,LHOUR,SEMESTER)
       VALUES("CS203","操作系统",60,"春")
```

（4）单击“运行”按钮，执行该查询，第一条记录即追加到表 C 中（只能执行一次，否则课程号重复）。

（5）修改 VALUES 后面的参数值并执行，可追加其他记录。

（6）关闭查询界面，系统提示是否保存查询，可选择“否”。

（7）在数据库窗口中，选择表对象，双击表 C，显示表 C 新追加的记录。

说明：

① 可以看出，数据表记录可在数据表视图中直接输入，也可利用 SQL 数据更新语句 INSERT 来追加。

② 在使用 INSERT 语句时，要注意字段参数与值参数数据类型的一致性。在 Access 中用英文的引号表示文本常量、用 # 号表示日期常量，数值直接使用。如 "CC112"、#2005-06-10#、60 分别表示文本、日期和数值。

6. 使用 SQL 数据更新语句删除和修改课程表记录

（1）执行“创建”选项卡 |“查询”组 |“查询设计”命令，在“显示表”对话框中单击“关闭”按钮，打开查询设计视图。

（2）执行“查询工具”|“设计”选项卡 |“结果”组 |“视图”下拉列表 |“SQL 视图”命令，进入如图 5-40 所示的 SQL 编辑界面。

（3）输入如下删除课程表 C 中课程号为“CS203”记录的 SQL 数据更新语句：

```
DELETE FROM C
       WHERE CNO="CS203"
```

（4）单击“运行”按钮，执行该查询，第一条记录即被删除。

（5）将上面的语句删除并输入如下 SQL 数据更新语句，执行后可将课程号为“CS202”的学时增加 10。

```
UPDATE  C
   SET LHOUR=LHOUR+10
   WHERE CNO="CS202"
```

（6）关闭查询界面，系统提示是否保存查询，可选择“否”。

（7）在数据库窗口中，选择表对象，双击表 C，显示表 C 修改后的记录。

> 说明：
>
> ① 可以看出，数据表记录可在数据表视图中直接删除和修改，也可利用 SQL 数据更新语句 DELETE、UPDATE 来实现。
>
> ② 在 DELETE、UPDATE 语句中，若省略 WHERE 条件子句，将删除或修改表中所有记录。

四、思考与实践

1. Access 是什么类型的数据库？试说明实验中涉及哪几个关系及其联系。
2. 用下面的 SQL 语句创建表 S1 的结构。

```
CREATE TABLE S1
( SNO CHAR(4) NOT NULL,
   SNAME  CHAR(8),
   DEPART CHAR(10),
   SEX CHAR(1),
   DDATE DATE,
   HEIGHT NUMBER,
   PRIMARY KEY (SNO));
```

3. 写出删除表 S 中所有记录的 SQL 语句。

实验素材

实验 5.2　查询学生成绩

一、实验目的

（1）掌握利用查询设计器创建简单查询的方法。
（2）掌握利用查询设计器创建汇总查询的方法。
（3）了解 SQL 查询语句的使用方法。
（4）了解 SQL 查询语句的语法。

二、实验内容

根据提供的素材数据库“学生成绩 .accdb”（其表及各字段意义同实验 5.1），利用查询设计器和 SQL 查询语句查询学生成绩情况。

微视频 5-7
查询学生成绩

三、实验步骤

实验准备：打开实验 5.2 实验素材中的“学生成绩 .accdb”数据库。

1. 使用查询设计器查询学生的各课程成绩

（1）执行“创建”选项卡 |“查询”组 |“查询设计”命令，打开“显示表”对话框。
（2）依次添加 S、SC、C 3 个表，完成后关闭对话框。

（3）选择 S 表的 SNO 字段拖放到 SC 表的 SNO 字段上，选择 SC 表的 CNO 字段拖放到 C 表的 CNO 字段上，建立表之间的关系，如图 5–41 所示。

（4）在如图 5–41 所示的查询设计视图中，依次在各表中选择所需字段（拖放或选择列表）。

（5）执行“查询工具”|“设计”选项卡|“结果”组|“视图”下拉列表|“数据表视图”命令，查看查询结果，如图 5–42 所示。

（6）关闭设计窗口，根据提示保存为“查询实验 1”。

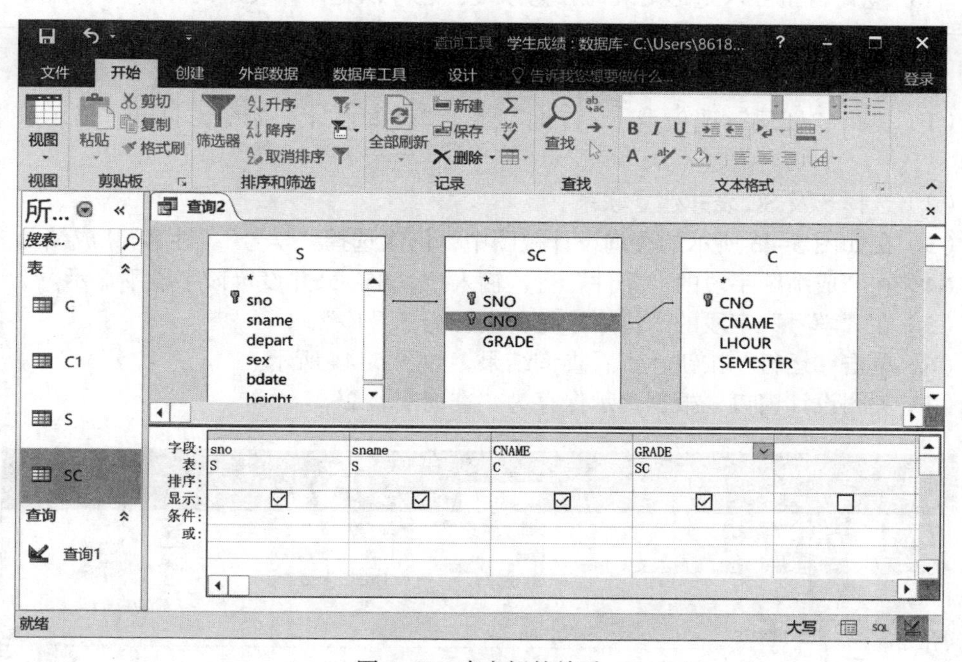

图 5–41　表之间的关系

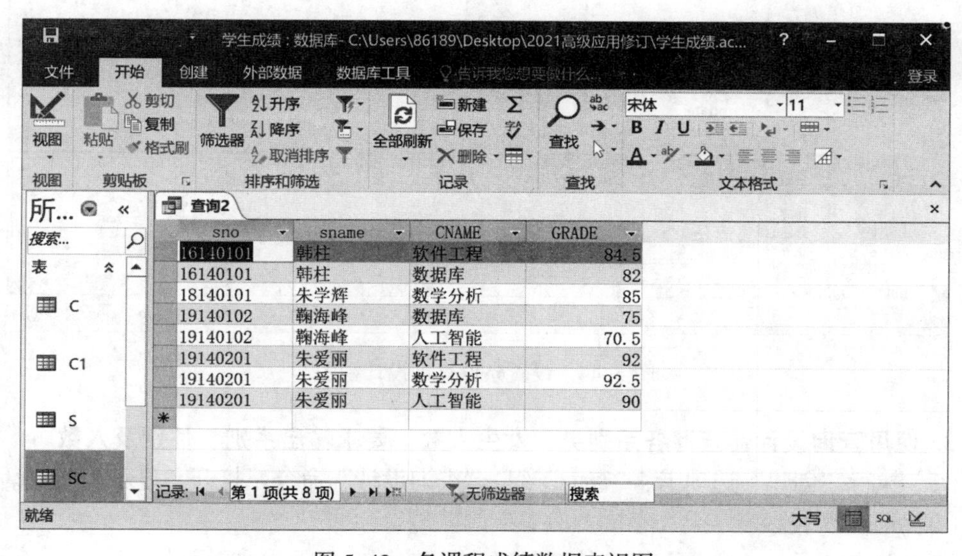

图 5–42　各课程成绩数据表视图

> 说明：
>
> ① 查询可以从单个或多个表中获取数据，添加哪几个表由输出来决定。不应添加不需要的表，否则结果可能不正确。
>
> ② 在查询设计视图中添加数据表后，表与表之间的连线表示两表之间的联系，它是系统根据数据库表的关系自动建立的，若没有设置数据库表的关系，需要人工设置。
>
> ③ 查询输出可以是选定表的任意字段，也可以是计算表达式。

2. 使用查询设计器查询所有成绩在 85 分以上的学生的学号及姓名

（1）执行“创建”选项卡 | “查询”组 | “查询设计”命令，打开“显示表”对话框。

（2）选择 S 及 SC 表并建立联系。

（3）在如图 5–43 所示的查询设计视图中，依次选择“学号”“姓名”“成绩”。

（4）在“成绩”字段的“条件”行，输入“>=85”，并设置该字段不显示。

（5）在“学号”字段的“排序”行，设置为“升序”。

（6）单击“运行”按钮，查看查询结果，如图 5–44 所示。

（7）关闭设计窗口，根据提示保存为“查询实验 2”。

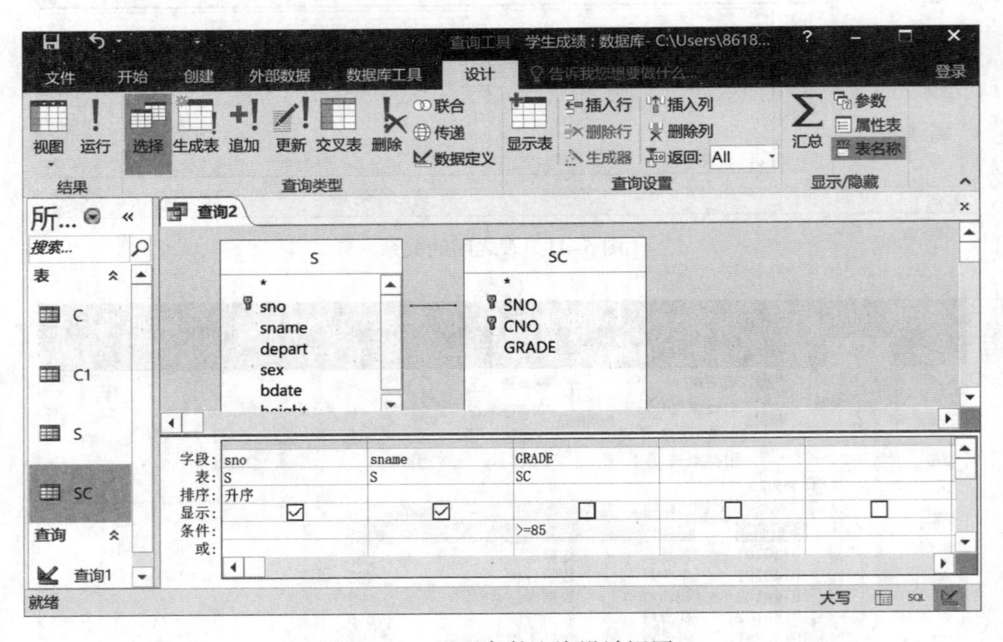

图 5–43　设置条件查询设计视图

3. 使用查询设计器查询各系别男、女生人数，要求输出系别、性别及人数

（1）执行“创建”选项卡 | “查询”组 | “查询设计”命令，打开“显示表”对话框。

（2）选择 S 表。

（3）单击“显示 / 隐藏”组中的“∑ 汇总”按钮，显示出“总计”行。

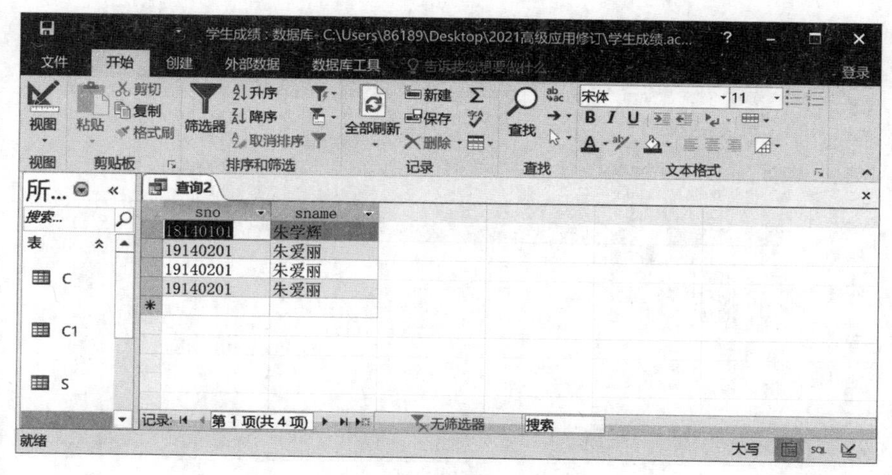

图 5-44　设置条件查询结果

（4）在如图 5-45 所示的查询设计视图中，依次选择“系别”“性别”“学号”（这里选择了“学号”，只是为了进行统计记录个数，实际上可选择任何其他字段）。

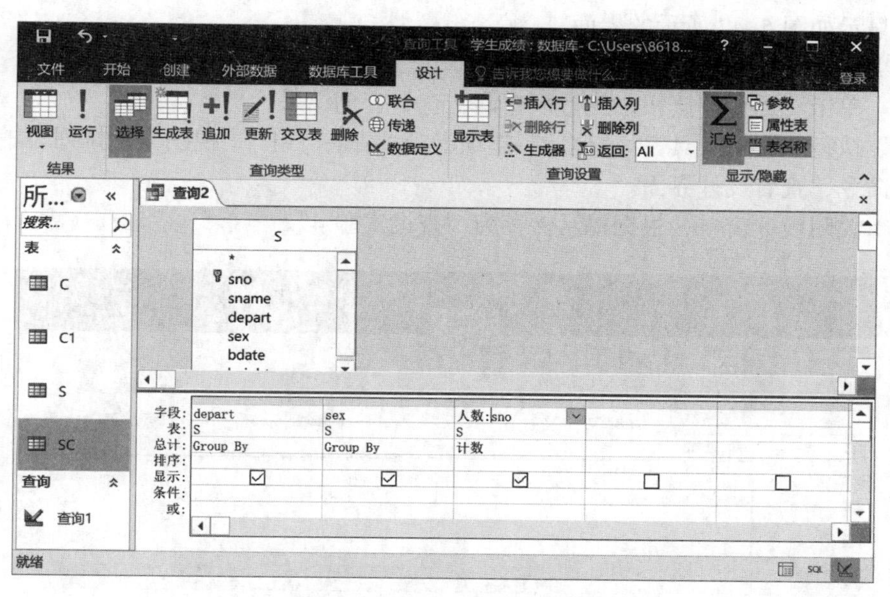

图 5-45　计数查询设计视图

（5）分别在“系别”“性别”字段的“总计”行选择“GROUP BY”（题目要求按系别、性别进行统计，因此应按系别、性别来分组）。

（6）在“学号”字段的“总计”行，选择“计数”。在“SNO”左边加上“人数”并用英文“：”隔开（“人数”将作为查询结果的列名）。

（7）单击“运行”按钮，查看查询结果，如图 5-46 所示。

（8）关闭设计窗口，根据提示保存为“查询实验 3”。

4. 使用 SQL 语句创建查询得到所有成绩在 85 分以上的学生学号及姓名

（1）执行“创建”选项卡 |“查询”组 |“查询设计”命令，打开查询设计视图。

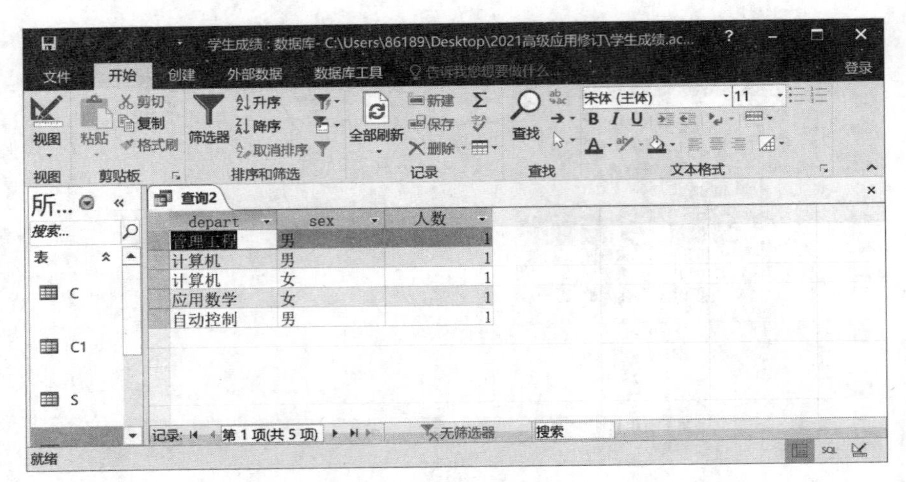

图 5-46　计数查询结果

（2）关闭“显示表”对话框。

（3）执行“查询工具”|“设计”选项卡|“结果”组|“视图”下拉列表|“SQL 视图”命令，显示如图 5-47 所示的界面。

（4）输入图 5-47 中所示的 SQL 语句。

（5）单击“运行”按钮，执行该查询，查看查询结果。

（6）执行“查询工具”|“设计”选项卡|“结果”组|“视图”下拉列表|“设计视图”命令，查看设计界面。

（7）关闭设计窗口，根据提示保存为“查询实验 4”。

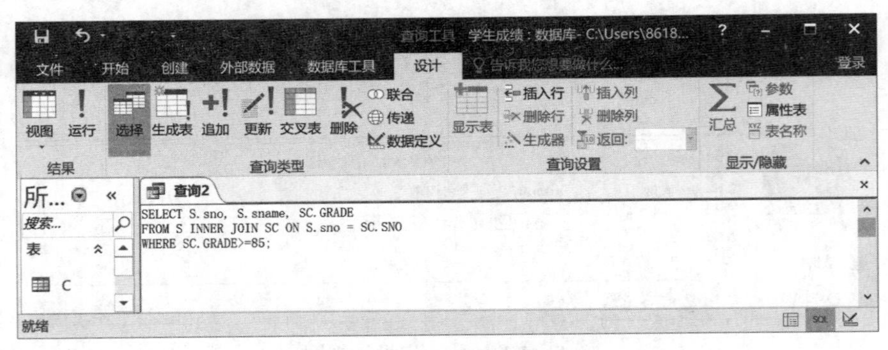

图 5-47　输入 SQL 语句视图

说明：

① 实际上查询设计器是一个交互式的辅助生成 SQL 语句的工具，对于比较简单的查询利用查询设计器创建既方便又快捷，但对于比较复杂的查询只能在 SQL 视图中直接输入执行。

② 在查询语句中，表名及字段名的方括号一般可省略。不同数据库的 SQL 语法格式略有差别。

5. 使用 SQL 语句创建查询统计每个学生选课门数、总分及均分

（1）执行“创建”选项卡｜“查询”组｜“查询设计”命令，打开查询设计视图。

（2）关闭“显示表”对话框。

（3）执行“查询工具”|“设计”选项卡|“结果”组|“视图”下拉列表|“SQL 视图”命令，显示如图 5-48 所示的界面。

（4）输入图 5-48 中所示的 SQL 语句。

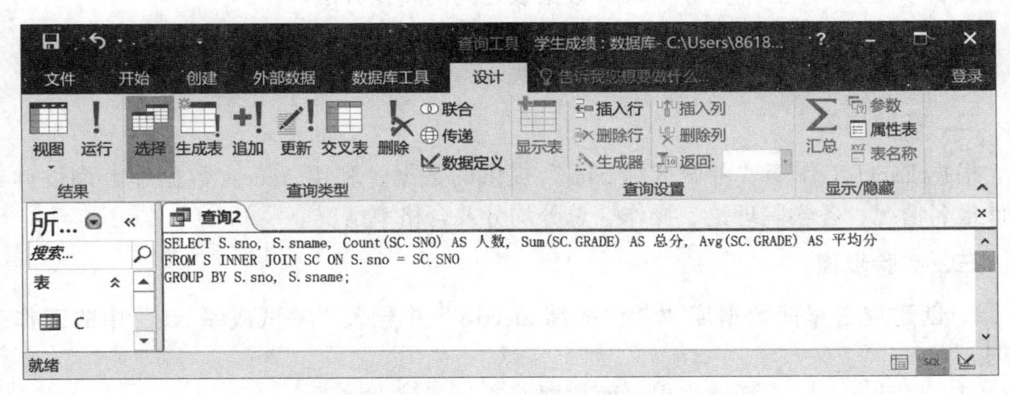

图 5-48　输入统计均分 SQL 视图

（5）单击“运行”按钮，执行该查询，查看查询结果。

（6）关闭设计窗口，根据提示保存为“查询实验 5”。

四、思考与实践

1. 思考关系代数基本运算与 SQL 查询语句各子句的关系。

2. 在 SQL 视图中输入 SQL 语句，再选择设计视图，查看效果。

3. 能否在一个查询基础上再新建一个查询？

4. 打开“Test1.accdb”数据库，按下列要求操作。

（1）基于院系表及教师表，查询“化科院”具有“博士”学位，职称为“讲师”的教师名单，要求输出“院系名称”“工号”“姓名”，查询保存为 CX1。

（2）基于教师表及教师工资表，查询各类职称教师基本工资总额，备注为“实习”的教师不参加统计（用 IS NULL 条件），要求输出“职称”“基本工资总额”，查询保存为 CX2。

（3）将 CX2 查询结果导出为工作簿“工资总额 .xlsx”。

5. 打开“Test2.accdb”数据库，按下列要求操作。

（1）将“报名 .xlsx”导入数据库，表名为“报名”。

（2）基于报名表、成绩表，查询成绩表中有但报名表中没有的学生信息（可以使用右联接），要求输出“学号”“总分”，查询保存为 CX1。

（3）基于院系表、学生表、成绩表，查询各学院考试成绩门次数，备注为“作弊”的成绩不参加统计（用 IS NULL 条件），要求输出“院系代码”“院系名称”“门次数”，查询保存为 CX2。

真题解析 5-1
数据库查询案例 1

真题解析 5-2
数据库查询案例 2

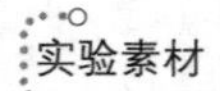

实验 5.3 考试成绩分析

一、实验目的

（1）掌握 Excel 工作表与 Access 数据表之间的转换方法。

（2）了解表之间联接属性在两组数据对比中的应用方法。

（3）了解基于多表复杂查询的设计方法。

二、实验内容

根据 Excel 工作簿“考试成绩 .xlsx”提供的数据，利用 Access 数据库查询设计器统计报名情况、各学院理论、操作、总分均分及合格率情况。

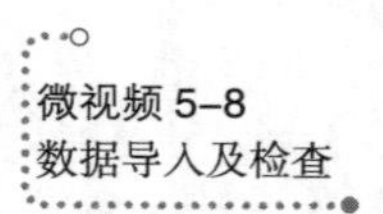

三、实验步骤

1. 创建空白桌面数据库“考试成绩 .accdb”并导入“考试成绩 .xls”中的工作表数据

（1）启动 Access，新建空白桌面数据库。

（2）执行“外部数据”选项卡｜“导入并链接”组｜“Excel”命令，打开如图 5–49 所示的对话框，依次导入“考试成绩 .xls”中 的“报名表”“考试成绩”“学生表”“学院代码”工作表。

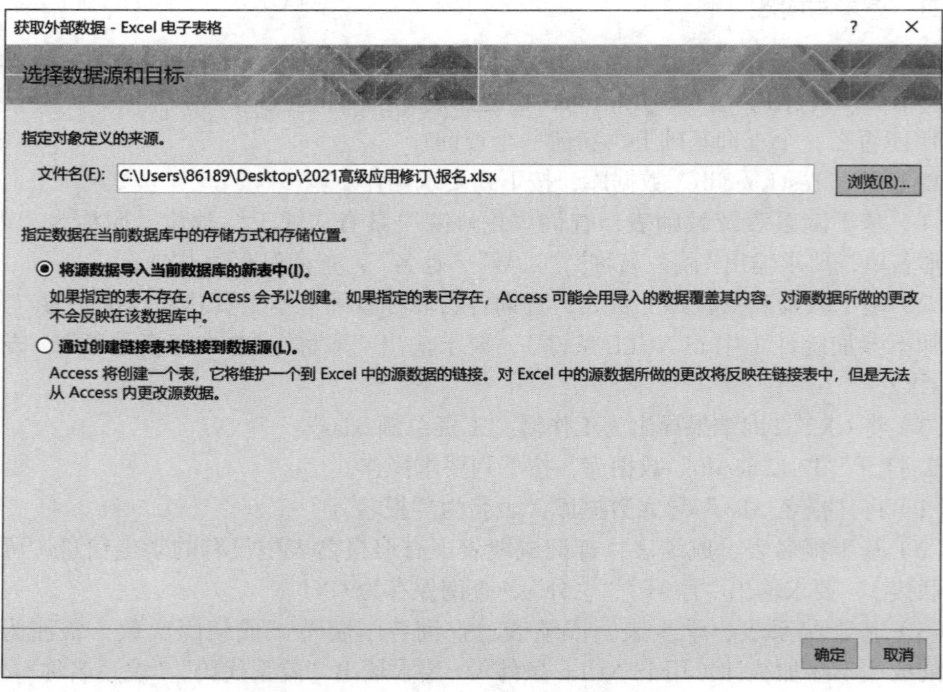

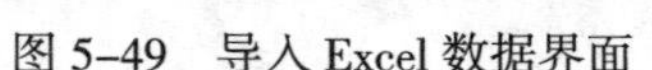
图 5–49 导入 Excel 数据界面

2. 根据“报名表”及“考试成绩”表查询报名考试但没有成绩的考生

（1）执行“创建”选项卡 | “查询”组 | “查询设计”命令，打开查询设计视图，依次选择“报名表”及“考试成绩”表。在如图 5–50 所示的查询设计视图中，选择“报名表”中“准考证号”字段并拖放到“考试成绩”中对应字段上，建立两表联接。

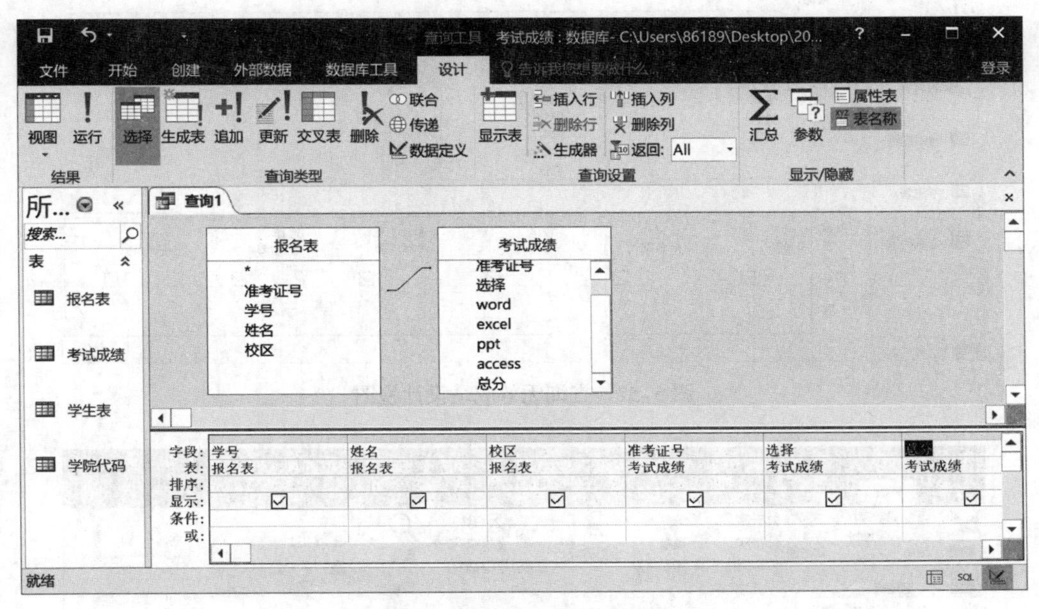

图 5–50　查询成绩设计视图

（2）在字段行上依次选择“报名表”及“考试成绩”表的各字段。

（3）执行查询查看结果（共有 392 条记录）。

（4）在“视图”下拉列表中选择“设计视图”命令，进入查询设计视图。选择表之间的联接线并右击，在弹出的快捷菜单中选择“联接属性”命令，打开对话框如图 5–51 所示，选择第 2 项。

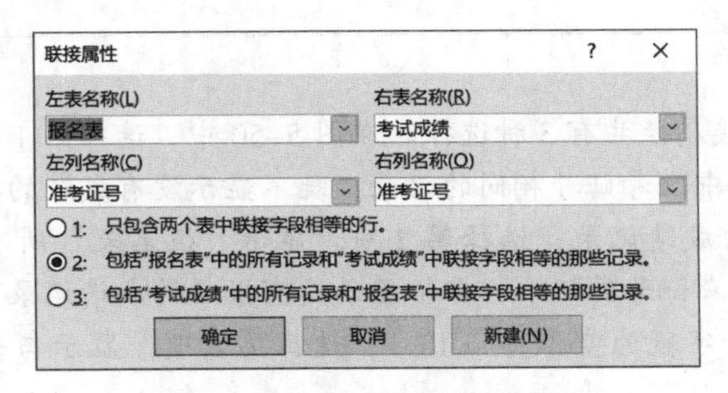

图 5–51　查询无效成绩联接属性

（5）执行查询显示结果（共有 394 条记录）。

（6）在查询设计视图中，为“考试成绩”表的“准考证号”字段设置“Is Null”条件，如图 5–52 所示，执行查询显示结果，如图 5–53 所示（共有 2 条记录）。

（7）关闭设计窗口，根据提示保存为“无有效成绩考生”。

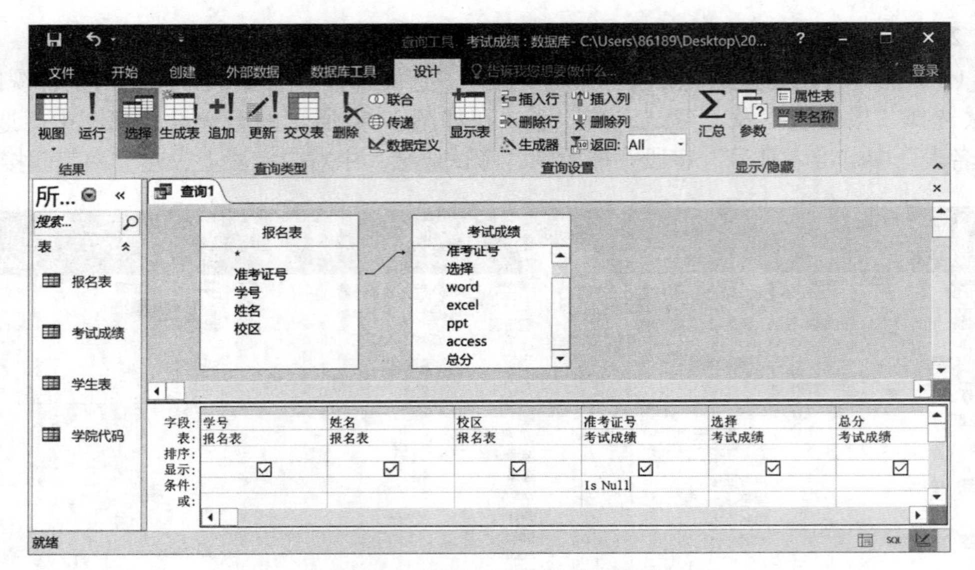

图 5-52　查询无效成绩设计视图

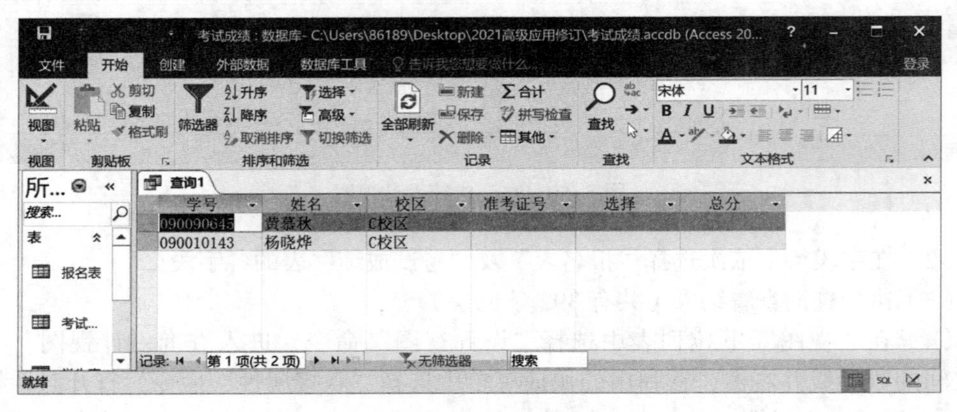

图 5-53　查询无效成绩结果

> 说明：
>
> ① 两表间联接属性共有 3 种选择。在图 5-50 中，选择第 1 项，只显示“报名表”和“成绩表”中准考证号相同的记录，既不显示没有成绩的报名考生记录，也不显示没有报名的成绩记录；选择第 2 项，显示“报名表”所有记录以及“成绩表”中具有相同准考证号的记录，但不显示没有报名的成绩记录，没有对应成绩的报名考生其成绩等字段为空值（NULL）；选择第 3 项，显示与选择第 2 项的结果正好相反。
>
> ② “Is Null”是判定为空值的表达式，其否定表达式为“Is Not Null”。

微视频 5-9
成绩统计分析

3. 根据报名表统计各语种报名考试人数（准考证号的 4、5 位为语种代码）

（1）执行“创建”选项卡｜“查询”组｜“查询设计”命令，选择“报名表”。在如图 5-54 所示的查询设计视图中，单击“显示 / 隐藏”组中的“∑ 汇总”按钮。

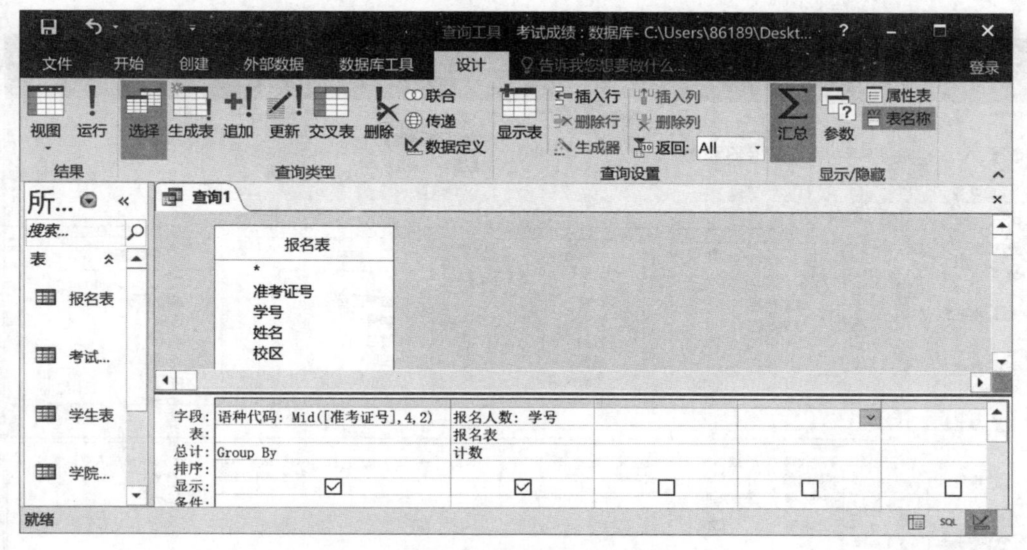

图 5-54　统计报名人数设计视图

（2）在“字段”行，依次选择或输入“语种代码：Mid（[准考证号]，4，2）”及“报名人数：学号”。

（3）在“语种代码”字段的“总计”行选择“Group By”；在“报名人数”列的“总计”行选择“计数”。

（4）单击“运行”按钮，执行查询查看结果，如图 5-55 所示。

（5）关闭设计窗口，根据提示保存查询为“报名人数”。

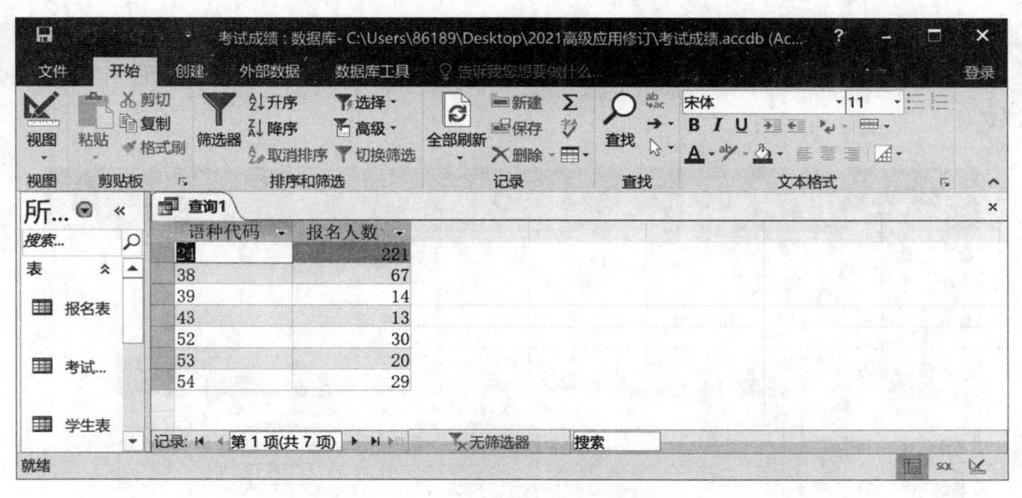

语种代码	报名人数
24	221
38	67
39	14
43	13
52	30
53	20
54	29

图 5-55　统计报名人数结果

4. 统计各学院理论、操作题均分及有效成绩人数

（1）执行“创建”选项卡｜“查询”组｜“查询设计”命令，打开查询设计视图，依次选择“学院代码”“学生表”“报名表”及“考试成绩”表，在如图 5-56 所示的查询设计视图中设置表之间联接关系。

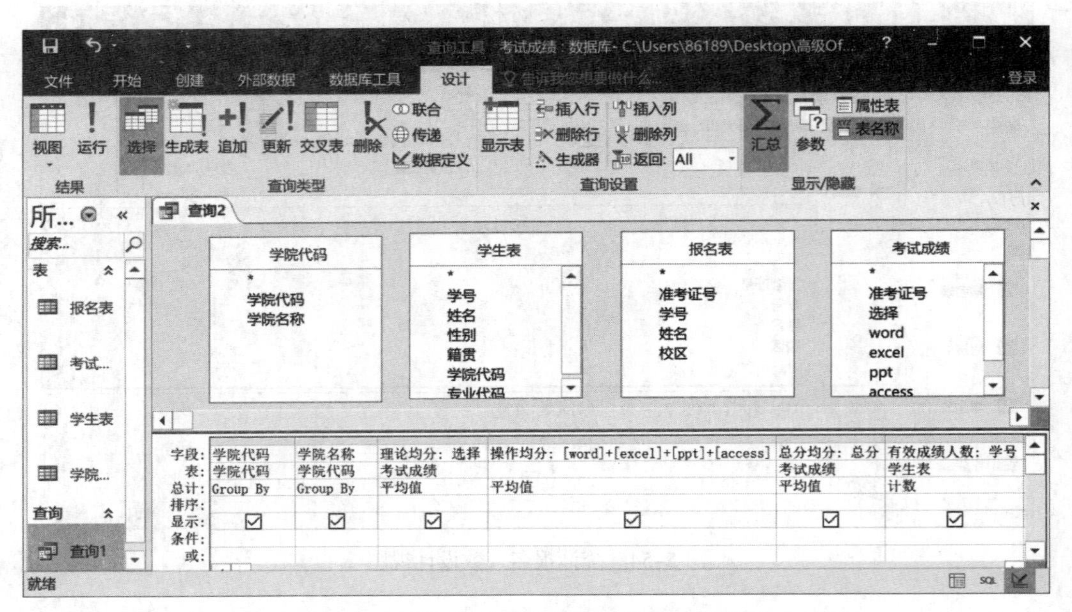

图 5–56　统计均分及有效成绩人数设计视图

（2）单击“显示 / 隐藏”组中的“∑ 汇总”按钮，显示出“总计”行。在“字段”行，依次选择或输入“学院代码”“学院名称”“理论均分：选择”“操作均分：[Word] + [Excel] + [PPT] + [Access]”“总分均分：总分”及“有效成绩人数：学号”。

（3）分别在“学院代码”“学院名称”字段的“总计”行选择“Group By”；在“理论均分”“操作均分”“总分均分”列的“总计”行选择“平均值”；在“有效成绩人数”列的“总计”行选择“计数”。

（4）执行查询查看结果，如图 5–57 所示。关闭设计窗口，根据提示保存为“均分人数”。

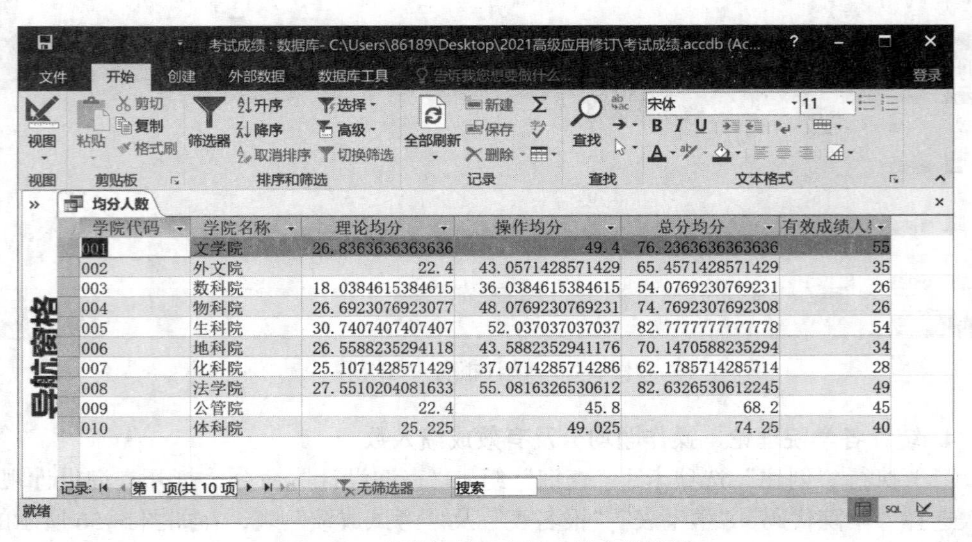

学院代码	学院名称	理论均分	操作均分	总分均分	有效成绩人数
001	文学院	26.8363636363636	49.4	76.2363636363636	55
002	外文院	22.4	43.0571428571429	65.4571428571429	35
003	数科院	18.0384615384615	36.0384615384615	54.0769230769231	26
004	物科院	26.6923076923077	48.0769230769231	74.7692307692308	26
005	生科院	30.7407407407407	52.037037037037	82.7777777777778	54
006	地科院	26.5588235294118	43.5882352941176	70.1470588235294	34
007	化科院	25.1071428571429	37.0714285714286	62.1785714285714	28
008	法学院	27.5510204081633	55.0816326530612	82.6326530612245	49
009	公管院	22.4	45.8	68.2	45
010	体科院	25.225	49.025	74.25	40

图 5–57　统计均分及有效成绩人数结果

5. 统计各学院成绩合格人数（总分大于或等于 60 分且理论分大于或等于 24 分为合格）

（1）执行“创建”选项卡 |“查询”组 |“查询设计”命令，打开查询设计视图，依次选择“学院代码”“学生表”“报名表”及“考试成绩”表，在如图 5-58 所示的查询设计视图中设置表之间联接关系。

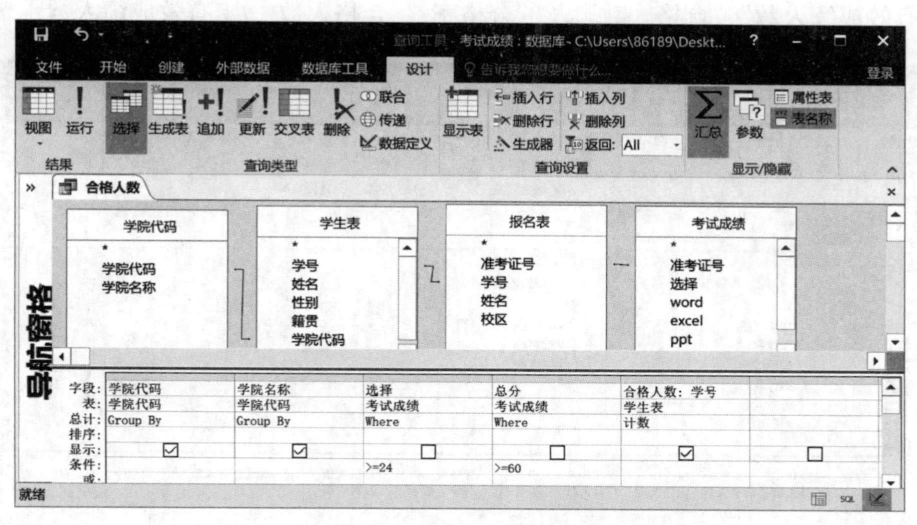

图 5-58　统计合格人数设计视图

（2）单击“显示 / 隐藏”组中的“∑ 汇总”按钮，显示出“总计”行。在“字段”行，依次选择或输入“学院代码”“学院名称”“选择”“总分”及“合格人数: 学号”。

（3）分别在“学院代码”“学院名称”字段的“总计”行选择“Group By”；在“选择”“总分”字段的“总计”行选择“Where”；在“合格人数: 学号”列的“总计”行，选择“计数”。分别在“选择”“总分”字段的“条件”行输入“>=24”和“>=60”。

（4）执行查询查看结果，如图 5-59 所示。关闭设计窗口，根据提示保存为“合格人数”。

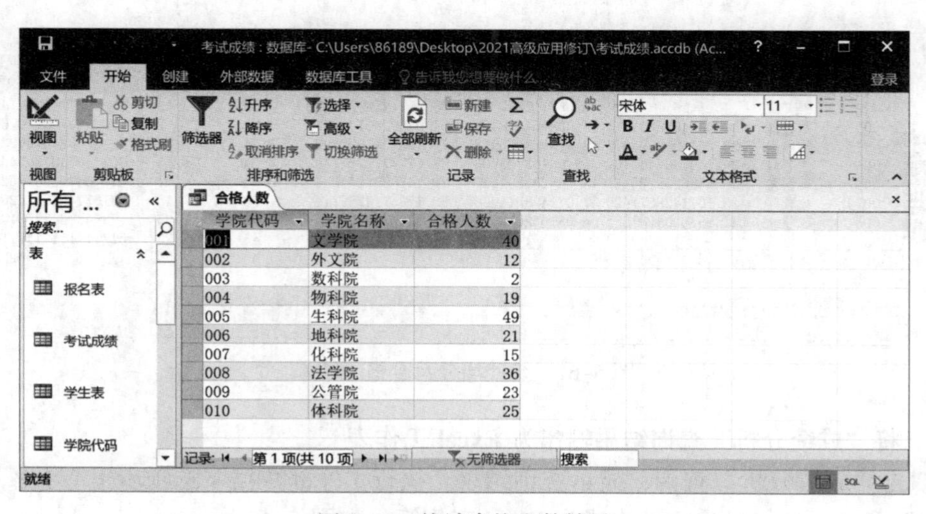

学院代码	学院名称	合格人数
001	文学院	40
002	外文院	12
003	数科院	2
004	物科院	19
005	生科院	49
006	地科院	21
007	化科院	15
008	法学院	36
009	公管院	23
010	体科院	25

图 5-59　统计合格人数结果

6. 合并两个查询并计算各学院成绩合格率

（1）执行“创建”选项卡｜“查询”组｜“查询设计”命令，打开查询设计视图，依次选择查询“均分人数”“合格人数”。在如图 5-60 所示的查询设计视图中，设置查询之间联接关系，依次选择或输入“学院代码”“学院名称”“理论均分”“总分均分”“有效成绩人数”“合格人数”及“合格率:［合格人数］/［有效成绩人数］*100”。

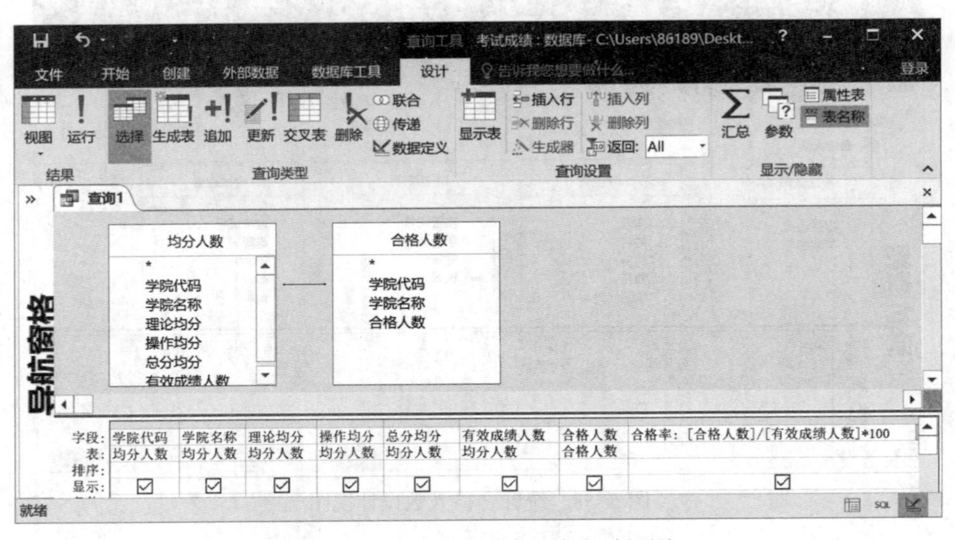

图 5-60　统计均分及合格率设计视图

（2）执行查询查看结果，如图 5-61 所示。关闭设计窗口，根据提示保存为“成绩分析”。

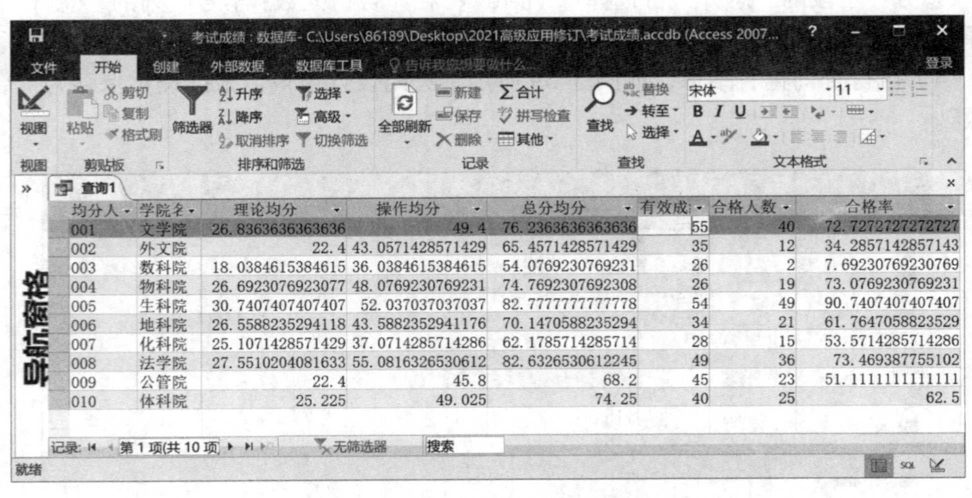

均分人	学院名	理论均分	操作均分	总分均分	有效成	合格人数	合格率
001	文学院	26.8363636363636	49.4	76.2363636363636	55	40	72.7272727272727
002	外文院	22.4	43.0571428571429	65.4571428571429	35	12	34.2857142857143
003	数科院	18.0384615384615	36.0384615384615	54.0769230769231	26	2	7.69230769230769
004	物科院	26.6923076923077	48.0769230769231	74.7692307692308	26	19	73.0769230769231
005	生科院	30.7407407407407	52.037037037037	82.7777777777778	54	49	90.7407407407407
006	地科院	26.5588235294118	43.5882352941176	70.1470588235294	34	21	61.7647058823529
007	化科院	25.1071428571429	37.0714285714286	62.1785714285714	28	15	53.5714285714286
008	法学院	27.5510204081633	55.0816326530612	82.6326530612245	49	36	73.469387755102
009	公管院	22.4	45.8	68.2	45	23	51.1111111111111
010	体科院	25.225	49.025	74.25	40	25	62.5

图 5-61　统计均分及合格率结果

7. 将“成绩分析”查询结果输出为 Excel 工作表

双击“成绩分析”查询，显示查询结果。执行“外部数据”选项卡｜“导出”组｜“Excel”命令，选择导出文件格式为 Excel 工作簿，如图 5-62 所示。

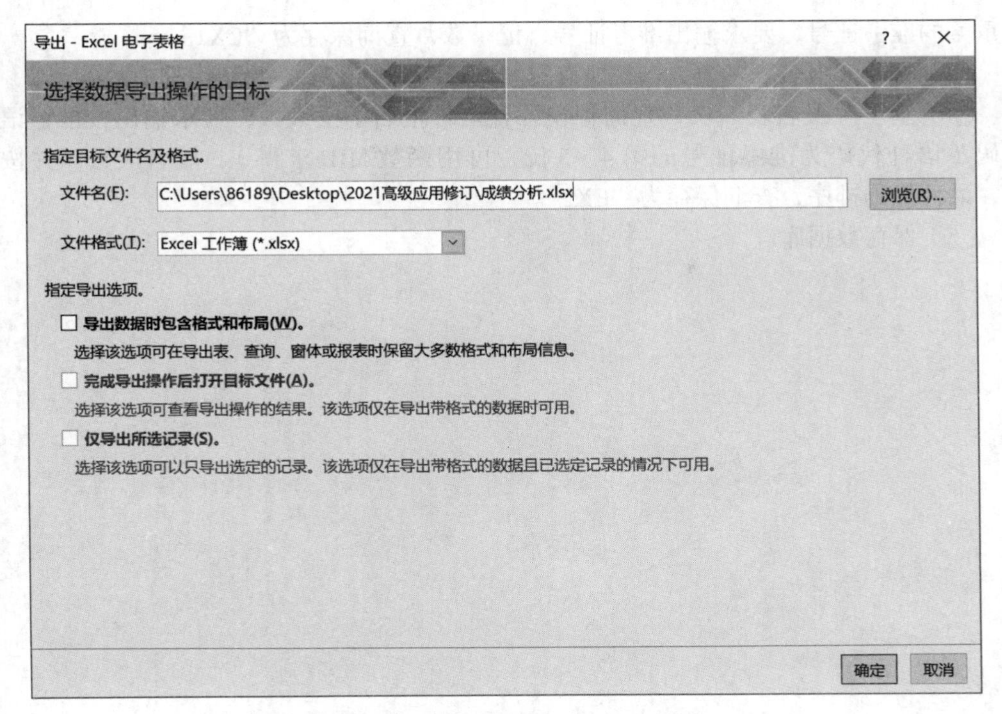

图 5-62　查询结果导出为 Excel 界面

> 说明：
>
> ① 在查询设计视图中，条件行可输入多个条件，若在同一行上，它们之间为同时满足关系，而在不同行上为或者关系。
>
> ② 查询设计时，可添加表，也可以添加查询，实现在查询结果的基础上再建立新查询。
>
> ③ 查询处理过程：首先根据表（查询）之间的关系进行联接，然后根据“条件”行规定的条件进行选择，再根据“总计”行规定的分组进行规定的统计处理，最后再根据“条件”行规定的条件对统计结果进行筛选。

四、思考与实践

1. 实验 5.3 中，步骤 3 对“报名表”的“学号”字段“计数”，统计的是报名人数，而步骤 4 对“报名表”的“学号”字段“计数”，统计的是有效成绩人数，为什么？

2. 根据实验 5.3 实验素材文件夹中 Test1.xlsx 中的“报名表”工作表数据，利用 Access 数据库，查找准考证号重号错误并删除重号中的一条记录，再统计各校区各语种报名人数。按下列要求进行操作。

（1）新建数据库 DB.accdb，并导入 Test1.xlsx 中的“报名表”工作表，生成数据库表“报名表”。

（2）基于“报名表”表，根据准考证号分组，查询出现两次以上的记录，得到所有重号的准考证号，要求输出准考证号、记录数，查询保存为“CX1”。

（3）打开“报名表”表，查找所有重号的准考证号记录，并删除其中一条。

（4）基于“报名表”表，查询各校区各语种报名学生人数，要求输出校区、语种代码（语种代码为准考证号的第 4、5 位，可用函数 MID 求得）、报名人数，并按校区、语种代码排序，查询保存为“CX2”。

（5）保存数据库。

参考文献

[1] 王必友 . 大学计算机实践教程 [M]. 北京：高等教育出版社，2015.

[2] 王必友，张明，蔡绍稷 . 大学计算机信息技术实验指导 [M].5 版 . 南京：南京大学出版社，2014.

[3] 刘凌波 .Excel 在经济统计与分析中的应用 [M]. 北京：科学出版社，2017.

[4] 刘凌波 .Excel 在经济统计与分析中的应用实验指导书 [M]. 北京：科学出版社，2017.

[5] 黄朝阳 .Excel 2010 VBA 入门与提高 [M]. 北京：电子工业出版社，2012.

[6] 罗刚君 .Excel 2010 VBA 编程与实践 [M]. 北京：电子工业出版社，2012.

[7] 罗刚君 .Excel VBA 程序开发自学宝典 [M].2 版 . 北京：电子工业出版社，2011.

[8] 骆剑锋 .Office 2010 完全应用 [M]. 北京：清华大学出版社，2012.

[9] 陈跃华 .PowerPoint 入门与提高 [M]. 北京：清华大学出版社，2012.

[10] 黄朝阳 .Excel 2010 VBA 入门与提高 [M]. 北京：电子工业出版社，2012.

[11] 恒盛杰资讯 .PPT 幻灯片制作应用与技巧大全 [M]. 北京：机械工业出版社，2016.

[12] 于双元 . 全国计算机等级考试二级教程——MS Office 高级应用 [M]. 北京：高等教育出版社，2016.

[13] 杨学林，陆凯 .Office 2010 高级应用教程 [M]. 北京：人民邮电出版社，2015.

[14] Pierce J.MOS 2013 学习指南：Microsoft Word Expert [M]. 康宁，宫鑫，谢金秀，译 . 北京：人民邮电出版社，2015.